絶滅のおそれのある野生動植物の種の保存に関する法律の解説

逐条解説・
三段対照表

監修・環境省自然環境局野生生物課

中央法規

はじめに

　平成4年に成立した「絶滅のおそれのある野生動植物の種の保存に関する法律」（以下「種の保存法」という。）は、我が国に分布する絶滅が危惧される希少野生動植物とワシントン条約等において国際取引が規制されている国際的に希少な種の双方を保全対象としている。

　このうち、我が国に分布する種については、平成29年1月時点で環境省レッドリストに3,596種の絶滅危惧種が選定されていたのに対し、種の保存法による国内希少野生動植物種の指定は208種にとどまっていた。また、我が国においては多くの絶滅危惧種が里地里山等の二次的自然に依存していることから、二次的自然に分布する種も種の保存法の保全対象種としていく必要があるが、一方で従前の種の保存法における国内希少野生動植物種の捕獲等及び譲渡し等の規制が厳しく、二次的自然に分布する種にも適用可能な新たな制度の創設が求められていた。

　我が国の野生動植物の生育状況の悪化に伴い、動物園・水族館・植物園・昆虫館等の「生息域外」における飼育・栽培・繁殖を要する種の数は増加の一途をたどっている。このような取組みを国の行政だけで実施していくことには限界があることから、多様な主体と緊密に連携を進めていくことが不可欠であった。

　さらに、国際的に希少な種の保全に関して、ワシントン条約の締約国会議において密猟や違法取引への対策の強化に係る議論が行われるなど、国際的にも国内における希少野生動植物の「厳格な管理」が要請されていた。

　これらを受けて、平成29年の通常国会において、種の保存法の改正法が成立した。今次改正においては、大きく以下の4点の改正が行われた。
　①販売又は頒布等以外の目的での捕獲等及び譲渡し等については規制が適用されない「特定第二種国内希少野生動植物種」制度の創設
　②一定の基準を満たす動物園・水族館・植物園・昆虫館等を認定し、一定の条件のもとに譲渡し等の規制の適用を除外する「認定希少種保全動植物園等」制度の創設
　③国際希少野生動植物種の個体等の登録に係る更新制の導入及び個体識別措置の義務付け
　④象牙及びその加工品の譲渡し又は引渡しを行う事業者の登録制等の導入

　また、上記に加えて、生息地等保護区、保護増殖事業、特定国内種事業等についても、必要な見直しが行われている。

　今次改正は、平成4年の法制定以来の大改正といえるものであり、改正内容を周知し、正しく理解頂くための解説が必要と考えられ、本書の出版に至った。

　本書は、平成7年に刊行された「絶滅のおそれのある野生動植物種の国内取引管理　−絶滅のおそれのある野生動植物の種の保存に関する法律詳説−」（環境庁野生生物保護行政研究会編集）を抜本的に見直し、新たに位置づけられた制度等を中心に大幅な加筆修正を行ったものである。本書が多くの関係者の皆様にとって絶滅のおそれのある野生動植物の種の保存に関する取組みを推進するための一助となれば幸いである。

監修　環境省自然環境局野生生物課

凡例

本書における略称は、以下の通り。

- **法・種の保存法**
  絶滅のおそれのある野生動植物の種の保存に関する法律　平成4年法律第75号
- **施行令**
  絶滅のおそれのある野生動植物の種の保存に関する法律施行令　平成5年政令第17号
- **施行規則**
  絶滅のおそれのある野生動植物の種の保存に関する法律施行規則　平成5年総理府令第9号
- **国内種省令**
  特定国内種事業に係る届出等に関する省令　平成5年総理府・農林水産省令第1号
- **国際種省令**
  特定国際種事業に係る届出及び特別国際事業種に係る登録等に関する省令　平成7年総理府・通商産業省令第2号
- **負担金省令**
  絶滅のおそれのある野生動植物の種の保存に関する法律第52条の規定による負担金の徴収方法等に関する省令　平成5年総理府・通商産業省令第1号
- **基本方針**
  希少野生動植物種保存基本方針　平成30年環境省告示第38号

〈改正経過〉
「Ⅱ　逐条解説」については、題名、各条文、別表等のそれぞれについてその改廃の経過を明らかにするため、当該各条文等のあとに、その改正した法令番号と改正の態様とを示した。ただし、1章、1節等の全面的追加・改正は、各条ごとの改正を省略し、当該章、節等の見出しの次にその改正を表示した。また、全部改正以前の改正沿革は省略した。

〈委任・参照条文〉
「Ⅱ　逐条解説」については、各条文のあとに、〔委任〕、〔参照条文〕を収録し、原条文の解釈や運用の便を図った。この場合に次の約束をする。
1　語句の抽出は条文中の語句の順序により、同一語句のある場合は項数、号数を付して区分した。
2　「」を付した語句はその条文中にあるもので、「」の付してない語句は説明上の便宜のために付したものである。
3　単に「法」、「令」、「規則」とあるのは、絶滅のおそれのある野生動植物の種の保存に関する法律、同法施行令、同法施行規則を示し、他の法令については次の通り略した。
　　総理府・通商産業省令────総通令　　総理府・農林水産省令────総農水令
　　経済産業省・環境省告示────経産環告　　環境省告示────────環告
4　条、項、号の区分は次による。
　　条＝アラビア数字（5）
　　項＝ローマ数字（Ⅴ）
　　号＝（⑤）

はじめに

I 総論

第1章 絶滅のおそれのある野生生物の現状 … 2
1 野生生物の種のおかれている現状 … 2
2 我が国の現状 … 2

第2章 絶滅のおそれのある野生動植物の種の保存に関係する国際条約等 … 7
1 生物多様性条約の概要 … 7
2 ワシントン条約の概要 … 7
3 二国間渡り鳥等保護条約等の概要 … 10

第3章 種の保存法の概要等 … 11
1 法律の制定の背景 … 11
2 種の保存法の沿革 … 14
3 我が国における近年の保全施策の展開 … 17
4 法律の概要 … 18

II 各論

第1章 総則 … 24
1 目的 … 24
　第1条（目的）/24
2 責務 … 24
　第2条（責務）/25
3 財産権の尊重 … 27
　第3条（財産権の尊重等）/27
4 希少野生動植物種保存基本方針 … 27
　第6条（希少野生動植物種保存基本方針）/28
5 種の保存法の対象となる種 … 29
　第4条（定義等）/29
　第5条（緊急指定種）/38
6 規制対象となる個体等の範囲 … 40
　第6条（希少野生動植物種保存基本方針）/40

第2章　個体等の取扱いに関する規制 ……………………………………… 44
第1節　個体等の所有者の義務等 ……………………………………………… 44
　　　　第7条（個体等の所有者等の義務）/44
　　　　第8条（助言又は指導）/44
第2節　個体の捕獲等及び個体等の譲渡し等の禁止 ………………………… 44
　　1　捕獲等の禁止 ……………………………………………………………… 44
　　　　第9条（捕獲等の禁止）/45
　　2　捕獲等の許可 ……………………………………………………………… 48
　　　　第10条（捕獲等の許可）/49
　　3　捕獲等の規制に係る措置命令等 ………………………………………… 53
　　　　第11条（捕獲等の規制に係る措置命令等）/53
　　4　譲渡し等の禁止 …………………………………………………………… 55
　　　　第12条（譲渡し等の禁止）/58
　　5　譲渡し等の許可 …………………………………………………………… 65
　　　　第13条（譲渡し等の許可）/65
　　6　譲渡し等の規制に係る措置命令等 ……………………………………… 66
　　　　第14条（譲渡し等の規制に係る措置命令）/66
　　7　輸出入の禁止 ……………………………………………………………… 67
　　　　第15条（輸出入の禁止）/68
　　8　違法輸入者に対する措置命令等 ………………………………………… 71
　　　　第16条（違法輸入者に対する措置命令等）/71
　　9　陳列又は広告の禁止 ……………………………………………………… 76
　　　　第17条（陳列又は広告の禁止）/76
　　10　陳列又は広告をしている者に対する措置命令 ………………………… 78
　　　　第18条（陳列又は広告をしている者に対する措置命令）/78
　　11　報告徴収及び立入検査 …………………………………………………… 78
　　　　第19条（報告徴収及び立入検査）/79
第3節　国際希少野生動植物種の個体等の登録 ……………………………… 80
　　1　個体等の登録 ……………………………………………………………… 80
　　　　第20条（個体等の登録）/80
　　　　第20条の2（登録の更新）/87
　　2　原材料器官等に係る事前登録 …………………………………………… 88
　　　　第20条の3（原材料器官等に係る事前登録）/89
　　　　第20条の4（事前登録を受けた者の遵守事項）/89
　　3　登録個体等及び登録票の管理等 ………………………………………… 90
　　　　第21条（登録個体等及び登録票等の管理等）/91

  4　登録票の返納等 ……………………………………………………………… 94
   第22条（登録票等の返納等）/94
  5　登録等の取消し ……………………………………………………………… 96
   第22条の2（登録等の取消し）/96
  6　個体等登録機関 ……………………………………………………………… 97
   第23条（個体等登録機関）/97
   第24条（個体等登録機関の遵守事項等）/99
   第25条（秘密保持義務等）/100
   第26条（個体等登録機関に対する適合命令等）/101
   第27条（報告徴収及び立入検査）/101
   第28条（個体等登録機関がした処分等に係る審査請求）/102
   第28条の2（公示）/102
   第29条（手数料）/102
第4節　特定国内種事業及び特定国際種事業等の規制 ……………………………… 103
 第1款　特定国内種事業の規制 ……………………………………………………… 103
   第30条（特定国内種事業の届出）/103
   第31条（特定国内種事業を行う者の遵守事項）/106
   第32条（特定国内種事業を行う者に対する指示等）/108
   第33条（報告徴収及び立入検査）/109
 第2款　特定国際種事業等の規制 …………………………………………………… 110
  1　特定国際種事業 ……………………………………………………………… 110
   第33条の2（特定国際種事業の届出）/110
   第33条の3（特定国際種事業者の遵守事項）/112
   第33条の4（特定国際種事業者に対する指示等）/113
   第33条の5（準用）/113
  2　特別国際種事業 ……………………………………………………………… 114
   第33条の6（特別国際種事業者の登録）/114
   第33条の7（特別国際種事業者の変更の届出等）/118
   第33条の8（特別国際種事業者登録簿の記載事項の公表）/118
   第33条の9（特別国際種事業者の廃止の届出）/119
   第33条の10（特別国際種事業者の登録の更新）/119
   第33条の11（特別国際種事業者の遵守事項）/119
   第33条の12（特別国際種事業者に対する措置命令）/120
   第33条の13（特別国際種事業者の登録の取消し等）/121
   第33条の14（報告徴収及び立入検査）/121

3　事業登録機関 ———————————————————————— 122
　　　第33条の15（事業登録機関）/123
　　　第33条の16（事業登録機関の遵守事項）/124
　　　第33条の17（秘密保持義務等）/126
　　　第33条の18（事業登録機関に対する適合命令等）/126
　　　第33条の19（事業登録機関がした処分等に係る審査請求）/127
　　　第33条の20（公示）/127
　　　第33条の21（手数料）/128
　　　第33条の22（準用）/128

第5節　適正に入手された原材料に係る製品である旨の認定等 ———————— 129
　1　管理票 ————————————————————————————— 129
　　　第33条の23（管理票の作成及び取扱い）/129
　　　第33条の24（管理票の作成の制限）/132
　2　製品認定 ———————————————————————————— 133
　　　第33条の25（適正に入手された原材料に係る製品である旨の認定）/133
　　　第33条の26（認定機関）/135
　　　第33条の27（認定機関の遵守事項）/136
　　　第33条の28（秘密保持義務等）/137
　　　第33条の29（認定機関に対する適合命令等）/138
　　　第33条の30（認定機関がした処分等に係る審査請求）/138
　　　第33条の31（公示）/139
　　　第33条の32（手数料）/139
　　　第33条の33（準用）/139

第3章　生息地等の保護に関する規制 ————————————————— 141
　　　第34条（土地の所有者等の義務）/141
　　　第35条（助言又は指導）/141
　　　第36条（生息地等保護区）/141
　　　第37条（管理地区）/145
　　　第38条（立入制限地区）/149
　　　第39条（監視地区）/150
　　　第40条（措置命令等）/151
　　　第41条（報告徴収及び立入検査等）/152
　　　第42条（実地調査）/152
　　　第43条（公害等調整委員会の裁定）/153
　　　第44条（損失の補償）/153

第4章　保護増殖事業　155

第45条（保護増殖事業計画）/155
第46条（認定保護増殖事業等）/156
第47条/157
第48条/158
第48条の2（土地への立入り等）/158
第48条の3（損失の補償）/160

第5章　認定希少種保全動植物園等　161

第48条の4（希少種保全動植物園等の認定）/161
第48条の5（変更の認定等）/169
第48条の6（認定の更新）/171
第48条の7（記録及び報告）/171
第48条の8（適合命令）/172
第48条の9（認定の取消し）/172
第48条の10（譲渡し等の禁止等の特例）/173
第48条の11（報告徴収及び立入検査）/173

第6章　雑則　175

第49条（調査）/175
第50条（取締りに従事する職員）/175
第51条（希少野生動植物種保存推進員）/175
第52条（負担金の徴収方法）/176
第53条（地方公共団体に対する助言その他の措置）/177
第54条（国等に関する特例）/177
第55条（権限の委任）/179
第56条（経過措置）/179
第57条（環境省令への委任）/180

第7章　罰則　181

第57条の2/181
第58条/182
第59条/183
第60条/183
第61条/183
第62条/184
第63条/184
第64条/185
第65条/185
第66条/186

Ⅲ 資料編

1　絶滅のおそれのある野生動植物の種の保存に関する法律・施行令・施行規則等

- ●絶滅のおそれのある野生動植物の種の保存に関する法律
  （平成4年6月5日法律第75号）
- ●絶滅のおそれのある野生動植物の種の保存に関する法律施行令
  （平成5年2月10日政令第17号）
- ●絶滅のおそれのある野生動植物の種の保存に関する法律施行規則
  （平成5年3月29日総理府令第9号）
- ●特定国内種事業に係る届出等に関する省令
  （平成5年3月29日総理府・農林水産省令第1号）
- ●特定国際種事業に係る届出及び特別国際種事業に係る登録等に関する省令
  （平成7年6月14日総理府・通商産業省令第2号）
- ●絶滅のおそれのある野生動植物の種の保存に関する法律第52条の規定による負担金の徴収方法等に関する省令
  （平成5年3月29日総理府・通商産業省令第1号）

法律・施行令・施行規則等対照表 ……………………………………………… 190
施行令別表 ……………………………………………………………………… 366
施行規則等様式 ………………………………………………………………… 422

2　その他の法令

- ●絶滅のおそれのある野生動植物の種の保存に関する法律第23条第1項に規定する個体等登録機関に係る民間事業者等が行う書面の保存等における情報通信の技術の利用に関する省令
  （平成17年3月24日環境省令第5号） ……………………………………… 439
- ●絶滅のおそれのある野生動植物の種の保存に関する法律第33条の15第1項に規定する事業登録機関及び第33条の26第1項に規定する認定機関に係る民間事業者等が行う書面の保存等における情報通信の技術の利用に関する省令
  （平成17年3月29日経済産業・環境省令第3号） ………………………… 442
- ●希少野生動植物種保存基本方針
  （平成30年4月17日環境省告示第38号） ………………………………… 445
- ●国際希少野生動植物種の個体等の登録に係る個体識別措置の細目を定める件
  （平成30年4月3日環境省告示第35号） ………………………………… 459
- ●電磁的方法による保存をする場合に確保するよう努めなければならない基準
  （平成10年4月28日環境庁・農林水産省告示第1号） …………………… 461

●電磁的方法による保存等をする場合に確保するよう努めなければならない基準
　　（平成17年3月29日経済産業・環境省告示第2号） ……………………… 463

3　通知その他
〈総論〉
○絶滅のおそれのある野生動植物の種の保存に関する法律の施行について（依命通達）
　　（平成5年4月1日環自野第122号） ………………………………………… 469
○絶滅のおそれのある野生動植物の種の保存に関する法律の施行について（施行通知）
　　（平成5年4月1日環自野第123号） ………………………………………… 474
○絶滅のおそれのある野生動植物の種の保存に関する法律に規定する特定事業に係る事務について
　　（平成6年1月28日環自野第23号） ………………………………………… 483
○絶滅のおそれのある野生動植物の種の保存に関する法律施行令等の一部改正について
　　（平成7年2月8日環自野第59号） …………………………………………… 487
○絶滅のおそれのある野生動植物の種の保存に関する法律の一部を改正する法律の施行について
　　（平成7年6月28日環自野第339号） ………………………………………… 492
○絶滅のおそれのある野生動植物の種の保存に関する法律の一部を改正する法律の施行について
　　（平成25年6月27日環自野発第1306272号・環自野発第1306271号） …… 495
○絶滅のおそれのある野生動植物の種の保存に関する法律の一部を改正する法律等の施行等について
　　（平成30年5月28日環自野発第1805283号） ……………………………… 501
○絶滅のおそれのある野生動植物の種の保存に関する法律の事務に係る様式について
　　（平成30年6月1日環自野発第1806011号） ………………………………… 531

〈捕獲等・譲渡し等・登録関係の通知等〉
○「全形を保持している象牙」及びその加工品の解釈について（通知）
　　（平成28年11月29日環自野第1611299号・環自野第16112910号・環自野第16112911号） ……………………………………………………………………… 591
○希少野生動植物種の個体等の広告について（通知）
　　（平成27年10月26日環自野第1510261号・環自野第1510262号） ……… 594

○希少野生動植物種の個体等の譲渡し等許可申請・協議の手引き
　（平成19年3月27日） 596
○特定国際種事業の手引き
　（2018年6月環境省・経済産業省） 607
○希少種保全動植物園等の認定事務取扱要領
　（平成30年6月1日環境省自然環境局野生生物課希少種保全推進室） 614
○特定国内種事業における「販売事業を行う施設」の解釈について
　（平成21年8月5日環自野発第090805001号） 624

〈標準処理期間・事務所の事務関係等〉
○野生生物課の処分に係る絶滅のおそれのある野生動植物の種の保存に関する法律に基づく許可等の標準処理期間の策定について
　（平成6年9月30日環自野第316-1号） 626
○絶滅のおそれのある野生動植物の種の保存に関する法律の施行に係る地方環境事務所の業務について
　（平成6年6月30日環自野第207号） 628

〈その他〉
○絶滅のおそれのある野生動植物種の生息域外保全に関する基本方針
　（平成21年1月環境省） 632
○絶滅のおそれのある野生動植物種の野生復帰に関する基本的な考え方
　（環境省） 638
○絶滅のおそれのある野生動植物種の生息域外保全実施計画作成マニュアル
　（平成25年1月環境省自然環境局野生生物課） 650
○絶滅のおそれのある野生生物種の保全戦略
　（平成26年4月環境省） 669
○生物多様性保全の推進に関する基本協定書（平成26年5月版）
　（平成26年5月22日） 693
○生物多様性保全の推進に関する基本協定書（平成27年6月版）
　（平成27年6月25日） 696
○絶滅のおそれのある野生動植物の種の保存につき講ずべき措置について（中央環境審議会答申）（平成29年1月30日） 700
○絶滅のおそれのある野生動植物の種の保存に関する法律の一部を改正する法律案に対する附帯決議（平成15年法改正時） 715
○絶滅のおそれのある野生動植物の種の保存に関する法律の一部を改正する法律案に対する附帯決議（平成25年法改正時） 717
○絶滅のおそれのある野生動植物の種の保存に関する法律の一部を改正する法律案に対する附帯決議（平成29年法改正時） 719

◉絶滅のおそれのある野生動植物の種の国際取引に関する条約
　（昭和55年8月23日条約第25号）──────────────── 722
◉渡り鳥及び絶滅のおそれのある鳥類並びにその環境の保護に関する日本国政府とアメリカ合衆国政府との間の条約
　（昭和49年9月19日条約第8号）──────────────── 736
◉渡り鳥及び絶滅のおそれのある鳥類並びにその環境の保護に関する日本国政府とオーストラリア政府との間の協定
　（昭和56年4月30日条約第3号）──────────────── 739
◉渡り鳥及びその生息環境の保護に関する日本国政府と中華人民共和国政府との間の協定
　（昭和56年6月8日条約第6号）──────────────── 742
◉渡り鳥及び絶滅のおそれのある鳥類並びにその生息環境の保護に関する日本国政府とソヴィエト社会主義共和国連邦政府との間の条約
　（昭和63年12月20日条約第7号）──────────────── 744

I

総論

第1章　絶滅のおそれのある野生生物の現状

1　野生生物の種のおかれている現状

　地球上には、熱帯から極地、沿岸・海洋域から山岳地域まで、様々な生態系が存在し、これらの生態系に支えられた多様な生物が存在している。全世界の総知の総種数は約175万種で、このうち、哺乳類は約6000種、鳥類は約9000種、昆虫は約95万種、維管束植物は約27万種となっている。まだ知られていない生物も含めた地球上の総種数は3000万種とも推定されている。

　生物の進化の過程で多様化していった生物の種の中には、人間活動によって絶滅の危機に瀕しているものがあり、国際自然保護連合（IUCN）が2016年にまとめたレッドリストによると、評価対象とした脊椎動物約4万3000種、無脊椎動物約1万8000種、植物約2万2000種などのうち約30％が絶滅のおそれがあるとされている[1]。

　進化の歴史の中では種の絶滅も自然のプロセスであり、過去にも恐竜のように多くの種が環境の変化や他の種との競争に敗れて絶滅したことがわかっている。しかし、今日の絶滅は、これまでの絶滅とは様相を異にしている。国連で2001～2005年に実施されたミレニアム生態系評価では化石から当時の絶滅のスピードを計算しており、100年間で100万種当たり10～100種が絶滅していたとしている。一方、過去100年間で記録のある哺乳類、鳥類、両生類のうち絶滅したと評価されたのは1万種当たりおよそ100種であり、これは、記録のないまま絶滅した種を含むと、これまでの地球史の1000倍以上の絶滅のスピードになるといわれている。そしてこれらの大規模な種の絶滅の多くは、人間の行動によって引き起こされたものと考えられる。

2　我が国の現状

　我が国は、南北約3000kmにわたる国土、世界第6位の広さの排他的経済水域、変化に富んだ地形、四季に恵まれた気候などにより、豊かな生物多様性を有している。既知の生物種数は9万種以上、まだ知られていないものも含めると30万種を超えると推定されており、固有種の比率も高いことから、世界的にも生物多様性の保全上重要な地域（ホットスポット）として認識されている。野生生物は、人類の存続の基盤である生態系の基本的構成要素であり、また、資源や文化等の対象として、人類の豊かな生活に欠かすことのできない役割を果たしている。

　しかし、現在、野生生物の生息地の破壊や乱獲などの人間活動により、我が国においても多くの種が絶滅したり、絶滅の危機に追いやられている。

1　IUCN日本委員会WEBサイト　参照
　http://www.iucn.jp/redlisttable/protection/redlist/redlisttable2014

第1章　絶滅のおそれのある野生生物の現状

図表Ⅰ—1　絶滅のおそれのある種のカテゴリー（ランク）

- ●絶滅（EX）
  ―我が国ではすでに絶滅したと考えられる種。
- ●野生絶滅（EW）
  ―飼育・栽培下、あるいは自然分布域の明らかに外部で野生化した状態でのみ存続している種。
  - ●絶滅のおそれのある種（絶滅危惧種）Threatened
    - ◎絶滅危惧Ⅰ類（CR+EN）―絶滅の危機に瀕している種
      - ○絶滅危惧ⅠA類（CR）
        ―ごく近い将来における絶滅のおそれが極めて高い。
      - ○絶滅危惧ⅠB類（EN）
        ―ⅠAほどではないが、近い将来における絶滅のおそれが高い。
    - ◎絶滅危惧Ⅱ類（VU）―絶滅の危険が増大している種。
- ●準絶滅危惧（NT）
  ―現時点では絶滅のおそれは小さいが、生息条件の変化によっては「絶滅危惧」に移行する可能性のある種

<付属資料>
- ●地域個体群（LP）―地域的に孤立しており、地域レベルでの絶滅のおそれが高い個体群。

- ●情報不足（DD）
  ―評価するだけの情報が不足している種

　野生生物の種の絶滅を防ぐには、まず絶滅のおそれのある野生生物種（絶滅危惧種）の現状を把握する必要がある。このため昭和61年度から環境庁において「緊急に保護を要する動植物の種の選定調査」が開始され、平成3年には、脊椎動物及び無脊椎動物を対象とした我が国で初めてのレッドデータブックである『日本の絶滅のおそれのある野生生物』を刊行した。環境省ではこれ以降、おおむね定期的に絶滅のおそれのある野生生物の種のリスト（レッドリスト）の見直しを行ってきており、平成9〜12年にかけて、動物及び植物を対象とした第2次環境省レッドリストの公表、平成18〜19年にかけて第3次環境省レッドリストの公表、平成24〜25年にかけて第4次環境省レッドリストの公表をそれぞれ実施した。なお、第5次環境省レッドリストについては、第4次環境省レッドリスト公表後の10年後を目途に作業を進めることとするとともに、その間の状況の変化に対応するため、平成27年度からは、生息状況の悪化等により絶滅のおそれ等の評価カテゴリー（**図表Ⅰ—1**参照）の再検討が必要な種については、時期を定めず必要に応じて個別に見直しを行うこととしている。また、平成29年3月には、これまで評価していなかった海洋生物のうち魚類、サンゴ類、甲殻類、軟体動物（頭足類）、その他無脊椎の5分類群について海洋生物レッドリストを作成し、56種を絶滅危惧種として選定している。
　平成30年5月に第4次環境省レッドリストの3回目の見直しとして公表した環境省レッドリスト2018においては、3675種を絶滅危惧種として選定し、海洋生物レッドリストを合わせると我が国の絶滅危惧種は3731種となっている。（**図表Ⅰ—2**参照）。分類群別にみると、日本に生息・生育する爬虫類及び両生類の3割強、哺乳類及び維管束植物の2割強、鳥類の1割強にあたる種が、絶滅危惧種となっている。

I 総論

図表 I―2　『環境省レッドリスト2018』及び「海洋生物レッドリスト」掲載種数表

(2018年5月現在)

	分類群	評価対象種数	絶滅 EX	野生絶滅 EW	絶滅危惧種			準絶滅危惧 NT	情報不足 DD	掲載種数合計	絶滅のおそれのある地域個体群 LP
					絶滅危惧I類		絶滅危惧II類 VU				
					IA類 CR	IB類 EN					
陸域 動物	哺乳類	160 (160)	7 (7)	0 (0)	33 (33)		9 (9)	18 (18)	5 (5)	63 (63)	23 (23)
					24 (24)						
					12 (12)	12 (12)					
	鳥類	約700 (約700)	15 (13)	1 (1)	97 (97)		43 (43)	21 (21)	17 (19)	151 (151)	2 (2)
					54 (54)						
					23 (23)	31 (31)					
	爬虫類	100 (100)	0 (0)	0 (0)	37 (37)		23 (24)	17 (17)	4 (4)	58 (58)	5 (5)
					14 (13)						
					5 (4)	9 (9)						
	両生類	77 (76)	0 (0)	0 (0)	29 (28)		12 (13)	22 (22)	1 (1)	52 (51)	0 (0)
					17 (15)						
					4 (3)	13 (12)						
	汽水・淡水魚類	約400 (約400)	3 (3)	1 (1)	169 (169)		44 (44)	35 (34)	37 (35)	245 (242)	15 (15)
					125 (125)						
					71 (71)	54 (54)						
	昆虫類	約32,000 (約32,000)	4 (4)	0 (0)	363 (358)		186 (185)	350 (352)	153 (153)	870 (867)	2 (2)
					177 (173)						
					71 (68)	106 (105)						
	貝類	約3,200 (約3,200)	19 (19)	0 (0)	616 (587)		328 (323)	445 (446)	89 (89)	1,169 (1,141)	13 (13)
					288 (264)						
					33 (13)	16 (7)						
	その他無脊椎動物	約5,300 (約5,300)	0 (0)	1 (1)	65 (63)		43 (42)	42 (42)	43 (43)	151 (148)	0 (0)
					22 (21)						
					0 (0)	2 (1)						
	動物小計		48 (46)	3 (3)	1,409 (1,372)		688 (683)	950 (952)	349 (348)	2,759 (2,721)	60 (60)
					721 (689)						

※表中の括弧内の数字は環境省レッドリスト2017（平成29年公表）の種数（亜種、および植物等では変種を、さらに藻類では
※貝類およびその他無脊椎動物の一部の種については、絶滅危惧I類をさらにIA類（CR）とIB類（EN）に区分して評価を
注1）　肉眼的に評価が出来ない種等を除いた種数。

第1章　絶滅のおそれのある野生生物の現状

	分類群	評価対象種数	絶滅 EX	野生絶滅 EW	絶滅危惧種 絶滅危惧Ⅰ類 ⅠA類 CR	絶滅危惧種 絶滅危惧Ⅰ類 ⅠB類 EN	絶滅危惧種 絶滅危惧Ⅱ類 VU	準絶滅危惧 NT	情報不足 DD	掲載種数合計	絶滅のおそれのある地域個体群 LP
陸域 植物等	維管束植物	約7,000 (約7,000)	28 (28)	11 (11)	1,786 (1,782) 1,045 (1,041) 525(522)	520(519)	741(741)	297 (297)	37 (37)	2,159 (2,155)	0 (0)
	蘚苔類	約1,800 (約1,800)	0 (0)	0 (0)	241 (241) 138 (138)		103(103)	21 (21)	21 (21)	283 (283)	0 (0)
	藻類	約3,000[注1] (約3,000)	4 (4)	1 (1)	116 (116) 95 (95)		21 (21)	41 (41)	40 (40)	202 (202)	0 (0)
	地衣類	約1,600 (約1,600)	4 (4)	0 (0)	61 (61) 41 (41)		20 (20)	41 (42)	46 (46)	152 (153)	0 (0)
	菌類	約3,000[注1] (約3,000)	26 (26)	1 (1)	62 (62) 39 (39)		23 (23)	21 (21)	50 (50)	160 (160)	0 (0)
	植物等小計		62 (62)	13 (13)	2,266 (2,262) 1,358 (1,354)		908(908)	421 (422)	194 (194)	2,956 (2,953)	0 (0)
13分類群合計			110 (108)	16 (16)	3,675 (3,634) 2,079 (2,043)		1,596(1,591)	1,371 (1,374)	543 (542)	5,715 (5,674)	60 (60)

	分類群	評価対象種数	絶滅 EX	野生絶滅 EW	絶滅危惧種 絶滅危惧Ⅰ類 ⅠA類 CR	絶滅危惧種 絶滅危惧Ⅰ類 ⅠB類 EN	絶滅危惧種 絶滅危惧Ⅱ類 VU	準絶滅危惧 NT	情報不足 DD	掲載種数合計	絶滅のおそれのある地域個体群 LP
海域	魚類	約3,900種	0	0	16 8	6	2	89	112	217	2
	サンゴ類	約690種	1	0	6 0	1	5	7	1	15	0
	甲殻類	約3,000種	0	0	30 8	11	11	43	98	171	2
	軟体動物（頭足類）	約230種	0	0	0 0	0	0	3	0	3	0
	その他無脊椎動物	約2,300種	0	0	4 1	2	1	20	13	37	1
	合計		1	0	56 17	20	19	162	224	443	5
陸域・海域　全分類群合計			111	16	3,731 2,117		1,614	1,533	767	6,158	65

品種を含む）を示す。LPは対象集団数。
行った。

かつて身近であった生物の減少も進行しており、例えば、「秋の七草」として知られるキキョウは絶滅危惧Ⅱ類（VU）、フジバカマも絶滅危惧種に準ずる準絶滅危惧（NT）となっている。キキョウもフジバカマも、古来より野草の代表として親しまれ、全国的に分布していたが、近年では、野生のものを目にするのが難しくなってきている。キキョウの減少要因としては、「環境省レッドデータブック2014」によると園芸用の採取、自然遷移、農耕地などの管理放棄があげられており、このような草原性の種にとっては、開発等による自然草原の減少、野焼きや草刈りなどの人のかかわりの縮小による草原の減少が影響していると考えられる。また、フジバカマは、人の活動による自然の改変が始まる前は、頻繁な洪水によって森林の発達が妨げられる河川の氾濫原の植物であったと考えられており、河川を含めた低地の大幅な自然改変が行われた後は、川原や土手の草刈りに依存して生育してきたと考えられている[2]。その他、メダカ（VU）、オオクワガタ（VU）、ギフチョウ（VU）、ゲンゴロウ（VU）、トノサマガエル（NT）など、古くから親しまれてきた身近な生物についても、次々と絶滅が心配される状況となっている。

里山の生物ばかりでなく、本来、原生的な環境に生息していた種も、絶滅が心配される状況となっている。かつて、広く北海道に生息していたシマフクロウ（CR）は、胸高直径80cm以上の広葉樹の大木に営巣し、河川を遡上するサケ・マス等を主食としているが、営巣・採餌環境の悪化により、絶滅の危機に瀕している。現在は世界自然遺産地域である知床や、根室、大雪山系などを中心に165羽程度が生息するのみとなっている。環境省の保護増殖事業では、人為的な給餌、巣箱の設置、事故対策等を行っており、個体数は増加傾向にあるが、人為的な給餌や巣箱に依存しないためには、自然度の高い森林や魚類密度の高い河川が必要であり、これらの復元にはまだまだ長い時間と努力が必要と考えられる。また、沖縄や奄美に生息するマルバネクワガタ類は、最も大型になる日本産クワガタムシの1つで、大径木を含む自然林で発生するが、開発によって生息地が消失しているほか、愛好家による過剰な採取も減少の要因となっている。幼虫のエサとなる腐食質も含めて採取が行われており、生息場所の破壊と個体数の減少につながっている。

絶滅危惧種の種数が急速に増加している主な要因としては、キキョウの例にみられる里地里山における管理放棄、シマフクロウの例にみられる開発、マルバネクワガタ類の例にみられる捕獲・採取などがあげられる。また、全国的なニホンジカの分布拡大、マングースやアメリカザリガニ、オオクチバス等の外来種の侵入なども大きな減少要因となっている。特に、ニホンジカは昭和53年から平成26年までの36年間で約2.5倍に分布を拡大しており、近年は南アルプスなどの高山帯にまで侵入し、お花畑や希少な植物にも被害を与えている。シカの食害によって、食草であるヌスビトハギが激減し、絶滅の危機に直面しているツシマウラボシシジミ（CR）の例にみられるように、ニホンジカの食害は、植生への影響だけにとどまらず、昆虫などの動物にも大きな影響を与えることが想定される。

2　鷲谷いづみ・矢原徹一（1996）「保全生態学入門―遺伝子から景観まで」文一総合出版　参照

第2章 絶滅のおそれのある野生動植物の種の保存に関係する国際条約等

1 生物多様性条約の概要

　生物多様性は人類のみならず、すべての生命の生存を支えるものであり、人類に様々な恵みをもたらしている。生物には国境はなく、生物多様性の保全や持続可能な利用を進めるためには、世界全体で取り組んでいくことが不可欠である。このため、平成4年に「生物の多様性に関する条約」(生物多様性条約) が採択され、平成5年12月に発効している。

　生物多様性条約は、生物の多様性の保全、その構成要素の持続可能な利用及び遺伝資源の利用から生ずる便益の公正かつ衡平な配分を実現することを目的としており、それらの目的を達成するための措置として、生物多様性国家戦略の策定、重要な地域・種の特定とモニタリング等の取り組みが進められている。

　平成22年に愛知県名古屋市で開催された第10回締約国会議において、生物多様性に関する新たな世界目標である「生物多様性戦略計画2011-2020」(愛知目標) が採択されている。愛知目標においては、長期目標 (2050年までに「自然と共生する世界」を実現する。) と短期目標 (2020年までに生物多様性の損失を止めるために効果的かつ緊急な行動を実施する。)、さらにその達成に向けた20の行動目標がそれぞれ定められている。絶滅のおそれのある野生動植物種の保全に特に関係が深いものとして、行動目標12「2020年までに、既知の絶滅危惧種の絶滅が防止され、また、それらのうち、特に最も減少している種に対する保全状況の改善が達成、維持される」がある。また、平成27年9月の国連サミットで採択された2016年から2030年までの国際目標である「持続可能な開発目標 (SDGs)」では、目標15のターゲット15.5として「自然生息地の劣化を抑制し、2020年までに絶滅危惧種を保護し、また絶滅防止するための緊急かつ意味のある対策を講じる」とされている。

　我が国においては、平成7年に最初の生物多様性国家戦略を策定して以降、複数回の見直しを経て、平成24年に「生物多様性国家戦略2012-2020」が閣議決定されている。また、生物多様性分野の関連する個別法全体を束ねる基本法として、「生物多様性基本法」(平成20年法律第58号) が平成20年に施行されている。

2 ワシントン条約の概要

　今日、多くの野生動植物が絶滅や減少の危機に瀕している原因としては、開発等による生息地の破壊や環境の悪化などのほかに過度の商業取引がある。ペットや趣味としての需要のほかに、装飾品として牙や羽を狙われる動物もいる。こうした国際間の商業目的の過度の取引による種の絶滅を防ぐためにワシントン条約がある (図表Ⅰ—3参照)。

　ワシントン条約は、正式な名称を「絶滅のおそれのある野生動植物の種の国際取引に関す

I 総論

図表 I－3　ワシントン条約（絶滅のおそれのある野生動植物の種の国際取引に関する条約）の概要

(1) 採　　　択　　1973年3月、1975年7月発効（国内発効は1980年11月）
(2) 締約国数　　182か国及び欧州連合（EU）(2018年9月現在)
(3) 内　　　容
・過度の国際取引により野生動植物の種が絶滅のおそれに瀕することを防止するため、野生動植物の一定の種の国際取引の規制を実施。

（附属書の種類と規制内容等）

	附属書Ⅰ	附属書Ⅱ	附属書Ⅲ
掲載基準	絶滅のおそれのある種で、取引により影響を受けるもの	現在は、必ずしも絶滅のおそれはないが取引を厳重に規制しなければ絶滅のおそれのある種となりうるもの	締約国が自国内の保護のため、他の締約国の協力を必要とするもの
対象種	約1,050種 （例） スローロリス、コバタン、コンゴウインコ、ビルマホシガメ、アジアアロワナ等	約34,600種 （例） フェネックギツネ、シロフクロウ、ケヅメリクガメ、ヨーロッパウナギ、サタンオオカブト等	約220種 （例） セイウチ（カナダ）、アジアスイギュウ（ネパール）等 ※国ごとに指定
規制の内容	・商業目的のための国際取引を原則禁止 ・学術目的（繁殖目的を含む）の取引は可能だが、輸出国、輸入国双方の政府の発行する許可書が必要	・商業目的の国際取引も可能 ・輸出国政府の発行する輸出許可書が必要（附属書Ⅲの場合は指定国以外は原産地証明が必要）	

・なお、附属書Ⅰ掲載種については、絶滅のおそれのある野生動植物の種の保存に関する法律（種の保存法）により国内の譲渡し等も規制されている。

る条約」（Convention on International Trade in Endangered Species of Wild Fauna and Flora）といい、英文の頭文字をとって「CITES」ともいわれている。昭和48年にアメリカのワシントンで採択されたことから、ワシントン条約という通称で呼ばれている。

ワシントン条約に加盟する国は、平成30年9月現在で182か国及びEUになり、約3万5800種の野生動植物の取引を規制している。日本は、昭和55年に条約を批准し、同年11月から発効している。日本におけるワシントン条約の履行のための措置は、「外国為替及び外国貿易法」（昭和24年法律第228号）、「輸出貿易管理令」（昭和24年政令第378号）、「輸入貿易管理令」（昭和24年政令第414号）及び「関税法」（昭和29年法律第61号）による輸出入規制である。

ワシントン条約では、絶滅のおそれがあり、国際取引の影響を受けている野生動植物の種について附属書にリストアップし、さらに絶滅のおそれの程度に応じて附属書の内容を3区分に分類し、それぞれの必要性に応じて、国際取引の規制を行うことにしている。附属書に掲げられる種については、2〜3年ごとに開催されるワシントン条約締約国会議の場で改正が行われる。

生きている動植物のみならず、剥製又はその器官及びそれらを用いた加工品、例えば毛皮のコート、ワニ革のハンドバックや象牙細工等も規制対象となる。

ワシントン条約の締約国は附属書に掲げる種について留保することができることとなっており、留保した種については、その国に限って条約の規定の効力が及ばないこととなる。現在、日本では附属書Ⅰについては10種（マッコウクジラ等）、附属書Ⅱについては11種類（アカシュモクザメ等）をそれぞれ留保している。

ワシントン条約の附属書Ⅰに掲載されている種の取引規制の例外措置として、学術研究のために行われるものについて、輸出国、輸入国双方の許可があれば取引ができることとなっている。また、商業目的のために人工的に繁殖させたもの及びワシントン条約が適用される前に取得されたものについては、その旨の証明書があれば商業目的の取引も可能となる。

ワシントン条約に定められた取引の規制が直接適用される水際規制においては、経済産業省や農林水産省が、自国のために許可書又は証明書を発給する権限を有する条約上の管理当局、環境省や農林水産省が、当該取引がその種の存続に影響を及ぼすおそれがあるかどうか等について管理当局に助言を与える科学当局として指定されている。そして、ワシントン条約に基づく水際規制の確実な実施を担保するため、条約により国際取引が原則禁止されている種（附属書Ⅰに掲載されている種）の国内における取引を規制する措置が環境省により実施されている。

また、我が国においてワシントン条約を適切に履行するためにワシントン条約関係省庁連絡会議が設けられており、環境省が議長となっている。この会議では、附属書改正提案に対する対応等、日本がワシントン条約を履行する上での重要課題が検討される。

3 二国間渡り鳥等保護条約等の概要

我が国は、米国、ロシア（旧ソ連）、オーストラリア及び中国とそれぞれ渡り鳥等保護条約等（オーストラリア及び中国とは協定）を締結しており、その中で自国の絶滅のおそれのある鳥類を相互に通報し、輸出入規制等を行っている（**図表Ⅰ—4参照**）。

(1) 渡り鳥及び絶滅のおそれのある鳥類並びにその環境の保護に関する日本国政府とアメリカ合衆国との間の条約（日米渡り鳥等保護条約）

　この条約は、昭和47年に署名、昭和48年に国会の承認を得、昭和49年9月19日ワシントンにおいて批准書の交換が行われるとともに、同日昭和49年条約第8号として公布され、発効した。

　この条約の主な内容は次の通りである。
○渡り鳥の捕獲及びその卵の採取は、狩猟期間中等の場合に例外を認められるほか、これを禁止すること。
○日米両国は、絶滅のおそれのある鳥類又はそれらの加工品の輸出を規制すること。
○日米両国は、渡り鳥及び絶滅のおそれのある鳥類の研究に関する資料等の交換等を行うこと。
○日米両国は、渡り鳥及び絶滅のおそれのある鳥類の環境を保全し、かつ改善するため、適当な措置を取るように努めること。

　対象となる渡り鳥は190種である。

(2) 渡り鳥及び絶滅のおそれのある鳥類並びにその生息環境の保護に関する日本国政府とソヴィエト社会主義共和国連邦政府との間の条約（日ソ渡り鳥等保護条約）

　この条約は、昭和48年10月に署名、昭和49年に国会の承認を得ており、昭和63年12月16日批准書の交換が行われ、12月20日に昭和63年条約第7号として発効した。平成3年以降はロシアが地位を継承し、現在は略称を「日ロ渡り鳥等保護条約」としている。

(3) 渡り鳥及び絶滅のおそれのある鳥類並びにその環境の保護に関する日本国政府とオーストラリア政府との間の協定（日豪渡り鳥等保護協定）

　この協定は、昭和49年2月に署名、日ソ渡り鳥等保護条約（現・日ロ渡り鳥等保護条約）とともに、昭和49年に国会の承認を得、昭和56年4月30日、批准書の交換が行われるとともに、同日昭和56年条約第3号として公布され、発効した。

　協定の内容は、日米、日ロ両条約とほぼ同様であり、対象となる渡り鳥は74種である。

(4) 渡り鳥及びその生息環境の保護に関する日本国政府と中華人民共和国との間の協定（日中渡り鳥等保護協定）

　この協定は、昭和56年3月に署名、同年に国会の承認を得、同年6月8日に昭和56年条約第6号として公布され、発効した。

　本協定は、日米、日ロ、日豪の3条約（協定）と異なり、絶滅のおそれのある鳥類の保護に関する規定を設けていないが、その他の点は3条約とほぼ同様の内容となっており、対象となる渡り鳥は227種である。

第3章　種の保存法の概要等

1　法律の制定の背景

　我が国は自然環境の変化に恵まれ、狭い国土にもかかわらず、数多くの固有種を含む多種多様な野生動植物を有している。

　我が国における「絶滅のおそれのある野生動植物の種の保存に関する法律（平成4年法律第75号。以下「種の保存法」又は「法」という。）制定以前の野生動植物の保護施策は、鳥獣を中心に行われてきた。その中核は、「鳥獣の保護及び管理並びに狩猟の適正化に関する法律」（平成14年法律第88号。以下「鳥獣保護管理法」という。）であり、原則として、我が国に生息する野生鳥獣は全種が捕獲等の規制の対象とされている。また、昭和47年に、日米等で締結されている二国間の渡り鳥等保護条約で絶滅のおそれのある鳥類として通報のあった種について、輸出入の規制及び国内の取引規制を行う法律として「特殊鳥類の譲渡等の規制に関する法律」（昭和47年法律第49号）が制定されている。しかし、鳥獣以外の動植物については、「自然環境保全法」（昭和47年法律第85号）や「自然公園法」（昭和32年法律第161号）により、特定の地域において、特定の種の捕獲等や生息地の開発行為の規制措置が講じられてきたものの、国土全体を通じた野生動植物の保護施策は講じられてこなかった。

　昭和55年に、我が国は、ワシントン条約に加入した。この条約の目的は、過度の国際取引により絶滅のおそれのある野生動植物の種の保存であり、その対象は広範な動植物一般に及んでいる。

　ワシントン条約への加入を契機に、従来の鳥獣保護行政の枠組みを超えて、国内外の野生生物の体系的な保護に取り組むべきとの認識が次第に高まり、昭和61年には、環境庁自然保護局に野生生物課が設置されるとともに、野生動植物の種の絶滅の防止は、野生生物保護の原点であるとの認識の下、我が国における絶滅の危機に瀕している野生動植物のリスト、いわゆる日本版レッドデータブックの作成のための調査がなされ、平成3年に刊行された。

　また、この間の昭和62年、ワシントン条約に基づく国際取引の規制の確実な実施を図るため、国際取引が原則として禁止された種の国内における取引を規制する「絶滅のおそれのある野生動植物の譲渡等の規制に関する法律」（昭和62年法律第58号）が制定されている。

　この法律では、原則としてワシントン条約の附属書Ⅰに掲げられている野生動植物を「希少野生動植物」に指定し、生きている個体に限らずその死体、剥製及び標本等も含め、国内で譲渡する場合や貸し出す場合等を許可制とした。ただし、商業目的で繁殖されたもの等については登録制とし、登録票の交付を受けていれば登録票を添付して譲渡しできるものとした。

　この間、平成元年にスイスで開催されたワシントン条約第7回締約国会議で、第8回締約国会議が平成4年3月に我が国で開催されることが決定され、また、平成4年に開催された「環境と開発に関する国連会議」（いわゆる地球サミット）において採択された「生物の多様性

I 総論

図表 I －4　二国間渡り鳥等保護条約／協定の概要

正式名称（略称）	渡り鳥及び絶滅のおそれのある鳥類並びにその環境の保護に関する日本国政府とアメリカ合衆国政府との間の条約 （日米渡り鳥等保護条約）	渡り鳥及び絶滅のおそれのある鳥類並びにその環境の保護に関する日本国政府とオーストラリア政府との間の協定 （日豪渡り鳥等保護協定）
署名年月日	昭和47年3月4日	昭和49年2月6日
発効年月日	昭和49年9月19日	昭和56年4月30日
存続期間		15年間（その後は終了
主な内容	1　渡り鳥の捕獲等の規制 2　絶滅のおそれのある鳥類の輸出入規制 3　資料の交換等 4　環境の保護	1　渡り鳥の捕獲等の規制 2　絶滅のおそれのある鳥類の輸出入規制 3　資料の交換等 4　環境の保護
対象とされる渡り鳥（種）	190種 アホウドリ、ミズナギドリ等	74種 カツオドリ、キアシシギ等
対象とされる絶滅のおそれのある鳥類の種（亜種）	67種・亜種 レイサンガモ、アメリカハクトウワシ等	129種・亜種 ミナミシロハラミズナギドリ、キガオミツスイ等
条約協定等に基づくこれまでの主な事業	1　渡り鳥等保護会議を両国で交互に開催 2　アホウドリの渡りルート等の解明のための共同調査を実施	1　渡り鳥等保護会議を両国で交互に開催 2　ホウロクシギの渡りルート等の解明のための共同調査を実施

第 3 章　種の保存法の概要等

渡り鳥及びその生息環境の保護に関する日本国政府と中華人民共和国政府との間の協定（日中渡り鳥等保護協定）	渡り鳥及び絶滅のおそれのある鳥類並びにその生息環境の保護に関する日本国政府とソヴィエト社会主義共和国連邦政府との間の条約（日ロ渡り鳥等保護条約）
昭和56年3月3日	昭和48年10月10日
昭和56年6月8日	昭和63年12月20日
を通告しない限り継続）	
1　渡り鳥の捕獲等の規制 2　資料の交換等 3　環境の保護	1　渡り鳥の捕獲等の規制 2　絶滅のおそれのある鳥類の輸出入規制 3　資料の交換等 4　環境の保護
227種 オオワシ、マガン、コハクチョウ等	287種 コクガン、オオハクチョウ、オオワシ等
なし	29種・亜種 インドガン、ナベヅル等
1　渡り鳥等保護会議を両国で交互に開催 2　ズグロカモメの渡りルート等の解明のための共同調査を実施	1　渡り鳥等保護会議を両国で交互に開催 2　オオワシの渡りルート等の解明のための共同調査を実施

I 総論

に関する条約」の採択に向けた動きが活発化したことから、我が国としても早急に種の保存を目的とした制度を確立することが急がれる状況となった。また国内でも、昭和61年に山梨県において「高山植物の保護に関する条例」が、平成2年に熊本県において「希少野生動植物の保護に関する条例」が制定されるとともに、広島県や東京都等で地域版レッドデータブック作成が開始されるなど、地方公共団体における種の保存への取組が活発化してきた。

平成3年、環境庁長官から自然環境保全審議会野生生物部会に対し、「野生生物の保護に関し緊急に講ずべき保護方策について」諮問が行われ、平成4年に答申が出された。この自然環境保全審議会の答申を踏まえ、法案の策定作業が進められ、関係省庁等との調整を経て、「絶滅のおそれのある野生動植物の種の保存に関する法律案」が平成4年3月27日に閣議決定、同日国会に提出された。同法は、同年6月5日に公布された。

法律の制定に当たり、国内で絶滅のおそれのある野生動植物の保護も二国間の渡り鳥等保護条約等及びワシントン条約への対応も、種の絶滅の防止という理念の下に一元的に行われるべきとの観点から、「特殊鳥類の譲渡等の規制に関する法律」及び「絶滅のおそれのある野生動植物の譲渡等の規制に関する法律」は平成5年4月1日をもって廃止され、「絶滅のおそれのある野生動植物の種の保存に関する法律」に吸収された。

2 種の保存法の沿革

種の保存法は、平成4年の制定以降、主要な法律改正がこれまでに4回行われている。

(1) 平成6年（器官及び加工品の規制の追加等）

種の保存法は、平成5年4月から施行されたが、その段階では規制の対象は個体（生きている個体、全体の剥製及び標本）に限定されていた。

しかし、ワシントン条約では個体の一部、派生物まで規制の対象とされており、輸出入に際しては、これらを含め規制が行われている。法施行後の税関における違反事例をみても、そのほとんどは加工品等であり、その中には明らかに国内取引を意図したものもみられた。

また、平成4年の国会審議においても、衆参両院から器官及び派生物並びにその加工品まで規制対象にするよう検討すべき旨の附帯決議がなされていた。このようなことから、ワシントン条約の趣旨に沿い、絶滅のおそれのある野生動植物の種の保存の徹底を図るため、希少野生動植物種の個体の「器官及びその加工品」についても、譲渡し等の規制の対象とされた。あわせて、個体と同様に登録の対象とされた原材料器官等に係る事前登録制度の創設、特定国際種事業制度の創設、適正に入手された原材料に係る製品である旨の認定制度の創設及び当該認定に係る事務を行う指定認定機関の創設が行われた。

改正法案は、平成6年6月8日の衆議院本会議での可決（全会一致）を経て、平成6年6月22日の参議院本会議において可決（全会一致）成立し、平成6年6月29日に平成6年法律第52号として公布、平成7年6月28日から施行された。

(2) 平成15年（登録・認定関係事務を行うことができる者の範囲の拡大等）

　国際希少野生動植物種の個体等の登録及び適正に入手された原材料に係る製品である旨の認定に係る事務について、申請のあった公益法人（「一般社団法人及び一般財団法人に関する法律及び公益社団法人及び公益財団法人の認定等に関する法律の施行に伴う関係法律の整備等に関する法律」（平成18年法律第50号）による改正前の民法（明治29年法律第89号）第34条に規定する法人）を国が指定し、当該登録・認定関係事務を代行させていた。

　しかし、特定非営利活動促進法（平成10年法律第7号）に基づく特定非営利活動法人（NPO法人）が様々な公益的活動に参加していたことなどにより、国が行うべき事務を公益法人が独占的に行うこと（指定法人制度）に対する国民の理解が得られなくなっていたとともに、野生動植物の種の同定や年齢判定に関する技術の蓄積が様々な機関で進んでいたことから、これらの事務を行うことができる法人を公益法人に限定することなく、多様な主体に業務参加の機会を提供することが社会的要請となっていた。このため、登録・認定関係事務を国に代わって行うことができる機関に関して、対象を公益法人に限定せず、一定の基準を満たすものとして国により登録された者に拡大するとともに、当該機関に対する国の関与の見直し等が行われた。

　改正法は、平成15年6月20日に平成15年法律第99号として公布、平成15年7月20日から施行された。

(3) 平成25年（罰則の引き上げ及び広告に関する規制の強化等）

　希少野生動植物種は、その希少性から高額で取引される場合があるが、これらの個体等の違法な国内流通に対する罰則は、違法取引から得られる利益に比べて小さく、違反を抑制するためには十分とはいえない現状にあった。そのため、量刑の上限の引き上げが行われた。

　また、希少野生動植物種の個体等を販売又は頒布をする目的で陳列することは禁止されていたが、インターネット上又は紙媒体で広告することも一般的に広く行われるようになってきたことから、広告についても、陳列と同等に譲渡し等につながる行為であるものとして規制の対象とされた。

　その他、登録票の記載事項の変更に係る変更登録及び書換交付の手続、占有者の住所等の変更があった場合の届出並びに登録区分を変更した場合の登録票の返納に関する規定の新設、認定保護増殖事業等を行う場合の譲渡し等に係る規制の特例の追加、目的規定への「生物の多様性の確保」の追加が行われた。

　改正法は平成25年6月12日に平成25年法律第37号として公布され、認定保護増殖事業等の特例及び目的規定の追加については公布日から、罰則の引き上げについては平成25年7月2日から、その他の規定は平成26年6月1日からそれぞれ施行されている。

(4) 平成29年（特定第二種国内希少野生動植物種制度、認定希少種保全動植物園等制度の創設、国際希少野生動植物種の登録制度の強化及び特別国際種事業者の登録制度の創設等）

平成25年法改正時の改正法附則第7条及び衆参両院の附帯決議に基づき、法律全般にわたる見直しが行われた。主な改正点は下記の通りである。改正法は、平成29年6月2日に、平成29年法律第51号として公布され、平成30年6月1日から施行された。

① 特定第二種国内希少野生動植物種制度の創設

特に二次的自然に分布する種を想定し、国内希少野生動植物種のうち、販売・頒布等の目的での捕獲等、譲渡し等及び陳列・広告のみを規制する「特定第二種国内希少野生動植物種」という類型が新たに設けられた。

② 認定希少種保全動植物園等制度の創設

希少種の保護増殖という点で、一定の基準を満たす動植物園等を認定し、認定された動植物園等が計画に従って行う希少野生動植物種の譲渡し等については規制を適用しないこととする「認定希少種保全動植物園等制度」が創設された。

③ 国際希少野生動植物種の登録制度の強化

国際希少野生動植物種の個体等のうち、生きている個体の登録に有効期限を設けることによる更新制が導入された。また、実務上可能かつ必要な種については登録に際して個体識別措置が義務付けられた。

④ 特別国際種事業者の登録制度の創設

特定器官等であって、特定国際種事業の対象であるもののうち、ぞう科の牙及びその加工品を新たに「特別特定器官等」に区分した上で、その譲渡し又は引渡しの業務を伴う事業を行う者については、「特別国際種事業者」の登録を受けなければならないこととされた。

⑤ その他

生息地等保護区の指定を促進するための制度改正、保護増殖事業に係る土地への立入り等の規定の新設、希少野生動植物種保存基本方針に定める事項への国内希少野生動植物種の提案募集制度等の追加、希少野生動植物種の指定等に係る手続きの変更、違法捕獲等及び譲渡し等に係る措置命令規定の新設、特定国内種事業者、特定国際種事業者及び特別国際種事業者の公表等に係る制度新設、一部の罰則の強化等が行われた。

【参考 法制定・改正の経緯】

・平成4年法律第75号（制定）
・平成6年法律第52号（器官及び加工品の規制の追加等）
・平成9年法律第59号（外国為替及び外国貿易管理法の一部改正による改正（法律の題名の改正に伴う語句修正））
・平成11年法律第87号（地方分権の推進を図るための関係法律の整備等に関する法律による改正（国等の機関との協議に関する条文修正））
・平成11年法律第160号（中央省庁等改革関係法施行法による改正（環境省設置等に伴う語句修正））
・平成15年法律第99号（登録・認定関係事務を行うことができる者の範囲の拡大等）

・平成16年法律第84号（行政事件訴訟法の一部を改正する法律による改正（不服請求期間の延長））
・平成17年法律第33号（環境省設置法の一部を改正する法律による改正（地方環境事務所への権限委任））
・平成17年法律第87号（会社法の施行に伴う関係法律の整備等に関する法律による改正（親法人等に関する条文修正））
・平成23年法律第105号（地域の自主性及び自立性を高めるための改革の推進を図るための関係法律の整備に関する法律による改正（地方自治体の協議に関する条文修正））
・平成25年法律第37号（罰則の引き上げ及び広告に関する規制の強化等）
・平成26年法律第69号（行政不服審査法の施行に伴う関係法律の整備等に関する法律による改正（審査請求に関する条文修正））
・平成29年法律第41号（学校教育法の一部を改正する法律による改正（専門職大学に関する条文修正））
・平成29年法律第51号（特定第二種国内希少野生動植物種制度、認定希少種保全動植物園等制度の創設、国際希少野生動植物種の登録手続の改善及び特別国際種事業者の登録制度の創設等）

3　我が国における近年の保全施策の展開

　環境省では、平成20年に成立した生物多様性基本法及び平成22年に閣議決定された「生物多様性国家戦略2010」を踏まえ、平成24年に、我が国に生息・生育する絶滅危惧種の現状と保全の取組状況について点検等を行った。また、当該点検等の結果や、平成24年に閣議決定された「生物多様性国家戦略2012-2020」及び平成25年の種の保存法改正に係る国会審議の内容を踏まえて、環境省では、我が国に生息・生育する絶滅危惧種の保全を全国的に推進することを目的として、平成26年に「絶滅のおそれのある野生生物種の保全戦略」（保全戦略）を策定した。
　保全戦略においては、基本的な考え方として、保全の優先度の考え方、種の状況を踏まえた効果的な保全対策の考え方及び環境省における計画的な保全対策実施の考え方について示されるとともに、早急に取り組むべき施策の展開として、平成25年の法改正に係る衆参附帯決議で求められた国内希少野生動植物種の指定目標（2020年までに300種の追加指定）などが位置づけられた。以後、この保全戦略が環境省による保全施策の指針となり、国内希少野生動植物種の追加指定や海洋生物レッドリストの作成など各種保全対策が展開されてきた。
　平成29年の法改正に係る衆参附帯決議においては、保全戦略の内容を「希少野生動植物種保存基本方針」（基本方針）に反映させた上で閣議決定すること等が求められたため、平成30年4月に、改正法及び保全戦略の内容の反映を旨とした基本方針の変更について閣議決定されている。なお、同附帯決議においては、2030年度までに合計700種を国内希少野生動植

物種として指定することを目指すこと等、保全施策の一層の推進に係る様々な措置が求められている。

4 法律の概要（図表Ⅰ-5参照）

(1) 目的

この法律は、野生動植物が、生態系の重要な構成要素であるだけでなく、自然環境の重要な一部として人類の豊かな生活に欠かすことのできないものであることに鑑み、絶滅のおそれのある野生動植物の種の保存を図ることにより、生物の多様性を確保するとともに、良好な自然環境を保全し、もって現在及び将来の国民の健康で文化的な生活の確保に寄与することを目的とする。

(2) 希少野生動植物種保存基本方針の策定

環境大臣は、絶滅のおそれのある野生動植物の種の保存に関する基本構想、希少野生動植物種の選定に関する基本的な事項、国内希少野生動植物種の個体の生息地等の保護に関する事項等について、中央環境審議会の意見を聴いて基本方針として作成し、閣議決定を求めなければならないこととされている。

基本方針は平成4年総理府告示第24号により公表され、以後、平成7年及び平成12年にそれぞれ一部変更した基本方針が公表されている。平成29年の種の保存法改正を踏まえた基本方針の変更は、平成30年3月16日の中央環境審議会答申を踏まえ、同年4月13日に閣議決定され、同年4月17日に公表された。

(3) 希少野生動植物種の指定

この法律では、対象となる種を「希少野生動植物種」として定め、種ごとに各種の規制措置等を講じる仕組みとなっている。

「希少野生動植物種」は、我が国に生息・生育する「国内希少野生動植物種」とワシントン条約や二国間渡り鳥等保護条約等を踏まえ指定された「国際希少野生動植物種」として区分されている。また、国内希少野生動植物種のうち、商業的に個体を繁殖させることができるものは「特定第一種国内希少野生動植物種」に、生息地等の消滅等が認められるが、個体の数が著しく少なくなく、繁殖による個体の数の増加の割合が低くないものは「特定第二種国内希少野生動植物種」にそれぞれ指定することができる。種の指定及び解除は、野生動植物の種に関し専門の学識経験を有する者の意見を聴いた上で、政令で定めることとされている。

このほか、新たに発見される等緊急に保護を要する種については、期間を区切って環境大臣が指定する「緊急指定種」制度がある。

なお、環境大臣は国内希少野生動植物種の選定等について国民からの提案の募集を行うこととされている。

第3章 種の保存法の概要等

図表Ⅰ—5 絶滅のおそれのある野生動植物の種の保存に関する法律の概要（平成4年6月制定・平成5年4月施行）

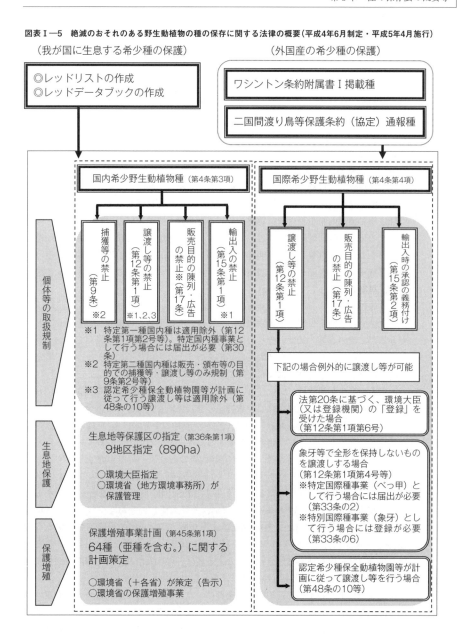

(4) 個体等（個体若しくはその器官又はこれらの加工品）の取扱いに関する規制
　① 捕獲等の規制
　　国内希少野生動植物種及び緊急指定種の生きている個体は、学術研究等の目的で環境大臣の許可を受けた場合等を除き、原則として、その捕獲、殺傷、採取、損傷（捕獲等）が禁止されている。ただし、特定第二種国内希少野生動植物種については、販売又は頒布をする目的以外の目的で行う捕獲等については、規制がかけられていない。
　② 譲渡し等の規制
　　希少野生動植物種の個体等は、原則としてその譲渡し等が禁止されている。ただし、学術研究等の目的で環境大臣の許可を受けた場合、特定第一種国内希少野生動植物種の個体等を譲渡し等する場合、販売若しくは購入又は頒布をする目的以外の目的で特定第二種国内希少野生動植物種の個体等を譲渡し等する場合、特定器官等を譲渡し等する場合（特別国際種事業として譲渡す又は引渡す場合を除く。）、特別国際種事業者がその業務の対象とする特別特定器官等を譲渡す又は引渡す場合、環境大臣（個体等登録機関）の登録を受けた国際希少野生動植物種の個体等の譲渡し等をする場合等は、規制の例外として認められている。
　③ 事業等の規制
　　特定第一種国内希少野生動植物種については、その個体等の譲渡し等を行うことができるが、その譲渡し又は引渡しの業務を伴う事業（特定国内種事業）を行おうとする者は、環境大臣及び農林水産大臣に届出を行うとともに、その取引について所定の事項を記録しておかなければならないこととされている。
　　国際希少野生動植物種については、その器官及びその加工品のうち、我が国において製品の原材料として使用されている特定の種に係るものであって、全形を保持していないもの（特定器官等。現在、象牙やうみがめ科の甲等が該当。）は、種の保存に支障がないか等を考慮して、譲渡し等をすることができることとされている。
　　譲渡し等の管理が特に必要となる特定器官等であり、一定の形態等を有するもの（特別特定器官等。現在、カットピースや印章等の全形を保持していない象牙が該当。）の譲渡し又は引渡しの業務を伴う事業（特別国際種事業）を行おうとする者は、環境大臣及び特別国際種関係大臣（経済産業大臣）の登録を受けなければならず、また、特別特定器官等以外の特定器官等であって、一定の形態等を有するもの（現在、全形を保持していないうみがめ科の甲が該当。）の譲渡し又は引渡しの業務を伴う事業（特定国際種事業）を行おうとする者は、環境大臣及び特定国際種関係大臣（経済産業大臣）への届出を行わなければならないこととされている。
　　特別国際種事業者及び特定国際種事業者は、当該事業に係る取引について所定の事項を記録しておく必要があり、さらに特別国際種事業者については、一定の大きさかつ重量以上の特別特定器官等を分割等により新たに得た場合について、その特別特定

器官等の入手の経緯等に関し必要な事項を記載した管理票を作成しなければならないこととされている。

なお、適正に入手した原材料（現在、象牙が該当。）から一定の製品を製造した者は、その旨の認定を受けることができることとし、これを証する標章の交付を受けることができることとされている。

④　輸出入の規制

特定第一種国内希少野生動植物種以外の国内希少野生動植物種の個体等は、国際的に協力して学術研究をする目的でするもの等の要件に該当する場合を除き、原則として輸出入が禁止されている。

希少野生動植物種を輸出入しようとする者は、外国為替及び外国貿易法の規定による輸出入の承認を受ける義務を課せられることとされている。また、この承認を受けないで個体等が輸入されたときは、環境大臣又は経済産業大臣は、輸入者又はそれを知りながら輸入者から譲り受けた者に対し、輸出国又は原産国に返送を命ずることができることとされている。

⑤　陳列又は広告の禁止

希少野生動植物種の個体等は、販売又は頒布をする目的での陳列又は広告が原則として禁止されている。ただし、特定第一種国内希少野生動植物種の個体等や特定器官等（特別特定器官等を除く。）などのほか、特別国際種事業者が特別特定器官等について行う場合については、例外として認められている。

(5)　生息地等の保護に関する規制

国内希少野生動植物種については、その生息・生育環境を保持するため、必要に応じ生息地等保護区を指定することができることとされている。

生息地等保護区は、①特にその種の生息・生育にとって重要な区域であって、その種の生態や生息環境等の特性から特に規制の必要の高い区域である「管理地区」及び②その他の区域である「監視地区」の2種類に区分される。

管理地区では、工作物の設置や木竹の伐採、土地の形状変更等の行為を行おうとする場合、環境大臣の許可が必要とされている。

一方、監視地区は、より緩やかな規制でも生息環境等が維持できるような生息地や管理地区の緩衝地帯として必要な地域であり、工作物の設置や木材の伐採、土地の形状変更等の行為を行おうとする場合、環境大臣への届出が必要とされている。

このほか、管理地区内では、特別に厳重な保護が必要な場合には、土地所有者の同意を得た上で人の立入りを制限する「立入制限地区」の指定ができることとされている。

生息地等保護区の管理を適切に行うために、指定に際しては、生息環境等を保全及び管理するための「区域の保護に関する指針」を定めるとともに、指定に当たって、地元の理解と協力を得るため、必要に応じ、住民や利害関係人の意見を聴くための公聴会を開催し、さらに関係地方公共団体の意見を聴くこととしている。また、関係行政機関と

I 総論

の協議を通じ、他の公益との調整にも配慮していくこととしている。
(6) 保護増殖事業
　　種の保存法に基づく保護増殖事業は、国内希少野生動植物種のうち、その個体数の維持・回復を図るために捕獲や譲渡の規制だけでなく、その個体の繁殖の促進又はその生息地等の整備等の保護増殖に係る事業を推進することが必要な種を対象として実施する。具体的には、給餌、巣箱の設置、飼育下の繁殖、生息環境等の整備などの事業を積極的に推進していくこととしている。
　　保護増殖事業については、あらかじめ環境大臣及び保護増殖事業を行おうとする国の行政機関の長が中央環境審議会の意見を聴いて、保護増殖事業計画を策定した上で、環境省及びその他の省庁が実施するとともに、地方公共団体又は民間団体も環境大臣の確認又は認定を受けて実施できることとされている。
　　なお、国が実施する保護増殖事業及び認定又は確認を受けた保護増殖事業として実施する行為については、捕獲等の規制、譲渡し等の規制及び生息地等保護区における行為規制の適用が除外されることとされている。
(7) 認定希少種保全動植物園等
　　希少野生動植物種の生息・生育状況の悪化に伴って、生息域外保全の重要性が増大しており、こうした取組みを進めていくためには、絶滅危惧種の生息域外保全に取り組んでいる動物園、植物園、水族館、昆虫館及びこれらに類するもの（動植物園等）と協力しつつ、増殖を進めていくことが必要であり、そのためには動植物園等の活動を後押ししていくことが必要である。このため、一定の基準を満たす動植物園等を環境大臣が「認定希少種保全動植物園等」として認定し、当該認定希少種保全動植物園等が飼養等及び譲渡し等の計画に従って行う希少野生動植物種の譲渡し等については、譲渡し等の規制の適用が除外されることとされている。
(8) その他
　　種の保存を図っていくためには、国民の種の保存の重要性への理解と積極的な協力が不可欠である。このため、本法では種の保存に熱意と識見を有する者を希少野生動植物種保存推進員に委嘱し、名誉職として、普及啓発や生息状況の調査等の活動に携わっていただくこととしている。
　　また、本法に違反した者に対する処分等を機動的に実施するため、環境省の職員を希少野生動植物種保存取締官に任命することができることとされている。

II

各 論

Ⅱ 各論

第1章　総則

1　目的

「絶滅のおそれのある野生動植物の種の保存に関する法律」（平成4年法律第75号。以下「種の保存法」又は「法」という。）は、「絶滅のおそれのある野生動植物の種の保存」を図ることにより、「生物の多様性を確保」するとともに「良好な自然環境を保全」し、「国民の健康で文化的な生活の確保に寄与」することを目的としている。

平成25年の法改正時に、法目的に「生物の多様性を確保する」旨が追加され、絶滅のおそれのある野生動植物の種の保存を図ることが、良好な自然環境の保全のみならず、生物の多様性の確保にもつながることが明確化された。

> （目的）
> 第1条　この法律は、①野生動植物が、生態系の重要な構成要素であるだけでなく、自然環境の重要な一部として人類の豊かな生活に欠かすことのできないものであることに鑑み、絶滅のおそれのある野生動植物の②種の保存を図ることにより、生物の多様性を確保するとともに、良好な自然環境を保全し、もって現在及び将来の国民の健康で文化的な生活の確保に寄与することを目的とする。

〔改正〕一部改正＝平25年6月法律37号

【解釈】
① 「野生動植物」（第1条）
　自然界に生息又は生育する動物又は植物を指し、当該個体がもともと飼育・栽培下にあったかどうかを問わない。
② 「種の保存」（第1条）
　種の「保存」とは、現在において存在する種をそのまま残すことを意味している。これに対して、個体又は生息地・生育地の「保護」とは、それらの存続を危うくする人為的な要因を排除し、それらの存続を確保するための手だてを講ずることを意味する。

2　責務

国は、絶滅のおそれのある野生動植物の種の保存のために、総合的な施策を策定し、及び実施する責務を有している。これに対し、地方公共団体は、その区域内に絶滅のおそれのある野生動植物の種が生息又は生育している場合に、その区域内においてその種を保存するための施策を策定し、又は実施するよう努める責務を有している。これは、絶滅のおそれのあ

る種がすべての地方公共団体に生息し、又は生育しているとは限らないこと、また、絶滅のおそれのある種の状況は我が国全体の状況から判断され、その保護のためには全国的な措置を講ずることが必要であることから、地方公共団体においては国の施策とは異なり必ずしも総合的な施策とはならないため、「その区域内の自然的社会的諸条件に応じて」という限定がかけられているものである。また、国民は、国又は地方公共団体が絶滅のおそれのある野生動植物の種を保存するための施策を講じていることを前提として、それらの施策に協力する責務を有することとしている。

　近年、野生動植物の生息・生育状況の悪化に伴い、国際的にも生息域外保全の重要性がより高まるとともに、生息域外保全に実績を有しており、また、調査研究や環境教育・普及啓発の担い手となる動植物園等の役割がより一層重視されてきている。このため、平成29年の法改正により、動植物園等を設置し、又は管理する者は、国又は地方公共団体が行う施策に協力する等絶滅のおそれのある野生動植物の種の保存に寄与するよう努めなければならないとする旨の責務規定が新たに追加された。

（責務）
第2条　国は、野生動植物の種（①亜種又は変種がある種にあっては、その亜種又は変種とする。以下同じ。）が置かれている状況を常に把握し、絶滅のおそれのある野生動植物の種の保存に関する科学的知見の充実を図るとともに、その種の保存のための総合的な施策を策定し、及び実施するものとする。
2　地方公共団体は、その区域内の自然的社会的諸条件に応じて、絶滅のおそれのある野生動植物の種の保存のための施策を策定し、及び実施するよう努めるものとする。
3　②動物園、植物園、水族館その他野生動植物の飼養又は栽培（以下「飼養等」という。）及び展示を主たる目的とする施設として環境省令で定めるもの（以下「動植物園等」という。）を設置し、又は管理する者は、動植物園等が生物の多様性の確保に重要な役割を有していることに鑑み、前2項の国及び地方公共団体が行う施策に協力することにより、絶滅のおそれのある野生動植物の種の保存に寄与するよう努めなければならない。
4　国民は、第1項及び第2項の国及び地方公共団体が行う施策に協力する等絶滅のおそれのある野生動植物の種の保存に寄与するように努めなければならない。

〔改正〕一部改正＝平25年6月法律37号・29年6月51号
〔委任〕第3項の「環境省令」＝規則1の3

【解釈】
①「亜種又は変種がある種にあっては、その亜種又は変種とする。以下同じ。」（第2条第1項）

絶滅のおそれのある野生動植物の種の保存のための施策を講ずる際に、原則として種単位で検討することとし、亜種又は変種があるものについてはその亜種又は変種単位で検討することを定めたものであり、種よりも広い「属」や亜種又は変種よりも狭い「品種」単位では検討しない旨が定められている。

また、「絶滅のおそれのある野生動植物の種の保存に関する法律施行令」(平成5年政令第17号。施行令）第1条に明記されている通り、生物学的には「種」には亜種、変種が含まれることは当然であり、種単位で希少野生動植物種に指定されている場合、その亜種、変種又は品種についても規制等の対象となる。一部の国際希少野生動植物種については、施行令別表第2（p.378参照）において、「(…変種××を含む。)」「(…品種××を含む。)」と付記されている（例えば、別表第2表2第2(8)3など）が、これは、国際的にその種の中に含まれている変種等について、変種等でありながらその種の中に含まれていないかのような誤解を受けている向きがあったため、「絶滅のおそれのある野生動植物の種の国際取引に関する条約」(昭和55年条約第25号。ワシントン条約）附属書に注釈的に当該変種等が種に含まれていることが付記されたことを受け、それを施行令に反映したものである。

＜参考＞
（国内希少野生動植物種等）
施行令第1条　絶滅のおそれのある野生動植物の種の保存に関する法律（以下「法」という。）第4条第3項の国内希少野生動植物種は、別表第1に掲げる種（亜種又は変種を含む。以下同じ。）とする。

② 「動物園、植物園、水族館その他野生動植物の飼養又は栽培（以下「飼養等」という。）及び展示を主たる目的とする施設として環境省令で定めるもの（以下「動植物園等」という。）」(第2条第3項)

社会通念上、動物園、植物園及び水族館とその事業や施設の態様等が共通すると考えられる施設を指し、具体的には、「絶滅のおそれのある野生動植物の種の保存に関する法律施行規則（平成5年総理府令第9号。施行規則）第1条の3において、「昆虫館又は動物園、植物園、水族館若しくは昆虫館に類する施設（野生動植物の生きている個体の販売若しくは貸出し又は飲食物の提供を主たる目的とするものを除く。）」と規定されている。このため、社会通念上、動物園、植物園、水族館又は昆虫館とその事業や施設の態様等が共通すると考えられる施設は「動植物園等」に含まれるものの、一般公衆向けの展示を行わない大学等の研究機関の施設、動植物の生体の販売を行うペットショップやその貸出しをする会社の飼育施設のほか、いわゆる動物カフェ等の施設は「動植物園等」には含まれない。また、野生動植物の飼養等及び展示とともに生体の販売・貸出し又は飲食の提供を行っている施設については、その事業や施設の態様等を総合的に勘案し、飼養等及び展示よりも、販売・貸出し又は飲食の提供を主たる目的とした施設であると判断されれば、「動植物園等」には含まれない。

3 財産権の尊重

　絶滅のおそれのある野生動植物の種の保存は、法第2条において国、地方公共団体、動植物園等及び国民の責務が規定されるとともに、法第7条及び法第34条において個体等の所有者等の義務及び土地の所有者等の義務が規定されるなど、生物多様性保全上の基本的施策であり、重要な公益である。一方で、種の保存法による土地利用の制限や捕獲等・譲渡し等の行為規制等が国民の生活に大きな影響を与える可能性があることから、法の適用に当たって日本国憲法が保障する国民の財産権を尊重し、住民生活等の安定等に配慮するとともにその他の公益との調整に留意すべきであることを明らかにしたものである。

> **（財産権の尊重等）**
> **第3条**　この法律の適用に当たっては、関係者の所有権①その他の財産権を尊重し、住民の生活の安定及び福祉の維持向上に配慮し、並びに国土の保全その他の公益との調整に留意しなければならない。

〔参照条文〕「所有権」＝民法206　「財産権」の尊重＝昭21年11月憲法「日本国憲法」29

【解釈】
① 「その他の財産権」（第3条）
　所有権以外の賃借権、地上権、地役権、鉱業権、採石権あるいは入会権、漁業権等の一切の経済的な権利を含むと解される。

4 希少野生動植物種保存基本方針

　希少野生動植物種保存基本方針は、種の保存法の実施についての基本的な指針について定めたものであり、中央環境審議会の意見を聴いた上で、閣議決定することとしている。基本的な指針を明らかにすることにより、種の保存法を円滑に施行すること等を意図したものである。
　平成29年の法改正時に、新たに創設した制度に関する基本的な考え方を記載するため、基本方針において定める事項として、「国内希少野生動植物種に係る提案の募集に関する基本的な事項」及び「認定希少種保全動植物園等に関する基本的な事項」が追加された。また、「希少野生動植物種保存基本方針」（平成30年環境省告示第38号。基本方針）については、改正法の内容を反映させる必要があったことに加え、中央環境審議会の答申（平成29年1月）及び同改正法案への附帯決議（衆議院・参議院）において「絶滅のおそれのある野生生物種の保全戦略（平成26年4月環境省）」（保全戦略）の内容を反映させた上で閣議決定することが求められていた。このため、平成30年4月13日に、平成29年の改正法及び保全戦略の内容

の反映を旨とした基本方針の変更について閣議決定されている。なお、基本方針の性格上、保全戦略の内容のうち個別の取組事例等については基本方針に取り込まれていない。

> **（希少野生動植物種保存基本方針）**
> **第6条** 環境大臣は、中央環境審議会の意見を聴いて希少野生動植物種の保存のための基本方針の案を作成し、これについて閣議の決定を求めるものとする。
> 2 前項の基本方針（以下この条において「希少野生動植物種保存基本方針」という。）は、次に掲げる事項について定めるものとする。
> 　一　絶滅のおそれのある野生動植物の種の保存に関する基本構想
> 　二　希少野生動植物種の選定に関する基本的な事項
> 　三　国内希少野生動植物種に係る提案の募集に関する基本的な事項
> 　四　希少野生動植物種の個体（卵及び種子であって政令で定めるものを含む。以下同じ。）及びその器官（譲渡し等に係る規制等のこの法律に基づく種の保存のための措置を講ずる必要があり、かつ、種を容易に識別することができるものであって、政令で定めるものに限る。以下同じ。）並びにこれらの加工品（種を容易に識別することができるものであって政令で定めるものに限る。以下同じ。）の取扱いに関する基本的な事項
> 　五　国内希少野生動植物種の個体の生息地又は生育地の保護に関する基本的な事項
> 　六　保護増殖事業（国内希少野生動植物種の個体の繁殖の促進、その生息地又は生育地の整備その他の国内希少野生動植物種の保存を図るための事業をいう。第4章において同じ。）に関する基本的な事項
> 　七　第48条の5第1項に規定する認定希少種保全動植物園等に関する基本的な事項
> 　八　前各号に掲げるもののほか、絶滅のおそれのある野生動植物の種の保存に関する重要事項
> 3 環境大臣は、希少野生動植物種保存基本方針について第1項の閣議の決定があったときは、遅滞なくこれを公表しなければならない。
> 4 第1項及び前項の規定は、希少野生動植物種保存基本方針の変更について準用する。
> 5 環境大臣は、環境省令で定めるところにより、第2項第3号に規定する提案の募集を行うものとする。
> 6 この法律の規定に基づく処分その他絶滅のおそれのある野生動植物の種の保存のための施策及び事業の内容は、希少野生動植物種保存基本方針と調和するものでなければならない。

〔**改正**〕一部改正＝平6年6月法律52号・11年12月160号・29年6月51号
〔**委任**〕第1項の「基本方針」＝平30年4月環告38号「希少野生動植物種保存基本方針」　第2項第4号の「政令で定める」卵及び種子＝令2　「政令で定める」器官＝令3　「政令で定める」加工品＝令4　第5項の「環

境省令」＝規則1の4Ⅰ

5　種の保存法の対象となる種

　種の保存法の対象となる種は、法第4条に規定されている「希少野生動植物種」である。「希少野生動植物種」は、「国内希少野生動植物種」「国際希少野生動植物種」及び「緊急指定種」の3つのカテゴリーに分けられる。
　さらに、「国内希少野生動植物種」のうち、商業的に個体の繁殖をさせることができること等の要件に該当するもの（主に、無性生殖が可能な植物等を想定）については「特定第一種国内希少野生動植物種」、生息地等の消滅等が認められるが、個体の数が著しく少なくなく、繁殖による個体の数の増加の割合が低くないもの（主に、二次的自然に分布する昆虫類、両生類、淡水魚類等を想定）については「特定第二種国内希少野生動植物種」とし、捕獲等・譲渡し等の規制に関し、別の扱いが定められている（**図表Ⅱ─1**参照）。
　希少野生動植物種の指定は、施行令別表（p.366参照）により行われているが、その名称の表記については「学名（ラテン語・アルファベット表記）」によることとしており、「和名」はあくまでも参考（目安）として括弧書きで付記されているに過ぎない。また、一部の国際希少野生動植物種については、我が国の学会等で正式に認められた和名ではないものの、関係者間等で広く呼びならわされた「通称」がある場合には、これを用いている。さらに、和名又は通称がない場合には、学名（ラテン語）のカタカナ表記を括弧書きに付記している。なお、種の保存法制定以降、施行令別表における学名の表記はラテン語のカタカナ表記で行われてきたが、規制対象種を正確に特定する等の規制の実効性の観点から、平成27年の施行令改正時にカタカナ表記からラテン語（アルファベット）表記に改められている。

（定義等）
第4条　この法律において「①絶滅のおそれ」とは、野生動植物の種について、種の存続に支障を来す程度にその種の個体の数が著しく少ないこと、その種の個体の数が著しく減少しつつあること、その種の個体の主要な生息地又は生育地が消滅しつつあること、その種の個体の生息又は生育の環境が著しく悪化しつつあることその他のその種の存続に支障を来す事情があることをいう。
2　この法律において「希少野生動植物種」とは、次項の国内希少野生動植物種、第4項の国際希少野生動植物種及び次条第1項の緊急指定種をいう。
3　この法律において「②国内希少野生動植物種」とは、その個体が本邦に生息し又は生育する絶滅のおそれのある野生動植物の種であって、政令で定めるものをいう。
4　この法律において「③国際希少野生動植物種」とは、国際的に協力して種の保存を図ることとされている絶滅のおそれのある野生動植物の種（国内希少野生動植物種を

II 各論

図表II-1　国内希少野生動植物種の概要について

(2018年12月現在)

絶滅危惧種（3,731種）[規定なし]
環境省が作成しているレッドリストにより選定（科学的な知見に基づく絶滅のおそれを評価）

希少野生動植物種【第4条第2項】
：その個体の存続又は生息・生育に支障を及ぼすおそれのある野生動植物の種で政令で定めるもの
効果：捕獲等の禁止（第9条）、譲渡し等の禁止（第12条）、販売・広告の禁止（第17条）、生息地等保護区の指定（第36条）、保護増殖事業の実施（第45条）

緊急指定種【第5条】

国内希少野生動植物種【第4条第3項】（259種）

特定第一種国内希少野生動植物種【第4条第5項】（35種）

＜人工繁殖が容易な植物を主に指定＞
要件：①商業的な個体の繁殖が可能
　　　②国際的な保存対象種ではない
効果：捕獲等の禁止（第9条）
　　　譲渡し等の事業を行う者の届出（第30条）
　　　生息地等保護区の指定（第36条）
　　　保護増殖事業の実施（第45条）

✓ 商業的に繁殖が可能な種については、流通を確保することにより野生個体の捕獲圧力が弱まることを期待
アツモリソウ、ヤクシマリンドウ、キバナノアツモリソウ、ホテイアツモリソウ、キリシマエビネ、オキナワセッコク、ナンバンカモメラン、ハナシノブ、キタダケソウ、コモチナナバケシダ　等

特定第二種国内希少野生動植物種【第4条第6項】

＜産卵数の多い昆虫等を主に規定＞
要件：①種の個体の主要な生息地等が消滅しつつある又は
　　　　生息等環境が著しく悪化しつつある
　　　②個体数が著しく少ないものでない
　　　③繁殖による個体数の増加割合が低いものでない
　　　④国際的な保存対象種でない
効果：販売・頒布目的での捕獲等の禁止（第9条）
　　　販売・頒布・購入、頒布目的での譲渡し等の禁止（第12条）
　　　販売等を目的とした陳列・広告の禁止（第17条）
　　　生息地等保護区の指定（第36条）
　　　保護増殖事業の実施（第45条）

✓ 産卵数の多い種等については、個体の取扱いの規制ではなく、そのの生息地等保全を進めることが重要

※国際希少野生動植物種【第4条第4項】

✓ 運用上、商業的に個体の繁殖が可能であり、かつ、特定第二種国内希少野生動植物種の要件に該当する種は、原則として国内希少野生動植物種に指定しない

除く。）であって、政令で定めるものをいう。
5 　この法律において「④特定第一種国内希少野生動植物種」とは、次の各号のいずれにも該当する国内希少野生動植物種であって、政令で定めるものをいう。
　一　商業的に個体の繁殖をさせることができるものであること。
　二　国際的に協力して種の保存を図ることとされているものでないこと。
6 　この法律において「⑤特定第二種国内希少野生動植物種」とは、次の各号のいずれにも該当する国内希少野生動植物種であって、政令で定めるものをいう。
　一　種の個体の主要な生息地若しくは生育地が消滅しつつあるものであること又はその種の個体の生息若しくは生育の環境が著しく悪化しつつあるものであること。
　二　種の存続に支障を来す程度にその種の個体の数が著しく少ないものでないこと。
　三　繁殖による個体の数の増加の割合が低いものでないこと。
　四　国際的に協力して種の保存を図ることとされているものでないこと。
7 　環境大臣は、第3項から前項までの政令の制定又は改廃に当たってその立案をするときは、⑥野生動植物の種に関し専門の学識経験を有する者の意見を聴かなければならない。

〔改正〕一部改正＝平11年12月法律160号・29年6月51号
〔委任〕第3項の「政令」＝令1Ⅰ　第4項の「政令」＝令1Ⅱ　第5項の「政令」＝令1Ⅲ
〔参照条文〕「中央環境審議会」＝昭47年6月法律85号「自然環境保全法」13

【解釈】

①「絶滅のおそれ」（第4条第1項）
　第4条第1項において、「絶滅のおそれ」とは、
　(1)　種の存続に支障を来す程度にその種の個体の数が著しく少ないこと
　(2)　その種の個体の数が著しく減少しつつあること
　(3)　その種の個体の主要な生息地又は生育地が消滅しつつあること
　(4)　その種の個体の生息又は生育の環境が著しく悪化しつつあること
　(5)　その他のその種の存続に支障を来す事情があること
をいうとされている。
　上記(1)～(5)については、これらのうち、いずれか1つを満たせば、「絶滅のおそれ」に該当することとなる。
　「絶滅のおそれ」があるとは、その種が野生状態で安定して再生産を重ねていくことが危ぶまれる状態を言い、個体数や生息地又は生育地の状況等をもって判断する。また、あくまでも野生状態を対象としており、飼育下の個体等の生息・生息状況又は生育・生育状況等については、「絶滅のおそれ」の判断の要素に含まれない。

②「国内希少野生動植物種」（第4条第3項）
　国内希少野生動植物種は、その個体が本邦に生息し又は生育する絶滅のおそれのある野生

Ⅱ 各論

動植物種であって、政令で定めるものとされているが、「本邦に生息し又は生育している」とは、ある種の生活環の一時期に我が国に存することが確認されていればよく、全生活環を我が国で過ごすことは必要ない。例えば、夏の一時期に我が国に渡来する渡り鳥であっても本邦に生息する種とされるが、我が国以外の地域で生息又は生育することが確認されている種であってごくまれに我が国で発見されたもの（迷鳥等）は含まれない。また、本邦に生息又は生育することが確認されているならば、本邦以外の地域において生息又は生育しているかどうか、その地域で絶滅のおそれがあるか否かを問わない。一方、本来は本邦に生息又は生育しない種については、海外から導入されたことにより本邦に定着している場合であっても、指定の対象とはならない。

なお、我が国以外の地域においても生息又は生育する種が指定された場合、海外由来の個体であっても、本邦に生息・生育している個体は国内希少野生動植物種としての規制の対象となる。これは、種が同一である場合、海外由来の個体か国内由来の個体かを見分けることが困難であるためである。

「絶滅のおそれ」の評価は、環境省レッドリスト等をもとに、科学的知見に基づき、判断することとなる。なお、あくまでも全国的な見地から評価することとしており、地域的に絶滅のおそれのある種（環境省レッドリストにおける絶滅のおそれのある地域個体群（LP））は指定の対象とはならない。

国内希少野生動植物種は、施行令別表第1に規定されているが、施行令別表第1は表1と表2に分けて掲載されている。施行令別表第1表1（p.366参照）については、種の保存法の制定に伴い廃止された「特殊鳥類の譲渡等の規制に関する法律」（旧法）に基づく「特殊鳥類」に指定されていた種が掲載されたことに始まる（**図表Ⅱ―2参照**）。旧法の廃止後も、渡り鳥等保護条約等の関係規定を担保する必要がある国内希少野生動植物種を表1に整理することとされており、これは、輸出国の政府機関の発行する証明書を添付しなければならないとする旧法の輸入手続を踏襲することとしたものである。施行令別表第1表2（p.368参照）については、これら表1の対象種以外の種が掲載されている。

平成30年5月現在、合計259種が国内希少野生動植物種として指定されている。また、基本方針においては、国内希少野生動植物種の指定に係る考え方のみならず、指定の解除の考え方についても示されている。

<参考>
基本方針
第二　希少野生動植物種の選定に関する基本的な事項
　1　国内希少野生動植物種
　　(1)　国内希少野生動植物種については、その本邦における生息・生育状況が、人為の影響により存続に支障を来す事情が生じていると判断される種（亜種又は変種がある種にあっては、その亜種又は変種とする。以下同じ。）で、次のいずれかに該当するものを選定（絶滅のおそれの

図表Ⅱ—2　希少野生動植物種の指定（種の保存法制定時の状況）

①旧特殊鳥類法からの移行関係

旧特殊鳥類法

日本で絶滅のおそれのある特殊鳥類（43種） アホウドリ、トキ、シジュウカラガン、イヌワシ、ライチョウ、タンチョウ、シマフクロウ、アカヒゲ、ルリカケスなど

新法

国内希少野生動植物種（38種）（注1）

移行しない種（5種）（注2） ダイトウミソサザイ、トリシマウグイスなど

アメリカで絶滅のおそれのある特殊鳥類（65種）（注3） ハワイシロハラミズナギドリ、ハワイガンなど
オーストラリアで絶滅のおそれのある特殊鳥類（46種）（注3） モモグロカツオドリ、コアジサシなど
ロシアで絶滅のおそれのある特殊鳥類（23種） インドガン、コウライアイサなど

国際希少野生動植物種（133種）

②旧ワシントン条約国内取引規制法からの移行関係

ワシントン条約

ワシントン条約 附属書Ⅰ掲載種 （8科 35属 483種）
ゴリラ、ジャイアントパンダ、トラ、アフリカゾウ、コンゴウインコ、アジアアロワナ、ルソンカラスアゲハ、サボテン（一部）、ラン（一部）など
我が国の留保種 タイマイ、クジラ類6種 （注5）

旧国内取引規制法

希少野生動植物種 （6科 30属 474種）
（除外） クマ、ウミガメ等
我が国の留保種 タイマイ、クジラ類6種 （注5）

新法

国際希少野生 動植物種 （6科 33属 482種）（注1、4）
※国内産のクマ、ウミガメ等については、規制を適用除外
我が国の留保種 タイマイ、クジラ類6種 （注5）

注1　ワシントン条約附属書Ⅰ掲載種のうち、6種は国内希少野生動植物種として指定。
　2　移行しない理由は次のとおり。
　　　ダイトウミソサザイ：すでに絶滅
　　　トリシマウグイス：亜種ウグイスと同亜種とする考え方が一般的
　　　オオハヤブサ、シベリアハヤブサ：迷鳥
　　　ヤエヤマシロガシラ：近年の分布域の拡大、生息環境からみて、差し迫った絶滅のおそれがないと考えられる。
　3　アメリカとオーストラリアについては、通報種が1種重複。
　4　外国産特殊鳥類とワシントン条約附属書Ⅰ掲載種は24種重複しており、重複種を除くと458種。
　5　留保しているクジラ類6種は、マッコウクジラ、イワシクジラ、ナガスクジラ、ミンククジラ、ツチクジラ及びニタリクジラ。

Ⅱ 各論

ある野生動植物の種の保存に関する法律(平成4年法律第75号。以下、第八を除き「法」という。)に基づく指定ではなく、同法に基づき指定すべき種の選定を指す。以下同じ。)する。
　ア　その存続に支障を来す程度に個体数が著しく少ないか、又は著しく減少しつつあり、その存続に支障を来す事情がある種
　イ　全国の分布域の相当部分で生息地等が消滅しつつあることにより、その存続に支障を来す事情がある種
　ウ　分布域が限定されており、かつ、生息地等の生息・生育環境の悪化により、その存続に支障を来す事情がある種
　エ　分布域が限定されており、かつ、生息地等における過度の捕獲又は採取により、その存続に支障を来す事情がある種
(2)　国内希少野生動植物種の選定に当たっては、次の事項に留意する。
　ア　外来種は、選定しないこと。
　イ　従来から本邦にごくまれにしか渡来又は回遊しない種は、選定しないこと。
　ウ　個体としての識別が容易な大きさ及び形態を有する種を選定すること。
(3)　国内希少野生動植物種に指定された種について、個体数の回復等により、(1)に掲げる事項に該当しなくなったと認められるものは、国内希少野生動植物種の指定を解除する。
　　その指定解除についての検討は、絶滅のおそれがなくなった状態が一定期間継続している種について行い、解除による当該種への影響、特に解除による個体数減少の可能性について十分な検証に努める。また、解除後は、生物学的知見に基づき再び絶滅のおそれが生じたと判断される場合には、国内希少野生動植物種に選定することを検討する。

③「国際希少野生動植物種」(第4条第4項)
　国際条約等に基づいてその保存を図ることとされている絶滅のおそれのある野生動植物の種を想定しており、基本方針において、ワシントン条約附属書Ⅰ掲載種(我が国が留保している種を除く)又は渡り鳥等保護条約等に基づき、相手国から通知のあった種を選定することとされている。なお、渡り鳥等保護条約等は、現在、アメリカ、オーストラリア、ロシア及び中国と締結されており、平成30年5月現在、合計217種の通報がなされている。
　国内希少野生動植物種の選定要件と国際希少野生動植物種の選定要件のいずれも該当する種については、より規制の内容が広範かつ強く、保護増殖事業の実施も可能となる国内希少野生動植物種とすることとしている。そのため、一部の種については、ワシントン条約附属書Ⅰと表記が異なる場合がある。例えば、ワシントン条約附属書Ⅰでは、オジロワシは種(*Haliaeetus albicilla*)として掲載されているが、国内希少野生動植物種としては、我が国に生息する亜種(*Haliaeetus albicilla albicilla*)が指定されているため、国際希少野生動植物種としては、残りの亜種である(*Haliaeetus albicilla groenlandicus*)が指定されている。
　なお、国際希少野生動植物種の選定要件に該当し、かつ、緊急指定種の選定要件にも該当する場合には、重複して指定することが可能であり、重複して指定した種の個体等の扱いに関しては、捕獲等、譲渡し等、輸出入及び陳列・広告が原則として禁止されることとなる。

国際希少野生動植物種は施行令別表第2に定められている。このうち、施行令別表第2の表1（p.378参照）に掲載された種は、渡り鳥等保護条約等に基づき、通報のあった種であり、施行令別表第2の表2（p.386参照）に掲載された種は、ワシントン条約附属書Ⅰ掲載種である。ワシントン条約においては、商業目的で繁殖させた個体等、条約適用前に取得された個体等又は特定の地域個体群に係る種の個体等は一定の条件の下での商業目的の流通が認められていることから、種の保存法においてもこれらの個体等については商業目的の流通を認めることとし、法第20条による登録制度が設けられている。あくまでもワシントン条約を補完する制度であるため、登録制度の対象は、施行令第8条により、施行令別表第2の表2に掲載されているワシントン条約附属書Ⅰ掲載種に限られている。渡り鳥等保護条約等の通報種とワシントン条約附属書Ⅰ掲載種の双方に該当する場合は、より規制が強い施行令別表第2の表1に掲載されている。そのため、国内希少野生動植物種の場合と同様に、施行令別表第2の表2の一部の種については、ワシントン条約附属書Ⅰと表記が異なる場合がある。

平成30年5月現在、合計790分類が国際希少野生動植物種として指定されている。

＜参考＞
基本方針
第二 希少野生動植物種の選定に関する基本的な事項
　2　国際希少野生動植物種
　　　国際希少野生動植物種については、国内希少野生動植物種以外の種で、次のいずれかに該当するものを選定する。
　　ア　「絶滅のおそれのある野生動植物の種の国際取引に関する条約」（以下「ワシントン条約」という。）附属書Ⅰに掲載された種。ただし、我が国が留保している種を除く。
　　イ　我が国が締結している渡り鳥及び絶滅のおそれのある鳥類並びにその環境の保護に関する条約又は協定（以下「渡り鳥等保護条約」という。）に基づき、相手国から絶滅のおそれのある鳥類として通報のあった種

---

④「特定第一種国内希少野生動植物種」（第4条第5項）

　特定第一種国内希少野生動植物種は、観賞用の植物など自然界においては個体数が減少し、絶滅のおそれがあるが、商業的な繁殖が可能であり、観賞用植物等の市場に流通している種を想定している。このような種の個体の繁殖そのものは、第一に個体数の直接的な増加であること、第二に繁殖された個体が流通することにより個体の市場価値が下がり、野生の個体の捕獲・採取圧力を弱める効果を期待できること、から容認すべきであると考えられる。よって、法第4条第5項第1号でいう「商業的に個体の繁殖をさせることができる」とは、実験室レベルでの技術では不十分であり、実用化されていることが必要である。また、そのような技術の確立が確認されていれば、必ずしも実際に市場で流通している必要はない。

Ⅱ 各論

　ただし、国際希少野生動植物種の選定要件に該当する種については、商業的に個体の繁殖をさせることが可能な種であっても、特定第一種国内希少野生動植物種とはしないこととされている（法第4条第5項第2号）。
　平成30年5月現在、合計35種が特定第一種国内希少野生動植物種として指定（施行令別表第3（p.413参照））されているが、現在の指定はすべて植物となっている。一部の昆虫類や魚類等については、比較的飼育下での繁殖が容易なものもあるが、累代飼育による悪影響や近交弱勢等も考慮し、個別の種の状況に応じて指定の適否は慎重に判断される必要がある。

＜参考＞
基本方針
第二　希少野生動植物種の選定に関する基本的な事項
　3　特定第一種国内希少野生動植物種
　　　特定第一種国内希少野生動植物種については、国内希少野生動植物種のうち、商業的に個体の繁殖をさせることが可能な種を選定する。ただし、その国内希少野生動植物種が、ワシントン条約附属書Ⅰに掲載された種（我が国が留保している種を除く。）又は渡り鳥等保護条約に基づき、相手国から絶滅のおそれのある鳥類として通報のあった種に該当する場合には、商業的に個体の繁殖をさせることが可能な種であっても、特定第一種国内希少野生動植物種には選定しない。

⑤「**特定第二種国内希少野生動植物種**」（第4条第6項）
　我が国においては、多くの絶滅危惧種が里地里山等の二次的自然に依存している。そうした二次的自然に分布する昆虫類、両生類、淡水魚類等の種については、自然界においては個体数が減少し、絶滅のおそれがあるものの、多産であり、生息・生育地の環境改善がなされれば速やかに個体数の回復が見込めるものが多い。このような種の保存のためには、生息・生育地の減少又は劣化への対策が有効であり、個体数が著しく少なくなければ、個体の捕獲等及び譲渡し等を規制することは必ずしも優先度は高くない。一方で、販売業者等の大量捕獲等がなされた場合には種の存続に支障を来すおそれがある。このため、これらの種については、学術研究や繁殖、環境教育、保全活動等の商業目的以外の目的での個体の捕獲等、譲渡し等及び陳列・広告については規制せず、商業目的での捕獲等、譲渡し等及び陳列・広告に限って規制することが適切である。
　こうした趣旨から、平成29年の法改正によって販売又は頒布等の目的での捕獲等、譲渡し等及び陳列・広告のみを規制する「特定第二種国内希少野生動植物種」制度が創設された（このことに伴い、従来の「特定国内希少野生動植物種」の名称が、「特定第一種国内希少野生動植物種」と変更された。）。
　特定第二種国内希少野生動植物種の指定要件として、下記の4つが法に規定されている。
(1)　種の個体の主要な生息地若しくは生育地が消滅しつつあるものであること又はその種の

個体の生息若しくは生育の環境が著しく悪化しつつあるものであること
(2) 種の存続に支障を来す程度にその種の個体の数が著しく少ないものでないこと
(3) 繁殖による個体の数の増加の割合が低いものでないこと
(4) 国際的に協力して種の保存を図ることとされているものでないこと

「絶滅のおそれ」は法第4条第1項に規定されているが、特定第二種国内希少野生動植物は、要件(1)において生息・生育地の荒廃等に起因して絶滅のおそれが生じている種を対象としている。具体的には、開発等、里地里山における管理放棄、外来種の侵入等により、生息・生育地が消滅したり、生息・生育状況が悪化している種が想定される。

また、多産な種についても、個体数が著しく少ない場合には、少数の捕獲等であっても種の存続に大きな影響を与え得るため、要件(2)において個体数が著しく少なくない種を対象としている。昆虫類、両生類、淡水魚類など、多産であり個体のサイズが比較的小さく、面積当たりの個体数は一定程度残存している種については、我が国全体で見ると生息が極めて限られているものの、限られた生息地に数千程度の個体数が維持されている場合があり、こういった種が対象として想定される。

要件(3)で多産な種を対象としている。昆虫類、両生類、淡水魚類などは、数十〜数千程度の卵を産むため、生息地の環境改善に伴い速やかに個体数の回復が見込める。

要件(4)は特定第一種国内希少野生動植物種と同様、国際希少野生動植物種の選定要件に該当する種については、要件(1)〜(3)に該当する場合であっても、特定第二種国内希少野生動植物種には指定しないこととしている。

なお、概念上は特定第一種国内希少野生動植物種と特定第二種国内希少野生動植物種の指定要件の双方に該当する場合が想定され得るが、その場合は、商業的な流通が容認可能であり、かつ、捕獲等についても厳密に規制する必要性が低い種であることから、種の保存の観点から規制すべき行為がごく限られているため、原則として国内希少野生動植物種の指定の対象としない。

なお、特定第二種国内希少野生動植物種のうち、生息・生育地の減少又は劣化への対策が有効な種については、必要に応じて生息地等保護区や保護増殖事業をはじめとする関連制度・事業の活用を積極的に検討する。

＜参考＞
基本方針
第二 希少野生動植物種の選定に関する基本的な事項
　　4　特定第二種国内希少野生動植物種
　　　　特定第二種国内希少野生動植物種については、国内希少野生動植物種のうち、次のいずれにも該当するものを選定する。
　　　ア　第二1(1)イ又はウに該当する種
　　　イ　その存続に支障をきたす程度に個体数が著しく少ないものでない種

Ⅱ 各論

　　ウ　生息・生育の環境が良好に維持されていれば、繁殖による速やかな個体数の増加が見込まれる種
　　エ　ワシントン条約附属書Ⅰに掲載された種（我が国が留保している種を除く。）及び渡り鳥等保護条約に基づき、相手国から絶滅のおそれのある鳥類として通報のあった種以外の種

⑥「野生動植物の種に関し専門の学識経験を有する者の意見を聴かなければならない」（第4条第7項）

　国内希少野生動植物種及び国際希少野生動植物種並びに特定第一種国内希少野生動植物種及び特定第二種国内希少野生動植物種を指定するための政令の制定・改廃に当たっては、科学的知見を基に検討をする必要があることから、野生動植物の種に関し専門の学識経験を有する者からの意見聴取を義務としている。

　なお、法制定当時は、希少野生動植物種の指定に伴う行為規制及び当該規制の解除により、社会にどのような影響が生じるかが不透明であったことから、緊急指定種を除き、幅広い観点から議論がなされる中央環境審議会の意見を聴いた上で種の指定又は指定の解除を進めていくこととされていた。

　一方で、国内希少野生動植物種の新規指定の加速化とそれに伴う多様な分類群における国内希少野生動植物種の指定が行われてきていることを踏まえ、より多様な分類群に関する科学的知見を有する者による常設の科学委員会において種指定等の検討を行うことが適切とされた。そのため、平成29年の法改正により、国内希少野生動植物種、国際希少野生動植物種、特定第一種国内希少野生動植物種及び特定第二種国内希少野生動植物種の指定又はその指定の解除をする際には、中央環境審議会ではなく、野生動植物の種に関し専門の学識経験を有する者の意見を聴くこととされた。

（緊急指定種）
第5条　環境大臣は、国内希少野生動植物種及び国際希少野生動植物種以外の野生動植物の種の保存を特に緊急に図る必要があると認めるときは、その種を①緊急指定種として指定することができる。
2　環境大臣は、前項の規定による指定（以下この条において「指定」という。）をしようとするときは、あらかじめ関係行政機関の長に協議しなければならない。
3　指定の期間は、3年を超えてはならない。
4　環境大臣は、指定をするときは、その旨及び指定に係る野生動植物の種を官報で公示しなければならない。
5　指定は、前項の規定による公示の日の翌々日からその効力を生ずる。
6　環境大臣は、指定の必要がなくなったと認めるときは、指定を解除しなければならない。
7　第2項、第4項及び第5項の規定は、前項の規定による指定の解除について準用する。

> この場合において、第5項中「前項の規定による公示の日の翌々日から」とあるのは、「第7項において準用する前項の規定による公示によって」と読み替えるものとする。

〔改正〕一部改正＝平11年12月法律160号
〔委任〕第1項の「緊急指定種」＝平29年9月環告68号「絶滅のおそれのある野生動植物の種の保存に関する法律第5条第1項の規定に基づく緊急指定種の指定」

【解釈】
① 「緊急指定種」（第5条第1項）
　国内希少野生動植物種の指定に当たっては、生物学的なデータに基づく科学的な判断が必要であるが、新種の発見の場合など生物学的なデータの蓄積を待っていては、乱獲が進んでしまうことがあり得る。
　緊急指定種の指定は、このような場合に、3か年に限り、捕獲等、譲渡し等及び輸出入を規制する緊急避難的措置である。これまでに、平成6年にワシミミズク、イリオモテボタル、クメジマボタル、平成20年にタカネルリクワガタ、平成29年にケラマトカゲモドキをそれぞれ指定している。
　緊急指定種としての指定は、この指定により捕獲等及び譲渡し等が規制されることとなるため、官報公示があった日に即日効力を発することは、国民の予見可能性を奪いかねないので、公示の日の翌々日から効力を発することとなっている。
　緊急指定種としての指定は緊急避難的措置であり、無制限にこのような状況に置いておくのは不適切であると考えられるため、3年間という期限を設定し、その期間内に生物学的なデータを集積することとされている。
　なお、緊急指定種は緊急避難的措置であるので、その趣旨から更新は想定されていない。3年間の期間満了により、指定の効力は自動的に失われる。しかし、それ以前であっても、その種についての十分な生物学的なデータが集積され、国内希少野生動植物種に移行するか、又は種の保存法の対象外とするかの判断が可能な場合には、緊急指定種の指定を解除した上でそれぞれの措置に必要な手続きをとることとなる。

＜参考＞
基本方針
第二　希少野生動植物種の選定に関する基本的な事項
　　5　緊急指定種
　　　緊急指定種については、本邦に生息又は生育する野生動植物の種で、国内希少野生動植物種及び国際希少野生動植物種以外のもののうち、次のいずれかに該当するものであって、特にその保存を緊急に図る必要があると認められるものを指定する。
　　　ア　分類学上、従来の種、亜種又は変種に属さないものとして新たに報告された種

Ⅱ 各論

　　イ　従来本邦に分布しないとされていたが、新たに本邦での生息又は生育が確認された種
　　ウ　本邦において、すでに絶滅したとされていたが、その生息又は生育が再確認された種
　　　なお、指定に当たっては、第二1(2)に掲げる国内希少野生動植物種の選定に当たっての留意事項と同様の事項に留意する。

6　規制対象となる個体等の範囲

　種の保存法において、規制対象となるのは、希少野生動植物種の個体（卵及び種子であって政令で定めるものを含む。以下同じ。）及びその器官（譲渡し等に係る規制等のこの法律に基づく種の保存のための措置を講ずる必要があり、かつ、種を容易に識別することができるものであって、政令で定めるものに限る。以下同じ。）並びにこれらの加工品（種を容易に識別することができるものであって、政令で定めるものに限る。以下同じ。）である。政令による指定の前から人が所有・占有している希少野生動植物種の個体等についても、指定後は種の保存法の規制が適用されることとなる。

　具体的な内容は、政令で定められることとなるが、その基本的な方針は、基本方針第四の1において定められている。

（希少野生動植物種保存基本方針）
第6条　（略）
2　前項の基本方針（以下この条において「希少野生動植物種保存基本方針」という。）は、次に掲げる事項について定めるものとする。
　一～三　（略）
　四　希少野生動植物種の①個体（卵及び種子であって政令で定めるものを含む。以下同じ。）及びその②器官（譲渡し等に係る規制等のこの法律に基づく種の保存のための措置を講ずる必要があり、かつ、種を容易に識別することができるものであって、政令で定めるものに限る。以下同じ。）並びにこれらの③加工品（種を容易に識別することができるものであって政令で定めるものに限る。以下同じ。）の取扱いに関する基本的な事項
　五～八　（略）
3～6　（略）

〔改正〕一部改正＝平6年6月法律52号・11年12月160号・29年6月51号
〔委任〕第2項第4号の「政令で定める」卵及び種子＝令2　　「政令で定める」器官＝令3　　「政令で定める」加工品＝令4

<参考>
基本方針
第四　希少野生動植物種の個体等の取扱いに関する基本的な事項
　1　個体等の範囲
　　法に基づく規制の対象となるのは、次に掲げるもの（以下「個体等」と総称する。）とする。
　ア　希少野生動植物種の個体並びに種を容易に識別することができる卵及び種子
　イ　希少野生動植物種の器官並びに個体及び器官を主たる原材料として加工された加工品であって、社会通念上需要が生じる可能性があるため、法に基づき種の保存のための措置を講ずる必要があり、かつ、種を容易に識別することができるもの

【解釈】
①「個体（卵及び種子であって政令で定めるものを含む。）」（第6条第2項第4号）
　種の保存法においては、「個体」とは動植物の個体そのもののほかに、卵及び種子も含めて用いている。個体に含まれるものは、①個体（生死を問わない。）、②卵であって政令で定めるもの、③種子であって政令で定めるものである。
　「個体」とは、自然の状態においてその種が通常備えている外形的、生理的構造を有する有機体の全体を指す。法第9条において、「生きている」個体と規定していることからもわかるように、「個体」とはその種に属する動植物の一つひとつを指し、生死を問題としていない。例えば、ある植物の個体とは、根、地下茎、球根、茎、葉、花被等を備えた全体であり、葉や花被のみを個体とは解さない。
　希少野生動植物種の保存のためには、卵及び種子についても規制が必要である。卵及び種子の具体的な指定の考え方としては、国内希少野生動植物種の卵及び種子のうち、卵及び種子自体が採取又は譲渡しの対象となる可能性が高く、これによって種の存続に影響があると認められるものを規制の対象として政令で定めている。そのため、例えば、生息地において、他種の卵等と見分けがつきにくく、採取等の可能性が低いものは、指定していない。なお、「卵及び種子であって政令で定めるもの」については、施行令第2条において定められている。
　平成6年の法改正前においては、「個体、卵及び種子の加工品」も「個体」の概念に含めていたが、改正により個体の器官を新たに規制対象とすることに伴い、概念の整理を行い、一部の「加工品」を「個体」の概念から除くこととした。

②「器官」（第6条第2項第4号）
　平成6年の法改正前においては、個体全体（生きている個体、死体全体の剥製、標本）が規制対象となっていた。しかし、ワシントン条約では個体の一部、派生品までが規制の対象とされている。また、平成4年の法制定時の国会審議においても、衆議院及び参議院から部分及び派生物並びにその加工品まで規制対象とするよう検討すべき旨の附帯決議がなされて

いた。

　このようなことを踏まえ、平成6年の法改正において、「器官及びその加工品」についても規制対象とすることとされた。

　具体的には、社会通念上需要が生じる可能性があるために、種の保存のための措置を積極的に講じる必要があり、かつ、種を容易に識別することができるものを施行令別表第4（p.415参照）において指定している（毛皮、皮、角、牙、羽毛、甲羅、花、幹、茎等を指定）。ただし、施行令別表第4において指定されている器官であっても、譲渡し等するものに含まれる器官の割合がごく限られており種を容易に識別できず、社会通念上需要が生じる可能性がないものについては、規制の対象外と解釈される。例えば、ねこ科の動物の糞には毛が含まれている可能性があるが、糞は譲渡規制の対象外としている。

③「加工品」（第6条第2項第4号）

　平成6年の法改正前においては、全体が判別できる剥製、標本が規制の対象となっていたが、平成6年の法改正により、器官の加工品も規制の対象となった。加工品には、器官を主たる原材料とする製品及び作成過程の加工品を含む。

　「種を容易に識別することができるもの」の解釈については、取引の安全との調和等の観点から、通常の取引形態において外見上種を見分けることができるものをいい、器官を製品の一部にのみ使用していて、種の識別が困難なものは含まれない。ただし、製品に添付された表示、包装、マーク等により種を見分けることができるものは、規制の対象となる。そのため、例えば液体状、錠剤状の医薬品等についてはそれ自体で種を識別することは困難であるが、製品に添付された文書、包装、マーク等により種を見分けることができる場合は、対象に含まれる。これは、ワシントン条約における解釈にならったものである。

　具体的には、施行令第4条及び別表第4（p.415参照）において指定されている（施行令別表第4の上欄に掲げられている科に属する希少野生動植物種の器官及び加工品が規制されるのであって、当該科に属するすべての種の器官及び加工品が規制されるわけではない）。このうち、施行令第4条第1項で規定されている「個体の剥製その他の標本」については、個体全体の剥製その他の標本であり、個体の一部のみの剥製その他の標本は「器官の加工品」としてとらえるべきものである。

　よって、例えば、器官及び器官の加工品が施行令別表第4に掲げられていないかも目の頭部のみの標本や骨格標本は規制対象ではないが、トラの骨格標本は、同種の骨が施行令別表第4に掲げられているため規制対象である。また、しか科の頭部のみの標本は、毛、皮及び角が施行令別表第4に掲げられているので器官の加工品として規制対象であるが、骨格標本で角を含まない場合は規制対象外である。

　なお、全形を保持した皮は、個体の標本の製作過程といえることから、標本として取り扱うこととしている。一方、植物のさく葉標本については例外として規制対象から除かれている。

<参考>
(希少野生動植物種の加工品)
施行令第4条　法第6条第2項第4号の政令で定める加工品は、次に掲げるものとする。
　一　希少野生動植物種の個体の剥製その他の標本(剥製として製作する過程のものを含み、さく葉標本(植物を圧して乾燥させて製作した標本をいう。)を除く。)
　二　別表第4の科名の欄に掲げる希少野生動植物種の科の区分に応じ、それぞれ同表の加工品の欄に定める物品(これらの物品として製造する過程のものを含む。)

Ⅱ 各論

第2章　個体等の取扱いに関する規制 （章名改正＝平6年6月法律52号）

第1節　個体等の所有者の義務等 （節名改正＝平6年6月法律52号）

　希少野生動植物種の個体等の所有者又は占有者については、法第7条において、適当な飼養栽培施設に収容し、個体の生息・生育条件を維持する、器官等を適切な展示施設で展示するなど個体等を適切に取り扱う努力義務が課せられている。また、環境大臣は、希少野生動植物種の保存のため必要と認めるときは、希少野生動植物種の個体等の所有者等に対して、その取扱いに関し必要な助言又は指導をすることができる。

> （個体等の①所有者等の義務）
> 第7条　希少野生動植物種の個体若しくはその器官又はこれらの加工品（以下「個体等」と総称する。）の所有者又は占有者は、希少野生動植物種を保存することの重要性を自覚し、その個体等を適切に取り扱うように努めなければならない。

〔改正〕一部改正＝平6年6月法律52号

【解釈】
① 「所有者等の義務」（第7条）
　希少野生動植物種の個体等の所有者又は占有者は、当該個体等を飼養栽培する場合にあっては適当な飼養栽培施設に収容する等、適切に取り扱うよう努めなければならない。

> （助言又は指導）
> 第8条　環境大臣は、希少野生動植物種の保存のため必要があると認めるときは、希少野生動植物種の個体等の所有者又は占有者に対し、その個体等の取扱いに関し必要な助言又は指導をすることができる。

〔改正〕一部改正＝平6年6月法律52号・11年12月160号

第2節　個体の捕獲等及び個体等の譲渡し等の禁止

　　　　　（節名改正＝平6年6月法律52号）

1　捕獲等の禁止

　法第9条に基づく捕獲等の禁止の対象は、国内希少野生動植物種及び緊急指定種に限定さ

れている。これは、国際希少野生動植物種は、多くは我が国には生息・生育せず、我が国に生息・生育する場合にあっては、その種が我が国において絶滅のおそれがあれば国内希少野生動植物種に指定されることとされ、その保存が図られるためである。また、国際希少野生動植物種については、ワシントン条約により我が国は輸出入管理をする義務を負っているが、本邦の自然界における保護の義務は課せられてはいないため、我が国において絶滅のおそれのない種は、種の保存法による捕獲等の規制の対象外としている。さらに、後述の通り、特定第二種国内希少野生動植物種については販売・頒布等の目的以外の目的で行う捕獲等は規制の対象外とされている。なお、本法による規制以外にも、動植物種によっては、「鳥獣の保護及び管理並びに狩猟の適正化に関する法律」（平成14年法律第88号。鳥獣保護管理法）、「漁業法」（昭和24年法律第267号）、「水産資源保護法」（昭和26年法律第313号）、「文化財保護法」（昭和25年法律第214号）等の他法により捕獲規制等の措置が講じられている場合がある。

　種の保存法は、博物館や実験室のような限られた環境の下で絶滅のおそれのある野生動植物の種の保存を図るための法律ではなく、それらの種が自然界で生息又は生育している状況で保存することを第一義的な目標としている。したがって、自然界からこれらの種の個体を取り去る行為は、個体数を確実に減少させ、直接的な絶滅への圧迫要因となり、厳格に規制すべき行為と評価される。この観点から、国内希少野生動植物種の捕獲及び採取は原則として禁止されているものである。また、仮に自然界から取り去ることはなくても、その種の個体の生息又は生育が困難となるような状態に個体を至らせる行為は、捕獲又は採取と同様に絶滅への圧迫要因となる。したがって、捕獲及び採取だけではなく、殺傷及び損傷も原則として禁止されている。

（捕獲等の禁止）
第9条　国内希少野生動植物種及び緊急指定種（以下この節及び第54条第2項において「国内希少野生動植物種等」という。）の①生きている個体は、②捕獲、採取、殺傷又は損傷（以下「捕獲等」という。）をしてはならない。ただし、次に掲げる場合は、この限りでない。
一　次条第1項の許可を受けてその許可に係る捕獲等をする場合
二　③販売又は頒布をする目的以外の目的で特定第二種国内希少野生動植物種の生きている個体の捕獲等をする場合
三　④生計の維持のため特に必要があり、かつ、種の保存に支障を及ぼすおそれのない場合として環境省令で定める場合
四　⑤人の生命又は身体の保護⑥その他の環境省令で定めるやむを得ない事由がある場合

〔改正〕一部改正＝平11年12月法律160号・29年6月51号

〔委任〕第4号の「環境省令」＝規則1の5
〔参照条文〕国等に関する特例＝法54　罰則＝法57の2①・65①

【解釈】

①「生きている個体」（第9条柱書）

「生きている」とは、生命活動を維持していることを意味している。また、前述の通り、「個体」とは、自然の状態においてその種が通常備えている外形的、生理的構造を有する有機体の全体を指す。したがって、例えば動物の切断された前肢、切断された葉等、細胞の一つひとつが生命活動を維持している場合でも、それらは「生きている個体」には含まれない。同様に、花粉や糞などは規制の対象外となる。しかし、例えば、花粉採取のために花弁等を傷つけることが想定される場合には、捕獲等の規制の対象となる。

なお、自然界から個体を取り去る行為を厳格に規制すべきとする本条の趣旨に鑑み、人の飼育下又は栽培下において繁殖させた個体については、本条の規制の対象外である。しかし、上述の通り、飼育下又は栽培下で繁殖させた個体を野生復帰させた場合等については、捕獲等の規制の対象となる。

②「捕獲、採取、殺傷又は損傷（以下「捕獲等」という。）」（第9条柱書）

「捕獲」とは、生きている動物の個体を自己の支配下に置くことをいい、「採取」とは、生きている動物の個体以外の個体及び植物の個体を自己の支配下に置くことをいう。捕獲又は採取した個体を自己の支配下に置く場合には、その個体の生死は問わない。「殺傷」とは、生きている動物の個体の生命活動の全部又は一部を損なうことをいい、「損傷」とは、生きている植物の個体を傷つけることをいう。

希少野生動植物種の野生の個体が人の管理下に置かれている場合、その個体への「殺傷」及び「損傷」は本条の規制の対象となる。ただし、当該個体が種の保存法に基づき適法に捕獲又は採取されたものであれば、当該捕獲又は採取の目的の範囲内である殺傷又は損傷行為は許容される。例えば、傷病鳥獣の救護のため、適法に野生の個体を飼育下で保護している場合、このような個体は「殺傷」又は「損傷」の規制の対象となるが、当該個体の治療行為として個体を傷つけてしまうような場合には、本条の規制に反するとは解されない。一方で、仮に同じ個体を学術研究目的として殺傷しようとするような場合には、改めて法第10条第1項に基づく許可を得る必要があると解される。

なお、種の保存法が定める刑罰についても刑法の総則規定が適用されるので、同法第38条第1項（「罪を犯す意思がない行為は、罰しない。ただし、法律に特別の規定がある場合は、この限りではない。」）により、過失による捕獲等は罰則の対象とはならない。しかし、例えば、他の種を捕獲等する目的で罠を仕掛けた場合であっても、設置場所に国内希少野生動植物種が生息・生育していることを認識しており、国内希少野生動植物種が捕獲等されることが十分予想し得る場合など（いわゆる「未必の故意」があったと認められる場合）については、罰則対象とすることができると解釈される。

③「販売又は頒布をする目的以外の目的で特定第二種国内希少野生動植物種の生きている個体の捕獲等をする場合」(第9条第2号)

　特定第二種国内希少野生動植物種については、個体の少数の捕獲等は絶滅のおそれの主たる要因ではなく、個体の生息・生育環境の荒廃等が絶滅のおそれの主たる要因となっている。そのため、保存措置を執る必要性はあるものの、捕獲等の規制が限定的であっても許容され得る。むしろ、学術研究・繁殖・環境教育・保全活動等の目的による捕獲等及び譲渡し等を一律に禁止して許可制にした場合、必要以上に当該種と人間との関わりを失わせてしまうおそれがあり、また、種の保存に資する研究や保全の活動に支障を来し、却って当該種の保存に悪影響を及ぼすおそれすらある。その一方で、販売又は頒布といった商業目的の捕獲等は、野生の個体を根こそぎ捕獲してしまうことにつながり、種の保存が危殆に瀕する蓋然性が高いと言える。これらを勘案して、販売又は頒布といった商業目的に供する場合に限り、捕獲等が規制されている。

　特定第二種国内希少野生動植物種については、本来であれば、その制度の趣旨から当該種の個体の「大量の捕獲等」を規制する必要があるが、個々の種の生息・生育状況等に応じて、種の保存に支障を及ぼす大量捕獲等の程度に差異があり、捕獲等の禁止について一律に量の基準を設けることは困難である。このため、大量捕獲等につながることとなる販売又は頒布をする目的に供する場合の捕獲等が規制の対象とされている。特定第二種国内希少野生動植物種の捕獲等が、販売又は頒布をする目的かどうかの判断については、捕獲等を実施した者の行う事業や職業、捕獲数や捕獲方法、捕獲の回数等の捕獲態様等から総合的に実施する必要がある。なお、捕獲等された個体が実際に販売又は頒布された場合には、その個体の捕獲等についても販売又は頒布を目的として行われたものとして、捕獲等の禁止違反となる。

　なお、販売とは、対価を得て他人にある財産権を移転することをいう。また、頒布とは、有償、無償を問わず、不特定多数の者に配り分けることをいう。

④「生計の維持のため特に必要があり、かつ、種の保存に支障を及ぼすおそれのない場合」(第9条第3号)

　これまで人が野生動植物から多くの恩恵を受けてきたように、野生動植物の種は保存のために捕獲等を全面的に規制すべきものではなく、持続可能な範囲で利用を容認すべきものである。しかし、絶滅のおそれのある野生動植物種については、人が利用するために捕獲等することは一般的には問題があると考えられる。

　しかしながら、希少野生動植物種の捕獲等を生業としている者の捕獲等を一律に全面禁止することはその者の生活に多大な影響を与えることとなるので、種の保存法においては、これらの捕獲等について、業規制法等により、その種の保存の観点から十分な規制措置が講じられている場合には、その業に携わる者の捕獲等について、業規制法等に委ねることとしたものである。したがって、その業に携わる者以外の者による捕獲等については、種の保存法の捕獲等の禁止が適用されることとなる。ただし、現時点では環境省令において具体的に定

められているものはない。
⑤ 「人の生命又は身体の保護」（第9条第4号）
　国内希少野生動植物種の保存の公益と具体的な個人の人命や身体を比較衡量した場合には、その個人の人命や身体の保護が種の保存の公益に優先すると考えたものである。
⑥ 「その他の環境省令で定めるやむを得ない事例がある場合」（第9条第4号）
　人命の保護や公共の安全の確保のための事業の実施に伴う捕獲等、学術研究の目的の捕獲等又は他の法令により認められた物権的権利の実施に伴う個体の保護のための移動若しくは移植を目的とした捕獲等については、やむを得ないものとして捕獲等の規制の適用が除外されている（施行規則第1条の5）。

＜参考＞
（捕獲等の禁止の適用除外）
施行規則第1条の5　法第9条第4号の環境省令で定めるやむを得ない事由は、次の各号に掲げるものとする。
　一　人の生命又は身体の保護のために必要であること。
　二　大学（学校教育法（昭和22年法律第26号）第1条に規定する大学及び国立大学法人法（平成15年法律第112号）第2条第4項に定める大学共同利用機関をいう。以下同じ。）における教育又は学術研究のために捕獲等をするものであること（あらかじめ、環境大臣に届け出たもの（公立の大学（地方独立行政法人法（平成15年法律第118号）第68条第1項に規定する公立大学法人が設置する大学を除く。以下同じ。）にあっては環境大臣に通知したもの）に限る。）。
　三　次に掲げる行為に伴って捕獲等をするものであること。
　　イ　森林法（昭和26年法律第249号）第10条の3若しくは第38条又は地すべり等防止法（昭和33年法律第30号）第21条第1項若しくは第2項の規定に基づく処分による義務の履行として行う行為であって急を要するもの
　　ロ　非常災害に対する必要な応急措置としての行為
　四　個体の保護のための移動又は移植を目的として当該個体の捕獲等をすることであって次に掲げる行為に伴うものであること（あらかじめ、環境大臣に届け出たものに限る。）。
　　イ　森林の保護管理のための標識又は野生鳥獣の保護増殖のための標識、巣箱、給餌台若しくは給水台を設置し、又は管理すること。
　　ロ～オ　（略）

2　捕獲等の許可

　捕獲等は野生の国内希少野生動植物種の個体の数を直接減ずるものであるから、許可される場合も学術研究・繁殖目的等、限定的に考えられている。また、法律上、許可をしてはならない場合の規定や、許可を受けた者が飼養栽培する場合の義務等が定められている。

許可の対象は、基本的には、国内希少野生動植物種（特定第二種国内希少野生動植物種を除く。）及び緊急指定種の生きている個体の捕獲及び採取であるが、その目的が、学術研究又は繁殖の場合のほか、施行規則に定めるものに合致している限り殺傷及び損傷の許可もあり得る。特定第二種国内希少野生動植物種については、販売又は頒布をする目的以外の目的での捕獲等については規制の対象外とされており、販売又は頒布をする目的での捕獲等については、法第9条及び施行規則で定める目的に合致しないことから、許可の対象とはならない。

（捕獲等の許可）

第10条 ①学術研究又は繁殖の目的その他環境省令で定める目的で国内希少野生動植物種等（特定第二種国内希少野生動植物種を除く。第3項第2号及び第4項第1号並びに次条第3項第1号及び第4項第1号において同じ。）の生きている個体の捕獲等をしようとする者は、環境大臣の許可を受けなければならない。

2　前項の許可を受けようとする者は、②環境省令で定めるところにより、環境大臣に許可の申請をしなければならない。

3　環境大臣は、前項の申請に係る捕獲等について次の各号のいずれかに該当する事由があるときは、第1項の許可をしてはならない。
　一　捕獲等の目的が第1項に規定する目的に適合しないこと。
　二　③捕獲等によって国内希少野生動植物種等の保存に支障を及ぼすおそれがあること。
　三　捕獲等をする者が適当な飼養栽培施設を有しないこと④その他の事由により捕獲等に係る個体を適切に取り扱うことができないと認められること。

4　環境大臣は、第1項の許可をする場合において、次の各号に掲げる当該許可の区分に応じ、当該各号に定めるときは、その必要の限度において、その許可に条件を付することができる。
　一　次号に規定する許可以外の許可　国内希少野生動植物種等の保存のため⑤必要があると認めるとき。
　二　⑥第30条第1項の事業に係る譲渡し又は引渡しのためにする繁殖の目的で行う特定第一種国内希少野生動植物種の生きている個体の捕獲等についての許可　特定第一種国内希少野生動植物種の個体の⑦繁殖を促進して希少野生動植物種の保存に資するため必要があると認めるとき。

5　環境大臣は、第1項の許可をしたときは、⑧環境省令で定めるところにより、許可証を交付しなければならない。

6　第1項の許可を受けた者のうち法人であるものその他その許可に係る捕獲等に他人を従事させることについて⑨やむを得ない事由があるものとして環境省令で定めるものは、⑩環境省令で定めるところにより、環境大臣に申請をして、その者の監督の下

Ⅱ 各論

　　にその許可に係る捕獲等に従事する者であることを証明する従事者証の交付を受けることができる。
7　第1項の許可を受けた者は、その者若しくはその者の監督の下にその許可に係る捕獲等に従事する者が第5項の許可証若しくは前項の従事者証を⑪亡失し、又はその許可証若しくは従事者証が⑫滅失したときは、⑬環境省令で定めるところにより、環境大臣に申請をして、その許可証又は従事者証の再交付を受けることができる。
8　第1項の許可を受けた者又はその者の監督の下にその許可に係る捕獲等に従事する者は、捕獲等をするときは、第5項の許可証又は第6項の従事者証を⑭携帯しなければならない。
9　第1項の許可を受けて捕獲等をした者は、その捕獲等に係る個体を、⑮適当な飼養栽培施設に収容することその他の環境省令で定める方法により適切に取り扱わなければならない。
10　環境大臣は、⑥第30条第1項の事業に係る譲渡し又は引渡しのためにする繁殖の目的で行う特定第一種国内希少野生動植物種の生きている個体の捕獲等についての第1項の許可をし、又は第4項の規定によりその許可に条件を付そうとするときは、あらかじめ農林水産大臣に協議しなければならない。

〔改正〕一部改正＝平11年12月法律160号・29年6月51号
〔委任〕第1項の「環境省令」＝規則2　第2項の「環境省令」＝規則3Ⅰ～Ⅳ　第5項の「環境省令」＝規則3Ⅴ
　　　　第6項の「環境省令で定めるところ」＝規則3Ⅵ Ⅶ　第7項の「環境省令」＝規則3Ⅷ　第9項の「環境省令」＝規則4
〔参照条文〕罰則＝法57の2②・59①・63①・65①③

【解釈】

①「学術研究又は繁殖の目的その他環境省令で定める目的」（第10条第1項）

　それ自体が貴重性を有する国内希少野生動植物種の個体については、公益的な目的での捕獲等のみに許可を与えることが適当である。そのため、学術研究又は繁殖等を目的としている場合であっても、その内容や申請者の過去の実績等を個別に確認し、公益性が認められるものでなければ、これらの目的に合致しているとは判断されない。例えば、個人の愛玩飼養等のために繁殖させる場合等は許可されるべきではない。
　なお、その他環境省令で定める目的については、施行規則により、教育、国内希少野生動植物種の個体の生息状況又は生育状況の調査の目的その他国内希少野生動植物等の保存に資すると認められる目的が規定されている（施行規則第2条）。

＜参考＞
（捕獲等の目的）
施行規則第2条　法第10条第1項の環境省令で定める目的は、教育の目的、国内希少野生動植物種等

の個体の生息状況又は生育状況の調査の目的その他国内希少野生動植物種等の保存に資すると認められる目的とする。

②「環境省令で定めるところ」（第10条第2項）
　捕獲等の許可の申請手続、申請書の記載事項等が定められている（施行規則第3条）。

③「捕獲等によって国内希少野生動植物種の保存に支障を及ぼすおそれがあること」（第10条第3項第2号）
　本条第3項の柱書に規定されているように、法第10条第3項第1号から第3号のいずれかに該当する場合には、環境大臣は許可をしてはならない。したがって、捕獲等の目的が学術研究等の正当な目的であっても、その捕獲等により国内希少野生動植物種等の個体数が著しく減少してしまう等により、当該種の保存に支障を来す事情があるときには本号に該当し、許可をすることはできない。

④「その他の事由」（第10条第3項第3号）
　本号は、捕獲等をした者が捕獲等の後にその捕獲等に係る国内希少野生動植物種等の個体を適切に管理できない事情がある場合には許可をすることができないことを規定したものである。国内希少野生動植物種等の個体を野生の状態から人の管理下に移すことは、一面では絶滅のおそれを助長することとなるので、捕獲後の個体の管理を適切に行うことができない者に対して許可を与えるのは不適切と考えたものである。「その他の事由」であるから、捕獲等をする者が「適当な飼養栽培施設を有しないこと」は例示である。これに類する事由としては、その個体の生息・生育条件を熟知していないこと、熟知していてもそれを実施するための人的・資金的要素に欠けること等があげられる。ただし、本号の要件は、許可の対象となる種や捕獲等の目的との関係で相対的に判断されるものである（例えば、生態が明らかになっていない種の生態を研究する場合には、生息・生育の状況を熟知していないことは明らかであり、この条件を厳格に判断するとその種に関する学術研究活動を阻害する可能性もある）。

⑤「必要があると認めるとき」（第10条第4項第1号）
　条件はできる限り付さないことが望ましいが、種の保存のために必要な限りで条件を付することができるとされている。この場合の「必要と認めるとき」とは生物学的な観点からの判断に基づくという意味である。したがって、例えば猛獣の場合における危険防止等、種の保存に関する生物学的な観点以外の観点からの条件を本項に基づいて付すことはできない。

⑥「第30条第1項の事業に係る」（第10条第4項第2号及び同条第10項）
　法第30条第1項の事業とは、特定第一種国内希少野生動植物種の個体の譲渡し又は引渡しの業務を伴う事業（特定国内種事業）のことである。先に述べたように（p.35参照）、特定第一種国内希少野生動植物種のように愛好家の需要がある種については繁殖させた個体が市場に流通することにより、その個体の市場価値が下落することが見込まれ、違法な捕獲等の誘因が減ずることを期待できる。加えて、商業的な目的ではあるが個体の繁殖が目的とされ

ていることを考慮して、特定国内種事業の届出を行った者が繁殖のためのいわゆる「種」とするために捕獲等を行うことについては、当該種の保存に支障を及ぼすおそれがない場合等には、環境大臣が許可し得ることとされている。また、特定国内種事業は環境省と農林水産省との共管であるため、環境大臣がその許可に条件を付す場合には、農林水産大臣に協議しなければならないこととされている。

⑦「繁殖を促進して希少野生動植物種の保存に資するため」（第10条第4項第2号）
　特定第一種国内希少動植物種は商業的に繁殖が可能な種であり、個体の繁殖自体は否定されるものではなく、むしろ種の保存にとっては好ましい効果を及ぼすことが期待されていることから、この観点から条件を付すことを可能としたものである。

⑧「環境省令で定めるところ」（第10条第5項）
　許可証の様式が定められている（施行規則第3条）。

⑨「やむを得ない事由があるものとして環境省令で定めるもの」（第10条第6項）
　捕獲等の許可は個人に対して行われるものであり、捕獲等を行う者本人が許可を得るべきものであるが、法人が許可を受けた場合には、法人の監督下に、実際にはその従業員が捕獲等を行うこととなる。このような場合を想定して、その従業員等に従事者証を発行する規定である。なお、法律で法人が規定されているが、その他に環境省令で定めるものは、現在のところない。

⑩「環境省令で定めるところ」（第10条第6項）
　従事者証の交付の申請書の記載事項等が定められている（施行規則第3条）。

⑪「亡失」（第10条第7項）
　なくすことである。すなわち、許可証又は従事者証の存在場所を特定できなくなったことをいう。亡失したときの状況を問わない。

⑫「滅失」（第10条第7項）
　許可証又は従事者証の原形が失われることである。毀損、破損、焼却等の場合である。

⑬「環境省令で定めるところ」（第10条第7項）
　許可証又は従事者証を亡失又は滅失した場合の再交付申請書の記載事項等が定められている（施行規則第3条）。

⑭「携帯しなければならない」（第10条第8項）
　捕獲等に関する許可証及び従事者証は、その捕獲等が種の保存に支障を及ぼさないと判断されたことの証明であるから、捕獲等を行う場合には常に携帯し、取締担当者の求めに応じてそれを提示することが必要である。

⑮「適当な飼養栽培施設に収容することその他の環境省令で定める方法」（第10条第9項）
　④の趣旨と同様の観点からの規定である。施行規則においては、適当な飼養栽培施設に収容すること、その種の個体の生息・生育に適した条件を維持し、又は個体を殺傷若しくは損傷しないように適切に管理することを定めている（施行規則第4条）。

　なお、前述の通り（p.48参照）、許可を受けて捕獲又は採取をし、個体を飼養栽培施設に

第2章　個体等の取扱いに関する規制

収容している場合であっても、当該許可の範疇外となる「殺傷」又は「損傷」の規制は引き続き適用される。そのため、本規定はあくまで管理体制を規定したものと解釈される。

＜参考＞
（個体の取扱方法）
施行規則第4条　法第10条第9項（法第13条第4項において準用する場合を含む。）の環境省令で定める方法は、次の各号に掲げるものとする。
　一　当該個体を飼養栽培する場合にあっては、適当な飼養栽培施設に収容すること。
　二　当該個体の生息若しくは生育に適した条件を維持し、又は当該個体を殺傷若しくは損傷しないよう適切に管理すること。
　三　前条第3項に規定する許可に係る場合にあっては、捕獲等に係る個体を繁殖させた個体と明確に区別して管理すること。

3　捕獲等の規制に係る措置命令等

　環境大臣は、違法に国内希少野生動植物種等の生きている個体の捕獲等を行った者に対し、必要な措置をとるべきことを命ずることができる。また、その者が命令に従わない場合には、環境大臣が代執行した上で、その費用の全部又は一部の負担を命ずることとしている。この場合の費用の納付手続きについては、種の保存法上で他にも同様の規定（法第14条第2項、法第16条第2項及び法第40条第3項）があることから、一括して法第52条において規定している。
　さらに、捕獲等の許可を受けた個体を適切に取り扱っていない者や許可に付された条件に違反する者等、違法な個体等の取扱いをしている者に対する是正措置を命ずることができる。
　違法な捕獲等に係る措置命令等は、平成29年の法改正時に追加されている。この改正前までは、罰則規定が設けられていたのみであったため、違法な捕獲等が行われた場合にも当該違反者がその生きている個体を引き続き所持することが可能であった。しかしながら、希少野生動植物種は、その個体自体の希少性が高く、必要に応じて環境大臣等に譲り渡す、若しくは解放する必要性があることから、希少野生動植物種の保護を図るため、措置命令規定等を追加したものである。

（捕獲等の規制に係る措置命令等）
第11条　環境大臣は、第9条の規定に違反して国内希少野生動植物種等の生きている個体の捕獲等をした者に対し、国内希少野生動植物種等の保存のため必要があると認めるときは、当該違反に係る国内希少野生動植物種等の生きている個体を環境大臣又は

①その指定する者に譲り渡すこと②その他の必要な措置をとるべきことを命ずることができる。
2　環境大臣は、前項の規定による命令をした場合において、その命令をされた者がその命令に係る措置をとらないときは、自ら措置をとるとともに、その費用の全部又は一部をその者に負担させることができる。
3　環境大臣は、前条第1項の許可を受けた者が同条第9項の規定に違反し、又は同条第4項の規定により付された条件に違反した場合において、次の各号に掲げる当該許可を受けた者の区分に応じ、当該各号に定めるときは、③飼養栽培施設の改善その他の必要な措置をとるべきことを命ずることができる。
　一　次号に規定する者以外の者　④国内希少野生動植物種等の保存のため必要があると認めるとき。
　二　第30条第1項の事業に係る譲渡し又は引渡しのためにする繁殖の目的で行う特定第一種国内希少野生動植物種の生きている個体の捕獲等についての前条第1項の許可を受けた者　④特定第一種国内希少野生動植物種の個体の繁殖を促進して希少野生動植物種の保存に資するため必要があると認めるとき。
4　環境大臣は、前条第1項の許可を受けた者がこの法律若しくはこの法律に基づく命令の規定又はこの法律に基づく処分に違反した場合において、次の各号に掲げる当該許可を受けた者の区分に応じ、当該各号に定めるときは、その⑤許可を取り消すことができる。
　一　次号に規定する者以外の者　国内希少野生動植物種等の保存に支障を及ぼすと認めるとき。
　二　前項第2号に掲げる者　特定第一種国内希少野生動植物種の個体の繁殖を促進して希少野生動植物種の保存に資することに支障を及ぼすと認めるとき。
5　環境大臣は、第3項第2号に掲げる者に対し、同項の規定による命令をし、又は前項の規定により許可を取り消そうとするときは、あらかじめ農林水産大臣に協議しなければならない。

〔改正〕一部改正＝平11年12月法律160号・29年6月51号
〔参照条文〕罰則＝法58①・65③

【解釈】
①「その指定する者」（第11条第1項）
　環境大臣が指定する者としては、動植物園等の国内希少野生動植物種等を適切に飼養栽培できる者が想定される。
②「その他の必要な措置」（第11条第1項）
　具体的には、当該国内希少野生動植物種等をその自然の生息地又は生育地に放野する等が

想定される。ただし、飼育下・栽培下にあった個体については、病原菌や寄生生物の伝播等が懸念されるため、慎重に判断する必要がある。

③「飼養栽培施設の改善その他の必要な措置をとるべきこと」（第11条第3項）

飼養培養施設の物理的な改善のほか、人的・経済的な条件の改善、その種の個体を維持するために必要な飼育・栽培環境の条件の改善等、法第10条第9項により義務付けられている個体の取扱いを確保するために必要な措置を示している。これらは事例ごとに判断することが必要である。

④「国内希少野生動植物種等の保存のため必要があると認めるとき」（第11条第3項第1号）及び「特定第一種国内希少野生動植物種の個体の繁殖を促進して希少野生動植物種の保存に資するため必要があると認めるとき」（第11条第3項第2号）

本条に基づく措置命令等は種の保存のために必要な限り認められる。本条を根拠にそれ以外の、例えば猛獣の場合における危険防止等の観点からの措置命令はできない。

⑤「許可を取り消す」（第11条第4項）

捕獲等の許可は、通常、ある期間内、ある場所における捕獲等の上限を示して許可することとなるので、法令又は処分に違反した事実が判明した時点以降も捕獲等が許可されている場合もある。このため、その許可を取り消すことが必要な場合があることから、本規定を設けている。

4 譲渡し等の禁止

本来、種は野生の状態で保存されるべきものであるが、学術研究等の目的のためにやむを得ず捕獲等が認められることがあり、また、種の保存法の規制対象となる前に捕獲等や輸入により取得がなされた個体については、人の管理下に置かれることを容認せざるを得ない。また、器官・加工品についても学術研究等の目的のために譲渡し等が必要な場合があり得るし、種の保存法の規制対象となる前に捕獲等がなされた個体の器官・加工品等（図表Ⅱ—3参照）についても、生きている個体と同様の規制措置を講ずる必要がある。

このような場合に、人的な要素も含め、個体等の移動状況を把握し、人の管理下にある個体等の適切な取扱いを目的として譲渡し等の目的を学術研究等に限定するとともに、譲り受ける者が希少野生動植物種の個体等を適切に管理することができるかどうかをチェックする必要がある。

また、この規制は、商業的な流通を禁止することによる違法な捕獲等や違法な輸入の要因を減殺するとともに、違法に捕獲等された個体、違法に輸入された器官・加工品が市場に流通することを抑制することも目的としている。

Ⅱ 各論

図表Ⅱ－3　国際希少野生動植物種における個体、器官、加工品について

個体（第6条第2項第4号）　※希少野生動植物種共通の概念

自然の状態においてその種が通常備えている外形的、生理的構造を有する有機体の全体（生死は問わない）。

（アフリカゾウ）

器官（第6条第2項第4号）　※希少野生動植物種共通の概念

個体の部分及び派生物。社会通念上需要が生じる可能性があり、種を容易に識別できるものを指定。毛皮、牙、羽毛など。

原材料器官等（第12条第1項第4号）

本邦内において<u>製品の原材料として使用されているもの</u>。ぞう科の皮及び牙、おおとかげ科の皮、うみがめ科の皮及び甲等。これらの加工品も含む。

（象牙の生牙）

特定器官等（第12条第1項第4号）

原材料器官等及びその加工品のうち、<u>全形を保持していないもの</u>。象牙のカットピースや印章、べっ甲の眼鏡など。

（うみがめ科の甲のカットピース）

特別特定器官等（第33条の6第1項）

特定器官等のうち、取引の態様等を勘案して政令で定めるもの（ぞう科の牙のみ）。象牙のカットピースや印章など。

（象牙のカットピース）

第 2 章　個体等の取扱いに関する規制

加工品（第6条第2項第4項）

A. 個体の加工品
（第20条第1項第3号）

個体を主たる原材料とする製品。剥製や標本。

（イヌワシ）

B. 器官の加工品（第20条第1項第3号）

器官を主たる原材料とする製品及び作成過程の加工品を含む。毛皮製品、牙を材料とした印章など。

（象牙の彫牙）

（おおとかげ科の皮の鞄）
※特定器官等ではあるが届出対象外

（象牙の印章）

（うみがめ科の甲の眼鏡）
※特定器官等ではあるが届出対象外

（譲渡し等の禁止）
第12条 ①希少野生動植物種の個体等は、②譲渡し若しくは譲受け又は引渡し若しくは引取り（以下「譲渡し等」という。）をしてはならない。ただし、次に掲げる場合は、この限りでない。
一　次条第1項の許可を受けてその許可に係る譲渡し等をする場合
二　③特定第一種国内希少野生動植物種の個体等の譲渡し等をする場合
三　④販売若しくは購入又は頒布をする目的以外の目的で特定第二種国内希少野生動植物種の個体等の譲渡し等をする場合
四　国際希少野生動植物種の器官及びその加工品であって本邦内において製品の原材料として使用されているものとして政令で定めるもの（以下「⑤原材料器官等」という。）並びにこれらの加工品のうち、その形態、大きさその他の事項に関し原材料器官等及びその加工品の種別に応じて政令で定める要件に該当するもの（以下「⑥特定器官等」という。）の譲渡し等をする場合（第33条の6第1項に規定する特別特定器官等（第7号及び第17条各号において単に「⑦特別特定器官等」という。）を、同項に規定する特別国際種事業（第17条第2号において単に「特別国際種事業」という。）として譲り渡し、又は引き渡す場合を除く。）
五　⑧第9条第3号に掲げる場合に該当して捕獲等をした国内希少野生動植物種等の個体若しくはその個体の器官又はこれらの加工品の譲渡し等をする場合
六　第20条第1項の登録を受けた⑨国際希少野生動植物種の個体等又は第20条の4第1項本文の規定により記載をされた同項の⑨事前登録済証に係る原材料器官等の譲渡し等をする場合
七　第33条の7第1項に規定する特別国際種事業者（第17条第2号において単に「⑩特別国際種事業者」という。）が、特別特定器官等の譲渡し又は引渡しをする場合
八　希少野生動植物種の個体等の譲渡し等をする当事者の一方又は双方が⑪国の機関又は地方公共団体である場合であって⑫環境省令で定める場合
九　前各号に掲げるもののほか、希少野生動植物種の保存に支障を及ぼすおそれがない場合として⑬環境省令で定める場合
2　環境大臣は、前項第8号又は第9号の環境省令を定めようとするときは、⑭農林水産大臣及び経済産業大臣に協議しなければならない。

〔改正〕一部改正＝平6年6月法律52号・11年12月160号・29年6月51号
〔委任〕第1項第4号の「政令で定める」原材料器官等＝令5　「政令で定める要件」＝令6　第8号の「環境省令」＝規則5Ⅰ　第9号の「環境省令」＝規則5Ⅱ
〔参照条文〕国等に関する特例＝法54　罰則＝法57の2①・58①・65①

【解釈】

① 「希少野生動植物種」（第12条第1項）
　捕獲等の規制と異なり本条の規制対象は、国内希少野生動植物種、国際希少野生動植物種及び緊急指定種のすべてである。ただし、特定第一種国内希少野生動植物種並びに国際希少野生動植物種の器官及びその加工品のうち特定のもの（特定器官等）については、このような個体及び器官・加工品単位の譲渡し等の規制は行われない。また、特定第二種国内希少野生動植物種の個体等を販売・購入・頒布以外の目的で譲渡し等する場合にも規制の対象外とされている。

② 「譲渡し若しくは譲受け又は引渡し若しくは引取り」（第12条第1項）
　譲渡し又は譲受けとは、希少野生動植物種の個体等の所有権の移転をいい、引渡し又は引取りとは占有の移転をいう。所有権又は占有が移転したときは、ある法的主体の所有権又は占有が別の権利主体のものとなることと解されるので、例えば法人が、希少野生動植物種の個体等を所有している場合に、その法人が吸収合併された場合も本条により許可を要する。いずれも無償であると有償であるとを問わない。また、引渡し又は引取りについては合法性も問わない。すなわち、希少野生動植物種の個体等を窃取等した場合は、本条違反であると同時に窃盗罪も構成することとなる。
　本条により、希少野生動植物種の個体等の正当な権原をもつ管理者のあらゆる変更は、許可なしにはできない。しかし、次のような場合については、本条違反とはならない。
(1) 希少野生動植物の個体等を輸送等する者
　　譲渡し等の本来の実質的当事者との契約等に基づき個体等を輸送等する者は、その当事者の言わば手足として譲渡し等を行う者と考える（許可を受けた譲渡人Aの所有する個体等を許可を受けた譲受人Bの下に輸送する場合には、その輸送を担当する者はA又はBの手足と考える。）。しかしながら、譲渡し等の本来の実質的当事者が、ある程度の期間にわたり輸送する者にその譲渡しに係る個体等の所持及び管理を委託した場合には、その輸送する者も本来の実質的な譲渡し等の当事者となる。「ある程度の期間」のメルクマールは、通常の輸送に要する時間と考えることができるので、それ以上の時間をかけて輸送する場合には、その輸送する者も本来の実質的な譲渡し等の当事者と解される。
(2) 法人等の担当者
　　その管理者が個人的に希少野生動植物種の個体等を所有又は占有している場合を除き、法人がその個体等を所有又は管理している場合には、法人の法人格が変更されない限り、管理の直接の担当者や法人の代表者が交代しても譲渡し等があったとは解されない。
(3) 相続
　　相続は死亡によって開始し、相続人は、被相続人の財産に属する一切の権利・義務を承継するとされている。種の保存法の譲渡し等は、譲渡し又は引渡しをする者と譲受け又は引取りをする者の双方が存在することによって行われる行為であることから、相続人が死亡した人から一切の権利・義務を承継する相続という行為は、譲渡し等に該当しない。
(4) 廃棄

所有権・占有が別の者に移転する行為でないため、譲渡し等があったと解されない。

<参考>
所有：動産、不動産を問わず特定の財産について所有権を有することを意味する。[1]
占有：自己のためにする意思をもって物を所持することをいう。[1]

③「特定第一種国内希少野生動植物種の個体等の譲渡し等」（第12条第1項第2号）
　特定第一種国内希少野生動植物種の個体等の譲渡し等については、個々の譲渡し等の行為は規制されていない。これは、特定第一種国内希少野生動植物種は、自然界においては個体数が減少している等の絶滅のおそれがあっても、商業的な繁殖が可能であり、業者や愛好家の管理下には多くの個体等が存在していることから、現に人の管理下にある個体等については商業的目的を含む取引を認めても保存を図ることが可能と考えられたからである（p.35参照）。
　なお、特定第一種国内希少野生動植物種の譲渡し又は引渡しの業務を伴う事業を行う者には届出義務と一定の遵守義務を課し、違法に捕獲等した個体及びその器官・加工品が市場に流入することを防止している（p.51参照）。

④「販売若しくは購入又は頒布をする目的以外の目的で特定第二種国内希少野生動植物種の個体等の譲渡し等」（第12条第1項第3号）
　特定第二種国内希少野生動植物種の個体等の譲渡し等については、販売若しくは購入又は頒布といった商業目的に供する場合のみ、規制される。これは、特定第二種国内希少野生動植物種の捕獲等の規制に係る趣旨（p.47参照）と同様である。すなわち、販売又は頒布されていることで不特定多数の者の目に触れ、かつそれを購入できることにより、需要の増大やさらなる捕獲等の動機の形成等につながり大量捕獲等のおそれを生じさせるため、販売若しくは購入又は頒布については規制する必要がある。
　「販売」と「頒布」の定義については、p.47を参照。「購入」とは、販売を受けることを指す。

⑤「原材料器官等」（第12条第1項第4号）
　国際希少野生動植物種の器官及びその加工品のうち、例えば象牙のように我が国において製品の原材料として使用されており、加工、流通が行われているものを施行令別表第5（p.419参照）において原材料器官等として指定している。現在は、せんざんこう科の皮、ぞう科の皮・牙、おおとかげ科の皮及びうみがめ科の皮・甲並びにこれらの加工品が指定されている。
　なお、原材料器官等及びその加工品のうち、後述の「特定器官等」を除いたものは、一般的な個体の器官及びその加工品と同様に、譲渡し等の禁止及び陳列・広告の禁止の対象となる。

1　吉国一郎・茂串俊・工藤敦夫ほか編（2009）「法令用語辞典（第9次改訂版）」学陽書房　参照

第2章　個体等の取扱いに関する規制

⑥「特定器官等」（第12条第1項第4号）

　原材料器官等及びその加工品のうち、器官の全形を保持していないものについては「特定器官等」と定義されており（施行令第6条）、譲渡し等の禁止及び陳列・広告の禁止の適用除外となっている。ただし、このうちうみがめ科の甲及びその加工品については、後述の特定国際種事業の対象となり（施行令第10条）、加工品以外のうみがめ科の甲は特定国際種事業の届出の対象となる（施行令第11条）。また、ぞう科の牙及びその加工品に係る特定器官等については、後述の特別特定器官等に該当し、特別国際種事業の対象となる（施行令第13条）。

　これは、原材料器官等及びその加工品のうち、器官の全形を保持していないものについてまで個体等の登録（p.80参照）を求めることは実務上も困難であることから、譲渡し等の禁止の適用除外とする代わりに、取引の態様等を勘案して必要と認められるものについては、その取引をする事業者に規制を課したものである。

＜参考＞
（特定器官等の要件）
施行令第6条　法第12条第1項第4号の政令で定める要件は、器官の全形が保持されていないこととする。
（特定国際種事業に係る特定器官等）
施行令第10条　法第33条の2の政令で定める特定器官等は、別表第5の4の項に掲げる原材料器官等のうち甲及びその加工品に係る特定器官等とする。
（特定国際種事業の届出の要件）
施行令第11条　法第33条の2の政令で定める要件は、前条に規定する特定器官等であって加工品であるもの以外のものであることとする。

＜参考＞
○「全形を保持している象牙」及びその加工品の解釈について（抄）
　　平成28年11月29日　環自野第1611299号
　　各地方環境事務所・釧路、長野及び那覇自然環境事務所・高松事務所長宛　自然環境局野生生物課長通知

　（略）今般、「全形を保持している象牙」及びその加工品について、その考え方をより明確にするため、下記のとおり、解釈を具体化し、通知するので、今後はこれに基づき適切に対応願いたい。（略）
記
1　ゆるやかに弧を描き、根元から先端にかけて先細るといった一般的に象牙の形と認識できるものを、全形が保持されている象牙として扱う。具体的には以下のとおり。
　（1）管理票の記載その他の情報により、分割されたこと（形状を整えるための軽微なものは除く。以下同じ。）が確認できないものは、以下のとおり扱う。
　　①　先端部を含み、歯随腔が確認できる象牙は、全て全形を保持している象牙として扱う。
　　②　先端部を含み、歯随腔は確認できないものの、長さが20cm以上の象牙は、全形を保持して

Ⅱ 各論

いる象牙として扱う。
③ 先端部を含むものの、歯随腔が確認できず、長さが20cm未満の象牙は、全形を保持している象牙ではないものとして扱う。
(2) 管理票の記載その他の情報により、分割されたことが確認できるものは、全形を保持している象牙ではないものとして扱う。
(3) 象牙の一部が欠けている場合であっても、一般的な象牙の形を認識することができる程度であれば、全形を保持しているものとして扱う。
2 全形を保持している象牙に加工を施したもの（例：磨牙、彫牙）は、その彫りの程度や、追加の部品の有無等の加工の程度にかかわらず、一般的な象牙の形又は象牙の形を含むと認識することができる場合は、全形を保持している象牙の加工品として扱う。

⑦「特別特定器官等」（第12条第1項第4号）
「特定器官等」のうち譲渡し等の管理が特に必要な、全形を保持していない象牙は「特別特定器官等」と定義されており（施行令第13条及び第14条）、譲渡し等の禁止及び陳列・広告の禁止の適用除外となっている。ただし、譲渡又は引渡しの業務を伴う事業として、譲渡し及び引渡し並びに販売・頒布目的での陳列及び広告をすることは禁止されている。取引を行う者には「特別国際種事業者」の登録等の義務を課し、登録を受けた者については特別国際種事業としての譲渡し及び引渡し並びに販売・頒布目的での陳列及び広告を可能としている。

これらの制度は、全形を保持していない象牙に関する特定国際種事業者の義務違反等が確認されていること、国内における需要が小さくないこと、ワシントン条約締約国会議においても密猟や違法取引に寄与する国内市場の閉鎖が求められていたこと等を踏まえ、事業者管理制度の強化を図るために平成29年の法改正によって創設されたものである。

＜参考＞
（特別国際種事業に係る特定器官等）
施行令第13条 法第33条の6第1項の政令で定める特定器官等は、別表第5の2の項に掲げる原材料器官等のうち牙及びその加工品に係る特定器官等とする。
（特別国際種事業者の登録の要件）
施行令第14条 法第33条の6第1項の政令で定める要件は、器官の全形が保持されていないこととする。

⑧「第9条第3号に掲げる場合に該当して捕獲等をした国内希少野生動植物種等の個体若しくはその個体の器官又はこれらの加工品の譲渡し等」（第12条第1項第5号）
法第9条第3号は、生業のための捕獲等であって、種の保存の観点からも適切な管理が行われている法律の規制がある場合には、その規制の下に行われる捕獲等を種の保存法の適用除外とするものである。したがって、その捕獲等された個体及びその器官・加工品の譲渡し等

は当然認められていると解釈されるので、種の保存法の規制からも除外したものである。ただし、法第9条第3号に係る環境省令が具体的に定められていないことから、このような事例は、当面想定されていない。

⑨登録を受けた国際希少野生動植物種の個体等・事前登録済証に係る原材料器官等（第12条第1項第6号）

法第20条第1項の規定に基づき登録を受けた個体等及び法第20条の3第1項の規定に基づき事前登録を受けた原材料器官等については、登録・事前登録の趣旨に基づき譲渡し等を認めるものである。ただし、現在のところ該当する原材料器官等がないため、法第20条の3第1項の事例は、当面想定されていない。

⑩「特別国際種事業者」（第12条第1項第7号）

法第33条の6第1項の登録を受けた特別国際種事業者については、登録に際して適正な事業者であることを確認するとともに、特別特定器官等の譲渡し又は引渡しに関する事項の書類への記載及び保存等を義務付けること等により、適正な事業としての譲渡し又は引渡しが実施されるよう管理されていることから、当該者による個々の特別特定器官等の譲渡し又は引渡しは規制の適用除外とされている（p.116参照）。

⑪「国の機関又は地方公共団体」（第12条第1項第8号）

国の機関とは、形式的には立法機関、行政機関及び裁判所であるが、性質上行政機関に限定される。したがって、ここでいう国の機関とは国家行政組織法に規定される各種の行政機関を意味している。地方公共団体には、都道府県及び市町村の普通地方公共団体のほか特別地方公共団体も含まれる。

⑫「環境省令で定める場合」（第12条第1項第8号）

国の機関又は地方公共団体の定義は⑪で述べた通りであるが、本条で除外される譲渡し等の行為は、⑪で明らかにした団体を一方又は双方の当事者とすればすべて除外されるわけではない。国の機関や地方公共団体であっても、その行為が民間の団体と同様に評価されることもあるからである。具体的に除外される場合は、試験研究機関が試験実験のために譲渡し等をする場合や、警察法（昭和26年法律第162号）第2条第1項に規定する警察の責務として譲渡し等をする場合等である（施行規則第5条第1項）。

＜参考＞
（譲渡し等の禁止の適用除外）
施行規則第5条　法第12条第1項第8号の環境省令で定める場合は、次の各号に掲げるものとする。
　一　国又は地方公共団体の試験研究機関が試験研究のために譲渡し等をする場合
　二　警察法（昭和26年法律第162号）第2条第1項に規定する警察の責務として譲渡し等をする場合
　三　検察庁法（昭和22年法律第61号）第4条に規定する検察官の職務として譲渡し等をする場合
　四　第50条第1項第1号ロの規定により捕獲等をした生きている個体の譲渡し等をする場合

Ⅱ 各論

　　五　動物の愛護及び管理に関する法律（昭和48年法律第105号）第36条の規定に基づき、収容された生きている個体の譲渡し等をする場合
　　六　次に掲げる行為に伴って譲渡し等をする場合
　　　イ　砂防法（明治30年法律第29号）第２条の規定により指定された土地の管理を行い、又は当該土地において同法第１条に規定する砂防工事を行うこと。
　　　ロ～チ　（略）
　　七　個体の保護のための移動又は移植を目的として当該個体の譲渡し等をする場合であって次に掲げる行為に伴うもの
　　　イ　砂防法第２条の規定により指定された土地以外の土地において同法第１条に規定する砂防設備に関する工事を行うこと。
　　　ロ～ヘ　（略）
２・３　（略）

⑬「環境省令で定める場合」（第12条第１項第９号）
　希少野生動植物種の個体等の譲渡し等であっても、それがその保存に支障を及ぼすおそれがない場合であれば、規制をかける必要性は低い。環境省令では、このような場合として、大学における教育又は学術研究のために譲渡し等をする場合（この場合、譲受け又は引取りの後、30日以内の環境大臣への届出が義務）、鳥獣保護管理法や水産資源保護法等に基づき適法に捕獲等されたクマ、クジラ等の譲渡し等をする場合、一部の国際希少野生動植物種であって繁殖させたものの譲渡し等をする場合等が規定されている（施行規則第５条第２項）。

＜参考＞
（譲渡し等の禁止の適用除外）
施行規則第５条　（略）
２　法第12条第１項第９号の環境省令で定める場合は、次の各号に掲げるものとする。
　一　大学における教育又は学術研究のために譲渡し等をする場合
　二～十　（略）
３　第１項第４号又は前項第１号、第３号、第４号若しくは第６号に規定する譲受け又は引取りをした者は、当該譲受け又は引取りをした後30日以内に、環境大臣に届け出る（国の機関、地方公共団体、公立の大学、公立博物館又は公立の博物館相当施設が譲受け又は引取りをする場合にあっては、環境大臣に通知する）ものとする。

⑭「農林水産大臣及び経済産業大臣に協議」（第12条第２項）
　希少野生動植物種の個体等の譲渡し等に関する規制は国内産業に対しても影響を有することから、その特例を設ける場合には、それらの産業を所管する両省と協議することとされているものである。

5 譲渡し等の許可

譲渡し等についての許可について、許可できる場合やその手続等について規定されている。なお、捕獲等の場合と同様に、環境大臣は、希少野生動植物種の保存のため必要のあるときは、その必要の限度において、譲渡し等の許可に条件を付することができるとされている。

> **（譲渡し等の許可）**
> 第13条　①学術研究又は繁殖の目的その他環境省令で定める目的で希少野生動植物種の個体等の譲渡し等をしようとする者（前条第1項第2号から第9号までに掲げる場合のいずれかに該当して譲渡し等をしようとする者を除く。）は、環境大臣の許可を受けなければならない。
> 2　前項の許可を受けようとする者は、②環境省令で定めるところにより、環境大臣に許可の申請をしなければならない。
> 3　環境大臣は、前項の申請に係る譲渡し等について次の各号のいずれかに該当する事由があるときは、第1項の許可をしてはならない。
> 　一　譲渡し等の目的が第1項に規定する目的に適合しないこと。
> 　二　譲受人又は引取人が適当な飼養栽培施設を有しないこと③その他の事由により譲受け又は引取りに係る個体等を種の保存のため適切に取り扱うことができないと認められること。
> 4　第10条第4項の規定は第1項の許可について、同条第9項の規定は第1項の許可を受けて譲受け又は引取りをした者について、前条第2項の規定は第1項の環境省令の制定又は改廃について準用する。この場合において、第10条第9項中「その捕獲等に係る個体」とあるのは、「その譲受け又は引取りに係る個体等」と読み替えるものとする。

〔改正〕一部改正＝平6年6月法律52号・11年12月160号・29年6月51号
〔委任〕第1項の「環境省令」＝規則6　第2項の「環境省令」＝規則7
〔参照条文〕罰則＝法57の2②・59①・65①③

【解釈】
①「学術研究又は繁殖の目的その他環境省令で定める目的」（第13条第1項）
　それ自体が貴重性を有する希少野生動植物種の個体等については、公益的な目的での譲渡し等のみに許可を与えることが適当である。そのため、学術研究又は繁殖等を目的としている場合であっても、その内容や申請者の過去の実績等を個別に確認し、公益性が認められるものでなければ、これらの目的に合致しているとは判断されない。例えば、個人の愛玩飼養等のために繁殖させる場合等は許可されるべきではない。なお、その他環境省令で定める目的は、施行規則により、教育、希少野生動植物種の個体の生息状況又は生育状況の調査の目

Ⅱ 各論

的その他希少野生動植物等の保存に資すると認められる目的が規定されている（施行規則第6条）。

＜参考＞
（譲渡し等の目的）
施行規則第6条　法第13条第1項の環境省令で定める目的は、教育の目的、希少野生動植物種の個体の生息状況又は生育状況の調査の目的その他希少野生動植物種の保存に資すると認められる目的とする。

---

② 「環境省令で定めるところ」（第13条第2項）
　許可申請書の記載事項、添付書類等について施行規則で必要な規定を置いている（施行規則第7条）。
③ 「その他の事由」（第13条第3項第2号）
　捕獲等の許可の場合と同様であり、飼養栽培のための技能を有していないこと、人的、資金的な能力を有していないことなどである。なお、捕獲等の禁止と異なり、譲渡し等の禁止については、生きている個体に限らず、死んでいる個体、器官及び加工品についても規制対象となることから、適切な保管場所を有しないこと等もその他の事由に該当することとなる。

6　譲渡し等の規制に係る措置命令等

　環境大臣は、違法に希少野生動植物種の譲受け若しくは引取りをした者に対し、必要な措置をとるべきことを命ずることができる。なお、許可を受けずに希少野生動植物種の譲渡し又は引渡しを行った者については、すでに個体等を所持していないことから、措置命令の対象とはならない。また、許可を受けて譲受け若しくは引取りをした個体等を適切に取り扱っていない者や許可に付された条件に違反する者等、違法な個体等の取扱いをしている者に対する是正措置を命ずることができる。
　違法な譲渡し等に係る措置命令等についても、違法な捕獲等に対する措置命令と同様に、平成29年法改正時に追加されている。

（譲渡し等の規制に係る措置命令）
第14条　環境大臣は、第12条第1項の規定に違反して希少野生動植物種の個体等の譲受け又は引取りをした者に対し、希少野生動植物種の保存のため必要があると認めるときは、当該違反に係る希少野生動植物種の個体等を環境大臣又は①その指定する者に譲り渡すこと②その他の必要な措置をとるべきことを命ずることができる。
2　環境大臣は、前項の規定による命令をした場合において、その命令をされた者がそ

の命令に係る措置をとらないときは、自ら措置をとるとともに、その費用の全部又は一部をその者に負担させることができる。
3　環境大臣は、前条第1項の許可を受けた者が同条第4項において準用する第10条第9項の規定に違反し、又は前条第4項において準用する第10条第4項の規定により付された条件に違反した場合において、③希少野生動植物種の保存のため必要があると認めるときは、④飼養栽培施設の改善その他の必要な措置をとるべきことを命ずることができる。

〔改正〕一部改正＝平11年12月法律160号・29年6月51号
〔参照条文〕罰則＝法58①・65③

【解釈】
① 「その指定する者」（第14条第1項）
　違法な捕獲等に対する措置命令と同様に、環境大臣が指定する者としては、動植物園等の希少野生動植物種を適切に飼養栽培できる者等が想定される。
② 「その他の必要な措置」（第14条第1項）
　違法な捕獲等に対する措置命令と同様に、国内希少野生動植物種については、当該種の自然の生息地又は生育地に放среなどが想定される。ただし、飼育下・栽培下にあった個体については、病原菌や寄生生物の伝播等が懸念されるため、慎重に判断する必要がある。
③ 「希少野生動植物種の保存のため必要があると認めるとき」（第14条第3項）
　許可に付された条件に違反している場合、譲渡し等の許可に係る目的以外のために個体等を取り扱っている場合（例えば、学術研究の目的で譲渡しの許可を得た者が、その個体等を見せ物に用いている場合）、飼養栽培の状況が個体の存続に支障を及ぼすおそれがある場合などである。なお、捕獲等の許可を受けた者に対する措置命令と同様に、本条に基づく措置命令等は種の保存のために必要な限り認められる。本条を根拠にそれ以外の、例えば猛獣の場合における危険防止等の観点からの措置命令はできない。
④ 「飼養栽培施設の改善その他の必要な措置をとるべきこと」（第14条第3項）
　捕獲等の許可を受けた者に対する措置命令と同様に、飼養栽培施設の物理的な改善のほか、その種の個体の維持のために必要な環境条件の維持、個体等を適切に取り扱うための人的・経済的条件の改善等である。

7　輸出入の禁止

　特定第一種国内希少野生動植物種以外の国内希少野生動植物種の個体等の無制限な海外への流出は、その種の回復を国内で図ろうとする場合に大きな障害となる可能性がある（我が国に生息若しくは生育し、又は飼育される個体の絶対数が減少するため、保護増殖の機会が

失われる。)。また、国際的な取引がその種の存続を圧迫する要因となる可能性もある。このような趣旨から、国内希少野生動植物種の輸出が制限されることとなる。また、渡り鳥等の海外に生息又は生育する国内希少野生動植物種の個体等が無制限に輸入されることとなると、当該国における野生の個体数が減少し、ひいては我が国における種の保存にも支障を来すこととなることから、輸入に関しても制限が加えられなければならない。

希少野生動植物種の輸入に関しては、我が国には外国為替及び外国貿易法（昭和24年法律第228号。外為法）が存しており、これに基づきワシントン条約及び日米等の二国間の渡り鳥等保護条約等が要求する輸出入規制が行われている。

（輸出入の禁止）
第15条 ①特定第一種国内希少野生動植物種以外の国内希少野生動植物種の個体等は、②輸出し、又は輸入してはならない。ただし、その輸出又は輸入が、国際的に協力して学術研究をする目的でするもの③その他の特に必要なものであること、国内希少野生動植物種の本邦における保存に支障を及ぼさないものであること④その他の政令で定める要件に該当するときは、この限りでない。
2　特定第一種国内希少野生動植物種以外の希少野生動植物種の個体等を輸出し、又は輸入しようとする者は、⑤外国為替及び外国貿易法（昭和24年法律第228号）第48条第3項又は第52条の規定により、輸出又は輸入の承認を受ける義務を課せられるものとする。

〔改正〕一部改正＝平6年6月法律52号・9年5月59号・29年6月51号
〔委任〕第1項の「政令」＝令7
〔参照条文〕罰則＝法57の2①・65①

【解釈】

①「特定第一種国内希少野生動植物種以外の国内希少野生動植物種の個体等」（第15条第1項）

特定第一種国内希少野生動植物種の個体等については、その一つひとつの譲渡し等を規制してはいないこととの均衡から、輸出及び輸入についても規制しないこととしたものである。

②「輸出し、又は輸入して」（第15条第1項）

「輸出」とは我が国の外に持ち出すこと、「輸入」とは我が国の外から我が国の領域に持ち込むことをいう。持ち出した、持ち込んだとされる境界については、それぞれの法目的の差異から関税法（昭和29年法律第61号）と外為法で若干の差異がある。関税法では通関時が輸入とされているが、外為法では我が国の海岸線を突破したときが輸入となる。この差異は、例えば、外国から輸入されてきた貨物が陸揚げされた場合に、その貨物が通関するまでの間（保税地域にある間）は関税法は及ばない（関税を支払う必要がない。）のに対して、外為法

上はすでに輸入されていることとなり、仮にその貨物が輸入承認を必要とするものであればその時点で輸入承認を得ていなければ外為法違反となる点である。実際には、外為法の輸入承認は事前に必要とされる場合と通関時に必要な書類を税関長に提出することにより与えられる承認とがあること、また、承認を得ているかどうかの確認は通関時に税関において行われることから、陸揚げ時点で輸入承認が得られていない場合でも、直ちに違法とはいえないことがある。

ただし、ワシントン条約附属書Ⅰにあげられている種のように、輸入国の輸入許可がなければ輸出国の輸出許可が与えられないこととされているものもある。すなわち、ワシントン条約附属書Ⅰの種については陸揚げ時点で輸入承認がないものは密輸となる。それ以外の種の個体等については、通関時における輸入許可を受けるまでに輸入承認を得ていれば密輸とはならない。

③「その他の特に必要なもの」(第15条第1項)

例示されている場合のほか、文化財保護法の補修に伴う輸出入、博物展示のための輸出入、サーカスの移動に伴う輸出入が含まれる。

④「その他の政令で定める要件」(第15条第1項)

施行令第7条に規定されており、輸出の場合には、その個体等が違法に捕獲等又は譲渡し等されたものでなく、かつ、輸出が学術研究等の目的であって、国内のその種の保存に支障を生じない旨の環境大臣の認定書の交付を受けていることとされている。また、輸入の場合には、施行令別表第1(p.366参照)の表1に掲げる種については、その個体等を学術研究等の目的で輸出することを許可した旨のその輸出国の政府機関の発行する証明書があることとされているが、一方で施行令別表第1の表2(p.368参照)に掲げる種の個体等については、特段の要件は課せられていない。

<参考>
(個体等の輸出入の要件)

施行令第7条 法第15条第1項の政令で定める要件は、輸出については、次の各号のいずれにも該当することとする。
一 輸出しようとする国内希少野生動植物種の個体等(法第7条の個体等をいう。以下同じ。)が、法第9条の規定に違反して同条の捕獲等をされ、又は法第12条第1項の規定に違反して同項の譲渡し等をされたものでないこと。
二 次のイ及びロのいずれにも該当する旨の環境大臣の認定書の交付を受けていること。
　イ 輸出が、国際的に協力して学術研究又は繁殖をする目的でするものその他の特に必要なものであること。
　ロ 輸出によって国内希少野生動植物種の本邦における保存に支障を及ぼさないこと。
2 法第15条第1項ただし書の政令で定める要件は、輸入については、輸入しようとする国内希少野生動植物種の個体等が、別表第1の表1に掲げる種の個体等であり、かつ、学術研究若しくは繁殖

の目的でその個体等を輸出することを許可した旨のその輸出国の政府機関の発行する証明書（輸出国がその個体等の輸出を許可に係らしめていない場合にあっては、輸出国内において適法に捕獲し、採取し、若しくは繁殖させた個体又はその個体から生じた器官等（その個体の一部であった器官又はその個体若しくはその個体の一部であった器官を材料として製造された加工品をいう。以下同じ。）である旨のその輸出国の政府機関の発行する証明書）が添付されていること又は別表第1の表2に掲げる種の個体等であることとする。

3　第1項第2号の認定書の交付の手続その他同号の認定書に関し必要な事項は、環境省令で定める。

⑤「外国為替及び外国貿易法（昭和24年法律第228号）第48条第3項又は第52条の規定により、輸出又は輸入の承認」（第15条第2項）

　これらの承認は外為法の観点から行われる。その手続きは、種の保存法が定める手続きを経た後に行う。したがって、輸出については、環境大臣の認定書の交付を得なければ外為法の承認を得ることはできず、また、環境大臣の認定書の交付を得ていても外為法の承認を得ることができないことがある。なお、国際希少野生動植物種及び緊急指定種の輸出入については、種の保存法ではなく、あくまで外為法上の規制のみがかかる。

＜参考：輸出入の手続き＞

　ワシントン条約の管理当局である経済産業省は、ワシントン条約附属書のランクにより規制を行っている（図Ⅱ－4参照）。まず輸入に関しては、ワシントン条約附属書Ⅰに該当する種は、輸入割当品目に指定されているので、当該貨物を輸入する場合には、経済産業大臣の輸入割り当てを受ける必要がある。この輸入割り当てを受けることができるのは、次の3つの場合に限られている。

① 博物館、動物園等が学術研究用として輸入しようとする場合
② 商業目的のため人工的な飼育により繁殖させたものを輸入しようとする場合
③ ワシントン条約が適用される前に取得されたものの輸入をしようとする場合

　①の場合には、学術研究用である旨の誓約書、②の場合には、輸出国のワシントン条約の管理当局が発行した人工的な飼育により繁殖させたものである旨の証明書、③の場合には、輸出国の管理当局が発行した、条約が適用される前に取得されたものである旨の証明書が必要となる。また、輸出国と輸入国で適用日が異なる場合には、適用日の古いほうを基準とする。①の場合は、科学当局（環境省又は農林水産省）の助言を必要とするが、②、③の場合は、必要はない。

　ワシントン条約附属書Ⅱに該当する種を輸入しようとする場合は、輸出国の管理当局が発給する輸出許可書を税関に提出する必要がある。

　ワシントン条約附属書Ⅲに該当する種の輸入については、輸出国がその種をワシントン条約附属書Ⅲに掲載しているか否かによって必要となる要件が変わる。掲載している場合は、管理当局が発給する輸出許可書及び原産地証明書の原本を税関に提出しなければならない。掲載していない場合でも、原産地証明書を税関に提出しなければならない。

　なお、1992（平成4）年7月より、ワシントン条約の対象種の生きている個体を輸入しようとする

第2章　個体等の取扱いに関する規制

場合には、すべての経済産業大臣の事前確認が必要となった。この制度は、実際の輸入に先立ち、申請者が輸出国政府の発行した輸出許可書の写しを経済産業大臣に提出し、経済産業大臣が外交ルートを通じて輸出国に、確かにこの申請者宛に発行された許可書であるかどうかの確認を行うものである。この制度の導入により、偽造の許可書を使っての密輸防止に効果をあげることができる。

　一方、ワシントン条約附属書Ⅰに該当する種を輸出しようとする場合には、事前に相手国の輸入許可証を取得した上で、経済産業大臣の輸出承認と輸出許可書を取得する必要がある。さらに科学当局から、当該輸出が当該種の存続を脅かすこととならない旨の助言が必要になる。

　ワシントン条約附属書Ⅱに該当する種を輸出しようとする場合については、相手国の輸入許可書は必要ない。それ以外についてはワシントン条約附属書Ⅰ掲載種を輸出しようとする場合と同様の手続きが必要である。ワシントン条約附属書Ⅲ掲載種の輸出については、ワシントン条約附属書Ⅲ掲載種を輸入するときと同様の手続きが必要である。

　なお、二国間渡り鳥等保護条約で相手国から通報のあった種として選定されているものについても、ワシントン条約附属書掲載種と同様に輸出入が規制されており、輸出入を行う際は当該輸出国政府当局の発行する輸出証明書の提出が必要となる。

8　違法輸入者に対する措置命令等

　種の保存法の制定前までは、もっぱら政府において返送の事務を行ってきたが、違法に輸入した個体等の返送は、本来はその違法な行為を行った者が行うべきであることから、種の保存法では、その者に返送を命ずるための手続きを規定している。

> **（違法輸入者に対する措置命令等）**
> **第16条**　①経済産業大臣は、外国為替及び外国貿易法第52条の規定に基づく政令の規定による承認を受けないで特定第一種国内希少野生動植物種以外の希少野生動植物種の個体等が輸入された場合において必要があると認めるときは、その個体等を⑤輸入した者に対し、②輸出国内又は原産国内のそのための適当な施設その他の場所を指定してその個体等を返送することを③命ずることができる。
> 2　④環境大臣及び経済産業大臣は、外国為替及び外国貿易法第52条の規定に基づく政令の規定による承認を受けないで特定第一種国内希少野生動植物種以外の希少野生動植物種の個体等を⑤輸入した者からその個体等がその承認を受けないで輸入されたものであることを⑥知りながら第12条第1項の規定に違反してその個体等の⑦譲受けをした者がある場合において、必要があると認めるときは、その者に対し、②輸出国内又は原産国内のその保護のために適当な施設その他の場所を指定してその個体等を返送することを③命ずることができる。
> 3　経済産業大臣が第1項の規定による命令をした場合又は環境大臣及び経済産業大臣が前項の規定による命令をした場合において、その命令をされた者がその命令に係る

71

Ⅱ 各論

図Ⅱ—4　輸入手続きのフロー

附属書Ⅰの場合（輸入制度＝輸入割当制）

対象	科学当局
①哺乳綱中の食肉目いたち科カリフォルニアラッコ、あしか科、あざらし科、くじら目及び海牛目②爬虫綱中のうみがめ科及びおさがめ科、③魚上綱、④軟体動物門、⑤花虫綱	農林水産省水産庁増殖推進部漁場資源課生態系保全室
植物のうち草本類	農林水産省生産局農産部園芸作物課花き産業・施設園芸振興室
植物のうち木本類	農林水産省林野庁森林整備部森林利用課
①食肉目いたち科カリフォルニアラッコ、あしか科、あざらし科、くじら目及び海牛目を除く哺乳綱、②鳥綱、③両生類、④うみがめ科及びおさがめ科を除く爬虫綱、⑤昆虫綱、⑥蛛形綱、⑦環形動物門	環境省自然環境局野生生物課

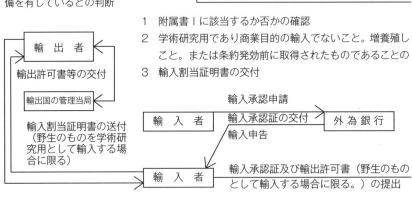

①輸入目的が当該種の存続を脅かす目的のものでないと助言
②収容等のための適当な設備を有しているとの判断

（野生のものを学術研究用として輸入する場合に限る。）

輸入割当申請

1　附属書Ⅰに該当するか否かの確認
2　学術研究用であり商業目的の輸入でないこと。増養殖したものであること。または条約発効前に取得されたものであることの
3　輸入割当証明書の交付

附属書Ⅱ及び附属書Ⅲの場合
（輸入制度＝通関時確認制）

```
        ┌─────────┐
        │ 輸　入　者 │
        └─────────┘
             │ 輸入申告
             │ 輸出許可書等の提出
             ▼
        ┌─────────┐
        │ 税　　関 │
        └─────────┘
             │ 附属書Ⅱまたは Ⅲに該当するか否かの確認
             │ 輸出許可書等の確認、輸入許可
             │ （輸出許可書等に使用済み
             │  と記載し、経産省へ送付）
             ▼
        ┌─────────┐
        │ 経済産業省 │
        └─────────┘
             │ 報告書の作成及び報告
             ▼
        ┌─────────┐
        │ ワシントン条約│
        │ 事　務　局 │
        └─────────┘
```

```
 輸
 入           ┌─────────┐
 者           │ ワシントン条約│
              │ 事　務　局 │
 たものである   └─────────┘
 確認              ▲
                  │ 報告書の作成及び報告
              ┌─────────┐
              │ 経済産業省 │
              └─────────┘
                  ▲
                  │ 輸入承認証
                  │ 輸出許可書等の確認
                  │ 輸入許可
 を学術研究用 →  ┌─────────┐
              │ 税　　関 │
              └─────────┘
```

返送をしないときは、経済産業大臣又は環境大臣及び経済産業大臣（第52条において「経済産業大臣等」という。）は、⑧自らその個体等を前2項に規定する施設その他の場所に返送するとともに、その費用の⑨全部又は一部をその者に負担させることができる。

〔改正〕一部改正＝平6年6月法律52号・9年5月59号・11年12月160号・29年6月51号
〔参照条文〕負担金の徴収方法＝法52　罰則＝法58①・65③

【解釈】
① 「経済産業大臣」（第16条第1項）
　外為法の所管大臣として種の保存法に基づき命令する権限を有している。
② 「輸出国内又は原産国内のその保護のために適当な施設その他の場所」（第16条第1項及び第2項）
　経済産業大臣又は環境大臣及び経済産業大臣は、返送を命ずるときは、具体的な返送先を指示することとしている。種の保存の観点から、単に輸出国又は原産国への返送を命ずるだけでは不十分と考えられ、具体的にどの政府機関、施設、業者、生息地・生育地へ返送するべきか指示することが必要である。
　ただし、本条の命令は、所有権の移転については何ら関知するところではないので、相手方に所有権の移転をするかどうか等については命令を受けた者の判断に委ねられている。
③ 「命ずることができる」（第16条第1項及び第2項）
　「できる」とされているように、命ずるかどうかは経済産業大臣（法第16条第1項の場合）又は環境大臣及び経済産業大臣（法第16条第2項の場合）の裁量に委ねられている。必要性は外為法の観点又は種の保存法の観点から判断される。また、輸入承認を得ないで輸入したことにつき、その者の故意又は過失を問わない。法第15条第1項に違反したものに対しては罰則が適用されるが、故意を欠く者には刑罰は科されない。しかし、本条の命令は行政命令であるので、その相手方が故意を欠く場合でも命令をすることが可能である。
　生きている個体の場合には、通常、事前の輸入承認が必要とされているので、通関時における確認段階においてその承認を得ていないことが判明すれば、その時点で命令をすることが可能である。これに対して、法第6条で定義される器官・加工品の場合には、通常は輸出国政府が発行する輸出許可証があることを通関時に確認することとなるので、通関時点で輸入承認が得られない場合には任意放棄することにより本条違反とはならないこととなる。この場合には、本条に基づき返送を命ずることはできない。
④ 「環境大臣及び経済産業大臣」（第16条第2項）
　法第16条第2項に基づく返送命令は環境大臣と経済産業大臣の共管の権限であることから、返送を命ずるとき、国が代わって返送するとき及びその返送費用の全部又は一部を請求するときは、両大臣が共同して行わなければならない。

第2章 個体等の取扱いに関する規制

⑤「輸入した者」（第16条第1項及び第2項）

　事実行為として輸入した者はもちろん、その者の「手足として」輸入した者（輸入の発注者等）もここでいう「輸入した者」に含まれる。

⑥「知りながら」（第16条第2項）

　関税法第118条第1項第2号に規定する「情を知」ると同義である。密輸された個体等であることを承知しながら、その個体等を譲り受ける行為を、密輸することと同等に評価したものである。

⑦「譲受けをした者」（第16条第2項）

　ここでいう「譲受けをした者」とは第一譲受人に限られる。密輸した事情に関して悪意であり、かつ、密輸した者から密輸した個体等を種の保存法に反して譲り受けた者は、種の国際的な輸出入管理のための義務を犯している者とみなすことが可能であるが、第二譲受人以降についてはそのようにみなすことには無理があると考えたものである。ただし、譲り受けたものが「手足として」譲り受け、その者を操っていた「真の」譲受人が存在するときには、その「真の」譲受人を本項にいう「譲受けをした者」とみなすことができる。

　なお、個体等の返送を命じられた譲受人が負担する費用は、最終的には密輸した本人も負担するべきであると考えるが、その割合等については種の保存法は関知するところではなく、当事者で決めるべきものと考えられる。

⑧「自ら」（第16条第3項）

　外為法に違反して輸入された個体等については経済産業大臣において、外為法に違反して輸入され、及び種の保存法に違反して譲渡し等された個体等については環境大臣及び経済産業大臣が共同して返送することとなる。

⑨「全部又は一部」（第16条第3項）

　返送費用の全部を負担させるか、あるいは一部を負担させるかについては、返送を命ぜられた者の資力等を勘案し、経済産業大臣又は環境大臣及び経済産業大臣の裁量により決定するものである。なお、費用を負担させる場合の負担金の徴収方法等については、法第52条及び「絶滅のおそれのある野生動植物の種の保存に関する法律第52条の規定による負担金の徴収方法等に関する省令」（平成5年総理府・通商産業省令第1号。負担金省令）において規定されている。

<参考>

負担金省令第1条　環境大臣が絶滅のおそれのある野生動植物の種の保存に関する法律（以下「法」という。）第11条第2項、第14条第2項若しくは第40条第3項の規定により、又は経済産業大臣等が法第16条第3項の規定により費用を負担させようとするときは、負担させようとする者の意見を聴かなければならない。

負担金省令第2条　法第52条第1項の規定により、環境大臣が納付を命ずる費用の額は、実際に要した費用の額とし、その納付期限は、次の各号に掲げる場合に応じ、当該各号に定める日とする。

Ⅱ 各論

　　一　法第11条第2項の規定により費用を負担させようとする場合　当該規定により環境大臣が国内希少野生動植物種等の生きている個体の譲渡しその他の必要な措置をとった日から相当の期間経過した日
　　二　法第14条第2項の規定により費用を負担させようとする場合　当該規定により環境大臣が希少野生動植物種の個体等の譲渡しその他の必要な措置をとった日から相当の期間経過した日
　　三　法第40条第3項の規定により費用を負担させようとする場合　当該規定により環境大臣が原状回復その他必要な措置をとった日から相当の期間経過した日
負担金省令第3条　法第52条第1項の規定により、経済産業大臣等が納付を命ずる費用の額は、実際に要した費用の額とし、その納付期限は、法第16条第3項の規定により経済産業大臣等が返送をした日から相当の期間経過した日とする。
負担金省令第4条　法第52条第2項の規定により環境大臣又は経済産業大臣等が督促状により指定する期限は、督促状を発する日から起算して10日以上経過した日でなければならない。
負担金省令第5条　法第52条第3項の規定により環境大臣又は経済産業大臣等が徴収する延滞金の額は、負担金の額に、年10.75パーセントの割合を乗じて計算した額とする。
負担金省令第6条　法第19条第2項の証明書は、別記様式による。

9　陳列又は広告の禁止

　譲渡し等の場合と同様に、国内希少野生動植物種、国際希少野生動植物種及び緊急指定種の個体等の販売・頒布目的の陳列又は広告についても規制されている。これは、陳列又は広告は販売・頒布の前段階になる行為であり、陳列又は広告を自由に認めた場合、実態は販売・頒布を目的としているにもかかわらず、陳列又は広告をしているだけであると偽って、興味を示した客に売渡すというように、譲渡し等の規制の取り締まりが困難となると考えられたことによるものである。
　インターネット上又は紙媒体で広告することも一般的に広く行われるようになってきたことから、平成25年の法改正時に、広告についても陳列と同等の譲渡し等につながる前段階の行為であるものとして規制の対象となった。
　ただし、譲渡し等の場合と同様に、特定第一種国内希少野生動植物種の個体等、特定器官等（特別特定器官等を除く。）、登録を受けた国際希少野生動植物種の個体等、事前登録済証に係る原材料器官等、法第9条第3項に該当して適法に捕獲等がなされた国内希少野生動植物種の個体等、特別国際種事業者が特別特定器官等の陳列又は広告をする場合については規制の対象外となる。

（陳列又は広告の禁止）
第17条　希少野生動植物種の個体等は、①販売又は頒布をする目的でその②陳列又は③広告をしてはならない。ただし、次に掲げる場合は、この限りでない。

> 一　特定第一種国内希少野生動植物種の個体等、特定器官等（特別特定器官等を除く。）、第9条第3号に該当して捕獲等をした国内希少野生動植物種等の個体若しくはその個体の器官若しくはこれらの加工品、第20条第1項の登録を受けた国際希少野生動植物種の個体等又は第20条の4第1項本文の規定により記載をされた同項の事前登録済証に係る原材料器官等の陳列又は広告をする場合その他希少野生動植物種の保存に支障を及ぼすおそれがない場合として④環境省令で定める場合
> 二　特別特定器官等の陳列又は広告をする場合（特別国際種事業者以外の者が特別国際種事業として陳列又は広告をする場合を除く。）

〔改正〕一部改正＝平6年6月法律52号・11年12月160号・25年6月37号・29年6月51号
〔委任〕第1号の「環境省令」＝規則9
〔参照条文〕罰則＝法58②・65②

【解釈】

①「販売又は頒布をする目的」（第17条柱書）

　本条の規制の対象となるのは、「販売又は頒布をする目的での陳列又は広告」であって、例えば、いわゆる「見せ物」や「飾り物」としての展示は含まれない。「販売」又は「頒布」のための陳列又は広告であるかどうかは、当事者の主観だけでなく、陳列又は広告の具体的態様によって判断されることとなる。「販売」と「頒布」の定義については、p.47を参照。

②「陳列」（第17条柱書）

　主として店内に個体等の実物を置く等、実物を伴う場合を指す。陳列の中には公然性は含まれないと解釈されるため、例えば、店舗の別室で特定の常連客に見せる等、不特定多数の人を対象としていない場合であっても、人が観覧できる状態に置かれている場合は、陳列に該当する。

③「広告」（第17条柱書）

　実物を伴わないが対象物が明確に特定できる（種名や画像の表示がある等）場合を指す。文字のみの場合も対象となる。広告の媒体は、インターネット、新聞、雑誌、看板、ポスター掲示等の画像や文字の表示が可能なもの全般が対象となり、個人宛の告知であっても、不特定多数に同一内容で発信されるいわゆるダイレクトメール（メールマガジンを含む。）は、広告と解釈される。一方、口頭は規制の対象には含まれない。

　広告は陳列と異なり個体等を現に所有又は占有をしていない者もできる行為であるため、規制対象は、個体等の所有又は占有にかかわらず、販売又は頒布の目的を持って広告を行っている者とする。また、将来、広告に係る希少野生動植物種の個体等を所有又は占有することを前提に、その個体等の広告（予約受付等）を、販売又は頒布の目的を持ってすることも、規制の対象である。

④「環境省令で定める場合」（第17条第1号）

陳列又は広告の禁止の例外として、はじめに説明した場合のほか、譲渡し等の禁止の例外の場合と同様に、鳥獣保護管理法、漁業法、水産資源保護法に基づき適法に捕獲等されたクマ、クジラ等の個体等を陳列又は広告する場合等が規定されている（施行規則第9条）。

＜参考＞
（陳列又は広告の禁止の適用除外）
施行規則第9条　法第17条第1号の環境省令で定める場合は、適法捕獲等個体若しくはその器官又はこれらの加工品の陳列又は広告をする場合とする。

10　陳列又は広告をしている者に対する措置命令

　環境大臣は、国内希少野生動植物種や未登録の国際希少野生動植物種の個体等の販売目的の陳列又は広告等、違法な陳列又は広告を行っている者に対する是正措置を命ずることができる。

（陳列又は広告をしている者に対する措置命令）
第18条　環境大臣は、前条の規定に違反して希少野生動植物種の個体等の陳列又は広告をしている者に対し、陳列又は広告の中止その他の同条の規定が遵守されることを確保するため①必要な事項を命ずることができる。

〔**改正**〕一部改正＝平6年6月法律52号・11年12月160号・25年6月37号
〔**参照条文**〕罰則＝法58①・65②

【解釈】
① 「必要な事項」（第18条）
　本条に例示されている「陳列又は広告の中止」のほか、未登録の国際希少野生動植物種の個体等の登録をすることなどである。

11　報告徴収及び立入検査

　種の保存法の適正な施行を確保するため、環境大臣及び経済産業大臣に対し、希少野生動植物種の個体等の捕獲等又は譲渡し等の許可を受けている者、希少野生動植物種の個体等を販売又は頒布する目的で陳列又は広告している者、及び希少野生動植物種の個体等を輸入した者等に対する報告徴収の権限、関係施設への立入権限、書類等の検査権限及び関係者への質問権限を付与したものである。当然のことながら、これらの権限は、種の保存法の施行に

必要な限度において行使することができる。

> **（報告徴収及び立入検査）**
> **第19条** ①次の各号に掲げる大臣は、この法律の施行に必要な限度において、それぞれ当該各号に規定する者に対し、希少野生動植物種の個体等の取扱いの状況その他必要な事項について報告を求め、又はその職員に、希少野生動植物種の個体の捕獲等若しくは個体等の譲渡し等、輸入、陳列若しくは広告に係る施設に立ち入り、希少野生動植物種の個体等、飼養栽培施設、書類その他の物件を検査させ、若しくは関係者に質問させることができる。
> 一　環境大臣　第10条第1項若しくは第13条第1項の許可を受けている者又は販売若しくは頒布をする目的で希少野生動植物種の個体等の陳列若しくは広告をしている者
> 二　環境大臣及び経済産業大臣　特定第一種国内希少野生動植物種以外の希少野生動植物種の個体等で輸入されたものの譲受けをした者
> 三　経済産業大臣　特定第一種国内希少野生動植物種以外の希少野生動植物種の個体等を輸入した者
> 2　前項の規定による立入検査をする職員は、その身分を示す証明書を携帯し、関係者に提示しなければならない。
> 3　第1項の規定による権限は、②犯罪捜査のために認められたものと解釈してはならない。

〔改正〕一部改正＝平6年6月法律52号・11年12月160号・25年6月37号・29年6月51号
〔参照条文〕「身分を示す証明書」＝規則10、平5年3月総通令1号「絶滅のおそれのある野生動植物の種の保存に関する法律第52条の規定による負担金の徴収方法等に関する省令」6　罰則＝法63②・65③

【解釈】

①「次の号に掲げる大臣」（第19条第1項）

特定第一種国内希少野生動植物種以外の希少野生動植物種の個体等を輸入した者等については、経済産業大臣が、外為法を所管する観点から権限を行使することとしている。

②「犯罪捜査のために認められたものと解釈してはならない」（第19条第3項）

第1項の規定による権限は、種の保存法の適正な施行を確保するために認められた行政権限であり、犯罪捜査の目的で行使することはできない。

第3節　国際希少野生動植物種の個体等の登録
(節名改正＝平6年6月法律52号)

1　個体等の登録

　国際希少野生動植物種の個体等のうちワシントン条約附属書Ⅰに掲げられた種に係るものについては、ワシントン条約上も商業目的で繁殖させた個体、その器官及びこれらの加工品、ワシントン条約適用前に取得された個体等、又は特定の地域個体群に係る種の個体等は一定の条件の下で商業目的の流通が認められていることから、国内流通においても、これらに該当する個体等であることを確認し、商業目的の流通を認めることとされたものである。個体等の登録制度については、平成25年及び平成29年にそれぞれ法改正が加えられている。

(平成25年法改正)　登録区分の明確化等
　個体等の出自の適法性は変わることはないことから、一度登録を受けた個体等については、当該個体等の性状が変化した場合(例えば、生体から剥製を作成した場合等)でも、登録の効力は持続する。一方で、登録票と個体等の対応関係は明確である必要があり、個体等の性状が変化した場合には、登録票の記載事項を変更した上で、譲渡し等又は陳列若しくは広告を行うことが望ましい。そのため、登録票における個体等に係る区分の定義を明確化するとともに、登録票と個体等との対応関係を明確化させるため、登録票は当該区分ごとの様式で交付すること等が平成25年の改正時に新たに規定されている。

(平成29年法改正)　登録の有効期間と更新制及び個体識別措置の導入等
　国際希少野生動植物種の個体等に係る登録票のうち、特に生きている個体の登録票について、その個体の死亡等に伴う返納数が少ないという事態や、未返納の個体の死亡等により失効した登録票を違法に入手した別の個体の登録票として不正に利用した事件が発生していた。この状況に対応するため、生きている個体について、その登録に有効期間を設け更新制とし、一定の期間ごとに登録個体等の状態等を確認するとともに、その登録に当たって一部の種の生きている個体に個体識別措置を義務付けることにより個体等と登録票との対応関係の管理を強化する等の制度改正が行われた。加えて、登録の拒否の規定も追加されている。

(個体等の登録)
第20条　国際希少野生動植物種の個体等で①商業的目的で繁殖させた個体若しくはその個体の器官又はこれらの加工品であることその他の要件で政令で定めるもの(以下この章において「登録要件」という。)に該当するもの(②特定器官等を除く。)の正当な権原に基づく占有者は、その個体等について③環境大臣の登録を受けることができる。
2　前項の登録(第20条の3第1項及び第2項並びに第23条第1項及び第2項を除き、以下この節において「登録」という。)を受けようとする者は、④環境省令で定めるとこ

ろにより、次に掲げる事項を記載した申請書を環境大臣に提出しなければならない。
　一　氏名及び住所（法人にあっては、その名称、代表者の氏名及び主たる事務所の所在地）
　二　登録を受けようとする個体等の種名
　三　登録を受けようとする⑥個体等に係る次に掲げる区分
　　イ　個体
　　ロ　個体の器官
　　ハ　個体の加工品
　　ニ　個体の器官の加工品
　四　⑥個体等を識別するために特に措置を講ずることが必要な国際希少野生動植物種として環境省令で定めるものの個体等の登録を申請する場合にあっては、登録を受けようとする個体等に講じた個体識別措置（⑦個体等に割り当てられた番号（第4項第3号及び第21条第6項において「個体識別番号」という。）を識別するための措置であって、国際希少野生動植物種ごとに環境省令で定めるものに限る。第7項、第21条第6項及び第22条の2において同じ。）
　五　前各号に掲げるもののほか、環境省令で定める事項
3　環境大臣は、登録をしたときは、その申請をした者に対し、⑧登録票を交付しなければならない。
4　前項の登録票（以下この節において「登録票」という。）には、第2項第3号イからニまでに掲げる区分ごとに環境省令で定める様式に従い、次に掲げる事項を記載するものとする。
　一　登録をした個体等の種名
　二　登録をした個体等の形態、大きさその他の主な特徴
　三　登録をした個体等に係る個体識別番号
　四　登録年月日
　五　次条第1項に規定する登録の有効期間がある場合にあっては、その満了の日
　六　前各号に掲げるもののほか、環境省令で定める事項
5　環境大臣は、第2項の申請書のうちに重要な事項について虚偽の記載があり、又は重要な事実の記載が欠けているときは、その⑨登録を拒否しなければならない。
6　登録を受けた国際希少野生動植物種の個体等の正当な権原に基づく占有者は、その登録に係る第2項第3号に掲げる事項に変更を生じたときは、環境省令で定めるところにより、当該登録に係る登録票を環境大臣に提出して、⑩変更登録を受けることができる。
7　登録を受けた国際希少野生動植物種の個体等の正当な権原に基づく占有者は、その登録に係る第2項第4号に掲げる個体識別措置を変更したときは、環境省令で定めるところにより、当該登録に係る登録票を環境大臣に提出して、⑩変更登録を受けなけれ

Ⅱ 各論

ばならない。
8 　環境大臣は、前2項の変更登録をしたときは、その申請をした者に対し、変更後の登録票を交付しなければならない。
9 　登録を受けた国際希少野生動植物種の個体等の正当な権原に基づく占有者は、その登録票に係る第4項第2号に掲げる事項に変更を生じたときは、環境省令で定めるところにより、当該登録票を環境大臣に提出して、⑪登録票の書換交付を受けることができる。
10 　登録を受けた国際希少野生動植物種の個体等の正当な権原に基づく占有者は、登録票でその個体等に係るものを亡失し、又は登録票が滅失したときは、環境省令で定めるところにより、環境大臣に申請をして、⑫登録票の再交付を受けることができる。
11 　登録を受けた国際希少野生動植物種の個体等の正当な権原に基づく占有者は、第2項第1号に掲げる事項に⑬変更を生じたときは、当該変更が生じた日から起算して30日を経過する日までの間に環境大臣にその旨を届け出なければならない。
12 　第12条第2項の規定は、第2項の環境省令の制定又は改廃について準用する。

〔改正〕一部改正＝平6年6月法律52号・11年12月160号・15年6月99号・25年6月37号・29年6月51号
〔委任〕第1項の「政令」＝令8　第2項本文の「環境省令」＝規則11ⅠⅡ　第4項の「環境省令」＝規則11Ⅲ　第5号の「環境省令」＝規則11Ⅳ　第4項本文の「環境省令」＝規則11Ⅴ　第6号の「環境省令」＝規則11Ⅵ　第6項の「環境省令」＝規則11Ⅶ　第7項の「環境省令」＝規則11Ⅷ　第9項の「環境省令」＝規則11Ⅸ　第10項の「環境省令」＝規則11Ⅹ
〔参照条文〕罰則＝法57の2②・58②③・63③・65①～③

【解釈】
①「商業的目的で繁殖させた個体若しくはその個体の器官又はこれらの加工品であることその他の要件で政令で定めるもの」（第20条第1項）
　具体的な要件は施行令第8条に規定されており、次の通りである。
(1) 　我が国において繁殖させた個体、その個体の一部であった器官又はその個体若しくはその個体の一部であった器官を材料として製造された加工品
(2) 　ワシントン条約適用前に我が国で取得され、又は我が国に輸入された
　① 　個体、その個体の一部であった器官又はその個体若しくはその個体の一部であった器官を材料として製造された加工品
　② 　器官、その器官を材料として製造された加工品
　③ 　加工品、その加工品を材料として製造された加工品
(3) 　関税法第67条の許可を受けて輸入された個体、器官及び加工品であって
　① 　商業的目的で繁殖させた個体、その個体の一部であった器官又はその個体の一部であった器官を材料として製造された加工品

② 当該種についてのワシントン条約適用前に輸出国内で取得され、又は輸出国に輸入された
　a　個体、その個体の一部であった器官又はその個体若しくはその個体の一部であった器官を材料として製造された加工品
　b　器官、その器官を材料として製造された加工品
　c　加工品、その加工品を材料として製造された加工品（それぞれ、輸出国の政府機関が証明したものに限る。）
③ 施行令別表第6（p.420参照）に掲げる種の区分に応じ、同表の下欄に定める個体群（ワシントン条約上規制される種のうち、当該地域の個体群がワシントン条約附属書Ⅱに掲載されている個体群）に属する個体、その個体の一部であった器官又はその個体若しくはその個体の一部であった器官を材料として製造された加工品

登録の対象となるのは、譲渡し等が規制されている種のうち、個体については、施行令別表第2の表2（p.386参照）に掲げられている種の個体であり、器官及び加工品については、施行令別表第4（p.415参照）「器官」欄及び「加工品」欄に掲げられているものである。

＜参考＞
（個体等の登録の要件）
施行令第8条　法第20条第1項の政令で定める要件は、別表第2の表2に掲げる種の個体等であって次の各号のいずれかに該当するものであることとする。
一　本邦内において繁殖させた個体又はその個体から生じた器官等であること。
二　別表第2の表2の種名の欄に掲げる種の区分に応じ、それぞれ同表の適用日の欄に定める日前に、本邦内で取得され、又は本邦に輸入された個体（当該取得又は輸入に係る個体から生じた器官等を含む。）、器官（当該取得又は輸入に係る器官を材料として製造された加工品を含む。）又は加工品（当該取得又は輸入に係る加工品を材料として製造された加工品を含む。）であること。
三　関税法（昭和29年法律第61号）第67条の許可を受けて輸入された個体（当該輸入に係る個体から生じた器官等を含む。）、器官（当該輸入に係る器官を材料として製造された加工品を含む。）又は加工品（当該輸入に係る加工品を材料として製造された加工品を含む。）であって、次のイからハまでのいずれかに該当するものであること。
　イ　商業的目的で繁殖させた個体又はその個体から生じた器官等であること。
　ロ　絶滅のおそれのある野生動植物の種の国際取引に関する条約の適用される前に、輸出国内で取得され、又は輸出国に輸入された個体（当該取得又は輸入に係る個体から生じた器官等を含む。）、器官（当該取得又は輸入に係る器官を材料として製造された加工品を含む。）又は加工品（当該取得又は輸入に係る加工品を材料として製造された加工品を含む。）であることをその輸出国の政府機関が証明したものであること。
　ハ　別表第6の種名の欄に掲げる種ごとに、それぞれ同表の個体群の欄に掲げる個体群の区分に応じ、同表の個体等の欄に定める個体等（当該個体群に属する個体又はその個体から生じた器官等に限る。）であること。

② 「特定器官等を除く」(第20条第1項)
　特定器官等に該当するもの(特別特定器官等も含まれる。)については、そもそも個別の譲渡し等の規制対象外であり、又は事業規制の対象であり、登録を受ける必要がないことから、個体等の登録の対象とはならない。

③ 「環境大臣の登録」(第20条第1項)
　個体等の登録の事務は、法第23条第1項の規定に基づき、環境大臣の登録を受けた者(個体等登録機関)があるときは、その個体等登録機関に行わせるものとされている。現在、個体等登録機関としては一般財団法人自然環境研究センターが機関登録を受けている(p.97参照)。

④ 「環境省令で定めるところにより、次に掲げる事項を記載した申請書を環境大臣に提出しなければならない」(第20条第2項)
　具体的な申請手続きは、施行規則第11条に規定されている。

＜参考＞
(個体等の登録の申請等)
施行規則第11条　法第20条第2項の申請書には、登録をしようとする個体等の写真(第3項各号に掲げる種の生きている個体にあっては、当該個体の写真及びその個体識別措置に係る番号を確認することができる写真(当該個体に個体識別措置が講じられていることが確認できるものに限る。))及び証明書(第3項各号に掲げる種の生きている個体の場合に限り、個体識別措置が、マイクロチップ(国際標準化機構が定めた規格第11784号及び第11785号に適合するものに限る。以下同じ。)である場合にあっては獣医師が発行した当該マイクロチップの識別番号に係る証明書と、脚環である場合にあっては当該脚環の識別番号に係る証明書とする。)のほか、次の各号に掲げる個体等の区分に応じ、当該各号に定める書類を添付しなければならない。ただし、当該書類を添付し難い場合にあっては、これに代えて、当該個体等が当該区分に該当することを証する書類を添付することができる。
　一～五　(略)
2　環境大臣(個体等登録機関が個体等登録関係事務を行う場合にあっては、個体等登録機関)は、法第20条第2項の規定により登録の申請をした者に対し、同項の申請書及び前項の書類のほか、同条第1項に規定する登録要件に該当することを確認するために必要と認める書類の提出を求めることができる。
　3～10　(略)

⑤ 「個体等に係る次に掲げる区分」(第20条第2項第3号)
　登録票と個体等の対応関係を明確にするため、登録票において、「個体」「個体の器官」「個体の加工品」「個体の器官の加工品」の4つの区分が設けられている。登録を受けた後に、この区分が変更された場合、例えば登録を受けた生体(個体)から剥製(個体の加工品)を作製した場合や皮(器官)から皮革製品(器官の加工品)を作製した場合等について

は、個体等の出自の適法性は変わることがないことから登録の効力は持続するが、登録票と個体等の対応関係の明確化の観点から、変更登録又は登録票の返納が必要である。なお、個体等の分割又は統合により数量の変更が生じた場合は、1つの個体等について1つの登録票が必要であることから、増加した場合はその分の新規登録を、減少した場合はその分の返納を求めることとなる。

⑥「個体等を識別するために特に措置を講ずることが必要な国際希少野生動植物種として環境省令で定めるもの」（第20条第2項第4号）

　登録に当たって個体識別措置が義務付けられる対象として、実務上の必要性及び規制の実効性を考慮し、次のいずれかに該当する種としたものである（具体的な種名は、施行規則第11条第3項各号に列記（p.231参照））。

(1)　原産国で密猟、密輸等によりその生息・生育に大きな問題が生じているとの情報がない種であって、合法的に非常に多くの個体が輸入されており、かつ、国内で違法取引が多数報告されていないもの

(2)　技術的に個体識別が困難な種等

　なお、(2)については、技術的に個体識別が可能である種又は必ずしも困難とはいえない種であっても、個体識別の実効性の確保が困難と考えられる種（植物等）や、寿命が短いと考えられる種等（昆虫類等）が含まれる。

⑦「個体等に割り当てられた番号（第4項第3号及び第21条第6項において「個体識別番号」という。）を識別するための措置であって、国際希少野生動植物種ごとに環境省令で定めるもの」（第20条第2項第4号）

　個体識別措置の内容は、対象種の生きている個体ごとに、マイクロチップ又は脚環の装着等とされている。

　具体的には、「国際希少野生動植物種の個体等の登録に係る個体識別措置の細目を定める件」（平成30年環境省告示第35号。p.459参照）において、哺乳類、爬虫類及び両生類についてはマイクロチップの埋込み、鳥類についてはマイクロチップの埋込み又は脚環の装着をすることや、マイクロチップの埋込位置などが規定されている。

　なお、個体識別措置の対象が生きている個体ごととされている趣旨は、以下の通りである。

・生きている個体については、当該個体が死亡した場合には当該個体を占有しなくなることが想定されるため、当該個体の登録票を違法に入手した別の個体に付け替えることで、違法に入手した別の個体の譲渡し等を合法に見せかけることが可能であり、登録票の付け替えによる違法流通が生じる可能性が高い。

・一方、器官及び加工品については、すでに登録済みの器官及び加工品が消滅する事由（例：紛失等）がごく限られており、登録済の器官及び加工品が消滅していない場合は、違法に入手した別の器官及び加工品に登録票を付け替えても、付け替えの反射的効果としてすでに登録済みの器官及び加工品の合法的な譲渡し等ができなくなるため、登録票の付

け替えによる違法流通が生じる可能性は低い。
・そのため、器官及び加工品については個体識別措置を義務付けないこととされた。

なお、器官については加工して加工品にすることで消滅することがあるが、その場合、加工品の変更登録を受けるためには原材料とした器官の登録票を環境大臣（個体等登録機関がある場合には個体等登録機関）に提出する必要がある。また、器官を加工した結果、個別の登録を要しない特定器官等になった場合は、登録票の区分が変更されたものとして法第22条第1項第2号に基づき登録票を返納しなければならない。これらのことから、器官に係る登録票の付け替えは困難である。

⑧「登録票」（第20条第3項）

個体等の登録を受けた者は、環境大臣（個体等登録機関がある場合には個体等登録機関）より登録票の交付を受ける。なお、平成25年の法改正時に登録票の記載事項が法に明記されたところであるが、平成29年の法改正時に個体等の登録に係る個体識別措置及び登録の有効期間を導入したことを踏まえ、登録票の記載事項についても、個体識別番号（対象個体のみ）、登録年月日、登録の有効期間（対象個体のみ）が追加されている。

⑨「登録を拒否しなければならない」（第20条第5項）

個体等の登録等の申請内容に虚偽記載や重大な瑕疵がある場合は、本規定の有無にかかわらず、環境大臣はその申請を当然に拒否することができると解されるが、平成29年の法改正により、これを法律上、明確にしたものである。

⑩「変更登録」（第20条第6項及び第7項）

変更登録は、区分に変更を生じた場合と個体識別措置に変更が生じた場合の双方について規定されている。

区分に変更を生じた場合は、適法な出自の個体等であることに変更はないものの、登録票に記載された区分と合致していないことにより、流通過程において登録票に対応する個体等であるかどうかの確認が困難になるおそれがあるため、登録票として十分な有効性を有しているとはいえないと考えられる。そのような場合には、不要となった登録票が流用される事態を防止するため、法第22条に基づき登録票の返納を求めることが必要である。ただし、区分に変更を生じた個体等について占有者が引き続き譲渡し等を行う意思がある場合には、登録票の有効性を補完させるために、区分の変更手続きを規定している。

また、個体の登録後に個体識別措置に変更が生じた場合（疾患の治療等のために脚環を外し、別のものを装着する場合等）においても、適法な出自の個体であることに変わりはないものの、登録票に記載されている個体識別番号と、個体に実際に埋込み又は装着されている個体識別措置の個体識別番号が異なることとなり、個体と登録票との対応関係の管理が困難となる。このため、個体の正当な権原に基づく占有者は、当該個体に係る個体識別措置を変更した場合には、環境大臣（個体等登録機関がある場合には個体等登録機関）による変更登録を受けなければならないこととされた。

⑪「登録票の書換交付」（第20条第9項）

第2章　個体等の取扱いに関する規制

経年変化その他の理由により非意図的に生じる変更（生きている個体の成長による重量の変化等）については、適法な出自の個体等であることに変更はなく、登録票に記載された区分内において想定され得る範囲の変更であることから登録票に対応する個体等であるかの確認が可能であり、登録票として十分な有効性を有していると考えられる。そのため、記載事項の変更を義務付ける必要はないが、個体等と登録票との対応関係をより明確にしたいという占有者の要望を排除するものではなく、書換交付の手続きを規定したものである。

⑫「登録票の再交付」（第20条第10項）

登録票をなくしたり、毀損してしまうことは、本来あってはならないことであるが、万が一そのような事態が生じた場合、登録票の再発行がなされなければ、個体等の譲渡し等ができなくなってしまうことから、登録票の再発行の手続きを規定したものである。具体的な手続きは、施行規則第11条第10項に規定されている。

⑬変更の届出（第20条第11項）

登録票に係る個体等の占有者は、登録申請の際又は当該個体等の譲受け等の届出の際に、住所等を明らかにすることとされている。よって、登録票に係る個体等の所在を明らかにしておくため、占有者の住所等の変更についても届出を行う手続を規定したものである。

（登録の更新）

第20条の2　登録のうち、①定期的にその状態を確認する必要がある個体等として環境省令で定めるものに係るものは、5年を超えない範囲内において環境省令で定める期間（第3項及び第4項において「登録の有効期間」という。）ごとに、当該登録に係る登録票を環境大臣に提出して、その更新を受けなければ、②その期間の経過によって、その効力を失う。

2　前条第2項から第5項までの規定は、③前項の登録の更新について準用する。

3　第1項の更新の申請があった場合において、登録の有効期間の満了の日までにその申請に対する処分がされないときは、従前の登録は、④登録の有効期間の満了後もその処分がされるまでの間は、なおその効力を有する。

4　前項の場合において、登録の更新がされたときは、その登録の有効期間は、⑤従前の登録の有効期間の満了の日の翌日から起算するものとする。

〔改正〕追加＝平29年6月法律51号
〔委任〕第1項の「環境省令で定めるもの」＝規則11の3　「環境省令で定める期間」＝規則11の4
〔参照条文〕罰則＝法57の2②・65①

【解釈】

①「定期的にその状態を確認する必要がある個体等として環境省令で定めるもの」（第20条の2第1項）

個体等の登録の更新の対象個体は、施行規則第11条の3において、個体等のうち生きてい

る個体に限定されている。これは、個体識別措置と同様、生きている個体については登録票の付け替えによる違法流通が生じる可能性が高いことから、これを防止する必要があるためである。

＜参考＞
（登録の更新に係る個体等）
施行規則第11条の3　法第20条の2第1項の環境省令で定める個体等は、生きている個体とする。

② 「その期間の経過によって、その効力を失う」（第20条の2第1項）
　生きている個体については、登録の更新を受けなければ、登録の効力を失うこととなる。この場合、適法な出自の個体等であることに変更はないものの、登録を受けていない状態となるため、譲渡し等を行った場合には、法第12条違反となる（陳列又は広告（法第17条）についても同様）。しかし、国際希少野生動植物種の所持自体は規制されていないため、登録の効力が失効した場合であっても、引き続き飼養栽培をすることは可能である。また、登録の効力が失効したものの、引き続き譲渡し等をする意図がある場合には、改めて、法第20条に基づき個体等の登録を受ける必要がある。

③ 「前項の登録の更新について準用する」（第20条の2第2項）
　個体等の登録を更新する場合、登録票の不正な流用や個体のすり替えを防止するために、登録時と同様の事項を確認する必要がある。

④ 「登録の有効期間の満了後もその処分がなされるまでの間は、なおその効力を有する」（第20条の2第3項）
　多くの個体等の更新時期が重複し、登録事務が一時的に滞ることも想定されることから、更新の申請があった場合において、有効期間満了の日までに処分がなされないときは、従前の登録が、なおその効力を有することとしたものである。

⑤ 「従前の登録の有効期間の満了の日の翌日から起算する」（第20条の2第4項）
　上記の場合において、従前の登録の有効期間の満了の日の翌日以降についてもその効力が続くのは、期間の満了日までに処分がされていないことによる効果であり、従前の有効期間が延長されているわけではないことから、登録を更新した場合の登録の有効期間は、従前の登録の満了日の翌日から起算する。

2　原材料器官等に係る事前登録

　法第20条の3において、我が国において製品の原材料として使用されている国際希少野生動植物種の器官及びその加工品（原材料器官等）について定型的、大量、頻繁（1年間につき政令で定める数以上）に取引を行う者については、事前登録制により一括の登録を認めることにより、円滑な取引を可能とすることとされている。事前登録の対象としては、ワシン

第2章　個体等の取扱いに関する規制

トン条約締約国会議の決議に基づき個体にコード番号が付されているものなど、個々の個体を逐一チェックしなくても適法に輸入されたことの確認が可能な状態にあるものが想定される。事前登録を行ったものについては、その個体に付されているコード番号と事前登録済証とを照合することにより確認が可能である。また、事前登録を行った場合には定期的に報告を行うこととされており、その際に輸入許可書の番号等と照合することによりチェックが可能である。

ただし、現在のところ、これに該当する原材料器官等がないことから、政令及び環境省令は定められていない。

（原材料器官等に係る事前登録）
第20条の3　1年間につき政令で定める数以上の登録要件に該当する原材料器官等（特定器官等を除く。）の譲渡し又は引渡しをしようとする者は、あらかじめ、その譲渡し又は引渡しをしようとする原材料器官等の種別、数、予定する入手先その他の事項で環境省令で定めるものについて環境大臣の登録を受けることができる。ただし、次の各号のいずれかに該当する者については、この限りでない。
一　この法律に規定する罪を犯して刑に処せられ、その執行を終わり、又はその執行を受けることがなくなった日から起算して2年を経過しない者
二　次条第6項の規定による返納命令を受けた日から起算して2年を経過しない者
2　前項の登録（以下この節において「事前登録」という。）を受けようとする者は、環境省令で定めるところにより、環境大臣に事前登録の申請をしなければならない。
3　環境大臣は、事前登録をしたときは、その申請をした者に対し、環境省令で定めるところにより、事前登録に係る原材料器官等の数に応じた枚数の事前登録済証を交付しなければならない。
4　第20条第12項の規定は、第2項の環境省令の制定又は改廃について準用する。

〔改正〕旧第20条の2として追加＝平6年6月法律52号、一部改正＝平11年12月法律160号・25年6月37号、一部改正し本条に繰下＝平29年6月法律51号
〔参照条文〕罰則＝法57の2②・59②・65①③

（事前登録を受けた者の遵守事項等）
第20条の4　事前登録を受けた者は、事前登録をした事項に適合する原材料器官等の譲渡し又は引渡しをしようとするときは、環境省令で定めるところにより、その譲渡し又は引渡しをする原材料器官等ごとに前条第3項の事前登録済証（以下この節及び第59条第2号において「事前登録済証」という。）に必要な事項の記載をし、これをその原材料器官等に添付しなければならない。ただし、事前登録を受けた日から起算して1年を経過した日以後においては、その記載をしてはならない。

II 各論

2　事前登録を受けた者は、環境省令で定めるところにより、3月を経過するごとに、その間に譲渡し又は引渡しをした事前登録に係る原材料器官等に関し環境大臣に必要な事項を報告しなければならない。

3　事前登録を受けた者は、事前登録を受けた日から起算して1年を経過したときは、環境省令で定めるところにより、その間に第1項本文の規定により記載をしなかった事前登録済証を環境大臣に返納しなければならない。

4　環境大臣は、事前登録を受けた者が、事前登録済証に、事前登録をした事項に適合する原材料器官等以外の原材料器官等について第1項本文に規定する記載をし、若しくは虚偽の事項を含む同項本文に規定する記載をし、又は事前登録に係る原材料器官等若しくは事前登録済証に関し次条第1項から第4項まで若しくは第22条第1項の規定に違反した場合において、必要があると認めるときは、その者に対し、3月を超えない範囲内で期間を定めて、第1項本文の規定により記載をすることを禁止することができる。

5　環境大臣は、事前登録を受けた者が前条第1項第1号に該当するに至ったときは、その者に対し、その事前登録に係る事前登録済証の返納を命じなければならない。

6　環境大臣は、事前登録を受けた者が第4項の規定による命令に違反した場合において必要があると認めるときは、その者に対し、その命令に係る事前登録に係る事前登録済証の返納を命ずることができる。

7　環境大臣は、この条の規定の施行に必要な限度において、事前登録を受けた者に対し、必要な報告を求めることができる。

〔改正〕旧第20条の3として追加＝平6年6月法律52号、一部改正＝平11年12月法律160号・25年6月37号、本条に繰下＝平29年6月法律51号
〔参照条文〕罰則＝法59②③・63④⑤・65③

3　登録個体等及び登録票の管理等

　登録票の交付を受けた者は、その登録票に係る個体等を販売又は頒布をする目的で陳列をするときは、その登録票を備え付けておかなければならず、広告をするときは、その個体等について登録を受けていること等を表示しなければならない。また、その登録票に係る個体等の譲渡し等をする場合は、その登録票とともにしなければならない。

　登録票に係る個体等の譲受け又は引取りをした者は、その所在を明らかにするため、その日から起算して30日以内に環境大臣（個体等登録機関がある場合には個体等登録機関）にその旨の届出をしなければならない。

　個体識別措置が講じられている個体等については、個体識別番号を識別できるよう取り扱わなければならない。

なお、事前登録済証に係る部分の規定については、事前登録制度の対象となるものが指定されていないことから、運用されていない。

> **(登録個体等及び登録票等の管理等)**
> **第21条** 登録又は事前登録（以下この章において「登録等」という。）に係る国際希少野生動植物種の個体等は、販売又は頒布をする目的で陳列をするときは、その個体等に係る登録票又は前条第1項本文の規定により記載をされた事前登録済証（以下この章において「登録票等」という。）を備え付けておかなければならない。ただし、第20条第6項若しくは第7項の変更登録、同条第9項の登録票の書換交付又は第20条の2第1項の登録の更新の申請をしたときは、①その申請に係る処分があるまでの間は、その個体等に係る登録票の写しを備え付けておくことをもって足りる。
> 2　登録等に係る国際希少野生動植物種の個体等は、販売又は頒布をする目的でその広告をするときは、②その個体等について登録等を受けていることその他環境省令で定める事項を表示しなければならない。
> 3　登録等に係る国際希少野生動植物種の個体等の譲渡し等は、その個体等に係る登録票等とともにしなければならない。
> 4　登録票等は、③その登録票等に係る国際希少野生動植物種の個体等とともにする場合を除いては、譲渡し等をしてはならない。
> 5　登録等に係る国際希少野生動植物種の個体等の譲受け又は引取りをした者（事前登録を受けた者から、その事前登録に係る原材料器官等に係る前条第1項本文の規定により記載をされた事前登録済証とともにその原材料器官等の譲受け又は引取りをした者を除く。）は、環境省令で定めるところにより、その日から起算して30日（事前登録に係る原材料器官等の譲受け又は引取りをした者にあっては、3月）を経過する日までの間に、④環境大臣にその旨を届け出なければならない。
> 6　登録に係る国際希少野生動植物種の個体等のうち個体識別措置が講じられたものを取り扱う者は、⑤環境省令で定めるところにより、⑥当該個体等の個体識別番号を識別できるよう取り扱わなければならない。

〔改正〕一部改正＝平6年6月法律52号・11年12月160号・25年6月37号・29年6月51号
〔委任〕第2項の「環境省令」＝規則11の6　第5項の「環境省令」＝規則12　第6項の「環境省令」＝規則12の2
〔参照条文〕罰則＝法63⑥・65③

【解釈】
① 「その申請に係る処分があるまでの間は、その個体等に係る登録票の写しを備え付けておくことをもって足りる」（第21条第1項）

　変更登録等の申請中は、有効な登録票が申請者の手元にない状態となるので、譲渡し等はできない。しかし、登録を受けた適法な出自の個体等であることに変わりはないこと及び当

該個体等を業務上の必要から継続的に陳列する者も一定程度いることに鑑みて、陳列については、一定の条件下で変更登録の申請中も行うことができることとされたものである。

種の保存法においては、違法な譲渡し等を防止することが最も重要な事項であり、登録票の原本がない状態で譲渡し等が行われ、占有者が変わることは違法な譲渡し等がなされるため容認できないが、陳列は譲渡し等の準備行為であり、例外的な取扱いを容認しても、直ちに種の保存法の趣旨を損なうおそれはないと考えられる。

② 「その個体等について登録等を受けていることその他環境省令で定める事項を表示しなければならない」（第21条第2項）

広告は、インターネット、新聞、雑誌、看板、ポスター掲示等の画像や文字の表示が可能なもの全般が規制対象となり、個人宛の告知であっても、不特定多数に同一内容で発信されるいわゆるダイレクトメール（メールマガジンを含む。）も含まれる。そのため、登録票の写しを掲載する、登録記号番号や登録年月日等を明記する等、広告媒体に合わせた適切な手法により、登録等を受けていること等を表示する必要がある。広告の定義については、p.77を参照。

なお、広告に当たっては登録票等の備え付けを義務付けていないため、上述の陳列の場合と同様、変更登録等の申請中であっても、広告自体は許容されている。

＜参考＞
（広告の表示事項）
施行規則第11条の6　法第21条第2項の環境省令で定める事項は、登録記号番号、登録年月日及び登録の有効期間の満了の日（第11条の3に規定する個体の広告をする場合に限る。）とする。

---

③ 「その登録票等に係る国際希少野生動植物種の個体等とともにする場合を除いては、譲渡し等をしてはならない。」（第21条第4項）

登録票等は、その個体等が登録を受けた適法な出自の個体等であることを示すものであり、個体等との対応関係は明確である必要がある。個体等の譲渡し等を伴わない登録票等のみの譲渡し等については、登録票等の付け替え等の違法行為につながりかねないものであるため、これを禁止するものである。

④ 「環境大臣にその旨を届け出なければならない」（第21条第5項）

登録等は個体等の譲渡し等を前提とした制度であり、当初に登録等をした者と現時点での個体等の占有者が異なることが当然に想定される。登録等を受けた個体等の所有者及び所在地等の流通過程を詳細に記載し、保存しておくことにより、当該個体等の移動状況を常に把握していくことは、制度の運用上不可欠であるため、個体等の譲受け又は引取りをした者に対して、環境大臣（個体登録機関があるときには当該個体等登録機関）への届出を義務付けることとしたものである。

⑤ 「環境省令で定めるところにより」（第21条第6項）

届出の手続等については、施行規則第12条において規定されている。

<参考>
(登録個体等の譲受け等の届出)
施行規則第12条　法第21条第5項の規定による届出は、次に掲げる事項を記載した届出書を環境大臣に（個体等登録機関が個体等登録関係事務を行う場合にあっては、当該届出に係る国際希少野生動植物種の個体等に係る登録票を交付した個体等登録機関があるときは当該個体等登録機関に、当該届出に係る国際希少野生動植物種の個体等に係る登録票を交付した個体等登録機関がないときは現にある個体等登録機関に）提出して行うものとする。
　一～四　（略）
2　（略）

⑥「当該個体等の個体識別番号を識別できるよう取り扱わなければならない」（第21条第6項）

　個体の登録後に、故意又は過失により、個体識別措置が外れる等でその識別ができない場合には、個体等と登録票の対応関係の管理が困難となる。このため、個体が疾患にかかっている場合や個体識別措置の装着部位に外傷がある場合などやむを得ない場合を除き、個体識別措置を取り外してはならないこととされた（具体的な識別方法等については施行規則第12条の2に規定）。なお、やむを得ず個体識別措置を取り外した場合又は個体識別措置の破損・脱落があった場合及びこれらの後に個体識別措置を講じた場合には、変更登録を受けた場合を除き、その旨等を環境大臣（個体等登録機関がある場合には個体等登録機関）に届け出なければならない。

<参考>
(個体識別番号の識別方法)
施行規則第12条の2　法第21条第6項の規定により、個体識別措置が講じられた個体を取り扱う者は、当該個体に係る個体識別番号の識別に関し、次に掲げる方法により取り扱わなければならない。
　一　当該個体から個体識別措置を取り外さないこと（当該個体が当該個体識別措置を講じられた部位の疾患にかかっている場合又は当該個体識別措置を講じられた部位に外傷がある場合を除く。）。
　二　個体識別措置が破損若しくは脱落し、又は前号括弧書に規定する事由がやみ当該個体に個体識別措置を講ずることができることとなったときは、直ちに個体識別措置を講ずること。
2　次の各号に掲げる場合は、当該各号に掲げる事由が生じた日から起算して30日を経過する日までの間に、その旨（第2号又は第3号に掲げる場合にあっては、その旨及び当該個体識別措置が、マイクロチップである場合にあっては獣医師が発行した当該マイクロチップの識別番号に係る証明書、脚環である場合にあっては当該脚環の識別番号に係る証明書）を環境大臣に（個体等登録機関

II 各論

が個体等登録関係事務を行う場合にあっては、当該登録票を交付した個体等登録機関があるときは当該個体等登録機関に、当該登録票を交付した個体等登録機関がないときは現にある個体等登録機関に）届け出なければならない。
一　個体に講じた個体識別措置が破損又は脱落した場合
二　個体から個体識別措置を取り外した場合（前項第1号括弧書に規定する事由がある場合に限る。）
三　前2号に掲げる事由が生じた後、当該個体に個体識別措置を講じた場合（法第20条第7項の規定により変更登録を受けた場合を除く。）

4　登録票の返納等

　法第22条第1項各号に掲げる場合に該当することとなったときは、その日から起算して30日以内に、個体等登録機関に登録票を返納しなければならない。返納が必要な場合として、平成25年法改正時に個体等の区分に変更を生じた場合が、平成29年法改正時に有効期間が満了した場合が、それぞれ関連規定の整備に伴い追加されている。
　なお、登録票に係る個体等をなくしたため登録票を返納した後、その個体等を発見した場合には、登録票の再交付の手続きをとることとなる。また、本来返納すべき登録票を所有者が記念として所持し続けることがあると考えられることから、こうした場合にも登録票の返納が促進されるよう、平成29年法改正により、登録票の還付手続が新たに規定されている。

（登録票等の返納等）
第22条　登録票等（第3号に掲げる場合にあっては、回復した登録票）は、次に掲げる場合のいずれかに該当することとなったときは、その日から起算して、登録票にあっては30日、事前登録済証にあっては3月を経過する日までの間に環境大臣に返納しなければならない。
　一　①登録票等に係る国際希少野生動植物種の個体等を占有しないこととなった場合（登録票等とともにその登録票等に係る国際希少野生動植物種の個体等の譲渡し又は引渡しをした場合を除く。）
　二　②登録に係る第20条第2項第3号に掲げる事項に変更を生じた場合（同条第6項の変更登録の申請をした場合を除く。）
　三　第20条第10項の③登録票の再交付を受けた後亡失した登録票を回復した場合
　四　第20条の2第1項に規定する④登録の有効期間がある場合には、当該登録の有効期間が満了した場合
2　第20条第10項の規定は、盗難その他の事由により登録を受けた国際希少野生動植物種の個体等を亡失したことによって前項第1号に掲げる場合に該当して同項の規定により登録票を環境大臣に返納した後その個体等を回復した場合について準用する。

3 返納すべき登録票の占有者がこれを保有することを希望するときは、返納を受けた環境大臣は、環境省令で定めるところにより、⑤その登録票に消印をしてこれを当該登録票の占有者に還付することができる。

〔改正〕一部改正＝平6年6月法律52号・11年12月160号・25年6月37号・29年6月51号
〔委任〕第3項の「環境省令」＝規則12の3
〔参照条文〕罰則＝法58③・63⑥・65②③

【解釈】
①「登録票等に係る国際希少野生動植物種の個体等を占有しないこととなった場合（登録票等とともにその登録票に係る国際希少野生動植物種の個体等の譲渡し又は引渡しをした場合を除く。）」（第22条第1項第1号）
登録票等とともにその登録票に係る国際希少野生動植物種の個体等の譲渡し又は引渡しをした場合を除き、個体等を占有しないこととなった場合の例として、下記の場合が想定される。
(1) 登録票に係る個体が死亡した場合
(2) 登録票に係る器官・加工品をなくした場合
(3) 登録票に係る象牙、おおとかげの皮、うみがめの甲、せんざんこうや象の皮を分割した場合
なお、(3)の場合については、特定器官等に該当することとなるので登録は不要となる。

②登録に係る個体等の区分に変更を生じた場合（同条第6項の変更登録の申請をした場合を除く。）（第22条第1項第2号）
登録を受けた生体（個体）から剥製（個体の加工品）を作製した場合、皮（器官）から皮革製品（器官の加工品）を作製した場合等であって、変更登録の申請をしない場合は、登録票を返納することとなる。

③「登録票の再交付を受けた後亡失した登録票を回復した場合」（第22条第1項第3号）
登録票をなくしたため法第20条第10項の規定に基づき登録票の再交付を受けたが、その後なくした登録票を発見したような場合には、再交付された登録票ではなく、発見した登録票を返納することとなる。

④「登録の有効期間がある場合には、当該登録の有効期間が満了した場合」（第22条第1項第4号）
登録の更新を受けずに登録の有効期間が満了した場合には、当該登録の効果は失効することとなることから、登録票を返納することとなる。

⑤「その登録票に消印をしてこれを当該登録票の占有者に還付することができる」（第22条第3項）
登録票に個体等の写真が添付されていること等により、その占有者が本来返納すべき登録票を記念として所持し続けることを希望する場合には、環境大臣はその登録票に消印（見え

やすい位置への穴開け）をして当該登録票の占有者に還付することができることとされている。

<参考>
（登録票の消印）
施行規則第12条の3　法第22条第3項の規定により返納に係る登録票に消印をする場合には、当該登録票の見えやすい位置に穴を開けるものとする。

5　登録等の取消し

登録等が偽りその他不正の手段によりなされた場合、個体識別措置に係る変更登録義務に違反した場合及び個体識別番号を識別できるよう取り扱われなかった場合等に、その登録等を取り消すことができる旨を法律上明確にしたものである。本規定は、平成29年の法改正時に追加されたものであり、平成25年の法改正時の衆参両院の附帯決議においても、登録抹消手続きの法定の検討等が求められていた。

> （登録等の取消し）
> **第22条の2**　環境大臣は、登録等、第20条第6項若しくは第7項の変更登録、同条第9項の登録票の書換交付、同条第10項（前条第2項において準用する場合を含む。）の登録票の再交付若しくは第20条の2第1項の登録の更新が偽りその他不正の手段によりなされたことが判明したとき、登録を受けた国際希少野生動植物種の個体等の正当な権原に基づく占有者が第20条第7項の規定に違反したとき、又は登録を受けた国際希少野生動植物種の個体等のうち個体識別措置が講じられたものが第21条第6項の規定に違反して占有者に取り扱われたと認めるときは、当該登録等を①取り消すことができる。

〔改正〕追加＝平29年6月法律51号

【解釈】
① 「取り消すことができる」（第22条の2）
　個体等の登録等が偽りその他不正の手段によりなされたことが判明したとき等については、登録等の取消しが妥当であるが、例えば、個体識別番号を識別できるよう取り扱わなかった場合としては、マイクロチップが非意図的に脱落してしまう等の場合も想定される。そのため、登録等の取消し事由に該当する場合であっても、その悪質性等を個別に考慮し、取消し等を行うか否かを判断することとしたものである。

第2章　個体等の取扱いに関する規制

6　個体等登録機関

　環境大臣は、登録、事前登録、譲受け等に係る届出、登録票の返納に係る事務のうち環境省令で定める個体等、すなわち、登録の対象となるものすべてに関するものを、その個体等登録関係事務を適正かつ確実に実施することができるものに行わせることができる。これは、当該事務のすべてを環境大臣が行うことは実務的に困難であることから、個体等登録関係事務に関する専門的知見を有し、かつ公正・中立な個体等登録機関に環境大臣の事務の一部を行わせるものである。現在は、一般財団法人自然環境研究センターが環境大臣の登録を受けてその事務を行っている。

　平成15年の法改正時に、従前の公益法人を指定する制度を改め、対象を一定の基準を満たすものとして国により登録された者に拡大するとともに、個体等登録関係事務を担う機関の要件の明確化等が行われている。また、平成29年の法改正時には、事業登録機関に関する規定の新設に当たり、当該機関との区別を明確化するため、名称が「個体等登録機関」及び「個体等登録関係事務」に改められた。

（個体等登録機関）
第23条　環境大臣は、環境省令で定めるところにより、第20条から第22条まで（第20条の4第4項から第7項までを除く。第7項において同じ。）に規定する環境大臣の事務（以下「個体等登録関係事務」という。）のうち環境省令で定める個体等に関するものについて、環境大臣の登録を受けた者（以下「個体等登録機関」という。）があるときは、その個体等登録機関に行わせるものとする。
2　前項の登録（以下この節において「機関登録」という。）は、個体等登録関係事務を行おうとする者の申請により行う。
3　次の各号のいずれかに該当する者は、機関登録を受けることができない。
　一　この法律に規定する罪を犯して刑に処せられ、その執行を終わり、又はその執行を受けることがなくなった日から起算して2年を経過しない者
　二　第26条第4項又は第5項の規定により機関登録を取り消され、その取消しの日から起算して2年を経過しない者
　三　法人であって、その業務を行う役員のうちに前2号のいずれかに該当する者があるもの
4　環境大臣は、機関登録の申請をした者（以下この項において「機関登録申請者」という。）が次の各号のいずれにも適合しているときは、その機関登録をしなければならない。この場合において、機関登録に関して必要な手続は、環境省令で定める。
　一　①個体等登録関係事務を実施するために必要な外国語の能力を有している者であって、次のイ及びロに掲げるものが個体等登録関係事務を実施し、その人数が当該イ及びロに掲げるものごとに、それぞれ2名以上であること。

イ　学校教育法（昭和22年法律第26号）に基づく大学若しくは高等専門学校において生物学その他動植物の分類に関して必要な課程を修めて卒業した者又はこれと同等以上の学力を有する者であって、通算して3年以上動植物の分類に関する実務の経験を有するもの
　　ロ　学校教育法に基づく大学若しくは高等専門学校において農学その他動植物の繁殖に関して必要な課程を修めて卒業した者又はこれと同等以上の学力を有する者であって、通算して3年以上動植物の繁殖に関する実務の経験を有するもの
　二　②機関登録申請者が、次のいずれかに該当するものでないこと。
　　イ　機関登録申請者が株式会社である場合にあっては、業として動植物の譲渡し等をし、又は陳列若しくは広告をしている者（ロにおいて「動植物譲渡業者等」という。）がその親法人（会社法（平成17年法律第86号）第879条第1項に規定する親法人をいう。以下同じ。）であること。
　　ロ　機関登録申請者の役員又は職員のうちに、動植物譲渡業者等の役員又は職員である者（過去2年間にその動植物譲渡業者等の役員又は職員であった者を含む。）があること。
5　機関登録は、個体等登録機関登録簿に次に掲げる事項を記載してするものとする。
　一　機関登録の年月日及び番号
　二　機関登録を受けた者の氏名及び住所（法人にあっては、その名称、代表者の氏名及び主たる事務所の所在地）
　三　前2号に掲げるもののほか、環境省令で定める事項
6　環境大臣は、機関登録をしたときは、機関登録に係る個体等に関する個体等登録関係事務を行わないものとする。
7　個体等登録機関がその個体等登録関係事務を行う場合における第20条から第22条までの規定の適用については、第20条第1項中「環境大臣」とあるのは「個体等登録機関（第23条第1項に規定する個体等登録機関をいう。以下この条から第22条までにおいて同じ。）」と、第20条第2項から第11項まで（第4項を除く。）、第20条の2第1項、第20条の3第1項から第3項まで、第20条の4（第1項を除く。）、第21条第5項及び第22条中「環境大臣」とあるのは「個体等登録機関」とする。

〔改正〕一部改正＝平6年6月法律52号・11年12月160号・15年6月99号・17年7月87号・25年6月37号・29年6月51号
〔委任〕第1項の「環境省令で定めるところ」＝規則13ⅠⅡ　「環境省令で定める個体等」＝規則13Ⅲ

【解釈】
①個体等登録関係事務を行う機関の要件（第23条第4項第1号）
　個体等登録機関が、個体等の登録に関する専門的知見を有していることを担保するために、機関登録を受けることができる者の要件として、個体等登録関係事務を実施するために

第2章　個体等の取扱いに関する規制

必要な外国語の能力を有するとともに、大学等において生物学等の課程を修めて卒業し動植物の分類・繁殖に関する実務経験を有していることを求めている。

②個体等登録関係事務を行う機関の欠格要件（第23条第4項第2号）

業として動植物の譲渡し等をしている者等については、法第23条第4項第2号に基づき、機関登録を受けることができないこととされている。

（個体等登録機関の遵守事項等）

第24条　個体等登録機関は、個体等登録関係事務を実施することを求められたときは、正当な理由がある場合を除き、遅滞なく、個体等登録関係事務を実施しなければならない。

2　個体等登録機関は、公正に、かつ、環境省令で定める方法により個体等登録関係事務を実施しなければならない。

3　個体等登録機関は、前条第5項第2号又は第3号に掲げる事項を変更しようとするときは、変更しようとする日の2週間前までに、環境大臣に届け出なければならない。ただし、環境省令で定める軽微な事項に係る変更については、この限りでない。

4　個体等登録機関は、前項ただし書の事項について変更したときは、遅滞なく、環境大臣にその旨を届け出なければならない。

5　個体等登録機関は、その個体等登録関係事務の開始前に、環境省令で定めるところにより、その個体等登録関係事務の実施に関する規程を定め、環境大臣の認可を受けなければならない。これを変更しようとするときも、同様とする。

6　個体等登録機関は、毎事業年度経過後3月以内に、その事業年度の財産目録、貸借対照表及び損益計算書又は収支計算書並びに事業報告書（その作成に代えて電磁的記録（電子的方式、磁気的方式その他の人の知覚によっては認識することができない方式で作られる記録であって、電子計算機による情報処理の用に供されるものをいう。以下同じ。）の作成がされている場合における当該電磁的記録を含む。以下「財務諸表等」という。）を作成し、5年間事業所に備えて置かなければならない。

7　登録等を受けようとする者その他の利害関係人は、個体等登録機関の業務時間内は、いつでも、次に掲げる請求をすることができる。ただし、第2号又は第4号の請求をするには、個体等登録機関の定めた費用を支払わなければならない。

一　財務諸表等が書面をもって作成されているときは、当該書面の閲覧又は謄写の請求

二　前号の書面の謄本又は抄本の請求

三　財務諸表等が電磁的記録をもって作成されているときは、当該電磁的記録に記録された事項を環境省令で定める方法により表示したものの閲覧又は謄写の請求

四　前号の電磁的記録に記録された事項を電磁的方法であって環境省令で定めるものにより提供することの請求又は当該事項を記載した書面の交付の請求

8　個体等登録機関は、環境省令で定めるところにより、①帳簿を備え、個体等登録関係事務に関し環境省令で定める事項を記載し、これを保存しなければならない。
　9　個体等登録機関は、環境大臣の許可を受けなければ、その個体等登録関係事務の全部又は一部を休止し、又は廃止してはならない。
　10　環境大臣は、個体等登録機関が前項の許可を受けてその個体等登録関係事務の全部若しくは一部を休止したとき、第26条第5項の規定により個体等登録機関に対し個体等登録関係事務の全部若しくは一部の停止を命じたとき、又は個体等登録機関が天災その他の事由によりその個体等登録関係事務の全部若しくは一部を実施することが困難となった場合において必要があると認めるときは、その個体等登録関係事務の全部又は一部を自ら行うものとする。
　11　環境大臣が前項の規定により個体等登録関係事務の全部若しくは一部を自ら行う場合、個体等登録機関が第9項の許可を受けてその個体等登録関係事務の全部若しくは一部を廃止する場合又は環境大臣が第26条第4項若しくは第5項の規定により機関登録を取り消した場合における個体等登録関係事務の引継ぎその他の必要な事項は、環境省令で定める。

〔改正〕一部改正＝平11年12月法律160号・15年6月99号・17年7月87号・29年6月51号
〔委任〕第2項の「環境省令」＝規則14Ⅰ　第3項ただし書の「環境省令」＝規則14Ⅱ　第5項の「環境省令」＝規則14Ⅲ～Ⅴ　第7項第3号の「環境省令」＝規則14の2Ⅰ　第4号の「環境省令」＝規則14の2Ⅱ　第8項の「環境省令」＝規則15　第11項の「環境省令」＝規則17
〔参照条文〕「事業計画」等の認可の申請＝規則15　「登録関係事務」の休止等の許可の申請＝規則16　罰則＝法64①②・66

【解釈】
①帳簿の作成及び保存（第24条第8項）
　国際希少野生動植物種は、その生死にかかわらず、譲渡し等が禁止されているが、個体等の登録等の手続きを経れば、それ以降、自由に第三者への譲渡し等が可能となる。登録個体等の基礎データ及び所有者、所在地等の流通過程を詳細に記載し、保存しておくことにより、登録個体等の移動状況を常に把握していくことは、制度の運用上不可欠である。このため、個体等登録機関に帳簿の記載を義務付けている。

（秘密保持義務等）
第25条　個体等登録機関の役員若しくは職員又はこれらの職にあった者は、その個体等登録関係事務に関し知り得た秘密を漏らしてはならない。
　2　個体等登録関係事務に従事する個体等登録機関の役員又は職員は、刑法（明治40年法律第45号）その他の罰則の適用については、法令により公務に従事する職員とみなす。

〔改正〕一部改正＝平15年6月法律99号・29年6月51号
〔参照条文〕罰則＝法60

（個体等登録機関に対する適合命令等）
第26条 環境大臣は、個体等登録機関が第23条第4項各号のいずれかに適合しなくなったと認めるときは、その個体等登録機関に対し、これらの規定に適合するため必要な措置をとるべきことを命ずることができる。
2 環境大臣は、個体等登録機関が第24条第1項又は第2項の規定に違反していると認めるときは、その個体等登録機関に対し、個体等登録関係事務を実施すべきこと又は個体等登録関係事務の方法の改善に関し必要な措置をとるべきことを命ずることができる。
3 環境大臣は、第24条第5項の規程が個体等登録関係事務の公正な実施上不適当となったと認めるときは、その規程を変更すべきことを命ずることができる。
4 環境大臣は、個体等登録機関が第23条第3項第1号又は第3号に該当するに至ったときは、機関登録を取り消さなければならない。
5 環境大臣は、個体等登録機関が次の各号のいずれかに該当するときは、その機関登録を取り消し、又は期間を定めて個体等登録関係事務の全部若しくは一部の停止を命ずることができる。
　一　第24条第3項から第6項まで、第8項又は第9項の規定に違反したとき。
　二　第24条第5項の規程によらないで個体等登録関係事務を実施したとき。
　三　正当な理由がないのに第24条第7項各号の規定による請求を拒んだとき。
　四　第1項から第3項までの規定による命令に違反したとき。
　五　不正の手段により機関登録を受けたとき。

〔改正〕全部改正＝平15年6月法律99号、一部改正＝平29年6月法律51号
〔参照条文〕罰則＝法61

（報告徴収及び立入検査）
第27条 環境大臣は、この節の規定の施行に必要な限度において、個体等登録機関に対し、その個体等登録関係事務に関し報告を求め、又はその職員に、個体等登録機関の事務所に立ち入り、個体等登録機関の帳簿、書類その他必要な物件を検査させ、若しくは関係者に質問させることができる。
2 前項の規定による立入検査をする職員は、その身分を示す証明書を携帯し、関係者に提示しなければならない。

> 3　第1項の規定による権限は、犯罪捜査のために認められたものと解釈してはならない。

〔改正〕一部改正＝平11年12月法律160号・15年6月99号・29年6月51号
〔参照条文〕「身分を示す証明書」＝規則18　罰則＝法64③

> **（個体等登録機関がした処分等に係る審査請求）**
> **第28条**　個体等登録機関が行う個体等登録関係事務に係る処分又はその不作為について不服がある者は、環境大臣に対し、審査請求をすることができる。この場合において、環境大臣は、行政不服審査法（平成26年法律第68号）第25条第2項及び第3項、第46条第1項及び第2項、第47条並びに第49条第3項の規定の適用については、個体等登録機関の上級行政庁とみなす。

〔改正〕一部改正＝平11年12月法律160号・15年6月99号・26年6月69号・29年6月51号

> **（公示）**
> **第28条の2**　環境大臣は、次に掲げる場合には、その旨を官報に公示しなければならない。
> 　一　機関登録をしたとき。
> 　二　第24条第3項の規定による届出があったとき。
> 　三　第24条第9項の規定による許可をしたとき。
> 　四　第24条第10項の規定により環境大臣が個体等登録関係事務の全部若しくは一部を自ら行うこととするとき、又は自ら行っていた個体等登録関係事務の全部若しくは一部を行わないこととするとき。
> 　五　第26条第4項若しくは第5項の規定により機関登録を取り消し、又は同項の規定により個体等登録関係事務の全部若しくは一部の停止を命じたとき。

〔改正〕追加＝平15年6月法律99号、一部改正＝平29年6月法律51号

> **（手数料）**
> **第29条**　次に掲げる者は、実費を勘案して政令で定める額の手数料を国（個体等登録機関が個体等登録関係事務を行う場合にあっては、個体等登録機関）に納めなければならない。

一　登録等を受けようとする者
　二　第20条第6項若しくは第7項の変更登録又は同条第9項の登録票の書換交付を受けようとする者
　三　登録票の再交付を受けようとする者
　四　第20条の2第1項の登録の更新を受けようとする者
２　前項の規定により個体等登録機関に納められた手数料は、個体等登録機関の収入とする。

〔改正〕一部改正＝平6年6月法律52号・15年6月99号・25年6月37号・29年6月51号
〔委任〕第1項本文の「政令」＝令9
〔参照条文〕「手数料」の納付手続＝規則19

第4節　特定国内種事業及び特定国際種事業等の規制

(節名改正＝平6年6月法律52号・29年6月51号)

第1款　特定国内種事業の規制　(款名追加＝平6年6月法律52号)

　特定第一種国内希少野生動植物種については、商業的な繁殖が可能であり、多くの繁殖個体が市場に出回っていることが想定されるが、人工的に繁殖された個体も含めてすべての個体の譲渡し等について一律に規制することは適当ではないことから、個々の取引を規制する代わりに、これらの販売、頒布等の業（特定国内種事業）を行う者に対し、事業の届出を義務付けるとともに取引内容について記帳させることとしている。
　なお、現在のところ、特定国内種事業のうち加工品等に係るものはない。
　近年、広く行われているインターネット取引等に係る陳列又は広告では、当該事業者が適正に手続を行っている事業者かを消費者やプラットフォーム提供事業者等が容易に確認することができず、無届の事業者による違法な譲渡し又は引渡しが行われるおそれがあった。そのため、平成29年の法改正時に、適正に手続きを実施している事業者を一般国民が誤解なく識別できるようにするため、環境大臣及び農林水産大臣による届出番号の付与及び事業者情報の公表並びに届出事業者に対する届出番号の表示義務化が行われている。

（特定国内種事業の届出）
第30条　特定第一種国内希少野生動植物種の個体等の譲渡し又は引渡しの業務を伴う事業（以下この節及び第62条第1号において「特定国内種事業」という。）を行おうとする者（次項に規定する者を除く。）は、あらかじめ、次に掲げる事項を①環境大臣及び農林水産大臣に届け出なければならない。
　一　氏名又は名称及び住所並びに法人にあっては、その代表者の氏名

二　特定第一種国内希少野生動植物種の個体等の譲渡し又は引渡しの業務を行うための施設の名称及び所在地
　三　譲渡し又は引渡しの業務の対象とする特定第一種国内希少野生動植物種
　四　前3号に掲げるもののほか、環境省令、農林水産省令で定める事項
2　特定国内種事業のうち加工品に係るものを行おうとする者は、あらかじめ、次に掲げる事項を、環境大臣及び加工品の種別に応じて政令で定める大臣（以下この節において「特定国内種関係大臣」という。）に届け出なければならない。
　一　前項第1号から第3号までに掲げる事項
　二　前号に掲げるもののほか、環境大臣及び特定国内種関係大臣の発する命令で定める事項
3　環境大臣及び農林水産大臣は、第1項の規定による届出があったときは、届出に係る番号をその届出をした者に通知するとともに、環境省令、農林水産省令で定めるところにより、その届出をした者の氏名又は名称及び住所並びにその番号その他環境省令、農林水産省令で定める事項を②公表しなければならない。
4　第1項の規定による届出をした者は、その届出に係る事項に変更があったとき、又は特定国内種事業を廃止したときは、その日から起算して30日を経過する日までの間に、その旨を環境大臣及び農林水産大臣に届け出なければならない。
5　第1項及び前項に定めるもののほか、これらの規定による届出に関し必要な事項は、環境省令、農林水産省令で定める。
6　第3項及び前項の規定は第2項の規定による届出について、第4項の規定は第2項の規定による届出をした者について準用する。この場合において、第3項中「農林水産大臣」とあるのは「特定国内種関係大臣」と、「環境省令、農林水産省令」とあるのは「環境大臣及び特定国内種関係大臣の発する命令」と、第4項中「農林水産大臣」とあるのは「特定国内種関係大臣」と、前項中「環境省令、農林水産省令」とあるのは「環境大臣及び特定国内種関係大臣の発する命令」と読み替えるものとする。

〔改正〕一部改正＝平6年6月法律52号・11年12月160号・15年6月99号・25年6月37号・29年6月51号
〔委任〕第1項第4号の「環境省令、農林水産省令」＝平5年3月総農水令1号「特定国内種事業に係る届出等に関する省令」2Ⅰ　第3項の「環境省令、農林水産省令で定めるところ」＝平5年3月総農水令1号「特定国内種事業に係る届出等に関する省令」3、平7年6月総通令2号「特定国際種事業に係る届出及び特別国際種事業に係る登録等に関する省令」5　「環境省令、農林水産省令で定める事項」＝平5年3月総農水令1号「特定国内種事業に係る届出等に関する省令」4、平7年6月総通令2号「特定国際種事業に係る届出及び特別国際種事業に係る登録等に関する省令」6　第5項の「環境省令、農林水産省令」＝平5年3月総農水令1号「特定国内種事業に係る届出等に関する省令」5・6、平7年6月総通令2号「特定国際種事業に係る届出及び特別国際種事業に係る登録等に関する省令」7
〔参照条文〕罰則＝法62①・63⑥・65③

【解釈】
① 「環境大臣及び農林水産大臣に届け出なければならない」(第30条第1項)

特定国内種事業を行おうとする者は、あらかじめ、以下に掲げる事項を、環境大臣及び農林水産大臣に届け出なければならない。

具体的には、環境省の場合には特定国内種事業を行う施設がある地域を所管する地方環境事務所等、農林水産省の場合には生産局園芸作物課が、窓口となる。

(1) 氏名又は名称及び住所並びに法人にあっては、その代表者の氏名
(2) 譲渡し又は引渡しの業務を行うための施設の名称及び所在地
(3) 譲渡し又は引渡しの業務の対象とする種
(4) 譲渡し又は引渡しの業務を開始しようとする日
(5) 個体等を繁殖させる場合にあっては次に掲げる事項
　ア　繁殖施設の所在地、規模及び構造
　イ　繁殖に従事する者の氏名及び繁殖に関する経歴
　ウ　繁殖方法及び繁殖計画

「譲渡し又は引渡しの業務を行うための施設」とは、販売、保管、繁殖等を行う施設を指す。販売を行う施設については、主たる営業所である本店及び主たる営業所である本店に従属しつつもある程度の営業活動上の独立性をもつ支店のことをいい、既届出事業者の指揮命令のもとに行われる出張販売であって、法第31条に基づく遵守事項の実施上支障がないものについては、届出不要である。そのため、既届出事業者であるものが支店を加える場合は、別葉で支店の届出を求める必要があるが、出張販売を加える場合は届出、変更届は不要となる。

また、届出事項の変更又は事業の廃止を行ったときは、その日から30日以内にその旨を環境大臣及び農林水産大臣に届け出なければならない。

② 「公表しなければならない」(第30条第3項)

届出番号は行政庁側の整理の便宜で付されているものであるため、その公表は主務大臣の自由裁量にも解されるが、一般国民をはじめとした取引の関係者に係る取引の安全を図るために使用されることとしたことから、環境大臣及び農林水産大臣に対して公表を義務付けたものである。

なお、本条は特定国内種事業の届出をした者に係る事項の公表について規定したものであるが、法第33条の5の準用規定により、特定国際種事業の届出をした者についても、環境大臣及び特定国際種関係大臣(経済産業大臣)が同様の事項を公表することとされている。

＜参考＞
(届出に係る事項の公表の方法)
国内種省令第3条　法第30条第3項の規定による公表は、インターネットの利用その他の適切な方法により行うものとする。

(公表事項)
国内種省令第4条 法第30条第3項の環境省令、農林水産省令で定める事項は、次の各号に掲げるものとする。
　一　法人にあっては、その代表者の氏名
　二　特定第一種国内希少野生動植物種の個体等の譲渡し又は引渡しの業務を行うための施設の名称及び所在地
　三　譲渡し又は引渡しの業務の対象とする特定第一種国内希少野生動植物種
　四　特定国内種事業の届出年月日

(届出に係る事項の公表の方法)
国際種省令第5条 法第33条の5において準用する法第30条第3項の規定による公表は、インターネットの利用その他の適切な方法により行うものとする。

(公表事項)
国際種省令第6条 法第33条の5において準用する法第30条第3項の環境大臣及び特定国際種関係大臣の発する命令で定める事項は、次に掲げるものとする。
　一　法人にあっては、その代表者の氏名
　二　特定器官等の譲渡し又は引渡しの業務を行うための施設の名称及び所在地
　三　譲渡し又は引渡しの業務の対象とする特定器官等の種別
　四　特定国際種事業の届出年月日

(①特定国内種事業を行う者の遵守事項)
第31条　前条第1項の規定による届出をして特定国内種事業を行う者は、その特定国内種事業に関し特定第一種国内希少野生動植物種の個体等の譲受け又は引取りをするときは、その個体等の譲渡人又は引渡人の氏名又は名称及び住所並びにこれらの者が法人である場合にはその代表者の氏名を確認するとともに、次に掲げる事項についてその譲渡人又は引渡人から聴取しなければならない。
　一　その個体等が、繁殖させた個体若しくはその個体の器官若しくはこれらの加工品（次号において「繁殖に係る個体等」という。）であるか又は捕獲され、若しくは採取された個体若しくはその個体の器官若しくはこれらの加工品（第3号において「捕獲又は採取に係る個体等」という。）であるかの別
　二　その個体等が繁殖に係る個体等であるときは、繁殖させた者の氏名又は名称及び住所並びに法人にあっては、その代表者の氏名
　三　その個体等が捕獲又は採取に係る個体等であるときは、捕獲され、又は採取された場所並びに捕獲し、又は採取した者の氏名及び住所
　2　前条第1項の規定による届出をして特定国内種事業を行う者は、環境省令、農林水産省令で定めるところにより、前項の規定により確認し又は聴取した事項その他特定第一種国内希少野生動植物種の個体等の譲渡し等に関する事項を書類に記載し、及び

これを保存しなければならない。
3　前条第1項の規定による届出をして特定国内種事業を行う者は、その特定国内種事業に関し特定第一種国内希少野生動植物種の個体等の陳列又は広告をするときは、環境省令、農林水産省令で定めるところにより、同条第3項の規定により通知された届出に係る番号その他環境省令、農林水産省令で定める事項を表示しなければならない。
4　前3項の規定は、前条第2項の規定による届出をして特定国内種事業を行う者について準用する。この場合において、前2項中「環境省令、農林水産省令」とあるのは「環境大臣及び特定国内種関係大臣の発する命令」と読み替えるものとする。

〔改正〕一部改正＝平6年6月法律52号・11年12月160号・29年6月51号
〔委任〕第2項の「環境省令、農林水産省令」＝平5年3月総農水令1号「特定国内種事業に係る届出等に関する省令」6・7　第3項の「環境省令、農林水産省令で定めるところ」＝平5年3月総農水令1号「特定国内種事業に係る届出等に関する省令」8、平7年6月総通令2号「特定国際種事業に係る届出及び特別国際種事業に係る登録等に関する省令」8　「環境省令、農林水産省令で定める事項」＝平5年3月総農水令1号「特定国内種事業に係る届出等に関する省令」9、平7年6月総通令2号「特定国際種事業に係る届出及び特別国際種事業に係る登録等に関する省令」9

【解釈】
① 「特定国内種事業を行う者の遵守事項」（第31条）
(1)　特定国内種事業を行う者は特定第一種国内希少野生動植物種の個体等の譲受け又は引取りをしようとするときには、次に掲げる事項を確認しなければならない。
・譲渡人又は引渡人の氏名又は名称及び住所並びにこれらの者が法人である場合にはその代表者の氏名
(2)　特定国内種事業を行う者は次に掲げる事項を、譲渡人又は引渡人から聴取しなければならない。
　ア　その個体が繁殖させたものであるか又は捕獲され、若しくは採取されたものであるかの別
　イ　その個体が繁殖させたものであるときは、繁殖させた者の氏名又は名称及び住所並びに法人にあっては、その代表者の氏名
　ウ　その個体が捕獲され、又は採取されたものであるときは、捕獲され、又は採取された場所並びに捕獲し、又は採取した者の氏名及び住所
(3)　特定国内種事業を行う者は、(1)及び(2)の事項等を書類に記載し、これを5年間保存しなければならない。
(4)　特定国内種事業を行う者は、特定第一種国内希少野生動植物種の個体等の陳列又は広告をするときは、届出番号等を表示しなければならない。

<参考>
(陳列又は広告の表示方法)
国内種省令第8条 法第31条第3項の陳列又は広告は、公衆の見やすいように表示する方法により行うものとする。
(表示事項)
国内種省令第9条 法第31条第3項の環境省令、農林水産省令で定める事項は、次の各号に掲げるものとする。
 一 届出者の氏名又は名称及び住所並びに法人にあっては、その代表者の氏名
 二 譲渡し又は引渡しの業務の対象とする特定第一種国内希少野生動植物種

(①特定国内種事業を行う者に対する指示等)
第32条 環境大臣及び農林水産大臣は、第30条第1項の規定による届出をして特定国内種事業を行う者が前条第1項から第3項までの規定に違反した場合においてその特定国内種事業を適正化して希少野生動植物種の保存に資するため必要があると認めるときは、その者に対し、これらの規定が遵守されることを確保するため必要な事項について指示をすることができる。
2 環境大臣及び農林水産大臣は、第30条第1項の規定による届出をして特定国内種事業を行う者が前項の指示に違反した場合においてその特定国内種事業を適正化して希少野生動植物種の保存に資することに支障を及ぼすと認めるときは、その者に対し、3月を超えない範囲内で期間を定めて、その特定国内種事業に係る特定第一種国内希少野生動植物種の個体等の譲渡し又は引渡しの②業務の全部又は一部の停止を命ずることができる。
3 前2項の規定は、第30条第2項の規定による届出をして特定国内種事業を行う者について準用する。この場合において、前2項中「農林水産大臣」とあるのは「特定国内種関係大臣」と、第1項中「前条第1項から第3項まで」とあるのは「前条第4項において準用する同条第1項から第3項まで」と読み替えるものとする。

〔改正〕一部改正=平6年6月法律52号・11年12月160号・29年6月51号
〔参照条文〕罰則=法59③・65③

【解釈】
① 「特定国内種事業を行う者に対する指示等」(第32条第1項)
　環境大臣及び農林水産大臣は、事業の届出をして特定国内種事業を行う者が、法第31条の解釈①の(1)〜(4) (p.107参照) に違反して確認、聴取、記載・保存又は表示を行わなかった

場合において、その特定国内種事業を適正化して希少野生動植物種の保存に資するため必要があると認めるときは、その者に対し、確認、聴取、記載・保存又は表示を行うよう指示する等、必要な事項について指示することができる。

② 「業務の全部又は一部の停止を命ずる」（第32条第2項）

環境大臣及び農林水産大臣は、事業の届出をして特定国内種事業を行う者が①の指示に違反した場合においてその特定国内種事業を適正化して希少野生動植物種の保存に資することに支障を及ぼすと認めるときは、3か月を超えない範囲内で期間を定めて、事業の全部又は一部の停止を命ずることができる。

（⑨報告徴収及び立入検査）

第33条 環境大臣及び農林水産大臣は、この節の規定の施行に必要な限度において、第30条第1項の規定による届出をして特定国内種事業を行う者に対し、その特定国内種事業に関し報告を求め、又はその職員に、その特定国内種事業を行うための施設に立ち入り、書類その他の物件を検査させ、若しくは関係者に質問させることができる。

2 　前項の規定は、第30条第2項の規定による届出をして特定国内種事業を行う者について準用する。この場合において、前項中「農林水産大臣」とあるのは、「特定国内種関係大臣」と読み替えるものとする。

3 　第1項（前項において準用する場合を含む。次項において同じ。）の規定による立入検査をする職員は、その身分を示す証明書を携帯し、関係者に提示しなければならない。

4 　第1項の規定による権限は、犯罪捜査のために認められたものと解釈してはならない。

〔改正〕一部改正＝平6年6月法律52号・11年12月160号
〔参照条文〕「身分を示す証明書」＝平5年3月総農水令1号「特定国内種事業に係る届出等に関する省令」10、平7年6月総通令2号「特定国際種事業に係る届出及び特別国際種事業に係る登録等に関する省令」10
罰則＝法63⑦・65③

【解釈】

① 「報告徴収及び立入検査」（第33条）

環境大臣及び農林水産大臣に対し、特定国内種事業の適正な実施を確保するため、事業の届出をして特定国内種事業を行う者に対する報告徴収の権限を付与するとともに、その職員に対し、特定国内種事業を行う施設への立入権限、書類の検査権限及び関係者に質問させる権限を付与したものである。これらの権限は、種の保存法のうち特定国内種事業に係る規定の施行に必要な限度において行使することができる。

また、これらの権限は、行政権限であり、犯罪捜査の目的で行使することはできない。

Ⅱ 各論

第2款　特定国際種事業等の規制
(本款追加＝平6年6月法律52号、款名改正＝平29年6月法律51号)

1　特定国際種事業

　適法に輸入され、我が国において製品の原材料として使用されている原材料器官等については、一定の規制のもとでの流通を認める必要があるが、細分化されたうみがめ科の甲についてまで登録対象とすることは実務上も困難であることから、個々の取引を規制する代わりに、これらの譲渡し又は引渡しの業務を伴う事業（特定国際種事業）を行おうとする者に対し、事業の届出を義務付けるとともに取引内容について記帳を義務付けることとされている。

　平成29年の法改正時に「特別国際種事業者の登録」制度が新設され、全形を保持していない象牙については特別国際種事業の対象となったため、特定国際種事業の対象となる特定器官等は現在のところ、全形を保持していないうみがめ科の甲（最終製品を除く。以下同じ。）のみとなっている（以下、「全形を保持していないうみがめ科の甲」というときは、特定国際種事業の対象となる特定器官等を指す。）。また、特定国内種事業と同様、平成29年の法改正時に、適正に手続きを実施している事業者を一般国民が誤解なく識別できるようにするため、環境大臣及び特定国際種関係大臣（経済産業大臣）による届出番号の付与及び事業者情報の公表並びに届出事業者による届出番号の表示義務化が行われている。

（特定国際種事業の届出）

第33条の2　取引の態様等を勘案して政令で定める特定器官等（第33条の6第1項に規定する特別特定器官等を除く。以下この条から第33条の4までにおいて同じ。）であってその形態、大きさその他の事項に関し特定器官等の種別に応じて政令で定める要件に該当するものの譲渡し又は引渡しの業務を伴う事業（以下この章及び第62条第1号において「①特定国際種事業」という。）を行おうとする者は、あらかじめ、次に掲げる事項を、環境大臣及び特定器官等の種別に応じて政令で定める大臣（以下この章において「②特定国際種関係大臣」という。）に③届け出なければならない。
　一　氏名又は名称及び住所並びに法人にあっては、その代表者の氏名
　二　特定器官等の譲渡し又は引渡しの業務を行うための施設の名称及び所在地
　三　譲渡し又は引渡しの業務の対象とする特定器官等の種別
　四　前3号に掲げるもののほか、環境大臣及び特定国際種関係大臣の発する命令で定める事項

〔改正〕一部改正＝平11年12月法律160号・15年6月99号・25年6月37号・29年6月51号
〔委任〕本文の「政令で定める特定器官等」＝令10　「政令で定める要件」＝令11　「政令で定める大臣」＝令

12　第4号の「命令」＝平7年6月総通令2号「特定国際種事業に係る届出及び特別国際種事業に係る登録等に関する省令」2
〔参照条文〕罰則＝法62①・65③

【解釈】
①特定国際種事業を行おうとする者（第33条の2第1項）
　届出の対象となる者は、全形を保持していないうみがめ科の甲の譲渡し又は引渡しの業務を伴う事業を行おうとする者である（施行令第10条、第11条）。

＜参考＞
（特定国際種事業に係る特定器官等）
施行令第10条　法第33条の2の政令で定める特定器官等は、別表第5の4の項に掲げる原材料器官等のうち甲及びその加工品に係る特定器官等とする。
（特定国際種事業の届出の要件）
施行令第11条　法第33条の2の政令で定める要件は、前条に規定する特定器官等であって加工品であるもの以外のものであることとする。

②「特定国際種関係大臣」（第33条の2）
　特定国際種事業を所管する経済産業大臣が規定されている（施行令第12条）。

③「届け出なければならない」（第33条の2）
　特定国際種事業を行おうとする者は、以下に掲げる事項をあらかじめ、環境大臣及び経済産業大臣に届け出なければならない。
(1)　氏名又は名称及び住所並びに法人にあたっては、その代表者の氏名
(2)　譲渡し又は引渡しの業務を伴う事業を行うための施設の名称及び所在地
(3)　譲渡し又は引渡しの業務の対象とする特定器官等の種別
(4)　譲渡し又は引渡しの業務を開始しようとする日
(5)　届出の際現に占有している特定国際種事業の対象とする特定器官等の重量
　また、届出事項の変更又は事業の廃止を行ったときは、その日から30日以内にその旨を環境大臣及び経済産業大臣に届け出なければならない。

＜参考＞
（特定国際種事業の届出）
国際種省令第2条　法第33条の2第4号の環境大臣及び特定国際種関係大臣の発する命令で定める事項は、譲渡し又は引渡しの業務を開始しようとする日並びに届出の際現に占有している譲渡し又は引渡しの業務の対象とする特定器官等（法第33条の6第1項に規定する特別特定器官等を除く。第3条、第6条、第7条及び第9条において同じ。）の重量及び主な特徴とする。
2　（略）

Ⅱ 各論

> (①特定国際種事業者の遵守事項)
> **第33条の3** 前条の規定による届出をして特定国際種事業を行う者(以下「特定国際種事業者」という。)は、その特定国際種事業に関し特定器官等の譲受け又は引取りをするときは、その特定器官等の譲渡人又は引渡人の氏名又は名称及び住所並びにこれらの者が法人である場合にはその代表者の氏名を確認するとともに、その特定器官等に第33条の23第2項の管理票が付されていない場合にあっては、その譲渡人又は引渡人からその特定器官等の入手先を聴取しなければならない。
> 2 特定国際種事業者は、環境大臣及び特定国際種関係大臣の発する命令で定めるところにより、前項の規定により確認し、又は聴取した事項その他特定器官等の譲渡し等に関する事項を書類に記載し、及びこれを保存しなければならない。

〔改正〕一部改正=平11年12月法律160号・29年6月51号
〔委任〕第2項の「命令」=平7年6月総通令2号「特定国際種事業に係る届出及び特別国際種事業に係る登録等に関する省令」3・4

【解釈】
①「特定国際種事業を行う者の遵守事項」(第33条の3)
(1) 特定国際種事業を行う者は次に掲げる事項を確認しなければならない。
　　材料の譲渡人又は引渡人の氏名又は名称及び住所並びにこれらの者が法人である場合にはその代表者の氏名
(2) 特定国際種事業を行う者は次に掲げる事項を、譲渡人又は引渡人から聴取しなければならない。
　　譲受け又は引取りをしようとする特定器官等に管理票が付されていない場合、その特定器官等の入手先
(3) 特定国際種事業を行う者は、(1)及び(2)の事項等を書類に記載し、これを5年間保存しなければならない。
(4) 特定国際種事業を行う者は、全形を保持していないうみがめ科の甲の陳列又は広告をするときは、届出番号等を表示しなければならない。

<参考>
(特定国際種事業に係る陳列又は広告の表示方法)
国際種省令第8条 法第33条の5において準用する法第31条第3項の陳列又は広告は、公衆の見やすいように表示する方法により行うものとする。

(特定国際種事業に係る陳列又は広告の表示事項)
国際種省令第9条 法第33条の5において準用する法第31条第3項の環境大臣及び特定国際種関係大臣の発する命令で定める事項は、次の各号に掲げるものとする。

第2章　個体等の取扱いに関する規制

一　届出者の氏名又は名称及び住所並びに法人にあっては、その代表者の氏名
二　譲渡し又は引渡しの業務の対象とする特定器官等の種別

（①特定国際種事業者に対する指示等）
第33条の4　環境大臣及び特定国際種関係大臣は、特定国際種事業者が前条の規定又は次条において準用する第31条第3項の規定に違反した場合においてその特定国際種事業を適正化して希少野生動植物種の保存に資するため必要があると認めるときは、その者に対し、これらの規定が遵守されることを確保するため必要な事項について指示をすることができる。
2　環境大臣及び特定国際種関係大臣は、特定国際種事業者が前項の指示に違反した場合においてその特定国際種事業を適正化して希少野生動植物種の保存に資することに支障を及ぼすと認めるときは、その者に対し、3月を超えない範囲内で期間を定めて、その特定国際種事業に係る特定器官等の譲渡し又は引渡しの業務の全部又は一部の停止を命ずることができる。

〔改正〕一部改正＝平11年12月法律160号・29年6月51号
〔参照条文〕罰則＝法59③・65③

【解釈】
①「特定国際種事業者に対する指示等」（第33条の4第1項及び第2項）
　「特定国内種事業を行う者への指示等」（p.108参照）と同様に、環境大臣及び経済産業大臣は、法第33条の3の解釈①の遵守事項に違反した特定国際種事業を行う者に対して必要な指示等ができる旨が規定されている。

（準用）
第33条の5　第30条第3項及び第5項の規定は第33条の2の規定による届出について、第30条第4項及び第31条第3項の規定は第33条の2の規定による届出をした者について、①第33条第1項、第3項及び第4項の規定は特定国際種事業について準用する。この場合において、第30条第3項中「農林水産大臣」とあるのは「特定国際種関係大臣（第33条の2に規定する特定国際種関係大臣をいう。以下この項から第5項まで、次条第3項並びに第33条第1項において同じ。）」と、「環境省令、農林水産省令」とあるのは「環境大臣及び特定国際種関係大臣の発する命令」と、同条第4項中「特定国内種事業」とあるのは「特定国際種事業（第33条の2に規定する特定国際種事業をいう。次条第3項において同じ。）」と、「農林水産大臣」とあるのは「特定国際種関係大臣」と、同条第5項中「環境省令、農林水産省令」とあるのは「環境大臣及び特定国際種

Ⅱ 各論

> 関係大臣の発する命令」と、第31条第3項中「特定国内種事業」とあるのは「特定国際種事業」と、「特定第一種国内希少野生動植物種の個体等」とあるのは「特定器官等（第33条の6第1項に規定する特別特定器官等を除く。）であって第33条の2の政令で定める要件に該当するもの」と、「環境省令、農林水産省令」とあるのは「環境大臣及び特定国際種関係大臣の発する命令」と、第33条第1項中「農林水産大臣」とあるのは「特定国際種関係大臣」と読み替えるものとする。

〔**改正**〕一部改正＝平11年12月法律160号・29年6月51号
〔**参照条文**〕罰則＝法63⑥⑦・65③

【解釈】
①報告徴収及び立入検査
　特定国内種事業に係る報告徴収及び立入検査の規定（法第33条。p.109参照）が、特定国際種事業について準用されている。

2　特別国際種事業

　全形を保持していない象牙については、従来、特定国際種事業の対象としてきたが、これを取り扱う特定国際種事業者に対する一層の管理強化や罰則の引上げの必要性（p.16参照）を踏まえ、特別特定器官等の譲渡し又は引渡しの業務を伴う事業（特別国際種事業）としての譲渡し又は引渡しを禁止等する（法第12条第1項第4号）のみならず、従前の届出制による事業規制の枠組みについても強化を図るため、平成29年の法改正時に特別国際種事業者の登録制が新設されている。

> **（特別国際種事業者の登録）**
> **第33条の6**　①譲渡し等の管理が特に必要なものとして政令で定める特定器官等であってその形態、大きさその他の事項に関し特定器官等の種別に応じて政令で定める要件に該当するもの（以下この章において「特別特定器官等」という。）の譲渡し又は引渡しの業務を伴う事業（以下この章において「特別国際種事業」という。）を行おうとする者は、環境大臣及び特別特定器官等の種別に応じて政令で定める大臣（以下この章において「②特別国際種関係大臣」という。）の登録を受けなければならない。
> 2　前項の③登録を受けようとする者は、環境大臣及び特別国際種関係大臣の発する命令で定めるところにより、次に掲げる事項を記載した申請書を環境大臣及び特別国際種関係大臣に提出しなければならない。
> 一　氏名又は名称及び住所並びに法人にあっては、その代表者の氏名
> 二　特別特定器官等の譲渡し又は引渡しの業務を行うための施設の名称及び所在地

三　譲渡し又は引渡しの業務の対象とする特別特定器官等の種別
四　前3号に掲げるもののほか、環境大臣及び特別国際種関係大臣の発する命令で定める事項
3　前項の申請書には、第1項の登録を受けようとする者が④現に占有している原材料器官等であって特定器官等に該当しないもののうち環境大臣及び特別国際種関係大臣の発する命令で定めるものの全てが第20条第1項の登録、第20条の2第1項の登録の更新又は第20条の3第1項の事前登録を受けたものであることを証する書類を添付しなければならない。
4　環境大臣及び特別国際種関係大臣は、第2項の申請書の提出があったときは、第6項の規定により登録を拒否する場合を除き、第2項各号に掲げる事項並びに登録の年月日及び登録番号を特別国際種事業者登録簿に登録しなければならない。
5　環境大臣及び特別国際種関係大臣は、前項の規定により登録したときは、遅滞なく、その旨及び登録番号を申請者に通知しなければならない。
6　環境大臣及び特別国際種関係大臣は、第2項の申請書を提出した者が次の各号のいずれかに該当するとき、又は当該申請書若しくは第3項の添付書類のうちに重要な事項について虚偽の記載があり、若しくは重要な事実の記載が欠けているときは、⑤その登録を拒否しなければならない。
一　破産手続開始の決定を受けて復権を得ない者
二　禁錮以上の刑に処せられ、又はこの法律の規定により罰金以上の刑に処せられ、その執行を終わり、又は執行を受けることがなくなった日から5年を経過しない者
三　第33条の13の規定により登録を取り消され、その取消しの日から5年を経過しない者
四　暴力団員による不当な行為の防止等に関する法律（平成3年法律第77号）第2条第6号に規定する暴力団員又は同号に規定する暴力団員でなくなった日から5年を経過しない者
五　法人であって、その業務を行う役員のうち前各号のいずれかに該当する者があるもの
六　未成年者又は成年被後見人若しくは被保佐人であって、その法定代理人が前各号のいずれかに該当するもの
7　環境大臣及び特別国際種関係大臣は、前項の規定により登録を拒否したときは、遅滞なく、その理由を示して、その旨を申請者に通知しなければならない。

〔改正〕追加＝平29年6月法律51号
〔委任〕第1項の「政令で定める特定器官等」＝令13　「政令で定める要件」＝令14　「政令で定める大臣」＝令15　第2項本文の「命令」＝平7年6月総通令2号「特定国際種事業に係る届出及び特別国際種事業に係る登録等に関する省令」11Ⅰ　第4号の「命令」＝平7年6月総通令2号「特定国際種事業に係る届出及び特

別国際種事業に係る登録等に関する省令」11Ⅱ　第3項の「命令」＝平7年6月総通令2号「特定国際種事業に係る届出及び特別国際種事業に係る登録等に関する省令」12
〔参照条文〕罰則＝法57条の2②・65①

【解釈】
①「譲渡し等の管理が特に必要なものとして政令で定める特定器官等」（第33条の6第1項）

平成29年の法改正時に特定器官等のうち、譲渡し等の管理が特に必要なものとして、全形を保持していない象牙が新たに「特別特定器官等」という類型に区分され、事業としてその譲渡し又は引渡しを行う際には、特定国際種事業の届出ではなく、特別国際種事業者の登録を受けなければならないこととされたものである。

＜参考＞
（特別国際種事業に係る特定器官等）
施行令第13条　法第33条の6第1項の政令で定める特定器官等は、別表第五の2の項に掲げる原材料器官等のうち牙及びその加工品に係る特定器官等とする。
（特別国際種事業者の登録の要件）
施行令第14条　法第33条の6第1項の政令で定める要件は、器官の全形が保持されていないこととする。

②「特別国際種関係大臣」（第33条の6第1項）

全形を保持していない象牙の譲渡し又は引渡しの業務を伴う事業を所管する経済産業大臣が規定されている（施行令第12条）。

③特別国際種事業者の登録申請（第33条の6第2項）

特別国際種事業者の登録を受けようとする者は、下記の事項を申請書に記載の上、環境大臣及び経済産業大臣（事業登録機関がある場合には事業登録機関）に提出する必要がある。

(1)　氏名又は名称及び住所並びに法人にあっては、その代表者の氏名
(2)　特別特定器官等の譲渡し又は引渡しの業務を行うための施設の名称及び所在地

「特別特定器官等の譲渡し又は引渡しの業務を行うための施設」には、特別国際種事業者が保有する買取専門施設（当該事業者の他の店舗において販売するために、買取のみを行う施設）も含むと解される。これは、違法に入手された全形を保持していない象牙が市場に紛れ込まないようにするためには、登録事業者による全形を保持していない象牙の譲受け・引取りから譲渡し・引渡しまでの一連の取引について、記録を義務付け、それを国が把握できるようにすることが必要であり、法の趣旨・目的にも合致することから、買取専門施設についても法により申請を義務付けられる対象施設である「特別特定器官等の譲渡し又は引渡しの業務を行うための施設」に含めることが適当であるためである。なお、調達（製造）する施設が事業者本体から独立して存在するケースは多いと考えられ、例え

ば「本社が一括で調達し、直営販売店で売る場合の本社」や「材料調達と製造のみを行って、自社の直営販売店で売る場合の工場」なども買取専門施設と同様に登録申請書に記載する必要がある。
(3) 譲渡し又は引渡しの業務の対象とする特別特定器官等の種別
　　特別特定器官等は、現時点では全形を保持していない象牙のみが規定されているが、対象となる種を追加する可能性も否定できないため、取扱対象種が把握できるよう申請書の記載事項とされている。なお、特別国際種事業者に対する譲渡し等の規制の適用除外は、申請した種別の特別特定器官等にのみ適用される。
④「現に占有している原材料器官等であって特定器官等に該当しないもののうち環境大臣及び特別国際種関係大臣の発する命令で定めるものの全てが第20条第1項の登録、第20条の2第1項の登録の更新又は第20条の3第1項の事前登録を受けたものであることを証する書類を添付」（第33条の6第3項）
　　平成29年の法改正により、特別国際種事業者による特別特定器官等の原材料となる全形を保持した象牙の譲渡し等に関し、管理強化を行ったものである。
　　占有している全形を保持した象牙のすべてが、個体等の登録を受けたものであることを証する書類を登録申請書に添付させることにより、立入検査等で特別国際種事業者が無登録の全形を保持した象牙を保有していることが判明した際、当該事業者が法第12条第1項の譲渡し等の禁止の規定に違反して入手した場合には同項違反を問うことが可能であるとともに、事業者登録の申請時の申告漏れだった場合には不正の手段による登録として法第33条の13第2号に基づき事業者登録の取消し等を行うことが可能である。

＜参考＞
（登録申請書の添付書類等）
国際種省令第12条　法第33条の6第3項（法第33条の10第2項において準用する場合を含む。次項において同じ。）の環境大臣及び特別国際種関係大臣の発する命令で定める原材料器官等は、絶滅のおそれのある野生動植物の種の保存に関する法律施行令（平成5年政令第17号。以下「令」という。）別表第5の2の項に掲げる原材料器官等のうち牙に係るものとする。
2・3　（略）

⑤　欠格事由（第33条の6第6項）
　　特別国際種事業者については、事業規制の枠組みの強化の観点から、欠格事由が設けられており、この法律の規制により罰金以上の刑に処せられた者、他法令において禁錮以上の刑に処せられた者、特別国際種事業者の登録を取り消されてから5年を経過しない者、破産手続き開始の決定を受けて復権を得ない者、暴力団又は暴力団員でなくなった日から5年を経過しない者等については、特別国際種事業を行う者として適切とは認められないため、登録できないこととなる。

Ⅱ 各論

> (特別国際種事業者の①変更の届出等)
> 第33条の7　前条第1項の登録を受けた者(以下「特別国際種事業者」という。)は、同条第2項各号に掲げる事項について変更があったときは、その日から起算して30日を経過するまでの間に、その旨を環境大臣及び特別国際種関係大臣に届け出なければならない。ただし、その変更が環境大臣及び特別国際種関係大臣の発する命令で定める軽微な変更であるときは、この限りでない。
> 2　環境大臣及び特別国際種関係大臣は、前項の規定による変更の届出を受理したときは、その届出があった事項を前条第4項の特別国際種事業者登録簿に登録しなければならない。

〔改正〕追加＝平29年6月法律51号
〔参照条文〕罰則＝法63⑥・65③

【解釈】
①「変更の届出」(第33条の7)
　特別国際種事業者が業務を行う者として適切であることを担保するため、登録の後、申請に係る事項に変更が生じた場合には、環境大臣及び経済産業大臣はその情報を速やかに把握する必要がある。そのため、特別国際種事業者は、第33条の6第2項各号(法第33条の6の解釈③。p.116参照)に掲げる申請に係る事項について変更があったときは、30日以内に環境大臣及び経済産業大臣(事業登録機関がある場合には事業登録機関)に届け出なければならないこととされている。

> (①特別国際種事業者登録簿の記載事項の公表)
> 第33条の8　環境大臣及び特別国際種関係大臣は、環境大臣及び特別国際種関係大臣の発する命令で定めるところにより、第33条の6第4項の特別国際種事業者登録簿に記載された事項のうち、氏名又は名称及び登録番号その他環境大臣及び特別国際種関係大臣の発する命令で定める事項を公表しなければならない。

〔改正〕追加＝平29年6月法律51号
〔委任〕「命令で定めるところ」＝平7年6月総通令2号「特定国際種事業に係る届出及び特別国際種事業に係る登録等に関する省令」14　「命令で定める事項」＝平7年6月総通令2号「特定国際種事業に係る届出及び特別国際種事業に係る登録等に関する省令」15

【解釈】
①「特別国際種事業者登録簿の記載事項の公表」(第33条の8)
　インターネット取引等に係る陳列又は広告において、当該事業者が適正に手続を行ってい

る事業者かどうかを消費者やプラットフォーム提供事業者等が容易に確認できないと、無登録の事業者による違法な譲渡し又は引渡しが行われるおそれがあるため、適正に手続を実施している事業者を一般国民が識別できるように登録事業者の情報を公開するものである。

> **（特別国際種事業者の廃止の届出）**
> **第33条の9** 特別国際種事業者がその特別国際種事業を廃止したときは、その日から起算して30日を経過するまでの間に、その旨を環境大臣及び特別国際種関係大臣に届け出なければならない。

〔改正〕追加＝平29年6月法律51号
〔参照条文〕罰則＝法63⑥・65③

> **（特別国際種事業者の登録の更新）**
> **第33条の10** 第33条の6第1項の登録は、5年ごとにその更新を受けなければ、その期間の経過によって、その効力を失う。
> 2 第33条の6第2項から第7項までの規定は、前項の登録の更新について準用する。
> 3 第1項の登録の更新の申請があった場合において、同項の期間（以下この項及び次項において「登録の有効期間」という。）の満了の日までにその申請に対する処分がされないときは、従前の登録は、登録の有効期間の満了後もその処分がされるまでの間は、なおその効力を有する。
> 4 前項の場合において、登録の更新がされたときは、その登録の有効期間は、従前の登録の有効期間の満了の日の翌日から起算するものとする。

〔改正〕追加＝平29年6月法律51号
〔参照条文〕罰則＝法57の2②・65①

> **（特別国際種事業者の遵守事項）**
> **第33条の11** 特別国際種事業者は、その特別国際種事業に関し特別特定器官等の譲受け又は引取りをするときは、その特別特定器官等の譲渡人又は引渡人の氏名又は名称及び住所並びにこれらの者が法人である場合にはその代表者の氏名を確認するとともに、その特別特定器官等に第33条の23第1項又は第2項の管理票が付されていない場合にあっては、その譲渡人又は引渡人からその特別特定器官等の入手先を聴取しなければならない。
> 2 特別国際種事業者は、環境大臣及び特別国際種関係大臣の発する命令で定めるとこ

ろにより、前項の規定により確認し、又は聴取した事項その他特別特定器官等の譲渡し等に関する事項を書類に記載し、及びこれを保存しなければならない。
3　特別国際種事業者は、その特別国際種事業に関し特別特定器官等の陳列又は広告をするときは、環境大臣及び特別国際種関係大臣の発する命令で定めるところにより、第33条の6第5項の規定により通知された登録番号その他環境大臣及び特別国際種関係大臣の発する命令で定める事項を表示しなければならない。

〔改正〕追加＝平29年6月法律51号
〔委任〕第2項の「命令」＝平7年6月総通令2号「特定国際種事業に係る届出及び特別国際種事業に係る登録等に関する省令」18　第3項の「命令で定めるところ」＝平7年6月総通令2号「特定国際種事業に係る届出及び特別国際種事業に係る登録等に関する省令」20　「命令で定める事項」＝平7年6月総通令2号「特定国際種事業に係る届出及び特別国際種事業に係る登録等に関する省令」21

（特別国際種事業者に対する措置命令）
第33条の12　環境大臣及び特別国際種関係大臣は、その特別国際種事業を適正化させ希少野生動植物種の保存に資するため必要があると認めるときは、特別国際種事業者に対し、この法律の規定が遵守されることを確保するため①必要な措置をとるべきことを命ずることができる。

〔改正〕追加＝平29年6月法律51号
〔参照条文〕罰則＝法58①・65③

【解釈】
①「必要な措置をとるべきことを命ずることができる」（第33条の12）
　特定国際種事業については、その適正化のために環境大臣及び経済産業大臣が必要に応じて指示ができることとされている。一方で、全形を保持していない象牙については、届出制から登録制に変更する等により一層の管理強化が図られているため、指示ではなく措置命令が設けられている。そのため、特定国際種事業者による指示違反に係る罰則はない一方で、特別国際種事業者による措置命令違反に係る罰則は規定されている。
　また、環境大臣及び経済産業大臣が特定国際種事業者に対して指示ができるのは、書類への記載・保存義務等に違反した場合で、かつ、必要があると認めるときとされている（法第33条の4第1項）。一方で、特別国際種事業者には、この法律が遵守されることを確保するために必要な措置命令が可能とされている。これは、厳格な取引管理が求められる特別国際種事業者に対しては、書類への記載・保存義務違反に加えて比較的軽微な法違反や、象牙製品と他製品との分別管理の不備など、将来的に法違反を引き起こしかねない不適切な取引管理等についても改善を求めることができるようにするためである。

第2章　個体等の取扱いに関する規制

> **(特別国際種事業者の①登録の取消し等)**
> **第33条の13**　環境大臣及び特別国際種関係大臣は、特別国際種事業者が次の各号のいずれかに該当するときは、その登録を取り消し、又は6月を超えない範囲内で期間を定めてその事業の全部若しくは一部の停止を命ずることができる。
> 　一　この法律若しくはこの法律に基づく命令の規定又はこの法律に基づく処分に違反したとき。
> 　二　不正の手段により第33条の6第1項の登録又は第33条の10第1項の登録の更新を受けたとき。
> 　三　第33条の6第6項各号のいずれかに該当することとなったとき。
> 　四　虚偽の事項を記載した第33条の23第1項又は第2項の管理票を作成したとき。

〔**改正**〕　追加＝平29年6月法律51号
〔**参照条文**〕　罰則＝法59③・65③

【解釈】
①「登録の取消し」(第33条の13)

　特定国際種事業については、その適正化のために環境大臣及び経済産業大臣が必要に応じて事業停止を命ずることができることとされている。一方で、全形を保持していない象牙を扱う事業者については、届出制から登録制に変更する等により一層の管理強化が図られているため、事業停止に加え、事業者登録の取消しもできることとされたものである。事業停止命令と登録の取消しのいずれを行うかは、違反内容の程度や、不正の手段により登録又は変更登録を受けるにあたり偽った事項等を総合的に考慮し判断することとなる。

　特定国際種事業については、指示に違反した場合にのみ事業停止命令が可能となるが、特別国際種事業については、法律の違反や不正の手段による登録等が確認された場合には、必ずしも措置命令を経なくても、業務停止命令又は登録の取消しが可能である。

> **(①報告徴収及び立入検査)**
> **第33条の14**　環境大臣及び特別国際種関係大臣は、この節及び次節の規定の施行に必要な限度において、特別国際種事業者に対し、その特別国際種事業に関し報告若しくは帳簿、書類その他の物件の提出を命じ、又はその職員に、その特別国際種事業を行うための施設に立ち入り、帳簿、書類その他の物件を検査させ、若しくは関係者に質問させることができる。
> 　2　環境大臣及び特別国際種関係大臣は、この節及び次節の規定を施行するため特に必要があると認めるときは、特別国際種事業者と取引する者に対し、当該特別国際種事業者の業務又は財産に関し参考となるべき報告又は資料の提出を命ずることができ

Ⅱ 各論

　る。
3　第1項の規定による立入検査をする職員は、その身分を示す証明書を携帯し、関係者に提示しなければならない。
4　第1項の規定による権限は、犯罪捜査のために認められたものと解釈してはならない。

〔改正〕追加＝平29年6月法律51号
〔参照条文〕第3項の「身分を示す証明書」＝平7年6月総通令2号「特定国際種事業に係る届出及び特別国際種事業に係る登録等に関する省令」22　罰則＝法63⑦・65③

【解釈】
①「報告徴収及び立入検査」（第33条の14）
　全形を保持していない象牙を扱う事業者への立入検査等の執行においては、当該事業所における調査だけでは事実確認が困難な事例が散見されていた。
　具体的には、法で定められた特定器官等の譲渡し等の書類への記載及びその保存がなく、かつ、譲渡し等の事実を確認するための証拠等もないと言われた場合には、仮に違法取引が行われていたとしても、違反事実を確認することができなかった。
　そのため、当該事業者が全形を保持していない象牙を仕入れている事業者に対して当局が報告徴収を行い、当該事業者への納入実績を聞いたりすることや、インターネットオークション等における譲渡し等であれば、プラットフォーム提供事業者に取引の実態等を確認したりすることは、事実を明らかにし、調査を円滑に進めるうえで有益である。
　このことを踏まえ、平成29年の法改正により、環境大臣及び経済産業大臣は、特別国際種事業者への報告徴収及び立入検査ができるだけではなく、当該事業者と取引する者に対して報告又は資料の提出を命ずることができることとされたものである。また、報告徴収については、取引の実態をより正確に把握するため、報告を求めるだけでなく、帳簿等の必要な物件の提出を命ずることができることとされたものである。

3　事業登録機関

　環境大臣及び経済産業大臣は、個体等の登録と同様、特別国際種事業に係る、申請の受付、審査、登録の通知及び事業者登録簿の記載事項の公表等の登録関係事務を、その事業登録関係事務を適正かつ確実に実施することができる者を機関登録した上で、当該者に行わせることができる。これは、事業者登録に関する専門的知見を有し、かつ公正・中立であると認められる者がいれば、当該者に、環境大臣及び経済産業大臣の事務の一部を行わせても支障がないことから設けられた制度である。現在、一般財団法人自然環境研究センターが環境大臣及び経済産業大臣の登録を受けてその事務を行っている。
　平成29年の法改正時に特別国際種事業者の登録制度が新設されたのに伴い、事業登録機関

に係る規定が整備されている。

　なお、登録を受けた事業登録機関の適正な事務の実施を担保するために、環境大臣及び特別国際種関係大臣による監督のための規定が、個体等登録機関に対するものと同様に設けられている。

> **（事業登録機関）**
> **第33条の15**　環境大臣及び特別国際種関係大臣は、環境大臣及び特別国際種関係大臣の発する命令で定めるところにより、第33条の6から第33条の10までに規定する環境大臣及び特別国際種関係大臣の事務（以下「事業登録関係事務」という。）について、環境大臣及び特別国際種関係大臣の登録を受けた者（以下「事業登録機関」という。）があるときは、事業登録機関に行わせるものとする。
> 2　前項の登録（以下この節において「機関登録」という。）は、事業登録関係事務を行おうとする者の申請により行う。
> 3　次の各号のいずれかに該当する者は、機関登録を受けることができない。
> 　一　この法律に規定する罪を犯して刑に処せられ、その執行を終わり、又はその執行を受けることがなくなった日から起算して2年を経過しない者
> 　二　第33条の18第4項又は第5項の規定により機関登録を取り消され、その取消しの日から起算して2年を経過しない者
> 　三　法人であって、その業務を行う役員のうちに前2号のいずれかに該当する者があるもの
> 4　環境大臣及び特別国際種関係大臣は、②他に機関登録を受けた者がなく、かつ、機関登録の申請をした者（以下この項において「機関登録申請者」という。）が次の各号のいずれにも適合しているときは、機関登録をしなければならない。この場合において、機関登録に関して必要な手続は、環境大臣及び特別国際種関係大臣の発する命令で定める。
> 　一　①学校教育法に基づく大学若しくは高等専門学校において獣医学その他特別特定器官等の識別に関して必要な課程を修めて卒業した者又はこれと同等以上の学力を有する者であって、通算して3年以上特別特定器官等の識別に関する実務の経験を有するものが事業登録関係事務を実施し、その人数が4名以上であること。
> 　二　②機関登録申請者が、次のいずれかに該当するものでないこと。
> 　　イ　機関登録申請者が株式会社である場合にあっては、特別国際種事業を行う者がその親法人であること。
> 　　ロ　機関登録申請者の役員又は職員のうちに、特別国際種事業を行う者の役員又は職員である者（過去2年間にその特別国際種事業を行う者の役員又は職員であった者を含む。）があること。
> 5　機関登録は、事業登録機関登録簿に次に掲げる事項を記載してするものとする。

Ⅱ 各論

　　一　機関登録の年月日
　　二　機関登録を受けた者の氏名及び住所（法人にあっては、その名称、代表者の氏名及び主たる事務所の所在地）
　　三　前2号に掲げるもののほか、環境大臣及び特別国際種関係大臣の発する命令で定める事項
6　事業登録機関が事業登録関係事務を行う場合における第33条の6から第33条の9までの規定の適用については、第33条の6第1項中「環境大臣及び特別特定器官等の種別に応じて政令で定める大臣（以下この章において「特別国際種関係大臣」という。）」とあるのは「事業登録機関（第33条の15第1項に規定する事業登録機関をいう。以下この条から第33条の9までにおいて同じ。）」と、同条第2項中「環境大臣及び特別国際種関係大臣に」とあるのは「事業登録機関に」と、同条第4項から第7項までの規定中「環境大臣及び特別国際種関係大臣」とあるのは「事業登録機関」と、第33条の7第1項中「環境大臣及び特別国際種関係大臣に」とあるのは「事業登録機関に」と、同条第2項中「環境大臣及び特別国際種関係大臣」とあるのは「事業登録機関」と、第33条の8第1項中「環境大臣及び特別国際種関係大臣は」とあるのは「事業登録機関は」と、第33条の9中「環境大臣及び特別国際種関係大臣」とあるのは「事業登録機関」とする。

〔改正〕追加＝平29年6月法律51号
〔委任〕第1項の「命令」＝平7年6月総通令2号「特定国際種事業に係る届出及び特別国際種事業に係る登録等に関する省令」23

【解釈】
① 事業登録関係事務を行う機関の要件（第33条の15第4項第1号）
　事業登録機関が、事業登録に関する専門的知見を有していることを担保するために、機関登録を受けることができる者の要件として、大学等において獣医学等の課程を修めて卒業し、特別特定器官の識別に関する実務経験を有していることを求めている。
② 事業登録関係事務を行う機関の欠格要件（第33条の15第4項柱書、第2号）
　違法取引を防止するためには、多数の特別国際種事業者の情報を一元的に正確に管理する必要があるが、二以上の者が機関登録を受けると実務上混乱が生ずることから、第33条第4項柱書において「他に機関登録を受けた者がなく」と規定されている通り、一の者のみが機関登録を受けることができることとされている。
　また、特別国際種事業を行う者等については、第33条の15第4項第2号に基づき、機関登録を受けることができないこととされている。

（事業登録機関の遵守事項）
第33条の16　事業登録機関は、事業登録関係事務を実施することを求められたとき

は、正当な理由がある場合を除き、遅滞なく、事業登録関係事務を実施しなければならない。

2　事業登録機関は、公正に、かつ、環境大臣及び特別国際種関係大臣の発する命令で定める方法により事業登録関係事務を実施しなければならない。

3　事業登録機関は、前条第5項第2号及び第3号に掲げる事項を変更しようとするときは、変更しようとする日の2週間前までに、環境大臣及び特別国際種関係大臣に届け出なければならない。ただし、環境大臣及び特別国際種関係大臣の発する命令で定める軽微な事項に係る変更については、この限りでない。

4　事業登録機関は、前項ただし書の事項について変更したときは、遅滞なく、環境大臣及び特別国際種関係大臣にその旨を届け出なければならない。

5　事業登録機関は、事業登録関係事務の開始前に、環境大臣及び特別国際種関係大臣の発する命令で定めるところにより、事業登録関係事務の実施に関する規程を定め、環境大臣及び特別国際種関係大臣の認可を受けなければならない。これを変更しようとするときも、同様とする。

6　事業登録機関は、毎事業年度経過後3月以内に、その事業年度の財務諸表等を作成し、5年間事業所に備えて置かなければならない。

7　第33条の6第1項の登録を受けようとする者その他の利害関係人は、事業登録機関の業務時間内は、いつでも、次に掲げる請求をすることができる。ただし、第2号又は第4号の請求をするには、事業登録機関の定めた費用を支払わなければならない。

　一　財務諸表等が書面をもって作成されているときは、当該書面の閲覧又は謄写の請求
　二　前号の書面の謄本又は抄本の請求
　三　財務諸表等が電磁的記録をもって作成されているときは、当該電磁的記録に記録された事項を環境大臣及び特別国際種関係大臣の発する命令で定める方法により表示したものの閲覧又は謄写の請求
　四　前号の電磁的記録に記録された事項を電磁的方法であって環境大臣及び特別国際種関係大臣の発する命令で定めるものにより提供することの請求又は当該事項を記載した書面の交付の請求

8　事業登録機関は、環境大臣及び特別国際種関係大臣の発する命令で定めるところにより、①帳簿を備え、事業登録関係事務に関し環境大臣及び特別国際種関係大臣の発する命令で定める事項を記載し、これを保存しなければならない。

9　事業登録機関は、環境大臣及び特別国際種関係大臣の許可を受けなければ、事業登録関係事務の全部又は一部を休止し、又は廃止してはならない。

〔**改正**〕追加＝平29年6月法律51号
〔**委任**〕第2項の「命令」＝平7年6月総通令2号「特定国際種事業に係る届出及び特別国際種事業に係る登録等に

関する省令」24Ⅰ　第3項の「命令」＝平7年6月総通令2号「特定国際種事業に係る届出及び特別国際種事業に係る登録等に関する省令」24Ⅱ　第5項の「命令」＝平7年6月総通令2号「特定国際種事業に係る届出及び特別国際種事業に係る登録等に関する省令」24Ⅲ　第7項第3号の「命令」＝平7年6月総通令2号「特定国際種事業に係る届出及び特別国際種事業に係る登録等に関する省令」25Ⅰ　第4号の「命令」＝平7年6月総通令2号「特定国際種事業に係る届出及び特別国際種事業に係る登録等に関する省令」25Ⅱ　第8項の「命令」＝平7年6月総通令2号「特定国際種事業に係る届出及び特別国際種事業に係る登録等に関する省令」26
〔参照条文〕罰則＝64①②・66

【解釈】

①帳簿の作成及び保存（第33条の16第8項）

　全形を保持していない象牙については、事業として譲渡し又は引渡しをすることは原則として禁止されているが、特別国際種事業者の登録を受ければ、それ以降、特別国際種事業として第三者への譲渡し又は引渡しを行うことが可能となる。特別国際種事業者の基礎的な事業者情報（登録申請に係る事項や登録年月日、事業者番号、特別特定器官等の譲渡し又は引渡しの業務を行うための施設の名称・所在地等）及び占有している全形を保持した象牙の数量等を詳細に記載し、保存しておくことにより、特別国際種事業者の取引状況を常に把握していくことは、不正な取引の防止のために、制度の運用上不可欠である。このため、事業登録機関に帳簿の記載を義務付けている。

> **（秘密保持義務等）**
> **第33条の17**　事業登録機関の役員若しくは職員又はこれらの職にあった者は、事業登録関係事務に関し知り得た秘密を漏らしてはならない。
> 2　事業登録関係事務に従事する事業登録機関の役員又は職員は、刑法その他の罰則の適用については、法令により公務に従事する職員とみなす。

〔改正〕追加＝平29年6月法律51号
〔参照条文〕罰則＝法60

> **（事業登録機関に対する適合命令等）**
> **第33条の18**　環境大臣及び特別国際種関係大臣は、事業登録機関が第33条の15第4項各号のいずれかに適合しなくなったと認めるときは、事業登録機関に対し、これらの規定に適合するため必要な措置をとるべきことを命ずることができる。
> 2　環境大臣及び特別国際種関係大臣は、事業登録機関が第33条の16第1項又は第2項の規定に違反していると認めるときは、事業登録機関に対し、事業登録関係事務を実施すべきこと又は事業登録関係事務の方法の改善に関し必要な措置をとるべきことを命ずることができる。

3　環境大臣及び特別国際種関係大臣は、第33条の16第5項の規程が事業登録関係事務の公正な実施上不適当となったと認めるときは、その規程を変更すべきことを命ずることができる。
　4　環境大臣及び特別国際種関係大臣は、事業登録機関が第33条の15第3項第1号又は第3号に該当するに至ったときは、機関登録を取り消さなければならない。
　5　環境大臣及び特別国際種関係大臣は、事業登録機関が次の各号のいずれかに該当するときは、機関登録を取り消し、又は期間を定めて事業登録関係事務の全部若しくは一部の停止を命ずることができる。
　　一　第33条の16第3項から第6項まで、第8項又は第9項の規定に違反したとき。
　　二　第33条の16第5項の規程によらないで事業登録関係事務を実施したとき。
　　三　正当な理由がないのに第33条の16第7項各号の規定による請求を拒んだとき。
　　四　第1項から第3項までの規定による命令に違反したとき。
　　五　不正の手段により機関登録を受けたとき。

〔改正〕追加＝平29年6月法律51号
〔参照条文〕罰則＝法61

（事業登録機関がした処分等に係る審査請求）
第33条の19　事業登録機関が行う事業登録関係事務に係る処分又はその不作為について不服がある者は、環境大臣及び特別国際種関係大臣に対し、審査請求をすることができる。この場合において、環境大臣及び特別国際種関係大臣は、行政不服審査法第25条第2項及び第3項、第46条第1項及び第2項、第47条並びに第49条第3項の規定の適用については、事業登録機関の上級行政庁とみなす。

〔改正〕追加＝平29年6月法律51号

（公示）
第33条の20　環境大臣及び特別国際種関係大臣は、次に掲げる場合には、その旨を官報に公示しなければならない。
　一　機関登録をしたとき。
　二　第33条の16第3項の規定による届出があったとき。
　三　第33条の16第9項の規定による許可をしたとき。
　四　第33条の22において準用する第24条第10項の規定により環境大臣及び特別国際種関係大臣が事業登録関係事務の全部若しくは一部を自ら行うこととするとき、又は

自ら行っていた事業登録関係事務の全部若しくは一部を行わないこととするとき。
　　五　第33条の18第4項若しくは第5項の規定により機関登録を取り消し、又は同項の規定により事業登録関係事務の全部若しくは一部の停止を命じたとき。

〔改正〕追加＝平29年6月法律51号

（手数料）
第33条の21　第33条の6第1項の登録を受けようとする者又は第33条の10第1項の登録の更新を受けようとする者は、実費を勘案して政令で定める額の手数料を国（事業登録機関が事業登録関係事務を行う場合にあっては、事業登録機関）に納めなければならない。
2　前項の規定により事業登録機関に納められた手数料は、事業登録機関の収入とする。

〔改正〕追加＝平29年6月法律51号
〔委任〕第1項の「政令」＝令16

（準用）
第33条の22　第23条第6項の規定は機関登録について、第24条第10項及び第11項並びに第27条の規定は事業登録関係事務について準用する。この場合において、第23条第6項中「環境大臣」とあるのは「環境大臣及び特別国際種関係大臣（第33条の6第1項に規定する特別国際種関係大臣をいう。次条第10項及び第11項並びに第27条第1項において同じ。）」と、第24条第10項中「環境大臣」とあるのは「環境大臣及び特別国際種関係大臣」と、同条第11項中「環境大臣」とあるのは「環境大臣及び特別国際種関係大臣」と、「環境省令」とあるのは「環境大臣及び特別国際種関係大臣の発する命令」と、第27条第1項中「環境大臣」とあるのは「環境大臣及び特別国際種関係大臣」と、「この節」とあるのは「この款」と読み替えるものとする。

〔改正〕追加＝平29年6月法律51号
〔参照条文〕罰則＝法64③

第5節　適正に入手された原材料に係る製品である旨の認定等

(本節追加＝平6年6月法律52号)

1　管理票

　特定器官等の入手の経緯等に関し必要な事項を記載した管理票の作成により、流通経路の透明性が確保されるとともに、その原材料が適法に入手されたことを示すことができる。管理票の作成については、義務の場合と任意の場合が規定されているが、現在では、いずれの場合であっても全形を保持していない象牙のみがその作成対象となっている。

　特別国際種事業者の登録時には、申請者が現に占有している全形を保持したすべての象牙が、個体等の登録等を受けていることが必要である。一方、製造事業者にとっては、一定規模以上の大きさの象牙及びその加工品については、全形を保持していなくても、その商業的価値は十分にあるため、違法に譲り受けた全形を保持した象牙を敢えて分割又は加工することにより、本法の規制対象から逃れることも考えられる。このため、平成29年の法改正時に、特別国際種事業者は、一定の大きさかつ重量以上の特別特定器官等を分割等により新たに得た場合には、直ちに管理票を作成することが義務付けられている。また、特定国際種事業者又は特別国際種事業者は特定器官等（特別特定器官等の場合は一定の大きさ又は重量に満たないもの）を分割等により新たに得た場合については、任意で管理票を作成することができるとされている。

（管理票の作成及び取扱い）
第33条の23　特別国際種事業者は、その特別国際種事業に関し次の各号のいずれかに該当する場合には、環境大臣及び特別国際種関係大臣の発する命令で定めるところにより、特別特定器官等（政令で定める要件に該当するものに限る。以下この項において同じ。）の入手の経緯等に関し必要な事項を記載した①管理票を作成しなければならない。
　一　その個体等に係る登録票等とともに譲り受け、又は引き取った原材料器官等の分割により特別特定器官等を得た場合
　二　その特別特定器官等に係る管理票とともに譲り受け、又は引き取った特別特定器官等の分割により新たに特別特定器官等を得た場合
　三　前2号に掲げるもののほか、適法に取得した特別特定器官等が登録要件に該当するものであることが明らかである場合として環境大臣及び特別国際種関係大臣の発する命令で定める場合
2　特定国際種事業者又は特別国際種事業者は、その特定国際種事業又は特別国際種事業に関し次の各号のいずれかに該当する場合に限り、環境大臣、特定国際種関係大臣及び特別国際種関係大臣（以下この節において「環境大臣等」という。）の発する命

Ⅱ 各論

　　令で定めるところにより、特定器官等（特別特定器官等のうち前項の政令で定める要件に該当するものを除き、第33条の25第1項の製品の原材料となるものに限る。以下この項において同じ。）の②管理票を作成することができる。
　一　その個体等に係る登録票等とともに譲り受け、又は引き取った原材料器官等の分割により得られた部分である特定器官等の譲渡し又は引渡しをする場合
　二　その特定器官等に係る管理票とともに譲り受け、又は引き取った特定器官等の分割により得られた部分である特定器官等の譲渡し又は引渡しをする場合
　三　前2号に掲げるもののほか、譲渡し又は引渡しをする特定器官等が登録要件に該当するものであることが明らかである場合として環境大臣等の発する命令で定める場合
3　前2項の管理票が作成された特定器官等の譲渡し又は引渡しは、その③管理票とともにしなければならない。
4　第1項及び第2項の③管理票の譲渡し又は引渡しは、その管理票に係る特定器官等とともにしなければならない。
5　特定国際種事業者又は特別国際種事業者は、第1項又は第2項の管理票が作成された特定器官等の譲渡し又は引渡しをした場合には、環境大臣等の発する命令で定めるところにより、第1項又は第2項の④管理票の写しを保存しなければならない。
6　環境大臣等は、特定国際種事業者が第2項各号に掲げる場合以外の場合に同項の管理票を作成し、又は虚偽の事項を記載した同項の管理票を作成した場合において必要があると認めるときは、3月を超えない範囲内で期間を定めて、その者が同項の規定により⑤管理票を作成することを禁止することができる。

〔改正〕旧第33条の6の一部改正＝平11年12月法律160号、一部改正し本条に繰下＝平29年6月法律51号
〔委任〕第1項本文の「命令」＝平7年6月総通令2号「特定国際種事業に係る届出及び特別国際種事業に係る登録等に関する省令」31　「政令」＝令17　第3号の「命令」＝平7年6月総通令2号「特定国際種事業に係る届出及び特別国際種事業に係る登録等に関する省令」32Ⅰ　第2項本文の「命令」＝平7年6月総通令2号「特定国際種事業に係る届出及び特別国際種事業に係る登録等に関する省令」31　第3号の「命令」＝平7年6月総通令2号「特定国際種事業に係る届出及び特別国際種事業に係る登録等に関する省令」32Ⅱ　第5項の「命令」＝平7年6月総通令2号「特定国際種事業に係る届出及び特別国際種事業に係る登録等に関する省令」33
〔参照条文〕罰則＝法59③〜⑥・63⑥・65③

【解釈】
① 「管理票を作成しなければならない」（第33条の23第1項）
　特別国際種事業者の登録制度の新設に伴い、特別国際種事業者の登録の申請に当たっては、申請者が占有する全形を保持した象牙はすべて登録が必要とされたことから、違法に取引された全形を保持した象牙が分割等され、合法的に取引が可能な特別特定器官等として紛れ込むのを防止するため、特別国際種事業者においては、その特別国際種事業に関して、一

定の重量かつ大きさ以上（重量が1kg以上であり、かつ最大寸法が20cm以上）の全形を保持していない象牙を分割又は輸入により得たときは、直ちに管理票を作成することが義務付けられている。

特別特定器官等については、事業者登録制度（事業者管理）に加え、管理票の義務化により個々の特別特定器官等の管理も併せて行うこととなる。これは、特別特定器官等のうち、一定以上の大きさかつ重量の全形を保持していない象牙については、全形を保持した象牙と比べ、それらが商品価値をほぼ維持しつつも、その取扱いや隠蔽が容易であるため、違法取引等の違法行為を誘因する可能性が高いことを踏まえ、違法取引等を抑制する観点からも必要な措置とされたものである。

なお、現時点では、一定の重量かつ大きさ以上の全形を保持していない象牙のみが、管理票の作成が必須とされていることから、本規定の対象は特別国際種事業者のみとなっている。全形を保持していないうみがめ科の甲を取り扱う事業者である特定国際種事業者については、本規定の対象となっていない。

＜参考＞
（管理票の作成をしなければならない特別特定器官等）
施行令第17条　法第33条の23第1項の政令で定める要件は、重量が1キログラム以上であり、かつ、最大寸法が20センチメートル以上であることとする。

②「管理票を作成することができる」（第33条の23第2項）
特定国際種事業者が原材料器官等の分割等により新たに特定器官等を得る場合や、特別国際種事業者が、上記の一定の大きさ又は重量に満たない全形を保持していない象牙であって、装身具、調度品、楽器、印章等の製品（施行令第18条）の原材料となるものを譲渡し又は引渡しをし、分割又は輸入により新たに得る場合には、管理票の作成は任意である。管理票の添付された特定器官等から製造された製品については、適正に入手された原材料に係る製品である旨の認定を受け、標章の交付を受けることができることとなっており、これが、管理票作成の動機付けになるものと考えられる。

③管理票の取扱条件（第33条の23第3項及び第4項）
特定国際種事業者又は特別国際種事業者は、管理票による管理の実効性を担保するため、特定器官等の譲渡し又は引渡しはその管理票とともにしなければならないとされるとともに、管理票の譲渡し又は引渡しも当該管理票に係る特定器官等とともにしなければならないとされている。

④管理票の写しの保存義務（第33条の23第5項）
特定器官等の譲渡し等をした場合、その管理票も譲渡し等をすることとなるため、管理票を作成した事業者等には当該管理票が残らないこととなる。そのため、流通経路を明確にし、また、立入検査等の際に確認を容易にする観点から、事業者による管理票の写しの保存

が義務付けられている。なお、管理票の写しと事業者台帳とを照らし合わせて取引状況を確認できるよう、管理票の写しの保存の期間は、事業者台帳の保存の期間と同様に、当該管理票に係る特定器官等の譲渡し又は引渡しをした日から5年間とされている。

＜参考＞
（特定国際種事業者による書類の保存）
国際種省令第3条 特定国際種事業者は、法第33条の3第1項の規定により確認し又は聴取した事項のほか次の各号に掲げる事項を書類に記載し、これを5年間保存しなければならない。
　　一～三　（略）
（特別国際種事業者による書類の保存）
国際種省令第18条 特別国際種事業者は、その特別国際種事業を行うための施設ごとに、法第33条の11第1項の規定により確認し又は聴取した事項のほか次の各号に掲げる事項を書類に記載し、これを5年間保存しなければならない。
　　一～三　（略）
（管理票の写しの保存）
国際種省令第33条 法第33条の23第5項の規定による管理票の写しの保存の期間は、特定器官等の譲渡し又は引渡しをした日から5年間とする。

---

⑤「管理票を作成することを禁止することができる」（第33条の23第6項）

　特定国際種事業者が、管理票を作成することができる場合（第33条の23第2項各号）以外に管理票を作成し、又は虚偽の事項を記載した場合には、環境大臣等が管理票の作成を禁止することができることとされている。なお、特別国際種事業者が虚偽の事項を記載した管理票を作成したときは、第33条の13第4号に基づき、登録の取消し等を命ずることができる。

（①管理票の作成の制限）
第33条の24 何人も、前条第1項各号又は第2項各号のいずれかに該当する場合のほか、同条第1項又は第2項の管理票を作成してはならない。

〔改正〕追加＝平29年6月法律51号
〔参照条文〕罰則＝法59④

【解釈】
①「管理票の作成の制限」（第33条の24）
　管理票の偽造等を防止するため、第33条の23第1項及び第2項各号に該当する場合以外の場合については、管理票の作成を禁止するものである。

第2章　個体等の取扱いに関する規制

2　製品認定

　適切に入手された原材料器官等を原材料として製造された製品（施行令第18条により規定。現在は象牙を原材料として製造されたものに限られる。）の製造者は、その旨の環境大臣及び経済産業大臣（環境大臣及び経済産業大臣の登録を受けた認定機関がある場合にあっては、当該機関が認定関係事務を行う。）の認定を受け、標章の交付を受けることができる。標章の添付は任意であるが、標章の添付により、消費者が適正品を選択することが可能となり、違法品の除外がなされるものと考えられる。
　環境大臣及び経済産業大臣は、認定、標章発行に係る事務を、その認定関係事務を適正かつ確実に実施することができるものに行わせることができることとされている。現在、一般財団法人自然環境研究センターが環境大臣及び経済産業大臣の登録を受けて、認定関係事務を行っている。
　なお、認定を受けた認定機関の適正な事務の実施を担保するために、環境大臣及び経済産業大臣による監督のための規定が、個体等登録機関及び事業登録機関に対するものと同様に設けられている。

（適正に入手された原材料に係る製品である旨の認定）
第33条の25　環境大臣等は、①原材料器官等を原材料として製造された政令で定める製品（登録等を受けることができるものを除く。）の②製造者の申請に基づき、その製品が登録要件に該当する原材料器官等を原材料として製造されたものである旨の認定をすることができる。
2　前項の認定は、次に掲げる場合に限り、することができる。
　一　申請者が、その製品の原材料である特定器官等を、その特定器官等に関し第33条の23第1項又は第2項の規定により作成された管理票とともに譲り受け、又は引き取った者である場合
　二　申請者が、その製品の原材料である原材料器官等を、その原材料器官等に係る登録票等とともに譲り受け、又は引き取った者である場合
　三　前2号に掲げるもののほか、その製品の原材料である原材料器官等が登録要件に該当するものであることが明らかである場合として環境大臣等の発する命令で定める場合
3　環境大臣等は、第1項の認定をしたときは、環境大臣等の発する命令で定めるところにより、その申請をした者に対し、申請に係る製品ごとに、その製品について同項の認定があった旨を表示する標章を交付しなければならない。
4　前項の標章は、その標章に係る認定を受けた製品以外の物に取り付けてはならない。

5 前各項に定めるもののほか、第1項の認定及び第3項の標章に関し必要な事項は、環境大臣等の発する命令で定める。

〔改正〕旧第33条の7の一部改正＝平11年12月法律160号、一部改正し本条に繰下＝平29年6月法律51号
〔委任〕第1項の「政令」＝令18　第2項第3号の「命令」＝平7年6月総通令2号「特定国際種事業に係る届出及び特別国際種事業に係る登録等に関する省令」35　第3項の「命令」＝平7年6月総通令2号「特定国際種事業に係る届出及び特別国際種事業に係る登録等に関する省令」36　第5項の「命令」＝平7年6月総通令2号「特定国際種事業に係る届出及び特別国際種事業に係る登録等に関する省令」37・38
〔参照条文〕罰則＝法63⑧⑨・65③

【解釈】

①「原材料器官等を原材料として製造された政令で定める製品」（第33条の25第1項）

認定対象となっている製品は、象牙製の装身具、調度品、楽器、印章、室内娯楽用具、食卓用具、文房具、喫煙具、日用雑貨、仏具及び茶道具である。

ただし、象牙を使用した部分が僅少である製品、製品の内部に象牙を使用したもの等種を容易に識別することができない製品は、認定の対象とならない。

また、製品の認定は次に掲げるものに限り、受けることができる。
(1) 管理票とともに譲り受け、又は引き取った特定器官等から製造された製品
(2) 登録票とともに譲り受け、又は引き取った原材料器官等から製造された製品
(3) 適法に輸入した原材料器官等又は特定器官等から製造された製品

＜参考＞

（適正に入手された原材料に係る製品）

施行令第18条　法第33条の25第1項の政令で定める製品は、別表第五の2の項に掲げる原材料器官等のうち牙に係るものを原材料として製造された装身具、調度品、楽器、印章その他の環境省令、経済産業省令で定める製品（その原材料器官等を使用した部分が僅少でないこと、その部分から種を容易に識別することができることその他の環境省令、経済産業省令で定める要件に該当するものに限る。）とする。

（認定対象製品）

国際種省令第34条　令第18条の環境省令、経済産業省令で定める製品は、装身具、調度品、楽器、印章、室内娯楽用具、食卓用具、文房具、喫煙具、日用雑貨、仏具及び茶道具とする。
2　令第18条の環境省令、経済産業省令で定める要件は、次の各号に掲げるものとする。
一　製品の原材料である原材料器官等を使用した部分が僅少でないこと。
二　製品の原材料である原材料器官等から種を容易に識別することができること。

②「製造者の申請」（第33条の25第1項）

認定の申請は、製品の製造者が認定申請書を認定機関に提出して行う。

第2章　個体等の取扱いに関する規制

（認定機関）
第33条の26　環境大臣等は、環境大臣等の発する命令で定めるところにより、前条に規定する環境大臣等の事務（以下「認定関係事務」という。）について、環境大臣等の登録を受けた者（以下「認定機関」という。）があるときは、その認定機関に行わせるものとする。
2　前項の登録（以下この節において「機関登録」という。）は、認定関係事務を行おうとする者の申請により行う。
3　次の各号のいずれかに該当する者は、機関登録を受けることができない。
　一　この法律に規定する罪を犯して刑に処せられ、その執行を終わり、又はその執行を受けることがなくなった日から起算して2年を経過しない者
　二　第33条の29第4項又は第5項の規定により機関登録を取り消され、その取消しの日から起算して2年を経過しない者
　三　法人であって、その業務を行う役員のうちに前2号のいずれかに該当する者があるもの
4　環境大臣等は、機関登録の申請をした者（以下この項において「機関登録申請者」という。）が次の各号のいずれにも適合しているときは、その機関登録をしなければならない。この場合において、機関登録に関して必要な手続は、環境大臣等の発する命令で定める。
　一　①<u>学校教育法に基づく大学若しくは高等専門学校において獣医学その他特定器官等の識別に関して必要な課程を修めて卒業した者又はこれと同等以上の学力を有する者であって、通算して3年以上特定器官等の識別に関する実務の経験を有するものが認定関係事務を実施し、その人数が2名以上であること。</u>
　二　②<u>機関登録申請者が、次のいずれかに該当するものでないこと。</u>
　　イ　機関登録申請者が株式会社である場合にあっては、特定国際種事業又は特別国際種事業（前条第1項の政令で定める製品に係るものに限る。ロにおいて同じ。）を行う者がその親法人であること。
　　ロ　機関登録申請者の役員又は職員のうちに、特定国際種事業又は特別国際種事業を行う者の役員又は職員である者（過去2年間にその特定国際種事業又は特別国際種事業を行う者の役員又は職員であった者を含む。）があること。
5　機関登録は、認定機関登録簿に次に掲げる事項を記載してするものとする。
　一　機関登録の年月日及び番号
　二　機関登録を受けた者の氏名及び住所（法人にあっては、その名称、代表者の氏名及び主たる事務所の所在地）
　三　前2号に掲げるもののほか、環境大臣等の発する命令で定める事項
6　認定機関がその認定関係事務を行う場合における前条の規定の適用については、同

Ⅱ 各論

条第1項中「環境大臣等」とあるのは「認定機関（次条第1項に規定する認定機関をいう。第3項において同じ。）」と、同条第3項中「環境大臣等は」とあるのは「認定機関は」とする。

〔改正〕旧第33条の8の一部改正＝平11年12月法律160号・15年6月99号・17年7月87号、一部改正し本条に繰下＝平29年6月法律51号
〔委任〕第1項の「命令」＝平7年6月総通令2号「特定国際種事業に係る届出及び特別国際種事業に係る登録等に関する省令」39　「認定機関」＝平16年1月経産環告4号「絶滅のおそれのある種の保存に関する法律第33条の26第1項の規定に基づく認定機関」

【解釈】
①認定関係事務を行う機関の要件（第33条の26第4項第1号）
　認定機関が、適正に入手された原材料器官等に係る製品である旨の認定に関する専門的知見を有していることを担保するために、機関登録を受けることができる者の要件として、大学等において獣医学等の課程を修めて卒業し、特定器官等の識別に関する実務経験を有していることを求めている。

②認定関係事務を行う機関の欠格要件（第33条の26第4項第2号）
　特定国際種事業又は特別国際種事業を行っている者等については、第33条の26第4項第2号に基づき、機関登録を受けることができないこととされている。

（認定機関の遵守事項）
第33条の27　認定機関は、認定関係事務を実施することを求められたときは、正当な理由がある場合を除き、遅滞なく、認定関係事務を実施しなければならない。
2　認定機関は、公正に、かつ、環境大臣等の発する命令で定める方法により認定関係事務を実施しなければならない。
3　認定機関は、前条第5項第2号及び第3号に掲げる事項を変更しようとするときは、変更しようとする日の2週間前までに、環境大臣等に届け出なければならない。ただし、環境大臣等の発する命令で定める軽微な事項に係る変更については、この限りでない。
4　認定機関は、前項ただし書の事項について変更したときは、遅滞なく、環境大臣等にその旨を届け出なければならない。
5　認定機関は、その認定関係事務の開始前に、環境大臣等の発する命令で定めるところにより、その認定関係事務の実施に関する規程を定め、環境大臣等の認可を受けなければならない。これを変更しようとするときも、同様とする。
6　認定機関は、毎事業年度経過後3月以内に、その事業年度の財務諸表等を作成し、5年間事業所に備えて置かなければならない。
7　第33条の25第1項の認定を受けようとする者その他の利害関係人は、認定機関の業

第2章　個体等の取扱いに関する規制

務時間内は、いつでも、次に掲げる請求をすることができる。ただし、第2号又は第4号の請求をするには、認定機関の定めた費用を支払わなければならない。
　一　財務諸表等が書面をもって作成されているときは、当該書面の閲覧又は謄写の請求
　二　前号の書面の謄本又は抄本の請求
　三　財務諸表等が電磁的記録をもって作成されているときは、当該電磁的記録に記録された事項を環境大臣等の発する命令で定める方法により表示したものの閲覧又は謄写の請求
　四　前号の電磁的記録に記録された事項を電磁的方法であって環境大臣等の発する命令で定めるものにより提供することの請求又は当該事項を記載した書面の交付の請求
8　認定機関は、①環境大臣等の発する命令で定めるところにより、帳簿を備え、認定関係事務に関し環境大臣等の発する命令で定める事項を記載し、これを保存しなければならない。
9　認定機関は、環境大臣等の許可を受けなければ、その認定関係事務の全部又は一部を休止し、又は廃止してはならない。

〔改正〕旧第33条の9の一部改正＝平11年12月法律160号・15年6月99号、一部改正し本条に繰下＝平29年6月法律51号
〔委任〕「命令」＝平7年6月総通令2号「特定国際種事業に係る届出及び特別国際種事業の登録等に関する省令」40〜43
〔参照条文〕罰則＝法64①②・66

【解釈】
①帳簿の作成及び保存（第33条の27第8項）
　標章は、消費者が適正品を選択することを可能とするため、適切に入手された原材料器官等を原材料として製造された製品であることを証明するものであり、その証明の根拠となる特定器官等を取得した経緯等について認定機関が記載・保存をしておくことは、制度の運用上不可欠である。このため、認定機関に帳簿の記載を義務付けている。

（秘密保持義務等）
第33条の28　認定機関の役員若しくは職員又はこれらの職にあった者は、その認定関係事務に関し知り得た秘密を漏らしてはならない。
2　認定関係事務に従事する認定機関の役員又は職員は、刑法その他の罰則の適用については、法令により公務に従事する職員とみなす。

〔改正〕旧第33条の10の一部改正＝平15年6月法律99号、本条に繰下＝平29年6月法律51号

〔参照条文〕罰則＝法60

（認定機関に対する適合命令等）
第33条の29 環境大臣等は、認定機関が第33条の26第4項各号のいずれかに適合しなくなったと認めるときは、その認定機関に対し、これらの規定に適合するため必要な措置をとるべきことを命ずることができる。
2 環境大臣等は、認定機関が第33条の27第1項又は第2項の規定に違反していると認めるときは、その認定機関に対し、認定関係事務を実施すべきこと又は認定関係事務の方法の改善に関し必要な措置をとるべきことを命ずることができる。
3 環境大臣等は、第33条の27第5項の規程が認定関係事務の公正な実施上不適当となったと認めるときは、その規程を変更すべきことを命ずることができる。
4 環境大臣等は、認定機関が第33条の26第3項第1号又は第3号に該当するに至ったときは、機関登録を取り消さなければならない。
5 環境大臣等は、認定機関が次の各号のいずれかに該当するときは、その機関登録を取り消し、又は期間を定めて認定関係事務の全部若しくは一部の停止を命ずることができる。
　一　第33条の27第3項から第6項まで、第8項又は第9項の規定に違反したとき。
　二　第33条の27第5項の規程によらないで認定関係事務を実施したとき。
　三　正当な理由がないのに第33条の27第7項各号の規定による請求を拒んだとき。
　四　第1項から第3項までの規定による命令に違反したとき。
　五　不正の手段により機関登録を受けたとき。

〔改正〕旧第33条の11の全部改正＝平15年6月法律99号、一部改正し本条に繰下＝平29年6月法律51号
〔参照条文〕罰則＝法61

（認定機関がした処分等に係る審査請求）
第33条の30 認定機関が行う認定関係事務に係る処分又はその不作為について不服がある者は、環境大臣等に対し、審査請求をすることができる。この場合において、環境大臣等は、行政不服審査法第25条第2項及び第3項、第46条第1項及び第2項、第47条並びに第49条第3項の規定の適用については、認定機関の上級行政庁とみなす。

〔改正〕旧第33条の12の一部改正＝平11年12月法律160号・15年6月99号・26年6月69号、一部改正し本条に繰下＝平29年6月法律51号

(公示)

第33条の31 環境大臣等は、次に掲げる場合には、その旨を官報に公示しなければならない。

一 機関登録をしたとき。
二 第33条の27第3項の規定による届出があったとき。
三 第33条の27第9項の規定による許可をしたとき。
四 第33条の33において準用する第24条第10項の規定により環境大臣等が認定関係事務の全部若しくは一部を自ら行うこととするとき、又は自ら行っていた認定関係事務の全部若しくは一部を行わないこととするとき。
五 第33条の29第4項若しくは第5項の規定により機関登録を取り消し、又は同項の規定により認定関係事務の全部若しくは一部の停止を命じたとき。

〔改正〕旧第33条の13として追加＝平15年6月法律99号、一部改正し本条に繰下＝平29年6月法律51号

(手数料)

第33条の32 第33条の25第1項の認定を受けようとする者は、実費を勘案して政令で定める額の手数料を国（認定機関が認定関係事務を行う場合にあっては、認定機関）に納めなければならない。

2 前項の規定により認定機関に納められた手数料は、認定機関の収入とする。

〔改正〕旧第33条の13を一部改正し旧第33条の14に繰下＝平15年6月法律99号、一部改正し本条に繰下＝平29年6月法律51号
〔委任〕第1項の「政令」＝令19

(準用)

第33条の33 第23条第6項の規定は機関登録について、第24条第10項及び第11項並びに第27条の規定は認定関係事務について準用する。この場合において、第23条第6項中「環境大臣」とあるのは「環境大臣等（第33条の23第2項に規定する環境大臣等をいう。第24条第10項及び第11項並びに第27条第1項において同じ。）」と、第24条第10項中「環境大臣」とあるのは「環境大臣等」と、同条第11項中「環境大臣」とあるのは「環境大臣等」と、「環境省令」とあるのは「環境大臣等の発する命令」と、第27条第1項中「環境大臣」とあるのは「環境大臣等」と読み替えるものとする。

Ⅱ 各論

〔**改正**〕旧第33条の14の一部改正＝平11年12月法律160号、一部改正し旧第33条の15に繰下＝平15年6月法律99号、一部改正し本条に繰下＝平29年6月法律51号
〔**参照条文**〕罰則＝法64③

第3章　生息地等の保護に関する規制

　開発による生息地・生育地の消失に加えて、河川の汚染、汚濁、農薬等による生息・生育環境の悪化等は、絶滅のおそれのある種にとって最も大きな圧迫要因となっている。一方で、近年では里地里山などの利用・管理の不足による生息・生育環境の悪化等も種を圧迫する大きな要因となっている。

　絶滅のおそれのある野生動植物の種の保存を図るためには、捕獲等の禁止及び譲渡し等の禁止等の個体等の取扱いに関する規制のみならず、その生息地・生育地における個体群の存続を保証する必要がある。絶滅のおそれのある種の中には、里山や農地周辺に生息する種も多く含まれており、これらの生息地・生育地を確実に保護していくためには、風景地を保護する自然公園制度や、自然環境の適正な保全を総合的に推進する自然環境保全地域等の制度に加えて、種に着目した地域指定による保護が必要である。そのため、環境大臣は、国内希少野生動植物種の保存のためその個体の生息・生育環境の保全を図る必要があると認めるときは、生息地等保護区を指定することができるとされている。

　平成29年の法改正時に、生息地等保護区の指定の変更手続の新設並びに指定に係る国内希少野生動植物種の種名を公表しない生息地等保護区の指定及び指定期間の設定等を可能とする制度改正が行われている。

（土地の所有者等の義務）
第34条　土地の所有者又は占有者は、その土地の利用に当たっては、国内希少野生動植物種の保存に留意しなければならない。

（助言又は指導）
第35条　環境大臣は、国内希少野生動植物種の保存のため必要があると認めるときは、土地の所有者又は占有者に対し、その土地の利用の方法その他の事項に関し必要な助言又は指導をすることができる。

〔改正〕一部改正＝平11年12月法律160号

（生息地等保護区）
第36条　環境大臣は、国内希少野生動植物種の保存のため必要があると認めるときは、その個体の生息地又は生育地及びこれらと一体的にその保護を図る必要がある区域であって、その個体の分布状況及び生態その他その個体の生息又は生育の状況を勘案してその①国内希少野生動植物種の保存のため重要と認めるものを、生息地等保護

区として指定することができる。
2 前項の規定による②指定（以下この条において「指定」という。）又はその変更は、その区域及び名称、指定又はその変更に係る国内希少野生動植物種並びにその区域の③保護に関する指針を定めてするものとする。
3 環境大臣は、指定をし、又はその変更をしようとする場合において、必要があると認めるときは、④指定の期間を定めることができる。
4 環境大臣は、指定をし、又はその変更をしようとするときは、あらかじめ、関係行政機関の長に協議するとともに、中央環境審議会及び関係地方公共団体の意見を聴かなければならない。
5 環境大臣は、指定をし、又はその変更をしようとするとき（指定の変更にあっては、区域を拡張し、又は指定の期間を定め、若しくは延長する場合に限る。次項及び第7項において同じ。）は、あらかじめ、⑤環境省令で定めるところにより、その旨を公告し、公告した日から起算して14日を経過する日までの間、その区域及び名称並びにその区域の保護に関する指針の案（次項及び第7項において「指定案」という。）並びに指定の期間（第3項の規定により指定の期間が定められている場合に限る。）を⑥公衆の縦覧に供しなければならない。
6 前項の規定による公告があったときは、指定をし、又はその変更をしようとする区域の住民及び利害関係人は、同項に規定する期間が経過する日までの間に、環境大臣に指定案についての意見書を提出することができる。
7 環境大臣は、指定案について異議がある旨の前項の意見書の提出があったときその他指定又はその変更に関し広く意見を聴く必要があると認めるときは、公聴会を開催するものとする。
8 環境大臣は、指定をし、又はその変更をするときは、その旨並びにその区域及び名称、その区域の保護に関する指針並びに指定の期間（第3項の規定により指定の期間が定められている場合に限る。）を⑥官報で公示しなければならない。
9 指定又はその変更は、前項の規定による公示によってその効力を生ずる。
10 環境大臣は、生息地等保護区に係る国内希少野生動植物種の個体の生息又は生育の状況の変化その他の事情の変化により指定の必要がなくなったと認めるとき又は指定を継続することが適当でないと認めるときは、⑦指定を解除しなければならない。
11 第4項、第8項及び第9項の規定は、前項の規定による指定の解除について準用する。この場合において、第8項中「その旨並びにその区域及び名称、その区域の保護に関する指針並びに指定の期間（第3項の規定により指定の期間が定められている場合に限る。）」とあるのは「その旨及び解除に係る指定の区域」と、第9項中「前項の規定による公示」とあるのは「第11項において準用する前項の規定による公示」と読み替えるものとする。
12 生息地等保護区の区域内（次条第4項第8号に掲げる行為については、同号に規定す

る湖沼又は湿原の周辺1キロメートルの区域内）において同項各号に掲げる行為をする者は、第2項の指針に留意しつつ、国内希少野生動植物種の保存に支障を及ぼさない方法でその行為をしなければならない。

〔改正〕一部改正＝平11年12月法律160号・29年6月51号
〔委任〕第5項の「環境省令」＝規則20
〔参照条文〕「指定」のための実地調査＝法42　「公聴会」＝規則21

【解釈】

① 「国内希少野生動植物種の保存のため重要と認めるものを、生息地等保護区として指定することができる」（第36条第1項）

　生息地等保護区として指定する生息地等の選定方針、生息地等保護区の区域の範囲、指定に当たって留意すべき事項等及び生息地等保護区の指定に関する基本的考え方については、基本方針において示されている。

　生息地等保護区は、国内希少野生動植物種の個々の種ごとに指定することが基本であるが、複数の国内希少野生動植物種の個体の重要な生息地等が重複している場合には、これら複数種を対象とした生息地等保護区を指定することができる。

② 指定の変更（第36条第2項）

　国内希少野生動植物種の生息等の状況は、周辺環境の変化や当該種の特性等に応じて変化するものであり、例えば、生息地等保護区の指定後の調査において、生息地等保護区周辺区域で指定に係る種の生息等が継続して確認される場合等がある。このような場合には、当該種を適切に保護していくため、当該周辺区域についても生息地等保護区に指定し、既存生息地等保護区と一体的に保護することが重要である。従来は、生息地等保護区の区域等の指定内容に係る変更の規定がなかったため、指定の解除と新たな指定という二重の手続きが必要であった。このため、平成29年の法改正時に、生息地等保護区の指定の変更規定が新たに設けられた。なお、生息地等保護区の指定の変更規定の準用により、管理地区及び立入制限地区についても指定の変更制度が導入されている。

　生息地等保護区の指定の変更は、指定と同様に、その区域、名称、変更に係る国内希少野生動植物種及びその区域の保護に関する指針を定めて行うこととされている。

③ 「保護に関する指針」（第36条第2項）

　保護に関する指針は、それぞれの生息地等保護区ごとに、管理地区、立入制限地区又は監視地区等における規制の運用の指針として、当該指定に係る種（指定種）の良好な生息・生育を確保するために必要な条件及び生息・生育条件の維持のための環境管理の指針を示すものである。例えば、ミヤコタナゴの場合は、用水路の水位、水量、水質及び底質等が適切に保たれ、また、餌条件、産卵母貝であるマツカサガイの生息の維持が確保されている必要があり、アベサンショウウオの場合は、繁殖場所及び幼生の生息環境となる池、水路及び湧水源並びに成体の生息環境となる水辺の森林が保護されている必要がある。このように、指定

④期間の指定（第36条第3項）

　国内希少野生動植物種には、哺乳類、鳥類、両生類、爬虫類、汽水淡水魚類、昆虫類、陸産貝類、植物等、多様な分類群を指定しており、特に両生類、爬虫類、汽水淡水魚類、昆虫類、植物等の一部の種については、生息・生育地における環境条件の変化等に伴い生息・生育状況が大きく変化することも予想され、恒久的な生息地等保護区とすることの実益が乏しい種も想定され得る。また、指定期間が明確でないことが、当該区域の住民及び利害関係人の理解を得る上での支障の1つとなっている可能性がある。そのため、平成29年の法改正時に、野生動植物の種の特性や生息・生育状況を勘案し、必要に応じて生息地等保護区の期間を設定することができることとされたものである。

　指定の期間としては、おおむね10～20年程度が想定されるが、生息地等保護区の指定に係る国内希少野生動植物種の生態（寿命、成熟年齢、増殖率等）や環境の変化等を踏まえ、個別に検討する必要がある。また、必要に応じて、指定の変更に伴う指定の期間の延長も可能である。

＜参考＞
基本方針
第五　国内希少野生動植物種の個体の生息地又は生育地の保護に関する基本的な事項
　（略）
　1　生息地等保護区の指定方針
　（1）生息地等保護区の指定の方法
　　（略）
　　　指定しようとする生息地等保護区の区域の環境が従前から人の管理行為によって維持されており、指定種の生息地等の環境を適切に維持・管理するためには厳格な行為規制よりも当該管理行為を継続することが重要である場合には、管理地区の指定を伴わない生息地等保護区の指定について積極的に検討する。

⑤「環境省令で定めるところにより、その旨を公告し」（第36条第5項）

　指定案等の縦覧に係る公告については、従来、施行規則において官報に公示して行うこととされていたが、公告手続きの簡便化の観点から、平成29年の法改正に伴う施行規則の改正により、これをインターネットの利用その他適切な方法により行うこととした。なお、生息地等保護区の指定又は変更をするときの公示は、引き続き、官報によることとされている。

⑥「公衆の縦覧に供しなければならない」（第36条第5項）及び「官報で公示しなければならない」（第36条第8項）

　従来、生息地等保護区の指定に当たっては、指定に係る国内希少野生動植物種を定め、官

報で公示することとされていたが、一部の種については、当該生息地等保護区の区域内に生息又は生育していることが明らかとなることにより、違法な捕獲や採取等を助長するおそれがあり、これが生息地等保護区の指定が進展しない一因となっていた。そのため、平成29年の法改正により、生息地等保護区の指定案等の縦覧及び指定時の官報公示等は、指定に係る国内希少野生動植物種の名称ではなくその区域の名称により行うこととされた。生息地等保護区の規制は、主に当該区域内の開発行為等そのものに対する規制であり、種名に依存するものではない。さらに、規制の趣旨や許可の判断基準等については、指定の区域に関する保護の指針で明らかにするため、種名が公表されていなくとも支障はない。なお、基本方針においても、「生息地等保護区における違法な捕獲等又は採取等を防止するために必要がある場合には、その名称に指定種を明示しない生息地等保護区として指定する」（基本方針第五1(1)）とされている。

　ただし、実際の指定に当たっては、公示による支障が特にない場合には、従前通り、区域の名称又は保護に関する指針に種名を含めることとなる。一方で、違法な捕獲や採取等を助長するおそれがあることにより区域の名称中に当該種名を含めない場合には、土地の所有者・占有者、周辺住民及び農林水産漁業を営む者等の利害関係者に対しては、指定に係る公聴会において指定に係る国内希少野生動植物種を明らかにする等により当該種を適切に周知することが必要である。

⑦指定の解除（第36条第10項）
　環境大臣は、国内希少野生動植物種の個体の生息又は生育の状況の変化その他の事情の変化により指定の必要がなくなったと認めるとき又は指定を継続することが適当でないと認めるときは、指定を解除しなければならないとされている。

（①管理地区）
第37条　環境大臣は、生息地等保護区の区域内で国内希少野生動植物種の保存のため特に必要があると認める区域を管理地区として指定することができる。
2　環境大臣は、管理地区に係る国内希少野生動植物種の個体の生息又は生育の状況の変化その他の事情の変化により前項の規定による指定の必要がなくなったと認めるとき又はその指定を継続することが適当でないと認めるときは、その指定を解除しなければならない。
3　前条第2項及び第4項から第9項までの規定は第1項の規定による指定及びその変更について、同条第4項、第8項及び第9項の規定は前項の規定による指定の解除について、同条第8項の規定は次項の規定による指定について準用する。この場合において、同条第2項中「その区域及び名称、指定又はその変更に係る国内希少野生動植物種並びにその区域の保護に関する指針」とあるのは第1項の規定による指定及びその変更については「その区域」と、同条第5項中「区域を拡張し、又は指定の期間を定め、若しくは延長する場合」とあるのは第1項の規定による指定及びその変更につい

Ⅱ 各論

ては「区域を拡張する場合」と、「並びに指定の期間（第3項の規定により指定の期間が定められている場合に限る。）を公衆」とあるのは第1項の規定による指定及びその変更については「を公衆」と、同条第8項中「その旨並びにその区域及び名称、その区域の保護に関する指針並びに指定の期間（第3項の規定により指定の期間が定められている場合に限る。）」とあるのは第1項の規定による指定及びその変更については「その旨及びその区域」と、前項の規定による指定の解除については「その旨及び解除に係る指定の区域」と、次項の規定による指定については「その旨及びその区域並びにその区域ごとの期間」と、同条第9項中「前項の規定による公示」とあるのは「次条第3項において準用する前項の規定による公示」と読み替えるものとする。

4 管理地区の区域内（第8号に掲げる行為については、同号に規定する湖沼又は湿原の周辺1キロメートルの区域内。第40条第1項及び第41条第1項において同じ。）においては、次に掲げる行為（第10号から第14号までに掲げる行為については、環境大臣が指定する区域内及びその区域ごとに指定する期間内においてするものに限る。）は、環境大臣の許可を受けなければ、してはならない。

一 建築物その他の工作物を新築し、改築し、又は増築すること。
二 宅地を造成し、土地を開墾し、その他土地（水底を含む。）の形質を変更すること。
三 鉱物を採掘し、又は土石を採取すること。
四 水面を埋め立て、又は干拓すること。
五 河川、湖沼等の水位又は水量に増減を及ぼさせること。
六 木竹を伐採すること。
七 国内希少野生動植物種の個体の生息又は生育に必要なものとして環境大臣が指定する野生動植物の種の個体②その他の物の捕獲等をすること。
八 管理地区の区域内の湖沼若しくは湿原であって環境大臣が指定するもの又はこれらに流入する水域若しくは水路に汚水又は廃水を排水設備を設けて排出すること。
九 道路、広場、田、畑、牧場及び宅地の区域以外の環境大臣が指定する区域内において、車馬若しくは動力船を使用し、又は航空機を着陸させること。
十 第7号の規定により環境大臣が指定した野生動植物の種の個体その他の物以外の野生動植物の種の個体その他の物の捕獲等をすること。
十一 国内希少野生動植物種の個体の生息又は生育に支障を及ぼすおそれのある動植物の種として環境大臣が指定するものの個体を放ち、又は植栽し、若しくはその種子をまくこと。
十二 国内希少野生動植物種の個体の生息又は生育に支障を及ぼすおそれのあるものとして環境大臣が指定する物質を散布すること。
十三 火入れ又はたき火をすること。
十四 国内希少野生動植物種の個体の生息又は生育に支障を及ぼすおそれのある方法

として環境大臣が定める方法によりその個体を観察すること。
5　前項の許可を受けようとする者は、環境省令で定めるところにより、環境大臣に許可の申請をしなければならない。
6　環境大臣は、前項の申請に係る行為が第3項において準用する前条第2項の指針に適合しないものであるときは、第4項の許可をしないことができる。
7　環境大臣は、国内希少野生動植物種の保存のため必要があると認めるときは、その必要の限度において、第4項の許可に条件を付することができる。
8　第4項の規定により同項各号に掲げる行為が規制されることとなった時において既に同項各号に掲げる行為に着手している者は、その規制されることとなった日から起算して3月を経過する日までの間に環境大臣に環境省令で定める事項を届け出たときは、同項の規定にかかわらず、引き続きその行為をすることができる。
9　次に掲げる行為については、第4項の規定は、適用しない。
　一　非常災害に対する必要な応急措置としての行為
　二　通常の管理行為又は軽易な行為で環境省令で定めるもの
　三　㋐木竹の伐採で、環境大臣が農林水産大臣と協議して管理地区ごとに指定する方法及び限度内においてするもの
10　前項第1号に掲げる行為であって第4項各号に掲げる行為に該当するものをした者は、その日から起算して14日を経過する日までの間に環境大臣にその旨を届け出なければならない。

〔改正〕一部改正＝平11年12月法律160号・29年6月51号
〔委任〕第5項の「環境省令」＝規則23　第8項の「環境省令」＝規則24　第9項第2号の「環境省令」＝規則25
〔参照条文〕「指定」のための実地調査＝法42　「非常災害に対する必要な応急措置としての行為」の届出＝規則26　措置命令＝法40　損失の補償＝法44　国等に関する特例＝法54　罰則＝法58②・59①・62②・65③

【解釈】

①「管理地区」（第37条）

　基本方針において、管理地区については、生息地等保護区の中で、繁殖地、重要な採餌地等その種の個体の生息又は生育にとって特に重要な区域を指定することとされている。
　管理地区においては、工作物の新改増築、土地の形状変更、土石の採取、水面の埋立て、水位水量の増減及び木竹の伐採といった基本的な環境改変行為が規制されている。また、当該生息地等保護区の状況や指定種の特性等に応じて、環境大臣が種若しくは区域又は区域・期間を指定することで、食草など指定種にとって特に必要な動植物の捕獲等、汚水又は排水の排出、車馬・動力船・航空機の使用等、動植物の捕獲等、指定する動植物の放出等、指定する物質（農薬等）の散布、火入れ又はたき火、指定する方法による個体の観察について追加的に規制することができる。

Ⅱ 各論

　絶滅のおそれのある種の中には、里山や農地周辺に生息する種も多く含まれているため、農業、林業又は漁業を営むために行う行為については、一部を除き、届出を要しない行為とされている。
　なお、管理地区が特定の目的で国又は地方公共団体に買い取られる場合は、「租税特別措置法」（昭和32年法律第26号）に基づき、譲渡所得の特別控除を受けることができる。また、国立公園の特別地域のうち特別保護地区及び第一種特別地域内の池沼、山林及び原野については伐採等の各種行為が原則的に禁止されていることに鑑み、固定資産税が非課税とされているが、管理地区内においてもこれらの土地と同様の規制が行われていると認められる場合には、これらの土地との均衡を考慮して軽減措置を講ずることが適当である旨が自治省通達で措置されている。
　管理地区を指定しない（監視地区のみの）生息地等保護区の指定は可能であり、基本方針においては、「指定しようとする生息地等保護区の区域の環境が従前から人の管理行為によって維持されており、指定種の生息地等の環境を適切に維持・管理するためには厳格な行為規制よりも当該管理行為を継続することが重要である場合には、管理地区の指定を伴わない生息地等保護区の指定について積極的に検討する」（基本方針第五1(1)）とされている。

＜参考＞
管理地区内における行為の許可
　　管理地区は、産卵地、繁殖地、餌場等特に重要な区域である。以下の行為等が禁止されており、環境大臣の許可を受けなければしてはならないこととされている。
　　　○建築物等の新築、増築、改築
　　　○宅地造成等の土地の形質の変更
　　　○鉱物の採掘、土石の採取
　　　○水面の埋立て、干拓
　　　○河川、湖沼等の水位、水量の変更
　　　○木竹の伐採
　　　その他環境大臣が指定する行為、区域、期間について、以下の行為が規制される場合がある。
　　　・立ち入り
　　　・餌動植物の捕獲、車馬の乗入れ、有害物質散布等

② 「その他の物」（第37条第4項第7号）
　国内希少野生動植物種の生息、生育に必要な物であり、例えば、当該種の生息・生育に必要な落葉、落枝等が想定される。

③ 「木竹の伐採で、環境大臣が農林水産大臣と協議して管理地区ごとに指定する方法及び限度内においてするもの」（第37条第9項第3号）
　木竹の伐採は、他の規制行為と比較して反復継続的に行われる性格を有しているが、種の保存に大きな影響を生じるおそれが少ない方法・限度内で行われるものについては、1回ご

第3章　生息地等の保護に関する規制

とに許可申請の手続きを求める必要はないことから、規制を適用しないこととしている。

（①立入制限地区）
第38条　環境大臣は、管理地区の区域内で国内希少野生動植物種の個体の生息又は生育のため特にその保護を図る必要があると認める場所を、立入制限地区として指定することができる。
2　環境大臣は、前項の規定による指定をし、又はその変更をしようとするとき（指定の変更にあっては、区域の拡張に限る。）は、その場所の土地の所有者又は占有者（正当な権原を有する者に限る。次項及び第42条第2項において同じ。）の同意を得るとともに、関係行政機関の長に協議しなければならない。
3　環境大臣は、土地の所有者又は占有者が正当な理由により第1項の規定による指定を解除するよう求めたとき、又はその指定の必要がなくなったと認めるときは、その指定を解除しなければならない。
4　何人も、環境大臣が定める期間内は、立入制限地区の区域内に立ち入ってはならない。ただし、次に掲げる場合は、この限りでない。
　一　非常災害に対する必要な応急措置としての行為をするために立ち入る場合
　二　通常の管理行為又は軽易な行為で環境省令で定めるものをするために立ち入る場合
　三　前2号に掲げるもののほか、環境大臣がやむを得ない事由があると認めて許可をした場合
5　第36条第8項及び第9項の規定は第1項の規定による指定及びその変更並びに第3項の規定による指定の解除について、前条第5項及び第7項の規定は前項第3号の許可について準用する。この場合において、第36条第8項中「その旨並びにその区域及び名称、その区域の保護に関する指針並びに指定の期間（第3項の規定により指定の期間が定められている場合に限る。）」とあるのは第1項の規定による指定及びその変更については「その旨及びその区域」と、第3項の規定による指定の解除については「その旨及び解除に係る指定の区域」と、同条第9項中「前項の規定による公示」とあるのは「第38条第5項において準用する前項の規定による公示」と読み替えるものとする。

〔改正〕一部改正＝平11年12月法律160号・29年6月51号
〔委任〕第4項第2号の「環境省令」＝規則27
〔参照条文〕「指定」のための実地調査＝法42　「立入制限地区」内への立入りの許可の申請＝規則28　措置命令＝法40　国等に関する特例＝法54　罰則＝法59④・62②・65③

【解釈】
①「立入制限地区」（第38条）

人の立入自体が繁殖行動などに影響を及ぼすような種もいることから、特に厳重に生息地の環境を維持する必要がある場合には、環境大臣は、立入制限地区を指定することができることとされている。

<参考>
基本方針
第五　国内希少野生動植物種の個体の生息地又は生育地の保護に関する基本的な事項
　2　管理地区の指定方針
　　(3)　立入制限地区の指定方針
　　　　立入制限地区については、管理地区の区域のうち、指定種の個体の生息・生育環境を維持する上で、人の立入りを制限することが不可欠な区域を指定する。なお、立入りを制限する期間は、指定種の個体の繁殖期間など必要最小限の期間とする。

（①監視地区）
第39条　生息地等保護区の区域で管理地区の区域に属さない部分（次条第1項及び第41条第1項において「監視地区」という。）の区域内において②第37条第4項第1号から第5号までに掲げる行為をしようとする者は、あらかじめ、環境大臣に環境省令で定める事項を届け出なければならない。
2　環境大臣は、前項の規定による届出（以下この条において「届出」という。）があった場合において届出に係る行為が第36条第2項の指針に適合しないものであるときは、届出をした者に対し、届出に係る行為をすることを禁止し、若しくは制限し、又は必要な措置をとるべきことを命ずることができる。
3　前項の規定による命令は、届出があった日から起算して30日（30日を経過する日までの間に同項の規定による命令をすることができない合理的な理由があるときは、届出があった日から起算して60日を超えない範囲内で環境大臣が定める期間）を経過した後又は第5項ただし書の規定による通知をした後は、することができない。
4　環境大臣は、前項の規定により期間を定めたときは、これに係る届出をした者に対し、遅滞なくその旨及びその理由を通知しなければならない。
5　届出をした者は、届出をした日から起算して30日（第3項の規定により環境大臣が期間を定めたときは、その期間）を経過した後でなければ、届出に係る行為に着手してはならない。ただし、環境大臣が国内希少野生動植物種の保存に支障を及ぼすおそれがないと認めてその者に通知したときは、この限りでない。
6　次に掲げる行為については、第1項の規定は、適用しない。
　一　非常災害に対する必要な応急措置としての行為
　二　通常の管理行為又は軽易な行為で環境省令で定めるもの

三　第36条第1項の規定による指定又はその変更がされた時において既に着手している行為

〔改正〕一部改正＝平11年12月法律160号・29年6月51号
〔委任〕第1項の「環境省令」＝規則29　第6項第2号の「環境省令」＝規則30
〔参照条文〕措置命令＝法40　損失の補償＝法44　国等に関する特例＝法54　罰則＝法62③～⑤・65③

【解釈】
①「監視地区」（第39条）
　生息地等保護区のうち、管理地区以外の区域が監視地区とされる。なお、前述の通り、監視地区のみであっても生息地等保護区の指定は可能である。監視地区内では、対象種の生息環境の保全に大きな影響を及ぼすおそれのある環境改変行為について、事前の届出を求めるとともに種の保存上必要な場合には、行為の禁止や制限を命じることとされている。
　届出が必要な行為は、一定規模以上の工作物の新設増築、土地の形状変更、土石の採取、水面の埋立て、水位水量の増減といった、生息環境を根本的に改変するおそれのある行為に限定されている。管理地区と同様、農業、林業又は漁業を営むために行う行為については、一部を除き、許可を要しない行為とされている。

②監視地区内における行為の届出（法第37条第4項第1号から第5号まで掲げる行為）
　以下の行為については、あらかじめ環境大臣への届出が必要である。
　〇建築物等の新築、増築、改築
　〇宅地造成等の土地の形質の変更
　〇鉱物の採掘、土石の採取
　〇水面の埋立て、干拓
　〇河川、湖沼等の水位、水量の変更
※届出が不要な行為は施行規則第30条（p.327参照）。

（措置命令等）
第40条　環境大臣は、国内希少野生動植物種の保存のため必要があると認めるときは、管理地区の区域内において第37条第4項各号に掲げる行為をしている者又は監視地区の区域内において同項第1号から第5号までに掲げる行為をしている者に対し、その行為の実施方法について指示をすることができる。
2　環境大臣は、第37条第4項若しくは第38条第4項の規定に違反した者、第37条第7項（第38条第5項において準用する場合を含む。）の規定により付された条件に違反した者、前条第1項の規定による届出をしないで同項に規定する行為をした者又は同条第2項の規定による命令に違反した者がその違反行為によって国内希少野生動植物種の個体の生息地又は生育地の保護に支障を及ぼした場合において、国内希少野生動植物種

の保存のため必要があると認めるときは、これらの者に対し、相当の期限を定めて、原状回復を命じ、その他国内希少野生動植物種の個体の生息地又は生育地の保護のため必要な措置をとるべきことを命ずることができる。
3　環境大臣は、前項の規定による命令をした場合において、その命令をされた者がその命令に係る期限までにその命令に係る措置をとらないときは、自ら原状回復をし、その他国内希少野生動植物種の個体の生息地又は生育地の保護のため必要な措置をとるとともに、その費用の全部又は一部をその者に負担させることができる。

〔改正〕一部改正＝平11年12月法律160号
〔参照条文〕負担金の徴収方法＝法52　罰則＝法58①・65③

（報告徴収及び立入検査等）
第41条　環境大臣は、この法律の施行に必要な限度において、管理地区の区域内において第37条第4項各号に掲げる行為をした者又は監視地区の区域内において同項第1号から第5号までに掲げる行為をした者に対し、その行為の実施状況その他必要な事項について報告を求めることができる。
2　環境大臣は、この法律の施行に必要な限度において、その職員に、生息地等保護区の区域内において前項に規定する者が所有し、又は占有する土地に立ち入り、その者がした行為の実施状況について検査させ、若しくは関係者に質問させ、又はその行為が国内希少野生動植物種の保存に及ぼす影響について調査をさせることができる。
3　前項の規定による立入検査又は立入調査をする職員は、その身分を示す証明書を携帯し、関係者に提示しなければならない。
4　第1項及び第2項の規定による権限は、犯罪捜査のために認められたものと解釈してはならない。

〔改正〕一部改正＝平11年12月法律160号
〔参照条文〕「身分を示す証明書」＝規則31　罰則＝法63⑩・65③

（実地調査）
第42条　環境大臣は、第36条第1項、第37条第1項又は第38条第1項の規定による指定又はその変更をするための実地調査に必要な限度において、その職員に、他人の土地に立ち入らせることができる。
2　環境大臣は、その職員に前項の規定による立入りをさせようとするときは、あらかじめ、土地の所有者又は占有者にその旨を通知し、意見を述べる機会を与えなければ

> ならない。
> 3　第1項の規定による立入りをする職員は、その身分を示す証明書を携帯し、関係者に提示しなければならない。
> 4　土地の所有者又は占有者は、正当な理由がない限り、第1項の規定による立入りを拒み、又は妨げてはならない。

〔改正〕一部改正＝平11年12月法律160号・29年6月51号
〔参照条文〕「身分を示す証明書」＝規則31　罰則＝法63⑪・65③

> **（公害等調整委員会の裁定）**
> **第43条**　第37条第4項、第39条第2項又は第40条第2項の規定による処分に不服がある者は、その不服の理由が鉱業、採石業又は砂利採取業との調整に関するものであるときは、公害等調整委員会に裁定を申請することができる。この場合には、審査請求をすることができない。
> 2　行政不服審査法第22条の規定は、前項の処分について、処分をした行政庁が誤って審査請求又は再調査の請求をすることができる旨を教示した場合に準用する。

〔改正〕一部改正＝平26年6月法律69号
〔参照条文〕「公害等調整委員会」＝昭47年6月法律52号「公害等調整委員会設置法」

> **（損失の補償）**
> **第44条**　国は、第37条第4項の許可を受けることができないため、同条第7項の規定により条件を付されたため又は第39条第2項の規定による命令をされたため損失を受けた者に対し、①通常生ずべき損失の補償をする。
> 2　前項の補償を受けようとする者は、環境大臣にその請求をしなければならない。
> 3　環境大臣は、前項の請求を受けたときは、補償をすべき金額を決定し、その請求をした者に通知しなければならない。
> 4　前項の規定による金額の決定に不服がある者は、同項の規定による通知を受けた日から6月を経過する日までの間に、訴えをもってその増額の請求をすることができる。
> 5　前項の訴えにおいては、国を被告とする。

〔改正〕一部改正＝平11年12月法律160号・16年6月84号
〔参照条文〕「補償」の請求＝規則32

【解釈】
① 「通常生ずべき損失」(第44条第1項)
　ここでいう損失には、管理地区の指定による地価の低落等は含まれない。これらは財産権に内在する社会的制約の範囲内の負担として受認されるべきものと考えられるためである。

第4章　保護増殖事業

　保護増殖事業は、国内希少野生動植物種のうち、その個体数の維持・回復を図るために捕獲や譲渡の規制だけでなく、その個体の繁殖の促進又はその生息地等の整備等の保護増殖に係る事業を推進することが必要な種を対象として実施する。

　保護増殖事業は、国、地方公共団体、民間団体等の幅広い主体によって推進することとされており、地方公共団体や民間団体等については、その保護増殖事業計画が国の保護増殖事業計画に適合する旨の環境大臣の確認又は認定を受けることができる。

　国の保護増殖事業又は国による確認若しくは認定を受けた地方公共団体や民間団体等が実施する保護増殖事業については、捕獲等の禁止（法第9条）、譲渡し等の禁止（法第12条第1項）及び生息地等保護区の規制（法第37条第4項及び法第10項、法第38条第4項並びに法第39条第1項）は適用されない。

　国、地方公共団体又は民間団体等は、保護増殖事業計画に基づかなくとも国内希少野生動植物種の保全にかかる事業を実施することができるが、この場合には、種の保存法に基づく各種手続きが求められることとなる。

（保護増殖事業計画）
第45条　環境大臣及び保護増殖事業を行おうとする国の行政機関の長（第3項及び第48条の2において「環境大臣等」という。）は、保護増殖事業の適正かつ効果的な実施に資するため、中央環境審議会の意見を聴いて①<u>保護増殖事業計画を定めるものとする</u>。
2　前項の保護増殖事業計画は、保護増殖事業の対象とすべき国内希少野生動植物種ごとに、保護増殖事業の目標、保護増殖事業が行われるべき区域及び保護増殖事業の内容その他保護増殖事業が適正かつ効果的に実施されるために必要な事項について定めるものとする。
3　環境大臣等は、第1項の保護増殖事業計画を定めたときは、その概要を官報で公示し、かつ、その保護増殖事業計画を一般の閲覧に供しなければならない。
4　第1項及び前項の規定は、第1項の保護増殖事業計画の変更について準用する。

〔改正〕一部改正＝平11年12月法律160号・29年6月51号

【解釈】
①保護増殖事業計画の策定（第45条第1項）
　環境大臣及び保護増殖事業を行おうとする国の行政機関の長は、保護増殖事業の適正かつ効果的な実施に資するため、中央環境審議会の意見を聴いて保護増殖事業計画を定めるものとされている。基本方針において、保護増殖事業計画に基づく保護増殖事業は、国、地方公

Ⅱ 各論

共団体及び民間団体等の幅広い主体によって推進することとされており、保護増殖事業計画は、幅広い主体による保護増殖事業が適正かつ効果的に実施されるよう、必要な事項を定めるものである。

<参考>
基本方針
第六　保護増殖事業に関する基本的な事項
　2　保護増殖事業計画の内容
　　　保護増殖事業の適正かつ効果的な実施に資するため、事業の目標、区域、内容等事業推進の基本的方針を種ごとに明らかにした保護増殖事業計画を策定する。当該計画においては、事業の目標として、対象となる国内希少野生動植物種の指定の解除等を目指し、維持・回復すべき個体数等の水準及び生息地等の条件等を定める。また、事業の内容として、巣箱の設置、餌条件の改善、飼育・栽培下での繁殖、生息地等への再導入などの個体の繁殖の促進のための事業、森林、草地、水辺など生息地等における生息・生育環境の維持・整備などの事業を定める。

（認定保護増殖事業等）
第46条　国は、国内希少野生動植物種の保存のため①<u>必要があると認めるときは、保護増殖事業を行うものとする</u>。
2　地方公共団体は、その行う②<u>保護増殖事業であってその事業計画が前条第1項の保護増殖事業計画に適合するものについて、環境大臣のその旨の確認を受けることができる</u>。
3　国及び地方公共団体以外の者は、その行う②<u>保護増殖事業について、その者がその保護増殖事業を適正かつ確実に実施することができ、及びその保護増殖事業の事業計画が前条第1項の保護増殖事業計画に適合している旨の環境大臣の認定を受けることができる</u>。
4　環境大臣は、前項の認定をしたときは、環境省令で定めるところにより、その旨を公示しなければならない。第48条第2項又は第3項の規定によりこれを取り消したときも、同様とする。

〔改正〕一部改正＝平11年12月法律160号
〔委任〕第4項の「環境省令」＝規則34
〔参照条文〕「保護増殖事業」の認定の申請＝規則33

【解釈】
①「必要があると認めるときは、保護増殖事業を行うものとする」（第46条第1項）
　　基本方針において、早期に保護増殖の技術等の開発が必要な種や、保護増殖の手法等があ

る程度整っており、事業効果が高いと考えられる種から優先的に取り組むものとされている。

<参考>
基本方針
第六　保護増殖事業に関する基本的な事項
　1　保護増殖事業の対象
　　　保護増殖事業は、国内希少野生動植物種のうち、その個体数の維持・回復を図るためには、その種を圧迫している要因を除去又は軽減するだけでなく、生物学的知見に基づき、その個体の繁殖の促進、その生息地等の整備等の事業を推進することが必要な種を対象として実施する。
　　　特に、将来的に絶滅のおそれが急激に高まることが想定されるため早期に保護増殖の技術等の開発が必要な種又は保護増殖の手法や技術、体制などがある程度整っており、生物学的知見及び保存施策の状況を踏まえて事業効果が高いと考えられる種から優先的に取り組む。

②認定保護増殖事業等（第46条第2項及び第3項）
　保護増殖事業の確認又は認定については、当該確認・認定を受けようとする者による保護増殖に係る実績を有しており、また、確認・認定を受けようとする保護増殖事業の目標、区域及び内容が、環境大臣等が定めた保護増殖事業計画に適合している場合等において環境大臣が行う。
　なお、確認・認定の基準や行政事務の考え方を示したものとして、「保護増殖事業確認・認定基準」及び「保護増殖事業確認・認定実施要領」が定められている。

> **第47条**　認定保護増殖事業等（国の保護増殖事業、前条第2項の確認を受けた保護増殖事業及び同条第3項の認定を受けた保護増殖事業をいう。以下この条において同じ。）は、第45条第1項の保護増殖事業計画に即して行われなければならない。
> 2　①認定保護増殖事業等として実施する行為については、第9条、第12条第1項、第37条第4項及び第10項、第38条第4項、第39条第1項並びに第54条第2項及び第3項の規定は、適用しない。
> 3　生息地等保護区の区域内の土地の所有者又は占有者は、認定保護増殖事業等として実施される給餌設備その他の保護増殖事業のために必要な施設の設置に協力するように努めなければならない。
> 4　環境大臣は、前条第3項の認定を受けて保護増殖事業を行う者に対し、その保護増殖事業の実施状況その他必要な事項について報告を求めることができる。

〔改正〕一部改正＝平11年12月法律160号・25年6月37号

Ⅱ 各論

【解釈】
①認定保護増殖事業等の特例について（第47条第2項）
　国及び地方公共団体以外の者は、環境大臣が定める保護増殖事業計画に適合している旨の環境大臣の認定を受けることができ、認定を受けた場合には、保護増殖事業として行う国内希少野生動植物種の捕獲等、譲渡し等及び生息地等保護区における行為等について個別の許可は要しないこととされている。この取扱いは、確認を受けた地方公共団体による保護増殖事業についても同様であり、環境大臣に対する個別の協議又は通知は不要である。
　平成25年の法改正時に、保護増殖事業として行う譲渡し等が特例に追加されている。これは、法制定当時には、国以外の者の主たる役割として生息域内での対象種の保全管理を担うことが想定されており、譲渡し等が必要とされるような事態が想定されていなかったが、生息域外保全の取組みの重要性が増したことにより、保護増殖事業の一環として動物園等における飼育下繁殖が盛んに行われるようになったため、効率化を図ったものである。

> 第48条　第46条第2項の確認又は同条第3項の認定を受けて保護増殖事業を行う者は、その保護増殖事業を廃止したとき、又はその保護増殖事業を第45条第1項の保護増殖事業計画に即して行うことができなくなったときは、その旨を環境大臣に通知しなければならない。
> 2　環境大臣は、前項の規定による通知があったときは、その通知に係る第46条第2項の確認又は同条第3項の認定を取り消すものとする。
> 3　環境大臣は、第46条第3項の認定を受けた保護増殖事業が第45条第1項の保護増殖事業計画に即して行われていないと認めるとき、又はその保護増殖事業を行う者がその保護増殖事業を適正かつ確実に実施することができなくなったと認めるとき若しくは前条第4項に規定する報告をせず、若しくは虚偽の報告をしたときは、その認定を取り消すことができる。

〔改正〕一部改正＝平11年12月法律160号

（①土地への立入り等）
第48条の2　環境大臣等は、保護増殖事業の実施に係る②野生動植物の種の個体の捕獲等に必要な限度において、その職員に、③他人の土地に立ち入り、④立木竹を伐採させ、又は⑤土地（水底を含む。以下この条において同じ。）の形質の軽微な変更をさせることができる。
2　環境大臣等は、その職員に前項の規定による行為をさせるときは、あらかじめ、土地の所有者若しくは占有者又は立木竹の所有者にその旨を通知し、意見を述べる機会を与えなければならない。

3 第1項の職員は、その身分を示す証明書を携帯し、関係者に提示しなければならない。
4 土地の所有者又は占有者は、正当な理由がない限り、第1項の規定による立入りを拒み、又は妨げてはならない。
5 環境大臣等は、第2項の規定による通知をする場合において、相手方が知れないとき、又はその所在が不分明なときは、その通知に係る土地又は立木竹の所在地の属する市町村の事務所の掲示場にその通知の内容を掲示するとともに、その要旨及び掲示した旨を官報に掲載しなければならない。この場合においては、その掲示を始めた日又は官報に掲載した日のいずれか遅い日から14日を経過した日に、その通知は、相手方に到達したものとみなす。

〔改正〕追加＝平29年6月法律51号
〔参照条文〕「身分を示す証明書」＝規則35　罰則＝法63⑪・65③

【解釈】
①保護増殖事業に必要な限度での立入りについて（第48条の2）
　国内希少野生動植物種の個体は様々な土地に生息又は生育していることから、環境大臣及び保護増殖事業を行おうとする国の行政機関の長が保護増殖事業を実施するに当たっては、多くの場合、他人所有の土地への立ち入り、立木竹の伐採又は土地（水底を含む。）の形質の軽微な変更を行う必要がある。
　また、国内希少野生動植物種は、その性質上、生息・生育地が極めて限定されていることが多いが、保護増殖事業の実施に当たって、土地所有者の所在が把握できない場合等は必要な立入り等ができず、保護増殖事業等の実施に支障が生じるケースが確認されていた。保護増殖事業等の実施に支障が生じる場合、当該国内希少野生動植物種の生息・生育状況が悪化し、絶滅の要因となることも想定され得る。
　これらを踏まえ、平成29年の法改正によって、損失が生じた際には補償を行うことを前提とした上で、環境大臣等は、その職員に、必要最小限の範囲で、土地への立入り等をさせることができることとされた。
　土地への立入り等は、土地の所有者若しくは占有者又は立木竹の所有者の権利を制約するものであり、基本的には土地所有者等の同意を得て行うことが前提である。土地所有者等の同意なく当該規定に基づいて土地への立入り等を行う場合は、例外的な場合に限られ、また、その行為の内容や規模等については、国内希少野生動植物種の保存のための必要性を十分考慮した上で、必要最小限とすべきものである。そのため、対象となる行為は、「保護増殖事業の実施に係る野生動植物の種の個体の捕獲等に必要な限度」内における、「土地への立ち入り、立木竹の伐採又は土地（水底を含む。）の形質の軽微な変更」とされた。
②「野生動植物の種の個体の捕獲等」（第48条の2第1項）

国内希少野生動植物種の生息・生育状況等の調査に係る捕獲等のほか、生息域外保全を実施するための捕獲等及び国内希少野生動植物種に悪影響を及ぼす外来生物の捕獲等が想定される。

③「他人の土地に立ち入り」(第48条の2第1項)
　例えば、保護増殖事業の対象になっているほ乳類の個体を捕獲するため、その個体が逃げ込んだ土地に立ち入る場合等が想定される。また、「立木竹の伐採」又は「土地の形質の軽微な変更」に示す行為を行うための事前の現地確認等のために立ち入る場合も含まれる。

④立木竹の伐採（第48条の2第1項）
　例えば、保護増殖事業の対象になっている鳥類の巣から卵や雛を回収するために周辺の立木を伐採する場合等が想定される。なお、雑草等を足で踏みつける等の行為は「立ち入り」という行為に伴い当然予定されることであるため、草に関する規定は設けられていない。

⑤土地の形質の軽微な変更（第48条の2第1項）
　例えば、外来のハチ類を駆除するための土中の巣の除去や淡水魚類の産卵母貝を採取するための水底の簡易な掘削等が想定され、重機を用いた掘削等は基本的に想定されない。
　なお、種の保存法では、水面である場所も含めて「土地」の用語を用いているが、一方で、水底の形質の変更については入念的に「土地（水底を含む。）の形質の変更」と規定している。

（①損失の補償）
第48条の3　国は、前条第1項の規定による行為によって損失を受けた者に対し、通常生ずべき損失の補償をする。
2　第44条第2項から第5項までの規定は、前項の規定による損失の補償について準用する。

〔改正〕追加＝平29年6月法律51号

【解釈】
①「損失の補償」及び訴え提起の権利の確保（第48条の3）
　他人所有の土地への立入り等は、土地の改変・立木竹の伐採などを含め、土地所有者等の財産権を侵害する行為である。このため、日本国憲法第29条により保障された財産権の保護の観点から、生じた損失に関しこれを適切に補償する必要があるため、国による、損失を受けた者に対しての損失補償の規定が設けられている。

第5章　認定希少種保全動植物園等 （本章追加＝平29年6月法律51号）

　近年、我が国における野生動植物の生息・生育状況の悪化に伴い、生息域外での積極的な保護増殖が必要な種の数は増大の一途をたどっている。一方で、生息域外保全を政府の力だけで実施していくことには限界があることから、希少野生動植物種の生息域外保全に取り組んでいる動植物園等と協力し、また、動植物園等による生息域外保全を後押ししていくことが必要である。

　このため、希少野生動植物種の保全に取り組む適切な能力及び施設等を有する動植物園等を環境大臣があらかじめ認定し、認定に係る希少野生動植物種の個体の譲渡し等は規制の適用除外としつつ、譲渡し等の結果を定期的に環境大臣へ報告させることで、動植物園等における手続きの緩和を図り、希少野生動植物種の保存を推進する認定希少種保全動植物園等制度が創設された。多くの来園者を迎える動植物園等がこの認定制度を活用して種の保存に取り組むことで、国と動植物園等との積極的な連携、動植物園等の公的機能の明確化による社会的認知度の向上及び希少野生動植物種に関する環境教育・普及啓発が進むことも期待される。

（希少種保全動植物園等の認定）
第48条の4　①動植物園等を設置し、又は管理する者（法人に限る。）は、申請により、次の各号のいずれにも適合していることについて、動植物園等ごとに、環境大臣の認定を受けることができる。
　一　②当該動植物園等において取り扱われる希少野生動植物種の③飼養等及び譲渡し等の目的が、第13条第1項に規定する目的に適合すること。
　二　②当該動植物園等において取り扱われる希少野生動植物種の④飼養等及び譲渡し等の実施体制及び飼養栽培施設が、当該希少野生動植物種の保存に資するものとして環境省令で定める基準に適合すること。
　三　②当該動植物園等において取り扱われる希少野生動植物種の⑤飼養等及び譲渡し等に関する計画が、当該希少野生動植物種の保存に資するものとして環境省令で定める基準に適合すること。
　四　前号の計画が確実に実施されると見込まれること。
　五　②当該動植物園等において取り扱われる希少野生動植物種の⑥展示の方針その他の事項が、希少野生動植物種の保存に資するものとして環境省令で定める基準に適合すること。
2　前項の認定を受けようとする者は、環境省令で定めるところにより、次に掲げる事項を記載した申請書を環境大臣に提出しなければならない。
　一　認定を受けようとする者の名称及び住所並びにその代表者の氏名
　二　認定を受けようとする動植物園等の名称及び所在地

Ⅱ 各 論

　　三　前号の動植物園等において取り扱われる希少野生動植物種の種名
　　四　前号に掲げる希少野生動植物種ごとの飼養等及び譲渡し等の目的
　　五　第3号に掲げる希少野生動植物種ごとの飼養等及び譲渡し等の実施体制及び飼養栽培施設に関する事項
　　六　前項第3号の計画（第48条の10において「計画」という。）
　　七　前各号に掲げるもののほか、第3号に掲げる希少野生動植物種の展示の方針その他環境省令で定める事項
　3　環境大臣は、第1項の認定の⑦申請が同項各号のいずれにも適合していると認めるときは、同項の認定をしなければならない。
　4　⑧次の各号のいずれかに該当する者は、第1項の認定を受けることができない。
　　一　この法律若しくはこの法律に基づく命令の規定又はこの法律に基づく処分に違反して、罰金以上の刑に処せられ、その執行を終わり、又はその執行を受けることがなくなった日から起算して5年を経過しない者
　　二　第48条の9の規定により第1項の認定を取り消され、その取消しの日から起算して5年を経過しない者
　　三　その役員のうちに、第1号に該当する者がある者
　5　⑨環境大臣は、第1項の認定をしたときは、環境省令で定めるところにより、環境省令で定める事項を公示しなければならない。次条第1項の規定により変更の認定をしたとき、同条第3項の規定による変更の届出があったとき、同条第4項の規定による廃止の届出があったとき、第48条の6第1項の規定により認定の更新をしたとき、又は第48条の9の規定により認定を取り消したときも、同様とする。

〔委任〕第1項第2号の「環境省令」＝規則36　第3号の「環境省令」＝規則37　第5号の「環境省令」＝規則38
　　　　第2項本文の「環境省令」＝規則39　第5項の「環境省令」＝規則40

【解釈】
①「動植物園等を設置し、又は管理する者（法人に限る。）」（第48条の4第1項）
　認定申請の主体は、動植物園等の設置者又は管理者のいずれも可能であり、双方の間の調整・合意により決定されるものである。管理者が申請主体となる場合は、設置者からの管理委託関係を明確にする必要がある。
②「当該動植物園等において取り扱われる希少野生動植物種」（法第48条の4第1項第1号ほか）
　「希少野生動植物種」とは、法に基づく国内希少野生動植物種（特定第一種国内希少野生動植物種及び特定第二種国内希少野生動植物種を含む。）、国際希少野生動植物種及び緊急指定種が該当する。環境省等のレッドリスト掲載種であっても、法に基づくこれらの種に指定されていないものは該当しない。

「取り扱われる」とは、申請時に当該動植物園等において現に飼養等されているすべての希少野生動植物種のほか、現に飼養等されていないものの今後その予定がある種を含む。ただし、このような種についても飼養等及び譲渡し等の実施体制・飼養栽培施設・計画に係る事項を申請させる必要があることから、これらの事項が明確ではない種を申請に含めることはできない。また、死亡した個体又は個体の器官・加工品としてのみ取り扱われる種についても含まれない。

③「飼養等及び譲渡し等の目的が、第13条第1項に規定する目的に適合すること」(第48条の4第1項第1号)

認定希少種保全動植物園等における希少野生動植物種の飼養等及び譲渡し等については、希少野生動植物種の個体等の譲渡し等を原則として禁止している法の趣旨を踏まえ、適切に実施される必要がある。このため、飼養等及び譲渡し等の目的が、学術研究や繁殖等、法第13条第1項 (p.65参照) に規定する譲渡し等の許可目的に適合することが、認定の要件とされている。

法第13条第1項に規定する譲渡し等の許可の目的は、公益的なものに限られていることに留意する必要がある。例えば、商業的な繁殖又は種の保存に資さない研究のための飼養等及び譲渡し等については、本条に規定する繁殖又は学術研究の目的とは認められない。

④「飼養等及び譲渡し等の実施体制及び飼養栽培施設」(第48条の4第1項第2号)

認定希少種保全動植物園等においては、希少野生動植物種の適切な飼養等及び譲渡し等が求められる。このため、飼養等及び譲渡し等の実施体制及び飼養栽培施設が、認定の申請に係る動植物園等において取り扱われる希少野生動植物種の個体を、飼養等及び譲渡し等の目的に応じて、種の保存のため適切に取り扱うことができると認められるものであることが、認定の要件とされている。

実施体制としては、取り扱われる希少野生動植物種ごとに、適切な実務経験を有すると認められる飼養栽培担当者及び計画管理者の配置が必要である (いずれも同一の者が複数種を担当することを妨げない。また、「計画管理者」とは、対象種の飼養等及び譲渡し等の計画を確実に実施できるよう管理を行う者を言い、認定を受ける対象となる動植物園等の管理者のことではない。)。

飼養栽培施設としては、種の飼養等及び譲渡し等の目的の内容に応じて、必要と考えられる施設の確保が必要である。加えて、動植物園等の施設全体として、傷病・疾病への適切な対処ができる実施体制及び飼養栽培施設が求められる。

なお、実施体制及び飼養栽培施設の審査は、希少野生動植物種の安定的な飼養栽培を確保することができるかといった種の保存の観点から行うものである。

⑤「飼養等及び譲渡し等に関する計画」(第48条の4第1項第3号、第4号)

認定希少種保全動植物園等における希少野生動植物種の飼養等及び譲渡し等については、希少野生動植物種の保存に資するものであることが必要である。

このため、希少野生動植物種ごとの飼養等及び譲渡し等の計画 (以下単に「計画」とい

II 各論

う。）が、認定の申請に係る動植物園等において取り扱われる希少野生動植物種の個体について、飼養等及び譲渡し等の目的に応じて種の保存のため適切に取り扱うことができると認められるものであることが、認定の要件とされている。また、計画の実効性を担保する観点から、計画が確実に実施されると見込まれることも認定の要件とされている。

希少野生動植物種に指定されている種は、哺乳類から植物まで様々であり、それぞれの種ごとに飼養等及び譲渡し等に必要な知見、能力、施設、手法等が異なることから、飼養等及び譲渡し等をする希少野生動植物種ごとに計画を提出しなければならない。なお、計画を遵守していないことが確認された場合には、認定基準に適合しなくなったものとして、環境大臣による適合命令及び認定の取消しの対象となり得る。

計画の内容には、個体の傷病・疾病に対する適切な対処について示されるとともに、対象種の飼養等及び譲渡し等の目的に沿った内容が求められる。例えば、繁殖を目的とする場合には、遺伝的多様性の保持に可能な限り配慮されており必要かつ可能な場合には他の動植物園等との適切な連携体制を有していること等が明確に示されている必要がある。なお、希少野生動植物種の生きた個体をマスメディアに過度に出演させる又は人との過度な接触をさせる等の繁殖に支障を及ぼすような生体の取扱いをしている場合は、繁殖を目的とした計画であるとは認められない。

同様に、教育を目的とする場合には、その個体展示等の内容が個体の安定した飼養等に支障を及ぼすものではなく希少野生動植物種の生息・生育状況や保全施策について適切に普及啓発されるものであること、学術研究目的の場合には、研究目的や内容が繁殖技術確立等の種の保存に資するものであって成果が広く関係者に活用されるものであること等について、計画に示されている必要がある。

なお、譲渡し等の規制の適用除外とするためには、この計画において、想定される譲渡し等の考え方を示す必要がある。「計画が確実に実施されると見込まれること」については、必要な実施体制として前述した計画管理者が配置されていること、必要に応じて複数の園館との連携体制が確保されていること等によって担保されるものである。

⑥ 「展示の方針その他」（第48条の4第1項第5号）

認定希少種保全動植物園等には、希少野生動植物種の生息・生育状況や減少要因、保全対策等を適切に周知すること等、種の保存に資する取組みが求められる。このため、希少野生動植物種の普及啓発に係る展示の方針等について、以下の基準のすべてに適合することが認定の要件とされた。

(1) 展示の方針（施行規則第38条第1号）

＜参考＞

施行規則第38条 （略）

一 認定の申請に係る動植物園等において取り扱われる希少野生動植物種の展示の方針が、当該種が置かれている状況、その保存の重要性並びにその保存のための施策及び事業についての適切な

第5章　認定希少種保全動植物園等

啓発に資すると認められるものであること。
二～五　（略）

　「展示」とは、申請に係る動植物園等が、取り扱う希少野生動植物種に関して行う環境教育・普及啓発を指し、生体の展示だけでなくパネルによる解説展示なども含まれる。本規定は、申請時に現に実施している展示の内容ではなく、認定希少種保全動植物園等として展開していく環境教育・普及啓発の方針を求める趣旨である。また、種ごとではなく、動植物園等の施設全体としての希少野生動植物種の展示の方針を求めるものである。

　環境教育・普及啓発は、基本方針第八の4の趣旨を参考とし、最新の科学的知見を踏まえつつ実施することが重要である。また、環境教育・普及啓発の内容が、その種の生態等を誤って伝えてしまうもの、個体の安定した飼養等に支障を及ぼすもの又は人と過度な接触を伴うものなどは、広報効果はあったとしても、本規定の「適切な啓発に資する」とはいえない。

＜参考＞
基本方針
第八　その他絶滅のおそれのある野生動植物の種の保存に関する重要事項
　4　国民の理解の促進と意識の高揚
　　絶滅危惧種の保存施策の実効を期するためには、国民の種の保存への適切な配慮や協力が不可欠であり、絶滅危惧種の現状やその保存の重要性に関する国民の理解を促進し、自覚を高めるための普及啓発を積極的に推進する。この際、特に次の点に留意する。
　ア　絶滅危惧種の保存に関し、国民の理解を深めるため、最新の科学的知見を踏まえつつ、教育活動、広報活動等を推進することが重要であること。
　イ　絶滅危惧種の保存施策を多様な主体の協力を得て一層推進するためには、その施策を担う主体を育成する必要があること。
　ウ　具体的な種の保存の成功事例だけでなく、種の保存を意図してはいても、人工繁殖個体の安易な野外への放獣などが、遺伝的かく乱や病原体等の非意図的導入等の大きな影響を及ぼす可能性があることについて、広く普及啓発が求められること。
　エ　絶滅危惧種の保存に関する国民の理解と関心を高め、多様な主体の参画の促進につなげていくために種の保存に係る取組の対象種や取組自体を公開する場合には、その取組に与える影響と公開による効果を勘案し、地域住民をはじめ関係者との合意形成を図りながら適切な公開の方法を検討する必要があること。

　また、人と野生動植物の共存の観点から、農林水産業が営まれる農地、森林等の地域が有する野生動植物の生息・生育環境としての機能を適切に評価し、その機能が十分発揮されるよう対処する。

Ⅱ 各論

　なお、土地所有者や事業者等は、各種の土地利用や事業活動の実施に際し、絶滅危惧種の保存のための適切な配慮を講ずるよう努める。

(2) **繁殖の取組み**（規則第38条第2号）

＜参考＞
施行規則第38条　（略）
　一　（略）
　二　認定の申請に係る動植物園等が、その取り扱う希少野生動植物種（令別表第3に掲げる種及び第5条第2項第7号から第9号までに掲げる種を除く。）のうち1種以上の個体について繁殖させ、又は繁殖させることに寄与すると認められるものであること。
　三～五　（略）

　「個体」には、法の定義に基づき政令で指定された卵及び種子も含まれる。また、認定の有効期間において実際に繁殖に取り組むことを求めた規定であるため、その結果として繁殖に成功しなくても本規定に抵触するものではない。繁殖を目的として申請された種については当然本規定に該当することとなる。
　「繁殖させることに寄与する」については、自らの施設で実際の繁殖を行う予定はないものの、当該種の繁殖について連携している施設からの余剰個体を受け入れる場合などが該当する。単発的・偶発的に不特定の施設から余剰個体を受け入れるような場合は該当せず、あくまで複数の動植物園等と当該種の繁殖の取組みについて連携している場合であって、その連携施設全体による繁殖の計画において、各施設の飼養等のスペースの制約に伴い発生する余剰個体を受け入れる施設として自らの動植物園等が位置付けられている場合に限られる。
　なお、商業的な繁殖が可能である等として譲渡し等の規制がかかっていない特定第一種国内希少野生動植物種等の種については、繁殖の取組みを求める意義が認められないため、本規定の対象にはならないこととされている。

(3) **生息域内保全に係る事業への寄与**（施行規則第38条第3号）

＜参考＞
施行規則第38条　（略）
　一・二　（略）
　三　認定の申請に係る動植物園等が、その取り扱う国内希少野生動植物種のうち1種以上の個体について、その生息地又は生育地における、当該種の個体の繁殖の促進、当該生息地又は生育地の整備その他の当該種の保存を図るための事業に寄与すると認められるものであること。
　四・五　（略）

生息域内保全への寄与を求める観点から、国際希少野生動植物種は本規定の対象にはならない。よって、国内希少野生動植物種が取り扱われていない動植物園等は、施行規則第38条第3号に適合しないこととなるため、認定を受けることができない。

生息域内保全へ寄与していると認められるためには、生息域内における生息状況等の調査又は生息環境の整備等に係る事業のほか、野外調査では把握困難な繁殖特性等の知見集積、野生復帰を念頭に置いた飼養等又はそのための技術開発などの野生復帰に資する飼養等に係る事業（すでにこのような知見集積や技術が確立済みの種に係るものを除く。）や、傷病個体の救護・リハビリテーション及び放野又は放野不可能な個体の飼育下繁殖等への活用に係る事業などに主体的・継続的に参画すること（事業主体の一員となること）が必要である。

なお、動植物園等として参画することが必要であり、職員の私的な参画では認められない。また、事業主体の一員としての参画が求められるものであり、原則として単年のみや1回のみなどの限定的な参画では認められない。

(4) 個体の適法な取得（施行規則第38条第4号）

＜参考＞

施行規則第38条　（略）

一～三　（略）

四　認定の申請に係る動植物園等において取り扱われる希少野生動植物種の個体が、適法に取得されたと認められるものであること。

五　（略）

認定を受けるためには、希少野生動植物種の個体の取得について、種の保存法のみならず、例えば外為法、関税法又は文化財保護法といった希少野生動植物種の保護や流通管理の観点から、その個体の取得又は移動について制限をかけている各種法令を遵守することも求められる。取得の経緯については、原産地からの輸入、国内での繁殖など多様な形態があり得るが、その取得経緯が適法なものである必要がある。ただし、犯罪捜査に係る押収品の保護として個体を取得した場合など、過去に違法な取得経緯を有するものの種の保存の観点から適切な取得と認められるものについてはこの限りではない。

(5) その他適切な取扱い（施行規則第38条第5号）

＜参考＞

施行規則第38条　（略）

一～四　（略）

五　その他認定の申請に係る動植物園等が、その取り扱う希少野生動植物種の個体を種の保存のため適切に取り扱うことができないと認められるものでないこと。

Ⅱ 各論

　　認定を受けるためには、前述の各基準を満たす必要があるが、これらを満たしている場合であっても、その取り扱う希少野生動植物種の個体を種の保存のため適切に取り扱うことができないと認められる特段の事情がある場合には、認定をすることは適切ではない。このため、このような場合に対応できるようにする趣旨として施行規則第38条第5号の規定が設けられている。

⑦「申請が同項各号のいずれにも適合していると認めるとき」（第48条の4第3項）
　基本方針において、希少種保全動植物園等の認定に係る審査は、次の考え方により行うこととされている。
(1)　希少野生動植物種が、種の保存のため適切に取り扱われることを確認するため、当該種の個体の飼養等及び譲渡し等の目的、実施体制及び飼養栽培施設について審査する。
(2)　希少野生動植物種の飼養等及び譲渡し等が、その目的に応じて、種の保存のため適切かつ確実に実施されるものであることを確認するため、当該種の個体の飼養等及び譲渡し等に関する計画について審査する。
(3)　種の保存の観点から、取り扱う希少野生動植物種に係る繁殖への取組み、生息地等における生息・生育状況の維持改善への取組み、疾病・傷病への対応、普及啓発に係る展示の方針及び個体の取得経緯等について審査する。
(4)　種の保存の観点から、申請者が欠格事由に該当していないか等、申請者の適格性について審査する。
　なお、認定の審査等に係る事務については、事務取扱要領が定められている（p.614参照）。

⑧「次の各号のいずれかに該当する者」（第48条の4第4項柱書）
　次のいずれかに該当する者については、希少種保全動植物園等の認定を受けることが適切ではない者として、認定を受けることができないこととされている。
(1)　この法律若しくはこの法律に基づく命令の規定又はこの法律に基づく処分に違反して、罰金以上の刑に処せられ、その執行を終わる等した日から起算して5年を経過しない者（第48条の4第4項第1号）
　　この法律の規定により罰金以上の刑に処せられた場合には、希少野生動植物種を適切に取り扱うことができるとは認められないことから、当該刑事処分が終了してから5年間は認定を受けられないこととされている。
(2)　認定の取消しを受けた日から5年を経過しない者（第48条の4第4項第2号）
　　この法律に違反した場合や不正の手段により認定等を受けた場合については、認定希少種保全動植物園等の認定を取り消される（法第48条の9）場合があるが、認定を取り消された動植物園等は、認定希少種保全動植物園等として適切とは認められない故に認定を取り消されたのであるから、再度、認定希少種保全動植物園等の認定の申請があった場合に、直ちに認定を認めることは適当ではない。そのため、その取消しの日から5年間は認定を受けられないこととされている。

(3) 「その役員のうちに、第1号に該当する者がある場合」(第48条の4第4項第3号)
　　法人の役員がこの法律の規定により罰金以上の刑に処せられた場合には、認定希少種保全動植物園等として適切とは認められないため、当該役員の刑事処分が終了してから5年間は認定を受けられないこととされている。

⑨認定希少種保全動植物園等の公示（第48条の4第5項）

　認定に係る希少野生動植物種の個体の譲渡し等については規制の適用が除外されるため、環境大臣が認定をした際には、認定希少種保全動植物園等設置者等以外の者にもその旨を知らしめる必要がある。

　このため、環境大臣は、希少種保全動植物園等の認定、変更の認定、変更の届出、廃止の届出、更新の認定又は認定の取消しをした際には、インターネットの利用その他の適切な方法により、認定を受けた者と認定に係る動植物園等の名称・住所、取り扱われる希少野生動植物種の種名、認定を受けた年月日・認定の有効期間満了日、変更の認定・届出の内容等を公示することとされている。

（変更の認定等）

第48条の5　前条第1項の認定を受けた動植物園等（以下「認定希少種保全動植物園等」という。）を設置し、又は管理する者（以下「認定希少種保全動植物園等設置者等」という。）は、同条第2項第3号から第6号までに掲げる事項を①<u>変更しようとするときは、環境省令で定めるところにより、環境大臣の認定を受け</u>なければならない。ただし、その変更が環境省令で定める軽微な変更であるときは、この限りでない。

2　前条第2項から第4項までの規定は、前項の変更の認定について準用する。この場合において、同条第2項中「次に掲げる事項」とあるのは、「変更に係る事項」と読み替えるものとする。

3　認定希少種保全動植物園等設置者等は、前条第2項第1号から第6号までに掲げる事項（同項第3号から第6号までに掲げる事項にあっては、第1項ただし書に規定する軽微な変更に係るものであって、環境省令で定めるものに限る。）を②<u>変更したときは、環境省令で定めるところにより、遅滞なく、その旨を環境大臣に届け出なければならない。</u>

4　認定希少種保全動植物園等設置者等は、③<u>認定希少種保全動植物園等を廃止したときは、環境省令で定めるところにより、遅滞なく、その旨を環境大臣に届け出なければならない。</u>

〔委任〕第1項本文の「環境省令」＝規則41　ただし書の「環境省令」＝規則42　第3項の「環境省令」＝規則43
　　　　第4項の「環境省令」＝規則44

Ⅱ 各論

【解釈】
①認定希少種保全動植物園等の変更の認定（第48条の5第1項）
　申請に係る希少野生動植物種の種名、当該種ごとの飼養等及び譲渡し等の目的、実施体制、飼養栽培施設又は計画について変更が生じる場合は、環境大臣による変更の認定を受けることとされている。ただし、種名又は目的については、新たに追加される場合のみ変更の認定の対象となり、種名又は目的の削除は軽微な変更として変更の認定や届出を要しない。同じく、実施体制、飼養栽培施設又は計画についても、変更後においても認定基準に適合することが明らかであると認められる場合には、変更の認定や届出は不要である。一方で、これら軽微な変更の内容等については、後述の通り、毎年度、希少野生動植物種の飼養等及び譲渡し等の内容とともに環境大臣に報告することとされている。

　認定希少種保全動植物園等において飼養栽培している種が、新たに希少野生動植物種に指定された場合には、認定希少種保全動植物園等であっても当該種の譲渡し等に原則として法第13条第1項の許可を要する。なお、変更の認定があった場合も、当該認定希少種保全動植物園等の認定に係る有効期間に変更は生じない。

②認定希少種保全動植物園等の変更の届出（第48条の5第3項）
　認定を受けた者の名称若しくは住所若しくはその代表者の氏名又は認定を受けた動植物園等の名称若しくは所在地を変更した場合は、変更後、遅滞なく、その旨の届出を行うことを要する。ここで言う名称の変更とは、認定を受けた設置者又は管理者そのものが別の者に交代すること（例：認定を受けた施設はそのまま運営されるが、その指定管理者が別法人に変わる場合など）に伴うものではなく、認定を受けた者の代表者の交代や法人名の変更を指す。

　また、法第48条の5第3項においては、前述のような「変更の認定を要しない軽微な変更」であって、環境省令で定めるものに限り、変更の届出を要することとされている。しかしながら、当該環境省令は定められていないため、「変更の認定を要しない軽微な変更」については、変更の届出も不要となっている。ただし、これらの軽微な変更についても定期的に把握することが望ましいため、施行規則第46条に規定する記録及び報告事項として取り扱われている。

③認定希少種保全動植物園等の廃止の届出（第48条の5第4項）
　認定を受けた動植物園等の閉鎖等により当該動植物園等の運営が将来にわたって不可能となった場合には、当該認定希少種保全動植物園等設置者等は廃止の届出をしなければならないこととされている。また、動植物園等の閉鎖等を伴わない場合であっても、当該認定希少種保全動植物園等設置者等が、認定を受けた者から別の者に変更になる場合等には、廃止の届出を要する。

　休園等により希少野生動植物種の飼養等及び展示が一時的に行われなくなった場合については、運営再開の見込みが不明確であり休園等が長期間にわたるような場合であれば、廃止の届出がなされるべきであり、法第48条の8に基づく適合命令の対象となり得る。

第5章 認定希少種保全動植物園等

（①認定の更新）
第48条の6 第48条の4第1項の認定は、5年ごとにその更新を受けなければ、その期間の経過によって、その効力を失う。
2 第48条の4第2項から第4項までの規定は、前項の認定の更新について準用する。
3 第1項の認定の更新の申請があった場合において、同項の期間（以下この項及び次項において「認定の有効期間」という。）の満了の日までにその申請に対する処分がされないときは、従前の認定は、認定の有効期間の満了後もその処分がされるまでの間は、なおその効力を有する。
4 前項の場合において、認定の更新がされたときは、その認定の有効期間は、従前の認定の有効期間の満了の日の翌日から起算するものとする。

〔参照条文〕準用＝規則45

【解釈】
①「認定の更新」（第48条の6）

　認定希少種保全動植物園等については、個体の譲渡し等の禁止の特例を設けるため、認定希少種保全動植物園等が絶滅のおそれのある野生動植物の種の保存に資する適切なものであることを担保する必要がある。
　そのため、認定希少種保全動植物園等の認定は、5年ごとにその更新を受けなければその期間の経過によって効力を失うこととされており、認定の更新の手続きを通じて、環境大臣が定期的に当該認定希少種保全動植物園等の状況について確認し、都度、適切なものであるかどうかを判断することとされている。
　なお、認定の有効期間内に申請をしたものの、短期間で多数の申請がある場合等は審査等に時間を要し当該有効期間の満了の日までに申請に対する処分を行うことができない場合も想定されるため、そのような場合には、当該有効期間の満了後であっても、その処分がされるまでの間は認定は失効せずなお効力を有することとなる。その場合において、従前の認定の有効期間の満了の日の翌日以降についてもその効力が続くのは、期間の満了日までに処分がなされないことによる効果であり、従前の有効期限が延長されているわけではないことから、登録を更新した場合の登録の有効期間は、従前の認定の満了の日の翌日から起算するものとされている。

（記録及び報告）
第48条の7 認定希少種保全動植物園等設置者等は、認定希少種保全動植物園等ごとに、①希少野生動植物種の飼養等及び譲渡し等に関し環境省令で定める事項を記録

Ⅱ 各論

> し、これを保存するとともに、環境省令で定めるところにより、定期的に、これを環境大臣に報告しなければならない。

〔委任〕「環境省令で定める事項」＝規則46Ⅰ　「環境省令で定めるところ」＝規則46Ⅱ

【解釈】
①認定希少種保全動植物園等による記録及び環境大臣への報告（第48条の7）
　認定希少種保全動植物園等については、個体の譲渡し等の禁止の特例を設けるため、環境大臣は、認定希少種保全動植物園等設置者等が行う譲渡し等が、飼養等及び譲渡し等の計画に基づいて適切に実施されていること等を確認する必要がある。そのため、認定希少種保全動植物園等設置者等は、当該認定希少種保全動植物園等ごとに計画（法第48条の4第2項第6号）に従って行われる希少野生動植物種の飼養等及び譲渡し等に係る事項のほか、変更の認定や届出を要しない軽微な変更事項について記録し、これを保存するとともに、定期的に環境大臣に報告しなければならないこととされている。

＜参考＞
（記録及び報告）
施行規則第46条　法第48条の7の環境省令で定める事項は、希少野生動植物種ごとに実施された飼養等及び譲渡し等の内容、法第48条の4第2項第3号から第6号までに掲げる事項を変更した場合（法第48条の5第1項の規定による変更の認定又は同条第3項の規定による変更の届出を要する場合を除く。）にあってはその内容その他必要な事項とする。
2　法第48条の7の規定による報告は、少なくとも毎年度1回行わなければならない。

（①適合命令）
第48条の8　環境大臣は、認定希少種保全動植物園等が第48条の4第1項各号のいずれかに適合しなくなったと認めるときは、当該認定希少種保全動植物園等設置者等に対し、これらの規定に適合させるため必要な措置をとるべきことを命ずることができる。

（①認定の取消し）
第48条の9　環境大臣は、認定希少種保全動植物園等設置者等が次の各号のいずれかに該当すると認めるときは、第48条の4第1項の認定を取り消すことができる。
　一　認定希少種保全動植物園等設置者等がこの法律若しくはこの法律に基づく命令の規定又はこの法律に基づく処分に違反したとき。

二　認定希少種保全動植物園等設置者等が不正の手段により第48条の4第1項の認定、第48条の5第1項の変更の認定又は第48条の6第1項の認定の更新を受けたとき。
三　認定希少種保全動植物園等が第48条の4第1項各号のいずれかに適合しなくなったと認めるとき。

（②譲渡し等の禁止等の特例）
第48条の10　認定希少種保全動植物園等設置者等が計画に従って行う希少野生動植物種の譲渡し等については、第12条第1項及び第54条第2項の規定は、適用しない。

（①報告徴収及び立入検査）
第48条の11　環境大臣は、この章の規定の施行に必要な限度において、認定希少種保全動植物園等設置者等に対し、必要な報告を求め、又はその職員に、認定希少種保全動植物園等若しくは認定希少種保全動植物園等設置者等の事務所に立ち入り、書類その他の物件を検査させ、若しくは関係者に質問させることができる。
2　前項の規定による立入検査をする職員は、その身分を示す証明書を携帯し、関係者に提示しなければならない。
3　第1項の規定による権限は、犯罪捜査のために認められたものと解釈してはならない。

〔**参照条文**〕「身分を示す証明書」＝規則47　罰則＝法63⑫・65③

【解釈】
①「適合命令」「認定の取消し」「報告徴収及び立入検査」（第48条の8、第48条の9、第48条の11）

　認定希少種保全動植物園等については、個体の譲渡し等の禁止の特例を設けるため、認定希少種保全動植物園等が、認定後も絶滅のおそれのある野生動植物の種の保存に資する適切なものであることを担保する必要がある。このため、当該認定希少種保全動植物園等設置者等が認定基準に適合しなくなった場合には、環境大臣は、必要な措置を命ずること及び認定を取り消すことができることとされた。さらに、それらの前提として、環境大臣が、当該認定希少種保全動植物園等に関する情報を的確に把握するため、報告徴収及び立入検査ができることとされている。
　なお、認定基準に「適合しなくなった」とは、あくまで認定後に基準に適合しなくなった場合を指すため、認定の際にすでに基準に適合をしていなかったにもかかわらず虚偽の申請により認定を受けた者については、これに該当せず、認定の取消しの対象となり得る。

② 「譲渡し等の禁止等の特例」（第48条の10）
　動植物園等は種の保存や動植物に係る教育及び啓発等に重要な役割を有しており、その趣旨を踏まえた人員体制や施設等が整備されている。譲渡し等の禁止の趣旨が、違法な捕獲等や輸入・流通の抑制であることを考慮すると、適切な人員体制や施設等を有する動植物園等については、個別の許可又は協議手続きではなく、事前に目的等を確認するとともに定期的な個体の移動状況の報告を求めることで足りると考えられる。
　これらのことから、認定希少種保全動植物園等による希少野生動植物種の計画に基づく譲渡し等については、規制の適用除外とされている。なお、希少種保全動植物園等の認定に伴う譲渡し等の禁止の特例の対象は、その必要性及び相当性に鑑み、動植物園等における希少野生動植物種の「飼養等」に係るものに限定されている。よって、認定希少種保全動植物園等による譲渡し等であっても、飼養等が伴わない器官や加工品のほか、展示用の剥製・標本などの譲渡し等は適用除外の対象にならない（ただし、施行規則第5条第2項第4号により、登録博物館又は博物館相当施設が展示のために剥製や標本等を譲渡し等する場合には、譲渡し等の規制の適用が除外されており、同条第3項に基づき譲受け等をする側が事後に届出（通知）すればよいこととされている。）。また、当該特例は、認定に係る希少野生動植物種ごとの計画に従って行う譲渡し等について適用されるため、当該計画に従って行われるものではない譲渡し等は、引き続き規制されることに留意が必要である。
　なお、認定希少種全動植物園等が当該特例によってある種の個体の譲渡しを行う場合、その特例は譲り受ける側の者には及ばないため、その譲受けには通常の規制がかかることから、譲り受ける側は法第13条第1項に基づく許可を受けることが必要となる。

第6章　雑則　(旧第5章を本章に繰下＝平29年6月法律51号)

　雑則として、調査、取締りに従事する職員、希少野生動植物種保存推進員、負担金の徴収方法、地方公共団体に対する助言その他の措置、国等に関する特例、権限の委任、経過措置及び環境省令への委任について定められている。

（調査）
第49条　環境大臣は、野生動植物の種の個体の生息又は生育の状況、その生息地又は生育地の状況その他必要な事項について定期的に調査をし、その結果を、この法律に基づく命令の改廃、この法律に基づく指定又はその解除その他この法律の適正な運用に活用するものとする。

〔改正〕一部改正＝平11年12月法律160号

（取締りに従事する職員）
第50条　環境大臣は、その職員のうち政令で定める要件を備えるものに、第8条、第11条第1項若しくは第3項、第14条第1項若しくは第3項、第18条、第19条第1項、第35条、第40条第1項若しくは第2項又は第41条第1項に規定する権限の一部を行わせることができる。
2　前項の規定により環境大臣の権限の一部を行う職員（次項において「希少野生動植物種保存取締官」という。）は、その権限を行うときは、その身分を示す証明書を携帯し、関係者に提示しなければならない。
3　前2項に規定するもののほか、希少野生動植物種保存取締官に関し必要な事項は、政令で定める。

〔改正〕一部改正＝平11年12月法律160号・29年6月51号
〔委任〕第1項の「政令」＝令20
〔参照条文〕「身分を示す証明書」＝規則48

（①希少野生動植物種保存推進員）
第51条　環境大臣は、絶滅のおそれのある野生動植物の種の保存に熱意と識見を有する者のうちから、希少野生動植物種保存推進員を委嘱することができる。
2　希少野生動植物種保存推進員は、次に掲げる活動を行う。
　一　絶滅のおそれのある野生動植物の種が置かれている状況及びその保存の重要性に

> 　ついて啓発をすること。
> 　二　絶滅のおそれのある野生動植物の種の個体の生息若しくは生育の状況又はその生息地若しくは生育地の状況について調査をすること。
> 　三　希少野生動植物種の個体等の所有者若しくは占有者又はその生息地若しくは生育地の土地の所有者若しくは占有者に対し、その求めに応じ希少野生動植物種の保存のため必要な助言をすること。
> 　四　絶滅のおそれのある野生動植物の種の保存のために国又は地方公共団体が行う施策に必要な協力をすること。
> 3　希少野生動植物種保存推進員は、名誉職とし、その任期は3年とする。
> 4　希少野生動植物種保存推進員が希少野生動植物種の個体に関する調査で環境省令で定めるもののためにする捕獲等については、第9条の規定は、適用しない。
> 5　環境大臣は、希少野生動植物種保存推進員が、その職務の遂行に支障があるとき、その職務を怠ったとき、又はこの法律の規定に違反し、その他希少野生動植物種保存推進員たるにふさわしくない非行があったときは、これを解嘱することができる。

〔改正〕一部改正＝平6年6月法律52号・11年12月160号
〔委任〕第4項の「環境省令」＝規則49

【解釈】
① 「希少野生動植物種保存推進員」（第51条）
　希少野生動植物種保存推進員には、種の保存に熱意と識見を有する者を委嘱することとされているが、具体的には以下の要件を兼ね備えた者が該当するものと考えられる。
・絶滅のおそれのある野生動植物の種の分類、生態又は生息・生育状況等に関する専門的な知見を有する者
・国又は地方公共団体が行う絶滅のおそれのある野生動植物の種の保存のための施策に協力して、その責任において、各種の活動を行うにふさわしいと認められる者
　希少野生動植物種保存推進員が実施する希少野生動植物種の個体の生息状況又は生育状況の調査その他希少野生動植物種の保存に資すると認められる調査であって、あらかじめ環境大臣に届け出たものについては、捕獲等の禁止（法第9条）の規定は適用しない。具体的には、生きた動物の個体に標識をつけて放す等、生息・生育状況の調査等において一時的に行うものが想定される。
　なお、希少野生動植物種保存推進員は名誉職であって、その活動は公務ではない。

> （負担金の徴収方法）
> 第52条　環境大臣が第11条第2項、第14条第2項若しくは第40条第3項の規定により、又は経済産業大臣等が第16条第3項の規定により費用を負担させようとするときは、環

境省令、経済産業省令で定めるところにより、その負担させようとする費用(以下この条において「負担金」という。)の額及びその納付期限を定めて、文書でその納付を命じなければならない。
2 　環境大臣又は経済産業大臣等は、前項の納付期限までに負担金を納付しない者があるときは、環境省令、経済産業省令で定めるところにより、督促状で期限を指定して督促しなければならない。
3 　環境大臣又は経済産業大臣等は、前項の規定による督促をしたときは、環境省令、経済産業省令で定めるところにより、負担金の額に、年14.5パーセントを超えない割合を乗じて、第1項の納付期限の翌日からその負担金の完納の日又はその負担金に係る財産差押えの日の前日までの日数により計算した額の延滞金を徴収することができる。
4 　環境大臣又は経済産業大臣等は、第2項の規定による督促を受けた者が、同項の督促状で指定した期限までにその納付すべき負担金及びその負担金に係る前項の延滞金(以下この条において「延滞金」という。)を納付しないときは、国税の滞納処分の例により、その負担金及び延滞金を徴収することができる。この場合における負担金及び延滞金の先取特権の順位は、国税及び地方税に次ぐものとする。
5 　延滞金は、負担金に先立つものとする。

〔改正〕一部改正＝平11年12月法律160号・29年6月51号
〔委任〕第1～3項の「環境省令、経済産業省令」＝平5年3月総通令1号「絶滅のおそれのある野生動植物の種の保存に関する法律第52条の規定による負担金の徴収方法等に関する省令」2～5

(地方公共団体に対する助言その他の措置)
第53条　国は、地方公共団体が絶滅のおそれのある野生動植物の種の保存のための施策を円滑に実施することができるよう、地方公共団体に対し、助言その他の措置を講ずるように努めなければならない。
2 　国は、最新の科学的知見を踏まえつつ、教育活動、広報活動等を通じて、絶滅のおそれのある野生動植物の種の保存に関し、国民の理解を深めるよう努めなければならない。

〔改正〕一部改正＝平25年6月法律37号

(①国等に関する特例)
第54条　国の機関又は地方公共団体が行う事務又は事業については、第8条、第9条、第12条第1項、第35条、第37条第4項及び第10項、第38条第4項、第39条第1項、第40条

第1項並びに第41条第1項及び第2項の規定は、適用しない。
2　国の機関又は地方公共団体は、第9条第2号から第4号までに掲げる場合以外の場合に国内希少野生動植物種等の生きている個体の捕獲等をしようとするとき、第12条第1項第2号から第9号までに掲げる場合以外の場合に希少野生動植物種の個体等の譲渡し等をしようとするとき、又は第37条第4項若しくは第38条第4項第3号の許可を受けるべき行為に該当する行為をしようとするときは、環境省令で定める場合を除き、あらかじめ、環境大臣に協議しなければならない。
3　国の機関又は地方公共団体は、第37条第8項の規定により届出をして引き続き同条第4項各号に掲げる行為をすることができる場合に該当する場合にその行為をするとき、又は同条第10項若しくは第39条第1項の規定により届出をすべき行為に該当する行為をし、若しくはしようとするときは、環境省令で定める場合を除き、これらの規定による届出の例により、環境大臣にその旨を通知しなければならない。

〔改正〕一部改正＝平6年6月法律52号・11年7月87号・12月160号・23年8月105号・29年6月51号
〔委任〕第2項の「環境省令」＝規則50Ⅰ　第3項の「環境省令」＝規則50Ⅱ

【解釈】

①「国等に関する特例」（第54条）

　国の機関又は地方公共団体は、国内希少野生動植物種の生きている個体の捕獲等（法第9条）、希少野生動植物種の個体等の譲渡し等（法第12条）又は生息地等保護区、管理地区における各種規制行為（法第37条第4項）若しくは立入制限地区への立入り（法第38条第4項）を実施しようとするときは、各条の規制がかからない一方で、あらかじめ環境大臣に協議しなければならないこととされている。ただし、施行規則第50条に定める場合については、協議の適用除外とされている。

　施行規則第50条第1項第1号ロに基づき傷病等の理由により緊急に保護を要する個体の捕獲等をする場合は、同条第3項により捕獲後30日以内に環境大臣に通知すればよいこととされている。この場合であって、教育等の種の保存に資する目的で動植物園等の適切な施設に傷病個体を移動する場合には、譲受け又は引取りをした者は、施行規則第5条第1項第4号及び第3項に基づき、譲受け又は引取りをした後30日以内に環境大臣に届出（通知）をする必要がある。

　施行規則第50条第1項第1号ハに基づき、飼養等している国内希少野生動植物種等が高病原性鳥インフルエンザ等にかかっていることが確認された場合には、あらかじめ環境大臣に通知した上で、殺処分ができることとされている。

　施行規則第50条第1項第1号ニに基づき、動物の傷病救護個体については、放野の困難性及び種の保存に係る目的での飼養の困難性等を勘案し、やむを得ない場合には、あらかじめ環境大臣に通知したうえで、国等により殺処分ができることとされている。

＜参考＞
(国等に関する協議の適用除外等)
施行規則第50条 法第54条第2項の環境省令で定める場合は、次の各号に掲げるものとする。
　一　国内希少野生動植物種等の生きている個体の捕獲等をする場合であって次に掲げるもの
　　イ　(略)
　　ロ　傷病その他の理由により緊急に保護を要する個体の捕獲等をする場合
　　ハ　種の保存に支障を及ぼすおそれのある伝染性疾病のまん延を防止するため、当該伝染性疾病にかかっていることが確認された個体の捕獲等をする場合(あらかじめ、環境大臣に通知したものに限る。)
　　ニ　傷病により緊急に保護を要するため捕獲をした個体(動物に限る。)であって、傷病その他の理由によりその生息地に適切に放つことができず、かつ、法第10条第1項の目的で飼養をすることができないと認められるものをやむを得ず殺傷する場合(あらかじめ、環境大臣に通知したものに限る。)
　　ホ　(略)
　二・三　(略)
2　(略)
3　第1項第1号ロに規定する捕獲等をした者は、当該捕獲等をした後30日以内に、環境大臣に通知するものとする。

(権限の委任)
第55条　この法律に規定する環境大臣の権限は、環境省令で定めるところにより、地方環境事務所長に委任することができる。

〔改正〕全部改正＝平17年4月法律33号
〔委任〕「環境省令」＝規則56

(経過措置)
第56条　この法律の規定に基づき命令を制定し、又は改廃する場合においては、その命令で、その制定又は改廃に伴い合理的に必要と判断される範囲内において、所要の経過措置(罰則に関する経過措置を含む。)を定めることができる。

> **(環境省令への委任)**
> **第57条** この法律に定めるもののほか、この法律の実施のための手続その他この法律の施行に関し必要な事項は、環境省令で定める。

〔改正〕一部改正=平11年12月法律160号

第7章　罰則　(旧第6章を本章に繰下＝平29年6月法律51号)

　希少野生動植物種は、その希少性の高さから高額で取引される性質があり、違法な捕獲等又は譲渡し等がしばしば発生している。違法な捕獲等、譲渡し等又は輸出入については、従前は行為者に対して1年以下の懲役又は100万円以下の罰金、その法人に対しても100万円以下の罰金がそれぞれ科されることとなっていたが、違法取引から得られる利益に比べて制裁が弱く、違反を抑制するには十分とはいえない状況にあった。また、規制対象としている行為のうち、主として違法取引につながる行為には、ペット業者や象牙事業者等が反復的に関与することが多く、法人に対しても十分な抑止力となる罰則を科す必要があった。

　違法取引は組織的に行われることにより、数千万～数億円単位の巨額の利益・利権が生じ得る行為である。そのため、平成25年の法改正において、各種量刑が引き上げられるとともに、法人重科等が導入されている。

　また、偽りその他不正の手段による登録等の違反事例を踏まえて、平成29年の法改正において、偽りその他不正の手段による登録等又は許可に関する罰則が引き上げられるとともに、各種規定の新設に伴う罰則規定が整備されている。

　希少な野生動植物種の高額な違法取引は組織的に行われる可能性があり、こうした行為を防止する必要がある。そのためには、当該違法取引により得た犯罪収益の没収を行うことができるようにすることで、違法取引を行うインセンティブを小さくすることが有効である。

　この点、「組織的な犯罪の処罰及び犯罪収益の規制等に関する法律」（平成11年法律第136号。組織犯罪対策処罰法）が平成29年に改正され、犯罪収益の没収の前提犯罪が、長期4年以上の懲役刑等が定められている罪とされたことから（組織犯罪対策処罰法第2条第2項第1号イ）、種の保存法違反である違法な捕獲等、譲渡し等、輸出入又は偽りその他不正の手段による登録などを行った者（種の保存法第57条の2各号に掲げる者）についても、組織犯罪対策処罰法に基づく犯罪収益の没収を行うことができるようになった。

> **第57条の2**　次の各号のいずれかに該当する者は、5年以下の懲役若しくは500万円以下の罰金に処し、又はこれを併科する。
> 　一　①第9条、第12条第1項又は第15条第1項の規定に違反した者
> 　二　偽りその他不正の手段により②第10条第1項の許可、第13条第1項の許可、第20条第1項の登録、②第20条の2第1項の登録の更新、第20条の3第1項の登録、第33条の6第1項の登録又は第33条の10第1項の登録の更新を受けた者

〔**改正**〕追加＝平25年6月法律37号、一部改正＝平29年6月法律51号

【解釈】
①捕獲等、譲渡し等及び輸出入の禁止（第57条の2第1号）

Ⅱ 各論

捕獲等、譲渡し等及び輸出入は、違法な取引を構成する主な行為として最も厳しく罰すべきものである。平成25年の法改正において、これらの行為の抑止力を高めるため、「1年以下の懲役又は100万円以下の罰金」から「5年以下の懲役若しくは500万円以下の罰金又はこれの併科」へと量刑が引き上げられている。

②偽りその他不正の手段による登録又は更新（第57条の2第2号）

登録票等の交付又は再交付を偽りその他不正の手段により受けることは、国際希少野生動植物種の個体等の違法な譲渡し等を可能にする行為であり、いずれも違法な取引・流通につながる行為として厳しく罰すべきものである。平成25年の法改正において、偽りその他不正の手段による交付は「6月以下の懲役又は50万円以下の罰金」から、偽りその他不正の手段による再交付は「30万円以下の罰金」から、それぞれ「1年以下の懲役又は100万円以下の罰金」に量刑が引き上げられた。

さらに、登録等を受ければ譲渡し等が合法的に可能となることを考慮し、平成29年の法改正において、「5年以下の懲役若しくは500万円以下の罰金又はこれの併科」へと量刑が引き上げられている。

③偽りその他不正の手段による許可（第57条の2第2号）

偽りその他不正の手段による登録の事案の発生等を受けて、平成29年の法改正において、偽りその他不正の手段により捕獲等又は譲渡し等の許可を受けた者に対する罰則が新設されている。なお、偽りその他不正の手段により捕獲等又は譲渡し等の許可を受けることによって合法的に捕獲等又は譲渡し等を行うことが可能となることを踏まえ、捕獲等又は譲渡し等の違反と同程度の量刑とされている。

第58条　次の各号のいずれかに該当する者は、1年以下の懲役又は100万円以下の罰金に処する。
　一　第11条第1項若しくは第3項、第14条第1項若しくは第3項、第16条第1項若しくは第2項、第18条、第33条の12又は第40条第2項の規定による命令に違反した者
　二　①第17条、第20条第7項又は第37条第4項の規定に違反した者
　三　偽りその他不正の手段により第20条第6項若しくは第7項の変更登録、同条第9項の登録票の書換交付又は同条第10項（第22条第2項において準用する場合を含む。）の登録票の再交付を受けた者

〔改正〕一部改正＝平11年12月法律160号・25年6月37号・29年6月51号

【解釈】

①希少野生動植物種の違法な陳列又は広告（第58条第2号）

希少野生動植物種の販売又は頒布目的の違法な陳列又は広告は、違法な譲渡し等の前段階として行われる行為であり、違法な取引・流通につながる行為として厳しく罰すべきもので

ある。平成25年の法改正において、違法な販売又は頒布目的の陳列又は広告は「50万円以下の罰金」から「1年以下の懲役又は100万円以下の罰金」へと量刑が引き上げられている。また、陳列又は広告をしている者に対する措置命令違反についても、「6月以下の懲役又は50万円以下の罰金」から「1年以下の懲役又は100万円以下の罰金」に量刑が引き上げられている。

第59条 次の各号のいずれかに該当する者は、6月以下の懲役又は50万円以下の罰金に処する。
一 第10条第4項（第13条第4項において準用する場合を含む。）又は第37条第7項の規定により付された条件に違反した者
二 事前登録済証に、第20条の3第1項の登録をした事項に適合する原材料器官等以外の原材料器官等について第20条の4第1項本文に規定する記載をし、又は虚偽の事項を含む同項本文に規定する記載をした者
三 第20条の4第4項から第6項まで、第32条第2項（同条第3項において準用する場合を含む。）、第33条の4第2項、第33条の13又は第33条の23第6項の規定による命令に違反した者
四 第33条の23第1項、第33条の24又は第38条第4項の規定に違反した者
五 第33条の23第1項の管理票に虚偽の事項を記載した特定国際種事業者
六 第33条の23第2項の管理票に虚偽の事項を記載した特定国際種事業者又は特別国際種事業者

〔改正〕一部改正＝平6年6月法律52号・11年12月160号・25年6月37号・29年6月51号

第60条 第25条第1項、第33条の17第1項又は第33条の28第1項の規定に違反した者は、6月以下の懲役又は50万円以下の罰金に処する。

〔改正〕一部改正＝平6年6月法律52号・29年6月51号

第61条 第26条第5項、第33条の18第5項又は第33条の29第5項の規定による個体等登録関係事務、事業登録関係事務又は認定関係事務の停止の命令に違反したときは、その違反行為をした個体等登録機関、事業登録機関又は認定機関の役員又は職員は、6月以下の懲役又は50万円以下の罰金に処する。

〔改正〕追加＝平15年6月法律99号、一部改正＝平29年6月法律51号

第62条 次の各号のいずれかに該当する者は、50万円以下の罰金に処する。
一 第30条第1項若しくは第2項又は第33条の2の規定による届出をしないで特定国内種事業若しくは特定国際種事業を行い、又は虚偽の届出をした者
二 第38条第5項において準用する第37条第7項の規定により付された条件に違反した者
三 第39条第1項の規定による届出をしないで同項に規定する行為をし、又は虚偽の届出をした者
四 第39条第2項の規定による命令に違反した者
五 第39条第5項の規定に違反した者

〔改正〕旧第61条の一部改正＝平6年6月法律52号、本条に繰下＝平15年6月法律99号、一部改正＝平25年6月法律37号

第63条 次の各号のいずれかに該当する者は、30万円以下の罰金に処する。
一 第10条第8項の規定に違反して許可証又は従事者証を携帯しないで捕獲等をした者
二 第19条第1項に規定する報告をせず、若しくは虚偽の報告をし、又は同項の規定による立入検査を拒み、妨げ、若しくは忌避し、若しくは質問に対して陳述をせず、若しくは虚偽の陳述をした者
三 第20条第11項の規定による届出をせず、又は虚偽の届出をした者
四 第20条の4第1項ただし書又は第3項の規定に違反した者
五 第20条の4第2項又は第7項の規定による報告をせず、又は虚偽の報告をした者
六 第21条、第22条第1項、第30条第4項（同条第6項及び第33条の5において準用する場合を含む。）、第33条の7第1項、第33条の9又は第33条の23第3項から第5項までの規定に違反した者
七 第33条第1項（同条第2項及び第33条の5において準用する場合を含む。以下この号において同じ。）若しくは第33条の14第1項若しくは第2項に規定する報告をせず、若しくは虚偽の報告をし、又は第33条第1項若しくは第33条の14第1項の規定による立入検査を拒み、妨げ、若しくは忌避し、若しくは質問に対して陳述をせず、若しくは虚偽の陳述をし、若しくは物件を提出せず、若しくは虚偽の物件を提出し、若しくは資料を提出せず、若しくは虚偽の資料を提出した者
八 偽りその他不正の手段により第33条の25第1項の認定を受けた者

九　第33条の25第4項の規定に違反した者
十　第41条第1項に規定する報告をせず、若しくは虚偽の報告をし、又は同条第2項の規定による立入検査若しくは立入調査を拒み、妨げ、若しくは忌避し、若しくは質問に対して陳述をせず、若しくは虚偽の陳述をした者
十一　第42条第4項又は第48条の2第4項の規定に違反して、第42条第1項又は第48条の2第1項の規定による立入りを拒み、又は妨げた者
十二　第48条の11に規定する報告をせず、若しくは虚偽の報告をし、又は同条の規定による立入検査を拒み、妨げ、若しくは忌避し、若しくは質問に対して陳述をせず、若しくは虚偽の陳述をした者

〔改正〕旧第62条の一部改正＝平6年6月法律52号・11年12月160号、一部改正し本条に繰下＝平15年6月法律99号、一部改正＝平25年6月法律37号・29年6月51号

第64条　次の各号のいずれかに該当するときは、その違反行為をした個体等登録機関、事業登録機関又は認定機関の役員又は職員は、30万円以下の罰金に処する。
一　第24条第8項、第33条の16第8項又は第33条の27第8項の規定に違反して、第24条第8項、第33条の16第8項若しくは第33条の27第8項に規定する事項の記載をせず、若しくは虚偽の記載をし、又は帳簿を保存しなかったとき。
二　第24条第9項、第33条の16第9項又は第33条の27第9項の許可を受けないで個体等登録関係事務、事業登録関係事務又は認定関係事務の全部を廃止したとき。
三　第27条第1項（第33条の22及び第33条の33において準用する場合を含む。以下この号において同じ。）に規定する報告をせず、若しくは虚偽の報告をし、又は同項の規定による立入検査を拒み、妨げ、若しくは忌避し、若しくは質問に対して陳述をせず、若しくは虚偽の陳述をしたとき。

〔改正〕旧第63条の一部改正＝平6年6月法律52号、一部改正し本条に繰下＝平15年6月法律99号、一部改正＝平29年6月法律51号

第65条　法人の代表者又は法人若しくは人の代理人、使用人その他の従業者が、その法人又は人の業務に関し、次の各号に掲げる規定の違反行為をしたときは、行為者を罰するほか、①その法人に対して当該各号に定める罰金刑を、その人に対して各本条の罰金刑を科する。
一　第57条の2　1億円以下の罰金刑
二　第58条第1号（第18条に係る部分に限る。）、第2号（第17条及び第20条第7項に係

II 各論

　　　　る部分に限る。）又は第3号　2000万円以下の罰金刑
　　三　第58条第1号（第18条に係る部分を除く。）若しくは第2号（第37条第4項に係る部分に限る。）、第59条、第62条又は第63条　各本条の罰金刑
　2　前項の規定により第57条の2の違反行為につき法人又は人に罰金刑を科する場合における②時効の期間は、同条の罪についての時効の期間による。

〔改正〕旧第64条を一部改正し本条に繰下＝平15年6月法律99号、一部改正＝平25年6月法律37号・29年6月51号

【解釈】
①法人重科（第65条第1項）
　違法な取引を構成する主な行為である捕獲等、譲渡し等及び輸出入の禁止については、法人による組織的な違法取引により得られる巨額な利益に対して十分な抑止力となるよう、平成25年の法改正において、「各本条の罰金刑」から「1億円以下の罰金」へと量刑が引き上げられている。また、違法な取引・流通につながる前段階の行為である陳列若しくは広告の禁止、陳列をしている者への措置命令違反又は偽りその他不正の手段による登録又は更新に関しても、これらの行為の段階で違法な取引を未然防止するため、平成25年の法改正において、「各本条の罰金刑」から「2000万円以下の罰金」へと量刑が引き上げられている。

②公訴時効調整規定（第65条第2項）
　公訴の時効期間は、刑事訴訟法（昭和23年法律第131号）第250条において、長期10年未満の懲役又は禁錮に当たる罪については5年、長期5年未満の懲役若しくは禁錮又は罰金に当たる罪については3年と定められている。平成25年の法改正において、捕獲等、譲渡し等又は輸出入の禁止規定に違反した者に対する法定刑は、「5年以下の懲役若しくは500万円以下の罰金又はこれらの併科」と、両罰規定の対象となる法人の場合は「1億円以下の罰金」となったため、行為者についての公訴時効期間は、刑事訴訟法第250条第2項第5号に基づき5年となる一方、両罰規定の対象となる法人についての公訴時効期間は同項第6号に基づき3年となる。
　このため、例えば行為者である法人役員等に対しては5年まで追及が可能であっても、役員と同等に違法行為に対して責任を有する法人に対しては3年を超えると追及が不可能であるという事態が生じるため、このような場合の両罰規定の対象者に対する公訴時効期間を、法人ではなく、行為者に対する公訴時効期間（5年）と合わせる規定が設けられている。

　第66条　次の各号のいずれかに該当するときは、その違反行為をした個体等登録機関、事業登録機関又は認定機関の役員又は職員は、20万円以下の過料に処する。
　　一　第24条第6項、第33条の16第6項又は第33条の27第6項の規定に違反して財務諸表等を備えて置かず、財務諸表等に記載すべき事項を記載せず、又は虚偽の記載をしたとき。

二　正当な理由がないのに第24条第7項各号、第33条の16第7項各号又は第33条の27第7項各号の規定による請求を拒んだとき。

〔改正〕追加＝平15年6月法律99号、一部改正＝平29年6月法律51号

III

資料編

1 絶滅のおそれのある野生動植物の種の保存に関する法律・施行令・施行規則等

◉絶滅のおそれのある野生動植物の種の保存に関する法律
　（平成4年6月5日法律第75号）
◉絶滅のおそれのある野生動植物の種の保存に関する法律施行令
　（平成5年2月10日政令第17号）

法　律	施行令
目次　　　　　　　　　　　　　　　　　　　　　　　　　　　　頁	
第1章　総則（第1条―第6条）・・・・・・・・・・・・・・・・・・・・・・・・190	
第2章　個体等の取扱いに関する規制	
第1節　個体等の所有者の義務等（第7条・第8条）・・・・・・・・200	
第2節　個体の捕獲及び個体等の譲渡し等の禁止（第9条―第19条）・・200	
第3節　国際希少野生動植物種の個体等の登録等（第20条―第29条）・・224	
第4節　特定国内種事業及び特定国際種事業等の規制	
第1款　特定国内種事業の規制（第30条―第33条）・・・・・・256	
第2款　特定国際種事業等の規制（第33条の2―第33条の22）・・・・・・262	
第5節　適正に入手された原材料に係る製品である旨の認定等（第33条の23―第33条の33）・・・・・・・・・・・・・・・・・・・・・・・288	
第3章　生息地等の保護に関する規制	
第1節　土地の所有者の義務等（第34条・第35条）・・・・・・・・304	
第2節　生息地等保護区（第36条―第44条）・・・・・・・・・・・・・・304	
第4章　保護増殖事業（第45条―第48条の3）・・・・・・・・・・・・332	
第5章　認定希少種保全動植物園等（第48条の4―第48条の11）・・・336	
第6章　雑則（第49条―第57条）・・・・・・・・・・・・・・・・・・・・・・・344	
第7章　罰則（第57条の2―第66条）・・・・・・・・・・・・・・・・・・・360	
第1章　総則	
（目的）	
第1条　この法律は、野生動植物が、生態系の重要な構成要素であるだけでなく、自然環境の重要な一部として人類の豊かな生活に欠かすことのできないものであることに鑑み、絶滅のおそれのある野生動植物の種の保存を図ることにより、生物の多様性を確保するとともに、良好な自然環境を保全し、もって現在及び将来の国民の健康で文化的な生活の確保に寄与することを目的とする。	

●絶滅のおそれのある野生動植物の種の保存に関する法律施行規則
　（平成5年3月29日総理府令第9号）
●特定国内種事業に係る届出等に関する省令
　（平成5年3月29日総理府・農林水産省令第1号）（国内種省令）
●特定国際種事業に係る届出及び特別国際種事業に係る登録等に関する省令
　（平成7年6月14日総理府・通商産業省令第2号）（国際種省令）
●絶滅のおそれのある野生動植物の種の保存に関する法律第52条の規定による負担金の徴収方法等に関する省令
　（平成5年3月29日総理府・通商産業省令第1号）（負担金省令）

施行規則等
施行規則 絶滅のおそれのある野生動植物の種の保存に関する法律施行規則 　　　　（平成5年3月29日総理府令第9号）平成30年4月3日環境省令第8号改正現在
国内種省令 特定国内種事業に係る届出等に関する省令 　　　　（平成5年3月29日総理府・農林水産省令第1号）平成30年2月19日農林水産・環境省令第1号改正現在
国際種省令 特定国際種事業に係る届出及び特別国際種事業に係る登録等に関する省令 　　　　（平成7年6月14日総理府・通商産業省令第2号）平成30年2月19日経済産業・環境省令第1号改正現在
負担金省令 絶滅のおそれのある野生動植物の種の保存に関する法律第52条の規定による負担金の徴収方法等に関する省令 　　　　（平成5年3月29日総理府・通商産業省令第1号）平成30年4月3日経済産業・環境省令第3号改正現在

施行規則
（定義）
第1条　この省令において使用する用語は、絶滅のおそれのある野生動植物の種の保存に関する法律（以下「法」という。）において使用する用語の例による。

国内種省令
（定義）
第1条　この省令において使用する用語は、絶滅のおそれのある野生動植物の種の保存に関する法律（以下「法」という。）において使用する用語の例による。

国際種省令
（定義）
第1条　この省令において使用する用語は、絶滅のおそれのある野生動植物の種の保存に関する法律（以下「法」という。）において使用する用語の例による。

法　律	施行令
（責務） **第２条** 国は、野生動植物の種（亜種又は変種がある種にあっては、その亜種又は変種とする。以下同じ。）が置かれている状況を常に把握し、絶滅のおそれのある野生動植物の種の保存に関する科学的知見の充実を図るとともに、その種の保存のための総合的な施策を策定し、及び実施するものとする。 ２　地方公共団体は、その区域内の自然的社会的諸条件に応じて、絶滅のおそれのある野生動植物の種の保存のための施策を策定し、及び実施するよう努めるものとする。 ３　動物園、植物園、水族館その他野生動植物の飼養又は栽培（以下「飼養等」という。）及び展示を主たる目的とする施設として環境省令で定めるもの（以下「動植物園等」という。）を設置し、又は管理する者は、動植物園等が生物の多様性の確保に重要な役割を有していることに鑑み、前２項の国及び地方公共団体が行う施策に協力することにより、絶滅のおそれのある野生動植物の種の保存に寄与するよう努めなければならない。 ４　国民は、第１項及び第２項の国及び地方公共団体が行う施策に協力する等絶滅のおそれのある野生動植物の種の保存に寄与するように努めなければならない。 **（財産権の尊重等）** **第３条**　この法律の適用に当たっては、関係者の所有権その他の財産権を尊重し、住民の生活の安定及び福祉の維持向上に配慮し、並びに国土の保全その他の公益との調整に留意しなければならない。 **（定義等）** **第４条**　この法律において「絶滅のおそれ」とは、野生動植物の種について、種の存続に支障を来す程度にその種の個体の数が著しく少ないこと、その種の個体の数が著しく減少しつつあること、その種の個体の主要な生息地又は生育地が消滅しつつあること、その種の個体の生息又は生育の環境が著しく悪化しつつあることその他のその種の存続に支障を来す事情があることをいう。 ２　この法律において「希少野生動植物種」とは、次項の国内希少野生動植物種、第４項の国際希少野生動植物種及び次条第１項の緊急指定種をいう。 ３　この法律において「国内希少野生動植物種」とは、その個体が本邦に生息し又は生育する絶滅のおそれのある野生動植物の種であって、政令で定めるものをいう。 ４　この法律において「国際希少野生動植物種」とは、国際的に協力して種の保存を図ることとされている絶滅のおそれのある野生動植物の	**（国内希少野生動植物種等）** **第１条**　絶滅のおそれのある野生動植物の種の保存に関する法律（以下「法」という。）第４条第３項の国内希少野生動植物種は、別表第１〔p.366参照〕に掲げる種（亜種又は変種を含む。以下同じ。）とする。 ２　法第４条第４項の国際希少野生動植物種は、別表第２

施行規則等

施行規則

(法第2条第3項の環境省令で定める施設)
第1条の3 法第2条第3項の環境省令で定める施設は、昆虫館又は動物園、植物園、水族館若しくは昆虫館に類する施設(野生動植物の生きている個体の販売若しくは貸出し又は飲食物の提供を主たる目的とするものを除く。)とする。

法　　律	施行令
種（国内希少野生動植物種を除く。）であって、政令で定めるものをいう。 5　この法律において「特定第一種国内希少野生動植物種」とは、次の各号のいずれにも該当する国内希少野生動植物種であって、政令で定めるものをいう。 　一　商業的に個体の繁殖をさせることができるものであること。 　二　国際的に協力して種の保存を図ることとされているものでないこと。 6　この法律において「特定第二種国内希少野生動植物種」とは、次の各号のいずれにも該当する国内希少野生動植物種であって、政令で定めるものをいう。 　一　種の個体の主要な生息地若しくは生育地が消滅しつつあるものであること又はその種の個体の生息若しくは生育の環境が著しく悪化しつつあるものであること。 　二　種の存続に支障を来す程度にその種の個体の数が著しく少ないものでないこと。 　三　繁殖による個体の数の増加の割合が低いものでないこと。 　四　国際的に協力して種の保存を図ることとされているものでないこと。 7　環境大臣は、第３項から前項までの政令の制定又は改廃に当たってその立案をするときは、野生動植物の種に関し専門の学識経験を有する者の意見を聴かなければならない。 **（緊急指定種）** **第５条**　環境大臣は、国内希少野生動植物種及び国際希少野生動植物種以外の野生動植物の種の保存を特に緊急に図る必要があると認めるときは、その種を緊急指定種として指定することができる。 2　環境大臣は、前項の規定による指定（以下この条において「指定」という。）をしようとするときは、あらかじめ関係行政機関の長に協議しなければならない。 3　指定の期間は、３年を超えてはならない。 4　環境大臣は、指定をするときは、その旨及び指定に係る野生動植物の種を官報で公示しなければならない。 5　指定は、前項の規定による公示の日の翌日からその効力を生ずる。 6　環境大臣は、指定の必要がなくなったと認めるときは、指定を解除しなければならない。 7　第２項、第４項及び第５項の規定は、前項の規定による指定の解除について準用する。この場合において、第５項中「前項の規定による公示の日の翌日から」とあるのは、「第７項において準用する前項の規定による公示によって」と読み替えるものとする。 **（希少野生動植物種保存基本方針）** **第６条**　環境大臣は、中央環境審議会の意見を聴いて希少野生動植物種の保存のための基本方針の案を作成し、これについて閣議の決定を求めるものとする。 2　前項の基本方針（以下この条において「希少野生動植物種保存基本	〔p.378参照〕に掲げる種とする。 3　法第４条第５項の特定第一種国内希少野生動植物種は、別表第３〔p.413参照〕に掲げる種とする。

施行規則等

法　律	施行令
方針」という。）は、次に掲げる事項について定めるものとする。 一　絶滅のおそれのある野生動植物の種の保存に関する基本構想 二　希少野生動植物種の選定に関する基本的な事項 三　国内希少野生動植物種に係る提案の募集に関する基本的な事項 四　希少野生動植物種の個体（卵及び種子であって政令で定めるものを含む。以下同じ。）及びその器官（譲渡し等に係る規制等のこの法律に基づく種の保存のための措置を講ずる必要があり、かつ、種を容易に識別することができるものであって、政令で定めるものに限る。以下同じ。）並びにこれらの加工品（種を容易に識別することができるものであって政令で定めるものに限る。以下同じ。）の取扱いに関する基本的な事項	**（希少野生動植物種の卵及び種子）** **第2条**　法第6条第2項第4号の政令で定める卵及び種子は、次に掲げるものとする。 一　緊急指定種のうち環境大臣が指定するものの卵及び種子 二　次に掲げる規定に掲げる種の卵 　イ　別表第1〔p.366参照〕の表1 　ロ　別表第1〔p.366参照〕の表2の第1の2から4まで並びに6のイの(3)の1の項、(4)の1の項、3の項及び4の項、(6)並びに(8)並びにハ 　ハ　別表第2〔p.378参照〕の表1 　ニ　別表第2〔p.378参照〕の表2の第1の2 三　別表第1の表2の第2の(5)の1の項、2の項及び4の項、(9)の1の項、(10)の2の項、(11)、(14)、(19)、(24)、(25)、(32)の2の項、(34)の1の項、(36)、(37)、(43)並びに(44)に掲げる種の種子 **（希少野生動植物種の器官）** **第3条**　法第6条第2項第4号の政令で定める器官は、別表第4〔p.415参照〕の科名の欄に掲げる希少野生動植物種の科の区分に応じ、それぞれ同表の器官の欄に定める器官とする。 **（希少野生動植物種の加工品）** **第4条**　法第6条第2項第4号の政令で定める加工品は、次

施行規則等

施 行 規 則
(希少野生動植物種の加工品)

法　　律	施行令
五　国内希少野生動植物種の個体の生息地又は生育地の保護に関する基本的な事項 　六　保護増殖事業（国内希少野生動植物種の個体の繁殖の促進、その生息地又は生育地の整備その他の国内希少野生動植物種の保存を図るための事業をいう。第４章において同じ。）に関する基本的な事項 　七　第48条の５第１項に規定する認定希少種保全動植物園等に関する基本的な事項 　八　前各号に掲げるもののほか、絶滅のおそれのある野生動植物の種の保存に関する重要事項 ３　環境大臣は、希少野生動植物種保存基本方針について第１項の閣議の決定があったときは、遅滞なくこれを公表しなければならない。 ４　第１項及び前項の規定は、希少野生動植物種保存基本方針の変更について準用する。 ５　環境大臣は、環境省令で定めるところにより、第２項第３号に規定する提案の募集を行うものとする。 ６　この法律の規定に基づく処分その他絶滅のおそれのある野生動植物の種の保存のための施策及び事業の内容は、希少野生動植物種保存基本方針と調和するものでなければならない。 　　**第２章　個体等の取扱いに関する規制**	に掲げるものとする。 　一　希少野生動植物種の個体の剥製その他の標本（剥製として製作する過程のものを含み、さく葉標本（植物を圧して乾燥させて製作した標本をいう。）を除く。） 　二　別表第４〔p.415参照〕の科名の欄に掲げる希少野生動植物種の科の区分に応じ、それぞれ同表の加工品の欄に定める物品（これらの物品として製造する過程のものを含む。）

施行規則等

第1条の2 絶滅のおそれのある野生動植物の種の保存に関する法律施行令（以下「令」という。）別表第4〔p.415参照〕の加工品の欄の環境省令で定める加工品は、次の表の科名の欄に掲げる科の区分に応じ、それぞれ同表の加工品の欄に定めるものとする。

科　　　名	加　　工　　品
カンガルー科	履物、かばん、袋物
ねずみカンガルー科	履物、かばん、袋物
ねこ科	履物、かばん、袋物、楽器
ぞう科	履物、かばん、袋物、楽器、室内娯楽用具、食卓用具、喫煙具、文房具、日用雑貨、仏具、茶道具
うま科	履物、かばん、袋物
ペッカリー科	履物、かばん、袋物
うみがめ科	履物、かばん、袋物、日用雑貨、楽器
アリゲーター科	履物、かばん、袋物、楽器
クロコダイル科	履物、かばん、袋物、楽器
おおとかげ科	履物、かばん、袋物、楽器
にしきへび科	履物、かばん、袋物、楽器
ボア科	履物、かばん、袋物、楽器
つめなしボア科	履物、かばん、袋物、楽器

施行規則
(提案の募集)
第1条の4 法第6条第5項の規定による提案の募集は、少なくとも毎年度1回、当該提案の募集のための相当な期間を定めて行うものとする。
2　環境大臣は、前項の期間をインターネットの利用その他の適切な方法により公表するものとする。

法　律	施行令
第１節　個体等の所有者の義務等 **（個体等の所有者等の義務）** **第７条**　希少野生動植物種の個体若しくはその器官又はこれらの加工品（以下「個体等」と総称する。）の所有者又は占有者は、希少野生動植物種を保存することの重要性を自覚し、その個体等を適切に取り扱うように努めなければならない。 **（助言又は指導）** **第８条**　環境大臣は、希少野生動植物種の保存のため必要があると認めるときは、希少野生動植物種の個体等の所有者又は占有者に対し、その個体等の取扱いに関し必要な助言又は指導をすることができる。 　　　第２節　個体の捕獲及び個体等の譲渡し等の禁止 **（捕獲等の禁止）** **第９条**　国内希少野生動植物種及び緊急指定種（以下この節及び第54条第２項において「国内希少野生動植物種等」という。）の生きている個体は、捕獲、採取、殺傷又は損傷（以下「捕獲等」という。）をしてはならない。ただし、次に掲げる場合は、この限りでない。 　一　次条第１項の許可を受けてその許可に係る捕獲等をする場合 　二　販売又は頒布をする目的以外の目的で特定第二種国内希少野生動植物種の生きている個体の捕獲等をする場合 　三　生計の維持のため特に必要があり、かつ、種の保存に支障を及ぼすおそれのない場合として環境省令で定める場合 　四　人の生命又は身体の保護その他の環境省令で定めるやむを得ない事由がある場合	

施行規則等

施 行 規 則
(捕獲等の禁止の適用除外)
第1条の5 法第9条第4号の環境省令で定めるやむを得ない事由は、次の各号に掲げるものとする。
一 人の生命又は身体の保護のために必要であること。
二 大学(学校教育法(昭和22年法律第26号)第1条に規定する大学及び国立大学法人法(平成15年法律第112号)第2条第4項に定める大学共同利用機関をいう。以下同じ。)における教育又は学術研究のために捕獲等をするものであること(あらかじめ、環境大臣に届け出たもの(公立の大学(地方独立行政法人法(平成15年法律第118号)第68条第1項に規定する公立大学法人が設置する大学を除く。以下同じ。)にあっては環境大臣に通知したもの)に限る。)。
三 次に掲げる行為に伴って捕獲等をするものであること。
　イ 森林法(昭和26年法律第249号)第10条の3若しくは第38条又は地すべり等防止法(昭和33年法律第30号)第21条第1項若しくは第2項の規定に基づく処分による義務の履行として行う行為であって急を要するもの
　ロ 非常災害に対する必要な応急措置としての行為
四 個体の保護のための移動又は移植を目的として当該個体の捕獲等をすることであって次に掲げる行為に伴うものであること(あらかじめ、環境大臣に届け出たものに限る。)。
　イ 森林の保護管理のための標識又は野生鳥獣の保護増殖のための標識、巣箱、給餌台若しくは給水台を設置し、又は管理すること。
　ロ 測量法(昭和24年法律第188号)第10条第1項に規定する測量標又は水路業務法(昭和25年法律第102号)第5条第1項に規定する水路測量標を設置し、又は管理すること。
　ハ 漁港漁場整備法(昭和25年法律第137号)第3条第1号に掲げる施設、同条第2号イ、ロ、ハ、ル若しくはヲに掲げる施設(同号イに掲げる施設については駐車場及びヘリポートを除き、同号ハに掲げる施設については公共施設用地に限る。)又は同法第40条の規定により漁港施設とみなされている施設

法　律	施行令

法律・施行令・施行規則等対照表

施行規則等

　　を設置し、又は管理すること。
ニ　漁港漁場整備法第34条に規定する漁港管理規程に基づき標識を設置し、又は管理すること。
ホ　沿岸漁業（沿岸漁業改善資金助成法（昭和54年法律第25号）第2条第1項に規定する沿岸漁業（総トン数10トン以上20トン未満の動力漁船（とう載漁船を除く。）を使用して行うものを除く。）をいう。以下同じ。）の生産基盤の整備及び開発を行うために必要な沿岸漁業の構造の改善に関する事業に係る施設を設置し、又は管理すること。
ヘ　海洋水産資源開発促進法（昭和46年法律第60号）第7条に規定する沿岸水産資源開発計画に基づく事業に係る増殖又は養殖のための施設を設置し、又は管理すること。
ト　道路を設置し、又は管理すること。
チ　信号機、防護柵、土留擁壁その他道路、鉄道、軌道又は索道の交通の安全を確保するための施設を設置し、又は管理すること。
リ　鉄道、軌道若しくは索道の駅舎又は自動車若しくは船舶による旅客運送事業の営業所若しくは待合所において、駅名板、停留所標識又は料金表、運送約款その他これらに類するものを表示した施設を設置し、又は管理すること。
ヌ　鉄道、軌道又は索道のプラットホーム（上家を含む。）を設置し、又は管理すること。
ル　海洋汚染等及び海上災害の防止に関する法律（昭和45年法律第136号）第3条第14号に規定する廃油処理施設を設置し、又は管理すること。
ヲ　航路標識法（昭和24年法律第99号）第1条第2項に規定する航路標識（以下単に「航路標識」という。）その他船舶の交通の安全を確保するための施設を設置し、又は管理すること。
ワ　船舶又は積荷の急迫した危難を避けるための応急措置として仮設の建築物その他の工作物（以下単に「工作物」という。）を新築すること。
カ　航空法（昭和27年法律第231号）第2条第5項に規定する航空保安施設を設置し、又は管理すること。
ヨ　郵便差出箱、集合郵便受箱、信書便差出箱、公衆電話施設又は電気通信事業法（昭和59年法律第86号）第141条第3項に規定する陸標を設置し、又は管理すること。
タ　電気供給のための電線路、有線電気通信のための線路又は空中線系（その支持物を含む。）を設置し、又は管理すること。
レ　気象、地象、地動、地球磁気、地球電気又は水象の観測のための施設を設置し、又は管理すること。
ソ　送水管、ガス管、電気供給のための電線路、有線電気通信のための線路その他これらに類する工作物を道路に埋設し、又は管理すること。
ツ　消防又は水防の用に供する望楼又は警鐘台を設置すること。
ネ　法令の規定により、又は保安の目的で標識を設置し、又は管理すること。
ナ　この号に掲げる行為を行うための仮設の工作物（宿舎を除く。）を当該行為に係る工事敷地内において設置すること。
ラ　放送法（昭和25年法律第132号）第2条第1号に規定する放送の業務又は電気通信事業法第2条第4号に規定する電気通信事業の用に供する施設の管理のために必要な行為
ム　水力、火力又は原子力による発電のため必要なダム、水路、貯水池、建物、機械、器具その他の工作物の設置若しくは改良又はこれらのため必要な工作物の設置若しくは改良及び送電変電施設の整備、ガス事業法（昭和29年法律第51号）第2条第11項に規定するガス事業又は工業用水道事業法（昭和33年法律第84号）第2条第4項に規定する工業用水道事業を行う者が行う保安の確保のために必要な行為
ウ　文化財保護法（昭和25年法律第214号）第27条第1項の規定により指定された重要文化財、同法第78条第1項の規定により指定された重要有形民俗文化財、同法第92条第1項に規定する埋蔵文化財、同法第109条第1項の規定により指定され、若しくは同法第110条第1項の規定により仮指定された史跡

203

法　律	施行令

（捕獲等の許可）

第10条　学術研究又は繁殖の目的その他環境省令で定める目的で国内希少野生動植物種等（特定第二種国内希少野生動植物種を除く。第3項第2号及び第4項第1号並びに次条第3項第1号及び第4項第1号において同じ。）の生きている個体の捕獲等をしようとする者は、環境大臣の許可を受けなければならない。

2　前項の許可を受けようとする者は、環境省令で定めるところにより、環境大臣に許可の申請をしなければならない。

施行規則等

　　名勝天然記念物、同法第134条第1項の規定により選定された重要文化的景観又は旧重要美術品等ノ保存ニ関スル法律（昭和8年法律第43号）第2条第1項の規定により認定された物件の保存のための行為
　ヰ　鉱業法（昭和25年法律第289号）第4条に規定する鉱業、採石法（昭和25年法律第291号）第10条第1項第3号に規定する採石業又は砂利採取法（昭和43年法律第74号）第2条に規定する砂利採取業を行うこと。
　ノ　農業、林業又は漁業を営むために行う行為
　オ　森林法第25条第1項若しくは第2項若しくは第25条の2第1項若しくは第2項の規定により指定された保安林の区域又は同法第41条の規定により指定された保安施設地区（以下「保安林の区域等」という。）において同法第34条第2項の許可を受けた者が行う当該許可に係る行為又は同項各号に該当する場合の同項に規定する行為（同法第44条において準用する場合を含む。）

◀ **施行規則**

（捕獲等の目的）
第2条　法第10条第1項の環境省令で定める目的は、教育の目的、国内希少野生動植物種等の個体の生息状況又は生育状況の調査の目的その他国内希少野生動植物種等の保存に資すると認められる目的とする。

◀ **施行規則**

（捕獲等の許可の申請等）
第3条　法第10条第2項の規定による許可の申請（第3項に規定する許可の申請を除く。）は、次の各号に掲げる事項を記載した申請書を提出して行うものとする。
　一　申請者の住所、氏名及び職業（法人にあっては、主たる事務所の所在地、名称、代表者の氏名及び主たる事業）
　二　捕獲等をしようとする個体に係る次に掲げる事項
　　イ　種名
　　ロ　卵を採取しようとする場合にあっては、その旨
　　ハ　数量
　三　捕獲等をする目的
　四　捕獲等をする区域及び当該区域の状況
　五　捕獲等の方法
　六　捕獲等をした個体の輸送方法（生きている個体の場合に限る。）
　七　捕獲等をしようとする期間
　八　捕獲等をした個体を飼養栽培しようとする場合にあっては、その場所の所在地、飼養栽培施設の規模及び構造並びに飼養栽培の取扱者の住所、氏名、職業及び飼養栽培に関する経歴
〔届出等→施行規則第51条。p.357参照〕
2　前項の申請書には、次の各号に掲げる書類を添付しなければならない。
　一　捕獲等をする区域の状況を明らかにした図面
　二　捕獲等をした個体を飼養栽培しようとする場合にあっては、飼養栽培施設の規模及び構造を明らかにした図面及び写真
　三　捕獲等をしようとする個体が動物である場合にあっては、捕獲等の方法を明らかにした図面
〔届出等→施行規則第51条。p.357参照〕
〔添付図面の省略→施行規則第55条。p.359参照〕
3　法第30条第1項の事業に係る譲渡し又は引渡しのためにする繁殖の目的で行う特定第一種国内希少野生動植物種の生きている個体の捕獲等についての法第10条第2項の規定による許可の申請は、次の各号に掲

法　律	施行令
3　環境大臣は、前項の申請に係る捕獲等について次の各号のいずれかに該当する事由があるときは、第1項の許可をしてはならない。 一　捕獲等の目的が第1項に規定する目的に適合しないこと。 二　捕獲等によって国内希少野生動植物種等の保存に支障を及ぼすおそれがあること。 三　捕獲等をする者が適当な飼養栽培施設を有しないことその他の事由により捕獲等に係る個体を適切に取り扱うことができないと認められること。 4　環境大臣は、第1項の許可をする場合において、次の各号に掲げる当該許可の区分に応じ、当該各号に定めるときは、その必要の限度において、その許可に条件を付することができる。 一　次号に規定する許可以外の許可　国内希少野生動植物種等の保存のため必要があると認めるとき。 二　第30条第1項の事業に係る譲渡し又は引渡しのためにする繁殖の目的で行う特定第一種国内希少野生動植物種の生きている個体の捕獲等についての許可　特定第一種国内希少野生動植物種の個体の繁殖を促進して希少野生動植物種の保存に資するため必要があると認めるとき。 5　環境大臣は、第1項の許可をしたときは、環境省令で定めるところにより、許可証を交付しなければならない。 6　第1項の許可を受けた者のうち法人であるものその他その許可に係る捕獲等に他人を従事させることについてやむを得ない事由があるものとして環境省令で定めるものは、環境省令で定めるところにより、環境大臣に申請をして、その者の監督の下にその許可に係る捕獲等に従事する者であることを証明する従事者証の交付を受けることができる。	

施行規則等

げる事項を記載した申請書を提出して行うものとする。
　一　申請者の住所及び氏名（法人にあっては、主たる事務所の所在地、名称及び代表者の氏名）
　二　特定国内種事業の届出年月日及び届出先
　三　捕獲等をしようとする個体に係る次に掲げる事項
　　　イ　種名
　　　ロ　卵を採取しようとする場合にあっては、その旨
　　　ハ　数量
　四　捕獲等をする区域及び当該区域の状況
　五　捕獲等の方法
　六　捕獲等をした個体の輸送方法
　七　捕獲等をしようとする期間
　八　捕獲等をした個体を繁殖させる場所の所在地、繁殖施設の概要並びに繁殖に従事する者の氏名及び繁殖に関する経歴
　九　繁殖方法及び繁殖計画
4　前項の申請書には、次の各号に掲げる書類を添付しなければならない。
　一　捕獲等をする区域の状況を明らかにした図面
　二　繁殖施設の規模及び構造を明らかにした図面及び写真
　三　捕獲等をしようとする個体が動物である場合にあっては、捕獲等の方法を明らかにした図面

5　法第10条第5項の許可証（以下この条において単に「許可証」という。）の様式は、様式第1〔p.422参照〕のとおりとする。
6　法第10条第6項の規定による従事者証の交付の申請は、次の各号に掲げる事項を記載した申請書を提出して行うものとする。
　一　申請者の主たる事務所の所在地、名称、代表者の氏名及び主たる事業
　二　捕獲等に係る許可証の番号及び交付年月日
　三　捕獲等に従事する者の住所、氏名及び職業
7　法第10条第6項の従事者証（以下この条において単に「従事者証」という。）の様式は、様式第2〔p.423

法　　律	施行令
7　第1項の許可を受けた者は、その者若しくはその者の監督の下にその許可に係る捕獲等に従事する者が第5項の許可証若しくは前項の従事者証を亡失し、又はその許可証若しくは従事者証が滅失したときは、環境省令で定めるところにより、環境大臣に申請をして、その許可証又は従事者証の再交付を受けることができる。 8　第1項の許可を受けた者又はその者の監督の下にその許可に係る捕獲等に従事する者は、捕獲等をするときは、第5項の許可証又は第6項の従事者証を携帯しなければならない。 9　第1項の許可を受けて捕獲等をした者は、その捕獲等に係る個体を、適当な飼養栽培施設に収容することその他の環境省令で定める方法により適切に取り扱わなければならない。 10　環境大臣は、第30条第1項の事業に係る譲渡し又は引渡しのためにする繁殖の目的で行う特定第一種国内希少野生動植物種の生きている個体の捕獲等についての第1項の許可をし、又は第4項の規定によりその許可に条件を付そうとするときは、あらかじめ農林水産大臣に協議しなければならない。 （捕獲等の規制に係る措置命令等） 第11条　環境大臣は、第9条の規定に違反して国内希少野生動植物種等の生きている個体の捕獲等をした者に対し、国内希少野生動植物種等の保存のため必要があると認めるときは、当該違反に係る国内希少野生動植物種等の生きている個体を環境大臣又はその指定する者に譲り渡すことその他の必要な措置をとるべきことを命ずることができる。 2　環境大臣は、前項の規定による命令をした場合において、その命令をされた者がその命令に係る措置をとらないときは、自ら措置をとるとともに、その費用の全部又は一部をその者に負担させることができる。 3　環境大臣は、前条第1項の許可を受けた者が同条第9項の規定に違反し、又は同条第4項の規定により付された条件に違反した場合にお	

施行規則等

　参照〕のとおりとする。
8　法第10条第7項の規定による許可証又は従事者証の再交付の申請は、次の各号に掲げる事項を記載した申請書を提出して行うものとする。
　一　申請者の住所、氏名及び職業（法人にあっては、主たる事務所の所在地、名称、代表者の氏名及び主たる事業）
　二　許可証又は従事者証の番号及び交付年月日
　三　許可証若しくは従事者証を亡失し、又は許可証若しくは従事者証が滅失した事情
9　許可証及び従事者証は、その効力を失った日から30日以内に、これを環境大臣に返納しなければならない。
10　許可証の交付を受けた者は、前項の規定により許可証を返納する場合にあっては、捕獲等に係る個体の都道府県別の数量及び処置の概要（第3項に規定する許可に係る場合にあっては、利用状況）を環境大臣に報告しなければならない。
11　法第10条第7項の規定により許可証又は従事者証の再交付を受けた者は、その再交付を受けた後において亡失した許可証又は従事者証を回復したときは、速やかに、当該回復した許可証又は従事者証を環境大臣に返納しなければならない。

施行規則
(個体の取扱方法)
第4条　法第10条第9項（法第13条第4項において準用する場合を含む。）の環境省令で定める方法は、次の各号に掲げるものとする。
　一　当該個体を飼養栽培する場合にあっては、適当な飼養栽培施設に収容すること。
　二　当該個体の生息若しくは生育に適した条件を維持し、又は当該個体を殺傷若しくは損傷しないよう適切に管理すること。
　三　前条第3項に規定する許可に係る場合にあっては、捕獲等に係る個体を繁殖させた個体と明確に区別して管理すること。

負担金省令
第1条　環境大臣が絶滅のおそれのある野生動植物の種の保存に関する法律（以下「法」という。）第11条第2項、第14条第2項若しくは第40条第3項の規定により、又は経済産業大臣等が法第16条第3項の規定により費用を負担させようとするときは、負担させようとする者の意見を聴かなければならない。

法　律	施行令
いて、次の各号に掲げる当該許可を受けた者の区分に応じ、当該各号に定めるときは、飼養栽培施設の改善その他の必要な措置をとるべきことを命ずることができる。 一　次号に規定する者以外の者　国内希少野生動植物種等の保存のため必要があると認めるとき。 二　第30条第1項の事業に係る譲渡し又は引渡しのためにする繁殖の目的で行う特定第一種国内希少野生動植物種の生きている個体の捕獲等についての前条第1項の許可を受けた者　特定第一種国内希少野生動植物種の個体の繁殖を促進して希少野生動植物種の保存に資するため必要があると認めるとき。 4　環境大臣は、前条第1項の許可を受けた者がこの法律若しくはこの法律に基づく命令の規定又はこの法律に基づく処分に違反した場合において、次の各号に掲げる当該許可を受けた者の区分に応じ、当該各号に定めるときは、その許可を取り消すことができる。 一　次号に規定する者以外の者　国内希少野生動植物種等の保存に支障を及ぼすと認めるとき。 二　前項第2号に掲げる者　特定第一種国内希少野生動植物種の個体の繁殖を促進して希少野生動植物種の保存に資することに支障を及ぼすと認めるとき。 5　環境大臣は、第3項第2号に掲げる者に対し、同項の規定による命令をし、又は前項の規定により許可を取り消そうとするときは、あらかじめ農林水産大臣に協議しなければならない。 **（譲渡し等の禁止）** **第12条**　希少野生動植物種の個体等は、譲渡し若しくは譲受け又は引渡し若しくは引取り（以下「譲渡し等」という。）をしてはならない。ただし、次に掲げる場合は、この限りでない。 一　次条第1項の許可を受けてその許可に係る譲渡し等をする場合 二　特定第一種国内希少野生動植物種の個体等の譲渡し等をする場合 三　販売若しくは購入又は頒布をする目的以外の目的で特定第二種国内希少野生動植物種の個体等の譲渡し等をする場合 四　国際希少野生動植物種の器官及びその加工品であって本邦内において製品の原材料として使用されているものとして政令で定めるもの（以下「原材料器官等」という。）並びにこれらの加工品のうち、その形態、大きさその他の事項に関し原材料器官等及びその加工品の種別に応じて政令で定める要件に該当するもの（以下「特定器官等」という。）の譲渡し等をする場合（第33条の6第1項に規定する特別特定器官等（第7号及び第17条第8号において単に「特別特定器官等」という。）を、同項に規定する特別国際種事業（第17条第2号において単に「特別国際種事業」という。）として譲り渡し、又は引き渡す場合を除く。） 五　第9条第3号に掲げる場合に該当して捕獲等をした国内希少野生動植物種等の個体若しくはその個体の器官又はこれらの加工品の譲渡し等をする場合	**（原材料器官等）** **第5条**　法第12条第1項第4号の原材料器官等は、別表第5〔p.419参照〕の科名の欄に掲げる国際希少野生動植物種の科の区分に応じ、それぞれ同表の原材料器官等の欄に定める器官及びその加工品とする。 **（特定器官等の要件）** **第6条**　法第12条第1項第4号の政令で定める要件は、器官の全形が保持されていないこととする。

施行規則等

法　律	施行令
六　第20条第1項の登録を受けた国際希少野生動植物種の個体等又は第20条の4第1項本文の規定により記載をされた同項の事前登録済証に係る原材料器官等の譲渡し等をする場合 七　第33条の7第1項に規定する特別国際種事業者（第17条第2号において単に「特別国際種事業者」という。）が、特別特定器官等の譲渡し又は引渡しをする場合 八　希少野生動植物種の個体等の譲渡し等をする当事者の一方又は双方が国の機関又は地方公共団体である場合であって環境省令で定める場合	

施行規則等

施行規則

(譲渡し等の禁止の適用除外)
第5条　法第12条第1項第8号の環境省令で定める場合は、次の各号に掲げるものとする。
一　国又は地方公共団体の試験研究機関が試験研究のために譲渡し等をする場合
二　警察法(昭和26年法律第162号)第2条第1項に規定する警察の責務として譲渡し等をする場合
三　検察庁法(昭和22年法律第61号)第4条に規定する検察官の職務として譲渡し等をする場合
四　第50条第1項第1号ロの規定により捕獲等をした生きている個体の譲渡し等をする場合
五　動物の愛護及び管理に関する法律(昭和48年法律第105号)第36条の規定に基づき、収容された生きている個体の譲渡し等をする場合
六　次に掲げる行為に伴って譲渡し等をする場合
　イ　砂防法(明治30年法律第29号)第2条の規定により指定された土地の管理を行い、又は当該土地において同法第1条に規定する砂防工事を行うこと。
　ロ　海岸法(昭和31年法律第101号)第3条第1項に規定する海岸保全区域の管理を行い、又は同法第2条第1項に規定する海岸保全施設に関する工事を行うこと。
　ハ　地すべり等防止法第3条第1項に規定する地すべり防止区域の管理を行い、又は同法第2条第4項に規定する地すべり防止工事を行うこと。
　ニ　河川法(昭和39年法律第167号)第6条第1項に規定する河川区域の管理を行い、又は当該区域内において同法第8条に規定する河川工事を行うこと。
　ホ　急傾斜地の崩壊による災害の防止に関する法律(昭和44年法律第57号)第3条第1項に規定する急傾斜地崩壊危険区域の管理を行い、又は同法第2条第3項に規定する急傾斜地崩壊防止工事を行うこと。
　ヘ　森林法第41条第3項に規定する保安施設事業又は地すべり等防止法に基づくぼた山崩壊防止工事を行うこと。
　ト　文化財保護法第27条第1項の規定による重要文化財の指定、同法第78条第1項の規定による重要有形民俗文化財の指定、同法第109条第1項の規定による史跡名勝天然記念物の指定若しくは同法第110条第1項の規定による史跡名勝天然記念物の仮指定のための行為又は同法第92条第1項に規定する埋蔵文化財を調査すること。
　チ　第1条の5第4号ウに掲げる行為
七　個体の保護のための移動又は移植を目的として当該個体の譲渡し等をする場合であって次に掲げる行為に伴うもの
　イ　砂防法第2条の規定により指定された土地以外の土地において同法第1条に規定する砂防設備に関する工事を行うこと。
　ロ　河川法第6条第1項に規定する河川区域以外の区域において同法第3条第2項に規定する河川管理施設の工事を行うこと。
　ハ　雪崩の防止のための工事を行うこと又は火山地、火山麓若しくは火山現象により著しい被害を受けるおそれのある地域において土砂の崩壊等による災害を防止するために土石流発生監視装置、測定機器その他これらに付随する工作物を設置すること。
　ニ　都市公園法(昭和31年法律第79号)第2条第1項に規定する都市公園又は都市計画法(昭和43年法

法　律	施行令
九　前各号に掲げるもののほか、希少野生動植物種の保存に支障を及ぼすおそれがない場合として環境省令で定める場合	

施行規則等

律第100号）第4条第6項に規定する都市計画施設である公園、緑地若しくは墓園（以下「都市公園等」という。）を設置し、又は管理すること。
　ホ　下水道法（昭和33年法律第79号）第2条第3号に規定する公共下水道、同条第4号に規定する流域下水道又は同条第5号に規定する都市下水路（以下「下水道」という。）を設置し、又は管理すること。
　ヘ　道路を設置し、又は管理すること。

◀ 2　法第12条第1項第9号の環境省令で定める場合は、次の各号に掲げるものとする。
　一　大学における教育又は学術研究のために譲渡し等をする場合
　二　獣医師法（昭和24年法律第186号）第4章の規定による業務に伴って譲渡し等をする場合
　三　文化財保護法第27条第1項の規定により指定された重要文化財、同法第78条第1項の規定により指定された重要有形民俗文化財、同法第92条第1項に規定する埋蔵文化財、同法第109条第1項の規定により指定され、若しくは同法第110条第1項の規定により仮指定された史跡名勝天然記念物又は旧重要美術品等ノ保存ニ関スル法律第2条第1項の規定により認定された物件の保存のための行為に伴って譲渡し等をする場合
　四　博物館法（昭和26年法律第285号）第2条第1項に規定する博物館又は同法第29条の規定により博物館に相当する施設として指定された施設（第3項において「博物館相当施設」という。）が、当該施設における展示のために譲渡し等（生きている個体に係るものを除く。）をする場合
　五　土地の譲渡し若しくは譲受け又は引渡し若しくは引取りに伴い当該土地に生育している個体の譲渡し等をする場合
　六　非常災害のため必要な応急措置として譲渡し等をする場合
　七　次に掲げる国際希少野生動植物種の個体であって、鳥獣の保護及び管理並びに狩猟の適正化に関する法律（平成14年法律第88号）に基づき適法に捕獲（殺傷を含む。）された個体又は当該個体から繁殖させたものの譲渡し等をする場合
　　イ　*Ursus arctos*（ヒグマ）
　　ロ　*Ursus thibetanus*（アジアクロクマ）
　八　次に掲げる国際希少野生動植物種の個体であって、漁業法（昭和24年法律第267号）第65条第1項若しくは第2項若しくは水産資源保護法（昭和26年法律第313号）第4条第1項若しくは第2項の規定により定められた省令若しくは規則に基づき適法に採捕された個体若しくは漁業法第67条第1項の規定による指示に従って採捕された個体又はこれらの個体から繁殖させたものの譲渡し等をする場合
　　イ　*Balaena mysticetus*（ホッキョククジラ）
　　ロ　*Eubalaena*属（セミクジラ属）全種
　　ハ　*Balaenoptera musculus*（シロナガスクジラ）
　　ニ　*Megaptera novaeangliae*（ザトウクジラ）
　　ホ　*Eschrichtius robustus*（コククジラ）
　　ヘ　*Caperea marginata*（コセミクジラ）
　　ト　*Neophocaena asiaeorientalis*（スナメリ）
　　チ　*Berardius arnuxii*（ミナミツチクジラ）
　　リ　*Hyperoodon*属（トックリクジラ属）全種
　　ヌ　令別表第2〔p.378参照〕の表2の第1の3のホの(2)又は(3)に掲げる種
　九　次に掲げる国際希少野生動植物種の個体であって繁殖させたものの譲渡し等をする場合
　　イ　*Erythrura gouldiae*（コキンチョウ）
　　ロ　*Neochmia ruficauda ruficauda*（ネオクミア・ルフィカウダ・ルフィカウダ）
　　ハ　*Polytelis alexandrae*（テンニョインコ）
　　ニ　*Polytelis anthopeplus monarchoides*（ポリュテリス・アントペプルス・モナルコイデス）

法　律	施行令
2　環境大臣は、前項第8号又は第9号の環境省令を定めようとするときは、農林水産大臣及び経済産業大臣に協議しなければならない。 **(譲渡し等の許可)** **第13条**　学術研究又は繁殖の目的その他環境省令で定める目的で希少野生動植物種の個体等の譲渡し等をしようとする者（前条第1項第2号から第9号までに掲げる場合のいずれかに該当して譲渡し等をしようとする者を除く。）は、環境大臣の許可を受けなければならない。 2　前項の許可を受けようとする者は、環境省令で定めるところにより、環境大臣に許可の申請をしなければならない。	

法律・施行令・施行規則等対照表

施行規則等

  ホ　*Polytelis swainsonii*（ミカヅキインコ）
  ヘ　*Chinchilla*属（チンチラ属）全種
  ト　*Lophophorus impejanus*（ニジキジ）
  チ　*Lophura swinhoii*（サンケイ）
  リ　*Syrmaticus ellioti*（カラヤマドリ）
  ヌ　*Syrmaticus mikado*（ミカドキジ）
  ル　*Struthio camelus*（ダチョウ）
  ヲ　令別表第２〔p.378参照〕の表２の第２の(1)、(2)、(4)、(7)から(9)まで、(11)から(13)まで又は(18)に掲げる種
 十　第７号から第９号に掲げるもの（以下この号及び第９条において「適法捕獲等個体」という。）の器官又は適法捕獲等個体若しくはその器官の加工品の譲渡し等をする場合
３　第１項第４号又は前項第１号、第３号、第４号若しくは第６号に規定する譲受け又は引取りをした者は、当該譲受け又は引取りをした後30日以内に、環境大臣に届け出る（国の機関、地方公共団体、公立の大学、公立博物館又は公立の博物館相当施設が譲受け又は引取りをする場合にあっては、環境大臣に通知する）ものとする。
〔届出→施行規則第52条・第53条。p.359参照〕

施行規則
（譲渡し等の目的）
第６条　法第13条第１項の環境省令で定める目的は、教育の目的、希少野生動植物種の個体の生息状況又は生育状況の調査の目的その他希少野生動植物種の保存に資すると認められる目的とする。

施行規則
（譲渡し等の許可の申請）
第７条　法第13条第２項の規定による許可の申請は、次の各号に掲げる事項を記載した申請書を提出して行うものとする。
　一　申請者の住所、氏名及び職業（法人にあっては、主たる事務所の所在地、名称、代表者の氏名及び主たる事業）
　二　譲渡し等をしようとする個体等に係る次に掲げる事項
　　イ　種名
　　ロ　生きている個体、卵、剥製その他の標本、個体の器官、個体の器官の加工品又はその他の個体等の区分（個体の器官又はその加工品にあってはその区分及び名称）
　　ハ　数量
　　ニ　所在地
　三　譲渡し等をする目的
　四　譲渡し等をする相手方の住所、氏名及び職業（相手方が法人の場合にあっては、主たる事務所の所在地、名称、代表者の氏名及び主たる事業）
　五　譲渡し等をする際の輸送方法（生きている個体の場合に限る。）
　六　譲渡し等をする予定時期
　七　譲渡し又は引渡しをしようとする者にあっては、当該譲渡し又は引渡しをする個体等を取得した経緯
　八　譲受け又は引取りをしようとする者であって当該譲受け又は引取りをした個体を飼養栽培しようとするものにあっては、当該個体を飼養栽培しようとする場所の所在地、飼養栽培施設の規模及び構造並びに飼養栽培の取扱者の住所、氏名、職業及び飼養栽培に関する経歴

法　律	施行令
3　環境大臣は、前項の申請に係る譲渡し等について次の各号のいずれかに該当する事由があるときは、第１項の許可をしてはならない。 　一　譲渡し等の目的が第１項に規定する目的に適合しないこと。 　二　譲受人又は引取人が適当な飼養栽培施設を有しないことその他の事由により譲受け又は引取りに係る個体等を種の保存のため適切に取り扱うことができないと認められること。 4　第10条第４項の規定は第１項の許可について、同条第９項の規定は第１項の許可を受けて譲受け又は引取りをした者について、前条第２項の規定は第１項の環境省令の制定又は改廃について準用する。この場合において、第10条第９項中「その捕獲等に係る個体」とあるのは、「その譲受け又は引取りに係る個体等」と読み替えるものとする。 **（譲渡し等の規制に係る措置命令）** **第14条**　環境大臣は、第12条第１項の規定に違反して希少野生動植物種の個体等の譲受け又は引取りをした者に対し、希少野生動植物種の保存のため必要があると認めるときは、当該違反に係る希少野生動植物種の個体等を環境大臣又はその指定する者に譲り渡すことその他の必要な措置をとるべきことを命ずることができる。 2　環境大臣は、前項の規定による命令をした場合において、その命令をされた者がその命令に係る措置をとらないときは、自ら措置をとるとともに、その費用の全部又は一部をその者に負担させることができる。 3　環境大臣は、前条第１項の許可を受けた者が同条第４項において準用する第10条第９項の規定に違反し、又は前条第４項において準用する第10条第４項の規定により付された条件に違反した場合において、希少野生動植物種の保存のため必要があると認めるときは、飼養栽培施設の改善その他の必要な措置をとるべきことを命ずることができる。 **（輸出入の禁止）** **第15条**　特定第一種国内希少野生動植物種以外の国内希少野生動植物種の個体等は、輸出し、又は輸入してはならない。ただし、その輸出又は輸入が、国際的に協力して学術研究をする目的でするものその他の特に必要なものであること、国内希少野生動植物種の本邦における保存に支障を及ぼさないものであることその他の政令で定める要件に該当するときは、この限りでない。	**（個体等の輸出入の要件）** **第７条**　法第15条第１項の政令で定める要件は、輸出については、次の各号のいずれにも該当することとする。 　一　輸出しようとする国内希少野生動植物種の個体等（法第７条の個体等をいう。以下同じ。）が、法第９条の規定に違反して同条の捕獲等をされ、又は法第12条第１項の規定に違反して同項の譲渡し等をされたもので

施行規則等

2　希少野生動植物種の個体等の譲渡し等をしようとする者であって次の各号に掲げるものは、それぞれ当該各号に定める書類を、前項の申請書に添付しなければならない。
　一　希少野生動植物種の個体等の譲渡し又は引渡しをしようとする者　当該個体等の写真
　二　希少野生動植物種の個体の譲受け又は引取りをしようとする者であって当該個体を飼養栽培しようとするもの　飼養栽培施設の規模及び構造を明らかにした図面及び写真

◀ 負担金省令
第1条　〔前出。p.209参照〕

法　　律	施 行 令
	ないこと。 二　次のイ及びロのいずれにも該当する旨の環境大臣の認定書の交付を受けていること。 　イ　輸出が、国際的に協力して学術研究又は繁殖をする目的でするものその他の特に必要なものであること。 　ロ　輸出によって国内希少野生動植物種の本邦における保存に支障を及ぼさないこと。 2　法第15条第1項ただし書の政令で定める要件は、輸入については、輸入しようとする国内希少野生動植物種の個体等が、別表第1〔p.366参照〕の表1に掲げる種の個体等であり、かつ、学術研究若しくは繁殖の目的でその個体等を輸出することを許可した旨のその輸出国の政府機関の発行する証明書（輸出国がその個体等の輸出を許可に係らしめていない場合にあっては、輸出国内において適法に捕獲し、採取し、若しくは繁殖させた個体又はその個体から生じた器官等（その個体の一部

施行規則等

施行規則
(認定書の交付の申請)
第8条 令第7条第1項第2号の認定書の交付を受けようとする者は、次に掲げる事項を記載した申請書を環境大臣に提出しなければならない。
　一　申請者の住所、氏名及び職業(法人にあっては、主たる事務所の所在地、名称、代表者の氏名及び主たる事業)
　二　輸出しようとする個体等に係る次に掲げる事項
　　イ　種名
　　ロ　生きている個体、卵、剥製その他の標本、個体の器官、個体の器官の加工品又はその他の個体等の区分(個体の器官又はその加工品にあってはその区分及び名称)
　　ハ　数量
　　ニ　所在地
　三　輸出の目的
　四　仕向地
　五　輸出の相手方の住所、氏名及び職業(相手方が法人の場合にあっては、主たる事務所の所在地、名称、代表者の氏名及び主たる事業)
　六　輸送の方法(生きている個体の場合に限る。)
　七　輸出の予定時期
　八　輸出しようとする個体等を取得した経緯
　九　輸出した個体を飼養栽培しようとする場合にあっては、その場所の所在地、飼養栽培施設の規模及び構造
　十　輸出の目的を達成した後の個体等の取扱い
2　前項の申請書には、次の各号のいずれかに該当する書類を添付しなければならない。
　一　法第10条第5項若しくは第7項の規定により交付を受けた許可証の写し又は法第13条第1項の許可を受けたことを証する書類
　二　前号に掲げる書類を添付し難い場合にあっては、当該個体等を適法に取得したことを証する書類

法　　律	施行令
	であった器官又はその個体若しくはその個体の一部であった器官を材料として製造された加工品をいう。以下同じ。）である旨のその輸出国の政府機関の発行する証明書）が添付されていること又は別表第1〔p.366参照〕の表2に掲げる種の個体等であることとする。 3　第1項第2号の認定書の交付の手続その他同号の認定書に関し必要な事項は、環境省令で定める。

2　特定第一種国内希少野生動植物種以外の希少野生動植物種の個体等を輸出し、又は輸入しようとする者は、外国為替及び外国貿易法（昭和24年法律第228号）第48条第3項又は第52条の規定により、輸出又は輸入の承認を受ける義務を課せられるものとする。

（違法輸入者に対する措置命令等）
第16条　経済産業大臣は、外国為替及び外国貿易法第52条の規定に基づく政令の規定による承認を受けないで特定第一種国内希少野生動植物種以外の希少野生動植物種の個体等が輸入された場合において必要があると認めるときは、その個体等を輸入した者に対し、輸出国内又は原産国内のその保護のために適当な施設その他の場所を指定してその個体等を返送することを命ずることができる。
2　環境大臣及び経済産業大臣は、外国為替及び外国貿易法第52条の規定に基づく政令の規定による承認を受けないで特定第一種国内希少野生動植物種以外の希少野生動植物種の個体等を輸入した者からその個体等がその承認を受けないで輸入されたものであることを知りながら第12条第1項の規定に違反してその個体等の譲受けをした者がある場合において、必要があると認めるときは、その者に対し、輸出国内又は原産国内のその保護のために適当な施設その他の場所を指定してその個体等を返送することを命ずることができる。
3　経済産業大臣が第1項の規定による命令をした場合又は環境大臣及び経済産業大臣が前項の規定による命令をした場合において、その命令をされた者がその命令に係る返送をしないときは、経済産業大臣又は環境大臣及び経済産業大臣（第52条において「経済産業大臣等」という。）は、自らその個体等を前2項に規定する施設その他の場所に返送するとともに、その費用の全部又は一部をその者に負担させることができる。

（陳列又は広告の禁止）
第17条　希少野生動植物種の個体等は、販売又は頒布をする目的でその陳列又は広告をしてはならない。ただし、次に掲げる場合は、この限りでない。

施行規則等

法　律	施行令
一　特定第一種国内希少野生動植物種の個体等、特定器官等（特別特定器官等を除く。）、第9条第3号に該当して捕獲等をした国内希少野生動植物種等の個体若しくはその個体の器官若しくはこれらの加工品、第20条第1項の登録を受けた国際希少野生動植物種の個体等又は第20条の4第1項本文の規定により記載をされた同項の事前登録済証に係る原材料器官等の陳列又は広告をする場合その他希少野生動植物種の保存に支障を及ぼすおそれがない場合として環境省令で定める場合 　二　特別特定器官等の陳列又は広告をする場合（特別国際種事業者以外の者が特別国際種事業として陳列又は広告をする場合を除く。） **（陳列又は広告をしている者に対する措置命令）** **第18条**　環境大臣は、前条の規定に違反して希少野生動植物種の個体等の陳列又は広告をしている者に対し、陳列又は広告の中止その他の同条の規定が遵守されることを確保するため必要な事項を命ずることができる。 **（報告徴収及び立入検査）** **第19条**　次の各号に掲げる大臣は、この法律の施行に必要な限度において、それぞれ当該各号に規定する者に対し、希少野生動植物種の個体等の取扱いの状況その他必要な事項について報告を求め、又はその職員に、希少野生動植物種の個体の捕獲若しくは個体等の譲渡し等、輸入、陳列若しくは広告に係る施設に立ち入り、希少野生動植物種の個体等、飼養栽培施設、書類その他の物件を検査させ、若しくは関係者に質問させることができる。 　一　環境大臣　第10条第1項若しくは第13条第1項の許可を受けている者又は販売若しくは頒布をする目的で希少野生動植物種の個体等の陳列若しくは広告をしている者 　二　環境大臣及び経済産業大臣　特定第一種国内希少野生動植物種以外の希少野生動植物種の個体等で輸入されたものの譲受けをした者 　三　経済産業大臣　特定第一種国内希少野生動植物種以外の希少野生動植物種の個体等を輸入した者 2　前項の規定による立入検査をする職員は、その身分を示す証明書を携帯し、関係者に提示しなければならない。 3　第1項の規定による権限は、犯罪捜査のために認められたものと解釈してはならない。 　　　　第3節　国際希少野生動植物種の個体等の登録等 **（個体等の登録）** **第20条**　国際希少野生動植物種の個体等で商業的目的で繁殖させた個体若しくはその個体の器官又はこれらの加工品であることその他の要件で政令で定めるもの（以下この章において「登録要件」という。）に該当するもの（特定器官等を除く。）の正当な権原に基づく占有者は、その個体等について環境大臣の登録を受けることができる。	**（個体等の登録の要件）** **第8条**　法第20条第1項の政令で定める要件は、別表第2〔p.378参照〕の表2に掲げる種の個体等であって次の各号のいずれかに該当するもので

施行規則等

◀ 施 行 規 則

(陳列又は広告の禁止の適用除外)
第9条 法第17条第1号の環境省令で定める場合は、適法捕獲等個体若しくはその器官又はこれらの加工品の陳列又は広告をする場合とする。

◀ 施 行 規 則

(法第19条第2項の証明書の様式)
第10条 法第19条第2項の証明書の様式は、様式第3〔p.424参照〕のとおりとする。

負担金省令

第6条 法第19条第2項の証明書は、別記様式〔p.438参照〕による。

法　律	施行令
	あることとする。 一　本邦内において繁殖させた個体又はその個体から生じた器官等であること。 二　別表第2〔p.378参照〕の表2の種名の欄に掲げる種の区分に応じ、それぞれ同表の適用日の欄に定める日前に、本邦内で取得され、又は本邦に輸入された個体（当該取得又は輸入に係る個体から生じた器官等を含む。）、器官（当該取得又は輸入に係る器官を材料として製造された加工品を含む。）又は加工品（当該取得又は輸入に係る加工品を材料として製造された加工品を含む。）であること。 三　関税法（昭和29年法律第61号）第67条の許可を受けて輸入された個体（当該輸入に係る個体から生じた器官等を含む。）、器官（当該輸入に係る器官を材料として製造された加工品を含む。）又は加工品（当該輸入に係る加工品を材料として製造された加工品を含む。）であって、次のイからハまでのいずれかに該当するものであること。 　イ　商業的目的で繁殖させた個体又はその個体から生じた器官等であること。 　ロ　絶滅のおそれのある野生動植物の種の国際取引に関する条約の適用される前に、輸出国内で取得され、又は輸出国に輸入された個体（当該取得又は輸入に係る個体から生じた器官等を含む。）、器官（当該取得又は輸入に

施行規則等

法　律	施行令
	係る器官を材料として製造された加工品を含む。）又は加工品（当該取得又は輸入に係る加工品を材料として製造された加工品を含む。）であることをその輸出国の政府機関が証明したものであること。 ハ　別表第6〔p.420参照〕の種名の欄に掲げる種ごとに、それぞれ同表の個体群の欄に掲げる個体群の区分に応じ、同表の個体等の欄に定める個体等（当該個体群に属する個体又はその個体から生じた器官等に限る。）であること。
2　前項の登録（第20条の3第1項及び第2項並びに第23条第1項及び第2項を除き、以下この節において「登録」という。）を受けようとする者は、環境省令で定めるところにより、次に掲げる事項を記載した申請書を環境大臣に提出しなければならない。 一　氏名及び住所（法人にあっては、その名称、代表者の氏名及び主たる事務所の所在地） 二　登録を受けようとする個体等の種名 三　登録を受けようとする個体等に係る次に掲げる区分 　　イ　個体 　　ロ　個体の器官 　　ハ　個体の加工品 　　ニ　個体の器官の加工品	

施行規則等

施 行 規 則

(登録の対象となる牙)
第10条の2 令別表第6〔p.420参照〕の個体等の欄の環境省令で定める牙は、絶滅のおそれのある野生動植物の種の国際取引に関する条約(次条第1項第4号において「条約」という。)附属書Ⅱに掲げる *Loxodonta africana*(アフリカゾウ)に付された注釈に従って本邦に輸入されたと認められるものとする。

施 行 規 則

(個体等の登録の申請等)
第11条 法第20条第2項の申請書には、登録をしようとする個体等の写真(第3項各号に掲げる種の生きている個体にあっては、当該個体の写真及びその個体識別措置に係る番号を確認することができる写真(当該個体に個体識別措置が講じられていることが確認できるものに限る。))及び証明書(第3項各号に掲げる種の生きている個体の場合に限り、個体識別措置が、マイクロチップ(国際標準化機構が定めた規格第11784号及び第11785号に適合するものに限る。以下同じ。)である場合にあっては獣医師が発行した当該マイクロチップの識別番号に係る証明書と、脚環である場合にあっては当該脚環の識別番号に係る証明書とする。)のほか、次の各号に掲げる個体等の区分に応じ、当該各号に定める書類を添付しなければならない。ただし、当該書類を添付し難い場合にあっては、これに代えて、当該個体等が当該区分に該当することを証する書類を添付することができる。
一 令第8条第1号の要件に該当する個体又はその個体から生じた器官等 当該個体を繁殖させた場所及び経緯を記載した書類並びに次のイからハまでに掲げる個体の区分に応じ、それぞれイからハまでに定める書類
 イ その親が法第20条第1項の規定により登録を受けた個体又はその個体から生じた器官等 当該親に係る法第20条第3項(法第20条の2第2項において準用する場合を含む。第5号において同じ。)、第8項、第9項又は第10項の規定により交付、書換交付又は再交付を受けた登録票の写し
 ロ その親が令第8条第3号の要件に該当する個体又はその個体から生じた器官等 当該親に係る第3号又は第4号に定める書類
 ハ イ及びロに掲げる個体以外の個体又はその個体から生じた器官等 その親を取得した経緯を記載した書類
二 令第8条第2号の要件に該当する個体、器官又は加工品 令別表第2〔p.378参照〕の表2の種名の欄に掲げる種の区分に応じ、それぞれ同表の適用日の欄に定める日前に、当該個体、器官又は加工品を本邦内において取得し、又は本邦に輸入した者が記載した当該取得又は輸入に係る経緯を明らかにした書類
三 令第8条第3号イ又はロの要件に該当する個体、器官又は加工品 輸入貿易管理令(昭和24年政令第

法　　律	施行令
四　個体等を識別するために特に措置を講ずることが必要な国際希少野生動植物種として環境省令で定めるものの個体等の登録を申請する場合にあっては、登録を受けようとする個体等に講じた個体識別措置（個体等に割り当てられた番号（第4項第3号及び第21条第6項において「個体識別番号」という。）を識別するための措置であって、国際希少野生動植物種ごとに環境省令で定めるものに限る。第7項、第21条第6項及び第22条の2において同じ。）	

施行規則等

414号）第4条第1項の規定による輸入の承認を受けたことを証する書類であって通関を証するものの写し

　四　令第8条第3号ハの要件に該当する個体、器官又は加工品　関税法（昭和29年法律第61号）第67条の規定により交付された輸入許可書の写し、同法第102条第1項の規定により交付された輸入に係る通関の証明書の写し又は条約に基づき輸出国の政府機関が発給した輸出許可書若しくは再輸出証明書であって、通関を証するものの写し

　五　第1号から第4号までに掲げる個体であって、既に登録を受けたもののうち、当該登録の有効期間が満了したもの（当該登録を受けた時からその有効期間が満了する時までの間にされた当該個体に係る全ての譲受け又は引取りに係る法第21条第5項の規定による届出がされたものに限る。）　当該個体に係る法第20条第3項、第8項、第9項又は第10項の規定により交付、書換交付又は再交付を受けた登録票の写し

2　環境大臣（個体等登録機関が個体等登録関係事務を行う場合にあっては、個体等登録機関）は、法第20条第2項の規定により登録の申請をした者に対し、同項の申請書及び前項の書類のほか、同条第1項に規定する登録要件に該当することを確認するために必要と認める書類の提出を求めることができる。

◀ 3　法第20条第2項第4号の環境省令で定める国際希少野生動植物種は、次の各号に掲げる種とし、同項第4号に規定する環境省令で定める措置は、当該各号に掲げる種の生きている個体ごとに、マイクロチップ又は脚環の装着その他の環境大臣が定める措置とする。

　一　令別表第2〔p.378参照〕の表2の第1の1の種名の欄に掲げる種（次に掲げるものを除く。）
　　イ　*Balaena mysticetus*（ホッキョククジラ）
　　ロ　*Eubalaena*属（セミクジラ属）全種
　　ハ　*Balaenoptera musculus*（シロナガスクジラ）
　　ニ　*Megaptera novaeangliae*（ザトウクジラ）
　　ホ　*Sotalia*属（コビトイルカ属）全種
　　ヘ　*Sousa*属（ウスイロイルカ属）全種
　　ト　*Eschrichtius robustus*（コククジラ）
　　チ　*Lipotes vexillifer*（ヨウスコウカワイルカ）
　　リ　*Caperea marginata*（コセミクジラ）
　　ヌ　*Neophocaena asiaeorientalis*（スナメリ）
　　ル　*Neophocaena phocaenoides*（ネオフォカエナ・フォカエノイデス）
　　ヲ　*Phocoena sinus*（コガシラネズミイルカ）
　　ワ　*Platanista*属（カワイルカ属）全種
　　カ　*Berardius arnuxii*（ミナミツチクジラ）
　　ヨ　*Hyperoodon*属（トックリクジラ属）全種
　　タ　*Dugong dugon*（ジュゴン）
　　レ　*Trichechus inunguis*（アマゾンマナティー）
　　ソ　*Trichechus manatus*（アメリカマナティー）
　　ツ　*Trichechus senegalensis*（アフリカマナティー）
　二　令別表第2〔p.378参照〕の表2の第1の2の種名の欄に掲げる種
　三　令別表第2〔p.378参照〕の表2の第1の3の種名の欄に掲げる種（次に掲げるものを除く。）
　　イ　*Abronia anzuetoi*（アンズエトキノボリアリゲータートカゲ）
　　ロ　*Abronia campbelli*（キャンベルキノボリアリゲータートカゲ）
　　ハ　*Abronia fimbriata*（フサキノボリアリゲータートカゲ）
　　ニ　*Abronia frosti*（フロストキノボリアリゲータートカゲ）
　　ホ　*Abronia meledona*（メレドナキノボリアリゲータートカゲ）

法　律	施行令
五　前各号に掲げるもののほか、環境省令で定める事項 3　環境大臣は、登録をしたときは、その申請をした者に対し、登録票を交付しなければならない。 4　前項の登録票（以下この節において「登録票」という。）には、第2項第3号イからニまでに掲げる区分ごとに環境省令で定める様式に従い、次に掲げる事項を記載するものとする。 　　一　登録をした個体等の種名 　　二　登録をした個体等の形態、大きさその他の主な特徴 　　三　登録をした個体等に係る個体識別番号 　　四　登録年月日 　　五　次条第1項に規定する登録の有効期間がある場合にあっては、その満了の日 　　六　前各号に掲げるもののほか、環境省令で定める事項 5　環境大臣は、第2項の申請書のうちに重要な事項について虚偽の記載があり、又は重要な事実の記載が欠けているときは、その登録を拒否しなければならない。 6　登録を受けた国際希少野生動植物種の個体等の正当な権原に基づく占有者は、その登録に係る第2項第3号に掲げる事項に変更を生じたときは、環境省令で定めるところにより、当該登録に係る登録票を環境大臣に提出して、変更登録を受けることができる。	

施行規則等

　　ヘ　*Brookesia perarmata*（ロゼッタヒメカメレオン）
　　ト　*Cnemaspis psychedelica*（ゲンカクマルメスベユビヤモリ）
　　チ　*Lygodactylus williamsi*（アオマルメヤモリ）
　　リ　*Gallotia simonyi*（イエロオオカナヘビ）
　四　*Andrias*属（オオサンショウウオ属）全種

◀ 4　法第20条第2項第5号の環境省令で定める事項は、次に掲げるものとする。
　一　登録をしようとする個体等に係る次に掲げる事項
　　イ　個体にあっては、生きている個体、卵又はその他の個体の別
　　ロ　個体の器官又は個体の器官の加工品にあっては、その名称
　　ハ　個体の加工品にあっては、剥製又はその他の個体の加工品の別
　　ニ　主な特徴
　　ホ　所在地
　　ヘ　前項各号に掲げる種の生きている個体にあっては、当該個体に講じた個体識別措置に係る番号
　二　登録の対象となる要件
　三　個体等の管理者が所有者と異なる場合にあっては、当該個体等の管理者の氏名及び住所

◀ 5　法第20条第4項の環境省令で定める様式は、様式第4〔p.425参照〕のとおりとする。

◀ 6　法第20条第4項第6号の環境省令で定める事項は、次に掲げるものとする。
　一　登録記号番号
　二　個体にあっては、生きている個体、卵又はその他の個体の別
　三　個体の加工品にあっては、剥製又はその他の個体の加工品の別
　四　個体の器官又は個体の器官の加工品にあっては、その名称

◀ 7　法第20条第6項の規定による変更登録の申請は、次に掲げる事項を記載した申請書に、当該変更登録を受けようとする個体等に係る登録票及び当該個体等の写真を添えて、これを環境大臣に（個体等登録機関が個体等登録関係事務を行う場合にあっては、当該登録票を交付した個体等登録機関があるときは当該個体等登録機関に、当該登録票を交付した個体等登録機関がないときは現にある個体等登録機関に）提出して行うものとする。
　一　申請者の氏名及び住所（法人にあっては、その名称、代表者の氏名及び主たる事務所の所在地）
　二　登録を受けた個体等に係る次に掲げる事項
　　イ　登録記号番号
　　ロ　変更後の個体の器官、個体の加工品又は個体の器官の加工品の区分
　　ハ　変更後に個体の加工品である場合にあっては、変更後の剥製又はその他の個体の加工品の別

法　律	施行令
7　登録を受けた国際希少野生動植物種の個体等の正当な権原に基づく占有者は、その登録に係る第2項第4号に掲げる個体識別措置を変更したときは、環境省令で定めるところにより、当該登録に係る登録票を環境大臣に提出して、変更登録を受けなければならない。 8　環境大臣は、前2項の変更登録をしたときは、その申請をした者に対し、変更後の登録票を交付しなければならない。 9　登録を受けた国際希少野生動植物種の個体等の正当な権原に基づく占有者は、その登録票に係る第4項第2号に掲げる事項に変更を生じたときは、環境省令で定めるところにより、当該登録票を環境大臣に提出して、登録票の書換交付を受けることができる。 10　登録を受けた国際希少野生動植物種の個体等の正当な権原に基づく占有者は、登録票でその個体等に係るものを亡失し、又は登録票が滅失したときは、環境省令で定めるところにより、環境大臣に申請をして、登録票の再交付を受けることができる。	

法律・施行令・施行規則等対照表

施行規則等

　ニ　変更後に個体の器官又は個体の器官の加工品である場合にあっては、変更後のその名称
　ホ　主な特徴
　ヘ　変更前の個体等が第3項各号に掲げる種の生きている個体である場合にあっては、当該個体に講じられていた個体識別措置及び個体識別番号

◀　8　法第20条第7項の規定による変更登録の申請は、次に掲げる事項を記載した申請書に、当該変更登録を受けようとする個体に係る登録票並びに当該個体の写真及びその変更後の個体識別措置に係る番号を確認することができる写真（当該個体に変更後の個体識別措置が講じられていることが確認できるものに限る。）並びに証明書（個体識別措置が、マイクロチップである場合にあっては獣医師が発行した当該マイクロチップの識別番号に係る証明書と、脚環である場合にあっては当該脚環の識別番号の変更に係る証明書とする。）を添えて、当該個体の個体識別措置を変更した日から起算して30日を経過する日までの間に、これを環境大臣に（個体等登録機関が個体等登録関係事務を行う場合にあっては、当該登録票を交付した個体等登録機関があるときは当該個体等登録機関に、当該登録票を交付した個体等登録機関がないときは現にある個体等登録機関に）提出して行うものとする。
　一　申請者の氏名及び住所（法人にあっては、その名称、代表者の氏名及び主たる事務所の所在地）
　二　登録を受けた個体に係る次に掲げる事項
　　イ　登録記号番号
　　ロ　変更後の個体識別措置及び個体識別措置に係る番号
　　ハ　変更の理由
　　ニ　主な特徴

◀　9　法第20条第9項の規定による書換交付の申請は、次に掲げる事項を記載した申請書に、当該書換交付を受けようとする個体等に係る登録票、当該個体等の写真（第3項各号に掲げる種の生きている個体にあっては、当該個体の写真及びその個体識別番号を確認することができる写真（当該個体に個体識別措置が講じられていることが確認できるものに限る。））及び証明書（第3項各号に掲げる種の生きている個体の場合に限り、個体識別措置が、マイクロチップである場合にあっては獣医師が発行した当該マイクロチップの識別番号に係る証明書と、脚環である場合にあっては当該脚環の識別番号に係る証明書とする。）を添えて、これを環境大臣に（個体等登録機関が個体等登録関係事務を行う場合にあっては、当該登録票を交付した個体等登録機関があるときは当該個体等登録機関に、当該登録票を交付した個体等登録機関がないときは現にある個体等登録機関に）提出して行うものとする。
　一　申請者の氏名及び住所（法人にあっては、その名称、代表者の氏名及び主たる事務所の所在地）
　二　登録を受けた個体等に係る次に掲げる事項
　　イ　登録記号番号
　　ロ　登録票の書換の内容
　　ハ　登録票の書換を必要とする理由
　　ニ　第3項各号に掲げる種の生きている個体にあっては、個体識別措置及び個体識別番号

◀　10　法第20条第10項（法第22条第2項において準用する場合を含む。）の規定による再交付の申請は、次に掲げる事項を記載した申請書に、当該再交付を受けようとする個体等の写真（第3項各号に掲げる生きている個体にあっては、当該個体の写真及びその個体識別番号を確認することができる写真（当該個体に個体識別措置が講じられていることが確認できるものに限る。））及び証明書（第3項各号に掲げる種の生きている個体の場合に限り、個体識別措置が、マイクロチップである場合にあっては獣医師が発行した当該マイクロチップの識別番号に係る証明書と、脚環である場合にあっては当該脚環の識別番号に係る証明書とする。）を添えて、これを環境大臣に（個体等登録機関が個体等登録関係事務を行う場合にあっては、当該再交付に係る登録票を交付した個体等登録機関があるときは当該個体等登録機関に、当該再交付に係

法　律	施行令
11　登録を受けた国際希少野生動植物種の個体等の正当な権原に基づく占有者は、第２項第１号に掲げる事項に変更を生じたときは、当該変更が生じた日から起算して30日を経過する日までの間に環境大臣にその旨を届け出なければならない。 12　第12条第２項の規定は、第２項の環境省令の制定又は改廃について準用する。 **（登録の更新）** **第20条の２**　登録のうち、定期的にその状態を確認する必要がある個体等として環境省令で定めるものに係るものは、５年を超えない範囲内において環境省令で定める期間（第３項及び第４項において「登録の有効期間」という。）ごとに、当該登録に係る登録票を環境大臣に提出して、その更新を受けなければ、その期間の経過によって、その効力を失う。	

施行規則等

る登録票を交付した個体等登録機関がないときは現にある個体等登録機関に）提出して行うものとする。
　一　申請者の氏名及び住所（法人にあっては、その名称、代表者の氏名及び主たる事務所の所在地）
　二　登録を受けた個体等に係る次に掲げる事項
　　イ　登録記号番号
　　ロ　種名
　　ハ　個体にあっては、生きている個体、卵又はその他の個体の別
　　ニ　個体の加工品にあっては、剥製又はその他の個体の加工品の別
　　ホ　個体の器官又は個体の器官の加工品にあっては、その名称
　　ヘ　第３項各号に掲げる種の生きている個体にあっては、個体識別措置及び個体識別番号
　三　亡失し、又は滅失した登録票の交付年月日
　四　登録票を亡失し、又は登録票が滅失した事情
11　法第20条第２項及び前４項の規定による申請書の提出については、環境大臣（個体等登録機関が個体等登録関係事務を行う場合にあっては、個体等登録機関）が支障がないと認めた場合に限り、当該申請書に記載すべきこととされている事項を記録した光ディスク（これに準ずる方法により一定の事項を確実に記録しておくことができる物を含む。）を提出することにより行うことができる。

◀　**施行規則**

（氏名等の変更の届出）
第11条の２　法第20条第11項の規定による届出は、次に掲げる事項を記載した届出書を環境大臣に（個体等登録機関が個体等登録関係事務を行う場合にあっては、当該届出に係る国際希少野生動植物種の個体等に係る登録票を交付した個体等登録機関があるときは当該個体等登録機関に、当該届出に係る国際希少野生動植物種の個体等に係る登録票を交付した個体等登録機関がないときは現にある個体等登録機関に）提出して行うものとする。
　一　変更が生じた事項に係る次に掲げる事項
　　イ　変更後の氏名又は住所（法人にあっては、その名称、代表者の氏名又は主たる事務所の所在地）
　　ロ　変更が生じた年月日
　二　登録を受けた個体等に係る次に掲げる事項
　　イ　登録記号番号
　　ロ　種名
　　ハ　個体にあっては、生きている個体、卵又はその他の個体の別
　　ニ　個体の加工品にあっては、剥製又はその他の個体の加工品の別
　　ホ　個体の器官又は個体の器官の加工品にあっては、その名称
　　ヘ　前条第３項各号に掲げる種の生きている個体にあっては、個体識別措置及び個体識別番号
２　前項の規定による届出書の提出については、環境大臣（個体等登録機関が個体等登録関係事務を行う場合にあっては、個体等登録機関）が支障がないと認めた場合に限り、電子情報処理組織を使用して行うことができる。

◀　**施行規則**

（登録の更新に係る個体等）
第11条の３　法第20条の２第１項の環境省令で定める個体等は、生きている個体とする。

施行規則

（個体等の登録の有効期間）
第11条の４　法第20条の２第１項の環境省令で定める期間は、５年とする。

法　律	施行令
2　前条第2項から第5項までの規定は、前項の登録の更新について準用する。 3　第1項の更新の申請があった場合において、登録の有効期間の満了の日までにその申請に対する処分がされないときは、従前の登録は、登録の有効期間の満了後もその処分がされるまでの間は、なおその効力を有する。 4　前項の場合において、登録の更新がされたときは、その登録の有効期間は、従前の登録の有効期間の満了の日の翌日から起算するものとする。 **（原材料器官等に係る事前登録）** **第20条の3**　1年間につき政令で定める数以上の登録要件に該当する原材料器官等（特定器官等を除く。）の譲渡し又は引渡しをしようとする者は、あらかじめ、その譲渡し又は引渡しをしようとする原材料器官等の種別、数、予定する入手先その他の事項で環境省令で定めるものについて環境大臣の登録を受けることができる。ただし、次の各号のいずれかに該当する者については、この限りでない。 　一　この法律に規定する罪を犯して刑に処せられ、その執行を終わり、又はその執行を受けることがなくなった日から起算して2年を経過しない者 　二　次条第6項の規定による返納命令を受けた日から起算して2年を経過しない者 2　前項の登録（以下この節において「事前登録」という。）を受けようとする者は、環境省令で定めるところにより、環境大臣に事前登録の申請をしなければならない。 3　環境大臣は、事前登録をしたときは、その申請をした者に対し、環境省令で定めるところにより、事前登録に係る原材料器官等の数に応じた枚数の事前登録済証を交付しなければならない。 4　第20条第12項の規定は、第2項の環境省令の制定又は改廃について準用する。 **（事前登録を受けた者の遵守事項等）**	

施行規則等

施 行 規 則

（個体等の登録の更新）

第11条の5 法第20条の2第1項の規定による個体等の登録の更新の申請は、当該更新を受けようとする個体に係る登録の有効期間の満了の日以前6月以内に、法第20条の2第2項において準用する法第20条第2項の申請書に、当該個体に係る登録票、当該個体の写真（第11条第3項各号に掲げる種の生きている個体にあっては、当該個体の写真及びその個体識別番号を確認することができる写真（当該個体に個体識別措置が講じられていることが確認できるものに限る。））及び証明書（第11条第3項各号に掲げる種の生きている個体の場合に限り、個体識別措置が、マイクロチップである場合にあっては獣医師が発行した当該マイクロチップの識別番号に係る証明書と、脚環である場合にあっては当該脚環の識別番号に係る証明書とする。）を添えて、これを環境大臣に（個体等登録機関が個体等登録関係事務を行う場合にあっては、当該登録票を交付した個体等登録機関があるときは当該個体等登録機関に、当該登録票を交付した個体等登録機関がないときは現にある個体等登録機関に）提出して行うものとする。

2 第11条第2項から第6項までの規定は、前項の登録の更新について準用する。この場合において、同条第4項第1号ニ中「主な特徴」とあるのは「主な特徴及び登録記号番号」と読み替えるものとする。

法　律	施行令
第20条の4　事前登録を受けた者は、事前登録をした事項に適合する原材料器官等の譲渡し又は引渡しをしようとするときは、環境省令で定めるところにより、その譲渡し又は引渡しをする原材料器官等ごとに前条第3項の事前登録済証（以下この節及び第59条第2号において「事前登録済証」という。）に必要な事項の記載をし、これをその原材料器官等に添付しなければならない。ただし、事前登録を受けた日から起算して1年を経過した日以後においては、その記載をしてはならない。 2　事前登録を受けた者は、環境省令で定めるところにより、3月を経過するごとに、その間に譲渡し又は引渡しをした事前登録に係る原材料器官等に関し環境大臣に必要な事項を報告しなければならない。 3　事前登録を受けた者は、事前登録を受けた日から起算して1年を経過したときは、環境省令で定めるところにより、その間に第1項本文の規定により記載をしなかった事前登録済証を環境大臣に返納しなければならない。 4　環境大臣は、事前登録を受けた者が、事前登録済証に、事前登録をした事項に適合する原材料器官等以外の原材料器官等について第1項本文に規定する記載をし、若しくは虚偽の事項を含む同項本文に規定する記載をし、又は事前登録に係る原材料器官等若しくは事前登録済証に関し次条第1項から第4項まで若しくは第22条第1項の規定に違反した場合において、必要があると認めるときは、その者に対し、3月を超えない範囲内で期間を定めて、第1項本文の規定により記載をすることを禁止することができる。 5　環境大臣は、事前登録を受けた者が前条第1項第1号に該当するに至ったときは、その者に対し、その事前登録に係る事前登録済証の返納を命じなければならない。 6　環境大臣は、事前登録を受けた者が第4項の規定による命令に違反した場合において必要があると認めるときは、その者に対し、その命令に係る事前登録に係る事前登録証の返納を命ずることができる。 7　環境大臣は、この条の規定の施行に必要な限度において、事前登録を受けた者に対し、必要な報告を求めることができる。 **（登録個体等及び登録票等の管理等）** 第21条　登録又は事前登録（以下この章において「登録等」という。）に係る国際希少野生動植物種の個体等は、販売又は頒布をする目的で陳列をするときは、その個体等に係る登録票又は前条第1項本文の規定により記載をされた事前登録済証（以下この章において「登録票等」という。）を備え付けておかなければならない。ただし、第20条第6項若しくは第7項の変更登録、同条第9項の登録票の書換交付又は第20条の2第1項の登録の更新の申請をしたときは、その申請に係る処分があるまでの間は、その個体等に係る登録票の写しを備え付けておくことをもって足りる。 2　登録等に係る国際希少野生動植物種の個体等は、販売又は頒布をする目的でその広告をするときは、その個体等について登録等を受けていることその他環境省令で定める事項を表示しなければならない。	

施行規則等

◀ 施 行 規 則
(広告の表示事項)
第11条の6 法第21条第2項の環境省令で定める事項は、登録記号番号、登録年月日及び登録の有効期間の

法　　律	施行令
3　登録等に係る国際希少野生動植物種の個体等の譲渡し等は、その個体等に係る登録票等とともにしなければならない。 4　登録票等は、その登録票等に係る国際希少野生動植物種の個体等とともにする場合を除いては、譲渡し等をしてはならない。 5　登録等に係る国際希少野生動植物種の個体等の譲受け又は引取りをした者（事前登録を受けた者から、その事前登録に係る原材料器官等に係る前条第１項本文の規定により記載をされた事前登録済証とともにその原材料器官等の譲受け又は引取りをした者を除く。）は、環境省令で定めるところにより、その日から起算して30日（事前登録に係る原材料器官等の譲受け又は引取りをした者にあっては、３月）を経過する日までの間に環境大臣にその旨を届け出なければならない。 6　登録に係る国際希少野生動植物種の個体等のうち個体識別措置が講じられたものを取り扱う者は、環境省令で定めるところにより、当該個体等の個体識別番号を識別できるよう取り扱わなければならない。 （登録票等の返納等） **第22条**　登録票等（第３号に掲げる場合にあっては、回復した登録票）は、次に掲げる場合のいずれかに該当することとなったときは、その日から起算して、登録票にあっては30日、事前登録済証にあっては３	

施行規則等

満了の日（第11条の3に規定する個体の広告をする場合に限る。）とする。

施行規則

（登録個体等の譲受け等の届出）
第12条 法第21条第5項の規定による届出は、次に掲げる事項を記載した届出書を環境大臣に（個体等登録機関が個体等登録関係事務を行う場合にあっては、当該届出に係る国際希少野生動植物種の個体等に係る登録票を交付した個体等登録機関があるときは当該個体等登録機関に、当該届出に係る国際希少野生動植物種の個体等に係る登録票を交付した個体等登録機関がないときは現にある個体等登録機関に）提出して行うものとする。
一　届出者の住所及び氏名（法人にあっては、主たる事務所の所在地、名称及び代表者の氏名）
二　登録を受けた個体等に係る次に掲げる事項
　　イ　登録記号番号
　　ロ　種名
　　ハ　個体にあっては、生きている個体、卵又はその他の個体の別
　　ニ　個体の加工品にあっては、剥製又はその他の個体の加工品の別
　　ホ　個体の器官又は個体の器官の加工品にあっては、その名称
　　ヘ　第11条第3項各号に掲げる種の生きている個体にあっては、個体識別措置及び個体識別番号
三　譲受け又は引取りをした年月日
四　届出者に譲渡し又は引渡しをした者の氏名（法人にあっては、名称及び代表者の氏名）
2　第11条第11項の規定は、前項の規定による届出書の提出について準用する。

施行規則

（個体識別番号の識別方法）
第12条の2　法第21条第6項の規定により、個体識別措置が講じられた個体を取り扱う者は、当該個体に係る個体識別番号の識別に関し、次に掲げる方法により取り扱わなければならない。
一　当該個体から個体識別措置を取り外さないこと（当該個体が個体識別措置を講じられた部位の疾患にかかっている場合又は当該個体識別措置を講じられた部位に外傷がある場合を除く。）。
二　個体識別措置が破損若しくは脱落し、又は前号括弧書に規定する事由がやみ当該個体に個体識別措置を講ずることができることとなったときは、直ちに個体識別措置を講ずること。
2　次の各号に掲げる場合は、当該各号に掲げる事由が生じた日から起算して30日を経過する日までの間に、その旨（第2号又は第3号に掲げる場合にあっては、その旨及び当該個体識別措置が、マイクロチップである場合にあっては獣医師が発行した当該マイクロチップの識別番号に係る証明書、脚環である場合にあっては当該脚環の識別番号に係る証明書）を環境大臣に（個体等登録機関が個体等登録関係事務を行う場合にあっては、当該登録票を交付した個体等登録機関があるときは当該個体等登録機関に、当該登録票を交付した個体等登録機関がないときは現にある個体等登録機関に）届け出なければならない。
一　個体に講じた個体識別措置が破損又は脱落した場合
二　個体から個体識別措置を取り外した場合（前項第1号括弧書に規定する事由がある場合に限る。）
三　前2号に掲げる事由が生じた後、当該個体に個体識別措置を講じた場合（法第20条第7項の規定により変更登録を受けた場合を除く。）

法　　律	施行令
月を経過する日までの間に環境大臣に返納しなければならない。 　一　登録票等に係る国際希少野生動植物種の個体等を占有しないこととなった場合（登録票等とともにその登録票等に係る国際希少野生動植物種の個体等の譲渡し又は引渡しをした場合を除く。） 　二　登録に係る第20条第2項第3号に掲げる事項に変更を生じた場合（同条第6項の変更登録の申請をした場合を除く。） 　三　第20条第10項の規定による登録票の再交付を受けた後亡失した登録票を回復した場合 　四　第20条の2第1項に規定する登録の有効期間がある場合には、当該登録の有効期間が満了した場合 2　第20条第10項の規定は、盗難その他の事由により登録を受けた国際希少野生動植物種の個体等を亡失したことによって前項第1号に掲げる場合に該当して同項の規定により登録票を環境大臣に返納した後その個体等を回復した場合について準用する。 3　返納すべき登録票の占有者がこれを保有することを希望するときは、返納を受けた環境大臣は、環境省令で定めるところにより、その登録票に消印をしてこれを当該登録票の占有者に還付することができる。 **（登録等の取消し）** **第22条の2**　環境大臣は、登録等、第20条第6項若しくは第7項の変更登録、同条第9項の登録票の書換交付、同条第10項（前条第2項において準用する場合を含む。）の登録票の再交付若しくは第20条の2第1項の登録の更新が偽りその他不正の手段によりなされたことが判明したとき、登録を受けた国際希少野生動植物種の個体等の正当な権原に基づく占有者が第20条第7項の規定に違反したとき、又は登録を受けた国際希少野生動植物種の個体等のうち個体識別措置が講じられたものが第21条第6項の規定に違反して占有者に取り扱われたと認めるときは、当該登録等を取り消すことができる。 **（個体等登録機関）** **第23条**　環境大臣は、環境省令で定めるところにより、第20条から第22条まで（第20条の4第4項から第7項までを除く。第7項において同じ。）に規定する環境大臣の事務（以下「個体等登録関係事務」という。）のうち環境省令で定める個体等に関するものについて、環境大臣の登録を受けた者（以下「個体等登録機関」という。）があるときは、その個体等登録機関に行わせるものとする。 2　前項の登録（以下この節において「機関登録」という。）は、個体等登録関係事務を行おうとする者の申請により行う。	

施行規則等

◀ 施行規則
(登録票の消印)
第12条の3 法第22条第3項の規定により返納に係る登録票に消印をする場合には、当該登録票の見えやすい位置に穴を開けるものとする。

◀ 施行規則
(機関登録の申請等)
第13条 法第23条第2項の規定による登録の申請は、次に掲げる事項を記載した申請書を提出して行うものとする。
一 申請者の氏名及び住所(法人にあっては、その名称、代表者の氏名及び主たる事務所の所在地)
二 個体等登録関係事務を行おうとする事務所の名称及び所在地
三 個体等登録関係事務を開始しようとする年月日
2 前項の申請書には、次に掲げる書類を添付しなければならない。
一 定款若しくは寄附行為及び登記事項証明書又はこれらに準ずるもの
二 申請の日の属する事業年度の直前の事業年度の貸借対照表及び当該事業年度末の財産目録又はこれらに準ずるもの(申請の日の属する事業年度に設立された法人にあっては、その設立時における財産目録)
三 申請者が法第23条第4項第1号及び第2号の規定に適合することを説明した書類
四 申請者が現に行っている業務の概要を記載した書類
五 前各号に掲げるもののほか、その他参考となる事項を記載した書類
六 現に行っている業務の概要を記載した書類

法　　律	施行令

　3　次の各号のいずれかに該当する者は、機関登録を受けることができない。
　　一　この法律に規定する罪を犯して刑に処せられ、その執行を終わり、又はその執行を受けることがなくなった日から起算して2年を経過しない者
　　二　第26条第4項又は第5項の規定により機関登録を取り消され、その取消しの日から起算して2年を経過しない者
　　三　法人であって、その業務を行う役員のうちに前2号のいずれかに該当する者があるもの
　4　環境大臣は、機関登録の申請をした者（以下この項において「機関登録申請者」という。）が次の各号のいずれにも適合しているときは、その機関登録をしなければならない。この場合において、機関登録に関して必要な手続は、環境省令で定める。
　　一　個体等登録関係事務を実施するために必要な外国語の能力を有している者であって、次のイ及びロに掲げるものが個体等登録関係事務を実施し、その人数が当該イ及びロに掲げるものごとに、それぞれ2名以上であること。
　　　イ　学校教育法（昭和22年法律第26号）に基づく大学若しくは高等専門学校において生物学その他動植物の分類に関して必要な課程を修めて卒業した者又はこれと同等以上の学力を有する者であって、通算して3年以上動植物の分類に関する実務の経験を有するもの
　　　ロ　学校教育法に基づく大学若しくは高等専門学校において農学その他動植物の繁殖に関して必要な課程を修めて卒業した者又はこれと同等以上の学力を有する者であって、通算して3年以上動植物の繁殖に関する実務の経験を有するもの
　　二　機関登録申請者が、次のいずれかに該当するものでないこと。
　　　イ　機関登録申請者が株式会社である場合にあっては、業として動植物の譲渡し等をし、又は陳列若しくは広告をしている者（ロにおいて「動植物譲渡業者等」という。）がその親法人（会社法（平成17年法律第86号）第879条第1項に規定する親法人をいう。以下同じ。）であること。
　　　ロ　機関登録申請者の役員又は職員のうちに、動植物譲渡業者等の役員又は職員である者（過去2年間にその動植物譲渡業者等の役員又は職員であった者を含む。）があること。
　5　機関登録は、個体等登録機関登録簿に次に掲げる事項を記載してするものとする。
　　一　機関登録の年月日及び番号
　　二　機関登録を受けた者の氏名及び住所（法人にあっては、その名称、代表者の氏名及び主たる事務所の所在地）
　　三　前2号に掲げるもののほか、環境省令で定める事項

施行規則等
七　登録関係事務の実施の方法に関する計画を記載した書類
3　法第23条第1項の環境省令で定める個体等は、令別表第2〔p.378参照〕の表2に掲げる種の個体及びその加工品並びに令別表第4〔p.415参照〕に掲げる器官及び加工品とする。

法　律	施行令
6　環境大臣は、機関登録をしたときは、機関登録に係る個体等に関する個体等登録関係事務を行わないものとする。 7　個体等登録機関がその個体等登録関係事務を行う場合における第20条から第22条までの規定の適用については、第20条第1項中「環境大臣」とあるのは「個体等登録機関（第23条第1項に規定する個体等登録機関をいう。以下この条から第22条までにおいて同じ。）」と、第20条第2項から第11項まで（第4項を除く。）、第20条の2第1項、第20条の3第1項から第3項まで、第20条の4（第1項を除く。）、第21条第5項及び第22条中「環境大臣」とあるのは「個体等登録機関」とする。 **（個体等登録機関の遵守事項等）** **第24条**　個体等登録機関は、個体等登録関係事務を実施することを求められたときは、正当な理由がある場合を除き、遅滞なく、個体等登録関係事務を実施しなければならない。 2　個体等登録機関は、公正に、かつ、環境省令で定める方法により個体等登録関係事務を実施しなければならない。 3　個体等登録機関は、前条第5項第2号又は第3号に掲げる事項を変更しようとするときは、変更しようとする日の2週間前までに、環境大臣に届け出なければならない。ただし、環境省令で定める軽微な事項に係る変更については、この限りでない。 4　個体等登録機関は、前項ただし書の事項について変更したときは、遅滞なく、環境大臣にその旨を届け出なければならない。 5　個体等登録機関は、その個体等登録関係事務の開始前に、環境省令で定めるところにより、その個体等登録関係事務の実施に関する規程を定め、環境大臣の認可を受けなければならない。これを変更しようとするときも、同様とする。	

施行規則等

施行規則

（個体等登録関係事務の実施の方法等）
第14条 法第24条第２項の環境省令で定める方法は、次に掲げるものとする。
一　登録（更新を含む。次号及び第４号並びに第15条第２号及び第10号において同じ。）の申請に係る個体等の種を確認すること。
二　登録の申請に係る個体等が令第８条に規定する要件に該当することを確認すること。
三　登録の申請に係る個体等が既に登録を受けたものでないことを確認すること。
四　登録の申請に係る個体等が第11条第３項各号に掲げる種の生きている個体である場合にあっては、個体識別措置が適切に講じられていること及び当該個体識別措置に係る番号（登録の更新にあっては、当該個体に係る個体識別番号）を確認すること。
2　法第24条第３項の環境省令で定める軽微な事項に係る変更は、法第23条第１項の登録を受けた者の住所（法人にあっては、その代表者の氏名又は主たる事務所の所在地）の変更とする。

3　法第24条第５項の個体等登録関係事務の実施に関する規程は、次の事項について定めるものとする。
一　個体等登録関係事務を行う時間及び休日に関する事項
二　個体等登録関係事務を行う事務所に関する事項
三　個体等登録関係事務の実施体制に関する事項
四　第１項第２号から第４号までの確認の方法に関する事項
五　手数料の収納に関する事項
六　個体等登録関係事務に関する秘密の保持に関する事項
七　個体等登録関係事務に関する帳簿、書類等の管理に関する事項
八　前各号に掲げるもののほか、その他個体等登録関係事務の実施に関し必要な事項
4　個体等登録機関は、法第24条第５項前段の認可を受けようとするときは、その旨を記載した申請書に個体等登録関係事務の実施に関する規程を添えて、これを環境大臣に提出しなければならない。
5　個体等登録機関は、法第24条第５項後段の認可を受けようとするときは、次に掲げる事項を記載した申請書を環境大臣に提出しなければならない。
一　変更しようとする事項

法　律	施行令
6　個体等登録機関は、毎事業年度経過後3月以内に、その事業年度の財産目録、貸借対照表及び損益計算書又は収支計算書並びに事業報告書（その作成に代えて電磁的記録（電子的方式、磁気的方式その他の人の知覚によっては認識することができない方式で作られる記録であって、電子計算機による情報処理の用に供されるものをいう。以下同じ。）の作成がされている場合における当該電磁的記録を含む。以下「財務諸表等」という。）を作成し、5年間事業所に備えて置かなければならない。 7　登録等を受けようとする者その他の利害関係人は、個体等登録機関の業務時間内は、いつでも、次に掲げる請求をすることができる。ただし、第2号又は第4号の請求をするには、個体等登録機関の定めた費用を支払わなければならない。 　一　財務諸表等が書面をもって作成されているときは、当該書面の閲覧又は謄写の請求 　二　前号の書面の謄本又は抄本の請求 　三　財務諸表等が電磁的記録をもって作成されているときは、当該電磁的記録に記録された事項を環境省令で定める方法により表示したものの閲覧又は謄写の請求 　四　前号の電磁的記録に記録された事項を電磁的方法であって環境省令で定めるものにより提供することの請求又は当該事項を記載した書面の交付の請求 8　個体等登録機関は、環境省令で定めるところにより、帳簿を備え、個体等登録関係事務に関し環境省令で定める事項を記載し、これを保存しなければならない。	

施行規則等
二　変更しようとする年月日 三　変更の理由

施行規則

(電磁的方法)

第14条の2　法第24条第7項第3号の環境省令で定める方法は、当該電磁的記録に記録された事項を紙面又は出力装置の映像面に表示する方法とする。

2　法第24条第7項第4号の環境省令で定める電磁的方法は、次に掲げるものとする。

一　送信者の使用に係る電子計算機と受信者の使用に係る電子計算機とを電気通信回線で接続した電子情報処理組織を使用する方法であって、当該電気通信回線を通じて情報が送信され、受信者の使用に係る電子計算機に備えられたファイルに当該情報が記録されるもの

二　磁気ディスクその他これに準ずる方法により一定の情報を確実に記録しておくことができる物をもって調製するファイルに情報を記録したものを交付する方法

3　前項各号に掲げる方法は、受信者がファイルへの記録を出力することによる書面を作成できるものでなければならない。

施行規則

(帳簿)

第15条　法第24条第8項の環境省令で定める事項は、次に掲げるものとする。

一　申請者の氏名及び住所（法人にあっては、その名称、代表者の氏名及び主たる事務所の所在地）

二　登録の申請を受けた年月日

三　申請に係る個体等の種名

四　申請に係る個体等について、生きている個体、卵、剥製その他の標本、個体の器官、個体の器官の加工品又はその他の個体等の区分（個体の器官又はその加工品にあってはその区分及び名称）

五　申請に係る個体等の主な特徴

六　申請に係る個体等について、令第8条に規定する要件のうち該当するもの

七　令第8条に規定する要件に該当することを確認した書類の種類

八　申請に係る個体等が第11条第3項各号に掲げる種の生きている個体である場合にあっては、個体識別措置及び個体識別番号

九　登録又は登録の更新の別

十　登録を行った年月日

法　律	施行令
9　個体等登録機関は、環境大臣の許可を受けなければ、その個体等登録関係事務の全部又は一部を休止し、又は廃止してはならない。 10　環境大臣は、個体等登録機関が前項の許可を受けてその個体等登録関係事務の全部若しくは一部を休止したとき、第26条第5項の規定により個体等登録機関に対し個体等登録関係事務の全部若しくは一部の停止を命じたとき、又は個体等登録機関が天災その他の事由によりその個体等登録関係事務の全部若しくは一部を実施することが困難となった場合において必要があると認めるときは、その個体等登録関係事務の全部又は一部を自ら行うものとする。 11　環境大臣が前項の規定により個体等登録関係事務の全部若しくは一部を自ら行う場合、個体等登録機関が第9項の許可を受けてその個体等登録関係事務の全部若しくは一部を廃止する場合又は環境大臣が第26条第4項若しくは第5項の規定により機関登録を取り消した場合における個体等登録関係事務の引継ぎその他の必要な事項は、環境省令で定める。 **（秘密保持義務等）** **第25条**　個体等登録機関の役員若しくは職員又はこれらの職にあった者は、その個体等登録関係事務に関し知り得た秘密を漏らしてはならない。 2　個体等登録関係事務に従事する個体等登録機関の役員又は職員は、刑法（明治40年法律第45号）その他の罰則の適用については、法令により公務に従事する職員とみなす。 **（個体等登録機関に対する適合命令等）** **第26条**　環境大臣は、個体等登録機関が第23条第4項各号のいずれかに適合しなくなったと認めるときは、その個体等登録機関に対し、これらの規定に適合するため必要な措置をとるべきことを命ずることができる。 2　環境大臣は、個体等登録機関が第24条第1項又は第2項の規定に違反していると認めるときは、その個体等登録機関に対し、個体等登録関係事務を実施すべきこと又は個体等登録関係事務の方法の改善に関し必要な措置をとるべきことを命ずることができる。 3　環境大臣は、第24条第5項の規程が個体等登録関係事務の公正な実施上不適当となったと認めるときは、その規程を変更すべきことを命ずることができる。 4　環境大臣は、個体等登録機関が第23条第3項第1号又は第3号に該	

施行規則等

十一　登録記号番号

施行規則

(個体等登録関係事務の休廃止の許可の申請)
第16条　個体等登録機関は、法第24条第9項の許可を受けようとするときは、次に掲げる事項を記載した申請書を環境大臣に提出しなければならない。
一　休止し、又は廃止しようとする個体等登録関係事務の範囲
二　休止し、又は廃止しようとする年月日
三　休止しようとする場合にあっては、その期間
四　休止又は廃止の理由

施行規則

(個体等登録関係事務の引継ぎ等)
第17条　個体等登録機関は、環境大臣が法第24条第10項の規定により個体等登録関係事務の全部若しくは一部を自ら行う場合、同条第9項の許可を受けて個体等登録関係事務の全部若しくは一部を廃止する場合又は環境大臣が法第26条第4項若しくは第5項の規定により機関登録を取り消した場合には、次に掲げる事項を行わなければならない。
一　個体等登録関係事務を環境大臣に引き継ぐこと。
二　個体等登録関係事務に関する帳簿及び書類を環境大臣に引き継ぐこと。
三　その他環境大臣が必要と認める事項

法　律	施行令
当するに至ったときは、機関登録を取り消さなければならない。 5　環境大臣は、個体等登録機関が次の各号のいずれかに該当するときは、その機関登録を取り消し、又は期間を定めて個体等登録関係事務の全部若しくは一部の停止を命ずることができる。 　一　第24条第3項から第6項まで、第8項又は第9項の規定に違反したとき。 　二　第24条第5項の規程によらないで個体等登録関係事務を実施したとき。 　三　正当な理由がないのに第24条第7項各号の規定による請求を拒んだとき。 　四　第1項から第3項までの規定による命令に違反したとき。 　五　不正の手段により機関登録を受けたとき。 **（報告徴収及び立入検査）** **第27条**　環境大臣は、この節の規定の施行に必要な限度において、個体等登録機関に対し、その個体等登録関係事務に関し報告を求め、又はその職員に、個体等登録機関の事務所に立ち入り、個体等登録機関の帳簿、書類その他必要な物件を検査させ、若しくは関係者に質問させることができる。 2　前項の規定による立入検査をする職員は、その身分を示す証明書を携帯し、関係者に提示しなければならない。 3　第1項の規定による権限は、犯罪捜査のために認められたものと解釈してはならない。 **（個体等登録機関がした処分等に係る審査請求）** **第28条**　個体等登録機関が行う個体等登録関係事務に係る処分又はその不作為について不服がある者は、環境大臣に対し、審査請求をすることができる。この場合において、環境大臣は、行政不服審査法（平成26年法律第68号）第25条第2項及び第3項、第46条第1項及び第2項、第47条並びに第49条第3項の規定の適用については、個体等登録機関の上級行政庁とみなす。 **（公示）** **第28条の2**　環境大臣は、次に掲げる場合には、その旨を官報に公示しなければならない。 　一　機関登録をしたとき。 　二　第24条第3項の規定による届出があったとき。 　三　第24条第9項の規定による許可をしたとき。 　四　第24条第10項の規定により環境大臣が個体等登録関係事務の全部若しくは一部を自ら行うこととするとき、又は自ら行っていた個体等登録関係事務の全部若しくは一部を行わないこととするとき。 　五　第26条第4項若しくは第5項の規定により機関登録を取り消し、又は同項の規定により個体等登録関係事務の全部若しくは一部の停止を命じたとき。 **（手数料）**	**（個体等の登録等に関する手数料）**

施行規則等

施行規則

(法第27条第2項の証明書の様式)
第18条 法第27条第2項の証明書の様式は、様式第5〔p.426参照〕のとおりとする。

法　　律	施行令
第29条　次に掲げる者は、実費を勘案して政令で定める額の手数料を国（個体等登録機関が個体等登録関係事務を行う場合にあっては、個体等登録機関）に納めなければならない。 　一　登録等を受けようとする者 　二　第20条第6項若しくは第7項の変更登録又は同条第9項の登録票の書換交付を受けようとする者 　三　登録票の再交付を受けようとする者 　四　第20条の2第1項の登録の更新を受けようとする者 2　前項の規定により個体等登録機関に納められた手数料は、個体等登録機関の収入とする。	**第9条**　法第29条第1項の政令で定める手数料の額は、次の各号の区分に応じ、それぞれ当該各号に定める額とする。 　一　個体等（次号に掲げる器官を除く。）についての法第20条第1項の登録　1の個体等につき5000円 　二　別表第6〔p.420参照〕の12の項及び13の項に掲げる個体等のうち牙（平成26年6月1日以後に本邦に輸入されたものに限る。）についての法第20条第1項の登録　1の原材料器官等につき1600円 　三　法第20条第6項若しくは第7項の変更登録又は同条第9項の登録票の書換交付　1件につき1500円 　四　法第20条第10項の登録票の再交付　1件につき1500円 　五　法第20条の2第1項の登録の更新　1の個体等につき4600円

　　　第4節　特定国内種事業及び特定国際種事業等の規制
　　　　第1款　特定国内種事業の規制
（特定国内種事業の届出）
第30条　特定第一種国内希少野生動植物種の個体等の譲渡し又は引渡しの業務を伴う事業（以下この節及び第62条第1号において「特定国内種事業」という。）を行おうとする者（次項に規定する者を除く。）は、あらかじめ、次に掲げる事項を環境大臣及び農林水産大臣に届け出なければならない。
　一　氏名又は名称及び住所並びに法人にあっては、その代表者の氏名
　二　特定第一種国内希少野生動植物種の個体等の譲渡し又は引渡しの業務を行うための施設の名称及び所在地
　三　譲渡し又は引渡しの業務の対象とする特定第一種国内希少野生動植物種
　四　前3号に掲げるもののほか、環境省令、農林水産省令で定める事項

施行規則等

施行規則

(登録等に関する手数料の納付)
第19条 法第29条に規定する手数料については、国に納付する場合にあっては法第20条第2項(法第20条の2第2項において準用する場合を含む。)又は第11条第7項から第10項までの申請書に、それぞれ当該手数料の額に相当する額の収入印紙を貼ることにより、個体等登録機関に納付する場合にあっては法第24条第5項の個体等登録関係事務の実施に関する規程で定めるところにより納付しなければならない。
2　前項の規定により納付された手数料は、これを返還しない。

国内種省令

(特定国内種事業の届出)
第2条　法第30条第1項第4号の環境省令、農林水産省令で定める事項は、次の各号に掲げるものとする。
　一　譲渡し又は引渡しの業務を開始しようとする日
　二　特定第一種国内希少野生動植物種の個体等を繁殖させる場合にあっては、次に掲げる事項

法　律	施行令
2　特定国内種事業のうち加工品に係るものを行おうとする者は、あらかじめ、次に掲げる事項を、環境大臣及び加工品の種別に応じて政令で定める大臣（以下この節において「特定国内種関係大臣」という。）に届け出なければならない。 一　前項第1号から第3号までに掲げる事項 二　前号に掲げるもののほか、環境大臣及び特定国内種関係大臣の発する命令で定める事項 3　環境大臣及び農林水産大臣は、第1項の規定による届出があったときは、届出に係る番号をその届出をした者に通知するとともに、環境省令、農林水産省令で定めるところにより、その届出をした者の氏名又は名称及び住所並びにその番号その他環境省令、農林水産省令で定める事項を公表しなければならない。 4　第1項の規定による届出をした者は、その届出に係る事項に変更があったとき、又は特定国内種事業を廃止したときは、その日から起算して30日を経過する日までの間に、その旨を環境大臣及び農林水産大臣に届け出なければならない。	

施行規則等
イ　繁殖施設の所在地、規模及び構造 　　ロ　繁殖に従事する者の氏名及び繁殖に関する経歴 　　ハ　繁殖方法及び繁殖計画 　２　法第30条第１項の規定による届出は、法第30条第１項第１号から第３号まで及び前項に規定する事項を記載した届出書を提出して行うものとする。

<u>国内種省令</u>

(届出に係る事項の公表の方法)
第３条　法第30条第３項の規定による公表は、インターネットの利用その他の適切な方法により行うものとする。

<u>国内種省令</u>

(公表事項)
第４条　法第30条第３項の環境省令、農林水産省令で定める事項は、次の各号に掲げるものとする。
　一　法人にあっては、その代表者の氏名
　二　特定第一種国内希少野生動植物種の個体等の譲渡し又は引渡しの業務を行うための施設の名称及び所在地
　三　譲渡し又は引渡しの業務の対象とする特定第一種国内希少野生動植物種
　四　特定国内種事業の届出年月日

<u>国内種省令</u>

(特定国内種事業の変更等の届出)
第５条　法第30条第４項の規定による変更の届出は、次の各号に掲げる事項を記載した届出書を提出して行うものとする。
　一　届出者の氏名又は名称及び住所並びに法人にあっては、その代表者の氏名
　二　特定第一種国内希少野生動植物種の個体等の譲渡し又は引渡しの業務を行うための施設の名称及び所在地
　三　特定国内種事業の届出年月日及び届出先
　四　譲渡し又は引渡しの業務の対象とする特定第一種国内希少野生動植物種
　五　法第30条第３項の規定により通知された届出に係る番号（次項第５号において「届出番号」という。）
　六　変更した事項
　七　変更の年月日
　八　変更の理由
　２　法第30条第４項の規定による廃止の届出は、次の各号に掲げる事項を記載した届出書を提出して行うものとする。
　一　届出者の氏名又は名称及び住所並びに法人にあっては、その代表者の氏名
　二　特定第一種国内希少野生動植物種の個体等の譲渡し又は引渡しの業務を行うための施設の名称及び所在地
　三　特定国内種事業の届出年月日及び届出先
　四　譲渡し又は引渡しの業務の対象とする特定第一種国内希少野生動植物種

法　律	施行令

　5　第1項及び前項に定めるもののほか、これらの規定による届出に関し必要な事項は、環境省令、農林水産省令で定める。
　6　第3項及び前項の規定は第2項の規定による届出について、第4項の規定は第2項の規定による届出をした者について準用する。この場合において、第3項中「農林水産大臣」とあるのは「特定国内種関係大臣」と、「環境省令、農林水産省令」とあるのは「環境大臣及び特定国内種関係大臣の発する命令」と、第4項中「農林水産大臣」とあるのは「特定国内種関係大臣」と、前項中「環境省令、農林水産省令」とあるのは「環境大臣及び特定国内種関係大臣の発する命令」と読み替えるものとする。

（特定国内種事業を行う者の遵守事項）
第31条　前条第1項の規定による届出をして特定国内種事業を行う者は、その特定国内種事業に関し特定第一種国内希少野生動植物種の個体等の譲受け又は引取りをするときは、その個体等の譲渡又は引渡人の氏名又は名称及び住所並びにこれらの者が法人である場合にはその代表者の氏名を確認するとともに、次に掲げる事項についてその譲渡人又は引渡人から聴取しなければならない。
　一　その個体等が、繁殖させた個体若しくはその個体の器官若しくはこれらの加工品（次号において「繁殖に係る個体等」という。）であるか又は捕獲され、若しくは採取された個体若しくはその個体の器官若しくはこれらの加工品（第3号において「捕獲又は採取に係る個体等」という。）であるかの別
　二　その個体等が繁殖に係る個体等であるときは、繁殖させた者の氏名又は名称及び住所並びに法人にあっては、その代表者の氏名
　三　その個体等が捕獲又は採取に係る個体等であるときは、捕獲され、又は採取された場所並びに捕獲し、又は採取した者の氏名及び住所
　2　前条第1項の規定による届出をして特定国内種事業を行う者は、環境省令、農林水産省令で定めるところにより、前項の規定により確認し又は聴取した事項その他特定第一種国内希少野生動植物種の個体等の譲渡し等に関する事項を書類に記載し、及びこれを保存しなければならない。

　3　前条第1項の規定による届出をして特定国内種事業を行う者は、そ

施行規則等
五　届出番号 六　廃止の年月日 七　廃止したときに現に有する特定第一種国内希少野生動植物種の個体等の数量及びその処置の方法

◀ 国内種省令
（書類の保存）
第６条　法第30条第１項の規定による届出をして特定国内種事業を行う者は、特定第一種国内希少野生動植物種の個体等の譲受け又は引取りをしたときは、法第31条第１項の規定により確認し又は聴取した事項を書類に記載し、これを５年間保存しなければならない。

国内種省令
（電磁的方法による保存）
第７条　法第31条第２項の規定により書類に記載しなければならない事項が、電磁的方法（電子的方法、磁気的方法その他の人の知覚によって認識することができない方法をいう。）により記録され、当該記録が必要に応じ電子計算機その他の機器を用いて直ちに表示されることができるようにして保存されるときは、当該記録の保存をもって同項に規定する当該事項が記載された書類の保存に代えることができる。
２　前項の規定による保存をする場合には、環境大臣及び農林水産大臣が定める基準を確保するよう努めなければならない。

◀ 国内種省令

法　律	施行令
の特定国内種事業に関し特定第一種国内希少野生動植物種の個体等の陳列又は広告をするときは、環境省令、農林水産省令で定めるところにより、同条第3項の規定により通知された届出に係る番号その他環境省令、農林水産省令で定める事項を表示しなければならない。 4　前3項の規定は、前条第2項の規定による届出をして特定国内種事業を行う者について準用する。この場合において、前2項中「環境省令、農林水産省令」とあるのは「環境大臣及び特定国内種関係大臣の発する命令」と読み替えるものとする。 **(特定国内種事業を行う者に対する指示等)** **第32条**　環境大臣及び農林水産大臣は、第30条第1項の規定による届出をして特定国内種事業を行う者が前条第1項から第3項までの規定に違反した場合においてその特定国内種事業を適正化して希少野生動植物種の保存に資するため必要があると認めるときは、その者に対し、これらの規定が遵守されることを確保するため必要な事項について指示をすることができる。 2　環境大臣及び農林水産大臣は、第30条第1項の規定による届出をして特定国内種事業を行う者が前項の指示に違反した場合においてその特定国内種事業を適正化して希少野生動植物種の保存に資することに支障を及ぼすと認めるときは、その者に対し、3月を超えない範囲内で期間を定めて、その特定国内種事業に係る特定第一種国内希少野生動植物種の個体等の譲渡し又は引渡しの業務の全部又は一部の停止を命ずることができる。 3　前2項の規定は、第30条第2項の規定による届出をして特定国内種事業を行う者について準用する。この場合において、前2項中「農林水産大臣」とあるのは「特定国内種関係大臣」と、第1項中「前条第1項から第3項まで」とあるのは「前条第4項において準用する同条第1項から第3項まで」と読み替えるものとする。 **(報告徴収及び立入検査)** **第33条**　環境大臣及び農林水産大臣は、この節の規定の施行に必要な限度において、第30条第1項の規定による届出をして特定国内種事業を行う者に対し、その特定国内種事業に関し報告を求め、又はその職員に、その特定国内種事業を行うための施設に立ち入り、書類その他の物件を検査させ、若しくは関係者に質問させることができる。 2　前項の規定は、第30条第2項の規定による届出をして特定国内種事業を行う者について準用する。この場合において、前項中「農林水産大臣」とあるのは、「特定国内種関係大臣」と読み替えるものとする。 3　第1項(前項において準用する場合を含む。次項において同じ。)の規定による立入検査をする職員は、その身分を示す証明書を携帯し、関係者に提示しなければならない。 4　第1項の規定による権限は、犯罪捜査のために認められたものと解釈してはならない。 　　　　　**第2款**　特定国際種事業等の規制 **(特定国際種事業の届出)**	 **(特定国際種事業に係る特定器官等)**

施行規則等

(陳列又は広告の表示方法)
第8条 法第31条第3項の陳列又は広告は、公衆の見やすいように表示する方法により行うものとする。

国内種省令
(表示事項)
第9条 法第31条第3項の環境省令、農林水産省令で定める事項は、次の各号に掲げるものとする。
　一　届出者の氏名又は名称及び住所並びに法人にあっては、その代表者の氏名
　二　譲渡し又は引渡しの業務の対象とする特定第一種国内希少野生動植物種

◀ 国内種省令
(法第33条第3項の証明書の様式)
第10条 法第33条第3項の証明書の様式は、別記様式〔p.432参照〕のとおりとする。

法　律	施行令
第33条の2　取引の態様等を勘案して政令で定める特定器官等（第33条の6第1項に規定する特別特定器官等を除く。以下この条から第33条の4までにおいて同じ。）であってその形態、大きさその他の事項に関し特定器官等の種別に応じて政令で定める要件に該当するものの譲渡し又は引渡しの業務を伴う事業（以下この章及び第62条第1号において「特定国際種事業」という。）を行おうとする者は、あらかじめ、次に掲げる事項を、環境大臣及び特定器官等の種別に応じて政令で定める大臣（以下この章において「特定国際種関係大臣」という。）に届け出なければならない。 一　氏名又は名称及び住所並びに法人にあっては、その代表者の氏名 二　特定器官等の譲渡し又は引渡しの業務を行うための施設の名称及び所在地 三　譲渡し又は引渡しの業務の対象とする特定器官等の種別 四　前3号に掲げるもののほか、環境大臣及び特定国際種関係大臣の発する命令で定める事項 **（特定国際種事業者の遵守事項）** **第33条の3**　前条の規定による届出をして特定国際種事業を行う者（以下「特定国際種事業者」という。）は、その特定国際種事業に関し特定器官等の譲受け又は引取りをするときは、その特定器官等の譲渡人又は引渡人の氏名又は名称及び住所並びにこれらの者が法人である場合にはその代表者の氏名を確認するとともに、その特定器官等に第33条の23第2項の管理票が付されていない場合にあっては、その譲渡人又は引渡人からその特定器官等の入手先を聴取しなければならない。 2　特定国際種事業者は、環境大臣及び特定国際種関係大臣の発する命令で定めるところにより、前項の規定により確認し、又は聴取した事項その他特定器官等の譲渡し等に関する事項を書類に記載し、及びこれを保存しなければならない。	**第10条**　法第33条の2の政令で定める特定器官等は、別表第5〔p.419参照〕の4の項に掲げる原材料器官等のうち甲及びその加工品に係る特定器官等とする。 **（特定国際種事業の届出の要件）** **第11条**　法第33条の2の政令で定める要件は、前条に規定する特定器官等であって加工品であるもの以外のものであることとする。 **（特定国際種関係大臣）** **第12条**　法第33条の2の特定国際種関係大臣は、経済産業大臣とする。

施行規則等

|国際種省令|

（特定国際種事業の届出）
第2条　法第33条の2第4号の環境大臣及び特定国際種関係大臣の発する命令で定める事項は、譲渡し又は引渡しの業務を開始しようとする日並びに届出の際現に占有している譲渡し又は引渡しの業務の対象とする特定器官等（法第33条の6第1項に規定する特別特定器官等を除く。第3条、第6条、第7条及び第9条において同じ。）の重量及び主な特徴とする。
2　法第33条の2の規定による届出は、同条第1号から第3号まで及び前項に規定する事項を記載した届出書を提出して行うものとする。

|国際種省令|

（特定国際種事業者による書類の保存）
第3条　特定国際種事業者は、法第33条の3第1項の規定により確認し又は聴取した事項のほか次の各号に掲げる事項を書類に記載し、これを5年間保存しなければならない。
一　譲受け又は引取りをした場合にあっては、次に掲げる事項
　イ　譲受け又は引取りをした特定器官等の重量及び主な特徴
　ロ　譲受け又は引取りをした特定器官等に管理票が付されている場合にあっては、その番号
　ハ　譲受け又は引取りをした年月日
　ニ　譲受け又は引取りをした後の特定器官等の在庫量
二　譲渡し又は引渡しをした場合にあっては、次に掲げる事項
　イ　譲渡し又は引渡しをした相手方の氏名又は名称及び住所並びに法人にあっては、その代表者の氏名
　ロ　譲渡し又は引渡しをした特定器官等の重量及び主な特徴
　ハ　譲渡し又は引渡しをした特定器官等に管理票を付した場合にあっては、その番号
　ニ　譲渡し又は引渡しをした年月日
　ホ　譲渡し又は引渡しをした後の特定器官等の在庫量

|国際種省令|

（特定国際種事業者が行う電磁的方法による保存）
第4条　法第33条の3第2項の規定により書類に記載しなければならない事項が、電磁的方法（電子的方法、磁気的方法その他の人の知覚によって認識することができない方法をいう。第19条において同じ。）に

法　律	施行令
(特定国際種事業者に対する指示等) **第33条の4**　環境大臣及び特定国際種関係大臣は、特定国際種事業者が前条の規定又は次条において準用する第31条第３項の規定に違反した場合においてその特定国際種事業を適正化して希少野生動植物種の保存に資するため必要があると認めるときは、その者に対し、これらの規定が遵守されることを確保するため必要な事項について指示をすることができる。 ２　環境大臣及び特定国際種関係大臣は、特定国際種事業者が前項の指示に違反した場合においてその特定国際種事業を適正化して希少野生動植物種の保存に資することに支障を及ぼすと認めるときは、その者に対し、３月を超えない範囲内で期間を定めて、その特定国際種事業に係る特定器官等の譲渡し又は引渡しの業務の全部又は一部の停止を命ずることができる。 (準用) **第33条の5**　第30条第３項及び第５項の規定は第33条の２の規定による届出について、第30条第４項及び第31条第３項の規定は第33条の２の規定による届出をした者について、第33条第１項、第３項及び第４項の規定は特定国際種事業について準用する。この場合において、第30条第３項中「農林水産大臣」とあるのは「特定国際種関係大臣（第33条の２に規定する特定国際種関係大臣をいう。以下この項から第５項まで、次条第３項並びに第33条第１項において同じ。）」と、「環境省令、農林水産省令」とあるのは「環境大臣及び特定国際種関係大臣の発する命令」と、同条第４項中「特定国内種事業」とあるのは「特定国際種事業（第33条の２に規定する特定国際種事業をいう。次条第３項において同じ。）」と、「農林水産大臣」とあるのは「特定国際種関係大臣」と、同条第５項中「環境省令、農林水産省令」とあるのは「環境大臣及び特定国際種関係大臣の発する命令」と、第31条第３項中「特定国内種事業」とあるのは「特定国際種事業」と、「特定第一種国内希少野生動植物種の個体等」とあるのは「特定器官等（第33条の６第１項に規定する特別特定器官等を除く。）であって第33条の２の政令で定める要件に該当するもの」と、「環境省令、農林水産省令」とあるのは「環境大臣及び特定国際種関係大臣の発する命令」と、第33条第１項中「農林水産大臣」とあるのは「特定国際種関係大臣」と読み替えるものとする。	

施行規則等

より記録され、当該記録が必要に応じ電子計算機その他の機器を用いて直ちに表示されることができるようにして保存されるときは、当該記録の保存をもって同項に規定する当該事項が記載された書類の保存に代えることができる。
2　前項の規定による保存をする場合には、環境大臣及び経済産業大臣が定める基準を確保するよう努めなければならない。

◀ 国際種省令
(届出に係る事項の公表の方法)
第5条　法第33条の5において準用する法第30条第3項の規定による公表は、インターネットの利用その他の適切な方法により行うものとする。

国際種省令
(公表事項)
第6条　法第33条の5において準用する法第30条第3項の環境大臣及び特定国際種関係大臣の発する命令で定める事項は、次に掲げるものとする。
　一　法人にあっては、その代表者の氏名
　二　特定器官等の譲渡し又は引渡しの業務を行うための施設の名称及び所在地
　三　譲渡し又は引渡しの業務の対象とする特定器官等の種別
　四　特定国際種事業の届出年月日

国際種省令
(特定国際種事業の変更等の届出)
第7条　法第33条の5において準用する法第30条第4項の規定による変更の届出は、次の各号に掲げる事項を記載した届出書を提出して行うものとする。
　一　届出者の氏名又は名称及び住所並びに法人にあっては、その代表者の氏名
　二　特定器官等の譲渡し又は引渡しの業務を行うための施設の名称及び所在地
　三　特定国際種事業の届出年月日及び届出先
　四　譲渡し又は引渡しの業務の対象とする特定器官等の種別
　五　法第33条の5において準用する法第30条第3項の規定により通知された届出に係る番号(次項第5号において「届出番号」という。)
　六　変更した事項
　七　変更の年月日
　八　変更の理由

法　律	施行令
（特別国際種事業者の登録） **第33条の6**　譲渡し等の管理が特に必要なものとして政令で定める特定器官等であってその形態、大きさその他の事項に関し特定器官等の種別に応じて政令で定める要件に該当するもの（以下この章において「特別特定器官等」という。）の譲渡し又は引渡しの業務を伴う事業（以下この章において「特別国際種事業」という。）を行おうとする者は、環境大臣及び特別特定器官等の種別に応じて政令で定める大臣（以下この章において「特別国際種関係大臣」という。）の登録を受けなければならない。 2　前項の登録を受けようとする者は、環境大臣及び特別国際種関係大臣の発する命令で定めるところにより、次に掲げる事項を記載した申	**（特別国際種事業に係る特定器官等）** **第13条**　法第33条の6第1項の政令で定める特定器官等は、別表第5〔p.419参照〕の2の項に掲げる原材料器官等のうち牙及びその加工品に係る特定器官等とする。 **（特別国際種事業者の登録の要件）** **第14条**　法第33条の6第1項の政令で定める要件は、器官の全形が保持されていないこととする。 **（特別国際種関係大臣）** **第15条**　法第33条の6第1項の特別国際種関係大臣は、経済産業大臣とする。

施行規則等

2　法第33条の５において準用する法第30条第４項の規定による廃止の届出は、次の各号に掲げる事項を記載した届出書を提出して行うものとする。
　一　届出者の氏名又は名称及び住所並びに法人にあっては、その代表者の氏名
　二　特定器官等の譲渡し又は引渡しの業務を行うための施設の名称及び所在地
　三　特定国際種事業の届出年月日及び届出先
　四　譲渡し又は引渡しの業務の対象とする特定器官等の種別
　五　届出番号
　六　廃止の年月日
　七　廃止したときに現に有する国際希少野生動植物種の特定器官等の重量及び主な特徴並びにその処置の方法

`国際種省令`
(特定国際種事業に係る陳列又は広告の表示方法)
第８条　法第33条の５において準用する法第31条第３項の陳列又は広告は、公衆の見やすいように表示する方法により行うものとする。

`国際種省令`
(特定国際種事業に係る陳列又は広告の表示事項)
第９条　法第33条の５において準用する法第31条第３項の環境大臣及び特定国際種関係大臣の発する命令で定める事項は、次の各号に掲げるものとする。
　一　届出者の氏名又は名称及び住所並びに法人にあっては、その代表者の氏名
　二　譲渡し又は引渡しの業務の対象とする特定器官等の種別

`国際種省令`
(法第33条の５において準用する第33条第３項の証明書の様式)
第10条　法第33条の５において準用する法第33条第３項の証明書の様式は、様式第１〔p.433参照〕のとおりとする。

`国際種省令`
(特別国際種事業者の登録の申請)

法　律	施行令
請書を環境大臣及び特別国際種関係大臣に提出しなければならない。 一　氏名又は名称及び住所並びに法人にあっては、その代表者の氏名 二　特別特定器官等の譲渡し又は引渡しの業務を行うための施設の名称及び所在地 三　譲渡し又は引渡しの業務の対象とする特別特定器官等の種別 四　前3号に掲げるもののほか、環境大臣及び特別国際種関係大臣の発する命令で定める事項 3　前項の申請書には、第1項の登録を受けようとする者が現に占有している原材料器官等であって特定器官等に該当しないもののうち環境大臣及び特別国際種関係大臣の発する命令で定めるものの全てが第20条第1項の登録、第20条の2第1項の登録の更新又は第20条の3第1項の事前登録を受けたものであることを証する書類を添付しなければならない。 4　環境大臣及び特別国際種関係大臣は、第2項の申請書の提出があったときは、第6項の規定により登録を拒否する場合を除き、第2項各号に掲げる事項並びに登録の年月日及び登録番号を特別国際種事業者登録簿に登録しなければならない。 5　環境大臣及び特別国際種関係大臣は、前項の規定により登録したときは、遅滞なく、その旨及び登録番号を申請者に通知しなければならない。 6　環境大臣及び特別国際種関係大臣は、第2項の申請書を提出した者が次の各号のいずれかに該当するとき、又は当該申請書若しくは第3項の添付書類のうちに重要な事項について虚偽の記載があり、若しくは重要な事実の記載が欠けているときは、その登録を拒否しなければならない。 一　破産手続開始の決定を受けて復権を得ない者 二　禁錮以上の刑に処せられ、又はこの法律の規定により罰金以上の刑に処せられ、その執行を終わり、又は執行を受けることがなくなった日から5年を経過しない者 三　第33条の13の規定により登録を取り消され、その取消しの日から5年を経過しない者 四　暴力団員による不当な行為の防止等に関する法律（平成3年法律第77号）第2条第6号に規定する暴力団員又は同号に規定する暴力団員でなくなった日から5年を経過しない者 五　法人であって、その業務を行う役員のうち前各号のいずれかに該当する者があるもの	

施行規則等

第11条 法第33条の6第2項の規定により同条第1項の登録を受けようとする者（次条第2項及び第3項において「申請者」という。）は、法第33条の6第2項第1号から第3号まで及び次項に規定する事項を記載した申請書を提出しなければならない。

2 法第33条の6第2項第4号（法第33条の10第2項において準用する場合を含む。）の環境大臣及び特別国際種関係大臣の発する命令で定める事項は、登録の申請の際現に占有している特別特定器官等の重量（製品又は製品として製造する過程のもの（以下「製品等」という。）にあっては、数量。第16条第7号並びに第18条第1号イ及び第2号ロ並びに第26条第5号において同じ。）及び主な特徴とする。

国際種省令

(登録申請書の添付書類等)

第12条 法第33条の6第3項（法第33条の10第2項において準用する場合を含む。次項において同じ。）の環境大臣及び特別国際種関係大臣の発する命令で定める原材料器官等は、絶滅のおそれのある野生動植物の種の保存に関する法律施行令（平成5年政令第17号。以下「令」という。）別表第5〔p.419参照〕の2の項に掲げる原材料器官等のうち牙に係るものとする。

2 法第33条の6第3項の規定により申請書に添付しなければならない書類は、申請者が登録の申請の際現に占有している全ての原材料器官等（前項に規定するものに限る。）について当該原材料器官等ごとにこれに係る登録票とともに撮影した写真及び当該登録票の写しとする。

3 環境大臣及び経済産業大臣（事業登録機関が事業登録関係事務を行う場合にあっては、事業登録機関）は、申請者に対し、法第33条の6第2項の申請書、前項の書類及び当該申請者が法第33条の6第6項各号のいずれにも該当しないことを誓約する書面のほか必要と認める書類の提出を求めることができる。

法　律	施行令
六　未成年者又は成年被後見人若しくは被保佐人であって、その法定代理人が前各号のいずれかに該当するもの 7　環境大臣及び特別国際種関係大臣は、前項の規定により登録を拒否したときは、遅滞なく、その理由を示して、その旨を申請者に通知しなければならない。 **（特別国際種事業者の変更の届出等）** **第33条の7**　前条第1項の登録を受けた者（以下「特別国際種事業者」という。）は、同条第2項各号に掲げる事項について変更があったときは、その日から起算して30日を経過するまでの間に、その旨を環境大臣及び特別国際種関係大臣に届け出なければならない。ただし、その変更が環境大臣及び特別国際種関係大臣の発する命令で定める軽微な変更であるときは、この限りでない。 2　環境大臣及び特別国際種関係大臣は、前項の規定による変更の届出を受理したときは、その届出があった事項を前条第4項の特別国際種事業者登録簿に登録しなければならない。 **（特別国際種事業者登録簿の記載事項の公表）** **第33条の8**　環境大臣及び特別国際種関係大臣は、環境大臣及び特別国際種関係大臣の発する命令で定めるところにより、第33条の6第4項の特別国際種事業者登録簿に記載された事項のうち、氏名又は名称及び登録番号その他環境大臣及び特別国際種関係大臣の発する命令で定める事項を公表しなければならない。 **（特別国際種事業者の廃止の届出）** **第33条の9**　特別国際種事業者がその特別国際種事業を廃止したときは、その日から起算して30日を経過するまでの間に、その旨を環境大臣及び特別国際種関係大臣に届け出なければならない。	

法律・施行令・施行規則等対照表

施行規則等

国際種省令
(特別国際種事業者の変更の届出等)
第13条 法第33条の7第1項の規定による変更の届出は、次の各号に掲げる事項を記載した届出書を提出して行うものとする。
一 届出者の氏名又は名称及び住所並びに法人にあっては、その代表者の氏名
二 特別特定器官等の譲渡し又は引渡しの業務を行うための施設の名称及び所在地
三 特別国際種事業者の登録の年月日
四 譲渡し又は引渡しの業務の対象とする特別特定器官等の種別
五 法第33条の6第4項に規定する登録番号(第16条第5号、第17条第1項第2号及び第26条第9号において「登録番号」という。)
六 変更した事項
七 変更の年月日
八 変更の理由

国際種省令
(特別国際種事業者登録簿の公表の方法)
第14条 法第33条の8の規定による公表は、インターネットの利用その他の適切な方法により行うものとする。

国際種省令
(特別国際種事業者登録簿に係る公表事項)
第15条 法第33条の8の環境大臣及び特別国際種関係大臣の発する命令で定める事項は、次に掲げるものとする。
一 特別国際種事業者の住所及び法人にあっては、その代表者の氏名
二 特別特定器官等の譲渡し又は引渡しの業務を行うための施設の名称及び所在地
三 譲渡し又は引渡しの業務の対象とする特別特定器官等の種別
四 特別国際種事業者の登録の年月日及び登録の有効期間の満了の日

国際種省令
(特別国際種事業者の廃止の届出)
第16条 法第33条の9の規定による廃止の届出は、次の各号に掲げる事項を記載した届出書を提出して行うものとする。
一 届出者の氏名又は名称及び住所並びに法人にあっては、その代表者の氏名
二 特別特定器官等の譲渡し又は引渡しの業務を行うための施設の名称及び所在地
三 特別国際種事業者の登録の年月日
四 譲渡し又は引渡しの業務の対象とする特別特定器官等の種別

273

法　律	施行令

（特別国際種事業者の登録の更新）

第33条の10　第33条の6第1項の登録は、5年ごとにその更新を受けなければ、その期間の経過によって、その効力を失う。

2　第33条の6第2項から第7項までの規定は、前項の登録の更新について準用する。

3　第1項の登録の更新の申請があった場合において、同項の期間（以下この項及び次項において「登録の有効期間」という。）の満了の日までにその申請に対する処分がされないときは、従前の登録は、登録の有効期間の満了後もその処分がされるまでの間は、なおその効力を有する。

4　前項の場合において、登録の更新がされたときは、その登録の有効期間は、従前の登録の有効期間の満了の日の翌日から起算するものとする。

（特別国際種事業者の遵守事項）

第33条の11　特別国際種事業者は、その特別国際種事業に関し特別特定器官等の譲受け又は引取りをするときは、その特別特定器官等の譲渡人又は引渡人の氏名又は名称及び住所並びにこれらの者が法人である場合にはその代表者の氏名を確認するとともに、その特別特定器官等に第33条の23第1項又は第2項の管理票が付されていない場合にあっては、その譲渡人又は引渡人からその特別特定器官等の入手先を聴取しなければならない。

2　特別国際種事業者は、環境大臣及び特別国際種関係大臣の発する命令で定めるところにより、前項の規定により確認し、又は聴取した事項その他特別特定器官等の譲渡し等に関する事項を書類に記載し、及びこれを保存しなければならない。

施行規則等

　　五　登録番号
　　六　廃止の年月日
　　七　廃止したときに現に有する特別特定器官等の重量及び主な特徴並びにその処置の方法

◀ 国際種省令
（特別国際種事業者の登録の更新）
第17条　法第33条の10第1項の規定により登録の更新を受けようとする者は、当該登録の有効期間が満了する日以前1年6月以内に、法第33条の10第2項において準用する法第33条の6第2項第1号から第3号まで及び第11条第2項に規定する事項のほか、次に掲げる事項を記載した申請書を環境大臣及び経済産業大臣（事業登録機関が事業登録関係事務を行う場合にあっては、事業登録機関）に提出しなければならない。
　　一　特別国際種事業者の登録の年月日
　　二　登録番号
2　第12条第1項及び第2項の規定は、法第33条の10第2項において法第33条の6第3項の規定を準用する場合について、第12条第3項の規定は、前項の規定により更新の申請をする場合について、それぞれ準用する。

◀ 国際種省令
（特別国際種事業者による書類の保存）
第18条　特別国際種事業者は、その特別国際種事業を行うための施設ごとに、法第33条の11第1項の規定により確認し又は聴取した事項のほか次の各号に掲げる事項を書類に記載し、これを5年間保存しなければならない。
　　一　譲受け又は引取りをした場合にあっては、次に掲げる事項
　　　イ　譲受け又は引取りをした特別特定器官等の重量及び主な特徴
　　　ロ　譲受け又は引取りをした特別特定器官等に管理票が付されている場合にあっては、その番号
　　　ハ　譲受け又は引取りをした年月日
　　　ニ　譲受け又は引取りをした後の特別特定器官等の在庫量
　　二　譲渡し又は引渡しをした場合（製品等を特別国際種事業者以外の者に譲渡し又は引渡しをした場合を除く。）にあっては、次に掲げる事項
　　　イ　譲渡し又は引渡しをした相手方の氏名又は名称及び住所並びに法人にあっては、その代表者の氏名
　　　ロ　譲渡し又は引渡しをした特別特定器官等の重量及び主な特徴
　　　ハ　譲渡し又は引渡しをした特別特定器官等に管理票を付した場合にあっては、その番号
　　　ニ　譲渡し又は引渡しをした年月日
　　　ホ　譲渡し又は引渡しをした後の特別特定器官等の在庫量
　　三　製品等を特別国際種事業者以外の者に譲渡し又は引渡しをした場合にあっては、次に掲げる事項
　　　イ　譲渡し又は引渡しをした製品等の数量及び主な特徴
　　　ロ　譲渡し又は引渡しをした年月日
　　　ハ　譲渡し又は引渡しをした後の製品等の在庫量

◀ 国際種省令
（特別国際種事業者が行う電磁的方法による保存）
第19条　法第33条の11第2項の規定により書類に記載しなければならない事項が、電磁的方法により記録され、当該記録が必要に応じ電子計算機その他の機器を用いて直ちに表示されることができるようにして保存されるときは、当該記録の保存をもって同項に規定する当該事項が記載された書類の保存に代えることができる。

法　　律	施行令

　3　特別国際種事業者は、その特別国際種事業に関し特別特定器官等の陳列又は広告をするときは、環境大臣及び特別国際種関係大臣の発する命令で定めるところにより、第33条の6第5項の規定により通知された登録番号その他環境大臣及び特別国際種関係大臣の発する命令で定める事項を表示しなければならない。

（特別国際種事業者に対する措置命令）
第33条の12　環境大臣及び特別国際種関係大臣は、その特別国際種事業を適正化させ希少野生動植物種の保存に資するため必要があると認めるときは、特別国際種事業者に対し、この法律の規定が遵守されることを確保するため必要な措置をとるべきことを命ずることができる。

（特別国際種事業者の登録の取消し等）
第33条の13　環境大臣及び特別国際種関係大臣は、特別国際種事業者が次の各号のいずれかに該当するときは、その登録を取り消し、又は6月を超えない範囲内で期間を定めてその事業の全部若しくは一部の停止を命ずることができる。
　一　この法律若しくはこの法律に基づく命令の規定又はこの法律に基づく処分に違反したとき。
　二　不正の手段により第33条の6第1項の登録又は第33条の10第1項の登録の更新を受けたとき。
　三　第33条の6第6項各号のいずれかに該当することとなったとき。
　四　虚偽の事項を記載した第33条の23第1項又は第2項の管理票を作成したとき。

（報告徴収及び立入検査）
第33条の14　環境大臣及び特別国際種関係大臣は、この節及び次節の規定の施行に必要な限度において、特別国際種事業者に対し、その特別国際種事業に関し報告若しくは帳簿、書類その他の物件の提出を命じ、又はその職員に、その特別国際種事業を行うための施設に立ち入り、帳簿、書類その他の物件を検査させ、若しくは関係者に質問させることができる。
　2　環境大臣及び特別国際種関係大臣は、この節及び次節の規定を施行するため特に必要があると認めるときは、特別国際種事業者と取引する者に対し、当該特別国際種事業者の業務又は財産に関し参考となるべき報告又は資料の提出を命ずることができる。
　3　第1項の規定による立入検査をする職員は、その身分を示す証明書を携帯し、関係者に提示しなければならない。
　4　第1項の規定による権限は、犯罪捜査のために認められたものと解

施行規則等

2　前項の規定による保存をする場合には、環境大臣及び経済産業大臣が定める基準を確保するよう努めなければならない。

◀ 国際種省令

(特別国際種事業に係る陳列又は広告の表示方法)
第20条　法第33条の11第３項の陳列又は広告は、公衆の見やすいように表示する方法により行うものとする。

国際種省令

(特別国際種事業に係る陳列又は広告の表示事項)
第21条　法第33条の11第３項の環境大臣及び特別国際種関係大臣の発する命令で定める事項は、次の各号に掲げるものとする。
　一　特別国際種事業者の氏名又は名称及び住所並びに法人にあっては、その代表者の氏名
　二　譲渡し又は引渡しの業務の対象とする特別特定器官等の種別
　三　特別国際種事業者の登録の有効期間の満了の日

◀ 国際種省令

(法第33条の14第３項の証明書の様式)
第22条　法第33条の14第３項の証明書の様式は、様式第２〔p.434参照〕のとおりとする。

法　　律	施行令
釈してはならない。 （事業登録機関） 第33条の15　環境大臣及び特別国際種関係大臣は、環境大臣及び特別国際種関係大臣の発する命令で定めるところにより、第33条の6から第33条の10までに規定する環境大臣及び特別国際種関係大臣の事務（以下「事業登録関係事務」という。）について、環境大臣及び特別国際種関係大臣の登録を受けた者（以下「事業登録機関」という。）があるときは、事業登録機関に行わせるものとする。 2　前項の登録（以下この節において「機関登録」という。）は、事業登録関係事務を行おうとする者の申請により行う。 3　次の各号のいずれかに該当する者は、機関登録を受けることができない。 　一　この法律に規定する罪を犯して刑に処せられ、その執行を終わり、又はその執行を受けることがなくなった日から起算して2年を経過しない者 　二　第33条の18第4項又は第5項の規定により機関登録を取り消され、その取消しの日から起算して2年を経過しない者 　三　法人であって、その業務を行う役員のうちに前2号のいずれかに該当する者があるもの 4　環境大臣及び特別国際種関係大臣は、他に機関登録を受けた者がなく、かつ、機関登録の申請をした者（以下この項において「機関登録申請者」という。）が次の各号のいずれにも適合しているときは、機関登録をしなければならない。この場合において、機関登録に関して必要な手続は、環境大臣及び特別国際種関係大臣の発する命令で定める。 　一　学校教育法に基づく大学若しくは高等専門学校において獣医学その他特別特定器官等の識別に関して必要な課程を修めて卒業した者又はこれと同等以上の学力を有する者であって、通算して3年以上特別特定器官等の識別に関する実務の経験を有するものが事業登録関係事務を実施し、その人数が4名以上であること。 　二　機関登録申請者が、次のいずれかに該当するものでないこと。 　　イ　機関登録申請者が株式会社である場合にあっては、特別国際種事業を行う者がその親法人であること。	

施行規則等

国際種省令

（事業登録機関の登録の申請等）
第23条 法第33条の15第2項の規定による登録の申請は、次に掲げる事項を記載した申請書を提出して行うものとする。
　一　申請者の氏名及び住所（法人にあっては、その名称、代表者の氏名及び主たる事務所の所在地）
　二　事業登録関係事務を行おうとする事務所の名称及び所在地
　三　事業登録関係事務を開始しようとする年月日
2　前項の申請書には、次に掲げる書類を添付しなければならない。
　一　定款若しくは寄附行為及び登記事項証明書又はこれらに準ずるもの
　二　申請の日の属する事業年度の直前の事業年度の貸借対照表及び当該事業年度末の財産目録又はこれらに準ずるもの（申請の日の属する事業年度に設立された法人にあっては、その設立時における財産目録）
　三　申請者が法第33条の15第4項第1号及び第2号の規定に適合することを説明した書類
　四　申請者が現に行っている業務の概要を記載した書類
　五　前各号に掲げるもののほか、その他参考となる事項を記載した書類

法　律	施行令
ロ　機関登録申請者の役員又は職員のうちに、特別国際種事業を行う者の役員又は職員である者（過去２年間にその特別国際種事業を行う者の役員又は職員であった者を含む。）があること。 5　機関登録は、事業登録機関登録簿に次に掲げる事項を記載してするものとする。 一　機関登録の年月日 二　機関登録を受けた者の氏名及び住所（法人にあっては、その名称、代表者の氏名及び主たる事務所の所在地） 三　前２号に掲げるもののほか、環境大臣及び特別国際種関係大臣の発する命令で定める事項 6　事業登録機関が事業登録関係事務を行う場合における第33条の６から第33条の９までの規定の適用については、第33条の６第１項中「環境大臣及び特別特定器官等の種別に応じて政令で定める大臣（以下この章において「特別国際種関係大臣」という。）」とあるのは「事業登録機関（第33条の15第１項に規定する事業登録機関をいう。以下この条から第33条の９までにおいて同じ。）」と、同条第２項中「環境大臣及び特別国際種関係大臣に」とあるのは「事業登録機関に」と、同条第４項から第７項までの規定中「環境大臣及び特別国際種関係大臣」とあるのは「事業登録機関」と、第33条の７第１項中「環境大臣及び特別国際種関係大臣に」とあるのは「事業登録機関に」と、同条第２項中「環境大臣及び特別国際種関係大臣」とあるのは「事業登録機関」と、第33条の８第１項中「環境大臣及び特別国際種関係大臣は」とあるのは「事業登録機関は」と、第33条の９中「環境大臣及び特別国際種関係大臣」とあるのは「事業登録機関」とする。 **（事業登録機関の遵守事項）** **第33条の16**　事業登録機関は、事業登録関係事務を実施することを求められたときは、正当な理由がある場合を除き、遅滞なく、事業登録関係事務を実施しなければならない。 2　事業登録機関は、公正に、かつ、環境大臣及び特別国際種関係大臣の発する命令で定める方法により事業登録関係事務を実施しなければならない。 3　事業登録機関は、前条第５項第２号及び第３号に掲げる事項を変更しようとするときは、変更しようとする日の２週間前までに、環境大臣及び特別国際種関係大臣に届け出なければならない。ただし、環境大臣及び特別国際種関係大臣の発する命令で定める軽微な事項に係る変更については、この限りでない。	

施行規則等

国際種省令

(事業登録関係事務の実施の方法等)
第24条 法第33条の16第2項の環境大臣及び特別国際種関係大臣の発する命令で定める方法は、次に掲げるものとする。
　一　特別国際種事業者の登録（更新を含む。第2号並びに第26条第1号、第3号及び第5号から第9号までにおいて同じ。）の申請に係る特定器官等が特別特定器官等であることを確認すること。
　二　特別国際種事業者の登録を受けようとする者が法第33条の6第6項各号に規定する者に該当しないことを確認すること。
　三　特別国際種事業者の登録（更新を含む。）を受けようとする者がその申請の際現に占有している全ての原材料器官等（第12条第1項に規定するものに限る。）が法第20条第1項の登録を受けたものであることを個体等登録機関に確認すること。
2　法第33条の16第3項ただし書の環境大臣及び特別国際種関係大臣の発する命令で定める軽微な事項に係る変更は、法第33条の15第1項の登録を受けた者の住所（法人にあっては、その代表者の氏名又は主たる事務所の所在地）の変更とする。

法　律	施行令
4　事業登録機関は、前項ただし書の事項について変更したときは、遅滞なく、環境大臣及び特別国際種関係大臣にその旨を届け出なければならない。 5　事業登録機関は、事業登録関係事務の開始前に、環境大臣及び特別国際種関係大臣の発する命令で定めるところにより、事業登録関係事務の実施に関する規程を定め、環境大臣及び特別国際種関係大臣の認可を受けなければならない。これを変更しようとするときも、同様とする。 6　事業登録機関は、毎事業年度経過後3月以内に、その事業年度の財務諸表等を作成し、5年間事業所に備えて置かなければならない。 7　第33条の6第1項の登録を受けようとする者その他の利害関係人は、事業登録機関の業務時間内は、いつでも、次に掲げる請求をすることができる。ただし、第2号又は第4号の請求をするには、事業登録機関の定めた費用を支払わなければならない。 　一　財務諸表等が書面をもって作成されているときは、当該書面の閲覧又は謄写の請求 　二　前号の書面の謄本又は抄本の請求 　三　財務諸表等が電磁的記録をもって作成されているときは、当該電磁的記録に記録された事項を環境大臣及び特別国際種関係大臣の発する命令で定める方法により表示したものの閲覧又は謄写の請求 　四　前号の電磁的記録に記録された事項を電磁的方法であって環境大臣及び特別国際種関係大臣の発する命令で定めるものにより提供することの請求又は当該事項を記載した書面の交付の請求 8　事業登録機関は、環境大臣及び特別国際種関係大臣の発する命令で定めるところにより、帳簿を備え、事業登録関係事務に関し環境大臣	

施行規則等

3 法第33条の16第5項の事業登録関係事務の実施に関する規程は、次の事項について定めるものとする。
　一 事業登録関係事務を行う時間及び休日に関する事項
　二 事業登録関係事務を行う事務所に関する事項
　三 事業登録関係事務の実施体制に関する事項
　四 第1項第2号及び第3号の確認の方法に関する事項
　五 手数料の収納に関する事項
　六 事業登録関係事務に関する秘密の保持に関する事項
　七 事業登録関係事務に関する帳簿、書類等の管理に関する事項
　八 前各号に掲げるもののほか、その他事業登録関係事務の実施に関し必要な事項
4 事業登録機関は、法第33条の16第5項前段の認可を受けようとするときは、その旨を記載した申請書に事業登録関係事務の実施に関する規程を添えて、これを環境大臣及び経済産業大臣に提出しなければならない。
5 事業登録機関は、法第33条の16第5項後段の認可を受けようとするときは、次に掲げる事項を記載した申請書を環境大臣及び経済産業大臣に提出しなければならない。
　一 変更しようとする事項
　二 変更しようとする年月日
　三 変更の理由

◀ 国際種省令
（事業登録機関が行う表示に係る電磁的方法）
第25条 法第33条の16第7項第3号の環境大臣及び特別国際種関係大臣の発する命令で定める方法は、当該電磁的記録に記録された事項を紙面又は出力装置の映像面に表示する方法とする。
2 法第33条の16第7項第4号の環境大臣及び特別国際種関係大臣の発する命令で定める電磁的方法は、次に掲げるものとする。
　一 送信者の使用に係る電子計算機と受信者の使用に係る電子計算機とを電気通信回線で接続した電子情報処理組織を使用する方法であって、当該電気通信回線を通じて情報が送信され、受信者の使用に係る電子計算機に備えられたファイルに当該情報が記録されるもの
　二 磁気ディスクその他これに準ずる方法により一定の情報を確実に記録しておくことができる物をもって調製するファイルに情報を記録したものを交付する方法
3 前項各号に掲げる方法は、受信者がファイルへの記録を出力することによる書面を作成できるものでなければならない。

◀ 国際種省令
（事業登録機関の帳簿）

法　律	施行令
及び特別国際種関係大臣の発する命令で定める事項を記載し、これを保存しなければならない。 9　事業登録機関は、環境大臣及び特別国際種関係大臣の許可を受けなければ、事業登録関係事務の全部又は一部を休止し、又は廃止してはならない。 **（秘密保持義務等）** **第33条の17**　事業登録機関の役員若しくは職員又はこれらの職にあった者は、事業登録関係事務に関し知り得た秘密を漏らしてはならない。 2　事業登録関係事務に従事する事業登録機関の役員又は職員は、刑法その他の罰則の適用については、法令により公務に従事する職員とみなす。 **（事業登録機関に対する適合命令等）** **第33条の18**　環境大臣及び特別国際種関係大臣は、事業登録機関が第33条の15第4項各号のいずれかに適合しなくなったと認めるときは、事業登録機関に対し、これらの規定に適合するため必要な措置をとるべきことを命ずることができる。 2　環境大臣及び特別国際種関係大臣は、事業登録機関が第33条の16第1項又は第2項の規定に違反していると認めるときは、事業登録機関に対し、事業登録関係事務を実施すべきこと又は事業登録関係事務の	

施行規則等

第26条 法第33条の16第8項の環境大臣及び特別国際種関係大臣の発する命令で定める事項は、次に掲げるものとする。
　一　特別国際種事業者の登録を受けようとする者の氏名又は名称及び住所並びに法人にあっては、その代表者の氏名
　二　特別特定器官等の譲渡し又は引渡しの業務を行うための施設の名称及び所在地
　三　特別国際種事業者の登録の申請を受けた年月日
　四　譲渡し又は引渡しの業務の対象とする特別特定器官等の種別
　五　登録の申請の際現に占有している譲渡し又は引渡しの業務の対象とする特別特定器官等の重量及び主な特徴
　六　特別国際種事業者の登録の申請書に添付した登録票の写しに係る番号
　七　登録又は登録の拒否の別
　八　特別国際種事業者の登録の拒否をした場合には、その理由
　九　特別国際種事業者の登録をした場合には、登録の年月日及び登録番号

◀ |国際種省令|
（事業登録関係事務の休廃止の許可の申請）
第27条　事業登録機関は、法第33条の16第9項の許可を受けようとするときは、次に掲げる事項を記載した申請書を環境大臣及び経済産業大臣に提出しなければならない。
　一　休止し、又は廃止しようとする事業登録関係事務の範囲
　二　休止し、又は廃止しようとする年月日
　三　休止しようとする場合にあっては、その期間
　四　休止又は廃止の理由

|国際種省令|
（事業登録関係事務の引継ぎ等）
第28条　事業登録機関は、環境大臣及び経済産業大臣が法第33条の22において準用する法第24条第10項の規定により事業登録関係事務の全部若しくは一部を自ら行う場合、法第33条の16第9項の許可を受けて事業登録関係事務の全部若しくは一部を廃止する場合又は環境大臣及び経済産業大臣が法第33条の18第4項若しくは第5項の規定により機関登録を取り消した場合には、次に掲げる事項を行わなければならない。
　一　事業登録関係事務を環境大臣及び経済産業大臣に引き継ぐこと。
　二　事業登録関係事務に関する帳簿及び書類を環境大臣及び経済産業大臣に引き継ぐこと。
　三　その他環境大臣及び経済産業大臣が必要と認める事項

法　　律	施行令
方法の改善に関し必要な措置をとるべきことを命ずることができる。 3　環境大臣及び特別国際種関係大臣は、第33条の16第5項の規程が事業登録関係事務の公正な実施上不適当となったと認めるときは、その規程を変更すべきことを命ずることができる。 4　環境大臣及び特別国際種関係大臣は、事業登録機関が第33条の15第3項第1号又は第3号に該当するに至ったときは、機関登録を取り消さなければならない。 5　環境大臣及び特別国際種関係大臣は、事業登録機関が次の各号のいずれかに該当するときは、機関登録を取り消し、又は期間を定めて事業登録関係事務の全部若しくは一部の停止を命ずることができる。 　一　第33条の16第3項から第6項まで、第8項又は第9項の規定に違反したとき。 　二　第33条の16第5項の規程によらないで事業登録関係事務を実施したとき。 　三　正当な理由がないのに第33条の16第7項各号の規定による請求を拒んだとき。 　四　第1項から第3項までの規定による命令に違反したとき。 　五　不正の手段により機関登録を受けたとき。 **（事業登録機関がした処分等に係る審査請求）** **第33条の19**　事業登録機関が行う事業登録関係事務に係る処分又はその不作為について不服がある者は、環境大臣及び特別国際種関係大臣に対し、審査請求をすることができる。この場合において、環境大臣及び特別国際種関係大臣は、行政不服審査法第25条第2項及び第3項、第46条第1項及び第2項、第47条並びに第49条第3項の規定の適用については、事業登録機関の上級行政庁とみなす。 **（公示）** **第33条の20**　環境大臣及び特別国際種関係大臣は、次に掲げる場合には、その旨を官報に公示しなければならない。 　一　機関登録をしたとき。 　二　第33条の16第3項の規定による届出があったとき。 　三　第33条の16第9項の規定による許可をしたとき。 　四　第33条の22において準用する第24条第10項の規定により環境大臣及び特別国際種関係大臣が事業登録関係事務の全部若しくは一部を自ら行うこととするとき、又は自ら行っていた事業登録関係事務の全部若しくは一部を行わないこととするとき。 　五　第33条の18第4項若しくは第5項の規定により機関登録を取り消し、又は同項の規定により事業登録関係事務の全部若しくは一部の停止を命じたとき。 **（手数料）** **第33条の21**　第33条の6第1項の登録を受けようとする者又は第33条の10第1項の登録の更新を受けようとする者は、実費を勘案して政令で定める額の手数料を国（事業登録機関が事業登録関係事務を行う場合にあっては、事業登録機関）に納めなければならない。	**（特別国際種事業者の登録に関する手数料）** **第16条**　法第33条の21第1項の政令で定める手数料の額は、次の各号の区分に応じ、それぞれ当該各号に定める額とす

施行規則等

国際種省令

(特別国際種事業者の登録に関する手数料の納付)

第29条 法第33条の21に規定する手数料については、国に納付する場合にあっては第11条の申請書に、当該申請に係る手数料の額に相当する額の収入印紙を貼ることにより、事業登録機関に納付する場合にあって

法　律	施行令
2　前項の規定により事業登録機関に納められた手数料は、事業登録機関の収入とする。 （準用） **第33条の22**　第23条第6項の規定は機関登録について、第24条第10項及び第11項並びに第27条の規定は事業登録関係事務について準用する。この場合において、第23条第6項中「環境大臣」とあるのは「環境大臣及び特別国際種関係大臣（第33条の6第1項に規定する特別国際種関係大臣をいう。次条第10項及び第11項並びに第27条第1項において同じ。）」と、第24条第10項中「環境大臣」とあるのは「環境大臣及び特別国際種関係大臣」と、同条第11項中「環境大臣」とあるのは「環境大臣及び特別国際種関係大臣」と、「環境省令」とあるのは「環境大臣及び特別国際種関係大臣の発する命令」と、第27条第1項中「環境大臣」とあるのは「環境大臣及び特別国際種関係大臣」と、「この節」とあるのは「この款」と読み替えるものとする。 　　　第5節　適正に入手された原材料に係る製品である旨の認定等 （管理票の作成及び取扱い） **第33条の23**　特別国際種事業者は、その特別国際種事業に関し次の各号のいずれかに該当する場合には、環境大臣及び特別国際種関係大臣の発する命令で定めるところにより、特別特定器官等（政令で定める要件に該当するものに限る。以下この項において同じ。）の入手の経緯等に関し必要な事項を記載した管理票を作成しなければならない。 　一　その個体等に係る登録票等とともに譲り受け、又は引き取った原材料器官等の分割により特別特定器官等を得た場合 　二　その特別特定器官等に係る管理票とともに譲り受け、又は引き取った特別特定器官等の分割により新たに特別特定器官等を得た場合 　三　前2号に掲げるもののほか、適法に取得した特別特定器官等が登録要件に該当するものであることが明らかである場合として環境大臣及び特別国際種関係大臣の発する命令で定める場合 2　特定国際種事業者又は特別国際種事業者は、その特定国際種事業又は特別国際種事業に関し次の各号のいずれかに該当する場合に限り、環境大臣、特定国際種関係大臣及び特別国際種関係大臣（以下この節	る。 　一　法第33条の6第1項の登録　　3万3500円 　二　法第33条の10第1項の登録の更新　　3万2500円 （管理票の作成をしなければならない特別特定器官等） **第17条**　法第33条の23第1項の政令で定める要件は、重量が1キログラム以上であり、かつ、最大寸法が20センチメートル以上であることとする。

施行規則等

は法第33条の16第5項の事業登録関係事務の実施に関する規程で定めるところにより納付しなければならない。

2 前項の規定により納付された手数料は、これを返還しない。

◁ 国際種省令

(法第33条の22において準用する法第27条第2項の証明書の様式)
第30条 法第33条の22において準用する法第27条第2項の証明書の様式は、様式第3〔p.435参照〕のとおりとする。

◁ 国際種省令

(管理票)
第31条 法第33条の23第1項又は第2項の規定による管理票の作成は、次の各号に掲げる事項を記載して行うものとする。
一 作成者の氏名又は名称及び住所並びに法人にあっては、その代表者の氏名
二 作成者が特定器官等の譲渡し又は引渡しの業務を行うための施設の名称及び所在地
三 特定器官等の種別、重量及び主な特徴
四 作成者に譲渡し又は引渡しをした者の氏名又は名称及び住所並びに法人にあっては、その代表者の氏名
五 譲受け若しくは引取りをした原材料器官等に係る登録票の番号又は譲受け若しくは引取りをした特定器官等に係る管理票の番号及び当該特定器官等に係る原材料器官等に備え付けられていた登録票の番号（作成者が直接輸入した場合にあっては、輸入貿易管理令（昭和24年政令第414号）第3条第1項の規定による公表で一定の貨物の輸入について必要な事項として定める一定の手続を行ったことを証する書類又は同令第4条第1項の規定による輸入の承認を受けたことを証する書類の番号）
六 譲受け又は引取りをした年月日（作成者が直接輸入した場合にあっては、その年月日）

◁ 国際種省令

第32条 法第33条の23第1項第3号の環境大臣及び特別国際種関係大臣の発する命令で定める場合は、外国為替及び外国貿易法（昭和24年法律第228号）の規定に基づき自ら適法に輸入した原材料器官等の分割により新たに特別特定器官等（法第33条の23第1項に規定するものに限る。以下この項において同じ。）を得た場合又は同法の規定に基づき自ら適法に特別特定器官等を輸入した場合若しくはその特別特定器官等の分割により新たに特別特定器官等を得た場合とする。

法　律	施行令
において「環境大臣等」という。）の発する命令で定めるところにより、特定器官等（特別特定器官等のうち前項の政令で定める要件に該当するものを除き、第33条の25第１項の製品の原材料となるものに限る。以下この項において同じ。）の管理票を作成することができる。 一　その個体等に係る登録票等とともに譲り受け、又は引き取った原材料器官等の分割により得られた部分である特定器官等の譲渡し又は引渡しをする場合 二　その特定器官等に係る管理票とともに譲り受け、又は引き取った特定器官等の分割により得られた部分である特定器官等の譲渡し又は引渡しをする場合 三　前２号に掲げるもののほか、譲渡し又は引渡しをする特定器官等が登録要件に該当するものであることが明らかである場合として環境大臣等の発する命令で定める場合 3　前２項の管理票が作成された特定器官等の譲渡し又は引渡しは、その管理票とともにしなければならない。 4　第１項及び第２項の管理票の譲渡し又は引渡しは、その管理票に係る特定器官等とともにしなければならない。 5　特定国際種事業者又は特別国際種事業者は、第１項又は第２項の管理票が作成された特定器官等の譲渡し又は引渡しをした場合には、環境大臣等の発する命令で定めるところにより、第１項又は第２項の管理票の写しを保存しなければならない。 6　環境大臣等は、特定国際種事業者が第２項各号に掲げる場合以外の場合に同項の管理票を作成し、又は虚偽の事項を記載した同項の管理票を作成した場合において必要があると認めるときは、３月を超えない範囲内で期間を定めて、その者が同項の規定により管理票を作成することを禁止することができる。 **（管理票の作成の制限）** **第33条の24**　何人も、前条第１項各号又は第２項各号のいずれかに該当する場合のほか、同条第１項又は第２項の管理票を作成してはならない。 **（適正に入手された原材料に係る製品である旨の認定）** **第33条の25**　環境大臣等は、原材料器官等を原材料として製造された政令で定める製品（登録等を受けることができるものを除く。）の製造者の申請に基づき、その製品が登録要件に該当する原材料器官等を原材料として製造されたものである旨の認定をすることができる。	**（適正に入手された原材料に係る製品）** **第18条**　法第33条の25第１項の政令で定める製品は、別表第５〔p.419参照〕の２の項に掲げる原材料器官等のうち牙に

施行規則等

2　法第33条の23第2項第3号の環境大臣等の発する命令で定める場合は、次の各号に定めるものとする。
　一　外国為替及び外国貿易法の規定に基づき自ら適法に輸入した原材料器官等の分別により得られた部分である特定器官等（法第33条の23第2項に規定するものに限る。以下この項において同じ。）又は同法の規定に基づき自ら適法に輸入した特定器官等若しくはその特定器官等の分別により得られた部分である特定器官等の譲渡し又は引渡しをする場合
　二　新たに令第10条又は令第13条の規定により法第33条の2に規定する特定国際種事業の届出又は法第33条の6第1項に規定する特別国際種事業者の登録を要する特定器官等（以下この号において「事業関係特定器官等」という。）とされた特定器官等（環境大臣及び経済産業大臣が適正に入手されたものとして認めたものに限る。）を当該特定器官等が事業関係特定器官等とされた日（以下「適用日」という。）に正当な権原に基づき占有している者が適用日後3月間に当該特定器官等（その分別により得られた特定器官等を含む。）の譲渡し又は引渡しをする場合

[国際種省令]
（管理票の写しの保存）
第33条　法第33条の23第5項の規定による管理票の写しの保存の期間は、特定器官等の譲渡し又は引渡しをした日から5年間とする。

[国際種省令]
（認定対象製品）
第34条　令第18条の環境省令、経済産業省令で定める製品は、装身具、調度品、楽器、印章、室内娯楽用具、食卓用具、文房具、喫煙具、日用雑貨、仏具及び茶道具とする。

法　律	施行令
	係るものを原材料として製造された装身具、調度品、楽器、印章その他の環境省令、経済産業省令で定める製品（その原材料器官等を使用した部分が僅少でないこと、その部分から種を容易に識別することができることその他の環境省令、経済産業省令で定める要件に該当するものに限る。）とする。
2　前項の認定は、次に掲げる場合に限り、することができる。 　一　申請者が、その製品の原材料である特定器官等を、その特定器官等に関し第33条の23第1項又は第2項の規定により作成された管理票とともに譲り受け、又は引き取った者である場合 　二　申請者が、その製品の原材料である原材料器官等を、その原材料器官等に係る登録票等とともに譲り受け、又は引き取った者である場合 　三　前2号に掲げるもののほか、その製品の原材料である原材料器官等が登録要件に該当するものであることが明らかである場合として環境大臣等の発する命令で定める場合	
3　環境大臣等は、第1項の認定をしたときは、環境大臣等の発する命令で定めるところにより、その申請をした者に対し、申請に係る製品	

施行規則等

2 令第18条の環境省令、経済産業省令で定める要件は、次の各号に掲げるものとする。
一 製品の原材料である原材料器官等を使用した部分が僅少でないこと。
二 製品の原材料である原材料器官等から種を容易に識別することができること。

[国際種省令]

第37条 法第33条の25第1項の規定による認定の申請は、次に掲げる事項を記載した申請書を環境大臣及び経済産業大臣(認定機関が認定関係事務を行う場合にあっては、認定機関)に提出して行うものとする。
一 申請者の氏名又は名称及び住所並びに法人にあっては、その代表者の氏名
二 製品の種別及び重量
三 製品の原材料である原材料器官等の重量又は特定器官等の重量及び主な特徴
四 申請者に製品の原材料である原材料器官等又は特定器官等の譲渡し又は引渡しをした者の氏名又は名称及び住所並びに法人にあっては、その代表者の氏名
五 譲受け又は引取りをした原材料器官等に係る登録票又は特定器官等に係る管理票の番号(申請者が直接輸入した場合にあっては、輸入貿易管理令第3条第1項の規定による公表で一定の貨物の輸入について必要な事項として定める一定の手続を行ったことを証する書類又は同令第4条第1項の規定による輸入の承認を受けたことを証する書類の番号)
六 製品の原材料である原材料器官等又は特定器官等の譲受け又は引取りをした年月日(申請者が直接輸入した場合にあっては、その年月日)
2 前項の申請書には、当該製品の写真を添付しなければならない。

[国際種省令]

(光ディスクによる手続)

第38条 前条第1項の規定による申請書の提出については、環境大臣及び経済産業大臣(認定機関が認定関係事務を行う場合にあっては、認定機関)が支障がないと認めた場合に限り、当該申請書に記載すべきこととされている事項を記録した光ディスク(これに準ずる方法により一定の事項を確実に記録しておくことができる物を含む。)を提出することにより行うことができる。

[国際種省令]

(認定の申請等)

第35条 法第33条の25第2項第3号の環境大臣等の発する命令で定める場合は、次に定めるものとする。
一 申請者が、製品の原材料である原材料器官等又は特定器官等を外国為替及び外国貿易法の規定に基づき適法に輸入した者である場合
二 申請者(その製品が新たに令第18条の規定により法第33条の25第1項の認定をすることができる製品とされた日(以下「認定対象とされた日」という。)後3月間に当該製品に係る申請をした者に限る。)が、当該認定対象とされた日に正当な権原に基づき当該製品(環境大臣及び経済産業大臣(法第33条の26第1項の規定に基づき環境大臣及び経済産業大臣が認定機関を登録した場合にあっては、当該認定機関)が、入手の経緯等から適正に入手されたものである旨の確認をした原材料器官等又は特定器官等を原材料として製造されたものに限る。)を占有している者である場合

[国際種省令]

第36条 法第33条の25第3項の標章の様式は、様式第4〔p.436参照〕のとおりとする。

法　律	施行令
ごとに、その製品について同項の認定があった旨を表示する標章を交付しなければならない。 4　前項の標章は、その標章に係る認定を受けた製品以外の物に取り付けてはならない。 5　前各項に定めるもののほか、第１項の認定及び第３項の標章に関し必要な事項は、環境大臣等の発する命令で定める。 （認定機関） 第33条の26　環境大臣等は、環境大臣等の発する命令で定めるところにより、前条に規定する環境大臣等の事務（以下「認定関係事務」という。）について、環境大臣等の登録を受けた者（以下「認定機関」という。）があるときは、その認定機関に行わせるものとする。 2　前項の登録（以下この節において「機関登録」という。）は、認定関係事務を行おうとする者の申請により行う。 3　次の各号のいずれかに該当する者は、機関登録を受けることができない。 　一　この法律に規定する罪を犯して刑に処せられ、その執行を終わり、又はその執行を受けることがなくなった日から起算して２年を経過しない者 　二　第33条の29第４項又は第５項の規定により機関登録を取り消され、その取消しの日から起算して２年を経過しない者 　三　法人であって、その業務を行う役員のうちに前２号のいずれかに該当する者があるもの 4　環境大臣等は、機関登録の申請をした者（以下この項において「機関登録申請者」という。）が次の各号のいずれにも適合しているときは、その機関登録をしなければならない。この場合において、機関登録に関して必要な手続は、環境大臣等の発する命令で定める。 　一　学校教育法に基づく大学若しくは高等専門学校において獣医学その他特定器官等の識別に関して必要な課程を修めて卒業した者又はこれと同等以上の学力を有する者であって、通算して３年以上特定器官等の識別に関する実務の経験を有するものが認定関係事務を実施し、その人数が２名以上であること。 　二　機関登録申請者が、次のいずれかに該当するものでないこと。	

施行規則等

国際種省令
(認定機関の登録の申請等)
第39条 法第33条の26第2項の規定による登録の申請は、次に掲げる事項を記載した申請書を提出して行うものとする。
　一　申請者の氏名及び住所(法人にあっては、その名称、代表者の氏名及び主たる事務所の所在地)
　二　認定関係事務を行おうとする事務所の名称及び所在地
　三　認定関係事務を開始しようとする年月日
2　前項の申請書には、次に掲げる書類を添付しなければならない。
　一　定款若しくは寄附行為及び登記事項証明書又はこれらに準ずるもの
　二　申請の日の属する事業年度の直前の事業年度の貸借対照表及び当該事業年度末の財産目録又はこれらに準ずるもの(申請の日の属する事業年度に設立された法人にあっては、その設立時における財産目録)
　三　申請者が法第33条の26第4項第1号及び第2号の規定に適合することを説明した書類
　四　申請者が現に行っている業務の概要を記載した書類
　五　前各号に掲げるもののほか、その他参考となる事項を記載した書類

法　律	施行令
イ　機関登録申請者が株式会社である場合にあっては、特定国際種事業又は特別国際種事業（前条第1項の政令で定める製品に係るものに限る。ロにおいて同じ。）を行う者がその親法人であること。 　ロ　機関登録申請者の役員又は職員のうちに、特定国際種事業又は特別国際種事業を行う者の役員又は職員である者（過去2年間にその特定国際種事業又は特別国際種事業を行う者の役員又は職員であった者を含む。）があること。 5　機関登録は、認定機関登録簿に次に掲げる事項を記載してするものとする。 　一　機関登録の年月日及び番号 　二　機関登録を受けた者の氏名及び住所（法人にあっては、その名称、代表者の氏名及び主たる事務所の所在地） 　三　前2号に掲げるもののほか、環境大臣等の発する命令で定める事項 6　認定機関がその認定関係事務を行う場合における前条の規定の適用については、同条第1項中「環境大臣等」とあるのは「認定機関（次条第1項に規定する認定機関をいう。第3項において同じ。）」と、同条第3項中「環境大臣等は」とあるのは「認定機関は」とする。 **（認定機関の遵守事項）** **第33条の27**　認定機関は、認定関係事務を実施することを求められたときは、正当な理由がある場合を除き、遅滞なく、認定関係事務を実施しなければならない。 2　認定機関は、公正に、かつ、環境大臣等の発する命令で定める方法により認定関係事務を実施しなければならない。 3　認定機関は、前条第5項第2号及び第3号に掲げる事項を変更しようとするときは、変更しようとする日の2週間前までに、環境大臣等に届け出なければならない。ただし、環境大臣等の発する命令で定める軽微な事項に係る変更については、この限りでない。 4　認定機関は、前項ただし書の事項について変更したときは、遅滞なく、環境大臣等にその旨を届け出なければならない。 5　認定機関は、その認定関係事務の開始前に、環境大臣等の発する命	

施行規則等

国際種省令

(認定関係事務の実施の方法等)
第40条 法第33条の27第2項の環境大臣等の発する命令で定める方法は、次に掲げるものとする。
　一　認定の申請に係る製品が第34条第1項に規定する製品であることを確認すること。
　二　認定の申請に係る製品の原材料である原材料器官等に係る登録票又は特定器官等に係る管理票の番号（申請者が直接輸入した場合にあっては、輸入貿易管理令第3条第1項の規定による公表で一定の貨物の輸入について必要な事項として定める一定の手続を行ったことを証する書類又は同令第4条第1項の規定による輸入の承認を受けたことを証する書類の番号）を確認すること。
　三　認定の申請に係る製品の原材料である原材料器官等の重量又は特定器官等の重量を個体等登録機関に確認すること（申請者が直接輸入した場合を除く。）。
　四　認定の申請に係る製品の原材料である原材料器官等又は特定器官等から既に製造され、認定を受けた製品の総重量を確認し、その総重量と認定の申請に係る製品の重量の和が、当該製品の原材料である原材料器官等の重量又は特定器官等の重量及び当該製品の形状等を勘案して適当と認められる範囲内であることを確認すること。

2　法第33条の27第3項ただし書の環境大臣等の発する命令で定める軽微な事項に係る変更は、法第33条の26第1項の登録を受けた者の住所（法人にあっては、その代表者の氏名又は主たる事務所の所在地）の変更とする。

3　法第33条の27第5項の認定関係事務の実施に関する規程は、次の事項について定めるものとする。

法　律	施行令
令で定めるところにより、その認定関係事務の実施に関する規程を定め、環境大臣等の認可を受けなければならない。これを変更しようとするときも、同様とする。 6　認定機関は、毎事業年度経過後3月以内に、その事業年度の財務諸表等を作成し、5年間事業所に備えて置かなければならない。 7　第33条の25第1項の認定を受けようとする者その他の利害関係人は、認定機関の業務時間内は、いつでも、次に掲げる請求をすることができる。ただし、第2号又は第4号の請求をするには、認定機関の定めた費用を支払わなければならない。 　一　財務諸表等が書面をもって作成されているときは、当該書面の閲覧又は謄写の請求 　二　前号の書面の謄本又は抄本の請求 　三　財務諸表等が電磁的記録をもって作成されているときは、当該電磁的記録に記録された事項を環境大臣等の発する命令で定める方法により表示したものの閲覧又は謄写の請求 　四　前号の電磁的記録に記録された事項を電磁的方法であって環境大臣等の発する命令で定めるものにより提供することの請求又は当該事項を記載した書面の交付の請求 8　認定機関は、環境大臣等の発する命令で定めるところにより、帳簿を備え、認定関係事務に関し環境大臣等の発する命令で定める事項を記載し、これを保存しなければならない。	

施行規則等
一　認定関係事務を行う時間及び休日に関する事項
二　認定関係事務を行う事務所に関する事項
三　認定関係事務の実施体制に関する事項
四　前項第2号から第4号までの確認の方法に関する事項
五　手数料の収納に関する事項
六　認定関係事務に関する秘密の保持に関する事項
七　認定関係事務に関する帳簿、書類等の管理に関する事項
八　前各号に掲げるもののほか、その他認定関係事務の実施に関し必要な事項
4　認定機関は、法第33条の27第5項前段の認可を受けようとするときは、その旨を記載した申請書に認定関係事務の実施に関する規程を添えて、これを環境大臣及び経済産業大臣に提出しなければならない。
5　認定機関は、法第33条の27第5項後段の認可を受けようとするときは、次に掲げる事項を記載した申請書を環境大臣及び経済産業大臣に提出しなければならない。
一　変更しようとする事項
二　変更しようとする年月日
三　変更の理由

◀ 国際種省令

（認定機関が行う表示に係る電磁的方法）

第41条　法第33条の27第7項第3号の環境大臣等の発する命令で定める方法は、当該電磁的記録に記録された事項を紙面又は出力装置の映像面に表示する方法とする。

◀ 2　法第33条の27第7項第4号の環境大臣等の発する命令で定める電磁的方法は、次に掲げるものとする。

　一　送信者の使用に係る電子計算機と受信者の使用に係る電子計算機とを電気通信回線で接続した電子情報処理組織を使用する方法であって、当該電気通信回線を通じて情報が送信され、受信者の使用に係る電子計算機に備えられたファイルに当該情報が記録されるもの

　二　磁気ディスクその他これに準ずる方法により一定の情報を確実に記録しておくことができる物をもって調製するファイルに情報を記録したものを交付する方法

3　前項各号に掲げる方法は、受信者がファイルへの記録を出力することによる書面を作成できるものでなければならない。

◀ 国際種省令

（認定機関の帳簿）

第42条　法第33条の27第8項の環境大臣等の発する命令で定める事項は、次に掲げるものとする。

　一　申請者の氏名又は名称及び住所並びに法人にあっては、その代表者の氏名

　二　認定の申請を受けた年月日

　三　製品の種別及び重量

　四　製品の原材料である原材料器官等の重量又は特定器官等の重量及び主な特徴

　五　申請者に製品の原材料である原材料器官等又は特定器官等の譲渡し又は引渡しをした者の氏名又は名

法　律	施行令
9　認定機関は、環境大臣等の許可を受けなければ、その認定関係事務の全部又は一部を休止し、又は廃止してはならない。 **（秘密保持義務等）** **第33条の28**　認定機関の役員若しくは職員又はこれらの職にあった者は、その認定関係事務に関し知り得た秘密を漏らしてはならない。 2　認定関係事務に従事する認定機関の役員又は職員は、刑法その他の罰則の適用については、法令により公務に従事する職員とみなす。 **（認定機関に対する適合命令等）** **第33条の29**　環境大臣等は、認定機関が第33条の26第4項各号のいずれかに適合しなくなったと認めるときは、その認定機関に対し、これらの規定に適合するため必要な措置をとるべきことを命ずることができる。 2　環境大臣等は、認定機関が第33条の27第1項又は第2項の規定に違反していると認めるときは、その認定機関に対し、認定関係事務を実施すべきこと又は認定関係事務の方法の改善に関し必要な措置をとるべきことを命ずることができる。 3　環境大臣等は、第33条の27第5項の規程が認定関係事務の公正な実施上不適当となったと認めるときは、その規程を変更すべきことを命ずることができる。 4　環境大臣等は、認定機関が第33条の26第3項第1号又は第3号に該当するに至ったときは、機関登録を取り消さなければならない。 5　環境大臣等は、認定機関が次の各号のいずれかに該当するときは、	

施行規則等

　称及び住所並びに法人にあっては、その代表者の氏名
　六　譲受け又は引取りをした原材料器官等に係る登録票又は特定器官等に係る管理票の番号（申請者が直接輸入した場合にあっては、輸入貿易管理令第3条第1項の規定による公表で一定の貨物の輸入について必要な事項として定める一定の手続を行ったことを証する書類又は同令第4条第1項の規定による輸入の承認を受けたことを証する書類の番号）
　七　認定を行った年月日
　八　認定番号

◀ 国際種省令
（認定関係事務の休廃止の許可の申請）
第43条　認定機関は、法第33条の27第9項の許可を受けようとするときは、次に掲げる事項を記載した申請書を環境大臣及び経済産業大臣に提出しなければならない。
　一　休止し、又は廃止しようとする認定関係事務の範囲
　二　休止し、又は廃止しようとする年月日
　三　休止しようとする場合にあっては、その期間
　四　休止又は廃止の理由

国際種省令
（認定関係事務の引継ぎ等）
第44条　認定機関は、環境大臣及び経済産業大臣が法第33条の33において準用する法第24条第10項の規定により認定関係事務の全部若しくは一部を自ら行う場合、法第33条の27第9項の許可を受けて認定関係事務の全部若しくは一部を廃止する場合又は環境大臣及び経済産業大臣が法第33条の29第4項若しくは第5項の規定により機関登録を取り消した場合には、次に掲げる事項を行わなければならない。
　一　認定関係事務を環境大臣及び経済産業大臣に引き継ぐこと。
　二　認定関係事務に関する帳簿及び書類を環境大臣及び経済産業大臣に引き継ぐこと。
　三　その他環境大臣及び経済産業大臣が必要と認める事項

法　　律	施行令
その機関登録を取り消し、又は期間を定めて認定関係事務の全部若しくは一部の停止を命ずることができる。 一　第33条の27第3項から第6項まで、第8項又は第9項の規定に違反したとき。 二　第33条の27第5項の規程によらないで認定関係事務を実施したとき。 三　正当な理由がないのに第33条の27第7項各号の規定による請求を拒んだとき。 四　第1項から第3項までの規定による命令に違反したとき。 五　不正の手段により機関登録を受けたとき。 **（認定機関がした処分等に係る審査請求）** **第33条の30**　認定機関が行う認定関係事務に係る処分又はその不作為について不服がある者は、環境大臣等に対し、審査請求をすることができる。この場合において、環境大臣等は、行政不服審査法第25条第2項及び第3項、第46条第1項及び第2項、第47条並びに第49条第3項の規定の適用については、認定機関の上級行政庁とみなす。 **（公示）** **第33条の31**　環境大臣等は、次に掲げる場合には、その旨を官報に公示しなければならない。 一　機関登録をしたとき。 二　第33条の27第3項の規定による届出があったとき。 三　第33条の27第9項の規定による許可をしたとき。 四　第33条の33において準用する第24条第10項の規定により環境大臣等が認定関係事務の全部若しくは一部を自ら行うこととするとき、又は自ら行っていた認定関係事務の全部若しくは一部を行わないこととするとき。 五　第33条の29第4項若しくは第5項の規定により機関登録を取り消し、又は同項の規定により認定関係事務の全部若しくは一部の停止を命じたとき。 **（手数料）** **第33条の32**　第33条の25第1項の認定を受けようとする者は、実費を勘案して政令で定める額の手数料を国（認定機関が認定関係事務を行う場合にあっては、認定機関）に納めなければならない。 2　前項の規定により認定機関に納められた手数料は、認定機関の収入とする。 **（準用）** **第33条の33**　第23条第6項の規定は機関登録について、第24条第10項及び第11項並びに第27条の規定は認定関係事務について準用する。この場合において、第23条第6項中「環境大臣」とあるのは「環境大臣等（第33条の23第2項に規定する環境大臣等をいう。）。第24条第10項及び第11項並びに第27条第1項において同じ。）」と、第24条第10項中「環境大臣」とあるのは「環境大臣等」と、同条第11項中「環境大臣」とあ	**（認定に関する手数料）** **第19条**　法第33条の32第1項の政令で定める額は、製品1個につき60円とする。

施行規則等

|国際種省令|
(認定に関する手数料の納付)
第45条 法第33条の32に規定する手数料については、国に納付する場合にあっては第37条の申請書に、当該申請に係る手数料の額に相当する額の収入印紙を貼ることにより、認定機関に納付する場合にあっては法第33条の27第5項の認定関係事務の実施に関する規程で定めるところにより納付しなければならない。
2 前項の規定により納付された手数料は、これを返還しない。

|国際種省令|
(法第33条の33において準用する法第27条第2項の証明書の様式)
第46条 法第33条の33において準用する法第27条第2項の証明書の様式は、様式第5〔p.437参照〕のとおりとする。

法　　律	施行令
るのは「環境大臣等」と、「環境省令」とあるのは「環境大臣等の発する命令」と、第27条第1項中「環境大臣」とあるのは「環境大臣等」と読み替えるものとする。 　　　第3章　生息地等の保護に関する規制 　　　　第1節　土地の所有者の義務等 （土地の所有者等の義務） 第34条　土地の所有者又は占有者は、その土地の利用に当たっては、国内希少野生動植物種の保存に留意しなければならない。 （助言又は指導） 第35条　環境大臣は、国内希少野生動植物種の保存のため必要があると認めるときは、土地の所有者又は占有者に対し、その土地の利用の方法その他の事項に関し必要な助言又は指導をすることができる。 　　　　第2節　生息地等保護区 （生息地等保護区） 第36条　環境大臣は、国内希少野生動植物種の保存のため必要があると認めるときは、その個体の生息地又は生育地及びこれらと一体的にその保護を図る必要がある区域であって、その個体の分布状況及び生態その他その個体の生息又は生育の状況を勘案してその国内希少野生動植物種の保存のため重要と認めるものを、生息地等保護区として指定することができる。 2　前項の規定による指定（以下この条において「指定」という。）又はその変更は、その区域及び名称、指定又はその変更に係る国内希少野生動植物種並びにその区域の保護に関する指針を定めてするものとする。 3　環境大臣は、指定をし、又はその変更をしようとする場合において、必要があると認めるときは、指定の期間を定めることができる。 4　環境大臣は、指定をし、又はその変更をしようとするときは、あらかじめ、関係行政機関の長に協議するとともに、中央環境審議会及び関係地方公共団体の意見を聴かなければならない。 5　環境大臣は、指定をし、又はその変更をしようとするとき（指定の変更にあっては、区域を拡張し、又は指定の期間を定め、若しくは延長する場合に限る。次項及び第7項において同じ。）は、あらかじめ、環境省令で定めるところにより、その旨を公告し、公告した日から起算して14日を経過する日までの間、その区域及び名称並びにその区域の保護に関する指針の案（次項及び第7項において「指定案」という。）並びに指定の期間（第3項の規定により指定の期間が定められている場合に限る。）を公衆の縦覧に供しなければならない。 6　前項の規定による公告があったときは、指定をし、又はその変更をしようとする区域の住民及び利害関係人は、同項に規定する期間が経過する日までの間に、環境大臣に指定案についての意見書を提出することができる。 7　環境大臣は、指定案について異議がある旨の前項の意見書の提出があったときその他指定又はその変更に関し広く意見を聴く必要がある	

施行規則等

▸ 施行規則

(生息地等保護区の指定又はその変更の公告)
第20条 法第36条第５項の規定による公告は、次の各号に掲げる事項について、インターネットの利用その他の適切な方法により行うものとする。
　一　生息地等保護区の指定又はその変更の区域
　二　指定又はその変更に係る生息地等保護区の名称
　三　生息地等保護区の指定又はその変更の区域の保護に関する指針の案
　四　生息地等保護区の指定又はその変更の区域及び名称並びにその区域の保護に関する指針の案の縦覧場所

▸ 施行規則

(公聴会)

法　　律	施行令
と認めるときは、公聴会を開催するものとする。 8　環境大臣は、指定をし、又はその変更をするときは、その旨並びにその区域及び名称、その区域の保護に関する指針並びに指定の期間（第3項の規定により指定の期間が定められている場合に限る。）を官報で公示しなければならない。 9　指定又はその変更は、前項の規定による公示によってその効力を生ずる。 10　環境大臣は、生息地等保護区に係る国内希少野生動植物種の個体の生息又は生育の状況の変化その他の事情の変化により指定の必要がなくなったと認めるとき又は指定を継続することが適当でないと認めるときは、指定を解除しなければならない。 11　第4項、第8項及び第9項の規定は、前項の規定による指定の解除について準用する。この場合において、第8項中「その旨並びにその区域及び名称、その区域の保護に関する指針並びに指定の期間（第3項の規定により指定の期間が定められている場合に限る。）」とあるのは「その旨及び解除に係る指定の区域」と、第9項中「前項の規定による公示」とあるのは「第11項において準用する前項の規定による公示」と読み替えるものとする。 12　生息地等保護区の区域内（次条第4項第8号に掲げる行為については、同号に規定する湖沼又は湿原の周辺1キロメートルの区域内）において同項各号に掲げる行為をする者は、第2項の指針に留意しつつ、国内希少野生動植物種の保存に支障を及ぼさない方法でその行為をしなければならない。 **（管理地区）** **第37条**　環境大臣は、生息地等保護区の区域内で国内希少野生動植物種の保存のため特に必要があると認める区域を管理地区として指定することができる。 2　環境大臣は、管理地区に係る国内希少野生動植物種の個体の生息又	

施行規則等

第21条 環境大臣は、法第36条第7項（法第37条第3項において準用する場合を含む。）の規定により公聴会を開催しようとするときは、日時、場所及び公聴会において意見を聴こうとする案件を公示するとともに、当該案件に関し意見を聴く必要があると認めた者（以下この条において「公述人」という。）にその旨を通知するものとする。

2　前項の公示は、公聴会の日の3週間前までに官報により行うものとする。

3　公聴会は、環境大臣又はその指名する者が議長として主宰する。

4　公聴会においては、議長は、まず公述人のうち異議がある旨の意見書を提出した者その他意見を聴こうとする案件に対し異議を有する者に異議の内容及び理由を陳述させなければならない。

5　公述人は、発言しようとするときは、議長の許可を受けなければならない。

6　議長は、特に必要があると認めるときは、公聴会を傍聴している者に発言を許すことができる。

7　公述人及び発言を許された者の発言は、意見を聴こうとする案件の範囲を超えてはならない。

8　公述人及び発言を許された者が前項の範囲を超えて発言し、又は不穏当な言動があったときは、議長は、その発言を禁止し、又は退場を命ずることができる。

9　議長は、公聴会の秩序を維持するため必要があると認めるときは、その秩序を妨げ、又は不穏な言動をした者を退去させることができる。

10　議長は、公聴会の終了後遅滞なく公聴会の経過に関する重要な事項を記載した調書を作成し、これに署名押印しなければならない。

法　　　律	施行令
は生育の状況の変化その他の事情の変化により前項の規定による指定の必要がなくなったと認めるとき又はその指定を継続することが適当でないと認めるときは、その指定を解除しなければならない。 3　前条第2項及び第4項から第9項までの規定は第1項の規定による指定及びその変更について、同条第4項、第8項及び第9項の規定は前項の規定による指定の解除について、同条第8項の規定は次項の規定による指定について準用する。この場合において、同条第2項中「その区域及び名称、指定又はその変更に係る国内希少野生動植物種並びにその区域の保護に関する指針」とあるのは第1項の規定による指定及びその変更については「その区域」と、同条第5項中「区域を拡張し、又は指定の期間を定め、若しくは延長する場合」とあるのは第1項の規定による指定及びその変更については「区域を拡張する場合」と、「並びに指定の期間（第3項の規定により指定の期間が定められている場合に限る。）を公衆」とあるのは第1項の規定による指定及びその変更については「を公衆」と、同条第8項中「その旨並びにその区域及び名称、その区域の保護に関する指針並びに指定の期間（第3項の規定により指定の期間が定められている場合に限る。）」とあるのは第1項の規定による指定及びその変更については「その旨及びその区域」と、前項の規定による指定の解除については「その旨及び解除に係る指定の区域」と、次項の規定による指定については「その旨及びその区域並びにその区域ごとの期間」と、同条第9項中「前項の規定による公示」とあるのは「次条第3項において準用する前項の規定による公示」と読み替えるものとする。 4　管理地区の区域内（第8号に掲げる行為については、同号に規定する湖沼又は湿原の周辺1キロメートルの区域内。第40条第1項及び第41条第1項において同じ。）においては、次に掲げる行為（第10号から第14号までに掲げる行為については、環境大臣が指定する区域内及びその区域ごとに指定する期間内においてするものに限る。）は、環境大臣の許可を受けなければ、してはならない。 　一　建築物その他の工作物を新築し、改築し、又は増築すること。 　二　宅地を造成し、土地を開墾し、その他土地（水底を含む。）の形質を変更すること。 　三　鉱物を採掘し、又は土石を採取すること。 　四　水面を埋め立て、又は干拓すること。 　五　河川、湖沼等の水位又は水量に増減を及ぼさせること。 　六　木竹を伐採すること。 　七　国内希少野生動植物種の個体の生息又は生育に必要なものとして環境大臣が指定する野生動植物の種の個体その他の物の捕獲等をすること。 　八　管理地区の区域内の湖沼若しくは湿原であって環境大臣が指定するもの又はこれらに流入する水域若しくは水路に汚水又は廃水を排水設備を設けて排出すること。 　九　道路、広場、田、畑、牧場及び宅地の区域以外の環境大臣が指定する区域内において、車馬若しくは動力船を使用し、又は航空機を	

施行規則等

◀ 施 行 規 則

(管理地区の指定又はその変更の公告)
第22条 第20条の規定は、法第37条第3項において準用する法第36条第5項の規定による公告について準用する。この場合において、「生息地等保護区」とあるのは「管理地区」と読み替えるものとする。

法　律	施行令
着陸させること。 十　第7号の規定により環境大臣が指定した野生動植物の種の個体その他の物以外の野生動植物の種の個体その他の物の捕獲等をすること。 十一　国内希少野生動植物種の個体の生息又は生育に支障を及ぼすおそれのある動植物の種として環境大臣が指定するものの個体を放ち、又は植栽し、若しくはその種子をまくこと。 十二　国内希少野生動植物種の個体の生息又は生育に支障を及ぼすおそれのあるものとして環境大臣が指定する物質を散布すること。 十三　火入れ又はたき火をすること。 十四　国内希少野生動植物種の個体の生息又は生育に支障を及ぼすおそれのある方法として環境大臣が定める方法によりその個体を観察すること。 5　前項の許可を受けようとする者は、環境省令で定めるところにより、環境大臣に許可の申請をしなければならない。 6　環境大臣は、前項の申請に係る行為が第3項において準用する前条第2項の指針に適合しないものであるときは、第4項の許可をしないことができる。 7　環境大臣は、国内希少野生動植物種の保存のため必要があると認めるときは、その必要の限度において、第4項の許可に条件を付することができる。 8　第4項の規定により同項各号に掲げる行為が規制されることとなった時において既に同項各号に掲げる行為に着手している者は、その規制されることとなった日から起算して3月を経過する日までの間に環境大臣に環境省令で定める事項を届け出たときは、同項の規定にかかわらず、引き続きその行為をすることができる。	

施行規則等

施 行 規 則

(管理地区内における行為の許可の申請)
第23条 法第37条第5項の規定による許可の申請は、次の各号に掲げる事項を記載した申請書を提出して行うものとする。
　一　申請者の住所及び氏名(法人にあっては、主たる事務所の所在地、名称及び代表者の氏名)
　二　行為の種類
　三　行為の目的
　四　行為の場所
　五　行為地及びその付近の状況
　六　行為の施行方法(指定に係る国内希少野生動植物種の個体の生息地又は生育地への当該行為による影響を軽減するための方法を含む。次項において同じ。)
　七　行為の着手及び完了の予定日
2　前項の申請書には、次の各号に掲げる図面を添付しなければならない。
　一　行為地の位置を明らかにした縮尺5万分の1以上の地形図
　二　行為地及びその付近の状況を明らかにした縮尺5000分の1以上の概況図及び天然色写真
　三　行為の施行方法を明らかにした縮尺1000分の1以上の平面図、立面図、断面図及び構造図
〔届出→施行規則第54条。p.359参照〕
〔添付図面の省略→施行規則第55条。p.359参照〕

施 行 規 則

(既着手行為の届出)
第24条 法第37条第8項の環境省令で定める事項は、次の各号に掲げるものとする。
　一　行為者の住所及び氏名(法人にあっては、主たる事務所の所在地、名称及び代表者の氏名)
　二　行為の種類
　三　行為の目的
　四　行為の場所

法　律	施行令
9　次に掲げる行為については、第4項の規定は、適用しない。 　一　非常災害に対する必要な応急措置としての行為 　二　通常の管理行為又は軽易な行為で環境省令で定めるもの	

施行規則等

　五　行為地及びその付近の状況
　六　行為の施行方法
　七　行為の完了の日又は予定日
2　法第37条第8項の規定による届出は、前項各号に掲げる事項を記載した届出書を提出して行うものとする。
3　前項の届出書には、次の各号に掲げる図面を添付しなければならない。
　一　行為地の位置を明らかにした縮尺5万分の1以上の地形図
　二　行為地及びその付近の状況を明らかにした縮尺5000分の1以上の概況図及び天然色写真
　三　行為の施行方法を明らかにした縮尺1000分の1以上の平面図、立面図、断面図及び構造図
〔添付図面の省略→施行規則第55条。p.359参照〕

施行規則
（管理地区内における許可を要しない行為）
第25条　法第37条第9項第2号の環境省令で定める行為は、次の各号に掲げるものとする。
　一　工作物を新築し、改築し、又は増築することであって次に掲げるもの
　　イ　森林の保護管理のための標識又は野生鳥獣の保護増殖のための標識、巣箱、給餌台若しくは給水台を設置すること。
　　ロ　砂防法第1条に規定する砂防設備、海岸法第2条第1項に規定する海岸保全施設、地すべり等防止法第2条第3項に規定する地すべり防止施設、急傾斜地の崩壊による災害の防止に関する法律第2条第2項に規定する急傾斜地崩壊防止施設又は雪崩の防止のための施設を改築し、又は増築すること。
　　ハ　河川法第3条第2項に規定する河川管理施設を改築し、若しくは増築すること又は河川を局部的に改良することであって河川の現状に著しい変更を及ぼさないもの
　　ニ　砂防法第2条の規定により指定された土地、海岸法第3条に規定する海岸保全区域、地すべり等防止法第3条に規定する地すべり防止区域、河川法第6条第1項に規定する河川区域又は急傾斜地の崩壊による災害の防止に関する法律第3条に規定する急傾斜地崩壊危険区域の管理のために標識、くい、警報機、雨量観測施設、水位観測施設その他これらに類する工作物を設置すること。
　　ホ　法令の規定により、又は保安の目的で標識、くい、警報機、雨量観測施設、水位観測施設その他これらに類する工作物を設置すること。
　　ヘ　測量法第10条第1項に規定する測量標又は水路業務法第5条第1項に規定する水路測量標を設置すること。
　　ト　漁港漁場整備法第3条第1号に掲げる施設、同条第2号イ、ロ、ハ、ル若しくはヲに掲げる施設（同号イに掲げる施設については駐車場及びヘリポートを除き、同号ハに掲げる施設については公共施設用地に限る。）、管理地区が指定された際現に同法第40条の規定により漁港施設とみなされている施設又は同条の規定により漁港施設とみなされた施設であって法第37条第4項の規定による許可を受けて設置されたもの（法第54条第2項の規定による協議に係るものを含む。）を改築し、又は増築すること。
　　チ　漁港漁場整備法第34条に規定する漁港管理規程に基づき標識を設置すること。
　　リ　沿岸漁業の生産基盤の整備及び開発を行うために必要な沿岸漁業の構造の改善に関する事業に係る施設を改築し、又は増築すること。
　　ヌ　海洋水産資源開発促進法第7条に規定する沿岸水産資源開発計画に基づく事業に係る増殖又は養殖のための施設を改築し、又は増築すること。
　　ル　漁港漁場整備法第6条の3第1項に規定する漁港漁場整備長期計画に基づく沿岸漁業に係る魚礁の設置若しくは水産動植物の増殖場及び養殖場の造成若しくは沿岸漁場の保全に関する事業又は沿岸漁

法　律	施行令

法律・施行令・施行規則等対照表

施行規則等

　　場整備開発法（昭和49年法律第49号）第7条の2第1項に規定する基本計画に基づく水産動物の種苗の生産及び放流並びに水産動物の育成に関する事業に係る施設を改築し、又は増築すること。
- ヲ　道路を改築し、又は増築すること（小規模の拡幅、舗装、こう配の緩和、線形の改良その他道路の現状に著しい変更を及ぼさないものに限る。）。
- ワ　信号機、防護柵、土留擁壁その他道路、鉄道、軌道又は索道の交通の安全を確保するための施設を改築し、又は増築すること（信号機にあっては、新築することを含む。）。
- カ　鉄道施設、軌道に関する工作物又は索道施設を維持し、又は管理することに伴い、当該工作物を改築し、又は増築すること。
- ヨ　鉄道、軌道若しくは索道の駅舎又は自動車若しくは船舶による旅客運送事業の営業所若しくは待合所において、駅名板、停留所標識又は料金表、運送約款その他これらに類するものを表示した施設を設置すること。
- タ　鉄道、軌道又は索道のプラットホーム（上家を含む。）を改築し、又は増築すること。
- レ　海洋汚染等及び海上災害の防止に関する法律第3条第14号に規定する廃油処理施設を改築し、又は増築すること。
- ソ　港湾法（昭和25年法律第218号）第2条第5項の港湾施設又は同条第6項の規定により港湾施設とみなされた施設を改築し、又は増築すること。
- ツ　航路標識その他船舶の交通の安全を確保するための施設を改築し、又は増築すること。
- ネ　船舶又は積荷の急迫した危難を避けるための応急措置として仮設の工作物を新築すること。
- ナ　航空法第2条第5項に規定する航空保安施設を改築し、又は増築すること。
- ラ　郵便差出箱、集合郵便受箱、信書便差出箱、公衆電話施設又は電気通信事業法第141条第3項に規定する陸標を改築し、又は増築すること。
- ム　有線電気通信のための線路又は空中線系（その支持物を含む。）を改築し、又は増築すること。
- ウ　電気事業法（昭和39年法律第170号）第2条第1項第18号に規定する電気工作物を改築し、又は増築すること（その現状に著しい変更を及ぼさないものに限る。）。
- ヰ　電柱を設置すること。
- ノ　気象、地象、地動、地球磁気、地球電気又は水象の観測のための施設を設置すること。
- オ　環境又は地質の調査のための測定機器を設置すること。
- ク　水道法（昭和32年法律第177号）第3条第8項に規定する水道施設、廃棄物の処理及び清掃に関する法律（昭和45年法律第137号）第8条第1項に規定する一般廃棄物処理施設又は同法第15条第1項に規定する産業廃棄物処理施設を改築し、又は増築すること。
- ヤ　送水管、ガス管、電気供給のための電線路、有線電気通信のための線路その他これらに類する工作物を道路に埋設すること。
- マ　送水管を農地に埋設すること。
- ケ　社寺境内地又は墓地において鳥居、灯ろう、墓碑その他これらに類するものを設置すること。
- フ　消防又は水防の用に供する望楼、警鐘台その他これらに類するものを改築し、又は増築すること。
- コ　宅地の擁壁又は排水施設その他宅地の災害の防止に必要な施設を改築し、又は増築すること。
- エ　農業用排水施設を改築し、又は増築すること（河川又は農業用排水路の現状に著しい変更を及ぼさないものに限る。）。
- テ　建築物の存する敷地内において次に掲げる工作物を新築し、改築し、又は増築すること（(2)又は(7)に掲げる工作物の改築又は増築にあっては、改築後又は増築後において(2)又は(7)に掲げるものとなる場合における改築又は増築に限る。）。
  - (1)　空中線系（その支持物を含む。）その他これに類するもの
  - (2)　当該建築物の高さを超えない高さの物干場
  - (3)　旗ざおその他これに類するもの

法　律	施行令

施行規則等

　　(4)　門、塀、給水設備又は消火設備
　　(5)　建築基準法（昭和25年法律第201号）第2条第3号に規定する建築設備
　　(6)　地下に設ける工作物（建築物を除く。）
　　(7)　高さが5メートル以下のその他の工作物（建築物を除く。）
　ア　法第37条第4項の規定による許可を受けた行為（法第54条第2項の規定による協議に係る行為を含む。）又はこの条の各号に掲げる行為を行うための仮設の工作物（宿舎を除く。）を、当該行為に係る工事敷地内において設置すること。
二　建築物の存する敷地内において土地の形質を変更すること。
三　鉱物を採掘し、又は土石を採取することであって次に掲げるもの
　イ　建築物の存する敷地内において、鉱物を採掘し、又は土石を採取すること。
　ロ　鉱業法第5条に規定する鉱業権の設定されている土地の区域内において鉱物の採掘のための試すいを行うこと。
　ハ　露天掘でない方法により、鉱物を採掘し、又は土石を採取すること。
　ニ　地質の調査のためにボーリングを行うこと。
　ホ　環境の調査のために、岩片若しくは石片を採取し、又は採泥を行うこと。
　ヘ　水又は温泉を湧出させるために試掘を行うこと（試掘坑の坑底直径が30センチメートル以下のものであって周辺の自然環境への影響を緩和するための措置を講ずるものに限る。）。
　ト　大学における教育又は学術研究のために、鉱物を採掘し、又は土石を採取すること（あらかじめ、環境大臣に届け出たもの（公立の大学にあっては環境大臣に通知したもの）に限る。）。
四　建築物の存する敷地内の池沼等を埋め立てること。
五　河川、湖沼等の水位又は水量に増減を及ぼさせることであって次に掲げるもの
　イ　建築物の存する敷地内の池沼等の水位又は水量に増減を及ぼさせること。
　ロ　田畑内の池沼等の水位又は水量に増減を及ぼさせること。
　ハ　管理地区が指定された際既にその設置に着手していた工作物を操作することにより、河川、湖沼等の水位又は水量に増減を及ぼさせること。
六　木竹を伐採することであって次に掲げるもの
　イ　建築物の存する敷地内において高さ10メートル以下の木竹を伐採すること。
　ロ　自家の生活の用に充てるために木竹を択伐（単木択伐に限る。）すること。
　ハ　森林の保育のために下刈りし、つる切りし、又は間伐すること。
　ニ　枯損した木竹又は危険な木竹を伐採すること。
　ホ　測量、実地調査又は施設の保守の支障となる木竹を伐採すること。
　ヘ　気象、地象、地球磁気、地球電気又は水象の観測の支障となる木竹を伐採すること。
　ト　航路標識の障害となる木竹を伐採すること。
七　環境大臣が指定する湖沼又は湿原及びこれらの周辺1キロメートルの区域内において当該湖沼若しくは湿原又はこれらに流水が流入する水域若しくは水路に汚水又は廃水を排水設備を設けて排出することであって次に掲げるもの
　イ　砂防法第1条に規定する砂防設備、森林法第41条第3項に規定する保安施設事業に係る施設、海岸法第2条第1項に規定する海岸保全施設、地すべり等防止法第2条第3項に規定する地すべり防止施設、河川法第3条第2項に規定する河川管理施設、急傾斜地の崩壊による災害の防止に関する法律第2条第2項に規定する急傾斜地崩壊防止施設又は雪崩の防止のための施設から汚水又は廃水を排出すること。
　ロ　漁港漁場整備法第25条の規定により指定された漁港管理者が維持管理する同法第3条に規定する漁港施設から汚水又は廃水を排出すること。
　ハ　船舶から冷却水を排出すること。

Ⅲ 資料編　1 絶滅のおそれのある野生動植物の種の保存に関する法律・施行令・施行規則等

法　律	施行令

施行規則等

ニ 下水道に汚水若しくは廃水を排出すること又は下水道から汚水若しくは廃水を排出すること。
ホ 住宅から汚水又は廃水を排出すること（し尿を排出することを除く。）。
ヘ 建築基準法第31条第2項に規定するし尿浄化槽（建築基準法施行令（昭和25年政令第338号）第32条に規定する処理対象人員に応じた性能を有するものに限る。）から汚水又は廃水を排出すること。
ト 水道法第3条第8項に規定する水道施設、廃棄物の処理及び清掃に関する法律第8条第1項に規定する一般廃棄物処理施設又は同法第15条第1項に規定する産業廃棄物処理施設に設けられる排水処理設備から汚水又は廃水を排出すること。
チ 海洋汚染等及び海上災害の防止に関する法律第3条第1号に規定する船舶又は同条第10号に規定する海洋施設から汚水又は廃水を排出すること。

八 道路、広場、田、畑、牧場及び宅地以外の地域のうち環境大臣が指定する区域内において、車馬若しくは動力船を使用し、又は航空機を着陸させることであって次に掲げるもの
イ 砂防法第1条に規定する砂防設備の管理若しくは維持又は同法第2条の規定により指定された土地の監視のために、車馬若しくは動力船を使用し、又は航空機を着陸させること。
ロ 海岸法第3条に規定する海岸保全区域の管理のために、車馬若しくは動力船を使用し、又は航空機を着陸させること。
ハ 地すべり等防止法第3条第1項に規定する地すべり防止区域の管理又は同項の規定による地すべり防止区域の指定を目的とする調査のために、車馬若しくは動力船を使用し、又は航空機を着陸させること。
ニ 河川法第3条第1項に規定する河川その他の公共の用に供する水路の管理又はその指定を目的とする調査（同法第6条第1項に規定する河川区域の指定、同法第54条第1項の規定による河川保全区域の指定又は同法第56条第1項の規定による河川予定地の指定を目的とするものを含む。）のために、車馬若しくは動力船を使用し、又は航空機を着陸させること。
ホ 急傾斜地の崩壊による災害の防止に関する法律第3条第1項に規定する急傾斜地崩壊危険区域の管理又は同項の規定による急傾斜地崩壊危険区域の指定を目的とする調査のために、車馬若しくは動力船を使用し、又は航空機を着陸させること。
ヘ 雪崩の防止のための工事を目的とする調査のために、車馬若しくは動力船を使用し、又は航空機を着陸させること。
ト 遊漁船業の適正化に関する法律（昭和63年法律第99号）第2条第1項に規定する遊漁船業を営むために車馬又は動力船を使用すること。
チ 土地改良法（昭和24年法律第195号）第2条第2項第1号に規定する土地改良施設の管理のために、車馬若しくは動力船を使用し、又は航空機を着陸させること。
リ 海上運送法（昭和24年法律第187号）第3条の規定により一般旅客定期航路事業の免許を受けた者、同法第20条の規定により不定期航路事業の届出をした者又は同法第21条の規定により旅客不定期航路事業の許可を受けた者が当該事業を営むために動力船を使用すること。
ヌ 港湾法第4条の規定により設立された港務局が海面の清掃又は浮遊油の回収のために動力船を使用すること。

九 野生動植物の種の個体その他の物の捕獲等をすることであって次に掲げるもの
イ 測量、実地調査又は施設の保守の支障となる植物を除去すること。
ロ 気象、地象、地動、地球磁気、地球電気又は水象の観測の支障となる植物を除去すること。
ハ 航路標識の障害となる植物を除去すること。
ニ 内水面における漁業権に係る水産動植物を採捕すること。

十 前各号に掲げるもののほか、次に掲げる行為
イ 保安林の区域等における森林法第34条第2項（同法第44条において準用する場合を含む。）の許可を受けた者が行う当該許可に係る行為（法第37条第4項第6号、第9号及び第12号から第14号までに掲

法　律	施行令
三　木竹の伐採で、環境大臣が農林水産大臣と協議して管理地区ごと	

施行規則等

げるものを除く。)
ロ 保安林の区域等における森林法第34条第2項各号に該当する場合の同項（同法第44条において準用する場合を含む。）に規定する行為（法第37条第4項第9号及び第12号から第14号までに掲げるものを除く。）又は森林法施行規則（昭和26年農林省令第54号）第63条第1号に規定する事業若しくは工事を実施する行為（法第37条第4項第13号及び第14号に掲げるものを除く。）
ハ 水産資源保護法第17条第1項に規定する保護水面の管理計画に基づいて行う行為（法第37条第4項第7号及び第10号から第14号までに掲げるものを除く。）
ニ 農業、林業又は漁業を営むために行う行為。ただし、次に掲げるものを除く。
　(1) 法第37条第4項第7号及び第10号から第14号までに掲げるもの
　(2) 住宅又は高さが5メートルを超え、若しくは床面積の合計が100平方メートルを超える建築物（仮設のものを除く。）を新築し、改築し、又は増築すること（改築後又は増築後において、高さが5メートルを超え、又は床面積の合計が100平方メートルを超えるものとなる場合における改築又は増築を含む。）。
　(3) 用排水施設（幅員2メートル以下の水路を除く。）又は幅員が2メートルを超える農道若しくは林道を新築し、改築し、又は増築すること（改築後又は増築後において幅員が2メートルを超えるものとなる場合における改築又は増築を含む。）。
　(4) 農用地の災害を防止するためのダムを新築すること。
　(5) 宅地を造成し、又は土地を開墾すること。
　(6) 水面を埋め立て、又は干拓すること。
　(7) 森林である土地の区域内において木竹を伐採すること。
ホ 国又は地方公共団体の試験研究機関の用地内において試験研究として行う行為（法第37条第4項第7号及び第10号から第14号までに掲げるものを除く。）
ヘ 大学の用地内において教育又は学術研究として行う行為（法第37条第4項第7号及び第10号から第14号までに掲げるものを除く。）
ト 鉄道施設、軌道に関する工作物又は索道施設を維持し、又は管理すること（法第37条第4項第7号及び第10号から第14号までに掲げる行為を除く。）。
チ 文化財保護法第27条第1項の規定により指定された重要文化財、同法第78条第1項の規定により指定された重要有形民俗文化財、同法第92条第1項に規定する埋蔵文化財、同法第109条第1項の規定により指定され、若しくは同法第110条第1項の規定により仮指定された史跡名勝天然記念物、同法第134条第1項の規定により選定された重要文化的景観又は旧重要美術品等ノ保存ニ関スル法律第2条第1項の規定により認定された物件の保存のための行為（建築物の新築並びに法第37条第4項第7号及び第10号から第14号までに掲げるものを除く。）
リ 特定外来生物による生態系等に係る被害の防止に関する法律（平成16年法律第78号）第9条の2第1項の許可に係る特定外来生物の放出等をすること。
ヌ 特定外来生物による生態系等に係る被害の防止に関する法律第3章の規定による防除に係る特定外来生物の捕獲、採取若しくは殺処分又はその防除を目的とする生殖を不能にされた特定外来生物の放出等をすること。
ル 犯罪の予防又は捜査、遭難者の救助その他これらに類する行為
ヲ 法令に基づく検査、調査その他これらに類する行為
ワ 法令又はこれに基づく処分による義務の履行として行う行為
カ 工作物の修繕のための行為
十一 法第37条第4項第6号に掲げる行為であって同条第9項第3号の規定により環境大臣が指定する方法及び限度内においてするものに付帯する行為又は前各号に掲げる行為に付帯する行為

法　律	施行令
に指定する方法及び限度内においてするもの 10　前項第１号に掲げる行為であって第４項各号に掲げる行為に該当するものをした者は、その日から起算して14日を経過する日までの間に環境大臣にその旨を届け出なければならない。 （立入制限地区） **第38条**　環境大臣は、管理地区の区域内で国内希少野生動植物種の個体の生息又は生育のため特にその保護を図る必要があると認める場所を、立入制限地区として指定することができる。 2　環境大臣は、前項の規定による指定をし、又はその変更をしようとするとき（指定の変更にあっては、区域の拡張に限る。）は、その場所の土地の所有者又は占有者（正当な権原を有する者に限る。次項及び第42条第２項において同じ。）の同意を得るとともに、関係行政機関の長に協議しなければならない。 3　環境大臣は、土地の所有者又は占有者が正当な理由により第１項の規定による指定を解除するよう求めたとき、又はその指定の必要がなくなったと認めるときは、その指定を解除しなければならない。 4　何人も、環境大臣が定める期間内は、立入制限地区の区域内に立ち入ってはならない。ただし、次に掲げる場合は、この限りでない。 　一　非常災害に対する必要な応急措置としての行為をするために立ち入る場合 　二　通常の管理行為又は軽易な行為で環境省令で定めるものをするために立ち入る場合	

施行規則等

施行規則
(非常災害に対する必要な応急措置としての行為の届出)
第26条 法第37条第10項の規定による届出は、次の各号に掲げる事項を記載した届出書を提出して行うものとする。
　一　行為者の住所及び氏名（法人にあっては、主たる事務所の所在地、名称及び代表者の氏名）
　二　行為の種類
　三　行為の目的
　四　行為の場所
　五　行為地及びその付近の状況
　六　行為の施行方法
　七　行為の完了の日又は予定日
２　前項の届出書には、行為地の位置を明らかにした縮尺５万分の１以上の地形図を添付しなければならない。
　〔添付図面の省略→施行規則第55条。p.359参照〕

施行規則
(立入制限地区内への立入りの制限の対象とならない行為)
第27条 法第38条第４項第２号の環境省令で定める行為は、次の各号に掲げるものとする。
　一　第１条の５第４号ラ、第25条第１号ニ、ヘ若しくはノ又は同条第10号ルからカまでに掲げる行為
　二　森林の保護管理若しくは野生鳥獣の保護増殖を行うこと又はそのための標識を設置すること。
　三　地下において、鉱物を採掘し、又は土石を採取すること。
　四　測量法第３条の規定による測量又は水路業務法第２条第１項の規定による水路測量を行うこと。
　五　気象、地象、地動、地球磁気、地球電気又は水象の観測を行うこと。
　六　電気事業法第２条第１項第18号に規定する電気工作物、ガス事業法第２条第13項に規定するガス工作物、熱供給事業法（昭和47年法律第88号）第２条第４項に規定する熱供給施設又は工業用水道事業法第２条第６項に規定する工業用水施設の保安のための行為
　七　文化財保護法第109条第１項の規定により指定され、又は同法第110条第１項の規定により仮指定された史跡名勝天然記念物の保存のための行為（建築物を新築すること及び土地の形質を変更することを除

法　律	施行令

　三　前２号に掲げるもののほか、環境大臣がやむを得ない事由があると認めて許可をした場合
５　第36条第８項及び第９項の規定は第１項の規定による指定及びその変更並びに第３項の規定による指定の解除について、前条第５項及び第７項の規定は前項第３号の許可について準用する。この場合において、第36条第８項中「その旨並びにその区域及び名称、その区域の保護に関する指針並びに指定の期間（第３項の規定により指定の期間が定められている場合に限る。）」とあるのは第１項の規定による指定及びその変更については「その旨及びその区域」と、第３項の規定による指定の解除については「その旨及び解除に係る指定の区域」と、同条第９項中「前項の規定による公示」とあるのは「第38条第５項において準用する前項の規定による公示」と読み替えるものとする。

（監視地区）
第39条　生息地等保護区の区域で管理地区の区域に属さない部分（次条第１項及び第41条第１項において「監視地区」という。）の区域内において第37条第４項第１号から第５号までに掲げる行為をしようとする者は、あらかじめ、環境大臣に環境省令で定める事項を届け出なければならない。

２　環境大臣は、前項の規定による届出（以下この条において「届出」という。）があった場合において届出に係る行為が第36条第２項の指針に適合しないものであるときは、届出をした者に対し、届出に係る行為をすることを禁止し、若しくは制限し、又は必要な措置をとるべきことを命ずることができる。
３　前項の規定による命令は、届出があった日から起算して30日（30日を経過する日までの間に同項の規定による命令をすることができない合理的な理由があるときは、届出があった日から起算して60日を超えない範囲内で環境大臣が定める期間）を経過した後又は第５項ただし書の規定による通知をした後は、することができない。
４　環境大臣は、前項の規定により期間を定めたときは、これに係る届出をした者に対し、遅滞なくその旨及びその理由を通知しなければならない。
５　届出をした者は、届出をした日から起算して30日（第３項の規定により環境大臣が期間を定めたときは、その期間）を経過した後でなければ、届出に係る行為に着手してはならない。ただし、環境大臣が国内希少野生動植物種の保存に支障を及ぼすおそれがないと認めてその者に通知したときは、この限りでない。

施行規則等

く。）
八　特定外来生物による生態系等に係る被害の防止に関する法律第3章の規定による防除のうち、緊急に防除を行う必要があると環境大臣が認める場合における、当該防除に係る特定外来生物の捕獲、採取又は殺処分を行うこと。
九　前各号に掲げる行為に付帯する行為

施行規則
(立入制限地区内への立入りの許可の申請)
第28条　法第38条第5項において準用する法第37条第5項の規定による許可の申請は、次の各号に掲げる事項を記載した申請書を提出して行うものとする。
一　申請者の住所及び氏名（法人にあっては、主たる事務所の所在地、名称及び代表者の氏名）
二　立入りの目的となる行為
三　立入制限地区の位置及び名称
四　立ち入る者の数及び立入りの方法
五　立入りの開始の予定日及び立入りの予定期間
2　前項の申請書には、位置図及び立ち入る巡路又は範囲その他立入りの方法を明らかにした図面を添付しなければならない。
〔添付図面の省略→施行規則第55条。p.359参照〕

施行規則
(監視地区内における行為の届出)
第29条　法第39条第1項の環境省令で定める事項は、第23条第1項各号に掲げるものとする。
2　法第39条第1項の規定による届出は、前項の事項を記載した届出書を提出して行うものとする。
3　前項の届出書には、第23条第2項各号に掲げる図面を添付しなければならない。
〔添付図面の省略→施行規則第55条。p.359参照〕

法　律	施行令
6　次に掲げる行為については、第1項の規定は、適用しない。 　一　非常災害に対する必要な応急措置としての行為 　二　通常の管理行為又は軽易な行為で環境省令で定めるもの	

施行規則等

施行規則
（監視地区内における届出を要しない行為）
第30条 法第39条第6項第2号の環境省令で定める行為は、次の各号に掲げるものとする。
一 工作物を新築し、改築し、又は増築することであって次に掲げるもの
　イ 第25条第1号イからエまで（ト、ヤ及びマを除く。）に掲げる行為
　ロ 次に掲げる工作物を新築し、改築し、又は増築すること（改築又は増築にあっては、改築後又は増築後において(1)から(3)までに掲げるものとなる場合における改築又は増築に限る。）。
　　(1) 床面積の合計200平方メートル以下の建築物又は水平投影面積200平方メートル（海域にあっては100平方メートル）以下の工作物（建築物を除く。）
　　(2) 鉄塔、煙突その他これらに類するものであって高さ30メートル以下のもの
　　(3) 高さ20メートル以下のダム
　ハ 漁港漁場整備法第3条第1号に掲げる施設、同条第2号イ、ロ、ハ、ル若しくはヲに掲げる施設（同号イに掲げる施設については駐車場及びヘリポートを除き、同号ハに掲げる施設については公共施設用地に限る。）、生息地等保護区が指定された際現に同法第40条の規定により漁港施設とみなされている施設又は同条の規定により漁港施設とみなされた施設であって法第39条第1項の規定による届出をして設置されたもの（法第54条第3項の規定による通知に係るものを含む。）を改築し、又は増築すること。
　ニ 主として徒歩又は自転車による交通の用に供する道路を設置すること。
　ホ 送水管、ガス管、電気供給のための電線路、有線電気通信のための線路その他これらに類する工作物を埋設すること。
　ヘ 幅員が4メートル以下の河川その他の公共の用に供する水路を新築し、改築し、又は増築すること（改築後又は増築後において幅員が4メートルを超えるものとなる場合における改築又は増築を除く。）。
　ト 日本郵便株式会社の営業所（簡易郵便局法（昭和24年法律第213号）第7条第1項に規定する委託業務を行う施設を含む。）又は民間事業者による信書の送達に関する法律（平成14年法律第99号）第2条第6項に規定する一般信書便事業者若しくは同条第9項に規定する特定信書便事業者の事業所を改築し、又は増築すること。
　チ 工業用水道事業法第2条第6項に規定する工業用水道施設を改築し、又は増築すること。
　リ 法第39条第1項の規定による届出（法第54条第3項の規定による通知を含む。）を了した行為（法第39条第2項の規定による命令に違反せず、かつ、同条第5項の期間を経過したものに限る。）又はこの条の各号に掲げる行為を行うための仮設の工作物（宿舎を除く。）を、当該行為に係る工事敷地内において設置すること。
二 宅地を造成し、土地を開墾し、その他土地（水底を含む。）の形質を変更することであって次に掲げるもの
　イ 工作物でない道又は河川その他の公共の用に供する水路の設置又は管理のために土地の形質を変更すること。
　ロ 教育、試験研究又は学術研究のために土地の形質を変更すること。
　ハ 養浜のために土地の形質を変更すること。
　ニ 第1号ロに掲げる行為を行うために、当該新築、改築又は増築を行う土地の区域内において土地の形質を変更すること。
　ホ 面積が200平方メートル（海底にあっては100平方メートル）を超えない土地の形質の変更であって、高さが2メートルを超える法（のり）を生ずる切土又は盛土を伴わないもの

法　律	施行令
三　第36条第１項の規定による指定又はその変更がされた時において既に着手している行為 **（措置命令等）** **第40条**　環境大臣は、国内希少野生動植物種の保存のため必要があると認めるときは、管理地区の区域内において第37条第４項各号に掲げる	

施行規則等

三 鉱物を採掘し、又は土石を採取することであって次に掲げるもの
　イ 第25条第3号ロからホまでに掲げる行為
　ロ 水又は温泉を湧出させるために土石を採取すること。
　ハ 教育、試験研究又は学術研究のために、鉱物を採掘し、又は土石を採取すること。
　ニ 工作物を設置するための地質の調査のために、鉱物を採掘し、又は土石を採取すること。
　ホ 当該行為の行われる土地の面積が200平方メートル（海底にあっては100平方メートル）を超えず、かつ、高さが2メートルを超える法を生ずる切土又は盛土を伴わないもの

四 水面を埋め立て、又は干拓することであって面積が200平方メートル（海面にあっては100平方メートル）を超えないもの

五 河川、湖沼等の水位又は水量に増減を及ぼさせることであって次に掲げるもの
　イ 田畑内の池沼等の水位又は水量に増減を及ぼさせること。
　ロ 生息地等保護区が指定された際既にその設置に着手していた工作物を操作することにより当該生息地等保護区の区域のうち監視地区の区域内の河川、湖沼等の水位又は水量に増減を及ぼさせること。

六 前各号に掲げるもののほか、次に掲げる行為
　イ 第1条の5第4号ウ又は第25条第10号ルからカまでに掲げる行為
　ロ 測量法第4条に規定する基本測量又は同法第5条に規定する公共測量を行うこと。
　ハ 法第37条第4項第1号から第3号までに掲げる行為であって森林法第34条第2項本文の規定に該当するものを保安林の区域等において行うこと。
　ニ 水産資源保護法第17条第1項に規定する保護水面の管理計画に基づいて行う行為
　ホ 農業、林業又は漁業を営むために行う行為。ただし、次に掲げるものを除く。
　　(1) 住宅又は高さが10メートルを超え、若しくは床面積の合計が500平方メートルを超える建築物（仮設のものを除く。）を新築し、改築し、又は増築すること（改築後又は増築後において、高さが10メートルを超え、又は床面積の合計が500平方メートルを超えるものとなる場合における改築又は増築を含む。）。
　　(2) 用排水施設（幅員4メートル以下の水路を除く。）又は幅員が4メートルを超える農道若しくは林道を新築し、改築し、又は増築すること（改築後又は増築後において幅員が4メートルを超えるものとなる場合における改築又は増築を含む。）。
　　(3) 農用地の災害を防止するためのダムを新築すること。
　　(4) 宅地を造成すること。
　　(5) 土地を開墾すること（農業を営む者が、その経営に係る農地又は採草放牧地に近接してこれと一体として経営することを目的として行うものを除く。）。
　　(6) 水面を埋め立て、又は干拓すること（農業を営む者が、農地又は採草放牧地の造成又は改良を行うために当該造成又は改良に係る土地に介在する池沼等を埋め立てることを除く。）。
　ヘ 魚礁の設置その他漁業生産基盤の整備又は開発のために行う行為
　ト 国又は地方公共団体の試験研究機関の用地内において試験研究として行う行為
　チ 大学の用地内において教育又は学術研究として行う行為
　リ 鉄道施設、軌道に関する工作物又は索道施設を維持し、又は管理すること。
　ヌ 建築物の存する敷地内で行う行為（建築物を設置することを除く。）

七 前各号に掲げる行為に付帯する行為

法　　律	施行令
行為をしている者又は監視地区の区域内において同項第１号から第５号までに掲げる行為をしている者に対し、その行為の実施方法について指示をすることができる。 ２　環境大臣は、第37条第４項若しくは第38条第４項の規定に違反した者、第37条第７項（第38条第５項において準用する場合を含む。）の規定により付された条件に違反した者、前条第１項の規定による届出をしないで同項に規定する行為をした者又は同条第２項の規定による命令に違反した者がその違反行為によって国内希少野生動植物種の個体の生息地又は生育地の保護に支障を及ぼした場合において、国内希少野生動植物種の保存のため必要があると認めるときは、これらの者に対し、相当の期限を定めて、原状回復を命じ、その他国内希少野生動植物種の個体の生息地又は生育地の保護のため必要な措置をとるべきことを命ずることができる。 ３　環境大臣は、前項の規定による命令をした場合において、その命令をされた者がその命令に係る期限までにその命令に係る措置をとらないときは、自ら原状回復をし、その他国内希少野生動植物種の個体の生息地又は生育地の保護のため必要な措置をとるとともに、その費用の全部又は一部をその者に負担させることができる。 **（報告徴収及び立入検査等）** **第41条**　環境大臣は、この法律の施行に必要な限度において、管理地区の区域内において第37条第４項各号に掲げる行為をした者又は監視地区の区域内において同項第１号から第５号までに掲げる行為をした者に対し、その行為の実施状況その他必要な事項について報告を求めることができる。 ２　環境大臣は、この法律の施行に必要な限度において、その職員に、生息地等保護区の区域内において前項に規定する者が所有し、又は占有する土地に立ち入り、その者がした行為の実施状況について検査させ、若しくは関係者に質問させ、又はその行為が国内希少野生動植物種の保存に及ぼす影響について調査をさせることができる。 ３　前項の規定による立入検査又は立入調査をする職員は、その身分を示す証明書を携帯し、関係者に提示しなければならない。 ４　第１項及び第２項の規定による権限は、犯罪捜査のために認められたものと解釈してはならない。 **（実地調査）** **第42条**　環境大臣は、第36条第１項、第37条第１項又は第38条第１項の規定による指定又はその変更をするための実地調査に必要な限度において、その職員に、他人の土地に立ち入らせることができる。 ２　環境大臣は、その職員に前項の規定による立入りをさせようとするときは、あらかじめ、土地の所有者又は占有者にその旨を通知し、意見を述べる機会を与えなければならない。 ３　第１項の規定による立入りをする職員は、その身分を示す証明書を携帯し、関係者に提示しなければならない。	

施行規則等

▎**負担金省令**
第1条 〔前出。p.209参照〕

▎**施 行 規 則**
（法第41条第3項及び法第42条第3項の証明書の様式）
第31条　法第41条第3項及び法第42条第3項の証明書の様式は、それぞれ様式第6〔p.427参照〕及び様式第7〔p.428参照〕のとおりとする。

▎**施 行 規 則**
第31条　〔前出。p.331参照〕

法　律	施行令
4　土地の所有者又は占有者は、正当な理由がない限り、第1項の規定による立入りを拒み、又は妨げてはならない。 **(公害等調整委員会の裁定)** **第43条**　第37条第4項、第39条第2項又は第40条第2項の規定による処分に不服がある者は、その不服の理由が鉱業、採石業又は砂利採取業との調整に関するものであるときは、公害等調整委員会に裁定を申請することができる。この場合には、審査請求をすることができない。 2　行政不服審査法第22条の規定は、前項の処分について、処分をした行政庁が誤って審査請求又は再調査の請求をすることができる旨を教示した場合に準用する。 **(損失の補償)** **第44条**　国は、第37条第4項の許可を受けることができないため、同条第7項の規定により条件を付されたため又は第39条第2項の規定による命令をされたため損失を受けた者に対し、通常生ずべき損失の補償をする。 2　前項の補償を受けようとする者は、環境大臣にその請求をしなければならない。 3　環境大臣は、前項の請求を受けたときは、補償をすべき金額を決定し、その請求をした者に通知しなければならない。 4　前項の規定による金額の決定に不服がある者は、同項の規定による通知を受けた日から6月を経過する日までの間に、訴えをもってその増額の請求をすることができる。 5　前項の訴えにおいては、国を被告とする。 　　　　　**第4章　保護増殖事業** **(保護増殖事業計画)** **第45条**　環境大臣及び保護増殖事業を行おうとする国の行政機関の長(第3項及び第48条の2において「環境大臣等」という。)は、保護増殖事業の適正かつ効果的な実施に資するため、中央環境審議会の意見を聴いて保護増殖事業計画を定めるものとする。 2　前項の保護増殖事業計画は、保護増殖事業の対象とすべき国内希少野生動植物種ごとに、保護増殖事業の目標、保護増殖事業が行われるべき区域及び保護増殖事業の内容その他保護増殖事業が適正かつ効果的に実施されるために必要な事項について定めるものとする。 3　環境大臣等は、第1項の保護増殖事業計画を定めたときは、その概要を官報で公示し、かつ、その保護増殖事業計画を一般の閲覧に供しなければならない。 4　第1項及び前項の規定は、第1項の保護増殖事業計画の変更について準用する。 **(認定保護増殖事業等)**	

施行規則等

施行規則
（補償請求書）
第32条 法第44条第2項（法第48条の3第2項において準用する場合を含む。）の規定による補償の請求は、次の各号に掲げる事項を記載した請求書を提出して行うものとする。
一　請求者の住所及び氏名（法人にあっては、主たる事務所の所在地、名称及び代表者の氏名）
二　補償請求の理由
三　補償請求額の総額及びその内訳

法　　律	施行令

第46条　国は、国内希少野生動植物種の保存のため必要があると認めるときは、保護増殖事業を行うものとする。
2　地方公共団体は、その行う保護増殖事業であってその事業計画が前条第1項の保護増殖事業計画に適合するものについて、環境大臣のその旨の確認を受けることができる。
3　国及び地方公共団体以外の者は、その行う保護増殖事業について、その者がその保護増殖事業を適正かつ確実に実施することができ、及びその保護増殖事業の事業計画が前条第1項の保護増殖事業計画に適合している旨の環境大臣の認定を受けることができる。

4　環境大臣は、前項の認定をしたときは、環境省令で定めるところにより、その旨を公示しなければならない。第48条第2項又は第3項の規定によりこれを取り消したときも、同様とする。

第47条　認定保護増殖事業等（国の保護増殖事業、前条第2項の確認を受けた保護増殖事業及び同条第3項の認定を受けた保護増殖事業をいう。以下この条において同じ。）は、第45条第1項の保護増殖事業計画に即して行われなければならない。
2　認定保護増殖事業等として実施する行為については、第9条、第12条第1項、第37条第4項及び第10項、第38条第4項、第39条第1項並びに第54条第2項及び第3項の規定は、適用しない。
3　生息地等保護区の区域内の土地の所有者又は占有者は、認定保護増殖事業等として実施される給餌設備その他の保護増殖事業のために必要な施設の設置に協力するように努めなければならない。
4　環境大臣は、前条第3項の認定を受けて保護増殖事業を行う者に対し、その保護増殖事業の実施状況その他必要な事項について報告を求めることができる。
第48条　第46条第2項の確認又は同条第3項の認定を受けて保護増殖事業を行う者は、その保護増殖事業を廃止したとき、又はその保護増殖事業を第45条第1項の保護増殖事業計画に即して行うことができなくなったときは、その旨を環境大臣に通知しなければならない。
2　環境大臣は、前項の規定による通知があったときは、その通知に係る第46条第2項の確認又は同条第3項の認定を取り消すものとする。
3　環境大臣は、第46条第3項の認定を受けた保護増殖事業が第45条第

施行規則等

施行規則

(保護増殖事業の認定の申請)

第33条 国及び地方公共団体以外の者は、法第46条第3項の認定を受けようとするときは、次の各号に掲げる事項を記載した申請書を環境大臣に提出しなければならない。
　一　申請者の住所、氏名及び職業(法人にあっては、主たる事務所の所在地、名称、代表者の氏名及び主たる事業)
　二　保護増殖事業を開始しようとする年月日
2　前項の申請書には、保護増殖事業の事業計画書及び次の各号に掲げる書類を添付しなければならない。
　一　申請者の略歴を記載した書類(法人にあっては、現に行っている業務の概要を記載した書類)
　二　法人にあっては、定款又は寄附行為、登記事項証明書並びにその役員の氏名及び略歴を記載した書類

施行規則

(認定保護増殖事業の公示の方法)

第34条 法第46条第4項の規定による公示は、次の各号に掲げる場合の区分に応じ、当該各号に定める事項について、インターネットの利用その他の適切な方法により行うものとする。
　一　法第46条第4項前段の規定による公示を行う場合　認定を受けた保護増殖事業を行う者の住所及び氏名(法人にあっては、主たる事務所の所在地、名称及び代表者の氏名)並びに認定を受けた保護増殖事業の事業計画
　二　法第46条第4項後段の規定による公示を行う場合　認定を取り消された保護増殖事業を行っていた者の住所及び氏名(法人にあっては、主たる事務所の所在地、名称及び代表者の氏名)

法　律	施行令
1項の保護増殖事業計画に即して行われていないと認めるとき、又はその保護増殖事業を行う者がその保護増殖事業を適正かつ確実に実施することができなくなったと認めるとき若しくは前条第4項に規定する報告をせず、若しくは虚偽の報告をしたときは、その認定を取り消すことができる。 （土地への立入り等） **第48条の2**　環境大臣等は、保護増殖事業の実施に係る野生動植物の種の個体の捕獲等に必要な限度において、その職員に、他人の土地に立ち入り、立木竹を伐採させ、又は土地（水底を含む。以下この条において同じ。）の形質の軽微な変更をさせることができる。 2　環境大臣等は、その職員に前項の規定による行為をさせるときは、あらかじめ、土地の所有者若しくは占有者又は立木竹の所有者にその旨を通知し、意見を述べる機会を与えなければならない。 3　第1項の職員は、その身分を示す証明書を携帯し、関係者に提示しなければならない。 4　土地の所有者又は占有者は、正当な理由がない限り、第1項の規定による立入りを拒み、又は妨げてはならない。 5　環境大臣等は、第2項の規定による通知をする場合において、相手方が知れないとき、又はその所在が不分明なときは、その通知に係る土地又は立木竹の所在地の属する市町村の事務所の掲示場にその通知の内容を掲示するとともに、その要旨及び掲示した旨を官報に掲載しなければならない。この場合においては、その掲示を始めた日又は官報に掲載した日のいずれか遅い日から14日を経過した日に、その通知は、相手方に到達したものとみなす。 （損失の補償） **第48条の3**　国は、前条第1項の規定による行為によって損失を受けた者に対し、通常生ずべき損失の補償をする。 2　第44条第2項から第5項までの規定は、前項の規定による損失の補償について準用する。 　　　第5章　認定希少種保全動植物園等 （希少種保全動植物園等の認定） **第48条の4**　動植物園等を設置し、又は管理する者（法人に限る。）は、申請により、次の各号のいずれにも適合していることについて、動植物園等ごとに、環境大臣の認定を受けることができる。 　一　当該動植物園等において取り扱われる希少野生動植物種の飼養等及び譲渡し等の目的が、第13条第1項に規定する目的に適合すること。 　二　当該動植物園等において取り扱われる希少野生動植物種の飼養等及び譲渡し等の実施体制及び飼養栽培施設が、当該希少野生動植物種の保存に資するものとして環境省令で定める基準に適合すること。 　三　当該動植物園等において取り扱われる希少野生動植物種の飼養	

施行規則等

施行規則

(法第48条の2第3項の証明書の様式)
第35条　法第48条の2第3項の証明書の様式は、様式第8〔p.429参照〕のとおりとする。

施行規則

(飼養等及び譲渡し等の実施体制及び飼養栽培施設の基準)
第36条　法第48条の4第1項第2号の環境省令で定める基準は、飼養等及び譲渡し等の実施体制及び飼養栽培施設が、認定の申請に係る動植物園等において取り扱われる希少野生動植物種の個体を飼養等及び譲渡し等の目的に応じて種の保存のため適切に取り扱うことができると認められるものであることとする。

施行規則

法　律	施行令
及び譲渡し等に関する計画が、当該希少野生動植物種の保存に資するものとして環境省令で定める基準に適合すること。 　四　前号の計画が確実に実施されると見込まれること。 　五　当該動植物園等において取り扱われる希少野生動植物種の展示の方針その他の事項が、希少野生動植物種の保存に資するものとして環境省令で定める基準に適合すること。 2　前項の認定を受けようとする者は、環境省令で定めるところにより、次に掲げる事項を記載した申請書を環境大臣に提出しなければならない。 　一　認定を受けようとする者の名称及び住所並びにその代表者の氏名 　二　認定を受けようとする動植物園等の名称及び所在地 　三　前号の動植物園等において取り扱われる希少野生動植物種の種名 　四　前号に掲げる希少野生動植物種ごとの飼養等及び譲渡し等の目的 　五　第3号に掲げる希少野生動植物種ごとの飼養等及び譲渡し等の実施体制及び飼養栽培施設に関する事項 　六　前項第3号の計画（第48条の10において「計画」という。） 　七　前各号に掲げるもののほか、第3号に掲げる希少野生動植物種の展示の方針その他環境省令で定める事項 3　環境大臣は、第1項の認定の申請が同項各号のいずれにも適合していると認めるときは、同項の認定をしなければならない。	

施行規則等

(飼養等及び譲渡し等に関する計画の基準)
第37条 法第48条の4第1項第3号の環境省令で定める基準は、飼養等及び譲渡し等に関する計画が、認定の申請に係る動植物園等において取り扱われる希少野生動植物種の個体を飼養等及び譲渡し等の目的に応じて種の保存のため適切に取り扱うことができると認められるものであることとする。

施行規則

(展示の方針等の基準)
第38条 法第48条の4第1項第5号の環境省令で定める基準は、次のとおりとする。
一 認定の申請に係る動植物園等において取り扱われる希少野生動植物種の展示の方針が、当該種が置かれている状況、その保存の重要性並びにその保存のための施策及び事業についての適切な啓発に資すると認められるものであること。
二 認定の申請に係る動植物園等が、その取り扱う希少野生動植物種(令別表第3〔p.413参照〕に掲げる種及び第5条第2項第7号から第9号までに掲げる種を除く。)のうち1種以上の個体について繁殖させ、又は繁殖させることに寄与すると認められるものであること。
三 認定の申請に係る動植物園等が、その取り扱う国内希少野生動植物種のうち1種以上の個体について、その生息地又は生育地における、当該種の個体の繁殖の促進、当該生息地又は生育地の整備その他の当該種の保存を図るための事業に寄与すると認められるものであること。
四 認定の申請に係る動植物園等において取り扱われる希少野生動植物種の個体が、適法に取得されたと認められるものであること。
五 その他認定の申請に係る動植物園等が、その取り扱う希少野生動植物種の個体を種の保存のため適切に取り扱うことができないと認められるものでないこと。

施行規則

(認定の申請等)
第39条 法第48条の4第2項の規定により同条第1項の認定の申請をしようとする者は、同条第2項の申請書に次の書類を添えて、環境大臣に提出しなければならない。
一 国又は地方公共団体以外の者である場合にあっては、定款若しくは寄附行為、役員名簿及び登記事項証明書又はこれらに準ずるもの
二 認定の申請に係る動植物園等において取り扱われる希少野生動植物種の飼養栽培施設の規模及び構造を明らかにした図面及び写真
三 認定の申請者が法第48条の4第4項各号のいずれにも該当しないことを誓約する書面
2 環境大臣は、法第48条の4第1項の申請をしようとする者に対し同条第2項の申請書及び前項各号の書類のほか必要と認める書類の提出を求めることができる。

3 法第48条の4第2項第7号の環境省令で定める事項は、次に掲げるものとする。
一 認定の申請者が寄与する前条第3号の事業に係る国内希少野生動植物種の種名
二 認定の申請に係る動植物園等において取り扱われる希少野生動植物種の個体を取得した経緯

法　律	施行令
4　次の各号のいずれかに該当する者は、第1項の認定を受けることができない。 一　この法律若しくはこの法律に基づく命令の規定又はこの法律に基づく処分に違反して、罰金以上の刑に処せられ、その執行を終わり、又はその執行を受けることがなくなった日から起算して5年を経過しない者 二　第48条の9の規定により第1項の認定を取り消され、その取消しの日から起算して5年を経過しない者 三　その役員のうちに、第1号に該当する者がある者 5　環境大臣は、第1項の認定をしたときは、環境省令で定めるところにより、環境省令で定める事項を公示しなければならない。次条第1項の規定により変更の認定をしたとき、同条第3項の規定による変更の届出があったとき、同条第4項の規定による廃止の届出があったとき、第48条の6第1項の規定により認定の更新をしたとき、又は第48条の9の規定により認定を取り消したときも、同様とする。 **(変更の認定等)** **第48条の5**　前条第1項の認定を受けた動植物園等（以下「認定希少種保全動植物園等」という。）を設置し、又は管理する者（以下「認定希少種保全動植物園等設置者等」という。）は、同条第2項第3号から第6号までに掲げる事項を変更しようとするときは、環境省令で定めるところにより、環境大臣の認定を受けなければならない。ただし、その変更が環境省令で定める軽微な変更であるときは、この限りでない。	

施行規則等

施行規則
(認定希少種保全動植物園等の公示の方法)
第40条　法第48条の4第5項の規定による公示は、次の各号に掲げる事項について、インターネットの利用その他の適切な方法により行うものとする。
一　認定を受けた（変更の認定を受けた場合、変更若しくは廃止の届出をした場合、認定の更新を受けた場合又は認定を取り消された場合を含む。次号及び第6号において同じ。）者の名称及び住所並びにその代表者の氏名
二　認定を受けた動植物園等の名称及び所在地
三　認定を受けた場合、変更の認定を受けた場合、変更の届出をした場合又は認定の更新を受けた場合にあっては、当該動植物園等において取り扱われる希少野生動植物種の種名
四　変更の認定を受けた場合にあっては、法第48条の4第2項第3号から第6号までに掲げる事項のうち変更に係るものに係る種名
五　変更の届出をした場合にあっては、当該変更の内容
六　認定を受けた年月日及び認定の有効期間の満了の日

施行規則
(変更の認定の申請)
第41条　法第48条の5第1項の規定による変更の認定を受けようとする者は、次に掲げる事項を記載した申請書を環境大臣に提出しなければならない。
一　変更の認定を受けようとする者の名称及び住所並びにその代表者の氏名
二　変更の認定を受けようとする動植物園等の名称及び所在地
三　認定を受けた年月日
四　変更しようとする事項及びその内容
五　変更しようとする年月日
六　変更の理由
2　前項の申請書には、第39条第1項各号に掲げる書類のうち法第48条の5第1項の規定による変更の認定に伴いその内容が変更されるものを添付しなければならない。
3　第39条第2項の規定は、法第48条の5第1項の規定による変更の認定について準用する。

施行規則
(変更の認定を要しない軽微な変更)
第42条　法第48条の5第1項ただし書の環境省令で定める軽微な変更は、法第48条の4第2項第3号若しくは第4号に掲げる事項の変更（変更に係る認定希少種保全動植物園等において取り扱われる希少野生動植物種の種名又は当該種ごとの飼養等及び譲渡し等の目的を新たに追加する場合を除く。）又は同項第5号若しくは第6号に掲げる事項の変更（当該変更後も当該動植物園等が同条第1項第2号又は第3号の基準に適合することが明らかであると認められる場合に限る。）とする。

法　律	施行令
2　前条第2項から第4項までの規定は、前項の変更の認定について準用する。この場合において、同条第2項中「次に掲げる事項」とあるのは、「変更に係る事項」と読み替えるものとする。 3　認定希少種保全動植物園等設置者等は、前条第2項第1号から第6号までに掲げる事項（同項第3号から第6号までに掲げる事項にあっては、第1項ただし書に規定する軽微な変更に係るものであって、環境省令で定めるものに限る。）を変更したときは、環境省令で定めるところにより、遅滞なく、その旨を環境大臣に届け出なければならない。 4　認定希少種保全動植物園等設置者等は、認定希少種保全動植物園等を廃止したときは、環境省令で定めるところにより、遅滞なく、その旨を環境大臣に届け出なければならない。 （認定の更新） **第48条の6**　第48条の4第1項の認定は、5年ごとにその更新を受けなければ、その期間の経過によって、その効力を失う。 2　第48条の4第2項から第4項までの規定は、前項の認定の更新について準用する。 3　第1項の認定の更新の申請があった場合において、同項の期間（以下この項及び次項において「認定の有効期間」という。）の満了の日までにその申請に対する処分がされないときは、従前の認定は、認定の有効期間の満了後もその処分がされるまでの間は、なおその効力を有する。 4　前項の場合において、認定の更新がされたときは、その認定の有効期間は、従前の認定の有効期間の満了の日の翌日から起算するものとする。 （記録及び報告） **第48条の7**　認定希少種保全動植物園等設置者等は、認定希少種保全動植物園等ごとに、希少野生動植物種の飼養等及び譲渡し等に関し環境省令で定める事項を記録し、これを保存するとともに、環境省令で定	

施行規則等

◀ 施行規則

(変更の届出)
第43条 法第48条の5第3項の規定による届出は、次の各号に掲げる事項を記載した届出書を環境大臣に提出して行うものとする。
　一　届出者の名称及び住所並びにその代表者の氏名
　二　届出に係る動植物園等の名称及び所在地
　三　認定を受けた年月日
　四　変更した事項及びその内容
　五　変更の年月日
　六　変更の理由
2　前項の届出書には、第39条第1項各号に掲げる書類のうち当該変更に伴いその内容が変更されたものを添付しなければならない。

◀ 施行規則

(廃止の届出)
第44条 法第48条の5第4項の規定による廃止の届出は、次の各号に掲げる事項を記載した届出書を環境大臣に提出して行うものとする。
　一　届出者の名称及び住所並びにその代表者の氏名
　二　届出に係る動植物園等の名称及び所在地
　三　認定を受けた年月日
　四　廃止の年月日
　五　廃止したときに現に当該認定希少種保全動植物園等において取り扱う希少野生動植物種の種名及び当該種ごとの個体数並びにその処置の方法

◀ 施行規則

(認定の更新)
第45条 法第48条の6第2項において準用する法第48条の4第2項から第4項までの規定により、法第48条の6第1項の認定の更新を受けようとする場合は、第36条から第39条までの規定を準用する。

◀ 施行規則

(記録及び報告)
第46条 法第48条の7の環境省令で定める事項は、希少野生動植物種ごとに実施された飼養等及び譲渡し等

法　律	施行令
めるところにより、定期的に、これを環境大臣に報告しなければならない。 （適合命令） **第48条の8**　環境大臣は、認定希少種保全動植物園等が第48条の4第1項各号のいずれかに適合しなくなったと認めるときは、当該認定希少種保全動植物園等設置者等に対し、これらの規定に適合させるため必要な措置をとるべきことを命ずることができる。 （認定の取消し） **第48条の9**　環境大臣は、認定希少種保全動植物園等設置者等が次の各号のいずれかに該当すると認めるときは、第48条の4第1項の認定を取り消すことができる。 　一　認定希少種保全動植物園等設置者等がこの法律若しくはこの法律に基づく命令の規定又はこの法律に基づく処分に違反したとき。 　二　認定希少種保全動植物園等設置者等が不正の手段により第48条の4第1項の認定、第48条の5第1項の変更の認定又は第48条の6第1項の認定の更新を受けたとき。 　三　認定希少種保全動植物園等が第48条の4第1項各号のいずれかに適合しなくなったと認めるとき。 （譲渡し等の禁止等の特例） **第48条の10**　認定希少種保全動植物園等設置者等が計画に従って行う希少野生動植物種の譲渡し等については、第12条第1項及び第54条第2項の規定は、適用しない。 （報告徴収及び立入検査） **第48条の11**　環境大臣は、この章の規定の施行に必要な限度において、認定希少種保全動植物園等設置者等に対し、必要な報告を求め、又はその職員に、認定希少種保全動植物園等若しくは認定希少種保全動植物園等設置者等の事務所に立ち入り、書類その他の物件を検査させ、若しくは関係者に質問させることができる。 2　前項の規定による立入検査をする職員は、その身分を示す証明書を携帯し、関係者に提示しなければならない。 3　第1項の規定による権限は、犯罪捜査のために認められたものと解釈してはならない。 　　　　　第6章　雑則 （調査） **第49条**　環境大臣は、野生動植物の種の個体の生息又は生育の状況、その生息地又は生育地の状況その他必要な事項について定期的に調査をし、その結果を、この法律に基づく命令の改廃、この法律に基づく指定又はその解除その他この法律の適正な運用に活用するものとする。 （取締りに従事する職員） **第50条**　環境大臣は、その職員のうち政令で定める要件を備えるもの	 （希少野生動植物種保存取締官の資格） **第20条**　法第50条第1項の政令

施行規則等

の内容、法第48条の４第２項第３号から第６号までに掲げる事項を変更した場合（法第48条の５第１項の規定による変更の認定又は同条第３項の規定による変更の届出を要する場合を除く。）にあってはその内容その他必要な事項とする。

２　法第48条の７の規定による報告は、少なくとも毎年度１回行わなければならない。

施行規則

（法第48条の11第２項の証明書の様式）

第47条　法第48条の11第２項の証明書の様式は、様式第９〔p.430参照〕のとおりとする。

法　　律	施行令
に、第8条、第11条第1項若しくは第3項、第14条第1項若しくは第3項、第18条、第19条第1項、第35条、第40条第1項若しくは第2項又は第41条第1項に規定する権限の一部を行わせることができる。	で定める要件は、次の各号のいずれかに該当することとする。 一　通算して3年以上自然環境の保全又は動植物の繁殖に関する行政事務に従事した者であること。 二　学校教育法（昭和22年法律第26号）に基づく大学若しくは高等専門学校、旧大学令（大正7年勅令第388号）に基づく大学又は旧専門学校令（明治36年勅令第61号）に基づく専門学校（次号において「大学等」という。）において生物学、地学、農学、林学、水産学、造園学その他自然環境の保全に関して必要な課程を修めて卒業した者又はこれと同等以上の学力を有すると認められる者であって、通算して1年以上自然環境の保全に関する行政事務に従事したものであること。 三　大学等において農学、林学、水産学、獣医学その他動植物の繁殖に関して必要な課程を修めて卒業した者又はこれと同等以上の学力を有すると認められる者であって、通算して1年以上動植物の繁殖に関する行政事務に従事したものであること。
2　前項の規定により環境大臣の権限の一部を行う職員（次項において「希少野生動植物種保存取締官」という。）は、その権限を行うときは、その身分を示す証明書を携帯し、関係者に提示しなければならない。 3　前2項に規定するもののほか、希少野生動植物種保存取締官に関し必要な事項は、政令で定める。 （希少野生動植物種保存推進員） 第51条　環境大臣は、絶滅のおそれのある野生動植物の種の保存に熱意と識見を有する者のうちから、希少野生動植物種保存推進員を委嘱す	

施行規則等

▸ 施行規則
(法第50条第2項の証明書の様式)
第48条 法第50条第2項の証明書の様式は、様式第10〔p.431参照〕のとおりとする。

法　律	施行令
ることができる。 2　希少野生動植物種保存推進員は、次に掲げる活動を行う。 　一　絶滅のおそれのある野生動植物の種が置かれている状況及びその保存の重要性について啓発をすること。 　二　絶滅のおそれのある野生動植物の種の個体の生息若しくは生育の状況又はその生息地若しくは生育地の状況について調査をすること。 　三　希少野生動植物種の個体等の所有者若しくは占有者又はその生息地若しくは生育地の土地の所有者若しくは占有者に対し、その求めに応じ希少野生動植物種の保存のため必要な助言をすること。 　四　絶滅のおそれのある野生動植物の種の保存のために国又は地方公共団体が行う施策に必要な協力をすること。 3　希少野生動植物種保存推進員は、名誉職とし、その任期は３年とする。 4　希少野生動植物種保存推進員が希少野生動植物種の個体に関する調査で環境省令で定めるもののためにする捕獲等については、第９条の規定は、適用しない。 5　環境大臣は、希少野生動植物種保存推進員が、その職務の遂行に支障があるとき、その職務を怠ったとき、又はこの法律の規定に違反し、その他希少野生動植物種保存推進員たるにふさわしくない非行があったときは、これを解嘱することができる。 **（負担金の徴収方法）** **第52条**　環境大臣が第11条第２項、第14条第２項若しくは第40条第３項の規定により、又は経済産業大臣等が第16条第３項の規定により費用を負担させようとするときは、環境省令、経済産業省令で定めるところにより、その負担させようとする費用（以下この条において「負担金」という。）の額及びその納付期限を定めて、文書でその納付を命じなければならない。 2　環境大臣又は経済産業大臣等は、前項の納付期限までに負担金を納付しない者があるときは、環境省令、経済産業省令で定めるところにより、督促状で期限を指定して督促しなければならない。 3　環境大臣又は経済産業大臣等は、前項の規定による督促をしたとき	

施行規則等

▶ 施行規則

(希少野生動植物種保存推進員が行う個体に関する調査)
第49条 法第51条第4項の環境省令で定める調査は、希少野生動植物種の個体の生息状況又は生育状況の調査その他希少野生動植物種の保存に資すると認められる調査であって、あらかじめ、環境大臣に届け出たものとする。
2 前項の規定による届出は、届出者の住所、氏名及び職業並びに第3条第1項第2号から第8号までに掲げる事項を記載した届出書を提出して行うものとする。
3 第3条第2項の規定は、前項の届出書について準用する。
〔添付図面の省略→施行規則第55条。p.359参照〕

▶ 負担金省令

第2条 法第52条第1項の規定により、環境大臣が納付を命ずる費用の額は、実際に要した費用の額とし、その納付期限は、次の各号に掲げる場合に応じ、当該各号に定める日とする。
一 法第11条第2項の規定により費用を負担させようとする場合 当該規定により環境大臣が国内希少野生動植物種等の生きている個体の譲渡しその他の必要な措置をとった日から相当の期間経過した日
二 法第14条第2項の規定により費用を負担させようとする場合 当該規定により環境大臣が希少野生植物種の個体等の譲渡しその他の必要な措置をとった日から相当の期間経過した日
三 法第40条第3項の規定により費用を負担させようとする場合 当該規定により環境大臣が原状回復その他必要な措置をとった日から相当の期間経過した日

▶ 負担金省令

第3条 法第52条第1項の規定により、経済産業大臣等が納付を命ずる費用の額は、実際に要した費用の額とし、その納付期限は、法第16条第3項の規定により経済産業大臣等が返送をした日から相当の期間経過した日とする。

▶ 負担金省令

第4条 法第52条第2項の規定により環境大臣又は経済産業大臣等が督促状により指定する期限は、督促状を発する日から起算して10日以上経過した日でなければならない。

▶ 負担金省令

法　律	施行令
は、環境省令、経済産業省令で定めるところにより、負担金の額に、年14.5パーセントを超えない割合を乗じて、第１項の納付期限の翌日からその負担金の完納の日又はその負担金に係る財産差押えの日の前日までの日数により計算した額の延滞金を徴収することができる。 ４　環境大臣又は経済産業大臣等は、第２項の規定による督促を受けた者が、同項の督促状で指定した期限までにその納付すべき負担金及びその負担金に係る前項の延滞金（以下この条において「延滞金」という。）を納付しないときは、国税の滞納処分の例により、その負担金及び延滞金を徴収することができる。この場合における負担金及び延滞金の先取特権の順位は、国税及び地方税に次ぐものとする。 ５　延滞金は、負担金に先立つものとする。 **（地方公共団体に対する助言その他の措置）** **第53条**　国は、地方公共団体が絶滅のおそれのある野生動植物の種の保存のための施策を円滑に実施することができるよう、地方公共団体に対し、助言その他の措置を講ずるように努めなければならない。 ２　国は、最新の科学的知見を踏まえつつ、教育活動、広報活動等を通じて、絶滅のおそれのある野生動植物の種の保存に関し、国民の理解を深めるよう努めなければならない。 **（国等に関する特例）** **第54条**　国の機関又は地方公共団体が行う事務又は事業については、第８条、第９条、第12条第１項、第35条、第37条第４項及び第10項、第38条第４項、第39条第１項、第40条第１項並びに第41条第１項及び第２項の規定は、適用しない。 ２　国の機関又は地方公共団体は、第９条第２号から第４号までに掲げる場合以外の場合に国内希少野生動植物種等の生きている個体の捕獲等をしようとするとき、第12条第１項第２号から第９号までに掲げる場合以外の場合に希少野生動植物種の個体等の譲渡し等をしようとするとき、又は第37条第４項若しくは第38条第４項第３号の許可を受けるべき行為に該当する行為をしようとするときは、環境省令で定める場合を除き、あらかじめ、環境大臣に協議しなければならない。	

施行規則等

第5条 法第52条第3項の規定により環境大臣又は経済産業大臣等が徴収する延滞金の額は、負担金の額に、年10.75パーセントの割合を乗じて計算した額とする。

施行規則

(国等に関する協議の適用除外等)

第50条 法第54条第2項の環境省令で定める場合は、次の各号に掲げるものとする。
　一　国内希少野生動植物種等の生きている個体の捕獲等をする場合であって次に掲げるもの
　　イ　国又は地方公共団体の試験研究機関が試験研究のために捕獲等をする場合（あらかじめ、環境大臣に通知したものに限る。）
　　ロ　傷病その他の理由により緊急に保護を要する個体の捕獲等をする場合
　　ハ　種の保存に支障を及ぼすおそれのある伝染性疾病のまん延を防止するため、当該伝染性疾病にかかっていることが確認された個体の捕獲等をする場合（あらかじめ、環境大臣に通知したものに限る。）
　　ニ　傷病により緊急に保護を要するため捕獲をした個体（動物に限る。）であって、傷病その他の理由によりその生息地に適切に放つことができず、かつ、法第10条第1項の目的で飼養をすることができないと認められるものをやむを得ず殺傷する場合（あらかじめ、環境大臣に通知したものに限る。）
　　ホ　次に掲げる行為に伴って捕獲等をする場合
　　　(1)　第5条第1項第6号イからチまでに掲げる行為（チに掲げる行為にあっては、あらかじめ、環境大臣に通知したものに限る。）
　　　(2)　法令に基づき国又は地方公共団体の任務とされている遭難者を救助するための業務（当該業務及び非常災害に対処するための業務に係る訓練を含む。）、犯罪の予防又は捜査その他の公共の秩序を維持するための業務、交通の安全を確保するための業務、水路業務その他これらに類する業務を行うために、車馬若しくは動力船を使用し、又は航空機を着陸させること。
　　ヘ　個体の保護のための移動又は移植を目的として当該個体の捕獲等をする場合であって次に掲げる行

法　律	施行令

施行規則等

為に伴うもの
　(1)　第1条の5第4号イからオまで（ウを除く。）に掲げる行為
　(2)　第5条第1項第7号イからホまでに掲げる行為
ト　警察法第2条第1項に規定する警察の責務として行う行為
二　法第37条第4項の許可を受けるべき行為に該当する行為をする場合であって次に掲げるもの
　イ　工作物を新築し、改築し、又は増築する場合であって次に掲げるもの
　　(1)　下水道を改築し、又は増築する場合
　　(2)　ダム又は湖沼水位調節施設を改築する場合
　　(3)　標識、くい、警報機、雨量観測施設、水位観測施設その他これらに類する工作物を設置する場合
　ロ　国又は地方公共団体の試験研究機関が、試験研究のために、鉱物を採掘し、又は土石を採取する場合（あらかじめ、環境大臣に通知したものに限る。）
　ハ　道路、広場、田、畑、牧場及び宅地以外の地域のうち環境大臣が指定する区域内において、車馬若しくは動力船を使用し、又は航空機を着陸させる場合であって次に掲げるもの
　　(1)　漁港漁場整備法第5条の規定により指定された漁港の区域の管理又は調査のために、車馬若しくは動力船を使用し、又は航空機を着陸させる場合
　　(2)　漁業取締りのために、車馬若しくは動力船を使用し、又は航空機を着陸させる場合
　　(3)　海面の清掃又は浮遊油の回収のために動力船を使用する場合
　　(4)　国又は地方公共団体の試験研究機関が、試験研究のために、車馬若しくは動力船を使用し、又は航空機を着陸させる場合（あらかじめ、環境大臣に通知したものに限る。）
　　(5)　法令に基づき国又は地方公共団体の任務とされている遭難者を救助するための業務（当該業務及び非常災害に対処するための業務に係る訓練を含む。）、犯罪の予防又は捜査その他の公共の秩序を維持するための業務、交通の安全を確保するための業務、水路業務その他これらに類する業務を行うために、車馬若しくは動力船を使用し、又は航空機を着陸させる場合
　　(6)　自衛隊が、車馬若しくは動力船を使用し、又は航空機を着陸させる場合
　ニ　国又は地方公共団体の試験研究機関が、試験研究のために野生動植物の種の個体その他の物の捕獲等をする場合
　ホ　前各号に掲げるもののほか、次に掲げる場合
　　(1)　ダム又は湖沼水位調節施設を管理する場合（法第37条第4項第7号及び第10号から第14号までに掲げる行為をする場合を除く。）
　　(2)　都市公園等を設置し、又は管理する場合（法第37条第4項第7号及び第10号から第14号までに掲げる行為をする場合並びに都市計画法第18条第3項（同法第21条第2項において準用する場合を含む。）の規定により国土交通大臣に協議し、その同意を得た都市計画に基づく都市計画事業の施行として行う場合以外の場合であって、水平投影面積が1000平方メートルを超える工作物を新築し、改築し、又は増築するもの（改築後又は増築後において水平投影面積が1000平方メートルを超えるものとなる場合における改築又は増築を含む。）を除く。）
　　(3)　文化財保護法第27条第1項の規定による重要文化財の指定、同法第78条第1項の規定による重要有形民俗文化財の指定、同法第109条第1項の規定による史跡名勝天然記念物の指定若しくは同法第110条第1項の規定による史跡名勝天然記念物の仮指定、同法第134条第1項の規定による重要文化的景観の選定のための行為又は同法第92条第1項に規定する埋蔵文化財の調査をする場合
　　(4)　警察法第2条第1項に規定する警察の責務としての行為をする場合
　ヘ　イからホまでに掲げるものに付帯する行為をする場合
三　法第38条第4項第3号の許可を受けるべき行為に該当する行為をする場合であって次に掲げる行為をするためのもの
　イ　雪崩の防止のための施設又は火山地、火山麓若しくは火山現象により著しい被害を受けるおそれの

353

法　律	施行令
3　国の機関又は地方公共団体は、第37条第8項の規定により届出をして引き続き同条第4項各号に掲げる行為をすることができる場合に該当する場合にその行為をするとき、又は同条第10項若しくは第39条第1項の規定により届出をすべき行為に該当する行為をし、若しくはしようとするときは、環境省令で定める場合を除き、これらの規定による届出の例により、環境大臣にその旨を通知しなければならない。 （権限の委任） 第55条　この法律に規定する環境大臣の権限は、環境省令で定めるところにより、地方環境事務所長に委任することができる。	

施行規則等

　　ある地域において土砂の崩壊等による災害を防止するために土石流発生監視装置、測定機器その他これらに付随する工作物を設置すること。
　ロ　森林病害虫等防除法（昭和25年法律第53号）第6条第1項の規定による立入検査に伴い木竹を伐採し、又は損傷すること。
　ハ　国又は地方公共団体の試験研究機関が、試験研究のために農林水産物に損害を与える病害虫等（それらの卵を含む。）の捕獲等をすること（あらかじめ、環境大臣に通知したものに限る。）。
　ニ　第5条第1項第6号ト又はチに掲げる行為
　ホ　海上保安庁が、航路標識を設置し、若しくは管理すること又は水路業務を行うこと。
　ヘ　ダム又は湖沼水位調節施設を改築し、又は管理すること。
　ト　自衛隊法（昭和29年法律第165号）第3条第1項に規定する自衛隊の任務として行う行為
　チ　警察法第2条第1項に規定する警察の責務として行う行為
　リ　イからチまでに掲げる行為に付帯する行為
2　法第54条第3項の環境省令で定める場合は、次の各号に掲げるものとする。
　一　工作物を新築し、改築し、又は増築する場合であって前項第2号イ(1)から(3)までに掲げるもの
　二　前号に掲げるもののほか、次に掲げる場合
　　イ　砂防法第2条の規定により指定された土地、海岸法第3条第1項に規定する海岸保全区域、地すべり等防止法第3条第1項に規定する地すべり防止区域、河川法第3条第1項に規定する河川又は急傾斜地の崩壊による災害の防止に関する法律第3条第1項に規定する急傾斜地崩壊危険区域を管理する場合
　　ロ　ダム又は湖沼水位調節施設を管理する場合
　　ハ　都市公園等を設置し、又は管理する場合（都市計画法第18条第3項（同法第21条第2項において準用する場合を含む。）の規定により国土交通大臣に協議し、その同意を得た都市計画に基づく都市計画事業の施行として行う場合以外の場合であって、水平投影面積が1000平方メートルを超える工作物を新築し、改築し、又は増築するもの（改築後又は増築後において水平投影面積が1000平方メートルを超えるものとなる場合における改築又は増築を含む。）を除く。）
　　ニ　文化財保護法第27条第1項の規定による重要文化財の指定、同法第78条第1項の規定による重要有形民俗文化財の指定、同法第109条第1項の規定による史跡名勝天然記念物の指定若しくは同法第110条第1項の規定による史跡名勝天然記念物の仮指定、同法第134条第1項の規定による重要文化的景観の選定のための行為又は同法第92条第1項に規定する埋蔵文化財を調査する場合
　　ホ　警察法第2条第1項に規定する警察の責務としての行為をする場合
　　ヘ　前項第2号ハ（(4)を除く。）に掲げる場合
　三　前各号に掲げるものに付帯する行為をする場合
3　第1項第1号ロに規定する捕獲等をした者は、当該捕獲等をした後30日以内に、環境大臣に通知するものとする。

施行規則

（権限の委任）
第56条　法及びこの省令に規定する環境大臣の権限のうち、次に掲げるものは、地方環境事務所長（福島地方環境事務所長を除く。）に委任する。ただし、第3号（法第11条第4項に係る部分を除く。）から第5号まで、第7号から第11号まで、第16号、第17号、第19号、第20号及び第21号に掲げる権限については、環境大臣が自ら行うことを妨げない。
　一　法第8条に規定する権限
　二　法第10条第1項、第2項、第4項から第7項まで及び第10項に規定する権限
　三　法第11条に規定する権限

法　律	施行令
（経過措置） **第56条**　この法律の規定に基づき命令を制定し、又は改廃する場合においては、その命令で、その制定又は改廃に伴い合理的に必要と判断される範囲内において、所要の経過措置（罰則に関する経過措置を含む。）を定めることができる。 **（環境省令への委任）** **第57条**　この法律に定めるもののほか、この法律の実施のための手続その他この法律の施行に関し必要な事項は、環境省令で定める。	

施行規則等

四　法第18条に規定する権限
五　法第19条第1項に規定する権限
六　法第30条第1項、第2項及び第4項（同条第6項において読み替えて準用する場合を含む。）に規定する権限
七　法第32条第1項及び第2項（これらの規定を同条第3項において読み替えて準用する場合を含む。）に規定する権限
八　法第33条第1項（同条第2項及び法第33条の5において読み替えて準用する場合を含む。）に規定する権限
九　法第33条の4第1項に規定する権限
十　法第33条の12に規定する権限
十一　法第33条の14第1項及び第2項に規定する権限
十二　法第35条に規定する権限
十三　法第37条第4項（同項に規定する許可に係る部分に限る。）、第5項（法第38条第5項において準用する場合を含む。）、第7項（法第38条第5項において準用する場合を含む。）、第8項及び第10項に規定する権限
十四　法第38条第4項第3号に規定する権限
十五　法第39条第1項から第5項までに規定する権限
十六　法第40条第1項及び第2項に規定する権限
十七　法第41条第1項及び第2項に規定する権限
十八　法第42条第1項及び第2項に規定する権限
十九　法第47条第4項に規定する権限
二十　法第48条の2第1項及び第2項に規定する権限
二十一　法第48条の11第1項に規定する権限
二十二　法第49条に規定する権限
二十三　法第54条第2項及び第3項に規定する権限（希少野生動植物種の個体の譲渡し等に係るものを除く。）
二十四　第1条の5第2号及び第4号に規定する権限
二十五　第3条第9項から第11項までに規定する権限
二十六　第25条第3号トに規定する権限
二十七　第49条第1項に規定する権限
二十八　第50条第1項第1号イ、ハ、ニ及びホ(1)、第2号ロ及びハ(4)並びに第3号ハ並びに第3項に規定する権限

施行規則

（教育又は学術研究のための捕獲等の届出等）

第51条　第3条第1項及び第2項の規定は、第1条の5第2号及び第4号の規定による届出について準用する。この場合において、第3条第1項第4号中「捕獲等をする区域」とあるのは第1条の5第4号の規定による届出については「捕獲等をする区域（移動又は移植をする区域を含む。次項において同じ。）」と読み替えるものとする。

法　律	施行令

施行規則等

施行規則

(傷病個体等の譲受け等の届出)

第52条 第5条第3項の規定による届出(同条第1項第4号に規定する譲受け又は引取りに係るものに限る。)は、次の各号に掲げる事項を記載した届出書を提出して行うものとする。
一 届出者の住所、氏名及び職業(法人にあっては、主たる事務所の所在地、名称、代表者の氏名及び主たる事業)
二 譲受け又は引取りをした個体に係る次に掲げる事項
　イ 種名
　ロ 生きている個体又は卵の区分
　ハ 数量
　ニ 所在地
三 譲受け又は引取りをする目的
四 譲受け又は引取りをした年月日
五 届出者に譲渡し又は引渡しをした者の住所及び氏名(法人にあっては、主たる事務所の所在地、名称及び代表者の氏名)
六 譲受け又は引取りをした個体を飼養栽培しようとする場合にあっては、その場所の所在地、飼養栽培施設の規模及び構造並びに飼養栽培の取扱者の住所、氏名、職業及び飼養栽培に関する経歴
2 前項の届出書には、譲受け又は引取りをした個体を飼養栽培しようとする場合にあっては、飼養栽培施設の規模及び構造を明らかにした図面及び写真を添付しなければならない。

施行規則

(教育又は学術研究のための譲受け等の届出等)

第53条 前条の規定は、第5条第3項の規定による届出(同条第2項第1号、第3号、第4号又は第6号に規定する譲受け又は引取りに係るものに限る。)について準用する。この場合において、前条第1項第2号ロ中「生きている個体又は卵」とあるのは「個体にあっては、生きている個体、卵又はその他の個体の別、個体の加工品にあっては、剝製又はその他の個体の加工品の別、個体の器官又は個体の器官の加工品にあっては、その名称」と読み替えるものとする。

施行規則

(教育又は学術研究のための鉱物の採掘等の届出)

第54条 第23条の規定は、第25条第3号トの規定による届出について準用する。

施行規則

(添付図面の省略)

第55条 法第10条第1項、法第37条第4項若しくは法第38条第4項第3号の許可を受けた行為の変更に係る許可の申請又は法第37条第8項若しくは第10項、法第39条第1項、第1条の5第2号若しくは第4号、第25条第3号ト若しくは第49条第1項の規定による届出を了した行為の変更に係る届出にあっては、第3条第2項(第51条において準用する場合を含む。)、第23条第2項(第54条において準用する場合を含む。)、第24条第3項、第26条第2項、第28条第2項、第29条第3項若しくは第49条第3項の規定により申請書又は届出書に添付しなければならない図面又は写真(第3項において「添付図面」という。)のうち、その変更に関する事項を明らかにしたものを添付すれば足りる。
2 前項の変更に係る許可の申請又は届出にあっては、変更の趣旨及び理由を記載した書面を申請書又は届出書に添付しなければならない。
3 第1項に該当するもののほか、法第10条第2項若しくは法第37条第5項(法第38条第5項において準用する場合を含む。)の規定による許可の申請又は法第37条第8項若しくは第10項、法第39条第1項、第1条の5第2号若しくは第4号、第25条第3号ト若しくは第49条第1項の規定による届出に係る行為が、軽易なものであることその他の理由により添付図面の全部を添付する必要がないと認められるときは、当該添

法　　律	施行令

　第 7 章　罰則
第57条の 2　次の各号のいずれかに該当する者は、5 年以下の懲役若しくは500万円以下の罰金に処し、又はこれを併科する。
　一　第 9 条、第12条第 1 項又は第15条第 1 項の規定に違反した者
　二　偽りその他不正の手段により第10条第 1 項の許可、第13条第 1 項の許可、第20条第 1 項の登録、第20条の 2 第 1 項の登録の更新、第20条の 3 第 1 項の登録、第33条の 6 第 1 項の登録又は第33条の10第 1 項の登録の更新を受けた者

第58条　次の各号のいずれかに該当する者は、1 年以下の懲役又は100万円以下の罰金に処する。
　一　第11条第 1 項若しくは第 3 項、第14条第 1 項若しくは第 3 項、第16条第 1 項若しくは第 2 項、第18条、第33条の12又は第40条第 2 項の規定による命令に違反した者
　二　第17条、第20条第 7 項又は第37条第 4 項の規定に違反した者
　三　偽りその他不正の手段により第20条第 6 項若しくは第 7 項の変更登録、同条第 9 項の登録票の書換交付又は同条第10項（第22条第 2 項において準用する場合を含む。）の登録票の再交付を受けた者

第59条　次の各号のいずれかに該当する者は、6 月以下の懲役又は50万円以下の罰金に処する。
　一　第10条第 4 項（第13条第 4 項において準用する場合を含む。）又は第37条第 7 項の規定により付された条件に違反した者
　二　事前登録済証に、第20条の 3 第 1 項の登録をした事項に適合する原材料器官等以外の原材料器官等について第20条の 4 第 1 項本文に規定する記載をし、又は虚偽の事項を含む同項本文に規定する記載をした者
　三　第20条の 4 第 4 項から第 6 項まで、第32条第 2 項（同条第 3 項において準用する場合を含む。）、第33条の 4 第 2 項、第33条の13又は第33条の23第 6 項の規定による命令に違反した者
　四　第33条の23第 1 項、第33条の24又は第38条第 4 項の規定に違反した者
　五　第33条の23第 1 項の管理票に虚偽の事項を記載した特別国際種事業者
　六　第33条の23第 2 項の管理票に虚偽の事項を記載した特定国際種事業者又は特別国際種事業者

第60条　第25条第 1 項、第33条の17第 1 項又は第33条の28第 1 項の規定に違反した者は、6 月以下の懲役又は50万円以下の罰金に処する。

第61条　第26条第 5 項、第33条の18第 5 項又は第33条の29第 5 項の規定による個体等登録関係事務、事業登録関係事務又は認定関係事務の停止の命令に違反したときは、その違反行為をした個体等登録機関、事業登録機関又は認定機関の役員又は職員は、6 月以下の懲役又は50万円以下の罰金に処する。

第62条　次の各号のいずれかに該当する者は、50万円以下の罰金に処する。

施行規則等
付図面の一部を省略することができる。

法　律	施行令
一　第30条第1項若しくは第2項又は第33条の2の規定による届出をしないで特定国内種事業若しくは特定国際種事業を行い、又は虚偽の届出をした者 二　第38条第5項において準用する第37条第7項の規定により付された条件に違反した者 三　第39条第1項の規定による届出をしないで同項に規定する行為をし、又は虚偽の届出をした者 四　第39条第2項の規定による命令に違反した者 五　第39条第5項の規定に違反した者 **第63条**　次の各号のいずれかに該当する者は、30万円以下の罰金に処する。 一　第10条第8項の規定に違反して許可証又は従事者証を携帯しないで捕獲等をした者 二　第19条第1項に規定する報告をせず、若しくは虚偽の報告をし、又は同項の規定による立入検査を拒み、妨げ、若しくは忌避し、若しくは質問に対して陳述をせず、若しくは虚偽の陳述をした者 三　第20条第11項の規定による届出をせず、又は虚偽の届出をした者 四　第20条の4第1項ただし書又は第3項の規定に違反した者 五　第20条の4第2項又は第7項の規定による報告をせず、又は虚偽の報告をした者 六　第21条、第22条第1項、第30条第4項（同条第6項及び第33条の5において準用する場合を含む。）、第33条の7第1項、第33条の9又は第33条の23第3項から第5項までの規定に違反した者 七　第33条第1項（同条第2項及び第33条の5において準用する場合を含む。以下この号において同じ。）若しくは第33条の14第1項若しくは第2項に規定する報告をせず、若しくは虚偽の報告をし、又は第33条第1項若しくは第33条の14第1項の規定による立入検査を拒み、妨げ、若しくは忌避し、若しくは質問に対して陳述をせず、若しくは虚偽の陳述をし、若しくは物件を提出せず、若しくは虚偽の物件を提出し、若しくは資料を提出せず、若しくは虚偽の資料を提出した者 八　偽りその他不正の手段により第33条の25第1項の認定を受けた者 九　第33条の25第4項の規定に違反した者 十　第41条第1項に規定する報告をせず、若しくは虚偽の報告をし、又は同条第2項の規定による立入検査若しくは立入調査を拒み、妨げ、若しくは忌避し、若しくは質問に対して陳述をせず、若しくは虚偽の陳述をした者 十一　第42条第4項又は第48条の2第4項の規定に違反して、第42条第1項又は第48条の2第1項の規定による立入りを拒み、又は妨げた者 十二　第48条の11に規定する報告をせず、若しくは虚偽の報告をし、又は同条の規定による立入検査を拒み、妨げ、若しくは忌避し、若しくは質問に対して陳述をせず、若しくは虚偽の陳述をした者 **第64条**　次の各号のいずれかに該当するときは、その違反行為をした個	

施行規則等

法　律	施行令
体等登録機関、事業登録機関又は認定機関の役員又は職員は、30万円以下の罰金に処する。 　一　第24条第8項、第33条の16第8項又は第33条の27第8項の規定に違反して、第24条第8項、第33条の16第8項若しくは第33条の27第8項に規定する事項の記載をせず、若しくは虚偽の記載をし、又は帳簿を保存しなかったとき。 　二　第24条第9項、第33条の16第9項又は第33条の27第9項の許可を受けないで個体等登録関係事務、事業登録関係事務又は認定関係事務の全部を廃止したとき。 　三　第27条第1項（第33条の22及び第33条の33において準用する場合を含む。以下この号において同じ。）に規定する報告をせず、若しくは虚偽の報告をし、又は同項の規定による立入検査を拒み、妨げ、若しくは忌避し、若しくは質問に対して陳述をせず、若しくは虚偽の陳述をしたとき。 **第65条**　法人の代表者又は法人若しくは人の代理人、使用人その他の従業者が、その法人又は人の業務に関し、次の各号に掲げる規定の違反行為をしたときは、行為者を罰するほか、その法人に対して当該各号に定める罰金刑を、その人に対して各本条の罰金刑を科する。 　一　第57条の2　1億円以下の罰金刑 　二　第58条第1号（第18条に係る部分に限る。）、第2号（第17条及び第20条第7項に係る部分に限る。）又は第3号　2000万円以下の罰金刑 　三　第58条第1号（第18条に係る部分を除く。）若しくは第2号（第37条第4項に係る部分に限る。）、第59条、第62条又は第63条　各本条の罰金刑 2　前項の規定により第57条の2の違反行為につき法人又は人に罰金刑を科する場合における時効の期間は、同条の罪についての時効の期間による。 **第66条**　次の各号のいずれかに該当するときは、その違反行為をした個体等登録機関、事業登録機関又は認定機関の役員又は職員は、20万円以下の過料に処する。 　一　第24条第6項、第33条の16第6項又は第33条の27第6項の規定に違反して財務諸表等を備えて置かず、財務諸表等に記載すべき事項を記載せず、又は虚偽の記載をしたとき。 　二　正当な理由がないのに第24条第7項各号、第33条の16第7項各号又は第33条の27第7項各号の規定による請求を拒んだとき。	

施行規則等

Ⅲ 資料編　1 絶滅のおそれのある野生動植物の種の保存に関する法律・施行令・施行規則等

[施行令] **別表第1**　国内希少野生動植物種（第1条、第2条、第7条関係）
表1

項	種名
第1 動物界	
1 鳥綱	
イ かも目	
(1) かも科	
1	*Branta hutchinsii leucopareia*（シジュウカラガン）
ロ ちどり目	
(1) うみすずめ科	
1	*Fratercula cirrhata*（エトピリカ）
2	*Uria aalge inornata*（ウミガラス）
(2) しぎ科	
1	*Scolopax mira*（アマミヤマシギ）
2	*Tringa guttifer*（カラフトアオアシシギ）
ハ こうのとり目	
(1) こうのとり科	
1	*Ciconia boyciana*（コウノトリ）
(2) とき科	
1	*Nipponia nippon*（トキ）
ニ はと目	
(1) はと科	
1	*Chalcophaps indica yamashinai*（キンバト）
2	*Columba janthina nitens*（アカガシラカラスバト）
3	*Columba janthina stejnegeri*（ヨナグニカラスバト）
ホ たか目	
(1) たか科	
1	*Aquila chrysaetos japonica*（イヌワシ）
2	*Buteo buteo toyoshimai*（オガサワラノスリ）
3	*Haliaeetus albicilla albicilla*（オジロワシ）
4	*Haliaeetus pelagicus*（オオワシ）
5	*Nisaetus nipalensis orientalis*（クマタカ）
6	*Spilornis cheela perplexus*（カンムリワシ）
(2) はやぶさ科	
1	*Falco peregrinus furuitii*（シマハヤブサ）
2	*Falco peregrinus japonensis*（ハヤブサ）

項	種名
ヘ　きじ目	
(1)　きじ科	
1	*Lagopus muta japonica*（ライチョウ）
ト　つる目	
(1)　つる科	
1	*Grus japonensis*（タンチョウ）
(2)　くいな科	
1	*Gallirallus okinawae*（ヤンバルクイナ）
チ　すずめ目	
(1)　あとり科	
1	*Chloris sinica kittlitzi*（オガサワラカワラヒワ）
(2)　みつすい科	
1	*Apalopteron familiare hahasima*（ハハジマメグロ）
(3)　ひたき科	
1	*Locustella pryeri pryeri*（オオセッカ）
2	*Luscinia komadori komadori*（アカヒゲ）
3	*Luscinia komadori namiyei*（ホントウアカヒゲ）
4	*Luscinia komadori subrufus*（ウスアカヒゲ）
5	*Zoothera dauma major*（オオトラツグミ）
(4)　やいろちょう科	
1	*Pitta nympha*（ヤイロチョウ）
リ　ペリカン目	
(1)　う科	
1	*Phalacrocorax urile*（チシマウガラス）
ヌ　きつつき目	
(1)　きつつき科	
1	*Dendrocopos leucotos owstoni*（オーストンオオアカゲラ）
2	*Picoides tridactylus inouyei*（ミユビゲラ）
3	*Sapheopipo noguchii*（ノグチゲラ）
ル　みずなぎどり目	
(1)　あほうどり科	
1	*Phoebastria albatrus*（アホウドリ）
ヲ　ふくろう目	
(1)　ふくろう科	
1	*Ketupa blakistoni blakistoni*（シマフクロウ）

III 資料編　1 絶滅のおそれのある野生動植物の種の保存に関する法律・施行令・施行規則等

項	種名
備考　括弧内に記載する呼称は、学名に相当する和名である。	

表2

項	種名
第1　動物界	
1　哺乳綱	
イ　食肉目	
（1）ねこ科	
1	*Prionailurus bengalensis euptilurus*（ツシマヤマネコ）
2	*Prionailurus bengalensis iriomotensis*（イリオモテヤマネコ）
ロ　翼手目	
（1）おおこうもり科	
1	*Pteropus dasymallus daitoensis*（ダイトウオオコウモリ）
2	*Pteropus pselaphon*（オガサワラオオコウモリ）
ハ　うさぎ目	
（1）うさぎ科	
1	*Pentalagus furnessi*（アマミノクロウサギ）
ニ　齧歯目	
（1）ねずみ科	
1	*Diplothrix legata*（ケナガネズミ）
2	*Tokudaia muenninki*（オキナワトゲネズミ）
3	*Tokudaia osimensis*（アマミトゲネズミ）
4	*Tokudaia tokunoshimensis*（トクノシマトゲネズミ）
2　鳥綱	
イ　ちどり目	
（1）しぎ科	
1	*Eurynorhynchus pygmeus*（ヘラシギ）
ロ　たか目	
（1）たか科	
1	*Circus spilonotus spilonotus*（チュウヒ）
ハ　すずめ目	
（1）ほおじろ科	
1	*Emberiza aureola ornata*（シマアオジ）
ニ　ふくろう目	
（1）ふくろう科	
1	*Bubo bubo borissowi*（ワシミミズク）

項	種名
3 爬虫綱	
イ　とかげ亜目	
(1)　とかげもどき科	
1	*Goniurosaurus kuroiwae kuroiwae*（クロイワトカゲモドキ）
2	*Goniurosaurus kuroiwae orientalis*（マダラトカゲモドキ）
3	*Goniurosaurus kuroiwae toyamai*（イヘヤトカゲモドキ）
4	*Goniurosaurus kuroiwae yamashinae*（クメトカゲモドキ）
5	*Goniurosaurus splendens*（オビトカゲモドキ）
(2)　かなへび科	
1	*Takydromus toyamai*（ミヤコカナヘビ）
ロ　へび亜目	
(1)　なみへび科	
1	*Opisthotropis kikuzatoi*（キクザトサワヘビ）
4 両生綱	
イ　無尾目	
(1)　あかがえる科	
1	*Babina holsti*（ホルストガエル）
2	*Babina subaspera*（オットンガエル）
3	*Limnonectes namiyei*（ナミエガエル）
4	*Odorrana ishikawae*（オキナワイシカワガエル）
5	*Odorrana splendida*（アマミイシカワガエル）
ロ　有尾目	
(1)　さんしょううお科	
1	*Hynobius abei*（アベサンショウウオ）
2	*Hynobius amakusaensis*（アマクササンショウウオ）
3	*Hynobius osumiensis*（オオスミサンショウウオ）
4	*Hynobius shinichisatoi*（ソボサンショウウオ）
5	*Onychodactylus tsukubaensis*（ツクバハコネサンショウウオ）
(2)　いもり科	
1	*Echinotriton andersoni*（イボイモリ）
5 条鰭亜綱	
イ　こい目	
(1)　どじょう科	
1	*Parabotia curtus*（アユモドキ）
(2)　こい科	

施行令別表

369

項	種名
1	*Acheilognathus longipinnis*（イタセンパラ）
2	*Rhodeus atremius suigensis*（スイゲンゼニタナゴ）
3	*Tanakia tanago*（ミヤコタナゴ）
6　昆虫綱	
イ　甲虫目	
（1）　たまむし科	
1	*Agrilus boninensis*（オガサワラナガタマムシ）
2	*Agrilus suzukii*（シラフオガサワラナガタマムシ）
3	*Chrysobothris boninensis boninensis*（オガサワラムツボシタマムシ父島列島亜種）
4	*Chrysobothris boninensis suzukii*（オガサワラムツボシタマムシ母島亜種）
5	*Kurosawaia yanoi*（ツヤヒメマルタマムシ）
6	*Tamamushia virida virida*（ツマベニタマムシ父島・母島列島亜種）
（2）　おさむし科	
1	*Cylindera bonina*（オガサワラハンミョウ）
（3）　かみきりむし科	
1	*Agapanthia japonica*（フサヒゲルリカミキリ）
2	*Allotraeus boninensis*（オガサワラトビイロカミキリ）
3	*Chlorophorus boninensis*（オガサワラトラカミキリ）
4	*Chlorophorus kobayashii*（オガサワラキイロトラカミキリ）
5	*Merionoeda tosawai*（オガサワラモモブトコバネカミキリ）
6	*Pseudiphra bicolor bicolor*（フタモンアメイロカミキリ父島列島亜種）
7	*Xylotrechus ogasawarensis*（オガサワライカリモントラカミキリ）
（4）　げんごろう科	
1	*Acilius kishii*（ヤシャゲンゴロウ）
2	*Cybister lewisianus*（マルコガタノゲンゴロウ）
3	*Cybister limbatus*（フチトリゲンゴロウ）
4	*Dytiscus sharpi*（シャープゲンゴロウモドキ）
5	*Hydaticus thermonectoides*（マダラシマゲンゴロウ）
（5）　ほたる科	
1	*Luciola owadai*（クメジマボタル）
（6）　くわがたむし科	
1	*Neolucanus insulicola donan*（ヨナグニマルバネクワガタ）
2	*Neolucanus okinawanus*（オキナワマルバネクワガタ）
3	*Neolucanus protogenetivus hamaii*（ウケジママルバネクワガタ）
（7）　はなのみ科	

項	種名
1	*Hoshihananomia kusuii*（クスイキボシハナノミ）
2	*Hoshihananomia ochrothorax*（キムネキボシハナノミ）
3	*Hoshihananomia trichopalpis*（オガサワラキボシハナノミ）
4	*Tomoxia relicta*（オガサワラモンハナノミ）
(8)	こがねむし科
1	*Cheirotonus jambar*（ヤンバルテナガコガネ）
ロ	かめむし目
(1)	せみ科
1	*Platypleura albivannata*（イシガキニイニイ）
ハ	ちょう目
(1)	せせりちょう科
1	*Carterocephalus palaemon akaishianus*（タカネキマダラセセリ赤石山脈亜種）
2	*Parnara ogasawarensis*（オガサワラセセリ）
3	*Pyrgus malvae unomasahiroi*（ヒメチャマダラセセリ）
(2)	しじみちょう科
1	*Celastrina ogasawaraensis*（オガサワラシジミ）
2	*Phengaris teleius kazamoto*（ゴマシジミ関東・中部亜種）
3	*Pithecops fulgens tsushimanus*（ツシマウラボシシジミ）
4	*Plebejus subsolanus iburiensis*（アサマシジミ北海道亜種）
5	*Shijimia moorei moorei*（ゴイシツバメシジミ）
(3)	たてはちょう科
1	*Melitaea protomedia*（ウスイロヒョウモンモドキ）
2	*Melitaea scotosia*（ヒョウモンモドキ）
ニ	とんぼ目
(1)	えぞとんぼ科
1	*Hemicordulia ogasawarensis*（オガサワラトンボ）
(2)	あおいととんぼ科
1	*Indolestes boninensis*（オガサワラアオイトトンボ）
(3)	はなだかとんぼ科
1	*Rhinocypha ogasawarensis*（ハナダカトンボ）
(4)	とんぼ科
1	*Libellula angelina*（ベッコウトンボ）
ホ	ばった目
(1)	ばった科
1	*Celes akitanus*（アカハネバッタ）

III 資料編　1 絶滅のおそれのある野生動植物の種の保存に関する法律・施行令・施行規則等

項	種名
7 腹足綱	
イ 柄眼目	
（1） おなじまいまい科	
1	*Nesiohelix omphalina bipyramidalis*（オオアガリマイマイ）
2	*Nesiohelix omphalina omphalina*（ヘソアキアツマイマイ）
（2） なんばんまいまい科	
1	*Mandarina anijimana*（アニジマカタマイマイ）
2	*Mandarina aureola*（コガネカタマイマイ）
3	*Mandarina chichijimana*（チチジマカタマイマイ）
4	*Mandarina exoptata*（ヒシカタマイマイ）
5	*Mandarina hahajimana*（ヒメカタマイマイ）
6	*Mandarina hayatoi*（フタオビカタマイマイ）
7	*Mandarina hirasei*（アナカタマイマイ）
8	*Mandarina kaguya*（オトメカタマイマイ）
9	*Mandarina mandarina*（カタマイマイ）
10	*Mandarina polita*（アケボノカタマイマイ）
11	*Mandarina ponderosa*（ヌノメカタマイマイ）
12	*Mandarina suenoae*（キノボリカタマイマイ）
13	*Mandarina tomiyamai*（コハクアナカタマイマイ）
14	*Mandarina trifasciata*（ミスジカタマイマイ）
15	*Satsuma amanoi*（アマノヤマタカマイマイ）
16	*Satsuma hemihelva*（ウラキヤマタカマイマイ）
17	*Satsuma iheyaensis*（イヘヤヤマタカマイマイ）
8 軟甲綱	
イ 十脚目	
（1） さわがに科	
1	*Amamiku occulta*（カクレサワガニ）
2	*Geothelphusa levicervix*（トカシキオオサワガニ）
3	*Geothelphusa miyakoensis*（ミヤコサワガニ）
4	*Geothelphusa tenuimanus*（ヒメユリサワガニ）
第2 植物界	
（1） さといも科	
1	*Arisaema abei*（ツルギテンナンショウ）
2	*Arisaema aprile*（オドリコテンナンショウ）
3	*Arisaema cucullatum*（ホロテンナンショウ）

項	種名
4	*Arisaema heterocephalum* ssp. *okinawense*（オキナワテンナンショウ）
5	*Arisaema inaense*（イナヒロハテンナンショウ）
6	*Arisaema ishizuchiense* ssp. *ishizuchiense*（イシヅチテンナンショウ）
7	*Arisaema kuratae*（アマギテンナンショウ）
8	*Arisaema nagiense*（ナギヒロハテンナンショウ）
9	*Arisaema ogatae*（オガタテンナンショウ）
10	*Arisaema seppikoense*（セッピコテンナンショウ）
11	*Pothos chinensis*（ユズノハカズラ）
12	*Rhaphidophora kortharthii*（サキシマハブカズラ）
13	*Rhaphidophora liukiuensis*（ヒメハブカズラ）
(2)	うまのすずくさ科
1	*Asarum caudigerum*（オナガサイシン）
2	*Asarum hexalobum* var. *controversum*（シシキカンアオイ）
3	*Asarum kinoshitae*（ジュロウカンアオイ）
4	*Asarum monodoriflorum*（モノドラカンアオイ）
5	*Asarum okinawense*（ヒナカンアオイ）
6	*Asarum sakawanum* var. *stellatum*（ホシザキカンアオイ）
7	*Asarum satsumense*（サツマアオイ）
8	*Asarum yaeyamense*（ヤエヤマカンアオイ）
(3)	ちゃせんしだ科
1	*Asplenium formosae*（マキノシダ）
2	*Asplenium griffithianum*（フササジラン）
3	*Asplenium oligophlebium* var. *iezimaense*（イエジマチャセンシダ）
4	*Asplenium tenerum*（オトメシダ）
5	*Hymenasplenium cardiophyllum*（ヒメタニワタリ）
6	*Hymenasplenium subnormale*（ウスイロホウビシダ）
(4)	めしだ科
1	*Athyrium yakusimense*（ヤクシマタニイヌワラビ）
2	*Cornopteris banajaoensis*（ホソバシケチシダ）
3	*Deparia minamitanii*（ヒュウガシケシダ）
4	*Diplazium kawakamii*（アオイガワラビ）
5	*Diplazium pin-faense*（フクレギシダ）
6	*Diplazium subtripinnatum*（ムニンミドリシダ）
(5)	きく科
1	*Crepidiastrum ameristophyllum*（ユズリハワダン）

項	種名
2	*Crepidiastrum grandicollum*（コヘラナレン）
3	*Crepidiastrum lanceolatum* var. *daitoense*（ダイトウワダン）
4	*Saussurea mikurasimensis*（ミクラジマトウヒレン）
5	*Saussurea yakusimensis*（ヤクシマヒゴタイ）
(6)	あぶらな科
1	*Draba igarashii*（シリベシナズナ）
(7)	こばのいしかぐま科
1	*Microlepia obtusiloba* var. *angustata*（ホソバコウシュンシダ）
(8)	おしだ科
1	*Ctenitis microlepigera*（コキンモウイノデ）
2	*Cyrtomium macrophyllum* var. *microindusium*（クマヤブソテツ）
3	*Dryopteris hangchowensis*（キリシマイワヘゴ）
4	*Polystichum obae*（アマミデンダ）
5	*Polystichum piceopaleaceum*（サクラジマイノデ）
(9)	つつじ科
1	*Rhododendron boninense*（ムニンツツジ）
2	*Rhododendron keiskei* var. *hypoglaucum*（ウラジロヒカゲツツジ）
3	*Vaccinium amamianum*（ヤドリコケモモ）
(10)	とうだいぐさ科
1	*Chamaesyce sparrmannii*（ボロジノニシキソウ）
2	*Claoxylon centinarium*（セキモンノキ）
(11)	りんどう科
1	*Gentiana yakushimensis*（ヤクシマリンドウ）
2	*Tripterospermum distylum*（ハナヤマツルリンドウ）
(12)	いわたばこ科
1	*Aeschynanthus acuminatus*（ナガミカズラ）
(13)	きんもうわらび科
1	*Hypodematium fordii*（リュウキュウキンモウワラビ）
(14)	しそ科
1	*Ajuga boninsimae*（シマカコソウ）
(15)	まめ科
1	*Uraria picta*（ホソバフジボグサ）
2	*Vigna vexillata* var. *vexillata*（サクヤアカササゲ）
(16)	ゆり科
1	*Chionographis koidzumiana* var. *kurokamiana*（クロカミシライトソウ）

項	種名
(17)	ひかげのかずら科
1	Lycopodium fargesii（ヒモスギラン）
2	Lycopodium salvinioides（ヒメヨウラクヒバ）
(18)	きんとらのお科
1	Ryssopterys timoriensis（ササキカズラ）
(19)	のぼたん科
1	Melastoma tetramerum var. tetramerum（ムニンノボタン）
(20)	やぶこうじ科
1	Myrsine okabeana（マルバタイミンタチバナ）
(21)	すいれん科
1	Nuphar submersa（シモツケコウホネ）
(22)	らん科
1	Anoectochilus formosanus（キバナシュスラン）
2	Anoectochilus koshunensis（コウシュンシュスラン）
3	Calanthe hattorii（アサヒエビネ）
4	Calanthe hoshii（ホシツルラン）
5	Cryptostylis arachnites（オオスズムシラン）
6	Cryptostylis taiwaniana（タカオオスズムシラン）
7	Cypripedium guttatum（チョウセンキバナアツモリソウ）
8	Cypripedium macranthos var. macranthos（ホテイアツモリ）
9	Cypripedium macranthos var. rebunense（レブンアツモリソウ）
10	Cypripedium macranthos var. speciosum（アツモリソウ）
11	Dendrobium okinawense（オキナワセッコク）
12	Gastrodia albida（ヤクシマヤツシロラン）
13	Gastrodia uraiensis（タブガワヤツシロラン）
14	Goodyera fumata（ヤブミョウガラン）
15	Habenaria stenopetala（テツオサギソウ）
16	Hancockia uniflora（ヒメクリソラン）
17	Hetaeria oblongifolia（オオカゲロウラン）
18	Liparis viridiflora（コゴメキノエラン）
19	Macodes petola（ナンバンカモメラン）
20	Malaxis boninensis（シマホザキラン）
21	Odontochilus hatusimanus（ハツシマラン）
22	Odontochilus tashiroi（オオギミラン）
23	Phaius mishmensis（ヒメカクラン）

項	種名
24	*Platanthera boninensis*（シマツレサギソウ）
25	*Platanthera okuboi*（ハチジョウツレサギ）
26	*Platanthera sonoharae*（クニガミトンボソウ）
27	*Platanthera stenoglossa* ssp. *iriomotensis*（イリオモテトンボソウ）
28	*Thrixspermum fantasticum*（ハガクレナガミラン）
29	*Vrydagzynea nuda*（ミソボシラン）
(23)	きじのおしだ科
1	*Plagiogyria koidzumii*（リュウキュウキジノオ）
(24)	こしょう科
1	*Piper postelsianum*（タイヨウフウトウカズラ）
(25)	とべら科
1	*Pittosporum parvifolium*（コバトベラ）
(26)	はなしのぶ科
1	*Polemonium kiushianum*（ハナシノブ）
(27)	ひめはぎ科
1	*Polygala longifolia*（リュウキュウヒメハギ）
(28)	たで科
1	*Persicaria attenuata* ssp. *pulchra*（アラゲタデ）
2	*Persicaria japonica* var. *taitoinsularis*（ダイトウサクラタデ）
(29)	うらぼし科
1	*Drynaria roosii*（ハカマウラボシ）
2	*Leptochilus decurrens*（オキノクリハラン）
(30)	ひるむしろ科
1	*Potamogeton praelongus*（ナガバエビモ）
(31)	さくらそう科
1	*Primula kisoana* var. *kisoana*（カッコソウ）
(32)	きんぽうげ科
1	*Callianthemum hondoense*（キタダケソウ）
2	*Callianthemum kirigishiense*（キリギシソウ）
(33)	くろうめもどき科
1	*Rhamnus kanagusukui*（ヒメクロウメモドキ）
(34)	ゆきのした科
1	*Deutzia naseana* var. *amanoi*（オキナワヒメウツギ）
2	*Deutzia yaeyamensis*（ヤエヤマヒメウツギ）
(35)	なす科

項	種名
1	*Lycianthes boninensis*（ムニンホオズキ）
(36)	きぶし科
1	*Stachyurus macrocarpus* var. *macrocarpus*（ナガバキブシ）
2	*Stachyurus macrocarpus* var. *prunifolius*（ハザクラキブシ）
(37)	はいのき科
1	*Symplocos kawakamii*（ウチダシクロキ）
(38)	ななばけしだ科
1	*Tectaria fauriei*（コモチナナバケシダ）
2	*Tectaria kusukusensis*（ナガバウスバシダ）
(39)	ひめしだ科
1	*Thelypteris gracilescens*（シマヤワラシダ）
(40)	しなのき科
1	*Grewia rhombifolia*（ヒシバウオトリギ）
(41)	ほんごうそう科
1	*Sciaphila yakushimensis*（ヤクシマソウ）
(42)	いらくさ科
1	*Elatostema yonakuniense*（ヨナクニトキホコリ）
2	*Procris boninensis*（セキモンウライソウ）
(43)	おみなえし科
1	*Patrinia triloba* var. *kozushimensis*（シマキンレイカ）
(44)	くまつづら科
1	*Callicarpa parvifolia*（ウラジロコムラサキ）
備考　括弧内に記載する呼称は、学名に相当する和名である。	

Ⅲ 資料編　1 絶滅のおそれのある野生動植物の種の保存に関する法律・施行令・施行規則等

[施行令] **別表第2**　国際希少野生動植物種（第1条、第2条、第8条関係）
表1

項	種名
第1　動物界	
1　鳥綱	
イ　かも目	
（1）　かも科	
1	Anas diazi（メキシコガモ）
2	Anas laysanensis（レイサンガモ）
3	Anas wyvilliana（ハワイガモ）
4	Anser indicus（インドガン）
5	Branta ruficollis（アオガン）
6	Branta sandvicensis（ハワイガン）
7	Cereopsis novaehollandiae grisea（ケレオプスィス・ノヴァエホルランディアエ・グリセア）
8	Mergus squamatus（コウライアイサ）
9	Tadorna cristata（カンムリツクシガモ）
ロ　よたか目	
（1）　よたか科	
1	Caprimulgus noctitherus（プエルトリコヨタカ）
ハ　ちどり目	
（1）　ちどり科	
1	Charadrius leschenaultii（オオメダイチドリ）
2	Charadrius mongolus（メダイチドリ）
3	Thinornis rubricollis rubricollis（ティノルニス・ルブリコルリス・ルブリコルリス）
（2）　かもめ科	
1	Anous tenuirostris melanops（アノウス・テヌイロストリス・メラノプス）
2	Larus relictus（ゴビズキンカモメ）
3	Sterna albifrons browni（ステルナ・アルビフロンス・ブロウニ）
4	Sterna vittata bethunei（ステルナ・ヴィタタ・ベトゥネイ）
5	Sterna vittata vittata（ステルナ・ヴィタタ・ヴィタタ）
6	Sternula nereis nereis（ステルヌラ・ネレイス・ネレイス）
（3）　せいたかしぎ科	
1	Himantopus himantopus knudseni（ハワイセイタカシギ）
2	Ibidorhyncha struthersii（トキハシゲリ）
（4）　たましぎ科	
1	Rostratula australis（ロストラトゥラ・アウストラリス）

項	種名
(5)	しぎ科
1	*Calidris canutus*（コオバシギ）
2	*Calidris ferruginea*（サルハマシギ）
3	*Calidris tenuirostris*（オバシギ）
4	*Limosa lapponica baueri*（リモサ・ラポニカ・バウエリ）
5	*Limosa lapponica menzbieri*（リモサ・ラポニカ・メンズビエリ）
6	*Numenius borealis*（エスキモーコシャクシギ）
7	*Numenius madagascariensis*（ホウロクシギ）
8	*Numenius minutus*（コシャクシギ）
9	*Numenius tenuirostris*（シロハラチュウシャクシギ）
二	はと目
(1)	はと科
1	*Chalcophaps indica natalis*（カルコファプス・インディカ・ナタリス）
2	*Columba inornata wetmorei*（プエルトリコムジバト）
3	*Gallicolumba canifrons*（パラウムナジロバト）
4	*Geophaps scripta scripta*（ゲオファプス・スクリプタ・スクリプタ）
5	*Geophaps smithii blaauwi*（ゲオファプス・スミティイ・ブラアウウィ）
6	*Geophaps smithii smithii*（ゲオファプス・スミティイ・スミティイ）
ホ	ぶっぽうそう目
(1)	かわせみ科
1	*Ceyx azureus diemenensis*（ケユクス・アズレウス・ディエメネンシィス）
ヘ	たか目
(1)	たか科
1	*Accipiter hiogaster natalis*（アキピテル・ヒオガステル・ナタリス）
2	*Aquila audax fleayi*（アクイラ・アウダクス・フレアイイ）
3	*Buteo solitarius*（ハワイノスリ）
4	*Erythrotriorchis radiatus*（アカオオタカ）
5	*Gypaetus barbatus aureus*（ヨーロッパヒゲワシ）
6	*Haliaeetus leucocephalus leucocephalus*（アメリカハクトウワシ）
7	*Rostrhamus sociabilis plumbeus*（フロリダタニシダカ）
(2)	コンドル科
1	*Gymnogyps californianus*（カリフォルニアコンドル）
(3)	はやぶさ科
1	*Falco peregrinus anatum*（アメリカハヤブサ）
2	*Falco peregrinus babylonicus*（アカガシラハヤブサ）

項	種名
3	*Falco peregrinus tundrius*（ホッキョクハヤブサ）
4	*Falco rusticolus intermedius*（シベリアシロハヤブサ）
ト　きじ目	
(1)　つかつくり科	
1	*Leipoa ocellata*（クサムラツカツクリ）
2	*Megapodius laperouse*（マリアナツカツクリ）
(2)　きじ科	
1	*Colinus virginianus ridgwayi*（ソノラコリンウズラ）
2	*Tetraogallus altaicus*（アルタイセッケイ）
3	*Tetraogallus caspius caspius*（ミナミカスピアンセッケイ）
4	*Tetraogallus caspius tauricus*（アルメニアセッケイ）
5	*Tetraogallus tibetanus tibetanus*（ニシチベットセッケイ）
6	*Tympanuchus cupido attwateri*（テキサスソウゲンライチョウ）
チ　つる目	
(1)　つる科	
1	*Grus americana*（アメリカシロヅル）
2	*Grus canadensis pulla*（ミシシッピーカナダヅル）
3	*Grus leucogeranus*（ソデグロヅル）
4	*Grus monacha*（ナベヅル）
5	*Grus vipio*（マナヅル）
(2)　のがん科	
1	*Chlamydotis undulata macqueenii*（ヒガシフサエリショウノガン）
2	*Otis tarda dybowskii*（ヒガシノガン）
(3)　くびわみふうずら科	
1	*Pedionomus torquatus*（クビワミフウズラ）
(4)　くいな科	
1	*Fulica americana alai*（ハワイアメリカオオバン）
2	*Gallinula chloropus sandvicensis*（ハワイバン）
3	*Gallirallus philippensis andrewsi*（ガルリラルルス・フィリペンスィス・アンドレウスィ）
4	*Gallirallus sylvestris*（ロードハウクイナ）
5	*Rallus longirostris levipes*（ウスアシハイイロクイナ）
6	*Rallus longirostris obsoletus*（カリフォルニアハイイロクイナ）
7	*Rallus longirostris yumanensis*（ユマハイイロクイナ）
(5)　みふうずら科	
1	*Turnix melanogaster*（ムナグロミフウズラ）

項	種名
2	*Turnix olivii*（トゥルニクス・オリヴィイ）
3	*Turnix varius scintillans*（トゥルニクス・ヴァリウス・スキンティルランス）
リ	すずめ目
(1)	ひばり科
1	*Mirafra javanica melvillensis*（ミラフラ・ヤヴァニカ・メルヴィルレンスィス）
(2)	くさむらどり科
1	*Atrichornis clamosus*（ノドジロクサムラドリ）
2	*Atrichornis rufescens*（ワキグロクサムラドリ）
(3)	からす科
1	*Corvus tropicus*（ハワイガラス）
(4)	ふえがらす科
1	*Strepera fuliginosa colei*（ストレペラ・フリギノサ・コレイ）
2	*Strepera graculina crissalis*（ストレペラ・グラクリナ・クリサリス）
(5)	はなどり科
1	*Pardalotus quadragintus*（ミドリホウセキドリ）
(6)	ハワイみつすい科
1	*Hemignathus lucidus hanapepe*（カウアイカマハシハワイミツスイ）
2	*Hemignathus lucidus offinis*（マウイカマハシハワイミツスイ）
3	*Hemignathus procerus*（ユミハシハワイミツスイ）
4	*Hemignathus wilsoni*（カワリカマハシハワイミツスイ）
5	*Loxops coccinea coccinea*（コバシハワイミツスイ）
6	*Loxops coccinea ochraceu*（マウイコバシハワイミツスイ）
7	*Loxops maculata flammea*（モロカイキバシリハワイミツスイ）
8	*Loxops maculata maculata*（オアフキバシリハワイミツスイ）
9	*Palmeria dolei*（シロフサハワイミツスイ）
10	*Pseudonestor xanthorphrys*（オオハシハワイミツスイ）
11	*Psittirostra bailleui*（キムネハワイマシコ）
12	*Psittirostra cantans cantans*（レイサンハワイマシコ）
13	*Psittirostra cantans ultima*（ニホアハワイマシコ）
14	*Psittirostra psittacea*（キガシラハワイマシコ）
(7)	ほおじろ科
1	*Ammodramus maritimus mirabilis*（アオカイガンスズメ）
2	*Ammodramus maritimus nigrescens*（クロカイガンスズメ）
3	*Melospiza melodia graminea*（サンタバーバラウタスズメ）
(8)	かえでちょう科

項	種名
1	Erythrura gouldiae（コキンチョウ）
2	Neochmia phaeton evangelinae（ネオクミア・ファエトン・エヴァンゲリナエ）
3	Neochmia ruficauda ruficauda（ネオクミア・ルフィカウダ・ルフィカウダ）
4	Poephila cincta cincta（ポエフィラ・キンクタ・キンクタ）
(9) みつすい科	
1	Anthochaera phrygia（キガオミツスイ）
2	Grantiella picta（グランティエルラ・ピクタ）
3	Lichenostomus melanops cassidix（カブトミツスイ）
4	Manorina melanotis（ミミグロミツスイ）
5	Moho braccatus（キモモミツスイ）
(10) ひたき科	
1	Acanthiza iredalei rosinae（アカンティザ・イレダレイ・ロスィナエ）
2	Acanthiza pusilla archibaldi（アカンティザ・プスィルラ・アルキバルディ）
3	Acanthornis magna greeniana（アカントルニス・マグナ・グレエニアナ）
4	Acrocephalus kingi（ハワイヨシキリ）
5	Acrocephalus luscinia luscinia（グアムヨシキリ）
6	Amytornis barbatus barbatus（アミュトルニス・バルバトゥス・バルバトゥス）
7	Amytornis merrotsyi merrotsyi（アミュトルニス・メルロトスュイ・メルロトスュイ）
8	Amytornis merrotsyi pedleri（アミュトルニス・メルロトスュイ・ペドレリ）
9	Amytornis modestus（アミュトルニス・モデストゥス）
10	Amytornis textilis myall（アミュトルニス・テクスティリス・ミュアルル）
11	Amytornis woodwardi（ノドジロクロセスジムシクイ）
12	Cinclosoma punctatum anachoreta（キンクロソマ・プンクタトゥム・アナコレタ）
13	Dasyornis brachypterus（ヒゲムシクイ）
14	Dasyornis longirostris（ハシナガヒゲムシクイ）
15	Epthianura crocea macgregori（エプティアヌラ・クロケア・マクグレゴリ）
16	Epthianura crocea tunneyi（エプティアヌラ・クロケア・トゥンネイイ）
17	Falcunculus frontatus whitei（キンバレーハシブトモズヒタキ）
18	Hylacola pyrrhopygia parkeri（ヒュラコラ・ピュルロピュギア・パルケリ）
19	Malurus coronatus coronatus（マルルス・コロナトゥス・コロナトゥス）
20	Malurus leucopterus edouardi（マルルス・レウコプテルス・エドウアルディ）
21	Malurus leucopterus leucopterus（マルルス・レウコプテルス・レウコプテルス）
22	Melanodryas cucullata melvillensis（メラノドリャス・ククルラタ・メルヴィルレンスィス）
23	Monarcha takatsukasae（チャバラヒタキ）
24	Pachycephala pectoralis xanthoprocta（パキュケファラ・ペクトラリス・クサントプロクタ）

施行令別表

項	種名
25	Pachycephala rufogularis（ノドアカモズヒタキ）
26	Paradoxornis heudei polivanovi（ハンカカオジロダルマエナガ）
27	Petroica multicolor（サンショクヒタキ）
28	Phaeornis obscurus myadestina（オオカウアイツグミ）
29	Phaeornis obscurus rutha（モロカイツグミ）
30	Phaeornis palmeri（ヒメハワイツグミ）
31	Psophodes nigrogularis leucogaster（プソフォデス・ニグログラリス・レウコガステル）
32	Psophodes nigrogularis nigrogularis（プソフォデス・ニグログラリス・ニグログラリス）
33	Rhipidura lepida（アカオウギヒタキ）
34	Stipiturus malachurus intermedius（ロフティエミュームシクイ）
35	Stipiturus malachurus parimeda（スティピトゥルス・マラクルス・パリメダ）
36	Stipiturus mallee（クリビタイエミュームシクイ）
37	Turdus poliocephalus erythropleurus（トゥルドゥス・ポリオケファルス・エリュトロプレウルス）
38	Zoothera lunulata halmaturina（ゾオテラ・ルヌラタ・ハルマトゥリナ）
(11)	アメリカむしくい科
1	Dendroica kirtlandii（カートランドムシクイ）
2	Vermivora bachmanii（バックマンムシクイ）
(12)	むくどり科
1	Aplonis pelzelni（ヒメカラスモドキ）
(13)	めじろ科
1	Rukia sanfordi（ハシナガメジロ）
ヌ	ペリカン目
(1)	さぎ科
1	Botaurus poiciloptilus（オーストラリアサンカノゴイ）
(2)	ぐんかんどり科
1	Fregata andrewsi（シロハラグンカンドリ）
(3)	ペリカン科
1	Pelecanus occidentalis californicus（カリフォルニアカッショクペリカン）
2	Pelecanus occidentalis carolinensis（タイセイヨウカッショクペリカン）
(4)	ねったいちょう科
1	Phaethon lepturus fulvus（ファエトン・レプトゥルス・フルヴス）
(5)	う科
1	Leucocarbo atriceps nivalis（レウコカルボ・アトリケプス・ニヴァリス）
2	Leucocarbo atriceps purpurascens（レウコカルボ・アトリケプス・プルプラスケンス）
(6)	かつおどり科

項	種名
1	*Papasula abbotti*（モモグロカツオドリ）
ル	きつつき目
(1)	きつつき科
1	*Campephilus principalis*（ハシジロキツツキ）
2	*Dendrocopus borealis borealis*（アカミミキツツキ）
3	*Dendrocopus borealis hylonomus*（フロリダアカミミキツツキ）
4	*Picus squamatus flavirostris*（ハジロヒマラヤアオゲラ）
ヲ	みずなぎどり目
(1)	あほうどり科
1	*Diomedea amsterdamensis*（アムステルダムアホウドリ）
2	*Diomedea antipodensis*（ディオメデア・アンティポデンスィス）
3	*Diomedea dabbenena*（ディオメデア・ダベネナ）
4	*Diomedea epomophora*（ロイヤルアホウドリ）
5	*Diomedea exulans*（ワタリアホウドリ）
6	*Diomedea sanfordi*（ディオメデア・サンフォルディ）
7	*Phoebetria fusca*（ススイロアホウドリ）
8	*Thalassarche cauta steadi*（タラサルケ・カウタ・ステアディ）
9	*Thalassarche bulleri*（ハイガオアホウドリ）
10	*Thalassarche carteri*（タラサルケ・カルテリ）
11	*Thalassarche cauta cauta*（タラサルケ・カウタ・カウタ）
12	*Thalassarche chrysostoma*（ハイガシラアホウドリ）
13	*Thalassarche eremita*（タラサルケ・エレミタ）
14	*Thalassarche impavida*（タラサルケ・インパヴィダ）
15	*Thalassarche melanophris*（マユグロアホウドリ）
16	*Thalassarche salvini*（タラサルケ・サルヴィニ）
(2)	うみつばめ科
1	*Fregetta grallaria grallaria*（フレゲタ・グラルラリア・グラルラリア）
(3)	みずなぎどり科
1	*Halobaena caerulea*（アオミズナギドリ）
2	*Macronectes giganteus*（オオフルマカモメ）
3	*Macronectes halli*（キタオオフルマカモメ）
4	*Pachyptila turtur subantarctica*（パキュプティラ・トゥルトゥル・スバンタルクティカ）
5	*Pterodroma arminjoniana s. str.*（狭義のムナフシロハラミズナギドリ）
6	*Pterodroma heraldica*（プテロドロマ・ヘラルディカ）
7	*Pterodroma leucoptera leucoptera*（ミナミシロハラミズナギドリ）

項		種名
8		*Pterodroma mollis*（カオジロミズナギドリ）
9		*Pterodroma neglecta neglecta*（プテロドロマ・ネグレクタ・ネグレクタ）
10		*Pterodroma phaeopygia sandwichensis*（ハワイシロハラミズナギドリ）
ワ	おうむ目	
(1)	おうむ科	
1		*Calyptorhynchus banksii graptogyne*（カリプトリュンクス・バンクスィイ・グラプトギュネ）
2		*Calyptorhynchus banksii naso*（カリプトリュンクス・バンクスィイ・ナソ）
3		*Calyptorhynchus baudinii*（カリプトリュンクス・バウディニイ）
4		*Calyptorhynchus lathami halmaturinus*（カリプトリュンクス・ラタミ・ハルマトゥリヌス）
5		*Calyptorhynchus latirostris*（カリプトリュンクス・ラティロストリス）
6		*Probosciger aterrimus macgillivrayi*（プロボスキゲル・アテルリムス・マクギルリヴライイ）
(2)	いんこ科	
1		*Amazona vittata*（アカビタイボウシインコ）
2		*Cyanoramphus cookii*（ノーフォークアオハシインコ）
3		*Cyclopsitta diophthalma coxeni*（アカガオイチジクインコ）
4		*Lathamus discolor*（オトメインコ）
5		*Neophema chrysogaster*（アカハラワカバインコ）
6		*Pezoporus flaviventris*（ペゾポルス・フラヴィヴェントリス）
7		*Pezoporus occidentalis*（ヒメフクロウインコ）
8		*Platycercus caledonicus brownii*（プラテュケルクス・カレドニクス・ブロウニイ）
9		*Polytelis alexandrae*（テンニョインコ）
10		*Polytelis anthopeplus monarchoides*（ポリュテリス・アントペプルス・モナルコイデス）
11		*Polytelis swainsonii*（ミカヅキインコ）
12		*Psephotus chrysopterygius*（ヒスイインコ）
13		*Rhynchopsitta pachyrhyncha*（ハシブトインコ）
カ	さけい目	
(1)	さけい科	
1		*Syrrhaptes tibetanus*（チベットサケイ）
ヨ	ふくろう目	
(1)	ふくろう科	
1		*Ninox natalis*（クリスマスアオバズク）
2		*Ninox novaeseelandiae undulata*（ニュージーランドアオバズク）
3		*Otus podargina*（カキイロヅク）
(2)	めんふくろう科	
1		*Tyto novaehollandiae castanops*（テュト・ノヴァエホルランディアエ・カスタノプス）

III 資料編　1 絶滅のおそれのある野生動植物の種の保存に関する法律・施行令・施行規則等

項	種名
2	Tyto novaehollandiae kimberli（テュト・ノヴァエホルランディアエ・キンベルリ）
3	Tyto novaehollandiae melvillensis（テュト・ノヴァエホルランディアエ・メルヴィルレンスィス）
タ　だちょう目	
（1）ひくいどり科	
1	Casuarius casuarius johnsonii（カスアリウス・カスアリウス・ヨンソニイ）
備考　括弧内に記載する呼称は、学名に相当する和名その他の名称である。	

表2

項	種名	適用日
第1　動物界		
1　哺乳綱		
イ　偶蹄目		
（1）プロングホーン科		
1	Antilocapra americana（プロングホーン）	Antilocapra americana peninsularis（カリフォルニアプロングホーン）及びAntilocapra americana sonoriensis（ソノラプロングホーン）の個体等については昭和55年11月4日、その他の種の個体等については平成4年6月11日
（2）うし科		
1	Addax nasomaculatus（アダックス）	昭和58年7月29日
2	Bos gaurus（ガウル）	昭和55年11月4日
3	Bos mutus（ヤセイヤク）	昭和55年11月4日
4	Bos sauveli（コープレイ）	昭和55年11月4日
5	Bubalus depressicornis（アノア）	昭和55年11月4日
6	Bubalus mindorensis（タマラオ）	昭和55年11月4日
7	Bubalus quarlesi（ヤマアノア）	昭和55年11月4日
8	Capra falconeri（マーコール）	Capra falconeri chialtanensis（パキスタンマーコール）、Capra falconeri jerdoni（パンジャブマーコール）及びCapra falconeri megaceros（アフガニスタンマーコール）の個体等については昭和55年11月4日、その他の種の個体等については平成4年6月11日
9	Capricornis milneedwardsii（カプリコルニス・ミルネエドワルドスィイ）	昭和55年11月4日

項	種名	適用日
10	*Capricornis rubidus*（カプリコルニス・ルビドゥス）	昭和55年11月4日
11	*Capricornis sumatraensis*（スマトラカモシカ）	昭和55年11月4日
12	*Capricornis thar*（カプリコルニス・タル）	昭和55年11月4日
13	*Cephalophus jentinki*（カタシロダイカ）	平成2年1月18日
14	*Gazella cuvieri*（エドミガゼル）	平成19年9月13日
15	*Gazella leptoceros*（リムガゼル）	平成19年9月13日
16	*Hippotragus niger variani*（ジャイアントセーブルアンテロープ）	昭和55年11月4日
17	*Naemorhedus baileyi*（アカゴーラル）	昭和55年11月4日
18	*Naemorhedus caudatus*（オナガゴーラル）	昭和55年11月4日
19	*Naemorhedus goral*（ゴーラル）	昭和55年11月4日
20	*Naemorhedus griseus*（ナエモルヘドゥス・グリセウス）	昭和55年11月4日
21	*Nanger dama*（ダマガゼル）	昭和58年7月29日
22	*Oryx dammah*（シロオリックス）	昭和58年7月29日
23	*Oryx leucoryx*（アラビアオリックス）	昭和55年11月4日
24	*Ovis ammon hodgsonii*（チベットアルガリ）	昭和55年11月4日
25	*Ovis ammon nigrimontana*（カラタウアルガリ）	平成9年9月18日
26	*Ovis aries ophion*（キプロスムフロン）	昭和55年11月4日
27	*Ovis aries vignei*（ラダックウリアル）	昭和55年11月4日
28	*Pantholops hodgsonii*（チールー）	昭和55年11月4日
29	*Pseudoryx nghetinhensis*（ベトナムレイヨウ）	平成7年2月16日
(3) らくだ科		
1	*Vicugna vicugna*（ビクーナ）	昭和55年11月4日
(4) しか科		
1	*Axis calamianensis*（カラミアホッグジカ）	昭和55年11月4日
2	*Axis kuhlii*（バウエアンホッグジカ）	昭和55年11月4日
3	*Axis porcinus annamiticus*（ベトナムホッグジカ）	昭和55年11月4日
4	*Blastocerus dichotomus*（ヌマジカ）	昭和55年11月4日
5	*Cervus elaphus hanglu*（カシミールアカシカ）	昭和55年11月4日
6	*Dama dama mesopotamica*（ペルシャダマジカ）	昭和55年11月4日
7	*Hippocamelus*属（ゲマルジカ属）全種	昭和55年11月4日
8	*Muntiacus crinifrons*（マエガミホエジカ）	昭和60年8月1日
9	*Muntiacus vuquangensis*（オオホエジカ）	平成7年2月16日
10	*Ozotoceros bezoarticus*（パンパスジカ）	昭和55年11月4日
11	*Pudu puda*（プーズー）	昭和55年11月4日
12	*Rucervus duvaucelii*（バラシンガジカ）	昭和55年11月4日

項	種名	適用日
13	*Rucervus eldii*（エルドシカ）	昭和55年11月4日
(5)	じゃこうじか科	
1	*Moschus*属（ジャコウジカ属）全種	平成元年4月1日
(6)	いのしし科	
1	*Babyrousa babyrussa*（バビルサ）	昭和55年11月4日
2	*Babyrousa bolabatuensis*（バビュロウサ・ボラバトゥエンスィス）	昭和55年11月4日
3	*Babyrousa celebensis*（バビュロウサ・ケレベンスィス）	昭和55年11月4日
4	*Babyrousa togeanensis*（バビュロウサ・トゲアネンスィス）	昭和55年11月4日
5	*Sus salvanius*（コビトイノシシ）	昭和55年11月4日
(7)	ペッカリー科	
1	*Catagonus wagneri*（チャコペッカリー）	昭和62年10月22日
ロ	食肉目	
(1)	レッサーパンダ科	
1	*Ailurus fulgens*（レッサーパンダ）	平成7年2月16日
(2)	いぬ科	
1	*Canis lupus*（オオカミ）のうち*Canis lupus dingo*（ディンゴ）及び*Canis lupus familiaris*（イヌ）以外のもの	昭和55年11月4日
2	*Speothos venaticus*（ヤブイヌ）	昭和55年11月4日
(3)	ねこ科	
1	*Acinonyx jubatus*（チーター）	昭和55年11月4日
2	*Caracal caracal*（カラカル）	昭和55年11月4日
3	*Catopuma temminckii*（アジアゴールデンキャット）	昭和55年11月4日
4	*Felis nigripes*（クロアシネコ）	昭和55年11月4日
5	*Leopardus geoffroyi*（ジョフロワネコ）	平成4年6月11日
6	*Leopardus jacobitus*（アンデスネコ）	昭和55年11月4日
7	*Leopardus pardalis*（オセロット）	*Leopardus pardalis mearnsi*（コスタリカオセロット）及び*Leopardus pardalis mitis*（ミティスオセロット）の個体等については昭和55年11月4日、その他の種の個体等については平成2年1月18日
8	*Leopardus tigrinus*（ジャガーネコ）	*Leopardus tigrinus oncilla*（コスタリカジャガーネコ）の個体等については昭和55年11月4日、その他の種の個体等については平成2年1月18日

項	種名	適用日
9	Leopardus wiedii（マーゲイ）	Leopardus wiedii nicaraguae（ニカラグァマーゲイ）及びLeopardus wiedii salvinia（グァテマラマーゲイ）の個体等については昭和55年11月4日、その他の種の個体等については平成2年1月18日
10	Lynx pardinus（スペインオオヤマネコ）	平成2年1月18日
11	Neofelis nebulosa（ウンピョウ）	昭和55年11月4日
12	Panthera leo persica（インドライオン）	昭和55年11月4日
13	Panthera onca（ジャガー）	昭和55年11月4日
14	Panthera pardus（ヒョウ）	昭和55年11月4日
15	Panthera tigris（トラ）	Panthera tigris altaica（シベリアトラ）の個体等については昭和62年10月22日、その他の種の個体等については昭和55年11月4日
16	Pardofelis marmorata（マーブルキャット）	昭和55年11月4日
17	Prionailurus bengalensis bengalensis（ベンガルヤマネコ）	昭和55年11月4日
18	Prionailurus planiceps（マレーヤマネコ）	昭和55年11月4日
19	Prionailurus rubiginosus（サビイロネコ）	昭和55年11月4日
20	Puma concolor costaricensis（コスタリカピューマ）	昭和55年11月4日
21	Puma yagouaroundi（ジャガランディ）	昭和55年11月4日
22	Uncia uncia（ユキヒョウ）	昭和55年11月4日
(4) いたち科		
1	Aonyx capensis microdon（カメルーンツメナシカワウソ）	昭和55年11月4日
2	Enhydra lutris nereis（カリフォルニアラッコ）	昭和55年11月4日
3	Lontra felina（ミナミウミカワウソ）	昭和55年11月4日
4	Lontra longicaudis（オナガカワウソ）	昭和55年11月4日
5	Lontra provocax（チリカワウソ）	昭和55年11月4日
6	Lutra lutra（カワウソ）	昭和55年11月4日
7	Lutra nippon（ニホンカワウソ）	昭和55年11月4日
8	Mustela nigripes（クロアシイタチ）	昭和55年11月4日
9	Pteronura brasiliensis（オオカワウソ）	昭和55年11月4日
(5) あしか科		
1	Arctocephalus townsendi（グァダルーペオットセイ）	昭和55年11月4日
(6) あざらし科		
1	Monachus属（モンクアザラシ属）全種	昭和55年11月4日

項	種名	適用日
(7)	くま科	
1	*Ailuropoda melanoleuca*（ジャイアントパンダ）	昭和60年8月1日
2	*Helarctos malayanus*（マレーグマ）	昭和55年11月4日
3	*Melursus ursinus*（ナマケグマ）	平成2年1月18日
4	*Tremarctos ornatus*（メガネグマ）	昭和55年11月4日
5	*Ursus arctos*（ヒグマ）	昭和55年11月4日
6	*Ursus arctos isabellinus*（ヒマラヤヒグマ）	昭和55年11月4日
7	*Ursus thibetanus*（アジアクロクマ）	昭和55年11月4日
(8)	じゃこうねこ科	
1	*Prionodon pardicolor*（ブチリンサン）	昭和55年11月4日
ハ	くじら目	
(1)	せみくじら科	
1	*Balaena mysticetus*（ホッキョククジラ）	昭和55年11月4日
2	*Eubalaena*属（セミクジラ属）全種	昭和55年11月4日
(2)	ながすくじら科	
1	*Balaenoptera musculus*（シロナガスクジラ）	昭和55年11月4日
2	*Megaptera novaeangliae*（ザトウクジラ）	昭和55年11月4日
(3)	まいるか科	
1	*Sotalia*属（コビトイルカ属）全種	昭和55年11月4日
2	*Sousa*属（ウスイロイルカ属）全種	昭和55年11月4日
(4)	こくくじら科	
1	*Eschrichtius robustus*（コククジラ）	昭和55年11月4日
(5)	イニイダエ科	
1	*Lipotes vexillifer*（ヨウスコウカワイルカ）	昭和55年11月4日
(6)	こせみくじら科	
1	*Caperea marginata*（コセミクジラ）	昭和61年1月1日
(7)	ねずみいるか科	
1	*Neophocaena asiaeorientalis*（スナメリ）	昭和55年11月4日
2	*Neophocaena phocaenoides*（ネオフォカエナ・フォカエノイデス）	昭和55年11月4日
3	*Phocoena sinus*（コガシラネズミイルカ）	昭和55年11月4日
(8)	かわいるか科	
1	*Platanista*属（カワイルカ属）全種	昭和55年11月4日
(9)	あかぼうくじら科	
1	*Berardius arnuxii*（ミナミツチクジラ）	昭和58年7月29日

項	種名	適用日
2	*Hyperoodon*属（トックリクジラ属）全種	昭和58年7月29日
ニ	翼手目	
(1)	おおこうもり科	
1	*Acerodon jubatus*（フィリピンオオコウモリ）	平成7年2月16日
2	*Pteropus insularis*（ムナジロオオコウモリ）	平成2年1月18日
3	*Pteropus loochoensis*（オキナワオオコウモリ）	平成2年1月18日
4	*Pteropus mariannus*（マリアナオオコウモリ）	平成2年1月18日
5	*Pteropus molossinus*（カロリンオオコウモリ）	平成2年1月18日
6	*Pteropus pelewensis*（プテロプス・ペレウェンスィス）	平成2年1月18日
7	*Pteropus pilosus*（パラオオオコウモリ）	平成2年1月18日
8	*Pteropus samoensis*（サモアオオコウモリ）	平成2年1月18日
9	*Pteropus tonganus*（トンガオオコウモリ）	平成2年1月18日
10	*Pteropus ualanus*（ウアランオオコウモリ）	平成2年1月18日
11	*Pteropus yapensis*（ヤップオオコウモリ）	平成2年1月18日
ホ	貧歯目	
(1)	アルマジロ科	
1	*Priodontes maximus*（オオアルマジロ）	昭和55年11月4日
ヘ	有袋目	
(1)	ふくろねこ科	
1	*Sminthopsis longicaudata*（オナガスミンソプシス）	昭和55年11月4日
2	*Sminthopsis psammophila*（サバクスミンソプシス）	昭和55年11月4日
ト	カンガルー目	
(1)	カンガルー科	
1	*Lagorchestes hirsutus*（コシアカウサギワラビー）	昭和55年11月4日
2	*Lagostrophus fasciatus*（シマウサギワラビー）	昭和55年11月4日
3	*Onychogalea fraenata*（タヅナツメオワラビー）	昭和55年11月4日
(2)	ねずみカンガルー科	
1	*Bettongia*属（フサオネズミカンガルー属）全種	昭和55年11月4日
(3)	ウォンバット科	
1	*Lasiorhinus krefftii*（クレフトウォンバット）	昭和55年11月4日
チ	うさぎ目	
(1)	うさぎ科	
1	*Caprolagus hispidus*（アラゲウサギ）	昭和55年11月4日
2	*Romerolagus diazi*（メキシコウサギ）	昭和55年11月4日
リ	バンディクート目	

施行令別表

391

項	種名	適用日
(1)	バンディクート科	
1	Perameles bougainville（チビオビバンディクート）	昭和55年11月4日
(2)	みみながバンディクート科	
1	Macrotis lagotis（ミミナガバンディクート）	昭和55年11月4日
ヌ	奇蹄目	
(1)	うま科	
1	Equus africanus（アフリカノロバ）	昭和58年7月29日
2	Equus grevyi（グレビーシマウマ）	昭和55年11月4日
3	Equus hemionus hemionus（モウコノロバ）	昭和55年11月4日
4	Equus hemionus khur（ペルシャノロバ）	昭和55年11月4日
5	Equus przewalskii（モウコノウマ）	昭和55年11月4日
(2)	さい科	
1	さい科全種	昭和55年11月4日
(3)	ばく科	
1	Tapirus bairdii（ベアードバク）	昭和55年11月4日
2	Tapirus indicus（マレーバク）	昭和55年11月4日
3	Tapirus pinchaque（ヤマバク）	昭和55年11月4日
ル	有鱗目	
(1)	せんざんこう科	
1	Manis crassicaudata（インドセンザンコウ）	平成29年1月2日
2	Manis culionensis（マニス・クリオネンスィス）	平成29年1月2日
3	Manis gigantea（オオセンザンコウ）	平成29年1月2日
4	Manis javanica（マライセンザンコウ）	平成29年1月2日
5	Manis pentadactyla（コミミセンザンコウ）	平成29年1月2日
6	Manis temminckii（サバンナセンザンコウ）	平成29年1月2日
7	Manis tetradactyla（オナガセンザンコウ）	平成29年1月2日
8	Manis tricuspis（キノボリセンザンコウ）	平成29年1月2日
ヲ	霊長目	
(1)	アテリダエ科	
1	Alouatta coibensis（コイバホエザル）	昭和55年11月4日
2	Alouatta palliata（マントホエザル）	昭和55年11月4日
3	Alouatta pigra（メキシコクロホエザル）	昭和55年11月4日
4	Ateles geoffroyi frontatus（クロチャクモザル）	昭和55年11月4日
5	Ateles geoffroyi ornatus（アカクモザル）	昭和55年11月4日
6	Brachyteles arachnoides（ウーリークモザル）	昭和55年11月4日

施行令別表

項	種名	適用日
7	*Brachyteles hypoxanthus*（ブラキュテレス・ヒュポクサントゥス）	昭和55年11月4日
8	*Oreonax flavicauda*（ヘンディーウーリーモンキー）	昭和58年7月29日
(2) おまきざる科		
1	*Callimico goeldii*（ゲルディモンキー）	昭和55年11月4日
2	*Callithrix aurita*（ミミナガコモンマーモセット）	昭和55年11月4日
3	*Callithrix flaviceps*（キクガシラコモンマーモセット）	昭和55年11月4日
4	*Leontopithecus*属（ライオンタマリン属）全種	昭和55年11月4日
5	*Saguinus bicolor*（フタイロタマリン）	昭和55年11月4日
6	*Saguinus geoffroyi*（ジョフロワタマリン）	昭和55年11月4日
7	*Saguinus leucopus*（シロテタマリン）	昭和55年11月4日
8	*Saguinus martinsi*（サグイヌス・マルティンスィ）	昭和55年11月4日
9	*Saguinus oedipus*（ワタボウシタマリン）	昭和55年11月4日
10	*Saimiri oerstedii*（セアカリスザル）	昭和55年11月4日
(3) おながざる科		
1	*Cercocebus galeritus*（ボウシマンガベイ）	昭和55年11月4日
2	*Cercopithecus diana*（ダイアナモンキー）	昭和56年6月6日
3	*Cercopithecus roloway*（ケルコピテクス・ロロワイ）	昭和56年6月6日
4	*Macaca silenus*（シシオザル）	昭和55年11月4日
5	*Macaca sylvanus*（バーバリーマカク）	平成29年1月2日
6	*Mandrillus leucophaeus*（ドリル）	昭和56年6月6日
7	*Mandrillus sphinx*（マンドリル）	昭和56年6月6日
8	*Nasalis larvatus*（テングザル）	昭和55年11月4日
9	*Piliocolobus kirkii*（ザンビアアカコロブス）	昭和55年11月4日
10	*Piliocolobus rufomitratus*（アカコロブス）	昭和55年11月4日
11	*Presbytis potenziani*（オナガラングール）	昭和55年11月4日
12	*Pygathrix*属（ドゥクモンキー属）全種	*Pygathrix nemaeus*（アカアシドゥクモンキー）の個体等については昭和55年11月4日、その他の種の個体等については昭和60年8月1日
13	*Rhinopithecus*属（リノピテクス属）全種	昭和60年8月1日
14	*Semnopithecus ajax*（セムノピテクス・アヤクス）	昭和55年11月4日
15	*Semnopithecus dussumieri*（セムノピテクス・ドゥスミエリ）	昭和55年11月4日
16	*Semnopithecus entellus*（ハヌマンラングール）	昭和55年11月4日
17	*Semnopithecus hector*（セムノピテクス・ヘクトル）	昭和55年11月4日
18	*Semnopithecus hypoleucos*（マラバーラングール）	昭和55年11月4日

項	種名	適用日
19	*Semnopithecus priam*（セムノピテクス・プリアム）	昭和55年11月4日
20	*Semnopithecus schistaceus*（セムノピテクス・スキスタケウス）	昭和55年11月4日
21	*Simias concolor*（メンタウェーコバナテングザル）	昭和55年11月4日
22	*Trachypithecus geei*（ゴールデンラングール）	昭和55年11月4日
23	*Trachypithecus pileatus*（ボウシラングール）	昭和55年11月4日
24	*Trachypithecus shortridgei*（トラキュピテクス・ソルトリドゲイ）	昭和55年11月4日
(4)	こびときつねざる科	
1	こびときつねざる科全種	昭和55年11月4日
(5)	アイアイ科	
1	*Daubentonia madagascariensis*（アイアイ）	昭和55年11月4日
(6)	ひと科	
1	*Gorilla beringei*（マウンテンゴリラ）	昭和55年11月4日
2	*Gorilla gorilla*（ゴリラ）	昭和55年11月4日
3	*Pan*属（チンパンジー属）全種	昭和55年11月4日
4	*Pongo abelii*（スマトラオランウータン）	昭和55年11月4日
5	*Pongo pygmaeus*（オランウータン）	昭和55年11月4日
(7)	てながざる科	
1	てながざる科全種	昭和55年11月4日
(8)	インドリ科	
1	インドリ科全種	昭和55年11月4日
(9)	きつねざる科	
1	きつねざる科全種	昭和55年11月4日
(10)	いたちきつねざる科	
1	いたちきつねざる科全種	昭和55年11月4日
(11)	ロリス科	
1	*Nycticebus*属（スローロリス属）全種	平成19年9月13日
(12)	ピテシダエ科	
1	*Cacajao*属（ウアカリ属）全種	昭和55年11月4日
2	*Chiropotes albinasus*（ハナジロヒゲサキ）	昭和55年11月4日
ワ	長鼻目	
(1)	ぞう科	
1	*Elephas maximus*（アジアゾウ）	昭和55年11月4日
2	*Loxodonta africana*（アフリカゾウ）	平成2年1月18日
カ	齧歯目	
(1)	チンチラ科	

施行令別表

項			種名	適用日
		1	*Chinchilla*属（チンチラ属）全種	昭和55年11月4日
	(2)		ねずみ科	
		1	*Leporillus conditor*（コヤカケネズミ）	昭和55年11月4日
		2	*Pseudomys fieldi praeconis*（シャークベイネズミ）	昭和55年11月4日
		3	*Xeromys myoides*（クマネズミモドキ）	昭和55年11月4日
		4	*Zyzomys pedunculatus*（マクドネルイワネズミ）	昭和55年11月4日
	(3)		りす科	
		1	*Cynomys mexicanus*（メキシコプレーリードッグ）	昭和55年11月4日
ヨ			海牛目	
	(1)		ジュゴン科	
		1	*Dugong dugon*（ジュゴン）	昭和55年11月4日
	(2)		マナティー科	
		1	*Trichechus inunguis*（アマゾンマナティー）	昭和55年11月4日
		2	*Trichechus manatus*（アメリカマナティー）	昭和55年11月4日
		3	*Trichechus senegalensis*（アフリカマナティー）	平成25年6月12日
2			鳥綱	
イ			かも目	
	(1)		かも科	
		1	*Anas aucklandica*（チャイロガモ）	平成7年2月16日
		2	*Anas chlorotis*（アナス・クロロティス）	平成7年2月16日
		3	*Anas nesiotis*（コバシチャイロガモ）	昭和55年11月4日
		4	*Asarcornis scutulata*（ハジロモリガモ）	昭和55年11月4日
		5	*Rhodonessa caryophyllacea*（バライロガモ）	昭和55年11月4日
ロ			あまつばめ目	
	(1)		はちどり科	
		1	*Glaucis dohrnii*（ヒメオオハシハチドリ）	昭和55年11月4日
ハ			こうのとり目	
	(1)		こうのとり科	
		1	*Jabiru mycteria*（ズグロハゲコウ）	昭和60年8月1日
		2	*Mycteria cinerea*（シロトキコウ）	昭和62年10月22日
	(2)		とき科	
		1	*Geronticus eremita*（ホオアカトキ）	昭和55年11月4日
ニ			はと目	
	(1)		はと科	
		1	*Caloenas nicobarica*（キンミノバト）	昭和55年11月4日

項	種名	適用日
2	*Ducula mindorensis*（ミンドロミカドバト）	昭和55年11月4日
ホ	ぶっぽうそう目	
(1)	さいちょう科	
1	*Aceros nipalensis*（ナナミゾサイチョウ）	平成4年6月11日
2	*Buceros bicornis*（オオサイチョウ）	*Buceros bicornis homrai*（ビルマオオサイチョウ）の個体等については昭和55年11月4日、その他の種の個体等については平成4年6月11日
3	*Rhinoplax vigil*（オナガサイチョウ）	昭和55年11月4日
4	*Rhyticeros subruficollis*（チャガシラサイチョウ）	平成4年6月11日
ヘ	たか目	
(1)	たか科	
1	*Aquila adalberti*（ヒメカタジロワシ）	昭和55年11月4日
2	*Aquila heliaca*（カタジロワシ）	昭和55年11月4日
3	*Chondrohierax uncinatus wilsonii*（キューバカギハシトビ）	昭和55年11月4日
4	*Haliaeetus albicilla groenlandicus*（オジロワシ）	昭和55年11月4日
5	*Harpia harpyja*（オウギワシ）	昭和55年11月4日
6	*Pithecophaga jefferyi*（サルクイワシ）	昭和55年11月4日
(2)	コンドル科	
1	*Vultur gryphus*（アンデスコンドル）	昭和55年11月4日
(3)	はやぶさ科	
1	*Falco araeus*（セーシェルチョウゲンボウ）	昭和55年11月4日
2	*Falco jugger*（ラガーハヤブサ）	昭和60年8月1日
3	*Falco newtoni*（マダガスカルチョウゲンボウ）	昭和55年11月4日
4	*Falco pelegrinoides*（アカエリハヤブサ）	昭和55年11月4日
5	*Falco peregrinus*（ハヤブサ）のうち*Falco peregrinus anatum*（アメリカハヤブサ）、*Falco peregrinus babylonicus*（アカガシラハヤブサ）、*Falco peregrinus furuitii*（シマハヤブサ）、*Falco peregrinus japonensis*（ハヤブサ）及び*Falco peregrinus tundrius*（ホッキョクハヤブサ）以外のもの	昭和55年11月4日
6	*Falco punctatus*（モーリシャスチョウゲンボウ）	昭和55年11月4日
7	*Falco rusticolus*（シロハヤブサ）のうち*Falco rusticolus intermedius*（シベリアシロハヤブサ）以外のもの	昭和55年11月4日
ト	きじ目	
(1)	ほうかんちょう科	

施行令別表

項	種名	適用日
1	*Crax blumenbachii*（アカハシホウカンチョウ）	昭和55年11月4日
2	*Mitu mitu*（チャバラホウカンチョウ）	昭和55年11月4日
3	*Oreophasis derbianus*（ツノシャクケイ）	昭和55年11月4日
4	*Penelope albipennis*（ハジロシャクケイ）	昭和56年6月6日
5	*Pipile jacutinga*（カオグロナキシャクケイ）	昭和55年11月4日
6	*Pipile pipile*（ナキシャクケイ）	昭和55年11月4日
(2) つかつくり科		
1	*Macrocephalon maleo*（オオガシラツカツクリ）	昭和55年11月4日
(3) きじ科		
1	*Catreus wallichii*（エボシキジ）	昭和55年11月4日
2	*Crossoptilon crossoptilon*（シロカケイ）	昭和55年11月4日
3	*Crossoptilon mantchuricum*（カッショクカケイ）	昭和55年11月4日
4	*Lophophorus impejanus*（ニジキジ）	昭和55年11月4日
5	*Lophophorus lhuysii*（カラニジキジ）	昭和55年11月4日
6	*Lophophorus sclateri*（オジロニジキジ）	昭和55年11月4日
7	*Lophura edwardsi*（コサンケイ）	昭和55年11月4日
8	*Lophura swinhoii*（サンケイ）	昭和55年11月4日
9	*Polyplectron napoleonis*（パラワンコクジャク）	昭和55年11月4日
10	*Rheinardia ocellata*（カンムリセイラン）	昭和62年10月22日
11	*Syrmaticus ellioti*（カラヤマドリ）	昭和55年11月4日
12	*Syrmaticus humiae*（ビルマカラヤマドリ）	昭和55年11月4日
13	*Syrmaticus mikado*（ミカドキジ）	昭和55年11月4日
14	*Tetraogallus caspius*（カスピアンセッケイ）のうち*Tetraogallus caspius caspius*（ミナミカスピアンセッケイ）及び*Tetraogallus caspius tauricus*（アルメニアセッケイ）以外のもの	昭和55年11月4日
15	*Tetraogallus tibetanus*（チベットセッケイ）のうち*Tetraogallus tibetanus tibetanus*（ニシチベットセッケイ）以外のもの	昭和55年11月4日
16	*Tragopan blythii*（ハイバラジュケイ）	昭和55年11月4日
17	*Tragopan caboti*（ジュケイ）	昭和55年11月4日
18	*Tragopan melanocephalus*（ハイイロジュケイ）	昭和55年11月4日
チ つる目		
(1) つる科		
1	*Grus canadensis nesiotes*（キューバカナダヅル）	昭和55年11月4日
2	*Grus nigricollis*（オグロヅル）	昭和55年11月4日
(2) のがん科		

項	種名	適用日
1	*Ardeotis nigriceps*（インドオオノガン）	昭和55年11月4日
2	*Chlamydotis undulata*（フサエリショウノガン）のうち *Chlamydotis undulata macqueenii*（ヒガシフサエリショウノガン）以外のもの	昭和55年11月4日
3	*Houbaropsis bengalensis*（インドショウノガン）	昭和55年11月4日
(3)	カグー科	
1	*Rhynochetos jubatus*（カグー）	昭和55年11月4日
リ	すずめ目	
(1)	かざりどり科	
1	*Cotinga maculata*（アオムネカザリドリ）	昭和55年11月4日
2	*Xipholena atropurpurea*（ハジロカザリドリ）	昭和55年11月4日
(2)	あとり科	
1	*Carduelis cucullata*（ショウジョウヒワ）	昭和55年11月4日
(3)	つばめ科	
1	*Pseudochelidon sirintarae*（アジアカワツバメ）	平成2年1月18日
(4)	むくどりもどき科	
1	*Xanthopsar flavus*（キバラムクドリモドキ）	平成7年2月16日
(5)	ひたき科	
1	*Picathartes gymnocephalus*（ハゲチメドリ）	昭和55年11月4日
2	*Picathartes oreas*（ズアカハゲチメドリ）	昭和55年11月4日
(6)	やいろちょう科	
1	*Pitta gurneyi*（クロハラシマヤイロチョウ）	平成2年1月18日
2	*Pitta kochi*（コンコンヤイロチョウ）	昭和55年11月4日
(7)	むくどり科	
1	*Leucopsar rothschildi*（カンムリシロムク）	昭和55年11月4日
ヌ	ペリカン目	
(1)	ペリカン科	
1	*Pelecanus crispus*（ハイイロペリカン）	昭和58年7月29日
ル	きつつき目	
(1)	きつつき科	
1	*Dryocopus javensis richardsi*（キタタキ）	昭和55年11月4日
ヲ	かいつぶり目	
(1)	かいつぶり科	
1	*Podilymbus gigas*（オオオビハシカイツブリ）	昭和55年11月4日
ワ	おうむ目	

項	種名	適用日
(1)	おうむ科	
1	*Cacatua goffiniana*（シロビタイムジオウム）	平成4年6月11日
2	*Cacatua haematuropygia*（フィリピンオウム）	平成4年6月11日
3	*Cacatua moluccensis*（オオバタン）	平成2年1月18日
4	*Cacatua sulphurea*（コバタン）	平成17年1月12日
5	*Probosciger aterrimus*（ヤシオウム）のうち*Probosciger aterrimus macgillivrayi*（プロボスキゲル・アテルリムス・マクギルリヴライイ）以外のもの	昭和62年10月22日
6	*Psittacus erithacus*（ヨウム）	平成29年1月2日
(2)	ロリイダエ科	
1	*Eos histrio*（ヤクシャインコ）	平成7年2月16日
2	*Vini ultramarina*（コンセイインコ）	平成9年9月18日
(3)	いんこ科	
1	*Amazona arausiaca*（アカノドボウシインコ）	昭和56年6月6日
2	*Amazona auropalliata*（キエリボウシインコ）	平成15年2月13日
3	*Amazona barbadensis*（キボウシインコ）	昭和56年6月6日
4	*Amazona brasiliensis*（アカオボウシインコ）	昭和56年6月6日
5	*Amazona finschi*（フジイロボウシインコ）	平成17年1月12日
6	*Amazona guildingii*（オウボウシインコ）	昭和55年11月4日
7	*Amazona imperialis*（ミカドボウシインコ）	昭和55年11月4日
8	*Amazona leucocephala*（サクラボウシインコ）	昭和55年11月4日
9	*Amazona oratrix*（オオキボウシインコ）	平成15年2月13日
10	*Amazona pretrei*（アカソデボウシインコ）	昭和55年11月4日
11	*Amazona rhodocorytha*（アカボウシインコ）	昭和55年11月4日
12	*Amazona tucumana*（カラカネボウシインコ）	平成2年1月18日
13	*Amazona versicolor*（イロマジリボウシインコ）	昭和55年11月4日
14	*Amazona vinacea*（ブドウイロボウシインコ）	昭和55年11月4日
15	*Amazona viridigenalis*（メキシコアカボウシインコ）	平成9年9月18日
16	*Anodorhynchus*属（スミレコンゴウインコ属）全種	*Anodorhynchus glaucus*（ウミコンゴウインコ）及び*Anodorhynchus leari*（コスミレコンゴウインコ）の個体等については昭和55年11月4日、その他の種の個体等については昭和62年10月22日
17	*Ara ambiguus*（ヒワコンゴウインコ）	昭和60年8月1日
18	*Ara glaucogularis*（アオキコンゴウインコ）	昭和58年7月29日

項	種名	適用日
19	*Ara macao*（コンゴウインコ）	昭和60年8月1日
20	*Ara militaris*（ミドリコンゴウインコ）	昭和62年10月22日
21	*Ara rubrogenys*（アカミミコンゴウインコ）	昭和58年7月29日
22	*Cyanopsitta spixii*（アオコンゴウインコ）	昭和55年11月4日
23	*Cyanoramphus forbesi*（チャタムアオハシインコ）	昭和55年11月4日
24	*Cyanoramphus novaezelandiae*（アオハシインコ）	昭和55年11月4日
25	*Cyanoramphus saisseti*（ニューカレドニアアオハシインコ）	昭和55年11月4日
26	*Eunymphicus cornutus*（ヘイワインコ）	平成12年7月19日
27	*Guarouba guarouba*（ニョオウインコ）	昭和55年11月4日
28	*Ognorhynchus icterotis*（キミミインコ）	昭和58年7月29日
29	*Pezoporus wallicus*（キジインコ）のうち*Pezoporus wallicus flaviventris*（キバラキジインコ）以外のもの	昭和55年11月4日
30	*Pionopsitta pileata*（ヒガシラインコ）	昭和55年11月4日
31	*Primolius couloni*（ヤマヒメコンゴウインコ）	平成15年2月13日
32	*Primolius maracana*（アカビタイヒメコンゴウインコ）	平成2年1月18日
33	*Psephotus dissimilis*（ヒスイインコ）	昭和55年11月4日
34	*Psittacula echo*（シマホンセイインコ）	昭和55年11月4日
35	*Pyrrhura cruentata*（アオマエカケインコ）	昭和55年11月4日
36	*Rhynchopsitta terrisi*（エビチャガシラハシブトインコ）	昭和56年6月6日
37	*Strigops habroptilus*（フクロウオウム）	昭和55年11月4日
カ　レア目		
(1)　レア科		
1	*Pterocnemia pennata*（ダーウィンレア）	昭和55年11月4日
ヨ　ペンギン目		
(1)　ペンギン科		
1	*Spheniscus humboldti*（フンボルトペンギン）	昭和56年6月6日
タ　ふくろう目		
(1)　ふくろう科		
1	*Heteroglaux blewitti*（モリコキンメフクロウ）	昭和55年11月4日
2	*Mimizuku gurneyi*（オニコノハズク）	昭和55年11月4日
(2)　めんふくろう科		
1	*Tyto soumagnei*（マダガスカルメンフクロウ）	昭和55年11月4日
レ　だちょう目		
(1)　だちょう科		
1	*Struthio camelus*（ダチョウ）	昭和58年7月29日

項		種名	適用日
ソ	しぎだちょう目		
	(1) しぎだちょう科		
1		*Tinamus solitarius*（シズカシギダチョウ）	昭和55年11月4日
ツ	きぬばねどり目		
	(1) きぬばねどり科		
1		*Pharomachrus mocinno*（ケツァール）	昭和55年11月4日
3	爬虫綱		
イ	わに目		
	(1) アリゲーター科		
1		*Alligator sinensis*（ヨウスコウワニ）	昭和55年11月4日
2		*Caiman crocodilus apaporiensis*（アパポリスカイマン）	昭和55年11月4日
3		*Caiman latirostris*（クチビロカイマン）	昭和55年11月4日
4		*Melanosuchus niger*（クロカイマン）	昭和55年11月4日
	(2) クロコダイル科		
1		*Crocodylus acutus*（アメリカワニ）	アメリカ合衆国の個体群に属する個体等については昭和55年11月4日、その他の個体等については昭和56年6月6日
2		*Crocodylus cataphractus*（アフリカクチナガワニ）	昭和55年11月4日
3		*Crocodylus intermedius*（オリノコワニ）	昭和55年11月4日
4		*Crocodylus mindorensis*（ミンドロワニ）	昭和55年11月4日
5		*Crocodylus moreletii*（グァテマラワニ）	昭和55年11月4日
6		*Crocodylus niloticus*（ナイルワニ）	昭和55年11月4日
7		*Crocodylus palustris*（ヌマワニ）	昭和55年11月4日
8		*Crocodylus porosus*（イリエワニ）	平成元年11月30日
9		*Crocodylus rhombifer*（キューバワニ）	昭和55年11月4日
10		*Crocodylus siamensis*（シャムワニ）	昭和55年11月4日
11		*Osteolaemus tetraspis*（コビトワニ）	昭和55年11月4日
12		*Tomistoma schlegelii*（ガビアルモドキ）	昭和55年11月4日
	(3) ガビアル科		
1		*Gavialis gangeticus*（ガビアル）	昭和55年11月4日
ロ	むかしとかげ目		
	(1) むかしとかげ科		
1		*Sphenodon*属（ムカシトカゲ属）全種	*Sphenodon punctatus*（ムカシトカゲ）の個体等については昭和55年11月4日、その他の種の個体等

項	種名	適用日
		については平成7年2月16日
ハ とかげ亜目		
(1) あしなしとかげ科		
1	*Abronia anzuetoi*（アンズエトキノボリアリゲータートカゲ）	平成29年1月2日
2	*Abronia campbelli*（キャンベルキノボリアリゲータートカゲ）	平成29年1月2日
3	*Abronia fimbriata*（フサキノボリアリゲータートカゲ）	平成29年1月2日
4	*Abronia frosti*（フロストキノボリアリゲータートカゲ）	平成29年1月2日
5	*Abronia meledona*（メレドナキノボリアリゲータートカゲ）	平成29年1月2日
(2) カメレオン科		
1	*Brookesia perarmata*（ロゼッタヒメカメレオン）	平成15年2月13日
(3) やもり科		
1	*Cnemaspis psychedelica*（ゲンカクマルメスベユビヤモリ）	平成29年1月2日
2	*Lygodactylus williamsi*（アオマルメヤモリ）	平成29年1月2日
(4) どくとかげ科		
1	*Heloderma horridum charlesbogerti*（リオモタグアドクトカゲ）	平成19年9月13日
(5) たてがみとかげ科		
1	*Brachylophus*属（フィジーイグアナ属）全種	昭和56年6月6日
2	*Cyclura*属（サイイグアナ属）全種	昭和56年6月6日
3	*Sauromalus varius*（エステバンチャクワラ）	昭和56年6月6日
(6) かなへび科		
1	*Gallotia simonyi*（イエロオオカナヘビ）	昭和62年10月22日
(7) おおとかげ科		
1	*Varanus bengalensis*（インドオオトカゲ）	平成4年1月31日
2	*Varanus flavescens*（アカオオトカゲ）	平成4年1月31日
3	*Varanus griseus*（サバクオオトカゲ）	昭和62年10月22日
4	*Varanus komodoensis*（コモドオオトカゲ）	昭和55年11月4日
5	*Varanus nebulosus*（ヴァラヌス・ネブロスス）	平成4年1月31日
(8) わにとかげ科		
1	*Shinisaurus crocodilurus*（ワニトカゲ）	平成29年1月2日
ニ へび亜目		
(1) ボア科		
1	*Acrantophis*属（マダガスカルボア属）全種	昭和55年11月4日
2	*Boa constrictor occidentalis*（ボアコンストリクター）	昭和62年10月22日
3	*Epicrates inornatus*（バヴァチボア）	昭和55年11月4日
4	*Epicrates monensis*（モナボア）	昭和58年7月29日

項		種名	適用日
5		Epicrates subflavus（ジャマイカボア）	昭和55年11月4日
6		Sanzinia madagascariensis（サンジニアボア）	昭和55年11月4日
(2)	つめなしボア科		
1		Bolyeria multocarinata（ボアモドキ）	昭和55年11月4日
2		Casarea dussumieri（モーリシャスボア）	昭和55年11月4日
(3)	にしきへび科		
1		Python molurus molurus（インドニシキヘビ）	昭和55年11月4日
(4)	くさりへび科		
1		Vipera ursinii（ノハラクサリヘビ）	昭和62年10月22日
ホ　かめ目			
(1)	へびくびがめ科		
1		Pseudemydura umbrina（オーストラリアヌマガメモドキ）	昭和55年11月4日
(2)	うみがめ科		
1		うみがめ科全種	Chelonia depressa（ヒラタアオウミガメ）の個体等については昭和56年6月6日、Chelonia mydas（アオウミガメ）の個体等については昭和62年10月22日、Lepidochelys olivacea（ヒメウミガメ）の個体等については平成4年1月31日、Eretmochelys imbricata（タイマイ）の個体等については平成6年7月29日、その他の種の個体等については昭和55年11月4日
(3)	おさがめ科		
1		Dermochelys coriacea（オサガメ）	昭和55年11月4日
(4)	かめ科		
1		Glyptemys muhlenbergii（ミューレンベルグイシガメ）	平成4年6月11日
2		Terrapene coahuila（ヒメアメリカハコガメ）	昭和55年11月4日
(5)	いしがめ科		
1		Batagur affinis（バタグル・アフィニス）	昭和55年11月4日
2		Batagur baska（ヨツユビガメ）	昭和55年11月4日
3		Geoclemys hamiltonii（ハミルトンクサガメ）	昭和55年11月4日
4		Melanochelys tricarinata（ミスジヤマガメ）	昭和55年11月4日
5		Morenia ocellata（モレニア）	昭和55年11月4日
6		Pangshura tecta（カチューガ）	昭和55年11月4日

項		種名	適用日
(6)		おおあたまがめ科	
1		おおあたまがめ科全種	平成25年6月12日
(7)		りくがめ科	
1		*Astrochelys radiata*（マダガスカルホシガメ）	昭和55年11月4日
2		*Astrochelys yniphora*（イニホーラリクガメ）	昭和55年11月4日
3		*Chelonoidis niger*（ガラパゴスゾウガメ）	昭和55年11月4日
4		*Geochelone platynota*（ビルマホシガメ）	平成25年6月12日
5		*Gopherus flavomarginatus*（メキシコゴファーガメ）	昭和55年11月4日
6		*Psammobates geometricus*（チズガメ）	昭和55年11月4日
7		*Pyxis arachnoides*（クモノスガメ）	平成17年1月12日
8		*Pyxis planicauda*（ヒラオリクガメ）	平成15年2月13日
9		*Testudo kleinmanni*（エジプトリクガメ）	平成7年2月16日
(8)		すっぽん科	
1		*Apalone spinifera atra*（クロスッポン）	昭和55年11月4日
2		*Chitra chitra*（タイコガシラスッポン）	平成25年6月12日
3		*Chitra vandijki*（ビルマコガシラスッポン）	平成25年6月12日
4		*Nilssonia gangetica*（インドスッポン）	昭和55年11月4日
5		*Nilssonia hurum*（フルムスッポン）	昭和55年11月4日
6		*Nilssonia nigricans*（ウスグロスッポン）	昭和55年11月4日
4	両生綱		
イ	無尾目		
(1)		ひきがえる科	
1		*Altiphrynoides*属（コウチヒキガエル属）全種	昭和55年11月4日
2		*Amietophrynus channingi*（アミエトフリュヌス・カンニンギ）	昭和55年11月4日
3		*Amietophrynus superciliaris*（カメルーンヒキガエル）	昭和55年11月4日
4		*Atelopus zeteki*（ツエテクマガイドクガエル）	昭和58年7月29日
5		*Incilius periglenes*（オレンジヒキガエル）	平成7年2月16日
6		*Nectophrynoides*属（コモチガエル属）全種	昭和55年11月4日
7		*Nimbaphrynoides*属（ニシコモチヒキガエル属）全種	昭和55年11月4日
(2)		みなみがえる科	
1		*Telmatobius culeus*（チチカカミズガエル）	平成29年1月2日
ロ	有尾目		
(1)		おおさんしょううお科	
1		*Andrias*属（オオサンショウウオ属）全種	昭和55年11月4日
(2)		いもり科	

施行令別表

項	種名	適用日
1	*Neurergus kaiseri*（カイザーツエイモリ）	平成22年6月23日
5	板鰓亜綱	
イ	のこぎりえい目	
(1)	のこぎりえい科	
1	のこぎりえい科全種	*Pristis microdon*（プリスティス・ミクロドン）の個体等については平成25年6月12日、その他の種の個体等については平成19年9月13日
6	条鰭亜綱	
イ	ちょうざめ目	
(1)	ちょうざめ科	
1	*Acipenser brevirostrum*（ウミチョウザメ）	昭和55年11月4日
2	*Acipenser sturio*（バルチックチョウザメ）	昭和58年7月29日
ロ	こい目	
(1)	カトストムス科	
1	*Chasmistes cujus*（クイウイ）	昭和55年11月4日
(2)	こい科	
1	*Probarbus jullieni*（プロバルブス）	昭和55年11月4日
ハ	オステオグロッサム目	
(1)	オステオグロッサム科	
1	*Scleropages formosus*（アジアアロワナ）	昭和55年11月4日
2	*Scleropages inscriptus*（スクレロパゲス・インスクリプトゥス）	昭和55年11月4日
ニ	すずき目	
(1)	にべ科	
1	*Totoaba macdonaldi*（トトアバ）	昭和55年11月4日
ホ	なまず目	
(1)	パンガシウス科	
1	*Pangasianodon gigas*（メコンオオナマズ）	昭和55年11月4日
7	シーラカンス綱	
イ	シーラカンス目	
(1)	ラティメリア科	
1	*Latimeria*属（シーラカンス属）全種	*Latimeria chalumnae*（シーラカンス）の個体等については平成2年1月18日、その他の種の個体等については平成12年7月19日

項	種名	適用日
8 昆虫綱		
イ　ちょう目		
（1）あげはちょう科		
1	*Ornithoptera alexandrae*（アレクサンドラトリバネアゲハ）	昭和62年10月22日
2	*Papilio chikae*（ルソンカラスアゲハ）	昭和62年10月22日
3	*Papilio homerus*（ホメルスアゲハ）	昭和62年10月22日
9 二枚貝綱		
イ　いしがい目		
（1）いしがい科		
1	*Conradilla caelata*（トリバネヌマガイ）	昭和55年11月4日
2	*Dromus dromas*（ヒトコブヌマガイ）	昭和55年11月4日
3	*Epioblasma curtisi*（カーチスヌマガイ）	昭和55年11月4日
4	*Epioblasma florentina*（キバナヌマガイ）	昭和55年11月4日
5	*Epioblasma sampsonii*（サンプソンハナヌマガイ）	昭和55年11月4日
6	*Epioblasma sulcata perobliqua*（アラスジハナヌマガイ）	昭和55年11月4日
7	*Epioblasma torulosa gubernaculum*（ミドリハナヌマガイ）	昭和55年11月4日
8	*Epioblasma torulosa torulosa*（ツブハナヌマガイ）	昭和55年11月4日
9	*Epioblasma turgidula*（フクレハナヌマガイ）	昭和55年11月4日
10	*Epioblasma walkeri*（チャバナヌマガイ）	昭和55年11月4日
11	*Fusconaia cuneolus*（スジカワボタンガイ）	昭和55年11月4日
12	*Fusconaia edgariana*（テリカワボタンガイ）	昭和55年11月4日
13	*Lampsilis higginsii*（ヒギンスランプヌマガイ）	昭和55年11月4日
14	*Lampsilis orbiculata orbiculata*（モモイロランプヌマガイ）	昭和55年11月4日
15	*Lampsilis satur*（タイラランプヌマガイ）	昭和55年11月4日
16	*Lampsilis virescens*（アラバマランプヌマガイ）	昭和55年11月4日
17	*Plethobasus cicatricosus*（ヒズミカワボタンガイ）	昭和55年11月4日
18	*Plethobasus cooperianus*（クーパーカワボタンガイ）	昭和55年11月4日
19	*Pleurobema plenum*（アラクサビカワボタンガイ）	昭和55年11月4日
20	*Potamilus capax*（ヒラツバサカワボタンガイ）	昭和55年11月4日
21	*Quadrula intermedia*（サルガオカワボタンガイ）	昭和55年11月4日
22	*Quadrula sparsa*（アパラチアンサルガオカワボタンガイ）	昭和55年11月4日
23	*Toxolasma cylindrella*（トクソラスマ・キュリンドレルラ）	昭和55年11月4日
24	*Unio nickliniana*（ウニオ・ニクリニアナ）	昭和55年11月4日
25	*Unio tampicoensis tecomatensis*（タンピコヌマガイ）	昭和55年11月4日
26	*Villosa trabalis*（カンバーランドヌマガイ）	昭和55年11月4日

施行令別表

項	種名	適用日
10	腹足綱	
イ	柄眼目	
(1)	ハワイまいまい科	
1	*Achatinella*属（ハワイマイマイ属）全種	昭和62年10月22日
(2)	ケポリダエ科	
1	*Polymita*属（ポリュミタ属）全種	平成29年1月2日
第2	植物界	
(1)	りゅうぜつらん科	
1	*Agave parviflora*（アガヴェ・パルヴィフロラ）	昭和58年7月29日
(2)	きょうちくとう科	
1	*Pachypodium ambongense*（パキュポディウム・アムボンゲンセ）	平成7年2月16日
2	*Pachypodium baronii*（パキュポディウム・バロニイ）	平成2年1月18日
3	*Pachypodium decaryi*（パキュポディウム・デカリュイ）	平成2年1月18日
(3)	なんようすぎ科	
1	*Araucaria araucana*（チリーマツ）	昭和55年11月4日
(4)	サボテン科	
1	*Ariocarpus*属（アリオカルプス属）全種	*Ariocarpus agavoides*（アガベ牡丹）及び*Ariocarpus scapharostrus*（龍角牡丹）の個体等については昭和56年6月6日、*Ariocarpus trigonus*（三角牡丹）の個体等については昭和58年7月29日、その他の種の個体等については平成4年6月11日
2	*Astrophytum asterias*（兜丸）	昭和62年10月22日
3	*Aztekium ritteri*（花籠）	昭和56年6月6日
4	*Coryphantha werdermannii*（精美丸）	昭和58年7月29日
5	*Discocactus*属（ディスコカクトゥス属）全種	平成4年6月11日
6	*Echinocereus ferreirianus* ssp. *lindsayi*（エキノケレウス・フェルレイリアヌス・リンドサイイ）	昭和56年6月6日
7	*Echinocereus schmollii*（エキノケレウス・スクモルリイ）	昭和58年7月29日
8	*Escobaria minima*（エスコバリア・ミニマ）	昭和58年7月29日
9	*Escobaria sneedii*（エスコバリア・スネエディイ）	昭和58年7月29日
10	*Mammillaria pectinifera*（白斜子）（*Mammillaria pectinifera* ssp. *solisioides*（マンミルラリア・ペクティニフェラ・ソリスィオイデス）を含む。）	昭和58年7月29日
11	*Melocactus conoideus*（メロカクトゥス・コノイデウス）	平成4年6月11日

項	種名	適用日
12	*Melocactus deinacanthus*（メロカクトゥス・デイナカントゥス）	平成4年6月11日
13	*Melocactus glaucescens*（メロカクトゥス・グラウケスケンス）	平成4年6月11日
14	*Melocactus paucispinus*（メロカクトゥス・パウキスピヌス）	平成4年6月11日
15	*Obregonia denegrii*（帝冠）	昭和56年6月6日
16	*Pachycereus militaris*（パキケレウス・ミリタリス）	昭和58年7月29日
17	*Pediocactus bradyi*（ペディオカクトゥス・ブラデュイ）	昭和58年7月29日
18	*Pediocactus knowltonii*（ペディオカクトゥス・クノウルトニイ）	昭和58年7月29日
19	*Pediocactus paradinei*（ペディオカクトゥス・パラディネイ）	昭和58年7月29日
20	*Pediocactus peeblesianus*（ペディオカクトゥス・ペエブレスィアヌス）	昭和58年7月29日
21	*Pediocactus sileri*（ペディオカクトゥス・スィレリ）	昭和58年7月29日
22	*Pelecyphora*属（ペレキュフォラ属）全種	*Pelecyphora aselliformis*（精巧丸）及び*Pelecyphora strobiliformis*（ペレキュフォラ・ストロビフォルミス）の個体等については昭和56年6月6日、その他の種の個体等については昭和60年8月1日
23	*Sclerocactus blainei*（スクレロカクトゥス・ブライネイ）	平成29年1月2日
24	*Sclerocactus brevihamatus* ssp. *tobuschii*（スクレロカクトゥス・ブレヴィハマトゥス・トブスキイ）	昭和58年7月29日
25	*Sclerocactus brevispinus*（スクレロカクトゥス・ブレヴィスピヌス）	昭和58年7月29日
26	*Sclerocactus cloverae*（スクレロカクトゥス・クロヴェラエ）	平成29年1月2日
27	*Sclerocactus erectocentrus*（スクレロカクトゥス・エレクトケントルス）	昭和58年7月29日
28	*Sclerocactus glaucus*（スクレロカクトゥス・グラウクス）	昭和58年7月29日
29	*Sclerocactus mariposensis*（スクレロカクトゥス・マリポセンスィス）	昭和58年7月29日
30	*Sclerocactus mesae-verdae*（スクレロカクトゥス・メサエーヴェルダエ）	昭和58年7月29日
31	*Sclerocactus nyensis*（スクレロカクトゥス・ニュエンスィス）	平成15年2月13日
32	*Sclerocactus papyracanthus*（スクレロカクトゥス・パピュラカントゥス）	昭和58年7月29日
33	*Sclerocactus pubispinus*（スクレロカクトゥス・プビスピヌス）	昭和58年7月29日
34	*Sclerocactus sileri*（スクレロカクトゥス・スィレリ）	平成29年1月2日
35	*Sclerocactus wetlandicus*（スクレロカクトゥス・ウェトランディクス）	昭和58年7月29日

項	種名	適用日
36	*Sclerocactus wrightiae*（スクレロカクトゥス・ウリグティアエ）	昭和58年7月29日
37	*Strombocactus*属（ストロンボカクトゥス属）全種	昭和58年7月29日
38	*Turbinicarpus*属（トゥルビニカルプス属）全種	*Turbinicarpus laui*（トゥルビニカルプス・ラウイ）、*Turbinicarpus lophophoroides*（トゥルビニカルプス・ロフォフォロイデス）、*Turbinicarpus pseudomacrochele*（長城丸）、*Turbinicarpus pseudopectinatus*（トゥルビニカルプス・プセウドペクティナトゥス）、*Turbinicarpus schmiedickeanus*（昇龍丸）及び*Turbinicarpus valdezianus*（トゥルビニカルプス・ヴァルデジアヌス）の個体等については昭和58年7月29日、その他の種の個体等については平成4年6月11日
39	*Uebelmannia*属（ウエベルマンニア属）全種	平成4年6月11日
(5) きく科		
1	*Saussurea costus*（木香）	昭和60年8月1日
(6) ひのき科		
1	*Fitzroya cupressoides*（アレルセ）	昭和55年11月4日
2	*Pilgerodendron uviferum*（チリーヒノキ）	昭和55年11月4日
(7) そてつ科		
1	*Cycas beddomei*（キュカス・ベドメイ）	昭和62年10月22日
(8) とうだいぐさ科		
1	*Euphorbia ambovombensis*（エウフォルビア・アンボヴォンベンスィス）	平成2年1月18日
2	*Euphorbia capsaintemariensis*（エウフォルビア・カプサインテマリエンスィス）	平成2年1月18日
3	*Euphorbia cremersii*（エウフォルビア・クレメルスィイ）（*Euphorbia cremersii* forma *viridifolia*（エウフォルビア・クレメルスィイ品種ヴィリディフォリア）及び*Euphorbia cremersii* var. *rakotozafyi*（エウフォルビア・クレメルスィイ変種ラコトザフュイ）を含む。）	平成7年2月16日
4	*Euphorbia cylindrifolia*（エウフォルビア・キュリンドリフォリア）（*Euphorbia cylindrifolia* ssp. *tuberifera*（エウフォルビア・キュリンドリフォリア・トゥベリフェラ）を含む。）	平成2年1月18日

項	種名	適用日
5	*Euphorbia decaryi*（エウフォルビア・デカリュイ）（*Euphorbia decaryi* var. *ampanihyensis*（エウフォルビア・デカリュイ変種アンパニヒュエンスィス）、*Euphorbia decaryi* var. *robinsonii*（エウフォルビア・デカリュイ変種ロビンソニイ）及び*Euphorbia decaryi* var. *spirosticha*（エウフォルビア・デカリュイ変種スピロスティカ）を含む。）	平成2年1月18日
6	*Euphorbia francoisii*（エウフォルビア・フランコイスィイ）	平成2年1月18日
7	*Euphorbia moratii*（エウフォルビア・モラティイ）（*Euphorbia moratii* var. *antsingiensis*（エウフォルビア・モラティイ変種アントスィンギエンスィス）、*Euphorbia moratii* var. *bemarahensis*（エウフォルビア・モラティイ変種ベマラヘンスィス）及び*Euphorbia moratii* var. *multiflora*（エウフォルビア・モラティイ変種ムルティフロラ）を含む。）	平成2年1月18日
8	*Euphorbia parvicyathophora*（エウフォルビア・パルヴィキュアトフォラ）	平成2年1月18日
9	*Euphorbia quartziticola*（エウフォルビア・クアルトズィティコラ）	平成2年1月18日
10	*Euphorbia tulearensis*（エウフォルビア・トゥレアレンスィス）	平成2年1月18日
(9)	フォウキエリア科	
1	*Fouquieria fasciculata*（フォウクイエリア・ファスキクラタ）	昭和58年7月29日
2	*Fouquieria purpusii*（フォウクイエリア・プルプスィイ）	昭和58年7月29日
(10)	まめ科	
1	*Dalbergia nigra*（ブラジリアンローズウッド）	平成4年6月11日
(11)	ゆり科	
1	*Aloe albida*（アロエ・アルビダ）	昭和55年11月4日
2	*Aloe albiflora*（雪女王）	平成7年2月16日
3	*Aloe alfredii*（アロエ・アルフレディイ）	平成7年2月16日
4	*Aloe bakeri*（アロエ・バケリ）	平成7年2月16日
5	*Aloe bellatula*（アロエ・ベルラトゥラ）	平成7年2月16日
6	*Aloe calcairophila*（アロエ・カルカイロフィラ）	平成7年2月16日
7	*Aloe compressa*（アロエ・コンプレサ）（*Aloe compressa* var. *paucituberculata*（アロエ・コンプレサ変種パウキトゥベルクラタ）、*Aloe compressa* var. *rugosquamosa*（アロエ・コンプレサ変種ルゴスクアモサ）及び*Aloe compressa* var. *schistophila*（アロエ・コンプレサ変種スキストフィラ）を含む。）	平成7年2月16日
8	*Aloe delphinensis*（アロエ・デルフィネンスィス）	平成7年2月16日
9	*Aloe descoingsii*（アロエ・デスコイングスィイ）	平成7年2月16日
10	*Aloe fragilis*（アロエ・フラギリス）	平成7年2月16日

項	種名	適用日
11	*Aloe haworthioides*（羽生錦）（*Aloe haworthioides* var. *aurantiaca*（アロエ・ハウォルティオイデス変種アウランティアカ）を含む。）	平成7年2月16日
12	*Aloe helenae*（アロエ・ヘレナエ）	平成7年2月16日
13	*Aloe laeta*（アロエ・ラエタ）（*Aloe laeta* var. *maniaensis*（アロエ・ラエタ変種マニアエンスィス）を含む。）	平成7年2月16日
14	*Aloe parallelifolia*（アロエ・パラルレリフォリア）	平成7年2月16日
15	*Aloe parvula*（アロエ・パルヴラ）	平成7年2月16日
16	*Aloe pillansii*（アロエ・ピルランスィイ）	昭和55年11月4日
17	*Aloe polyphylla*（アロエ・ポリュフュルラ）	昭和55年11月4日
18	*Aloe rauhii*（アロエ・ラウヒイ）	平成7年2月16日
19	*Aloe suzannae*（アロエ・スザンナエ）	平成7年2月16日
20	*Aloe versicolor*（アロエ・ヴェルスィコロル）	平成7年2月16日
21	*Aloe vossii*（アロエ・ヴォスィイ）	昭和55年11月4日
(12)	うつぼかずら科	
1	*Nepenthes khasiana*（ネペンテス・カシアナ）	昭和62年10月22日
2	*Nepenthes rajah*（ネペンテス・ラヤ）	昭和56年6月6日
(13)	らん科	
1	*Aerangis ellisii*（アエランギス・エルリスィイ）	平成15年2月13日
2	*Dendrobium cruentum*（デンドロビウム・クルエントゥム）	平成7年2月16日
3	*Laelia jongheana*（ラエリア・ヨンゲアナ）	昭和55年11月4日
4	*Laelia lobata*（ラエリア・ロバタ）	昭和55年11月4日
5	*Paphiopedilum*属（パフィオペディルム属）全種	*Paphiopedilum druryi*（パフィオペディルム・ドルリュイ）の個体等については昭和62年10月22日、その他の種の個体等については平成2年1月18日
6	*Peristeria elata*（ペリステリア・エラタ）	昭和55年11月4日
7	*Phragmipedium*属（フラグミペディウム属）全種	平成2年1月18日
8	*Renanthera imschootiana*（レナンテラ・インスコオティアナ）	昭和55年11月4日
(14)	やし科	
1	*Dypsis decipiens*（デュプスィス・デキピエンス）	平成17年1月12日
(15)	まつ科	
1	*Abies guatemalensis*（グァテマラモミ）	昭和55年11月4日
(16)	まき科	
1	*Podocarpus parlatorei*（アンデスイヌマキ）	昭和55年11月4日

項	種名	適用日
(17)	あかね科	
1	*Balmea stormiae*（バルメア・ストルミアエ）	昭和55年11月4日
(18)	サラセニア科	
1	*Sarracenia oreophila*（サルラケニア・オレオフィラ）	昭和56年6月6日
2	*Sarracenia rubra* ssp. *alabamensis*（サルラケニア・ルブラ・アラバメンスィス）	昭和56年6月6日
3	*Sarracenia rubra* ssp. *jonesii*（サルラケニア・ルブラ・ヨネスィイ）	昭和56年6月6日
(19)	スタンゲリア科	
1	*Stangeria eriopus*（オオバシダソテツ）	昭和58年7月29日
(20)	フロリダそてつ科	
1	*Ceratozamia*属（ツノミザミア属）全種	昭和60年8月1日
2	*Encephalartos*属（オニソテツ属）全種	昭和55年11月4日
3	*Microcycas calocoma*（ミクロキュカス・カロコマ）	昭和60年8月1日
4	*Zamia restrepoi*（ザミア・レストレポイ）	平成2年1月18日
備考　括弧内に記載する呼称は、学名に相当する和名、通称その他の名称である。		

別表第3 特定第一種国内希少野生動植物種（第1条関係）

項	種名
第1　植物界	
(1)　さといも科	
1	*Arisaema aprile*（オドリコテンナンショウ）
2	*Arisaema cucullatum*（ホロテンナンショウ）
3	*Arisaema heterocephalum ssp. okinawense*（オキナワテンナンショウ）
4	*Arisaema inaense*（イナヒロハテンナンショウ）
5	*Arisaema ishizuchiense ssp. ishizuchiense*（イシヅチテンナンショウ）
6	*Arisaema kuratae*（アマギテンナンショウ）
7	*Arisaema nagiense*（ナギヒロハテンナンショウ）
8	*Arisaema ogatae*（オガタテンナンショウ）
9	*Arisaema seppikoense*（セッピコテンナンショウ）
(2)　うまのすずくさ科	
1	*Asarum caudigerum*（オナガサイシン）
2	*Asarum hexalobum var. controversum*（シシキカンアオイ）
3	*Asarum kinoshitae*（ジュロウカンアオイ）
4	*Asarum monodoriflorum*（モノドラカンアオイ）
5	*Asarum okinawense*（ヒナカンアオイ）
6	*Asarum sakawanum var. stellatum*（ホシザキカンアオイ）
7	*Asarum satsumense*（サツマアオイ）
8	*Asarum yaeyamense*（ヤエヤマカンアオイ）
(3)　きく科	
1	*Saussurea yakusimensis*（ヤクシマヒゴタイ）
(4)　あぶらな科	
1	*Draba igarashii*（シリベシナズナ）
(5)　おしだ科	
1	*Polystichum obae*（アマミデンダ）
(6)　りんどう科	
1	*Gentiana yakushimensis*（ヤクシマリンドウ）
(7)　ゆり科	
1	*Chionographis koidzumiana var. kurokamiana*（クロカミシライトソウ）
(8)　らん科	
1	*Anoectochilus formosanus*（キバナシュスラン）
2	*Cypripedium macranthos var. macranthos*（ホテイアツモリ）
3	*Cypripedium macranthos var. rebunense*（レブンアツモリソウ）

項	種名
4	*Cypripedium macranthos* var. *speciosum*（アツモリソウ）
5	*Dendrobium okinawense*（オキナワセッコク）
6	*Macodes petola*（ナンバンカモメラン）
7	*Odontochilus hatusimanus*（ハツシマラン）
8	*Odontochilus tashiroi*（オオギミラン）
(9)	はなしのぶ科
1	*Polemonium kiushianum*（ハナシノブ）
(10)	うらぼし科
1	*Drynaria roosii*（ハカマウラボシ）
(11)	きんぽうげ科
1	*Callianthemum hondoense*（キタダケソウ）
2	*Callianthemum kirigishiense*（キリギシソウ）
(12)	ななばけしだ科
1	*Tectaria fauriei*（コモチナナバケシダ）
備考	括弧内に記載する呼称は、学名に相当する和名である。

施行令　別表第4　器官及び加工品（第3条、第4条関係）

項	科名	器官	加工品
第1　動物界			
1　哺乳綱			
イ　偶蹄目			
1	プロングホーン科	毛、皮、角	毛皮製品（毛を材料として製造された衣類、装身具、調度品その他環境省令で定める物品をいう。以下同じ。）、皮革製品（皮を材料として製造された衣類、装身具、調度品その他環境省令で定める物品であって、毛皮製品以外のものをいう。以下同じ。）、角製品（角を材料として製造された装身具、調度品その他環境省令で定める物品をいう。以下同じ。）
2	うし科	毛、皮、角	毛皮製品、皮革製品、角製品
3	らくだ科	毛、皮	毛皮製品
4	しか科	毛、皮、角	毛皮製品、皮革製品、角製品
5	じゃこうじか科	毛、皮、角	毛皮製品、皮革製品、角製品
6	いのしし科	牙	牙を材料として製造された装身具、調度品その他環境省令で定める物品
7	ペッカリー科	毛、皮	毛皮製品、皮革製品
ロ　食肉目			
1	いぬ科	毛、皮、歯	毛皮製品、皮革製品、歯製品（歯を材料として製造された装身具その他環境省令で定める物品をいう。以下同じ。）
2	ねこ科	毛、皮、歯、爪、骨（*Panthera tigris*（トラ）に係るものに限る。以下この項において同じ。）、生殖器（*Panthera tigris*（トラ）に係るものであって、雄のものに限る。以下この項において同じ。）	毛皮製品、皮革製品、歯製品、爪を材料として製造された装身具その他環境省令で定める物品、骨を材料として製造された物品で人が摂取するものその他環境省令で定めるもの、生殖器を材料として製造された物品で人が摂取するものその他環境省令で定めるもの
3	いたち科	毛、皮	毛皮製品、皮革製品
4	あしか科	毛、皮	毛皮製品
5	あざらし科	毛、皮	毛皮製品、皮革製品
6	くま科	毛、皮	毛皮製品、皮革製品
7	じゃこうねこ科	毛、皮	毛皮製品、皮革製品
ハ　貧歯目			

項		科名	器官	加工品
1		アルマジロ科	皮	皮革製品
	ニ カンガルー目			
	1	カンガルー科	毛、皮	毛皮製品、皮革製品
	2	ねずみカンガルー科	毛、皮	毛皮製品、皮革製品
	ホ 奇蹄目			
	1	うま科	毛、皮	毛皮製品、皮革製品
	2	さい科	角	角製品
	3	ばく科	皮	皮革製品
	ヘ 有鱗目			
	1	せんざんこう科	鱗、皮	鱗を材料として製造された物品で人が摂取するものその他環境省令で定めるもの、皮革製品
	ト 霊長目			
	1	おながざる科	毛、皮	毛皮製品
	2	きつねざる科	毛、皮	毛皮製品
	3	いたちきつねざる科	毛、皮	毛皮製品
	チ 長鼻目			
	1	ぞう科	皮、牙	皮革製品、牙を材料として製造された装身具、調度品、印章その他環境省令で定める物品
	リ 齧歯目			
	1	チンチラ科	毛、皮	毛皮製品
	ヌ 海牛目			
	1	ジュゴン科	皮	皮革製品
	2	マナティー科	皮	皮革製品
2	鳥綱			
	イ こうのとり目			
	1	こうのとり科	羽毛	羽毛製品（羽毛を材料として製造された衣類、装身具、調度品その他環境省令で定める物品をいう。以下同じ。）
	2	とき科	羽毛	羽毛製品
	ロ はと目			
	1	はと科	羽毛	羽毛製品
	ハ ぶっぽうそう目			
	1	さいちょう科	くちばし、羽毛	くちばしを材料として製造された装身具、調度品その他環境省令で定める物品、羽毛製品

項	科名	器官	加工品
ニ	たか目		
1	たか科	羽毛	羽毛製品
2	コンドル科	羽毛	羽毛製品
ホ	きじ目		
1	きじ科	羽毛	羽毛製品
ヘ	つる目		
1	つる科	羽毛	羽毛製品
ト	レア目		
1	レア科	皮、羽毛	皮革製品、羽毛製品
3	爬虫綱		
イ	わに目		
1	アリゲーター科（Caiman latirostris（クチビロカイマン）及びMelanosuchus niger（クロカイマン）を除く。）	皮	皮革製品
2	クロコダイル科（Crocodylus acutus（アメリカワニ）、Crocodylus moreletii（グァテマラワニ）、Crocodylus niloticus（ナイルワニ）、Crocodylus porosus（イリエワニ）及びCrocodylus siamensis（シャムワニ）を除く。）	皮	皮革製品
3	ガビアル科	皮	皮革製品
ロ	とかげ亜目		
1	たてがみとかげ科	皮	皮革製品
2	おおとかげ科	皮	皮革製品
ハ	へび亜目		
1	ボア科	皮	皮革製品
2	つめなしボア科	皮	皮革製品
3	にしきへび科	皮	皮革製品
ニ	かめ目		
1	うみがめ科	皮、甲	皮革製品、甲製品（甲を材料として製造された装身具、調度品その他環境省令で定める物品をいう。以下同じ。）
2	おさがめ科	皮	皮革製品
3	かめ科	皮、甲	皮革製品、甲製品

項	科名	器官	加工品
4	いしがめ科	皮、甲	皮革製品、甲製品
5	りくがめ科	甲	甲製品
4　昆虫綱			
イ　ちょう目			
1	あげはちょう科	翅(はね)	翅(はね)を材料として製造された装身具、調度品その他環境省令で定める物品
第2　植物界			
1	なんようすぎ科	幹（皮を剥いだものを除く。以下同じ。）、枝条（皮を剥いだものを除く。以下同じ。）	
2	サボテン科	茎	
3	ひのき科	幹、枝条	
4	まめ科	幹、枝条	
5	ゆり科	葉	
6	らん科	花、茎	
7	まつ科	幹、枝条	

[施行令] **別表第5** 原材料器官等（第5条、第10条、第13条、第18条関係）

項	科名	原材料器官等
1	せんざんこう科	皮及びその加工品
2	ぞう科	皮及びその加工品、牙及びその加工品
3	おおとかげ科	皮及びその加工品
4	うみがめ科	皮及びその加工品、甲及びその加工品

Ⅲ 資料編　1 絶滅のおそれのある野生動植物の種の保存に関する法律・施行令・施行規則等

[施 行 令] **別表第6**　登録対象個体群（第8条、第9条関係）

項	種名	個体群	個体等
1	Antilocapra americana（プロングホーン）	メキシコの個体群以外の個体群	個体、器官、加工品
2	Vicugna vicugna（ビクーナ）	アルゼンチンのカタマルカ県、フフイ県、ラ・リオハ県、サルタ県及びサン・ホアン県、ボリビア、チリのタラパカ地方第一区、エクアドル並びにペルーの個体群（アルゼンチンのラ・リオハ県、サルタ県又はサン・ホアン県の個体群にあっては、半ば人の管理下に置かれた個体群に限る。）	毛、毛を材料として製造された加工品（皮を材料として製造されたものを除く。）
3	Moschus属（ジャコウジカ属）全種	アフガニスタン、ブータン、インド、ミャンマー、ネパール及びパキスタンの個体群以外の個体群	個体、器官、加工品
4	Canis lupus（オオカミ）のうちCanis lupus dingo（ディンゴ）及びCanis lupus familiaris（イヌ）以外のもの	ブータン、インド、ネパール及びパキスタンの個体群以外の個体群	個体、器官、加工品
5	Caracal caracal（カラカル）	アジアの個体群以外の個体群	個体、器官、加工品
6	Prionailurus bengalensis bengalensis（ベンガルヤマネコ）	バングラデシュ、インド及びタイの個体群以外の個体群	個体、器官、加工品
7	Prionailurus rubiginosus（サビイロネコ）	インドの個体群以外の個体群	個体、器官、加工品
8	Puma yagouaroundi（ジャガランディ）	中米及び北米の個体群以外の個体群	個体、器官、加工品
9	Aonyx capensis microdon（カメルーンツメナシカワウソ）	カメルーン及びナイジェリアの個体群以外の個体群	個体、器官、加工品
10	Ursus arctos（ヒグマ）	ブータン、中華人民共和国、メキシコ及びモンゴルの個体群以外の個体群	個体、器官、加工品
11	Ceratotherium simum simum（ミナミシロサイ）	南アフリカ共和国及びスワジランドの個体群	生きている個体
12	Loxodonta africana（アフリカゾウ）	ボツワナ及びジンバブエの個体群	生きている個体、皮、牙（環境省令で定めるものに限る。）、皮を材料として製造された加工品
13	Loxodonta africana（アフリカゾウ）	ナミビア及び南アフリカ共和国の個体群	皮、牙（環境省令で定めるものに限る。）、皮を材料と

項	種名	個体群	個体等
			して製造された加工品
14	*Falco newtoni*（マダガスカルチョウゲンボウ）	セーシェルの個体群以外の個体群	個体、加工品
15	*Pterocnemia pennata*（ダーウィンレア）	アルゼンチン及びチリの個体群	個体、器官、加工品
16	*Struthio camelus*（ダチョウ）	アルジェリア、ブルキナファソ、カメルーン、中央アフリカ、チャド、マリ、モーリタニア、モロッコ、ニジェール、ナイジェリア、セネガル及びスーダンの個体群以外の個体群	個体、加工品
17	*Caiman latirostris*（クチビロカイマン）	アルゼンチンの個体群	個体、加工品
18	*Melanosuchus niger*（クロカイマン）	ブラジルの個体群	個体、加工品
19	*Crocodylus acutus*（アメリカワニ）	コロンビアのシスパタ湾マングローブ統合管理地区及びキューバの個体群	個体、加工品
20	*Crocodylus moreletii*（グァテマラワニ）	ベリーズ及びメキシコの個体群	個体、加工品
21	*Crocodylus niloticus*（ナイルワニ）	ボツワナ、エジプト、エチオピア、ケニア、マダガスカル、マラウイ、モザンビーク、ナミビア、南アフリカ共和国、ウガンダ、タンザニア、ザンビア及びジンバブエの個体群	個体、加工品
22	*Crocodylus porosus*（イリエワニ）	オーストラリア、インドネシア、マレーシア及びパプアニューギニアの個体群	個体、加工品
23	*Vipera ursinii*（ノハラクサリヘビ）	欧州の個体群以外の個体群（アルメニア、アゼルバイジャン、ベラルーシ、エストニア、ジョージア、カザフスタン、キルギス、ラトビア、リトアニア、モルドバ、ロシア、タジキスタン、トルクメニスタン、ウクライナ及びウズベキスタンの個体群を含む。）	個体、加工品

備考　括弧内に記載する呼称は、学名に相当する和名である。

施行規則 様式第1（第3条関係）

（表）

国内希少野生動植物種捕獲等許可証
（緊急指定種）

第　　　号
　　年　月　日
有効期間　　年　月　日から
　　　　　　年　月　日まで

環　境　大　臣　　　印

住　　　　所	
氏　　　　名 （名称及び代表者の氏名）	
種　　　　名 （卵にあっては、その旨及び種名）	
数　　　　量	
目　　　　的	
区　　　　域	
方　　　　法	
条　　　　件	

（裏）

注　意
1　捕獲等許可証は、捕獲等の際には必ず携帯しなければならない。
2　捕獲等許可証は、その効力を失った日から30日以内に、これを環境大臣に返納しなければならない。

都道府県名	捕獲等をした数量	処置の概要

○返納の際この欄に所要事項を記入することにより、絶滅のおそれのある野生動植物の種の保存に関する法律施行規則第3条第10項の報告とすることができる。

備考　許可証の用紙の大きさは、日本工業規格Ａ６とする。

施行規則等様式

施行規則 **様式第2**（第3条関係）

(表)

国内希少野生動植物種捕獲等従事者証
(緊急指定種)

第　　　号
　　年　月　日
有効期間　年　月　日から
　　　　　年　月　日まで

環境大臣　　　印

住　　　　　　　所	
氏　　　　　　　名	
捕 獲 等 許 可 証 の 番 号	
法 人 の 名 称	
種　　　　　　　名 （卵にあっては、その旨及び種名）	
数　　　　　　　量	

(裏)

目　　　　　的	
区　　　　　域	
方　　　　　法	
条　　　　　件	

注意1　従事者証は、捕獲等の際には必ず携帯しなければならない。
　　2　従事者証は、その効力を失った日から30日以内に、これを環境大臣に返納しなければならない。

備考　従事者証の用紙の大きさは、日本工業規格A6とする。

施行規則 **様式第3**（第10条関係）

（表）

第　　　　号
絶滅のおそれのある野生動植物の種の保存に関する法律第19条第2項の規定による身分証明書
写　真　　　官職及び氏名　　　　　　　　　　　　　　　　　　　　　　　　　　　　　　生　年　月　日　　　　　　　　　　　　　　　　　　　　　　年　月　日発行　　　　　　　　　　　　　　　　　　　　　　　　　　　　　　環　境　大　臣　　印

（裏）

絶滅のおそれのある野生動植物の種の保存に関する法律抜粋

第19条　次の各号に掲げる大臣は、この法律の施行に必要な限度において、それぞれ当該各号に規定する者に対し、希少野生動植物種の個体等の取扱いの状況その他必要な事項について報告を求め、又はその職員に、希少野生動植物種の個体の捕獲等若しくは個体等の譲渡し等、輸入、陳列若しくは広告に係る施設に立ち入り、希少野生動植物種の個体等、飼養栽培施設、書類その他の物件を検査させ、若しくは関係者に質問させることができる。
 (1)　環境大臣　第10条第1項若しくは第13条第1項の許可を受けている者又は販売若しくは頒布をする目的で希少野生動植物種の個体等の陳列若しくは広告をしている者
 (2)　環境大臣及び経済産業大臣　特定第一種国内希少野生動植物種以外の希少野生動植物種の個体等で輸入されたものの譲受けをした者
 (3)　経済産業大臣　特定第一種国内希少野生動植物種以外の希少野生動植物種の個体等を輸入した者

2　前項の規定による立入検査をする職員は、その身分を示す証明書を携帯し、関係者に提示しなければならない。
3　第1項の規定による権限は、犯罪捜査のために認められたものと解釈してはならない。
第63条　次の各号のいずれかに該当する者は、30万円以下の罰金に処する。
 (1)　略
 (2)　第19条第1項に規定する報告をせず、若しくは虚偽の報告をし、又は同項の規定による立入検査を拒み、妨げ、若しくは忌避し、若しくは質問に対して陳述をせず、若しくは虚偽の陳述をした者
 (3)〜(12)　略

備考　この身分証明書の用紙の大きさは、日本工業規格A6とする。

施行規則等様式

施行規則 **様式第4** （第11条関係）

（表）

国際希少野生動植物種登録票
（個体　個体の加工品　個体の器官　個体の器官の加工品）

登録記号番号　第　　　―　　　号

登録を受けた国際希少野生動植物種	種　　　　名	
	区分又は名称	
	登録時（　年　月　　日）における主な特徴	
登録をした個体等に係る個体識別番号		
登録年月日		
有効期間の満了の日		
備　　考		

（写真）　　　　　　　　　　　　　　　　　　　　　　　　　年　月　日交付

環　境　大　臣　　　印
（登録機関代表者）

（裏）

注　意

1　登録を受けた国際希少野生動植物種の個体、個体の加工品、個体の器官、個体の器官の加工品（以下「個体等」という。）は、販売又は頒布をする目的で陳列をするときは、その個体等に係る登録票を備え付け、広告をする時は登録を受けていること、登録記号番号、登録年月日及び登録の有効期間の満了の日（生きている個体に限る。）を表示しなければならない。
2　登録を受けた国際希少野生動植物種の個体等の譲渡し等は、その個体等に係る登録票とともにしなければならない。
3　登録票は、その登録票に係る国際希少野生動植物種の個体等とともにする場合を除いては、譲渡し等をしてはならない。
4　登録に係る個体等のうち個体識別措置が講じられたものを取り扱う者は、当該個体等の個体識別番号を識別できるよう取り扱わなければならない。
5　登録を受けた国際希少野生動植物種の個体等の正当な権原に基づく占有者は、個体識別措置を変更したときは、登録票を環境大臣に提出して、変更登録を受けなければならない。
6　登録を受けた国際希少野生動植物種の個体等の正当な権原に基づく占有者の氏名又は住所（法人にあっては、名称、代表者の氏名又は主たる事務所の所在地）に変更を生じたときは、30日以内に環境大臣（登録を行った個体等登録機関がある場合は当該個体等登録機関、登録を行った個体等登録機関がない場合であって他の個体等登録機関があるときは当該個体等登録機関。以下同じ。）にその旨を届け出なければならない。
7　登録を受けた国際希少野生動植物種の個体等の譲受け又は引取りをした者は、30日以内に環境大臣にその旨を届け出なければならない。
8　次に掲げる場合のいずれかに該当することとなったときには、30日以内に環境大臣に返納しなければならない。
　(1)　登録票に係る国際希少野生動植物種の個体等を占有しないこととなった場合（登録票とともにその登録票に係る国際希少野生動植物種の個体等の譲渡し又は引渡しをした場合を除く。）
　(2)　個体等の区分に変更を生じ、変更登録の申請をしない場合
　(3)　登録票の再交付を受けた後亡失した登録票を回復した場合
　(4)　登録の有効期間がある場合には、当該登録の有効期間が満了した場合
9　以上の事項に違反した場合には、法により罰金の刑に処せられることとなる。
10　登録に係る個体等のうち有効期間があるものについては、登録票を環境大臣に提出してその更新を受けなければ、その期間の経過によって、その効力を失う。なお、登録の更新の申請は、当該登録の有効期間の満了日以前6月前から行うことができる。

備考　1　個体、個体の加工品、個体の器官及び個体の器官の加工品の別は該当する項目を選択する。
　　　2　再交付された登録票については、備考欄にその旨を記載する。
　　　3　哺乳綱、爬虫綱及び両生綱の生きている個体及び個体の加工品並びに全ての種の個体の器官及び個体の器官の加工品には写真を付す。
　　　4　登録票の用紙の大きさは、縦14.8センチメートル、横10センチメートルとする。

Ⅲ 資料編　1 絶滅のおそれのある野生動植物の種の保存に関する法律・施行令・施行規則等

施行規則 **様式第5**（第18条関係）

(表)

第　　　　号

絶滅のおそれのある野生動植物の種の保存に関する法律第27条第2項の規定による身分証明書

写　真

官職及び氏名
生　年　月　日

年　　月　　日発行
環　境　大　臣　　印

(裏)

絶滅のおそれのある野生動植物の種の保存に関する法律抜粋

第27条　環境大臣は、この節の規定の施行に必要な限度において、個体等登録機関に対し、その個体等登録関係事務に関し報告を求め、又はその職員に、個体等登録機関の事務所に立ち入り、個体等登録機関の帳簿、書類その他必要な物件を検査させ、若しくは関係者に質問させることができる。
2　前項の規定による立入検査をする職員は、その身分を示す証明書を携帯し、関係者に提示しなければならない。
3　第1項の規定による権限は、犯罪捜査のために認められたものと解釈してはならない。

第64条　次の各号のいずれかに該当するときは、その違反行為をした個体等登録機関、事業登録機関又は認定機関の役員又は職員は、30万円以下の罰金に処する。
　(1)・(2)　略
　(3)　第27条第1項（第33条の22及び第33条の33において準用する場合を含む。以下この号において同じ。）に規定する報告をせず、若しくは虚偽の報告をし、又は同項の規定による立入検査を拒み、妨げ、若しくは忌避し、若しくは質問に対して陳述をせず、若しくは虚偽の陳述をしたとき。

備考　この身分証明書の用紙の大きさは、日本工業規格A6とする。

施行規則等様式

施行規則 様式第6 （第31条関係）

(表)

	第　　　　号

絶滅のおそれのある野生動植物の種の保存に関する法律第41条第3項の規定による身分証明書

写　真　　　　　官職及び氏名
　　　　　　　　生年月日

　　　　　　　　　　　　　　　　　　　　　年　　月　　日発行
　　　　　　　　　　　　　　　　　　　　　環　境　大　臣　　印

(裏)

絶滅のおそれのある野生動植物の種の保存に関する法律抜粋

第41条　環境大臣は、この法律の施行に必要な限度において、管理地区の区域内において第37条第4項各号に掲げる行為をした者又は監視地区の区域内において同項第1号から第5号までに掲げる行為をした者に対し、その行為の実施状況その他必要な事項について報告を求めることができる。
2　環境大臣は、この法律の施行に必要な限度において、その職員に、生息地等保護区の区域内において前項に規定する者が所有し、又は占有する土地に立ち入り、その者がした行為の実施状況について検査させ、若しくは関係者に質問させ、又はその行為が国内希少野生動植物種の保存に及ぼす影響について調査をさせることができる。
3　前項の規定による立入検査又は立入調査をする職員は、その身分を示す証明書を携帯し、関係者に提示しなければならない。
4　第1項及び第2項の規定による権限は、犯罪捜査のために認められたものと解釈してはならない。

第63条　次の各号のいずれかに該当する者は、30万円以下の罰金に処する。
　(1)～(9)　略
　(10)　第41条第1項に規定する報告をせず、若しくは虚偽の報告をし、又は同条第2項の規定による立入検査若しくは立入調査を拒み、妨げ、若しくは忌避し、若しくは質問に対して陳述をせず、若しくは虚偽の陳述をした者
　(11)・(12)　略

備考　この身分証明書の用紙の大きさは、日本工業規格A6とする。

施行規則 **様式第7**（第31条関係）

（表）

第　　　号

絶滅のおそれのある野生動植物の種の保存に関する法律第42条第3項の規定による身分証明書

写　真

官職及び氏名
生年月日

年　月　日発行
環境大臣　印

（裏）

絶滅のおそれのある野生動植物の種の保存に関する法律抜粋
第42条　環境大臣は、第36条第1項、第37条第1項又は第38条第1項の規定による指定又はその変更をするための実地調査に必要な限度において、その職員に、他人の土地に立ち入らせることができる。
2　環境大臣は、その職員に前項の規定による立入りをさせようとするときは、あらかじめ、土地の所有者又は占有者にその旨を通知し、意見を述べる機会を与えなければならない。
3　第1項の規定による立入りをする職員は、その身分を示す証明書を携帯し、関係者に提示しなければならない。
4　土地の所有者又は占有者は、正当な理由がない限り、第1項の規定による立入りを拒み、又は妨げてはならない。

第63条　次の各号のいずれかに該当する者は、30万円以下の罰金に処する。
　(1)～(10)　略
　(11)　第42条第4項又は第48条の2第4項の規定に違反して、第42条第1項又は第48条の2第1項の規定による立入りを拒み、又は妨げた者
　(12)　略

備考　この身分証明書の用紙の大きさは、日本工業規格A6とする。

施行規則等様式

施行規則 **様式第8** （第35条関係）

（表）

| | 第　　　　号 |

絶滅のおそれのある野生動植物の種の保存に関する法律第48条の2第3項の規定による身分証明書

写　真

官職及び氏名
生年月日

　　　年　　月　　日発行
環境大臣　　印

（裏）

絶滅のおそれのある野生動植物の種の保存に関する法律抜粋
第48条の2　環境大臣等は、保護増殖事業の実施に係る野生動植物の種の個体の捕獲等に必要な限度において、その職員に、他人の土地に立ち入り、立木竹を伐採させ、又は土地（水底を含む。以下この条において同じ。）の形質の軽微な変更をさせることができる。
2　環境大臣等は、その職員に前項の規定による行為をさせるときは、あらかじめ、土地の所有者若しくは占有者又は立木竹の所有者にその旨を通知し、意見を述べる機会を与えなければならない。
3　第1項の職員は、その身分を示す証明書を携帯し、関係者に提示しなければならない。
4　土地の所有者又は占有者は、正当な理由がない限り、第1項の規定による立入りを拒み、又は妨げてはならない。
5　略

第63条　次の各号のいずれかに該当する者は、30万円以下の罰金に処する。
　(1)～(10)　略
　(11)　第42条第4項又は第48条の2第4項の規定に違反して、第42条第1項又は第48条の2第1項の規定による立入りを拒み、又は妨げた者
　(12)　略

備考　この身分証明書の用紙の大きさは、日本工業規格A6とする。

III 資料編 1 絶滅のおそれのある野生動植物の種の保存に関する法律・施行令・施行規則等

施行規則 **様式第9**（第47条関係）

（表）

| | 第　　　　号 |

絶滅のおそれのある野生動植物の種の保存に関する法律第48条の11第2項の規定による身分証明書

写　真　　　　官職及び氏名
　　　　　　　生 年 月 日

　　　　　　　　　　　　　　　　　　　年　　月　　日発行
　　　　　　　　　　　　　　　　　　　環　境　大　臣　　印

（裏）

絶滅のおそれのある野生動植物の種の保存に関する法律抜粋

第48条の11　環境大臣は、この章の規定の施行に必要な限度において、認定希少種全動植物園等設置者等に対し、必要な報告を求め、又はその職員に、認定希少種全動植物園若しくは認定希少種保全動植物園等設置者等の事務所に立ち入り、書類その他の物件を検査させ、若しくは関係者に質問させることができる。
2　前項の規定による立入検査をする職員は、その身分を示す証明書を携帯し、関係者に提示しなければならない。
3　第1項の規定による権限は、犯罪捜査のために認められたものと解釈してはならない。

第63条　次の各号のいずれかに該当する者は、30万円以下の罰金に処する。
　(1)～(11)　略
　(12)　第48条の11に規定する報告をせず、若しくは虚偽の報告をし、又は同条の規定による立入検査を拒み、妨げ、若しくは忌避し、若しくは質問に対して陳述をせず、若しくは虚偽の陳述をした者

備考　この身分証明書の用紙の大きさは、日本工業規格Ａ6とする。

施行規則 様式第10（第48条関係）

（表）

|第　　　号|

身分証明書

　この証明書を携帯する者は、絶滅のおそれのある野生動植物の種の保存に関する法律第50条に規定する権限を行う希少野生動植物種保存取締官である。

　　　　　　　　　　　　官職及び氏名
　　　　　　　　　　　　生　年　月　日
　　写　真
　　　　　　　　　　　　　　　　　　　　　　　年　月　日発行
　　　　　　　　　　　　　　　　　　　　　　　環　境　大　臣　印

（裏）

絶滅のおそれのある野生動植物の種の保存に関する法律抜粋
第50条　環境大臣は、その職員のうち政令で定める要件を備えるものに、第8条、第11条第1項若しくは第3項、第14条第1項若しくは第3項、第18条、第19条第1項、第35条、第40条第1項若しくは第2項又は第41条第1項に規定する権限の一部を行わせることができる。
2　前項の規定により環境庁長官又は農林水産大臣の権限の一部を行う職員（次項において「希少野生動植物種保存取締官」という。）は、その権限を行うときは、その身分を示す証明書を携帯し、関係者に提示しなければならない。
3　略

備考　この身分証明書の用紙の大きさは、日本工業規格Ａ６とする。

Ⅲ 資料編　1 絶滅のおそれのある野生動植物の種の保存に関する法律・施行令・施行規則等

国内種省令 別記様式（第10条関係）

（表）

第　　　　　　号

絶滅のおそれのある野生動植物の種の保存に関する法律第33条第３項の規定による身分証明書

写　真

官職及び氏名
生 年 月 日

年　　月　　日発行
大　　臣　　　印

（裏）

絶滅のおそれのある野生動植物の種の保存に関する法律抜すい

第33条　環境大臣及び農林水産大臣は、この節の規定の施行に必要な限度において、第30条第１項の規定による届出をして特定国内種事業を行う者に対し、その特定国内種事業に関し報告を求め、又はその職員に、その特定国内種事業を行うための施設に立ち入り、書類その他の物件を検査させ、若しくは関係者に質問させることができる。
２　前項の規定は、第30条第２項の規定による届出をして特定国内種事業を行う者について準用する。この場合において、前項中「農林水産大臣」とあるのは、「特定国内種関係大臣」と読み替えるものとする。
３　第１項（前項において準用する場合を含む。次項において同じ。）の規定による立入検査をする職員は、その身分を示す証明書を携帯し、関係者に提示しなければならない。
４　第１項の規定による権限は、犯罪捜査のために認められたものと解釈してはならない。

第63条　次の各号のいずれかに該当する者は、30万円以下の罰金に処する。
　(1)～(6)　略
　(7)　第33条第１項（同条第２項及び第33条の５において準用する場合を含む。以下この号において同じ。）若しくは第33条の14第１項若しくは第２項に規定する報告をせず、若しくは虚偽の報告をし、又は第33条第１項若しくは第33条の14第１項の規定による立入検査を拒み、妨げ、若しくは忌避し、若しくは質問に対して陳述をせず、若しくは虚偽の陳述をし、若しくは物件を提出せず、若しくは虚偽の物件を提出し、若しくは資料を提出せず、若しくは虚偽の資料を提出した者
　(8)～(12)　略

備考　この身分証明書の用紙の大きさは、日本工業規格Ａ６とする。

施行規則等様式

[国際種省令] **様式第1** (第10条関係)

(表)

| | 第　　　　号 |

絶滅のおそれのある野生動植物の種の保存に関する法律第33条の5において準用する第33条第3項の規定による身分証明書

写　真

官職及び氏名
生　年　月　日

年　月　日発行
大　臣　印

(裏)

絶滅のおそれのある野生動植物の種の保存に関する法律抜粋

第33条　環境大臣及び農林水産大臣は、この節の規定の施行に必要な限度において、第30条第1項の規定による届出をして特定国内種事業を行う者に対し、その特定国内種事業に関し報告を求め、又はその職員に、その特定国内種事業を行うための施設に立ち入り、書類その他の物件を検査させ、若しくは関係者に質問させることができる。
2　略
3　第1項（前項において準用する場合を含む。次項において同じ。）の規定による立入検査をする職員は、その身分を示す証明書を携帯し、関係者に提示しなければならない。
4　第1項の規定による権限は、犯罪捜査のために認められたものと解釈してはならない。

第33条の5　（前略）第33条第1項、第3項及び第4項の規定は特定国際種事業について準用する。この場合において、（中略）第33条第1項中「農林水産大臣」とあるのは「特定国際種関係大臣」と読み替えるものとする。
第63条　次の各号のいずれかに該当する者は、30万円以下の罰金に処する。
　(1)～(6)　略
　(7)　第33条第1項（同条第2項及び第33条の5において準用する場合を含む。以下この号において同じ。）若しくは第33条の14第1項若しくは第2項に規定する報告をせず、若しくは虚偽の報告をし、又は第33条第1項若しくは第33条の14第1項の規定による立入検査を拒み、妨げ、若しくは忌避し、若しくは質問に対して陳述をせず、若しくは虚偽の陳述をし、若しくは物件を提出せず、若しくは虚偽の物件を提出し、若しくは資料を提出せず、若しくは虚偽の資料を提出した者
　(8)～(12)　略

備考　この身分証明書の用紙の大きさは、日本工業規格A6とする。

Ⅲ 資料編　1 絶滅のおそれのある野生動植物の種の保存に関する法律・施行令・施行規則等

国際種省令 **様式第2**　（第22条関係）

（表）

		第　　　　号

絶滅のおそれのある野生動植物の種の保存に関する法律第33条の14第3項の規定による身分証明書

　　写　真　　　　　官職及び氏名
　　　　　　　　　　生年月日

　　　　　　　　　　　　　　　　　　　年　　月　　日発行
　　　　　　　　　　　　　　　　　　　大　臣　　　　　　印

（裏）

絶滅のおそれのある野生動植物の種の保存に関する法律抜粋

第33条の14　環境大臣及び特別国際種関係大臣は、この節及び次節の規定の施行に必要な限度において、特別国際種事業者に対し、その特別国際種事業に関し報告若しくは帳簿、書類その他の物件の提出を命じ、又はその職員に、その特別国際種事業を行うための施設に立ち入り、帳簿、書類その他の物件を検査させ、若しくは関係者に質問させることができる。
2　（略）
3　第1項の規定による立入検査をする職員は、その身分を示す証明書を携帯し、関係者に提示しなければならない。
4　第1項の規定による権限は、犯罪捜査のために認められたものと解釈してはならない。

第63条　次の各号のいずれかに該当する者は、30万円以下の罰金に処する。
　(1)～(6)　略
　(7)　第33条第1項（同条第2項及び第33条の5において準用する場合を含む。以下この号において同じ。）若しくは第33条の14第1項若しくは第2項に規定する報告をせず、若しくは虚偽の報告をし、又は第33条第1項若しくは第33条の14第1項の規定による立入検査を拒み、妨げ、若しくは忌避し、若しくは質問に対して陳述をせず、若しくは虚偽の陳述をし、若しくは物件を提出せず、若しくは虚偽の物件を提出し、若しくは資料を提出せず、若しくは虚偽の資料を提出した者
　(8)～(12)　略

備考　この身分証明書の用紙の大きさは、日本工業規格A6とする。

施行規則等様式

[国際種省令] **様式第3**　（第30条関係）

(表)

第　　　　　号

絶滅のおそれのある野生動植物の種の保存に関する法律第33条の22において準用する第27条第2項の規定による身分証明書

写　真

官職及び氏名
生　年　月　日

年　　月　　日発行
大　臣　　　　印

(裏)

絶滅のおそれのある野生動植物の種の保存に関する法律抜粋

第27条　環境大臣は、この節の規定の施行に必要な限度において、個体等登録機関に対し、その個体等登録関係事務に関し報告を求め、又はその職員に、個体等登録機関の事務所に立ち入り、個体等登録機関の帳簿、書類その他必要な物件を検査させ、若しくは関係者に質問させることができる。
2　前項の規定による立入検査をする職員は、その身分を示す証明書を携帯し、関係者に提示しなければならない。
3　第1項の規定による権限は、犯罪捜査のために認められたものと解釈してはならない。
第33条の22　（前略）第27条の規定は事業登録関係事務について準用する。この場合において、（中略）第27条第1項中「環境大臣」とあるのは「環境大臣及び特別国際種関係大臣」と、「この節」とあるのは「この款」と読み替えるものとする。

第64条　次の各号のいずれかに該当するときは、その違反行為をした個体等登録機関、事業登録機関又は認定機関の役員又は職員は、30万円以下の罰金に処する。
(1)・(2)　略
(3)　第27条第1項（第33条の22及び第33条の33において準用する場合を含む。以下この号において同じ。）に規定する報告をせず、若しくは虚偽の報告をし、又は同項の規定による立入検査を拒み、妨げ、若しくは忌避し、若しくは質問に対して陳述をせず、若しくは虚偽の陳述をしたとき。

備考　この身分証明書の用紙の大きさは、日本工業規格Ａ6とする。

Ⅲ 資料編　1 絶滅のおそれのある野生動植物の種の保存に関する法律・施行令・施行規則等

国際種省令 **様式第4**　（第36条関係）

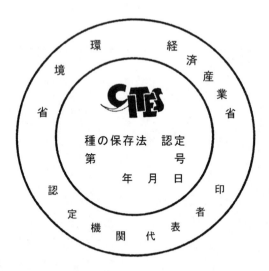

内円の外径は、外円の直径の$\frac{2}{3}$とする。

施行規則等様式

[国際種省令] **様式第5**　（第46条関係）

(表)

第　　　号

絶滅のおそれのある野生動植物の種の保存に関する法律第33条の33において準用する第27条第2項の規定による身分証明書

写　真

官職及び氏名
生　年　月　日

年　月　日発行
大　臣　　　印

(裏)

絶滅のおそれのある野生動植物の種の保存に関する法律抜粋

第27条　環境大臣は、この節の規定の施行に必要な限度において、個体等登録機関に対し、その個体等登録関係事務に関し報告を求め、又はその職員に、個体等登録機関の事務所に立ち入り、個体等登録機関の帳簿、書類その他必要な物件を検査させ、若しくは関係者に質問させることができる。
2　前項の規定による立入検査をする職員は、その身分を示す証明書を携帯し、関係者に提示しなければならない。
3　第1項の規定による権限は、犯罪捜査のために認められたものと解釈してはならない。
第33条の33　（前略）第27条の規定は認定関係事務について準用する。この場合において、（中略）第27条第1項中「環境大臣」とあるのは「環境大臣等」と読み替えるものとする。

第64条　次の各号のいずれかに該当するときは、その違反行為をした個体等登録機関、事業登録機関又は認定機関の役員又は職員は、30万円以下の罰金に処する。
(1)・(2)　略
(3)　第27条第1項（第33条の22及び第33条の33において準用する場合を含む。以下この号において同じ。）に規定する報告をせず、若しくは虚偽の報告をし、又は同項の規定による立入検査を拒み、妨げ、若しくは忌避し、若しくは質問に対して陳述をせず、若しくは虚偽の陳述をしたとき。

備考　この身分証明書の用紙の大きさは、日本工業規格A6とする。

Ⅲ 資料編　1 絶滅のおそれのある野生動植物の種の保存に関する法律・施行令・施行規則等

負担金省令 別記様式（第6条関係）

（表）

	第　　　　　号
絶滅のおそれのある野生動植物の種の保存に関する法律第19条第2項の規定による身分証明書	

写　真

官職及び氏名
生　年　月　日

　　　年　　月　　日発行
　　　　大　　臣　　印

（裏）

絶滅のおそれのある野生動植物の種の保存に関する法律抜粋

第19条　次の各号に掲げる大臣は、この法律の施行に必要な限度において、それぞれ当該各号に規定する者に対し、希少野生動植物種の個体等の取扱いの状況その他必要な事項について報告を求め、又はその職員に、希少野生動植物種の個体の捕獲等若しくは個体等の譲渡し等、輸入、陳列若しくは広告に係る施設に立ち入り、希少野生動植物種の個体等、飼養栽培施設、書類その他の物件を検査させ、若しくは関係者に質問させることができる。
　(1) 環境大臣　第10条第1項若しくは第13条第1項の許可を受けている者又は販売若しくは頒布をする目的で希少野生動植物種の個体等の陳列若しくは広告をしている者
　(2) 環境大臣及び経済産業大臣　特定第一種国内希少野生動植物種以外の希少野生動植物種の個体等で輸入されたものの譲受けをした者
　(3) 経済産業大臣　特定第一種国内希少野生動植物種以外の希少野生動植物種の個体等を輸入した者

2　前項の規定による立入検査をする職員は、その身分を示す証明書を携帯し、関係者に提示しなければならない。
3　第1項の規定による権限は、犯罪捜査のために認められたものと解釈してはならない。
第63条　次の各号のいずれかに該当する者は、30万円以下の罰金に処する。
　(1)　略
　(2)　第19条第1項に規定する報告をせず、若しくは虚偽の報告をし、又は同項の規定による立入検査を拒み、妨げ、若しくは忌避し、若しくは質問に対して陳述をせず、若しくは虚偽の陳述をした者
　(3)～(12)　略

備考　この身分証明書の用紙の大きさは、日本工業規格A6とする。

絶滅のおそれのある野生動植物の種の保存に関する法律第23条第1項に規定する個体等登録機関に係る民間事業者等が行う書面の保存等における情報通信の技術の利用に関する省令

2　その他の法令
●絶滅のおそれのある野生動植物の種の保存に関する法律第23条第1項に規定する個体等登録機関に係る民間事業者等が行う書面の保存等における情報通信の技術の利用に関する省令

　　　　　　　　　　　　　　　　　　　　　　　　　　　　　［平成17年3月24日］
　　　　　　　　　　　　　　　　　　　　　　　　　　　　　［環境省令第5号］
　　　　　　　　　　　　　　　　　　　平成30年4月3日環境省令第8号　改正現在

　民間事業者等が行う書面の保存等における情報通信の技術の利用に関する法律（平成16年法律第149号）第3条第1項、第4条第1項、第5条第1項及び第6条第1項並びに民間事業者等が行う書面の保存等における情報通信の技術の利用に関する法律施行令（平成17年政令第8号）第2条第1項の規定に基づき、絶滅のおそれのある野生動植物の種の保存に関する法律第23条第1項に規定する登録機関に係る民間事業者等が行う書面の保存等における情報通信の技術の利用に関する省令を次のように定める。

　　絶滅のおそれのある野生動植物の種の保存に関する法律第23条第1項に規定する個体等登録機関に係る民間事業者等が行う書面の保存等における情報通信の技術の利用に関する省令

（趣旨）

第1条　民間事業者等が、絶滅のおそれのある野生動植物の種の保存に関する法律（平成4年法律第75号）23条第1項に規定する個体等登録機関に係る保存等を、電磁的記録を使用して行う場合については、他の法律及び法律に基づく命令（告示を含む。）に特別の定めのある場合を除くほか、この省令の定めるところによる。

（定義）

第2条　この省令において使用する用語は、特別の定めのある場合を除くほか、民間事業者等が行う書面の保存等における情報通信の技術の利用に関する法律（以下「法」という。）において使用する用語の例による。

（法第3条第1項の主務省令で定める保存）

第3条　法第3条第1項の主務省令で定める保存は、絶滅のおそれのある野生動植物の種の保存に関する法律第24条第6項及び第8項の規定に基づく書面の保存とする。

（電磁的記録による保存）

第4条　民間事業者等が、法第3条第1項の規定に基づき、前条に規定する書面の保存に代えて当該書面に係る電磁的記録の保存を行う場合は、次に掲げる方法のいずれかにより行わなければならない。

　一　作成された電磁的記録を民間事業者等の使用に係る電子計算機に備えられたファイル又は磁気ディスク、シー・ディー・ロムその他これらに準ずる方法により一定の事項を

確実に記録しておくことができる物（以下「磁気ディスク等」という。）をもって調製するファイルにより保存する方法
  二　書面に記載されている事項をスキャナ（これに準ずる画像読取装置を含む。）により読み取ってできた電磁的記録を民間事業者等の使用に係る電子計算機に備えられたファイル又は磁気ディスク等をもって調製するファイルにより保存する方法
2　民間事業者等が、前項の規定に基づく電磁的記録の保存を行う場合は、必要に応じ電磁的記録に記録された事項を出力することにより、直ちに整然とした形式及び明瞭な状態で使用に係る電子計算機その他の機器に表示及び書面を作成できなければならない。

（法第4条第1項の主務省令で定める作成）

第5条　法第4条第1項の主務省令で定める作成は、絶滅のおそれのある野生動植物の種の保存に関する法律第24条第8項の規定に基づく書面の作成とする。

（電磁的記録による作成）

第6条　民間事業者等が、法第4条第1項の規定に基づき、前条に規定する書面の作成に代えて当該書面に係る電磁的記録の作成を行う場合は、民間事業者等の使用に係る電子計算機に備えられたファイルに記録する方法又は磁気ディスク等をもって調製する方法により作成を行わなければならない。

（法第5条第1項の主務省令で定める縦覧等）

第7条　法第5条第1項の主務省令で定める縦覧等は、絶滅のおそれのある野生動植物の種の保存に関する法律第24条第7項第1号の規定に基づく書面の縦覧等とする。

（電磁的記録による縦覧等）

第8条　民間事業者等が、法第5条第1項の規定に基づき、前条に規定する書面の縦覧等に代えて当該書面に係る電磁的記録に記録されている事項の縦覧等を行う場合は、当該事項を民間事業者等の事務所に備え置く電子計算機の映像面における表示又は当該事項を記載した書類により行わなければならない。

（法第6条第1項の主務省令で定める交付等）

第9条　法第6条第1項の主務省令で定める交付等は、絶滅のおそれのある野生動植物の種の保存に関する法律第24条第7項第2号の規定に基づく書面の交付等とする。

（電磁的記録による交付等）

第10条　民間事業者等が、法第6条第1項の規定に基づき、前条に規定する書面の交付等に代えて当該書面に係る電磁的記録に記録されている事項の交付等を行う場合は、次に掲げる方法により行わなければならない。
  一　電子情報処理組織を使用する方法のうちイ又はロに掲げるもの
    イ　民間事業者等の使用に係る電子計算機と交付等の相手方の使用に係る電子計算機とを接続する電気通信回線を通じて送信し、受信者の使用に係る電子計算機に備えられたファイルに記録する方法
    ロ　民間事業者等の使用に係る電子計算機に備えられたファイルに記録された書面に記

絶滅のおそれのある野生動植物の種の保存に関する法律第23条第1項に規定する個体等登録機関に係る民間事業者等が行う書面の保存等における情報通信の技術の利用に関する省令

載すべき事項を電気通信回線を通じて交付等の相手方の閲覧に供し、当該相手方の使用に係る電子計算機に備えられたファイルに当該事項を記録する方法（法第6条第1項に規定する方法による交付等を受ける旨の承諾又は受けない旨の申出をする場合にあっては、民間事業者等の使用に係る電子計算機に備えられたファイルにその旨を記録する方法）

二　磁気ディスク等をもって調整するファイルに書面に記載すべき事項を記録したものを交付する方法

2　前項に掲げる方法は、交付等の相手方がファイルへの記録を出力することによる書面を作成することができるものでなければならない。

（電磁的方法による承諾）

第11条　民間事業者等が行う書面の保存等における情報通信の技術の利用に関する法律施行令第2条第1項の規定により交付等の相手方に示すべき方法の種類及び内容は、次に掲げる事項とする。

一　前条第1項に規定する方法のうち民間事業者等が使用するもの
二　ファイルへの記録の方式

附　則

（施行期日）

第1条　この省令は平成17年4月1日から施行する。

（罰則に関する経過措置）

第2条　この省令の施行前にした行為に対する罰則の適用については、なお従前の例による。

◉絶滅のおそれのある野生動植物の種の保存に関する法律第33条の15第1項に規定する事業登録機関及び第33条の26第1項に規定する認定機関に係る民間事業者等が行う書面の保存等における情報通信の技術の利用に関する省令

〔平成17年3月29日 経済産業・環境省令第3号〕

平成30年4月3日経済産業・環境省令第4号 **改正現在**

　民間事業者等が行う書面の保存等における情報通信の技術の利用に関する法律（平成16年法律第149号）第3条第1項、第4条第1項、第5条第1項及び第6条第1項並びに民間事業者等が行う書面の保存等における情報通信の技術の利用に関する法律施行令（平成17年政令第8号）第2条第1項の規定に基づき、絶滅のおそれのある野生動植物の種の保存に関する法律第33条の8第1項に規定する認定機関に係る民間事業者等が行う書面の保存等における情報通信の技術の利用に関する省令を次のように定める。

　　絶滅のおそれのある野生動植物の種の保存に関する法律第33条の15第1項に規定する事業登録機関及び第33条の26第1項に規定する認定機関に係る民間事業者等が行う書面の保存等における情報通信の技術の利用に関する省令

（趣旨）

第1条　民間事業者等が、絶滅のおそれのある野生動植物の種の保存に関する法律（平成4年法律第75号）第33条の15第1項に規定する事業登録機関及び第33条の26第1項に規定する認定機関に係る保存等を、電磁的記録を使用して行う場合については、他の法律及び法律に基づく命令（告示を含む。）に特別の定めのある場合を除くほか、この省令の定めるところによる。

（定義）

第2条　この省令において使用する用語は、特別の定めのある場合を除くほか、民間事業者等が行う書面の保存等における情報通信の技術の利用に関する法律（以下「法」という。）において使用する用語の例による。

（法第3条第1項の主務省令で定める保存）

第3条　法第3条第1項の主務省令で定める保存は、絶滅のおそれのある野生動植物の種の保存に関する法律第33条の16第6項及び第8項並びに第33条の27第6項及び第8項の規定に基づく書面の保存とする。

（電磁的記録による保存）

第4条　民間事業者等が、法第3条第1項の規定に基づき、前条に規定する書面の保存に代えて当該書面に係る電磁的記録の保存を行う場合は、次に掲げる方法のいずれかにより行わなければならない。

　一　作成された電磁的記録を民間事業者等の使用に係る電子計算機に備えられたファイル

絶滅のおそれのある野生動植物の種の保存に関する法律第33条の15第1項に規定する事業登録機関及び第33条の26第1項に規定する認定機関に係る民間事業者等が行う書面の保存等における情報通信の技術の利用に関する省令

  又は磁気ディスク、シー・ディー・ロムその他これらに準ずる方法により一定の事項を確実に記録しておくことができる物（以下「磁気ディスク等」という。）をもって調製するファイルにより保存する方法
 二　書面に記載されている事項をスキャナ（これに準ずる画像読取装置を含む。）により読み取ってできた電磁的記録を民間事業者等の使用に係る電子計算機に備えられたファイル又は磁気ディスク等をもって調製するファイルにより保存する方法
2　民間事業者等が、前項の規定に基づく電磁的記録の保存を行う場合は、必要に応じ電磁的記録に記録された事項を出力することにより、直ちに整然とした形式及び明瞭な状態で民間事業者等の使用に係る電子計算機その他の機器に表示及び書面を作成できなければならない。
3　民間事業者等が、第1項の規定に基づく電磁的記録の保存を行う場合のうち、絶滅のおそれのある野生動植物の種の保存に関する法律第33条の16第8項及び第33条の27第8項の規定に基づく書面の保存に代えて当該書面に係る電磁的記録の保存を行う場合は、主務大臣が定める基準を確保するよう努めなければならない。
（法第4条第1項の主務省令で定める作成）
第5条　法第4条第1項の主務省令で定める作成は、絶滅のおそれのある野生動植物の種の保存に関する法律第33条の16第8項及び第33条の27第8項の規定に基づく書面の作成とする。
（電磁的記録による作成）
第6条　民間事業者等が、法第4条第1項の規定に基づき、前条に規定する書面の作成に代えて当該書面に係る電磁的記録の作成を行う場合は、民間事業者等の使用に係る電子計算機に備えられたファイルに記録する方法又は磁気ディスク等をもって調製する方法により作成を行わなければならない。
（法第5条第1項の主務省令で定める縦覧等）
第7条　法第5条第1項の主務省令で定める縦覧等は、絶滅のおそれのある野生動植物の種の保存に関する法律第33条の16第7項第1号及び第33条の27第7項第1号の規定に基づく書面の縦覧等とする。
（電磁的記録による縦覧等）
第8条　民間事業者等が、法第5条第1項の規定に基づき、前条に規定する書面の縦覧等に代えて当該書面に係る電磁的記録に記録されている事項の縦覧等を行う場合は、当該事項を民間事業者等の事務所に備え置く電子計算機の映像面における表示又は当該事項を記載した書類により行わなければならない。
（法第6条第1項の主務省令で定める交付等）
第9条　法第6条第1項の主務省令で定める交付等は、絶滅のおそれのある野生動植物の種の保存に関する法律第33条の16第7項第2号及び第33条の27第7項第2号の規定に基づく書面の交付等とする。

(電磁的記録による交付等)
第10条 民間事業者等が、法第6条第1項の規定に基づき、前条に規定する書面の交付等に代えて当該書面に係る電磁的記録に記録されている事項の交付等を行う場合は、次に掲げる方法により行わなければならない。
一 電子情報処理組織を使用する方法のうちイ又はロに掲げるもの
　イ 民間事業者等の使用に係る電子計算機と交付等の相手方の使用に係る電子計算機とを接続する電気通信回線を通じて送信し、受信者の使用に係る電子計算機に備えられたファイルに記録する方法
　ロ 民間事業者等の使用に係る電子計算機に備えられたファイルに記録された書面に記載すべき事項を電気通信回線を通じて交付等の相手方の閲覧に供し、当該相手方の使用に係る電子計算機に備えられたファイルに当該事項を記録する方法（法第6条第1項に規定する方法による交付等を受ける旨の承諾又は受けない旨の申出をする場合にあっては、民間事業者等の使用に係る電子計算機に備えられたファイルにその旨を記録する方法）
二 磁気ディスク等をもって調製するファイルに書面に記載すべき事項を記録したものを交付する方法
2 前項各号に掲げる方法は、交付等の相手方がファイルへの記録を出力することによる書面を作成することができるものでなければならない。

(電磁的方法による承諾)
第11条 民間事業者等が行う書面の保存等における情報通信の技術の利用に関する法律施行令第2条第1項の規定により示すべき方法の種類及び内容は、次に掲げる事項とする。
一 前条第1項各号に掲げる方法のうち民間事業者等が使用するもの
二 ファイルへの記録の方式

　　　附　則
(施行期日)
第1条 この省令は、平成17年4月1日から施行する。
(罰則に関する経過措置)
第2条 この省令の施行前にした行為に対する罰則の適用については、なお従前の例による。

●希少野生動植物種保存基本方針

[平成30年4月17日
環境省告示第38号]

　絶滅のおそれのある野生動植物の種の保存に関する法律の一部を改正する法律（平成29年法律第51号）附則第2条第1項及び絶滅のおそれのある野生動植物の種の保存に関する法律（平成4年法律第75号）第6条第4項において準用する同条第1項の規定に基づき、希少野生動植物種保存基本方針（平成4年総理府告示第24号）の全部を次のとおり変更したので、同条第4項において準用する同条第3項の規定により公表する。

　　希少野生動植物種保存基本方針
第一　絶滅のおそれのある野生動植物の種の保存に関する基本構想
　1　野生動植物の種の保存に関する基本認識
　　　野生動植物は、人類の生存の基盤である生態系の基本的構成要素であり、日光、大気、水、土とあいまって、物質循環やエネルギーの流れを担うとともに、その多様性によって生態系のバランスを維持している。野生動植物はまた、食料、衣料、医薬品等の資源として利用されるほか、学術研究、芸術、文化の対象として、さらに生活に潤いや安らぎをもたらす存在として、人類の豊かな生活に欠かすことのできない役割を果たしている。

　　　野生動植物の世界は、生態系、生物群集、種、個体群等様々なレベルで成り立っており、それぞれのレベルでその多様性を確保する必要があるが、中でも種は、野生動植物の世界における基本単位であり、人類共通の財産である生物の多様性を確保する観点からも、その保存は極めて重要である。

　　　しかし、今日、様々な人間活動による圧迫に起因し、多くの種が絶滅し、また、絶滅のおそれのある種が数多く生じている。種の絶滅は野生動植物の多様性を低下させ、森林、里山、農地、河川、湖沼、湿原、海岸、浅海、海洋等の多様な生態系のバランスを変化させるおそれがあるばかりでなく、人類が享受することができる様々な恩恵を永久に消失させる。現在と将来の人類の豊かな生活を確保するために、人為の影響による野生動植物の種の絶滅の防止に緊急に取り組むことが求められている。

　　　なお、種の絶滅の防止に当たっては、絶滅のおそれのある野生動植物の種（以下「絶滅危惧種」という。）の個体数の減少を防止し、又は回復を図ることにより、種の絶滅を回避し、最終的に本来の生息地又は生育地（以下「生息地等」という。）における当該種の安定的な存続を確保することを目標とする。
　2　絶滅危惧種の保存施策の基本的考え方
　　　今日、野生動植物の種を圧迫している主な要因は、過度の捕獲・採取、人間の生活域の拡大等による生息地等の消失、里地里山などの利用・管理の不足による生息・生育環境の悪化、外来種による捕食等の影響又は化学物質による環境汚染等である。種を絶滅

の危機から救うためには、これらの圧迫要因を除去又は軽減するとともに、保存を図ろうとする種の生態的特性などの生物学的知見に基づき、その個体の生息又は生育に適した条件を積極的に整備し、個体数の維持・回復を図ることも必要となる。

このため、生物学的知見に基づき、また、種を取り巻く社会的状況を考慮した上で、絶滅危惧種の個体等の捕獲、譲渡し及び生息地等における行為を適切に規制する等の措置を講ずる。さらに、その生息・生育状況や生態的特性を考慮しつつ、餌条件の改善、飼育・栽培下における繁殖等個体の繁殖の促進のための事業、生息・生育環境の維持・整備等の事業を推進する。

絶滅危惧種の保存は、国際的にも緊急の課題であり、我が国も積極的な協力が求められている。このため、本邦における絶滅危惧種のみならず、国際条約等に基づき我が国がその保存に責任を有する種についても、輸出入及び譲渡し等を規制する措置を講ずる。

絶滅危惧種の保存施策は、生物学的知見に立脚しつつ、時機を失うことなく適切に実施される必要がある。このため、絶滅危惧種に係る基礎的な資料として、絶滅のおそれを評価した野生動植物の種のリスト(以下「レッドリスト」という。)を作成するほか、施策の推進に必要な各種の調査研究を積極的に推進する。

以上の施策は、国民の理解及び協力並びに関係者との連携の下に、関連制度を活用しつつ、人と野生動植物の共存を図りながら推進する必要がある。このため、レッドリストの活用等により、絶滅危惧種の保存に対する国民の理解を深めるための普及啓発・教育活動及び保存施策に係る国民の参画を推進する。

また、これらの施策は、関係者の所有権その他の財産権を尊重し、農林水産業を営む者等住民の生活の安定及び福祉の維持向上に配慮し、並びに国土の保全その他の公益との調整を図りつつ推進する。

3 絶滅危惧種の保存施策の基本的進め方
(1) 保存施策に取り組む種の優先度の決定

絶滅危惧種の保存施策の実施に当たっては、種の存続の困難さと施策効果の大きさの二つの視点で評価することを基本として、取り組む種の優先度を決定する。ただし、優先度の決定に当たっては、対象種の保存に資する施策の実施状況のほか、種の特性等についても考慮する。

ア 種の存続の困難さによる視点

種の存続の困難さは、レッドリストにおける評価に加え、生態的特性などの生物学的知見に基づき判断し、生息・生育状況の悪化が進行していること等により絶滅のおそれが特に高い種から、保存施策の検討を行う。なお、種によっては繁殖による個体数の増加の割合や個体の移動範囲等の特性が大きく異なり、減少要因や生息環境等の種が置かれている状況も様々である。このため、絶滅のおそれの高い種の中でも、保存施策に取り組む優先度が異なる場合があることに留意する。また、急

激な状況の悪化によって緊急対策を要すると判断された種についても優先して保存施策の検討を行う。
　イ　施策効果による視点
　　施策効果の視点からは、次のいずれかに該当する種について優先して施策の検討を行う。
　　①　生態学的に重要性が高く、その保存によって分布域内の生態系全体の保全にも効果がある種
　　②　認知度又は地域住民等の関心が高く国や地域の象徴となり、多くの主体の保存施策への参画又は協力を促進させる効果が期待される種
　　③　複数の絶滅危惧種が集中する地域に生息・生育し、当該種に対する保存施策が他の絶滅危惧種の保存にも効果がある種
　ウ　考慮すべき事項
　　全国で絶滅危惧種の保存施策に取り組むに当たっては、以上の視点に加え、次のような特性を有する種についても考慮して優先度を検討する。
　　①　捕獲・採取圧が減少要因となっており、全国的に流通する可能性がある種
　　②　固有種が多く生物多様性が豊かな島嶼等、本邦でも特に重要な生態系が見られる地域に分布する種
　　③　分布範囲や個体の行動範囲が都道府県境をまたいで広域に及ぶ種
　　④　国境を越えて移動する種や国際的に協力して保全に取り組む必要がある種
　　⑤　有効かつ汎用性のある保存施策の手法や技術を確立するために先駆的に取り組む意義がある種
　　なお、絶滅危惧種の中で、絶滅のおそれが特に高いとは認められない種においても、次のような状況にある種については、情報の整備と保存施策の手法検討により、施策の方向性を示すよう努める。
　　①　かつては広域的に里地里山などでごく普通に見られていたにもかかわらず、近年、全国的に減少傾向にある種
　　②　自然海岸、河口等に生息・生育し、その環境の消失や劣化に伴って全国的に減少傾向にある種
　　③　個体数は安定しているものの、人為的な要因により、その生息地等が１カ所に集中しているなど、脆弱性の高い状況にある種
(2)　効果的な保存施策の選択及び実施
　　絶滅危惧種の保存施策は様々であり、特定の種に着目した施策のみならず、生態系に着目した保護地域や自然再生などの施策も種の保存に資する。絶滅危惧種の保存施策を効果的に実施するためには、対象種の保存の目標をできる限り明らかにした上で、様々な施策の中から目標を達成するために有効な施策を適切に選定し、必要に応じて施策を組み合わせて実施することが重要である。そのため、種の特性や減少要

因、種を取り巻く社会的状況などの関連情報を蓄積した上で、有効な施策の実施のために必要な条件がある程度整ったものから、施策を推進する。
　なお、施策の選択及び実施に当たっては、次の点に留意する。
ア　種の生息・生育に悪影響を与えている要因が明らかではない場合には、当該種を取り巻く問題の適切な把握に努めるべきであること。
イ　種の置かれた状況によっては、同一の種であっても地域によって減少要因が異なることも多く、それぞれの地域によって異なる対策を講ずることも考慮すべきであること。
ウ　保存施策の実施に当たっては、種の分布や遺伝的多様性の状況にも配慮し、施策の対象とする適切な個体群の範囲を明確化すべきであること。
エ　里地里山などに分布する種については、当該種の生息・生育環境の維持につながってきた土地の利用方法及び管理手法など伝統的な知恵の活用を考慮すべきであること。
オ　気候変動及び外来種等との交雑・競合による野生動植物の種への影響の把握に努めるとともに、その影響を踏まえた絶滅危惧種の保存施策のあり方を検討していく必要があること。
カ　保存施策の対象種と当該対象種が生息・生育する地域の住民生活との関連性などの社会的な側面も十分に考慮し、共存を図ることが、その種の保存の観点からも重要であること。
キ　保護地域以外の地域においても、土地や資源の利用方法への配慮などにより種の保存に貢献できることは多いと考えられるため、保護地域以外の地域における施策の方向性を示すことも重要であること。
(3)　生息地等の外における保存施策の考え方
　絶滅危惧種の保存施策は、その種の自然の生息地等において行うことが基本である。このため、生息地等の外において絶滅危惧種を保存すること（以下「生息域外保全」という。）及び生息地等の外におかれた個体を自然の生息地等に戻し定着させること（以下「野生復帰」という。）は、生息地等における施策の補完とすることが前提となる。生息域外保全の対象種の選定に当たっては、現時点で生息地等において種の存続がどのくらい困難であるかという視点に加え、将来的に絶滅のおそれがどのくらい高まることが想定されるかという視点についても考慮する。
　生息域外保全は、種の保存の目標の達成に必要な場合において、緊急避難、保険としての種の保存、科学的知見の集積のいずれか又は複数の目的を設定して取り組む。また、個体を野生復帰させることを想定して実施すべきである。
　野生復帰には、現存個体群に同種の個体を加える場合（補強）や、過去にその種が生息・生育していた地域に再び定着させる場合（再導入）などの考え方があることを踏まえ、野生復帰を実施する場所の生態系や個体群に対する遺伝的な多様性等への悪

影響の可能性を十分に検討してその必要性を評価し、計画的に実施する必要がある。このため、生息域外保全及び野生復帰を実施する前に、それぞれ実施計画を作成するよう努める。

なお、本邦において絶滅した野生動植物の種について、国外に同種の個体群が存在する場合、そこから個体を本邦に持ち込むことで対象種の個体群を本邦に定着させる可能性も考えられる。しかし、本邦の生態系や地域社会に様々な悪影響を及ぼすおそれもあることから、実施する場合には、多面的かつ慎重な検討を行う必要がある。

第二　希少野生動植物種の選定に関する基本的な事項
 1　国内希少野生動植物種
　(1)　国内希少野生動植物種については、その本邦における生息・生育状況が、人為の影響により存続に支障を来す事情が生じていると判断される種（亜種又は変種がある種にあっては、その亜種又は変種とする。以下同じ。）で、次のいずれかに該当するものを選定（絶滅のおそれのある野生動植物の種の保存に関する法律（平成４年法律第75号。以下、第八を除き「法」という。）に基づく指定ではなく、同法に基づき指定すべき種の選定を指す。以下同じ。）する。
　　ア　その存続に支障を来す程度に個体数が著しく少ないか、又は著しく減少しつつあり、その存続に支障を来す事情がある種
　　イ　全国の分布域の相当部分で生息地等が消滅しつつあることにより、その存続に支障を来す事情がある種
　　ウ　分布域が限定されており、かつ、生息地等の生息・生育環境の悪化により、その存続に支障を来す事情がある種
　　エ　分布域が限定されており、かつ、生息地等における過度の捕獲又は採取により、その存続に支障を来す事情がある種
　(2)　国内希少野生動植物種の選定に当たっては、次の事項に留意する。
　　ア　外来種は、選定しないこと。
　　イ　従来から本邦にごくまれにしか渡来又は回遊しない種は、選定しないこと。
　　ウ　個体としての識別が容易な大きさ及び形態を有する種を選定すること。
　(3)　国内希少野生動植物種に指定された種について、個体数の回復等により、(1)に掲げる事項に該当しなくなったと認められるものは、国内希少野生動植物種の指定を解除する。

その指定解除についての検討は、絶滅のおそれがなくなった状態が一定期間継続している種について行い、解除による当該種への影響、特に解除による個体数減少の可能性について十分な検証に努める。また、解除後は、生物学的知見に基づき再び絶滅のおそれが生じたと判断される場合には、国内希少野生動植物種に選定することを検討する。
 2　国際希少野生動植物種

国際希少野生動植物種については、国内希少野生動植物種以外の種で、次のいずれかに該当するものを選定する。
　ア　「絶滅のおそれのある野生動植物の種の国際取引に関する条約」（以下「ワシントン条約」という。）附属書Ⅰに掲載された種。ただし、我が国が留保している種を除く。
　イ　我が国が締結している渡り鳥及び絶滅のおそれのある鳥類並びにその環境の保護に関する条約又は協定（以下「渡り鳥等保護条約」という。）に基づき、相手国から絶滅のおそれのある鳥類として通報のあった種
3　特定第一種国内希少野生動植物種
　特定第一種国内希少野生動植物種については、国内希少野生動植物種のうち、商業的に個体の繁殖をさせることが可能な種を選定する。ただし、その国内希少野生動植物種が、ワシントン条約附属書Ⅰに掲載された種（我が国が留保している種を除く。）又は渡り鳥等保護条約に基づき、相手国から絶滅のおそれのある鳥類として通報のあった種に該当する場合には、商業的に個体の繁殖をさせることが可能な種であっても、特定第一種国内希少野生動植物種には選定しない。
4　特定第二種国内希少野生動植物種
　特定第二種国内希少野生動植物種については、国内希少野生動植物種のうち、次のいずれにも該当するものを選定する。
　ア　第二1(1)イ又はウに該当する種
　イ　その存続に支障をきたす程度に個体数が著しく少ないものでない種
　ウ　生息・生育の環境が良好に維持されていれば、繁殖による速やかな個体数の増加が見込まれる種
　エ　ワシントン条約附属書Ⅰに掲載された種（我が国が留保している種を除く。）及び渡り鳥等保護条約に基づき、相手国から絶滅のおそれのある鳥類として通報のあった種以外の種
5　緊急指定種
　緊急指定種については、本邦に生息又は生育する野生動植物の種で、国内希少野生動植物種及び国際希少野生動植物種以外のもののうち、次のいずれかに該当するものであって、特にその保存を緊急に図る必要があると認められるものを指定する。
　ア　分類学上、従来の種、亜種又は変種に属さないものとして新たに報告された種
　イ　従来本邦に分布しないとされていたが、新たに本邦での生息又は生育が確認された種
　ウ　本邦において、すでに絶滅したとされていたが、その生息又は生育が再確認された種
　なお、指定に当たっては、第二1(2)に掲げる国内希少野生動植物種の選定に当たっての留意事項と同様の事項に留意する。
6　希少野生動植物種の選定に係る学識経験者の知見の活用

国内希少野生動植物種、国際希少野生動植物種、特定第一種国内希少野生動植物種及び特定第二種国内希少野生動植物種の選定に当たっては、その種の生態的特性などに関し専門の学識経験を有する者の意見を聴く。また、緊急指定種の指定に当たっても、これら学識経験者から意見を聴くよう努める。

なお、これら学識経験者から、希少野生動植物種の選定に当たって当該種に関する個体数回復の目標や必要な保存施策についての意見があった場合には、当該意見を踏まえた対応について、種の選定と併せて検討する。

種の選定に関する検討経緯等は、対象種の存続に支障を来す場合等を除き、可能な範囲で公開する。

第三 国内希少野生動植物種に係る提案の募集に関する基本的な事項
 1 募集する提案の内容
  絶滅危惧種の保存を多様な主体と連携しつつ推進する観点から、国内希少野生動植物種に係る提案を広く国民から募集する。なお、次の事項について記載された提案について、国内希少野生動植物種の選定又は解除に係る検討対象として受け付ける。
  ア 国内希少野生動植物種（特定第一種国内希少野生動植物種及び特定第二種国内希少野生動植物種を含む。）として新たに選定すべき種又は国内希少野生動植物種から解除すべき種の和名及び学名
  イ 当該種に関する基礎情報及び現在の生息・生育状況
  ウ 当該種を選定又は解除すべきとする理由及びその根拠
  エ 当該種に係る保存のための取組の現状と予定
  オ 新たに選定すべき種について、選定後に効果的と考えられる保存施策
 2 提案の取扱い
  受け付けた提案については、適切な情報管理の下、当該種の減少要因や、種の保存のための規制及び施策を実施することの効果などについて、当該種の生態的特性などについて専門の学識経験を有する者の意見を聴き、当該種の選定又は解除をすべきかを検討する。また、対象種の存続に支障を来す場合等を除き、可能な範囲で検討経緯等を公表する。

第四 希少野生動植物種の個体等の取扱いに関する基本的な事項
 1 個体等の範囲
  法に基づく規制の対象となるのは、次に掲げるもの（以下「個体等」と総称する。）とする。
  ア 希少野生動植物種の個体並びに種を容易に識別することができる卵及び種子
  イ 希少野生動植物種の器官並びに個体及び器官を主たる原材料として加工された加工品であって、社会通念上需要が生じる可能性があるため、法に基づき種の保存のための措置を講ずる必要があり、かつ、種を容易に識別することができるもの
 2 個体等の取扱いに関する規制

(1) 捕獲等及び譲渡し等の規制

　国内希少野生動植物種等の個体の捕獲等及び個体等の譲渡し等並びに国際希少野生動植物種の個体等の譲渡し等については、その種の保存の重要性にかんがみ、学術研究又は繁殖の目的その他その種の保存に資する目的で行うものとして許可を受けた場合等を除き、原則として、これを禁止する。ただし、国際希少野生動植物種のうちワシントン条約附属書Ⅰに掲載された種の個体等であって、ワシントン条約において商業的目的のための取引が認められているものなどについては、登録制による取引を認める。生きている個体については、登録の有効期間及び更新の仕組みを設けるとともに、次のいずれかに該当する種を除き、個体識別措置を講じたものに限りその登録を認める。

　ア　原産国で密猟、密輸等によりその生息・生育に大きな問題が生じているとの情報がない種であって、合法的に非常に多くの個体が輸入されており、かつ、国内で違法取引が多数報告されていないもの

　イ　技術的に個体識別が困難な種等

　なお、我が国において製品の原材料として使用されている国際希少野生動植物種の器官及びその加工品について大量、頻繁に取引を行う者については、事前登録制による取引を認める。

(2) 事業等の規制

　特定第一種国内希少野生動植物種については、その個体等の譲渡し等をすることができることとし、譲渡し等の業務を伴う事業（特定国内種事業）を行おうとする者に対し、届出等を求める。

　国際希少野生動植物種については、その器官及び加工品のうち、我が国において製品の原材料として使用されている特定の種に係るものであって一定の大きさ以下のもの（以下「特定器官等」という。）は、種の保存に支障がないか等を考慮して、譲渡し等をすることができることとし、その一方で、譲渡し等の管理が特に必要となる特定器官等のうち、一定の形態等を有するもの（以下「特別特定器官等」という。）の譲渡し又は引渡しの業務を伴う事業（特別国際種事業）を行おうとする者に対し登録等を求めるとともに、特別特定器官等以外の特定器官等であって、一定の形態等を有するものの譲渡し又は引渡しの業務を伴う事業（特定国際種事業）を行おうとする者に対し、届出等を求める。

　特別国際種事業者は、一定の大きさかつ重量以上の特別特定器官等を得た場合について、その特別特定器官等の入手の経緯等に関し必要な事項を記載した管理票を作成しなければならない。また、これ以外の特別特定器官等の譲渡し又は引渡しをする場合又は特定国際種事業者が特定器官等（特別特定器官等を除く。）の譲渡し又は引渡しをする場合については、管理票を作成することができる。

　適正に入手した原材料から一定の製品を製造した者は、その旨の認定を受け、これ

を証する標章の交付を受けることができる。
  (3) 輸出入の規制
    国内希少野生動植物種の個体等の輸出入については、その種の保存の重要性にかんがみ、原則として、これを禁止する。また、国際希少野生動植物種の個体等の輸出入については、外国為替及び外国貿易法（昭和24年法律第228号）に基づき、ワシントン条約及び渡り鳥等保護条約により義務付けられている規制措置を講ずる。
 3 その他の個体の取扱いに関する事項
    希少野生動植物種の個体の所有者等は、その種の保存の重要性にかんがみ、その生息又は生育の条件を維持する等その種の保存に配慮した適切な取扱いをするよう努める。
第五 国内希少野生動植物種の個体の生息地又は生育地の保護に関する基本的な事項
  絶滅危惧種の保存の基本は、その生息地等における個体群の安定した存続を保証することである。このような見地から、国内希少野生動植物種の保存のためその個体の生息・生育環境の保全を図る必要があると認めるときは、生息地等保護区を指定する。
 1 生息地等保護区の指定方針
  (1) 生息地等保護区の指定の方法
    生息地等保護区は、国内希少野生動植物種の個々の種ごとに指定することを基本とする。ただし、複数の国内希少野生動植物種の個体の重要な生息地等が重複している場合には、これら複数種を対象とした生息地等保護区を指定することができる。
    指定しようとする生息地等保護区の区域において、一定期間の行為規制その他の保存施策によって、当該指定に係る種（以下「指定種」という。）の個体数の安定的な回復が見込まれることその他の事情がある場合は、必要に応じて生息地等保護区の指定の期間を設定する。指定の期間満了時において、指定種の個体数が安定的に回復していないと認められた場合は、生息地等保護区の指定の期間の延長を検討する。また、生息地等保護区における違法な捕獲等又は採取等を防止するために必要がある場合には、その名称に指定種を明示しない生息地等保護区として指定する。
    指定しようとする生息地等保護区の区域の環境が従前から人の管理行為によって維持されており、指定種の生息地等の環境を適切に維持・管理するためには厳格な行為規制よりも当該管理行為を継続することが重要である場合には、管理地区の指定を伴わない生息地等保護区の指定について積極的に検討する。
  (2) 生息地等保護区として指定する生息地等の選定方針
    複数の生息地等が存在する場合は、個体数、個体数密度、個体群としての健全性等の観点からその種の個体が良好に生息又は生育している場所、植生、水質、餌条件等の観点からその種の個体の生息・生育環境が良好に維持されている場所及び生息地等としての規模が大きな場所について総合的に検討し、特に指定の効果を考慮した上で、生息地等保護区として優先的に指定すべき生息地等を選定する。なお、複数の絶滅危惧種が集中して分布している場所については積極的に選定する。

生息地等が広域的に分散している種にあっては、主な分布域ごとに主要な生息地等を生息地等保護区に指定するよう努める。
　(3)　生息地等保護区の区域の範囲
　　　生息地等保護区の区域は、指定種の個体の生息地等及び当該生息地等に隣接する区域であって、そこでの各種行為により当該生息地等の個体の生息又は生育に支障が生じることを防止するために一体的に保護を図るべき区域とする。なお、個体の生息地等の区域は、現にその種の個体が生息又は生育している区域とするが、鳥類等行動圏が広い動物の場合は、営巣地、重要な採餌地等その種の個体の生息にとって重要な役割を果たしている区域及びその周辺の個体数密度又は個体が観察される頻度が相対的に高い区域とする。
　　　また、複数の国内希少野生動植物種を対象とした生息地等保護区を指定する場合の区域は、各種の個体の保護を図るべき区域の全域を基本とする。
2　管理地区の指定方針
　(1)　管理地区の指定に当たっての基本的考え方
　　　管理地区を指定する場合には、生息地等保護区の中で、繁殖地、重要な採餌地等その種の個体の生息又は生育にとって特に重要な区域を指定する。
　(2)　管理地区において適用される各種の規制に係る区域等の指定の基本的考え方
　　ア　法第37条第4項第7号の環境大臣が指定する野生動植物の種については、食草など指定種の個体の生息又は生育にとって特に必要な野生動植物の種を指定する。
　　イ　法第37条第4項第8号の環境大臣が指定する湖沼又は湿原については、新たな汚水又は廃水の流入により、指定種の個体の生息又は生育に支障が生じるおそれがある湖沼又は湿原を指定する。
　　ウ　法第37条第4項第9号の環境大臣が指定する区域については、車馬若しくは動力船の使用又は航空機の着陸により、指定種の個体が損傷を受けるなど現に指定種の個体の生息若しくは生育に支障が生じている区域又はそのおそれがある区域を指定する。
　　エ　法第37条第4項第10号から第14号までの行為を規制する区域として環境大臣が指定する区域については、これらの行為により、現に指定種の個体の生息若しくは生育に支障が生じている区域又はそのおそれがある区域を指定し、その区域ごとに環境大臣が指定する期間については、これらの行為による指定種の個体の生息又は生育への影響を防止するために繁殖期間など必要最少限の期間を指定する。
　　オ　法第37条第4項第11号の環境大臣が指定する種については、現に指定種の個体を捕食し、餌、生息・生育の場所を奪うことにより圧迫し、若しくは指定種との交雑を進行させている種又はそれらのおそれがある種を指定する。
　　カ　法第37条第4項第12号の環境大臣が指定する物質については、現に指定種の個体に直接危害を及ぼし、若しくはその個体の生息・生育環境を悪化させている物質又

はそれらのおそれがある物質を指定する。
　　キ　法第37条第4項第14号の環境大臣が定める方法については、生息・生育環境をかく乱し、繁殖・育すう行動を妨害する等現に指定種の個体の生息若しくは生育に支障を及ぼしている方法又はそのおそれがある方法を定める。
　(3)　立入制限地区の指定方針
　　　立入制限地区については、管理地区の区域のうち、指定種の個体の生息・生育環境を維持する上で、人の立入りを制限することが不可欠な区域を指定する。なお、立入りを制限する期間は、指定種の個体の繁殖期間など必要最少限の期間とする。
　3　生息地等保護区及び管理地区の区域の保護に関する指針
　　　生息地等保護区及び管理地区の区域の保護に関する指針においては、指定種の個体の生息又は生育のために確保すべき条件とその維持のための環境管理の指針などを明らかにする。
　4　生息地等保護区等の指定に当たって留意すべき事項
　　　生息地等保護区、管理地区及び立入制限地区等の指定に当たっては、関係者の所有権その他の財産権を尊重するとともに、農林水産業を営む者等住民の生活の安定及び福祉の維持向上に配慮し、その名称に指定種を明示しない生息地等保護区の指定をする場合であっても土地の所有者等には当該指定種を適切に周知するなど、地域の理解と協力が得られるよう適切に対処する。また、国土の保全その他の公益との調整を図りつつ、その指定を行う。この際、土地利用に関する計画との適合及び国土開発に係る諸計画との調整を図りつつ、指定を行うことに留意する。
第六　保護増殖事業に関する基本的な事項
　1　保護増殖事業の対象
　　　保護増殖事業は、国内希少野生動植物種のうち、その個体数の維持・回復を図るためには、その種を圧迫している要因を除去又は軽減するだけでなく、生物学的知見に基づき、その個体の繁殖の促進、その生息地等の整備等の事業を推進することが必要な種を対象として実施する。
　　　特に、将来的に絶滅のおそれが急激に高まることが想定されるため早期に保護増殖の技術等の開発が必要な種又は保護増殖の手法や技術、体制などがある程度整っており、生物学的知見及び保存施策の状況を踏まえて事業効果が高いと考えられる種から優先的に取り組む。
　2　保護増殖事業計画の内容
　　　保護増殖事業の適正かつ効果的な実施に資するため、事業の目標、区域、内容等事業推進の基本的方針を種ごとに明らかにした保護増殖事業計画を策定する。当該計画においては、事業の目標として、対象となる国内希少野生動植物種の指定の解除等を目指し、維持・回復すべき個体数等の水準及び生息地等の条件等を定める。また、事業の内容として、巣箱の設置、餌条件の改善、飼育・栽培下での繁殖、生息地等への再導入な

どの個体の繁殖の促進のための事業、森林、草地、水辺など生息地等における生息・生育環境の維持・整備などの事業を定める。
　3　保護増殖事業の進め方
　　保護増殖事業計画に基づく保護増殖事業は、国、地方公共団体、民間団体等の幅広い主体によって推進し、その実施に当たっては、対象種の個体の生息又は生育の状況を踏まえた科学的な判断に基づき、必要な対策を時機を失することなく、計画的に実施するよう努める。また、対象種の個体の生息又は生育の状況のモニタリングと定期的な事業効果の評価を行い、生息又は生育の状況の動向に応じて事業内容を見直すとともに、生息又は生育の条件の把握、飼育・繁殖技術、生息・生育環境の管理方法等の調査研究を推進する。
第七　認定希少種保全動植物園等に関する基本的な事項
　1　種の保存に資する動植物園等の認定
　　動物園、植物園、水族館、昆虫館（これらに類するものを含む。以下「動植物園等」という。）は、絶滅危惧種の飼育・栽培下における繁殖等に当たり重要な役割を有している。絶滅危惧種の保存施策の充実のためには、動植物園等が有する種の保存に係る公的な機能の明確化及びその機能を十分に発揮できる体制の構築が有効である。
　　このような見地から、動植物園等の設置者又は管理者からの申請により、希少野生動植物種の取扱いが種の保存に資するものとして一定の基準に適合した動植物園等を希少種保全動植物園等に認定する。
　　なお、申請に係る対象種は、その動植物園等において取り扱う全ての希少野生動植物種とし、認定を受けた動植物園等による当該種の個体の適切な移動については、譲渡し等の規制を適用しない。
　2　認定の審査及び認定後の取扱い
　　希少種保全動植物園等の認定に係る審査は、次の考え方により行う。
　　ア　希少野生動植物種が、種の保存のため適切に取り扱われることを確認するため、当該種の個体の飼養等及び譲渡し等の目的、実施体制及び飼養栽培施設について審査する。
　　イ　希少野生動植物種の飼養等及び譲渡し等が、その目的に応じて、種の保存のため適切かつ確実に実施されるものであることを確認するため、当該種の個体の飼養等及び譲渡し等に関する計画について審査する。
　　ウ　種の保存の観点から、取り扱う希少野生動植物種に係る繁殖への取組、生息地等における生息・生育状況の維持改善への取組、疾病・傷病への対応、普及啓発に係る展示の方針及び個体の取得経緯等について審査する。
　　エ　種の保存の観点から、申請者が欠格事由に該当していないか等、申請者の適格性について審査する。
　　希少種保全動植物園等の認定を受けた者に対しては、認定に係る希少野生動植物種の

飼養等及び譲渡し等に関する記録及び報告を求める。また、認定については5年ごとの更新の仕組みを設けるとともに、更新の際には、認定の基準への適合を改めて審査する。なお、認定を受けた者による不正な行為などが認められた場合には、当該認定の取消しを検討する。

第八 その他絶滅のおそれのある野生動植物の種の保存に関する重要事項
 1 調査研究の推進
  絶滅危惧種の保存施策を的確かつ効果的に推進するためには、何よりも生物学的知見を基盤とした科学的判断が重要であり、種の分布、生息・生育状況、生息地等の状況、生態、保護増殖方法その他施策の推進に必要な各分野の調査研究を推進する。また、調査研究の推進に当たっては、特に次の点に留意する。
  ア 調査研究によって絶滅危惧種の保存施策の推進に必要な情報、手法、技術を蓄積し、関係主体の間で共有すべきであること。
  イ 個々の種に関する生物学的知見に加えて、複数の絶滅危惧種が集中する地域や、各種に関して実施されている保存施策の進捗状況及び不足している対策などを我が国全体として把握すべきであること。
  ウ 気候変動による野生動植物の種の分布適域の移動や、外来種等との交雑・競合による在来種の遺伝子のかく乱・駆逐などが絶滅危惧種に及ぼす影響を把握すべきであること。
 2 各種制度の効果的な活用
  絶滅危惧種の保存施策を推進するためには、絶滅のおそれのある野生動植物の種の保存に関する法律だけでなく、関係する他法令等に基づく制度及び事業の効果的な活用が重要である。
  このため、対象種の特性や減少要因、保存施策の状況、各種制度等の目的や適用の考え方を勘案して、種の保存に資する鳥獣保護区及び自然公園などの保護地域制度、自然再生や外来種対策に係る事業並びに天然記念物の保存に係る施策などについて、関係主体と連携しつつ、複数の施策の組合せも含めた効果的な活用を目指す。
 3 多様な主体の参画と連携
  絶滅危惧種は数多く生じており、その保存に資する制度や手法は多岐にわたるため、絶滅危惧種の保存施策を着実に推進するためには、施策の内容に応じた多様な主体の参画が不可欠であり、また、多様な主体の連携が重要である。
  このため、個々の種に関する施策の実施において、当該種の保存に係る取組の方向性を明確に示し、適切な情報共有を図った上で、関係省庁、地方公共団体、動植物園等、調査研究機関、地域住民、専門家、NGO・NPO、農林水産業従事者、民間企業、各種基金などの多様な主体の参画及び連携を促進する。
 4 国民の理解の促進と意識の高揚
  絶滅危惧種の保存施策の実効を期するためには、国民の種の保存への適切な配慮や協

力が不可欠であり、絶滅危惧種の現状やその保存の重要性に関する国民の理解を促進し、自覚を高めるための普及啓発を積極的に推進する。この際、特に次の点に留意する。
  ア　絶滅危惧種の保存に関し、国民の理解を深めるため、最新の科学的知見を踏まえつつ、教育活動、広報活動等を推進することが重要であること。
  イ　絶滅危惧種の保存施策を多様な主体の協力を得て一層推進するためには、その施策を担う主体を育成する必要があること。
  ウ　具体的な種の保存の成功事例だけでなく、種の保存を意図してはいても、人工繁殖個体の安易な野外への放逐などが、遺伝的かく乱や病原体等の非意図的導入等の大きな影響を及ぼす可能性があることについて、広く普及啓発が求められること。
  エ　絶滅危惧種の保存に関する国民の理解と関心を高め、多様な主体の参画の促進につなげていくために種の保存に係る取組の対象種や取組自体を公開する場合には、その取組に与える影響と公開による効果を勘案し、地域住民をはじめ関係者との合意形成を図りながら適切な公開の方法を検討する必要があること。
  また、人と野生動植物の共存の観点から、農林水産業が営まれる農地、森林等の地域が有する野生動植物の生息・生育環境としての機能を適切に評価し、その機能が十分発揮されるよう対処する。
  なお、土地所有者や事業者等は、各種の土地利用や事業活動の実施に際し、絶滅危惧種の保存のための適切な配慮を講ずるよう努める。
5　国際協力の推進
  野生動植物の保護は国際的な課題であり、国内外の絶滅危惧種の保存に積極的に取り組んでいくことは、我が国が果たすべき国際的な責務である。このような観点から、法の施行を通じ、我が国としてワシントン条約等を適切に履行するほか、開発途上国等による野生動植物の種の保存施策への支援等の国際協力を積極的に推進する。

●国際希少野生動植物種の個体等の登録に係る個体識別措置の細目を定める件

[平成30年4月3日]
[環境省告示第35号]

絶滅のおそれのある野生動植物の種の保存に関する法律施行規則（平成5年総理府令第9号）第11条第3項の規定に基づき、国際希少野生動植物種の個体等の登録に係る個体識別措置の細目を定める件を次のように定め、平成30年6月1日から適用する。

国際希少野生動植物種の個体等の登録に係る個体識別措置の細目を定める件

（定義）
第1条 この告示において使用する用語は、絶滅のおそれのある野生動植物の種の保存に関する法律（平成4年法律第75号）において使用する用語の例による。

（個体識別措置）
第2条 絶滅のおそれのある野生動植物の種の保存に関する法律施行規則（以下「規則」という。）第11条第3項に規定する環境大臣が定める措置は、次の各号に掲げる国際希少野生動植物種の種ごとに当該各号に定めるとおりとする。

一　規則第11条第3項第1号、第3号又は第4号に掲げる種　国際希少野生動植物種の種類ごとに別表埋込み部位欄に定める部位にマイクロチップの埋込みを行うこと。

二　規則第11条第3項第2号に掲げる種　国際希少野生動植物種の種類ごとに別表埋込み部位欄に定める部位にマイクロチップの埋込みを行い、又は脚部に文字若しくは数字又はこれらの組合せからなる3桁以上の番号を刻印した脚環（金属製であって、容易に取り外すことができないものに限る。）を装着すること。

別表（第2条関係）

種　　　　名	埋　込　み　部　位
1　哺乳綱	
偶蹄目全種、食肉目全種、翼手目全種、有袋目全種、カンガルー目全種、うさぎ目全種、バンディクート目全種、奇蹄目全種、霊長目全種又は齧歯目全種	左右の肩甲骨の間又は左耳基部の皮下
貧歯目全種又は有鱗目全種	左右の肩甲骨の間又は両後肢の間の尾の付け根上方の皮下
長鼻目全種	尾の基部の皺壁の左側
2　鳥綱全種	頸の付け根の皮下又は左胸筋内
3　爬虫綱	

わに目全種	左前方後頭部皮下
むかしとかげ目全種、とかげ亜目（どくとかげ科、たてがみとかげ科、おおとかげ科及びわにとかげ科に限る。）全種	左鼠径部
へび亜目全種	総排せつ孔より前の左体側皮下
かめ目全種	左後肢皮下
4　両生綱	
有尾目（おおさんしょううお科に限る。）全種	左肩から頚部にかけての皮下

●電磁的方法による保存をする場合に確保するよう努めなければならない基準

〔平成10年4月28日　環境庁・農林水産省告示第1号〕

平成30年4月3日農林水産・環境省告示第2号　**改正現在**

<u>特定国内種事業に係る捕獲等の許可の手続等に関する命令</u>（平成5年総理府令第1号・農林水産省令第1号）<u>第6条の2</u>第2項の規定に基づき、電磁的方法による保存をする場合に確保するよう努めなければならない基準を次のように定める。

電磁的方法による保存をする場合に確保するよう努めなければならない基準

1　特定国内種事業に係る届出等に関する省令第7条第1項の保存をする場合には、別表に掲げる基準を確保するよう努めなければならない。

2　この基準において、次の各号に掲げる用語の意義は、それぞれ当該各号に定めるところによる。

 (1)　「情報システム」とは、ホストコンピュータ、端末機、通信関係装置、プログラム（プログラム言語により記述された命令の組合せをいう。以下同じ。）等の全部又は一部により構成され、電磁的方法による記録、保存等をするためのシステムをいう。

 (2)　「データ」とは、情報システムの入出力情報をいう。

 (3)　「事務室」とは、端末機、サーバ、ワークステーション、パーソナルコンピュータ等設置している室、店舗、配送センタ等をいう。

 (4)　「データ保管室」とは、データ、プログラム等を含んだ記録媒体等を保管する室をいう。

 (5)　「記録媒体」とは、データ、プログラム等を記録した機器、ディスク、磁気テープ、フィルム、カード等をいう。

別表

| 1　技術基準（電磁的方法による保存をする情報システムの技術面の安全対策） | ①情報システムには、個人別のID、パスワード等の利用者登録、管理及び認証機能を設けること。
②情報システムには、データの保存及び更新時に保存及び更新の日時並びに実施者を記録する「ログデータ」の保存機能を設けること。
③情報システムの電源には、システムに無関係な機器の接続を禁止し、電源の誤切断を防止すること。
④情報システムには、データのエラーの検出機能を設けること。
⑤情報システムのうち、データの保管を行う機器に直接接続されたコンピュータが公衆回線とのオンラインによって接続される場合には、アクセスするユーザ等の正当性 |

	を識別し認証する機能を設けること。 ⑥情報システムには、情報やシステムの機密度を区分し、アクセス権限を制御する機能を設けること。 ⑦情報システムには、システムへの不正なアクセス及びデータの不正な変更を発見するソフトウェア機能を設けること。
2　運用基準（電磁的方法による保存をする関係者の遵守事項等人的システムの安全対策）	①情報システムの非使用時には、施錠し又は機能を停止させること。 ②情報処理機器及びソフトウェアは、正常作動を確認した上で情報システム上での運用を開始すること。 ③情報システムは、IDを付与された関係者以外の者が操作をしないよう周知徹底する等の措置をとること。 ④情報システムのIDは、複数者で共用しないこと。 ⑤情報システムの管理には、管理責任者を定めること。 ⑥管理責任者は、以下の項目の管理規定を明文化して定め、関係者に周知徹底すること。 　・事務室及びデータ保管室への入退室管理 　・ID及びパスワードの付与及び廃止の管理 　・データ記録媒体の使用、保管、搬出入及び廃棄の管理 ⑦情報システムの保守、点検、改造等は、あらかじめ計画を設けた上で行い、バックアップ等当該行為の期間のデータ保護措置を講じること。 ⑧外部から入手したソフトウェア、使用済記録媒体等は、ウイルス検査後に利用すること。 ⑨データを収蔵したデータ記録媒体は、保管場所を定め、施錠して保管し、保管場所からの搬出入及び授受は管理記録を整備して行うこと。 ⑩データを収蔵したデータ記録媒体は、当該媒体以外にバックアップを行い、当該媒体と異なる保管場所に保管すること。 ⑪情報システムの「ログデータ」は、安全な場所及び媒体に１年間又は次回の定期的な内部監査の時まで保存すること。 ⑫人事異動等で使わなくなったID及びパスワードは、直ちに無効化すること。 ⑬データを収蔵したデータ記録媒体及びバックアップは、定期的に保管状況の点検を実施すること。

　　附　　則

　この告示は、公布の日〔平成10年4月28日〕から施行する。

●電磁的方法による保存等をする場合に確保するよう努めなければならない基準

平成 17 年 3 月 29 日
経済産業・環境省告示第2号

平成30年4月3日経済産業・環境省告示第2号 **改正現在**

計量法施行規則（平成5年通商産業省令第69号）第77条の2第2項及び第86条の2第2項、指定定期検査機関、指定検定機関、指定計量証明検査機関及び特定計量証明認定機関の指定等に関する省令（平成5年通商産業省令第72号）第4条の2第2項、第12条の2第2項、第18条及び第18条の10第2項、特定工場における公害防止組織の整備に関する法律に基づく指定試験機関に関する省令（昭和61年通商産業省令第46号）第10条の2第2項、経済産業省関係化学物質の審査及び製造等の規制に関する法律施行規則（昭和49年通商産業省令第40号）第7条の2第2項、化学兵器の禁止及び特定物質の規制等に関する法律施行規則（平成7年通商産業省令第40号）第15条の2第2項、特定物質の規制等によるオゾン層の保護に関する法律施行規則（昭和63年通商産業省令第80号）第13条の2第2項、特定製品に係るフロン類の回収及び破壊の実施の確保等に関する法律施行規則（平成13年経済産業省・環境省令第13号）第10条第3項及び第22条、アルコール事業法施行規則（平成12年通商産業省令第209号）第10条第2項、武器等製造法施行規則（昭和28年通商産業省令第43号）第22条の2第2項、対人地雷の製造の禁止及び所持の規制等に関する法律施行規則（平成11年通商産業省令第10号）第11条第2項、特定国際種事業に係る届出等に関する省令（平成7年総理府・通商産業省令第2号）第2条の2第2項、絶滅のおそれのある野生動植物の種の保存に関する法律第33条の8第1項に規定する認定機関に係る民間事業者等が行う書面の保存等における情報通信の技術の利用に関する省令（平成17年経済産業省・環境省令第3号）第4条第3項、ゴルフ場等に係る会員契約の適正化に関する法律施行規則（平成5年通商産業省令第23号）第12条の2第2項、特定商品等の預託等取引契約に関する法律施行規則（昭和61年通商産業省令第75号）第5条の2第2項、電気用品安全法施行規則（昭和37年通商産業省令第84号）第12条第3項、第28条第2項及び第30条、液化石油ガス器具等の技術上の基準等に関する省令（昭和43年通商産業省令第23号）第14条第3項、第30条第2項及び第32条、ガス用品の技術上の基準等に関する省令（昭和46年通商産業省令第27号）第14条第3項、第30条第2項及び第32条、経済産業省関係特定製品の技術上の基準等に関する省令（昭和49年通商産業省令第18号）第15条第3項、第32条第2項及び第34条、エネルギー管理士の試験及び免状の交付に関する規則（昭和59年通商産業省令第15号）第25条第3項及び第43条第2項、エネルギー管理員の講習に関する規則（平成11年通商産業省令第48号）第12条第2項、鉱業法施行規則（昭和26年通商産業省令第2号）第30条の2第3項、石油及び可燃性天然ガス資源開発法施行規則（昭和

Ⅲ 資料編 2 その他の法令

27年通商産業省令第44号）第44条の2第3項、石油需給適正化法施行規則（昭和49年通商産業省令第1号）第5条の2第2項、揮発油等の品質の確保等に関する法律施行規則（昭和52年通商産業省令第24号）<u>第45条の2第2項</u>、石油の備蓄の確保等に関する法律施行規則（昭和51年通商産業省令第26号）第43条第2項、採石法施行規則（昭和26年通商産業省令第6号）第9条の3第2項、熱供給事業法施行規則（昭和47年通商産業省令第143号）第20条の2第3項、特定放射性廃棄物の最終処分に関する法律施行規則（平成12年通商産業省令第151号）<u>第28条第2項及び第39条</u>、実用発電用原子炉の設置、運転等に関する規則（昭和53年通商産業省令第77号）第7条の2第3項、使用済燃料の貯蔵の事業に関する規則（平成12年通商産業省令第112号）第28条第3項、核燃料物質の加工の事業に関する規則（昭和41年総理府令第37号）第7条の2第3項、研究開発段階にある発電の用に供する原子炉の設置、運転等に関する規則（平成12年総理府令第122号）第26条第3項、使用済燃料の再処理の事業に関する規則（昭和46年総理府令第10号）第8条の2第3項、核燃料物質又は核燃料物質によつて汚染された物の廃棄物埋設の事業に関する規則（昭和63年総理府令第1号）第13条の2第3項、核燃料物質又は核燃料物質によつて汚染された物の廃棄物管理の事業に関する規則（昭和63年総理府令第47号）第26条の2第3項、電気工事士法施行規則（昭和35年通商産業省令第97号）第13条の11の2第2項、電気工事業の業務の適正化に関する法律施行規則（昭和45年通商産業省令第103号）第13条の2第2項、電気事業法施行規則（平成7年通商産業省令第77号）<u>第45条の2第3項</u>、第94条の8第2項、第103条の2第2項、第118条第2項、第126条第2項及び第132条、電気事業者による新エネルギー等の利用に関する特別措置法施行規則（平成14年経済産業省令第119号）第19条第2項、ガス事業法施行規則（昭和45年通商産業省令第97号）<u>第21条の2第3項、第30条第3項、第54条第3項、第57条の3第3項、第69条の2第2項、第88条、第96条の2、第97条の8、第99条及び第110条の2</u>、火薬類取締法施行規則（昭和25年通商産業省令第88号）第81条の12の3第2項、容器保安規則（昭和41年通商産業省令第50号）第53条の2第3項及び第56条、冷凍保安規則（昭和41年通商産業省令第51号）第44条の2第3項、液化石油ガス保安規則（昭和41年通商産業省令第52号）第81条の2第3項、一般高圧ガス保安規則（昭和41年通商産業省令第53号）第83条の2第3項、特定設備検査規則（昭和51年通商産業省令第4号）第71条第3項及び第75条、コンビナート等保安規則（昭和61年通商産業省令第88号）第38条の2第3項、鉱山保安法施行規則（平成16年経済産業省令第96号）第53条第3項、金属鉱業等鉱害対策特別措置法施行規則（昭和48年通商産業省令第60号）第43条の2第2項、液化石油ガスの保安の確保及び取引の適正化に関する法律施行規則（平成9年通商産業省令第11号）第118条の2第3項及び第131条の2第2項、高圧ガス保安法に基づく指定試験機関等に関する省令（平成9年通商産業省令第23号）第68条第2項、工業所有権に関する手続等の特例に関する法律施行規則（平成2年通商産業省令第41号）第49条の2第2項及び第59条の2第2項、公害健康被害の補償等に関する法律施行規程（昭和49年総理府通商産業省令第4号）第19条の2第2項並びに経済産業省の所管する法令に係る民間事業者等が行う書面の保存等における情報通信の技術の利用に関す

464

る法律施行規則（平成17年経済産業省令第32号）第4条第4項の規定に基づき、電磁的方法による保存等をする場合に確保するよう努めなければならない基準を次のように定める。

　　　電磁的方法による保存等をする場合に確保するよう努めなければならない基準
1　別表第2に掲げる保存等をする場合には、それぞれ別表第1に掲げる基準を確保するよう努めなければならない。
2　この基準において、次の各号に掲げる用語の意義は、それぞれ当該各号に定めるところによる。
　(1)　「情報システム」とは、ホストコンピュータ、端末機、通信関係装置、プログラム等の全部又は一部により構成され、電磁的方法による記録、保存等をするためのシステムをいう。
　(2)　「データ」とは、情報システムの入出力情報をいう。
　(3)　「プログラム」とは、プログラム言語により記述された命令の組合せをいう。
　(4)　「事務室」とは、端末機、サーバ、ワークステーション、パーソナルコンピュータ等を設置している室、店舗、配送センタ等をいう。
　(5)　「データ保管室」とは、データ、プログラム等を含んだ記録媒体等を保管する室をいう。
　(6)　「記録媒体」とは、データ、プログラム等を記録した機器、ディスク、磁気テープ、フィルム、カード等をいう。

　　　附　則
この告示は、平成17年4月1日から施行する。

別表第1

基	準
1　ログ ①情報システムには、データの保存及び更新時に保存及び更新の日時並びに実施者を記録する「ログデータ」の保存機能を設けること。 ②取得した「ログデータ」は安全な場所に保管し、保管方法等に係る運用管理規程を定めること。 2　アクセス ①情報システムには、個人別のID、パスワード等の利用者登録、管理及び認証機能を設けること。 ②情報システムのうち、データの保管を行う機器に直接接続されたコンピュータが、公衆回線とのオンラインによって接続される場合には、アクセスするユーザ等の正当性を識別し認証する機能を設けること。 ③個人別のIDは、複数者で共用しないこと。 ④情報システムには、情報やシステムの機密度を区分し、アクセス権限を制御する機能を設けること。 ⑤情報システムは、IDを付与された関係者以外の者が操作をしないよう周知徹底	

する等の措置をとること。
⑥人事異動等で使わなくなったID及びパスワードは、直ちに無効化すること。
3　バックアップ
①情報システムの保守、点検、改造等は、あらかじめ計画を設けた上で行い、バックアップ等当該行為の期間のデータ保護措置を講じること。
②データを収蔵したデータ記録媒体は、当該媒体以外にバックアップを行い、当該媒体と異なる保管場所に保管すること。
③データを収蔵したデータ記録媒体及びバックアップは、定期的に保管状況の点検を実施すること。
4　セキュリティ対策等
①外部から入手したソフトウェア、使用済記録媒体等は、ウイルス検査後に利用すること。
②情報システムには、データのエラーの検出機能を設けること。
③情報システムには、システムへの不正なアクセス及びデータの不正な変更を発見するソフトウェア機能を設けること。
5　スキャナ（これに準ずる画像読取装置を含む。）による読取に係る取扱い
①作業責任者の明確化等スキャナによる読取に係る運用管理規程を定めること。
②スキャナにより読み取り画像情報として電子化した文書に圧縮を施す際、圧縮方式を適切に設定すること。
6　情報システムの運用管理
①情報システムの管理には、管理責任者を定めること。
②管理責任者は、以下の項目の管理規程を明文化して定め、関係者に周知徹底すること。
　　・事務室及びデータ保管室への入退室管理
　　・ID及びパスワードの付与及び廃止の管理
　　・データ記録媒体の使用、保管、搬出入及び廃棄の管理
③情報システムの電源には、システムに無関係な機器の接続を禁止し、電源の誤切断を防止すること。
④データを収蔵したデータ記録媒体は、保管場所を定め、施錠して保管し、保管場所からの搬出入及び授受は管理記録を整備して行うこと。
⑤情報システムの非使用時には、施錠し又は機能を停止させること。
⑥情報処理機器及びソフトウェアは、正常作動を確認した上で情報システム上での運用を開始すること。
7　情報システムの点検・監査
①情報システムの自主点検又は内部検査を定期的に行うこと。
②第三者による情報システムの監査を定期的に行うこと。

別表第２

保 存 等
計量法施行規則（平成５年通商産業省令第69号）第77条の２第１項及び第86条の２第１項の保存、指定定期検査機関、指定検定機関、指定計量証明検査機関及び特定計量証明認定機関の指定等に関する省令（平成５年通商産業省令第72号）第４条の２第１項、第12条の２第１項、第18条及び第18条の10第１項の保存、特定工場における公害防止組織の整備に関する法律に基づく指定試験機関に関する省令（昭和61年通商産業省令第46号）第10条の２第１項の保存、経済産業省関係化学物質の審査及び製造等の規制に関する法律施行規則（昭和49年通商産業省令第40号）第７条の２第１項の保存、化学兵器の禁止及び特定物質の規制等に関する法律施行規則（平成７年通商産業省令第40号）第15条の２第１項の保存、特定物質の規制等によるオゾン層の保護に関する法律施行規則（昭和63年通商産業省令第80号）第13条の２第１項の保存、特定製品に係るフロン類の回収及び破壊の実施の確保等に関する法律に係る民間事業者等が行う書面の保存等における情報通信の技術の利用に関する法律施行規則（平成19年経済産業省・環境省令第８号）第４条第１項の保存、アルコール事業法施行規則（平成12年通商産業省令第209号）第10条第１項の保存、武器等製造法施行規則（昭和28年通商産業省令第43号）第22条の２第１項の記録、対人地雷の製造の禁止及び所持の規制等に関する法律施行規則（平成11年通商産業省令第10号）第11条第１項の記録、特定国際種事業に係る届出及び特別国際事業の登録等に関する省令（平成７年総理府・通商産業省令第２号）第４条第１項及び第19条第１項の保存、絶滅のおそれのある野生動植物の種の保存に関する法律第33条の15第１項に規定する事業登録機関及び第33条の26第１項に規定する認定機関に係る民間事業者等が行う書面の保存等における情報通信の技術の利用に関する省令（平成17年経済産業省・環境省令第３号）第４条第３項の保存、ゴルフ場等に係る会員契約の適正化に関する法律施行規則（平成５年通商産業省令第23号）第12条の２第１項の備置き、特定商品等の預託等取引契約に関する法律施行規則（昭和61年通商産業省令第75号）第５条の２第１項の備置き、電気用品安全法施行規則（昭和37年通商産業省令第84号）第12条第１項、第28条第１項及び第30条の保存、液化石油ガス器具等の技術上の基準等に関する省令（昭和43年通商産業省令第23号）第14条第１項、第30条第１項及び第32条の保存、ガス用品の技術上の基準等に関する省令（昭和46年通商産業省令第27号）第14条第１項、第30条第１項及び第32条の保存、経済産業省関係特定製品の技術上の基準等に関する省令（昭和49年通商産業省令第18号）第15条第１項、第32条第１項及び第34条の保存、エネルギー管理士の試験及び免状の交付に関する規則（昭和59年通商産業省令第15号）第25条第２項及び第45条第１項の保存、エネルギー管理員の講習に関する規則（平成11年通商産業省令第48号）第11条第１項の保存、鉱業法施行規則（昭和26年通商産業省令第２号）第30条の２第１項の備置き、石油及び可燃性天然ガス資源開発法施行規則（昭和27年通商産業省令第44号）第44条の２第１項の作成、石油需給適正化法施行規則（昭和49年通商産業省令第１号）第５条の２第１項の保存、揮発油等の品質の確保等に関する法律施行規則（昭和52年通商産業省令第24号）第60条の２第１項の保存、

石油の備蓄の確保等に関する法律施行規則（昭和51年通商産業省令第26号）第43条第1項の保存、採石法施行規則（昭和26年通商産業省令第6号）第9条の3第1項の保存、熱供給事業法施行規則（昭和47年通商産業省令第143号）第20条の2第1項の保存、特定放射性廃棄物の最終処分に関する法律施行規則（平成12年通商産業省令第151号）第30条第1項及び第41条の保存、電気工事士法施行規則（昭和35年通商産業省令第97号）第13条の11の2第1項の保存、電気工事業の業務の適正化に関する法律施行規則（昭和45年通商産業省令第103号）第13条の2第1項の保存、電気事業法施行規則（平成7年通商産業省令第77号）第40条第1項、第94条の8第1項、第103条の2第1項、第118条第1項、第126条第1項及び第132条の保存、電気事業者による新エネルギー等の利用に関する特別措置法施行規則（平成14年経済産業省令第119号）第19条第1項の保存、ガス事業法施行規則（昭和45年通商産業省令第97号）第18条第1項、第23条第1項、第47条第1項、第51条第1項、第79条第1項、第91条第1項、第105条第1項、第110条第1項（第131条第1項の規定において準用する場合を含む。）、第127条第1項、第145条第1項、第161条第1項、第166条第1項、第183条第1項（第206条の規定において準用する場合を含む。）及び第195条第1項の保存、火薬類取締法施行規則（昭和25年通商産業省令第88号）第81条の12の3第1項の保存、容器保安規則（昭和41年通商産業省令第50号）第53条の2第1項及び第56条の保存、冷凍保安規則（昭和41年通商産業省令第51号）第44条の2第1項の保存、液化石油ガス保安規則（昭和41年通商産業省令第52号）第81条の2第1項の保存、一般高圧ガス保安規則（昭和41年通商産業省令第53号）第83条の2第1項の保存、特定設備検査規則（昭和51年通商産業省令第4号）第71条第1項及び第75条の保存、コンビナート等保安規則（昭和61年通商産業省令第88号）第38条の2第1項の保存、鉱山保安法施行規則（平成16年経済産業省令第96号）第53条第1項の保存、金属鉱業等鉱害対策特別措置法施行規則（昭和48年通商産業省令第60号）第43条の2第1項の保存、液化石油ガスの保安の確保及び取引の適正化に関する法律施行規則（平成9年通商産業省令第11号）第118条の2第1項及び第131条の2第1項の保存、高圧ガス保安法に基づく指定試験機関等に関する省令（平成9年通商産業省令第23号）第68条第1項の保存、工業所有権に関する手続等の特例に関する法律施行規則（平成2年通商産業省令第41号）第49条の2第1項及び第59条の2第1項の保存並びに経済産業省の所管する法令に係る民間事業者等が行う書面の保存等における情報通信の技術の利用に関する法律施行規則（平成17年経済産業省令第32号）第4条第4項の保存

3 通知その他
＜総論＞
○絶滅のおそれのある野生動植物の種の保存に関する法律の施行について（依命通達）

〔平成5年4月1日　環自野第122号
各都道府県知事宛　環境事務次官通知〕

絶滅のおそれのある野生動植物の種の保存に関する法律（平成4年法律第75号。以下「法」という。）が平成4年6月5日に、絶滅のおそれのある野生動植物の種の保存に関する法律施行令（平成5年政令第17号。以下「令」という。）が平成5年2月10日に、絶滅のおそれのある野生動植物の種の保存に関する法律施行規則（平成5年総理府令第9号。以下「規則」という。）、特定事業に係る捕獲等の許可の手続等に関する命令（平成5年総理府・農林水産省令第1号）及び絶滅のおそれのある野生動植物の種の保存に関する法律第52条の規定による負担金の徴収方法等に関する命令（平成5年総理府・通商産業省令第1号）が平成5年3月29日に公布され、本日から施行されたところである。

また、法の施行に当たっての基本的な事項を定めた「希少野生動植物種保存基本方針」（以下「基本方針」という。）が、平成4年11月27日に閣議決定され、同年12月11日に、総理府告示第24号により、公表されたところである。

本法は、本邦及び本邦以外の地域における絶滅のおそれのある野生動植物の種の保存を図る体系的な制度を整備するものである。

法の施行に当たっては、下記事項に留意の上、施行に遺憾の無いようにされたく、命により通達する。

なお、「特殊鳥類の譲渡等の規制に関する法律等の施行について（昭和48年1月30日環自鳥第12号各都道府県知事宛環境事務次官通達）」は、廃止する。

記

第一　法の目的について
　本法は、野生動植物が、生態系の重要な構成要素であるだけでなく、自然環境の重要な一部として人類の豊かな生活に欠かすことのできないものであることにかんがみ、絶滅のおそれのある野生動植物の種の保存を図ることにより良好な自然環境を保全し、もって現在及び将来の国民の健康で文化的な生活の確保に寄与することを目的とするものであること（法第1条）。

第二　一般的事項について
　1　希少野生動植物種
　　本法の規制等の対象となる野生動植物の種は、国内希少野生動植物種、国際希少野生動植物種、特定国内希少野生動植物種及び緊急指定種であること（法第4条、法第5

条)。
2 希少野生動植物種保存基本方針
　　法の施行に当たっては、絶滅のおそれのある野生動植物の種の保存に関する基本構想、希少野生動植物種の選定に関する基本的な事項等法の施行に当たって基本的な事項を定めた基本方針を閣議決定することとされていること。また、法の規定に基づく処分その他絶滅のおそれのある野生動植物の種の保存のための施策及び事業の内容は、基本方針と調和するものでなければならないものであること。なお、基本方針は、昨年11月27日に閣議決定されていること（法第6条）。
3 財産権の尊重等
　　法の適用に当たっては、関係者の所有権その他の財産権を尊重し、住民の生活の安定及び福祉の維持向上に配慮し、並びに国土の保全その他の公益との調整に留意しなければならないものであること。したがって、法の運用は、必要に応じ、関係行政機関及び都道府県の関係部局（教育委員会を含む。）との連絡調整を図りつつ行うこと（法第3条）。

第三　個体の取扱いに関する規制について
1 個体の範囲
　　法の規制対象となる希少野生動植物種の個体には、動物にあってははく製及び標本並びに鳥類の卵を、植物にあっては標本を含むものであること。なお、動物の特定の器官に係る標本は、含まれないこと（法第6条、令第2条、令別表第3）。
2 個体の所有者等の義務
　　希少野生動植物種の個体の所有者又は占有者は、希少野生動植物種を保存することの重要性を自覚し、その個体を適切に取り扱うように努めなければならないこととされたこと（法第7条）。
3 捕獲等及び譲渡し等の規制
　　国内希少野生動植物種及び緊急指定種の生きている個体の捕獲等は、学術研究の目的、繁殖の目的、教育の目的、国内希少野生動植物種等の個体の生息状況又は生育状況の調査の目的その他国内希少野生動植物種等の保存に資すると認められる目的で行うものとして許可を受けた場合及び規則第1条に規定する捕獲等の禁止の適用除外に該当する場合を除き、禁止されるものであること（法第9条、法第10条、規則第1条、規則第2条）。
　　また、特定国内希少野生動植物種以外の希少野生動植物種の個体の譲渡し等については、学術研究の目的、繁殖の目的、教育の目的、希少野生動植物種の個体の生息状況又は生育状況の調査の目的その他希少野生動植物種の保存に資すると認められる目的で行うものとして許可を受けた場合及び規則第5条に規定する譲渡し等の禁止の適用除外に該当する場合を除き、禁止されるとともに、規則第9条に規定する陳列の禁止の適用除外に該当する場合を除き、その販売・頒布目的の陳列が禁止されること。ただし、国際

希少野生動植物種のうち絶滅のおそれのある野生動植物の種の国際取引に関する条約附属書Ⅰに掲載された種の個体であって商業的目的で繁殖させたものなどについては、登録制による取引及び販売・頒布目的の陳列が認められること。また、特定国内希少野生動植物種の個体の譲渡し等の業務を伴う事業を行おうとする場合には、あらかじめ、届出が必要であること（法第12条、法第13条、法第17条、法第20条、法第30条、令第4条、規則第5条、規則第6条、規則第9条）。
4　輸出入の規制
　特定国内希少野生動植物種以外の国内希少野生動植物種の個体については、法の規定に違反して捕獲等をされ、又は譲渡し等をされたものでなく、かつ、国際的に協力して学術研究又は繁殖をする目的でするものその他の特に必要なものであって輸出によって国内希少野生動植物種の本邦における保存に支障を及ぼさない旨の環境庁長官の認定書の交付を受けた場合を除き、輸出が禁止されるものであること。また、輸出国の輸出許可書又は適法捕獲（採取・繁殖）証明書を添付した場合を除き、輸入が禁止されるものであること。また、国内希少野生動植物種（特定国内希少野生動植物種を除く。）、緊急指定種及び国際希少野生動植物種の個体を輸出入する場合には、外国為替及び外国貿易管理法（昭和24年法律第228号）に基づく輸出入の承認を受ける義務が課せられていること（法第15条、令第3条）。
　また、通商産業大臣又は環境庁長官及び通商産業大臣は、違法輸入者等に対し、輸入等をした個体を輸出国又は原産国に返送することを命ずることができることとされたこと（法第16条）。
第四　生息地等の保護に関する規制について
1　土地の所有者等の義務
　土地の所有者又は占有者は、その土地の利用に当たっては、国内希少野生動植物種の保存に留意しなければならないこととされたこと（法第34条）。
2　生息地等保護区
(1)　生息地等保護区
　　環境庁長官は、国内希少野生動植物種の保存のため必要があると認めるときは、その個体の生息地又は生育地及びこれらと一体的にその保護を図る必要がある区域であって、その個体の分布状況及び生態その他その個体の生息又は生育の状況を勘案してその国内希少野生動植物種の保存のため重要と認めるものを、生息地等保護区として指定することができることとされたこと。また、生息地等保護区の指定は、指定の区域、指定に係る国内希少野生動植物種及び指定の区域の保護に関する指針を定めてするものであること。指定に当たっては、あらかじめ、関係行政機関の長に協議するとともに、自然環境保全審議会及び関係地方公共団体の意見を聴くこととされたこと。さらに、異議がある旨の意見書の提出があったときその他指定に関し広く意見を聴く必要があると認めるときは、公聴会を開催することとされたこと。なお、生息地

等保護区の区域内で、工作物の設置、土地の形質変更等の行為を行う者は、区域の保護に関する指針に留意しつつ、国内希少野生動植物種の保存に支障を及ぼさない方法でその行為をしなければならないこととされたこと（法第36条）。
　(2)　管理地区
　　　環境庁長官は、生息地等保護区の区域内で国内希少野生動植物種の保存のため特に必要があると認める区域を管理地区として指定することができることとされたこと。管理地区の指定の方法は、生息地等保護区の指定の方法に準ずるものであること。管理地区の区域内で工作物の設置、土地の形質変更等の行為を行う場合には、許可を受けなければならないこと。また、特別制限地区（法第37条第4項の規定により、環境庁長官が、期間を指定して、指定する区域をいう。）において、野生動植物の種の個体の捕獲等及び環境庁長官が指定する動植物の種の個体を放つこと等の行為を行う場合には、許可を受けなければならないこと。
　　　さらに、環境庁長官は、国内希少野生動植物種の個体の生息又は生育のため特にその保護を図る必要があると認める場所を、立入制限地区として指定することができることとされたこと（法第37条、法第38条）。
　(3)　監視地区
　　　生息地等保護区の区域で管理地区の区域に属さない部分は監視地区とされ、その区域内で、工作物の設置、土地の形質変更等の行為を行う場合には、あらかじめ、届出が必要とされたこと。また、届出があった場合において、届出に係る行為が生息地等保護区の区域の保護に関する指針に適合しないものであるときは、届出をした者に対し、届出に係る行為を禁止・制限し、又は措置命令をすることができることとされたこと（法第39条）。
第五　保護増殖事業について
　　環境庁長官及び保護増殖事業を行おうとする国の行政機関の長は、保護増殖事業の適正かつ効果的な実施に資するため、自然環境保全審議会の意見を聴いて保護増殖事業計画を定めることとされたこと。
　　国は、自ら保護増殖事業を行うものとされ、また、地方公共団体は、その事業計画が保護増殖事業計画に適合する保護増殖事業について、環境庁長官のその旨の確認を受けることができるものであること。また、国及び地方公共団体以外の者は、その行う保護増殖事業について、その者がその保護増殖事業を適正かつ確実に実施することができ、及びその保護増殖事業の事業計画が保護増殖事業計画に適合している旨の環境庁長官の認定を受けることができるものであること。
　　国が行う保護増殖事業及び環境庁長官の確認又は認定を受けた保護増殖事業は、保護増殖事業計画に即して行われなければならないものであること。また、これらの保護増殖事業として実施する行為については、捕獲等の規制及び生息地等保護区の区域内における行為規制に係る規定の適用が除外されること（法第45条、法第46条、法第47条）。

第六　その他
　1　希少野生動植物種保存取締官
　　　環境庁長官又は農林水産大臣は、その職員を希少野生動植物種保存取締官に任命して、希少野生動植物種の個体の取扱い及び土地の利用方法等に関する助言、指導等を行わせることができることとされたこと（法第50条）。
　2　希少野生動植物種保存推進員
　　　環境庁長官は、絶滅のおそれのある野生動植物の種の保存に熱意と識見を有する者のうちから、絶滅のおそれのある野生動植物の種の保存に関する啓発及び調査等の活動を行う希少野生動植物種保存推進員を委嘱することができることとされたこと（法第51条）。
　3　国の機関等に関する特例
　　　国の機関又は地方公共団体については、許可を受けるべき行為及び届出をすべき行為を行おうとするときは、規則第37条に規定する場合を除き、それぞれ環境庁長官に協議及び通知をすることとされたこと（法第54条、規則第37条）。
　4　権限の委任
　　　法に定める環境庁長官の権限のうち次に掲げる権限であって2以上の都道府県の区域にまたがる事項に係る権限以外のものは、都道府県知事に委任することとされたこと（法第55条、令第7条）。
　　①　特定事業に係る届出の受理その他の権限
　　②　管理地区におけるダム、幅員4メートル以上の道路若しくは鉄道施設の新築、改築若しくは増築又は水面の埋立て若しくは干拓以外の行為に係る許可権限等
　　③　監視地区における届出の受理の権限等
　　④　都道府県知事が許可すべき行為に係る協議の権限及び通知の受理の権限
　5　特殊鳥類の譲渡等の規制に関する法律等の廃止
　　　特殊鳥類の譲渡等の規制に関する法律（昭和47年法律第49号）及び絶滅のおそれのある野生動植物の譲渡の規制等に関する法律（昭和62年法律第58号）並びにこれらの法律の施行令及び施行規則は、平成5年4月1日をもって廃止されたこと（法附則第2条、令附則第2条、規則附則第2条）。

○絶滅のおそれのある野生動植物の種の保存に関する法律の施行について（施行通知）

```
平成5年4月1日　環自野第123号
各都道府県知事宛　環境庁自然保護局長通知
```

　標記については、本日環境事務次官から依命通達されたところであるが、細部については、下記により運用し、適正を期するようにされたい。

　なお、「特殊鳥類の譲渡等の規制に関する法律の運用について（昭和47年11月27日環自鳥第619号各都道府県知事宛環境庁自然保護局長通知）」、「特殊鳥類の譲渡等の規制に関する法律施行規則の一部改正について（昭和49年9月19日環自鳥第104号各都道府県知事宛環境庁自然保護局長通知）」、「特殊鳥類の譲渡等の規制に関する法律施行規則の一部改正について（昭和56年4月30日環自鳥第95号各都道府県知事宛環境庁自然保護局長通知）」、「特殊鳥類の譲渡等の規制に関する法律施行規則の一部改正について（昭和57年3月26日環自鳥第46号各都道府県知事宛環境庁自然保護局長通知）」、「特殊鳥類の譲渡等の規制に関する法律施行規則の一部改正について（昭和58年10月12日環自鳥第269号各都道府県知事宛環境庁自然保護局長通知）」、「特殊鳥類の譲渡等の規制に関する法律施行規則の一部改正について（昭和59年5月8日環自鳥第452号各都道府県知事宛環境庁自然保護局長通知）」、「特殊鳥類の譲渡等の規制に関する法律施行規則の一部改正について（昭和60年12月12日環自鳥第386号各都道府県知事宛環境庁自然保護局長通知）」、「特殊鳥類の譲渡等の規制に関する法律施行規則の一部改正について（昭和63年12月20日環自野第415号各都道府県知事宛環境庁自然保護局長通知）」及び「特殊鳥類の譲渡等の規制に関する法律施行規則の一部改正について（平成2年5月7日環自野第193号各都道府県知事宛環境庁自然保護局長通知）」は、廃止する。

記

第一　一般的事項について
　1　国と都道府県の協力について
　　　絶滅のおそれのある野生動植物の種の保存に関する法律（以下「法」という。）の施行に当たっては、国と都道府県の密接な連絡調整及び協力が不可欠であり、法の施行に関する普及啓発など特段の御協力をお願いしたいこと。
　2　希少野生動植物種について
　　　法の施行に当たっては、旧特殊鳥類の譲渡等の規制に関する法律（昭和47年法律第49号）及び旧絶滅のおそれのある野生動植物の譲渡の規制等に関する法律（昭和62年法律第58号）の廃止に伴う移行措置として、原則として、廃止された2法に基づき、既に譲渡等が規制されている旧特殊鳥類及び旧希少野生動植物を、国内希少野生動植物種及び国際希少野生動植物種として定めたものであり、その他の種については、今後、順次、定める予定であること。
　3　関係機関等との連絡調整について

法の運用に当たっては、必要に応じ、関係行政機関及び都道府県の関係部局（教育委員会を含む。）との連絡調整を図られたいこと。
第二　希少野生動植物種の個体の所有者等の義務について
　希少野生動植物種の個体の所有者又は占有者は、当該個体を飼養栽培する場合にあっては適当な飼養栽培施設に収容し、又は当該個体の生息若しくは生育に適した条件を維持する等当該個体を適切に取り扱うよう努めなければならないこと。なお、法第9条に規定する「捕獲等」には、第三―1のとおり、「故意でない捕獲等」は含まれないが、故意でなく捕獲等をした個体についても、法第7条が適用されるものであり、生きている個体にあっては野生に戻し、死んでいる個体にあっては公的機関に持ち込み、又は埋設・焼却するなど当該個体を適切に取り扱うよう努めなければならないこと。
第三　希少野生動植物種の個体の取扱いに関する規制について
　1　捕獲等の定義について
　　法第9条に規定する「捕獲等」には、「故意でない捕獲等」及び「人の管理下にある繁殖させた個体の捕獲等」は含まれないこと。
　2　捕獲等及び譲渡し等に係る許可について
　　希少野生動植物種の個体の捕獲等及び譲渡し等の許可並びにこれらに関連する権限は、環境庁長官の権限であり、これらの権限に属する事務は、環境庁が、直接、これを行うこと。
　　また、特定事業に係る譲渡し又は引渡しのためにする繁殖の目的で行う特定国内希少野生動植物種の個体の捕獲等の許可及びこれに関連する権限は、環境庁と農林水産省の共管であり、この権限に属する事務は、環境庁と農林水産省が、連絡調整を図りつつ、直接、これを行うこと。
　3　特定事業に係る届出の受理その他の権限について
　　特定事業に係る届出の受理その他の権限に属する事務は、二以上の都道府県の区域にまたがる事業に係るものについては、環境庁と農林水産省が、その他のものについては、都道府県と農林水産省が、それぞれ、連絡調整を図りつつ、これを行うこと。
第四　生息地等の保護に関する規制について
　1　生息地等保護区等の指定について
　　生息地等保護区、管理地区及び立入制限地区の指定（特別制限地区の指定その他の管理地区内において行われる指定を含む。）に当たっては、関係者の所有権その他の財産権を尊重するとともに、農林水産業を営む者等住民の生活の安定及び福祉の維持向上に配慮し、地域の理解と協力が得られるよう適切に対処するものであること。また、国土の保全その他の公益との調整を図りつつ、その指定を行うものであること。
　　したがって、生息地等保護区又は管理地区の指定の際に、法第36条第3項（法第37条第3項において準用する場合を含む。）に基づき、関係地方公共団体として意見を述べる際には、あらかじめ、十分な時間的余裕をもって関係部局と調整するとともに、土地

利用基本計画その他の土地利用に関する計画との適合が図られるよう事前に調整すること。さらに、指定対象種が天然記念物（天然記念物に密接に関係する種を含む。）である場合又は指定予定区域が重要文化財、重要有形民俗文化財、埋蔵文化財若しくは史跡名勝天然記念物に係る場合は教育委員会の意見を聴くこと。

2　管理地区内における行為の取扱いについて

　管理地区内における行為の許可については、二以上の都道府県の区域にまたがる行為以外の行為であってダム等の新築、改築又は増築及び水面の埋立て又は干拓以外のものに係るものが、管理地区内における既着手行為の届出及び非常災害に対する必要な応急措置としての行為の届出については、二以上の都道府県の区域にまたがる行為以外の行為に係るものが、都道府県知事の権限とされたが、その運用は、次のとおりとされたいこと。

(1) 行為の許可（法第37条第4項）

　ア　許可は、管理地区ごとに定める区域の保護に関する指針に照らして行うものであり、申請に係る行為が指針に適合しないものであるときは、許可をしないことができること。また、法第40条第1項の規定による指示についても、当該区域の保護に関する指針に照らして行うこと。

　イ　相関連した要許可事項は、申請者の便宜を考慮し、極力一括処理をすること。

　ウ　許可申請に係る審査期間は、原則として3か月以内とすること。

　エ　許可をする際には、必要に応じ、関係行政機関及び都道府県の関係部局と連絡調整すること。

　　なお、車馬の使用に係る許可をした場合には、速やかに当該地域を管轄する都道府県公安委員会に通知すること。

　オ　不許可処分をする場合、事業に著しい支障を及ぼすなど相当程度不利益な条件を許可に付す場合、法第40条の規定により行為をした者に対し事業に著しい支障を及ぼすなど相当程度不利益な指示若しくは命令を行おうとする場合又は審査期間が3か月を超える場合には、あらかじめ、環境庁に連絡すること。

(2) 既着手行為の届出（法第37条第8項）

　管理地区の指定等による行為の規制時において既に規制対象行為に着手している者が、3か月以内に届出をしたときは、引き続きその行為をすることができるものであり、例えば、行為の規制時において、工事の実施等に着手しているもの（工事の実施等が明らかなものを含む。）であって、以下のいずれかに該当するものが含まれること。

　なお、必要な書類が整った届出については、速やかに受理されたいこと。

　ア　行為の規制時において既に策定等されている以下のいずれかの計画等に基づいて行う行為

　　①　河川法第16条第1項に規定する工事実施基本計画又は水資源開発促進法第4条

第1項に規定する水資源開発基本計画に適合した河川管理者の定める河川工事に関する計画（工事に係る施設の位置、種類（工種）、規模、形態及び設置予定年次が明らかであるものに限る。）
② 砂防法第6条第1項の規定に基づき建設大臣が直轄で実施する砂防工事に関する計画又は砂防行政監督令第2条の規定による建設大臣の認可を受けた砂防工事の計画
③ 地すべり等防止法第9条に規定する地すべり防止工事に関する基本計画及び同法第41条の規定に基づき都道府県知事が実施するぼた山崩壊防止工事に関する計画
④ 海岸法第23条第1項に規定する海岸保全施設の整備に関する基本計画
⑤ 特定多目的ダム法第4条第1項に規定する特定多目的ダムの建設に関する基本計画
⑥ ダムその他の河川管理施設に関する実施計画調査
⑦ 水資源開発公団法第19条第1項に規定する事業実施方針
⑧ 本州四国連絡橋公団法第30条第1項、首都高速道路公団法第30条第1項又は阪神高速道路公団法第30条第1項に規定する基本計画の指示
⑨ 高速自動車国道法第5条第1項又は第3項に規定する高速自動車国道の新設又は改築に関する整備計画
⑩ 道路法第18条第1項の規定による道路の区域の決定
⑪ 地域振興整備公団法第19条の2第1項の規定による認可を受けた事業実施基本計画
⑫ 漁港法第17条第1項に規定する漁港の整備計画
⑬ 土地改良法第87条第1項若しくは第87条の2第1項に規定する土地改良事業計画又は同法第8条第1項の規定により都道府県知事が適当と決定した土地改良事業計画
⑭ 農用地整備公団法第21条第1項の規定による認可を受けた農用地整備事業実施計画
⑮ 森林法第11条第1項又は第12条第2項の規定による都道府県知事の認定を受けた森林の保健機能の増進に関する特別措置法第6条第1項に規定する森林保健機能増進計画
イ 行為の規制時において既に許可を受けた行為等であって次に掲げるもの
① 道路整備特別措置法第3条第1項、第7条の12第1項、第7条の14第1項若しくは第8条第1項の規定による許可を受けた道路の新設若しくは改築又は既に補助金の交付決定を受け（建設大臣が施行する事業にあっては事業採択され）、若しくは既に用地買収に着手した道路事業
② 都市計画法第4条第6項に規定する都市計画施設若しくは同条第7項に規定す

る市街地開発事業であって同法第59条の規定による認可若しくは承認を受けたもの（同法第64条第2項の規定により同法第59条の規定による認可を受けたものとみなされるものを含む。）又は既に用地買収に着手した都市計画事業
③　土地区画整理法、都市再開発法又は大都市地域における住宅及び住宅地の供給の促進に関する特別措置法に基づく認可を受けた土地区画整理事業、市街地再開発事業又は住宅街区整備事業
④　下水道法第4条第1項又は第25条の3第1項の規定による認可を受けた事業計画に位置付けられた公共下水道又は流域下水道の設置
⑤　都市公園等整備緊急措置法第2条第1項第3号に規定する公園又は緑地の整備に関する事業であって当該事業に係る事業計画について建設大臣との事前協議を了しているもの
⑥　河川法、海岸法、砂防法、急傾斜地の崩壊による災害の防止に関する法律又は地すべり等防止法に基づく許認可を受けた行為
⑦　公有水面埋立法第2条第1項の規定による免許を受けた埋立て
⑧　都市公園法第6条第1項の規定による許可を受けた都市公園の占用
⑨　宅地造成等規制法第5条第1項、同条第3項若しくは第8条第1項の規定による許可を受けた試掘等、障害物の伐除若しくは宅地造成に関する工事（同法第11条の規定により許可があったものとみなされるものを含む。）又は同法第13条若しくは第16条の規定による措置命令若しくは同法第15条第2項の規定による勧告に基づいて行う行為
⑩　森林開発公団法第18条第1項第1号の2に規定する大規模林道事業であって基本計画に基づき政令により区域の指定がなされたもの
⑪　森林法第10条の2第1項の規定による許可を受けた開発行為
⑫　水道法第6条第1項の規定による認可を受けた水道事業、同法第26条の規定による認可を受けた水道用水供給事業又は同法第32条の規定による確認を受けた専用水道の布設工事
⑬　廃棄物の処理及び清掃に関する法律第8条第1項の規定による許可を受け、若しくは同法第9条の3第1項の規定による届出を了した一般廃棄物処理施設の設置又は同法第15条第1項の規定による許可を受けた産業廃棄物処理施設の設置
⑭　工業用水道事業法第3条第1項の規定による届出を了し、又は同条第2項の規定による許可を受けた者が行う工業用水道に係る導管の設置
⑮　電気事業法第41条の規定によるその計画についての認可を受けた電気事業の用に供する電気工作物の設置又は変更の工事
⑯　補助事業であって事業実施に係る計画（工事に係る施設の位置、種類（工種）、規模、形態及び着工年次が明らかであるものに限る。）の認可等を受けたもの

⑰ ①から⑯までに掲げるもののほか、事業実施のために他法令の許可を受けた行為

ウ ア又はイの行為に準ずる行為

(3) 非常災害に対する必要な応急措置としての行為の届出（法第37条第9項第1号、法第37条第10項）

　非常災害に対する必要な応急措置としての行為については、許可を要しないが、14日以内に届出をすることとされており、例えば、次の行為が含まれること。

　なお、必要な書類が整った届出については、速やかに受理されたいこと。

ア 次に掲げる事業費で実施する事業

① 河川等災害復旧事業費
② 河川等災害関連事業費
③ 農業施設災害復旧事業費
④ 農業施設災害関連事業費
⑤ 山林施設災害復旧事業費
⑥ 山林施設災害関連事業費
⑦ 造林事業費（森林災害復旧のための事業に係るものに限る。）
⑧ 漁港施設災害復旧事業費
⑨ 漁港施設災害関連事業費

イ 森林法第41条第2項に規定する保安施設事業又は地すべり等防止法に基づくぼた山崩壊防止工事であって、災害防止上猶予できないもの

ウ 河川工事、砂防工事、海岸保全施設に関する工事、急傾斜地崩壊防止工事、地すべり防止工事又は雪崩防止工事であって、災害防止上猶予できないもの

エ 絶滅のおそれのある野生動植物の種の保存に関する法律施行規則（以下「規則」という。）第5条第1項第5号ニに規定する都市公園等及び同号ホに規定する下水道の管理のための事業であって、災害防止上猶予できないもの並びに都市公園等及び下水道の災害の復旧のための事業

オ 道路の防災若しくは震災のための事業であって災害防止上猶予できないもの又は道路の災害の復旧のための事業

カ 水資源開発公団法第18条第1項第3号に規定する水資源開発施設についての災害復旧工事又は農用地整備公団法第19条第1項第6号に規定する土地改良施設若しくは農業用用排水施設についての災害復旧事業

キ アからカまでの行為に準ずる行為

(4) 通常の管理行為又は軽易な行為（法第37条第9項第2号）

　通常の管理行為又は軽易な行為で総理府令で定めるものについては、許可を要しないこととされており、規則第25条に規定する行為が許可を要しない行為であること。

(5) 管理地区ごとに指定する方法及び限度内においてする木竹の伐採（法第37条第9項

第3号)
　　木竹の伐採で、環境庁長官が農林水産大臣と協議して管理地区ごとに指定する方法及び限度内においてするものについては、許可を要しないこと。
3　立入制限地区への立入りの取扱いについて
　(1)　立入りの許可（法第38条第4項第3号）
　　立入制限地区への立入りの許可については、二以上の都道府県の区域にまたがる立入り以外の立入りであってダム等の新築、改築又は増築及び水面の埋立て又は干拓以外のためのものに係るものが都道府県知事の権限とされたが、その運用は、次のとおりとされたいこと。
　　ア　相関連した要許可事項は、申請者の便宜を考慮し、極力一括処理をすること。
　　イ　許可申請に係る審査期間は、原則として3か月以内とすること。
　　ウ　許可をする際には、必要に応じ、関係行政機関及び都道府県の関係部局と連絡調整すること。
　　エ　不許可処分をする場合又は事業に著しい支障を及ぼすなど相当程度不利益な条件を許可に付す場合には、あらかじめ、環境庁に連絡すること。
　(2)　非常災害に対する必要な応急措置としての行為のための立入り（法第38条第4項第1号）
　　非常災害に対する必要な応急措置としての行為のための立入りについては、許可を要しないこととされており、例えば、2(3)に掲げる行為のための立入りが含まれること。
　(3)　通常の管理行為又は軽易な行為で総理府令で定めるものをするための立入り（法第38条第4項第2号）
　　通常の管理行為又は軽易な行為で総理府令で定めるものをするための立入りについては、許可を要しないこととされており、規則第27条に規定する行為が許可を要しない行為であること。
4　監視地区内における行為の取扱いについて
　(1)　行為の届出（法第39条第1項）
　　監視地区内における行為の届出の受理については、二以上の都道府県の区域にまたがる行為以外の行為に係るものが都道府県知事の権限とされたが、その運用は、次のとおりとされたいこと。
　　ア　相関連した要届出事項は、届出者の便宜を考慮し、極力一括処理をすること。
　　イ　必要な書類が整った届出については、速やかに受理すること。
　　ウ　法第39条第2項の規定による行為の禁止・制限若しくは措置命令又は法第40条第1項の規定による指示は、当該区域の保護に関する指針に照らして行うこと。
　　エ　法第39条第2項の規定により届出をした者に対し事業に著しい支障を及ぼすなど相当程度不利益な措置命令等を行おうとする場合又は法第40条の規定により行為を

した者に対し事業に著しい支障を及ぼすなど相当程度不利益な指示若しくは命令を行おうとする場合には、あらかじめ、環境庁に連絡すること。
　(2) 非常災害に対する必要な応急措置としての行為（法第39条第6項第1号）
　　非常災害に対する必要な応急措置としての行為については、届出を要しないこととされており、例えば、2(3)に掲げる行為が含まれること。
　(3) 通常の管理行為又は軽易な行為（法第39条第6項第2号）
　　通常の管理行為又は軽易な行為で総理府令で定めるものについては、届出を要しないこととされており、規則第30条に規定する行為が届出を要しない行為であること。
　(4) 既着手行為（法第39条第6項第3号）
　　生息地等保護区の指定がされた時において既に着手している行為については、届出を要しないこととされており、例えば、生息地等保護区が指定された時において、工事の実施等に着手しているもの（工事の実施等が明らかなものを含む。）であって、2(2)に掲げる行為が含まれること。
第五　保護増殖事業について
　法の施行に当たって定められた国内希少野生動植物種のうち、シマフクロウ、タンチョウなど、現在、国において保護増殖事業を行っている種に係る保護増殖事業計画については、今後、定める予定であること。
　また、地方公共団体において、国内希少野生動植物種に係る保護増殖事業を行っており、又は今後行う予定がある場合には、環境庁に連絡されたいこと。
第六　国の機関又は地方公共団体に関する特例について
　1　国の機関又は地方公共団体が行う事務又は事業の範囲
　　法第12条第1項第5号及び法第54条に規定する国の機関又は地方公共団体には、絶滅のおそれのある野生動植物の種の保存に関する法律施行令附則第4条から第23条までの規定により改正された法令により法第12条第1項第5号及び法第54条の規定を準用することとされた森林開発公団その他の法人が含まれること。また、国の機関又は地方公共団体がその事務又は事業を委託している場合についても、国の機関又は地方公共団体が行う事務又は事業とみなすこと。
　2　協議及び通知の取扱い
　　国の機関又は地方公共団体が許可を受けるべき行為及び届出をすべき行為をする場合には、それぞれ協議及び通知をすることとされており、都道府県知事が許可及び届出の受理をすべき場合には、それぞれ都道府県知事に協議及び通知をすることとされたが、その取扱いについては、第四―2から第四―4までに準じて行われたいこと。
　　なお、規則第37条に規定する場合については、協議及び通知を要しないこと。
第七　特殊鳥類の譲渡等の規制に関する法律等の廃止について
　旧特殊鳥類の譲渡等の規制に関する法律及び旧絶滅のおそれのある野生動植物の譲渡の規制等に関する法律に基づいて行われてきた譲渡等の規制は本法に引き継がれたものであ

り、従来、旧特殊鳥類の譲渡等の規制に関する法律に基づいて都道府県知事が行ってきた事務は、廃止されたこと。
第八　その他
　本法は、主として国の施策を定める法律であって、地方公共団体が、その区域内の自然的社会的諸条件に応じて、必要と認める場合には、絶滅のおそれのある野生動植物の種の保存のため条例で必要な規制を定めることを妨げるものではないこと。

○絶滅のおそれのある野生動植物の種の保存に関する法律に規定する特定事業に係る事務について

```
┌平成6年1月28日    環自野第23号   ┐
└各都道府県知事宛   環境庁自然保護局長通知┘
```
　　　　　　　　　　平成7年6月28日環自野第341号　　**改正現在**

　絶滅のおそれのある野生動植物の種の保存に関する法律施行令の一部を改正する政令（平成6年政令第13号：以下「改正施行令」という。）は、本日、公布され、平成6年3月1日から施行されるところである。
　改正施行令により新たに特定国内希少野生動植物種が指定されることとなるが、特定国内希少野生動植物種の個体の譲渡し又は引渡しの業務を伴う事業（特定事業）に係る事務については、環境庁長官の権限の一部が都道府県知事に委任されているので、下記の事項に留意の上、その適切な執行に努められたい。
　なお、別添のとおり、本日付けで農林水産大臣官房長から農林水産省関係各局（庁）長を経由して関係機関及び関係団体あて通達されたので、御了知されたい。

　　　　　　　　　　　　　　　記

第一　特定国内希少野生動植物種の指定について
　1　特定国内希少野生動植物種の指定要件
　　　特定事業の対象となる特定国内希少野生動植物種は、絶滅のおそれのある野生動植物の種の保存に関する法律（以下「法」という。）第4条第5項に規定されているとおり、国内希少野生動植物種であって、商業的に個体の繁殖をさせることができるものであること及び国際的に協力して種の保存を図ることとされているものではないこと（ワシントン条約附属書Ⅰに掲載された種（我が国が留保している種を除く。）又は渡り鳥等保護条約に基づき相手国から絶滅のおそれのある鳥類として通報のあった種ではないこと）の二要件に該当しているもので政令で定めるものをいう。
　2　特定国内希少野生動植物種指定の趣旨
　　　法においては、国内外の絶滅のおそれのある野生動植物種の体系的な保存を図ることを目的としており、そのうち、本邦に生息し又は生育する絶滅のおそれのある野生動植物種については、国内希少野生動植物種に指定し、これらの個体の捕獲、採取、譲渡し、譲受け等の行為を原則禁止とする等の規制措置を講ずることとしている。
　　　しかしながら、絶滅のおそれのある野生動植物種の中には、一部のラン科植物のように、自生地では乱獲等により減少している一方で、人工的に増殖された個体が市場で流通しているような種がある。
　　　このような種について、人工的に増殖された個体も含めた全ての個体の譲渡し等を一律に制限することは適当ではないことから、特定国内希少野生動植物種に指定された種については、個々の個体の取引を規制する代わりに、これらの販売、頒布等の業（特定

事業）を行う者に対し、事業の届出を義務付けるとともに、譲受け等をする場合には、購入先や商業的に繁殖させたものであるかどうか等の確認を求めることにより、違法に捕獲等された個体の商業的な流通ルートへの混入を防止することとしたものであること。
3　今回の指定種及び今後の指定予定
　改正施行令により、キュプリペディウム・マクラントゥム変種レブネンセ（レブンアツモリソウ）及びカルリアンテムム・インスィグネ変種ホンドエンセ（キタダケソウ）の2種が、特定国内希少野生動植物種として指定されるが、今後も、絶滅のおそれがあり、保護の必要性が高く、上述の二要件に該当するものについて、順次追加指定を行う予定であること。
第二　特定国内希少野生動植物種の捕獲等の規制について
　1　制度の概要
　　特定事業のためにする繁殖の目的で特定国内希少野生動植物種の生きている個体の捕獲等をしようとする者は、法第10条第2項に規定されているとおり、環境庁長官及び農林水産大臣の許可を受けることが必要であり、その場合、環境庁自然保護局野生生物課及び農林水産大臣官房総務課環境対策室宛て許可申請を行うこととされていること。
　2　希少野生動植物種保存取締官
　　環境庁長官又は農林水産大臣は、法第50条第1項に規定されているとおり、その職員を希少野生動植物種保存取締官に任命して、特定事業に伴う捕獲等に係る措置命令等の権限の一部を行わせることができること。
　3　申請書の様式
　　特定国内希少野生動植物種の捕獲等の規制に係る申請書の様式は以下のとおりとすること。
　(1)　法第10条第11項において準用する同条第3項の規定による申請書（特定国内希少野生動植物種捕獲等許可申請書）は、別記様式第1によるものとする。
　(2)　法第10条第11項において準用する同条第7項の規定による申請書（特定国内希少野生動植物種捕獲等従事者証交付申請書）は、別記様式第2によるものとする。
　(3)　法第10条第11項において準用する同条第8項の規定による申請書（特定国内希少野生動植物種捕獲等許可証再交付申請書及び従事者証再交付申請書）は、別記様式第3（第3—1及び第3—2）によるものとする。
第三　特定事業の届出について
　1　制度の概要
　　特定国内希少野生動植物種の個体の譲渡し又は引渡しの業務を伴う事業である特定事業を行おうとする者は、あらかじめ法第30条第1項各号に掲げる事項について、環境庁長官又は関係都道府県知事及び農林水産大臣に届出を行わなければならないこと。この場合、特定事業が二以上の都道府県の区域にまたがる場合（特定事業を行うための販

売、保管、繁殖等の施設等の所在地が二以上の都道府県の区域にまたがる場合）には環境庁自然保護局野生生物課及び農林水産大臣官房総務課環境対策室を窓口として環境庁長官及び農林水産大臣に届出を行い、特定事業が一の都道府県の区域に限られる場合（前記施設等の所在地が一の都道府県の区域に限られる場合）には関係する都道府県担当課及び農林水産大臣官房総務課環境対策室を窓口として都道府県知事及び農林水産大臣に届出を行わなければならないこと。
 2　各都道府県における留意事項
　(1)　担当課の決定
　　　　特定事業が一の都道府県の区域に限られる場合には、環境庁長官の特定事業の届出の受理その他の権限は都道府県知事に委任されているので、特定事業を行う者が存在することが想定される都道府県においては、担当課を速やかに決定し、環境庁自然保護局野生生物課宛て通知するとともに、関係者に対して周知を行われたいこと。
　(2)　農林水産省との連絡調整
　　　　特定事業は、環境庁長官又は都道府県知事及び農林水産大臣が共管して、届出の受理その他の権限を行使するものであるので、各都道府県担当課は、特定事業に係る事務を行う際には、環境庁自然保護局野生生物課のほか、農林水産大臣官房総務課環境対策室と十分に連絡調整を行われたいこと。
　(3)　特定事業を行う者の把握等
　　　　現に、キュプリペディウム・マクラントゥム変種レブネンセ（レブンアツモリソウ）又はカルリアンテムム・インスィグネ変種ホンドエンセ（キタダケソウ）の個体の譲渡し又は引渡しの業務を行っており、特定国内希少野生動植物種の指定の日（改正施行令の施行日）以降も引き続きその業務を行おうとする者は、指定の日付け（改正施行令の施行の日付け）で特定事業の届出を行う必要があるため、各都道府県担当課は環境庁自然保護局野生生物課及び農林水産大臣官房総務課環境対策室とも連絡を取り、当該業務を行っている者の把握に努めるとともに、特定事業に係る制度の趣旨を説明の上、速やかに届出を行うよう指導されたいこと。
　　　　今後、特定国内希少野生動植物種が追加指定された場合にも、同様に特定事業を行う者の把握及び届出の指導を行われたいこと。
 3　届出書の様式
　　　特定事業の届出に係る届出書の様式は以下のとおりとすること。
　(1)　法第30条第1項の規定による届出書（特定国内希少野生動植物種に関する特定事業届出書）は、別記様式第4によるものとする。
　(2)　法第30条第3項の規定による届出書（特定国内希少野生動植物種に関する特定事業届出事項変更届出書及び廃止届）は、別記様式第5（第5—1及び第5—2）によるものとする。
第四　特定事業を行う者の遵守事項について

1 遵守事項の概要

　特定事業を行う者は、その特定事業に関し特定国内希少野生動植物種の個体の譲受け又は引取りをするときは、法第31条第1項に規定する事項について、確認し又は聴取しなければならないこと。

　また、前記の規定により確認し又は聴取した事項その他特定国内希少野生動植物種の個体の譲渡し等に関する事項は、書類に記載し、これを譲受け等した日から5年間保存しなければならないこと。

2 遵守事項に係る留意事項

　前記の確認及び聴取は、譲渡人又は引渡人(以下「譲渡人等」という。)から直接に確認及び聴取を行う方法のほか、確認及び聴取すべき事項が記載されている譲渡人等の発行するカタログ、説明書その他の文書による方法又は譲渡人等との電話若しくは文書を通じたやりとりによる方法その他の方法により行うことができることとされているが、いずれの方法による場合も適切に確認及び聴取が行われるよう特定事業を行う者に対して指導されたいこと。

　また、前記の書類の記載に当たっては、野生個体と繁殖個体を区別して、譲受け等した数量及び由来が明らかになるよう記載すべき旨を特定事業を行う者に周知徹底されたいこと。

3 確認・聴取事項等記載台帳の様式

　法第31条第2項に規定する書類の記載及び保存のための台帳(特定国内希少野生動植物種の個体の譲受け又は引取りに関する確認・聴取事項等記載台帳)の様式は、別記様式第6によるものとすること。

第五　特定事業を行う者に対する指示、命令、報告徴収及び立入検査について

　環境庁長官又は都道府県知事及び農林水産大臣は、特定事業を行う者が遵守事項に違反した場合には法第32条に定める指示又は特定事業の一時業務停止命令を行うことができ、また、当該制度の適正な執行のため必要な限度において法第33条に定める報告徴収及び立入検査を行うことができることとされているが、各都道府県において当該措置を行うときには、その実効を上げるため、環境庁自然保護局野生生物課及び農林水産大臣官房総務課環境対策室とも十分に連絡調整を行われたいこと。

第六　特定事業に関する普及啓発について

　特定事業に係る制度を実効あるものとするためには、当該制度の趣旨について、特定事業を行う者をはじめ、広範な関係者の理解を得ることが極めて重要であることに鑑み、各都道府県におかれても、その普及啓発に努められたいこと。

別添　略

別記様式　略

○絶滅のおそれのある野生動植物の種の保存に関する法律施行令等の一部改正について

〔平成7年2月8日　環自野第59号〕
〔各国立公園・野生生物事務所長宛　環境庁自然保護局長通知〕

本日付けで、別添のとおり「絶滅のおそれのある野生動植物の種の保存に関する法律施行令の一部を改正する政令（平成7年政令第18号）」及び「絶滅のおそれのある野生動植物の種の保存に関する法律施行規則の一部を改正する総理府令（平成7年総理府令第1号）」が公布されたところである。

今回の改正の内容は、国内希少野生動植物種及び特定国内希少野生動植物種の追加指定（平成7年4月1日施行）並びに第9回ワシントン条約締約国会議における条約附属書改正を踏まえた国際希少野生動植物種の追加指定、削除等（平成7年2月16日施行）であり、詳細は別紙のとおりであるので、ご了知の上、関係者への周知方お願いするとともに、「絶滅のおそれのある野生動植物の種の保存に関する法律の施行に係る国立公園・野生生物事務所の業務について（平成6年6月30日付け環自野第207号当職通知）」に基づき、引き続き、国内希少野生動植物種の捕獲許可等に係る事務の適切な執行に努められたい。

別添　略
別　紙

今回指定された国内希少野生動植物種（4種）

<動物界>

目	科	学名	和名
とかげ目	へび科	オピストトロピス・キクザトイ Opisthotropis kikuzatoi	キクザトサワヘビ
さんしょうお目	さんしょうお科	ヒュノビウス・アベイ Hynobius abei	アベサンショウウオ
こい目	こい科	アケイログナトゥス・ロンギピンニス Acheilognathus longipinnis	イタセンパラ

<植物界>

科名	学名	和名
はなしのぶ科	ポレモニウム・キウシアヌム Polemonium kiushianum	ハナシノブ

今回指定された特定国内希少野生動植物種（1種）

科名	学名	和名
はなしのぶ科	ポレモニウム・キウシアヌム Polemonium kiushianum	ハナシノブ

今回追加された国際希少野生動植物種(31品目)

<動物界>

目	科	学名	和名
翼手目	おおこうもり科	アケロドン・ユバトゥス Acerodon jubatus	フィリピンオオコウモリ
		アケロドン・ルキフェル Acerodon lucifer	パナイオオコウモリ
食肉目	くま科	アイルルス・フルゲンス Ailurus fulgens	レッサーパンダ
偶蹄目	しか科	メガムンティアクス・ヴクアンゲンスィス Megamuntiacus vuquanghensis	オオホエジカ
	うし科	プセウドリュクス・ンゲティンヘンスィス Pseudoryx nghetinhensis	ベトナムレイヨウ
がんかも目	がんかも科	アナス・アウクランディカ Anas aucklandica	チャイロガモ
おうむ目	おうむ科	エオス・ヒストリオ Eos histrio	ヤクシャインコ
すずめ目	むくどりもどき科	アゲライウス・フラヴュス Agelaius flavus	キバラムクドリモドキ
かめ目	りくがめ科	テストゥド・クレインマンニ Testudo kleinmanni	エジプトリクガメ
むかしとかげ目	むかしとかげ科	スフェノドン属全種 Sphenodon spp.	ムカシトカゲ属全種
無尾目	ひきがえる科	ブフォ・ペリグレネス Bufo periglenes	オレンジヒキガエル

<植物界>

科名	学名	和名
きょうちくとう科	パキュポディウム・アムボンゲンセ Pachypodium ambongense	和名なし
とうだいぐさ科	エウフォルビア・クレメルスィイ Euphorbia cremersii	和名なし
ゆり科	アロエ・アルビフロラ Aloe albiflora	雪女王

	アロエ・アルフレディイ Aloe alfredii	和名なし
	アロエ・バケリ Aloe bakeri	和名なし
	アロエ・ベルラトゥラ Aloe bellatula	和名なし
	アロエ・カルカイロフィラ Aloe calcairophila	和名なし
	アロエ・コンプレサ Aloe compressa	和名なし
	アロエ・デルフィネンスィス Aloe delphinensis	和名なし
	アロエ・デスコイングスィイ Aloe descoingsii	和名なし
	アロエ・フラギリス Aloe fragilis	和名なし
	アロエ・ハウォルティオイデス Aloe haworthioides	羽生錦
	アロエ・ヘレナエ Aloe helenae	和名なし
	アロエ・ラエタ Aloe laeta	和名なし
	アロエ・パラルレリフォリア Aloe parallelifolia	和名なし
	アロエ・パルヴラ Aloe parvula	和名なし
	アロエ・ラウヒイ Aloe rauhii	和名なし
	アロエ・スザンナエ Aloe suzannae	和名なし
	アロエ・ヴェルスィコロル Aloe versicolor	和名なし
らん科	デンドロビウム・クルエントゥム Dendrobium cruentum	和名なし

今回削除された国際希少野生動植物種（12品目）

<動物界>

目	科	学名	和名
有鱗目	せんざんこう科	マニス・テンミンキイ Manis temminckii	サバンナセンザンコウ
食肉目	ハイエナ科	ヒュアエナ・ブルンネア Hyaena brunnea	カッショクハイエナ
おうむ目	おうむ科	プスィタクス・エリタクス・プリンケプス Psittacus erithacus princeps	オオガタコイネズミヨウム
かめ目	すっぽん科	リセミュス・プンクタタ・プンクタタ Lissemys punctata punctata	ハコスッポン

<植物界>

科名	学名	和名
きょうちくとう科	パキュポディウム・ブレヴィカウレ Pachypodium brevicaule	恵比須笑い
	パキュポディウム・ナマクアヌム Pachypodium namaquanum	光堂
サボテン科	レウクテンベルギア・プリンキピス Leuchtenbergia principis	光山
	マンミルラリア・プルモサ Mammillaria plumosa	白星
とうだいぐさ科	エウフォルビア・プリムリフォリア Euphorbia primulifolia	和名なし
らん科	カトレイア・スキンネリ Cattleya skinneri	和名なし
	ディディキエア・クンニンガミイ Didiciea cunninghamii	カニンガミーヒトツボクロモドキ
	リュカステ・スキンネリ変種アルバ Lycaste skinneri var. alba	和名なし

今回追加された登録対象個体群（3品目）

※表記の個体群に属する種は、養殖したもの等以外でも登録することにより譲渡し等が可能となる。

ケラトテリウム・スィムム・スィムム（ミナミシロサイ）	南アフリカの個体群
ファルコ・ネウトニ（マダガスカルチョウゲンボウ）	セイシェルの個体群以外の個体群
メラノスクス・ニゲル（クロカイマン）	エクアドルの個体群

今回削除された登録対象個体群（2品目）

※表記の個体群に属する種は、養殖したもの等以外は登録ができなくなり、譲渡し等が原則禁止となる。

キンキルラ属（チンチラ属）全種	南米の個体群以外の個体群
スクレロパゲス・フォルモスス（アジアアロワナ）	インドネシアの個体群

※この他に、締約国会議における標準学名に関する決議に基づく表記の改正等があります。

○絶滅のおそれのある野生動植物の種の保存に関する法律の一部を改正する法律の施行について

> 平成7年6月28日　環自野第339号
> 各国立公園・野生生物事務所長宛　環境庁自然保護局長通知

　絶滅のおそれのある野生動植物の種の保存に関する法律の一部を改正する法律（平成6年法律第52号）が平成6年6月29日に、絶滅のおそれのある野生動植物の種の保存に関する法律施行令の一部を改正する政令（平成7年政令第240号）、絶滅のおそれのある野生動植物の種の保存に関する法律施行規則の一部を改正する総理府令（平成7年総理府令第30号）、特定事業に係る捕獲等の許可の手続等に関する命令の一部を改正する命令（平成7年総理府・農林水産省令第1号）、絶滅のおそれのある野生動植物の種の保存に関する法律第52条の規定による負担金の徴収方法等に関する命令の一部を改正する命令（平成7年総理府・通商産業省令第1号）及び特定国際種事業に係る届出等に関する命令（平成7年総理府・通商産業省令第2号）が平成7年6月14日に公布され、それぞれ本日から施行されたところである。
　また、「希少野生動植物種保存基本方針の変更について」が、平成7年6月9日に閣議決定され、同月14日に、総理府告示第36号により、公表されたところである。
　本改正法は、希少野生動植物種の個体の器官及び加工品についても譲渡等の規制の対象に加え、絶滅のおそれのある野生動植物種の保護の徹底を図ることを目的とするものである。
　ついては、下記事項に留意の上、改正法の施行に適正を期するようにされたい。
　なお、下記中「法」とあるのは、改正後の「絶滅のおそれのある野生動植物の種の保存に関する法律（平成4年法律第75号）」を、同じく「令」とあるのは、改正後の「絶滅のおそれのある野生動植物の種の保存に関する法律施行令（平成5年政令第17号）」をさす。

記

第一　個体等の取扱いに関する規制
　1　新たな法の規制対象
　　　次に掲げるものについては、新たに法の規制対象となり、個体と同様に原則として譲渡し等（(1)については、捕獲等も併せて）が禁止されること。
　　(1)　次に掲げるものの卵
　　　ア　緊急指定種のうち環境庁長官の指定するもの
　　　　・平成7年環境庁告示第31号により、ワシミミズクを指定
　　　イ　国内希少野生動植物種のうち、爬虫綱及び両生綱に属するもの
　　　　・キクザトサワヘビ及びアベサンショウウオ
　　(2)　希少野生動植物種の器官及び加工品のうち次に掲げるもの
　　　ア　個体の部分のはく製その他の個体の部分の標本
　　　イ　令別表第四に掲げる器官及び加工品
　2　規制対象の特例

| 絶滅のおそれのある野生動植物の種の保存に関する法律の一部を改正する法律の施行について

　次に掲げる国際希少野生動植物種の器官及び加工品（原材料器官等）のうち器官の全形を保持していないもの（特定器官等）については、譲渡し等の禁止及び陳列の禁止の対象外となること。
　(1)　ぞう科に属する種の皮及びその加工品並びに牙及びその加工品
　(2)　うみがめ科に属する種の皮及びその加工品並びに甲及びその加工品
　(3)　おおとかげ科に属する種の皮及びその加工品
 3　登録
　　希少野生動植物種の個体の器官及び加工品（2の特定器官等に当たるものを除く。）についても、個体と同様の要件で登録を受けることができるものであること。
　　登録関係事務は、本日付けで環境庁長官により指定登録機関として指定された財団法人自然環境研究センターが行うものであること。
第二　特定国際種事業の規制
 1　特定国際種事業の届出
　　次に掲げる特定器官等の譲渡し又は引渡しの業務を伴う事業（以下「特定国際種事業」という。）を行おうとする者は、あらかじめ、所定の事項を、環境庁長官及び通商産業大臣に届け出なければならないこと。
　(1)　ぞう科に属する種の牙及びその加工品に係る特定器官等のうち、その重量が1キログラム以上で、その最大寸法が20センチメートル以上であり、かつ、加工品でないもの
　(2)　うみがめ科に属する種の甲及びその加工品に係る特定器官等のうち、加工品でないもの
 2　特定国際種事業を行う者の遵守事項
　　1の届出をして特定国際種事業を行う者は、その届出に係る特定器官等の取引に当たり、譲渡人等の氏名、住所等の確認等を行い、その確認等の事項その他特定器官等の譲渡し等に関する事項を書類に記載し、これを5年間保存しなければならないこと。
 3　管理票
　　1の届出をして特定国際種事業を行う者は、登録票とともに譲り受け、又は引き取った原材料器官等の分割により得られた特定器官等及び管理票とともに譲り受け、又は引き取った特定器官等の分割により得られた特定器官等の譲渡し又は引渡しをする場合には、特定器官等の入手の経緯等に関し必要な事項を記載した管理票を作成することができること。
第三　適正に入手された原材料に係る製品である旨の認定
　　以下に掲げる製品の原材料である特定器官等若しくは原材料器官等を管理票若しくは登録票とともに譲り受け、又は引き取った者は、その製品が登録要件に該当する原材料器官等を原材料として製造されたものである旨の環境庁長官及び通商産業大臣の認定を受け、標章の交付を受けることができること。

・象牙製の装身具、調度品、楽器、印章、室内娯楽用具、食卓用具、文房具、喫煙具、日用雑貨、仏具及び茶道具

　　ただし、製品の原材料である原材料器官等を使用した部分が僅少でなく、その部分から種を容易に識別することができるものに限る。

　認定関係事務は、本日付けで環境庁長官及び通商産業大臣により指定認定機関として指定された財団法人自然環境研究センターが行うものであること。

第四　その他
1　譲渡し等の禁止に係る経過措置

　　平成7年6月28日現在で正当な権原に基づき原材料器官等を占有している者は、平成7年9月27日までの間は、当該原材料器官等については、登録を受けないで譲渡し等をすることができること。

2　事業者届出に係る経過措置

　　平成7年6月28日現在で特定国際種事業を行っている者は、平成7年7月31日までに届出を行わなければならないこと。

○絶滅のおそれのある野生動植物の種の保存に関する法律の一部を改正する法律の施行について

平成25年6月27日　環自野発第1306272号
各地方環境事務所長・各自然環境事務所長・高松事務所長・生物多様性センター長宛　環境省自然環境局長通知

　絶滅のおそれのある野生動植物の種の保存に関する法律の一部を改正する法律（平成25年法律第37号。以下「法」という。）は平成25年6月12日に公布され、公布の日から1年以内の政令で定める日から施行（一部の規定は公布の日及び公布の日から起算して20日を経過した日からそれぞれ施行）されることとなりました。
　改正内容は、違法取引の抑止力を高めるための罰則強化のほか、下記に掲げる項目のとおりです。詳細については、別添資料をご参照ください。
　各地方環境事務所等におかれても、法の厳正かつ実効性のある施行について十分ご留意されるとともに、自然保護官事務所等への周知方お願いいたします。

記

(1)　罰則の強化
(2)　広告に関する規制の強化
(3)　登録関係事務手続の改善
(4)　認定保護増殖事業の特例の追加
(5)　目的規定に「生物の多様性の確保」を加えること等の追加
　　※(1)については公布の日から起算して20日を経過した日、(4)及び(5)については公布の日からそれぞれ施行

添付資料一覧
　○官報写し
　○改正の概要
　○改正の概要ポンチ絵
　○罰則強化に関するチラシ
　○法律案参考資料（白表紙）

○絶滅のおそれのある野生動植物の種の保存に関する法律の一部を改正する法律の施行について

平成25年6月27日　環自野発第1306271号
各都道府県知事・各指定都市の長・各中核市の長宛　環境省自然環境局長通知

　絶滅のおそれのある野生動植物の種の保存に関する法律の一部を改正する法律（平成25年法律第37号。以下「法」という。）は平成25年6月12日に公布され、公布の日から1年以内

の政令で定める日から施行（一部の規定は公布の日及び公布の日から起算して20日を経過した日からそれぞれ施行）されることとなりました。

改正内容は、違法取引の抑止力を高めるための罰則強化のほか、下記に掲げる項目のとおりです。詳細については、別添資料をご参照ください。

貴職におかれても、法の厳正かつ実効性のある施行について十分ご留意の上、格段のご協力をお願いいたします。

記　略

絶滅のおそれのある野生動植物の種の保存に関する法律の一部を改正する法律の概要について

1　現状の課題
(1)　絶滅のおそれのある野生動植物の種の保存に関する法律（平成4年法律第75号。以下「法」という。）は、我が国に生息し又は生育する絶滅のおそれのある野生動植物の種（国内希少野生動植物種）を指定し、その捕獲、採取、殺傷又は損傷（以下「捕獲等」という。）及び譲渡し若しくは譲受け又は引渡し若しくは引取り（以下「譲渡し等」という。）の規制並びに保護増殖事業の実施等を行うとともに、国際的に協力して種の保存を図ることとされている絶滅のおそれのある野生動植物の種（国際希少野生動植物種）についても譲渡し等を規制すること等により、生態系及び自然環境の重要な一部である野生動植物の種の保全に寄与してきた。

(2)　他方、生物多様性基本法（平成20年法律第58号）附則第2条においては、「政府は、この法律の目的を達成するため、野生生物の種の保存、森林、里山、農地、湿原、干潟、河川、湖沼等の自然環境の保全及び再生その他の生物の多様性の保全に係る法律の施行の状況について検討を加え、その結果に基づいて必要な措置を講ずるものとする」と規定された。

また、平成22年に生物多様性条約第10回締約国会議において採択された愛知目標においても、「既知の絶滅危惧種の絶滅や減少が防止されること」が目標の一つに位置づけられ、国際的な目標の実現に向けて絶滅のおそれのある野生生物の保全を一層推進することが求められている。

(3)　これらを受けて平成23年度に行った点検においては、現行の罰則では違法な譲渡し等を抑止する上で十分ではないこと、譲渡し等の規制に係る国際希少野生動植物種の登録の業務を円滑に執行するに当たって必要な手続に課題があること等の問題が指摘されたところであり、野生動植物の種の保全を推進するためには、絶滅のおそれのある野生動植物の種の流通管理の強化を図ることが求められる。併せて、国内希少野生動植物種の保護増殖事業の実施の円滑化も必要とされている。以上を踏まえ、以下に掲げる措置を講ずるための法改正を行うこととする。

2 改正の概要
 (1) 罰則の強化(第57条の2、第58条、第63条及び第65条関係)
　規制対象種は、その希少性から一個体の価格が数十万円から数百万円になる場合があり、違法な捕獲等、譲渡し等又は輸出入がしばしば発生している。さらに、一度罰則を受けた者が再犯を行う事例も少なくない。現行の罰則ではこれらの違法行為の抑止のために十分とは言えないことが指摘されているため、違反者に対して相応の罰則となるよう、量刑の上限を引き上げ、法人に対しては重科を設定する。
 (2) 広告に関する規制の強化(第17条、第18条、第19条、第21条及び第23条関係)
　希少野生動植物種の個体若しくはその器官又はこれらの加工品(以下「個体等」という。)は、譲渡し等につながる前段階の行為の規制として、原則として販売又は頒布をする目的での陳列が禁止されている(法第17条)。登録又は事前登録(以下「登録等」という。)を受けた国際希少野生動植物種の個体等は例外とされているが、陳列する時はその個体等に係る登録票又は事前登録済証(以下「登録票等」という。)を備え付けておかなければならないとされている(法第21条第1項)。
　近年では、販売又は頒布の目的でインターネット上又は紙媒体で広告することも一般的に多く行われていることから、陳列と同等の譲渡し等につながる前段階の行為であるものとして規制の対象とし、登録票等のある個体等の場合には、その個体等について登録を受けていることを表示しなければならないこととする。
 (3) 登録関係事務手続の改善(第20条、第22条及び第29条関係)
　譲渡し等を行うことが可能である国際希少野生動植物種の個体等に対し交付される登録票について、登録票と個体等の対応関係が明確である必要があるため、記載事項に変更が生じた場合(生体からはく製への区分の変更等)は、変更の手続を行う必要がある。しかし、現行では記載事項の変更の手続について法律上の規定がないため、円滑な登録事務の実施に支障が生じている。また、登録票に係る個体等の占有者の住所等が変更された場合の手続も規定されていない。
　このため、登録票の記載事項の変更に係る変更登録及び書換交付の手続、占有者の住所等の変更があった場合の届出並びに区分変更をした場合の返納を新たに規定する。
 (4) 認定保護増殖事業の特例の追加(第47条関係)
　国及び地方公共団体以外の者が保護増殖事業を行う場合に、環境大臣及び保護増殖事業を行おうとする国の行政機関の長(以下「環境大臣等」という。)が定める保護増殖事業計画に適合している旨の環境大臣の認定を受けることができ(法第46条第3項)、認定を受けた場合には、対象とする種の捕獲等、生息地等保護区における行為等について環境大臣の許可は要しないこととされている(法第47条第2項)が、譲渡し等については環境大臣の許可(法第13条)が必要となる。
　近年、保護増殖事業として動物園等における飼育下繁殖が盛んに行われるようになってきたことにかんがみ、保護増殖事業計画に基づく一連の取組として効率化を図るた

め、認定を受けて行う保護増殖事業の場合には、譲渡し等についても環境大臣の許可は要しないこととする。
(5) 目的規定に「生物の多様性の確保」を加えること等の追加（第1条、第2条、第53条及び附則第7条関係）

　法の目的規定において、「絶滅のおそれのある野生動植物の種の保存を図ること」が、「良好な自然環境の保全」のみならず「生物の多様性の確保」にもつながることを明確化することとする。また、国の責務規定に「科学的知見の充実」を追加するとともに、「教育活動等により国民の理解を深めること」の規定及び施行後3年を経過した場合の法の見直し規定を追加することとする。

3　施行期日

　公布の日から1年以内の政令で定める日から施行する。

　ただし、2(1)については公布の日から20日を経過した日から、2(4)及び(5)については公布の日から施行する。

絶滅のおそれのある野生動植物の種の保存に関する法律の一部を改正する法律の施行について

種の保存法の一部を改正する法律の内容

■違法捕獲や違法取引に関する罰則の強化

● 規制対象種は希少性が高く、高額で取引される
・悪質な違法取引が後を絶たない
・再犯や組織的な違反も多い

→巨額の利益に比べて、罰則の抑止力が不十分

【違法取引価格の例】
○ヘサキリクガメ2匹で700万円
○象牙47本で1700万円
○スローロリス1頭で30万円 等
※1者が延べ60頭で約1500万円の利益を得た事例有り

イニホーラリクガメ
（通称ヘサキリクガメ）
スローロリス

【改正内容】罰則を大幅に引き上げ
現行 （例）違法な捕獲等、譲渡し等及び輸出入
1年以下の懲役又は100万円以下の罰金

↓ 罰則強化

改正後
■ 5年以下の懲役又は500万円以下の罰金
■ さらに法人の場合は1億円以下の罰金

■希少野生動植物種の広告に関する規制を強化

●譲渡し等の前段階の行為として、販売又は頒布目的での「陳列」はすでに禁止されている（店頭など）
→実物を伴わないインターネットや紙媒体等での掲載は、特段の規定がなく対応が不十分

近年増加

インターネットでの掲載　　紙での掲載

○陳列規制の対象は、原則実物がある場合のみ
○国際種は登録票（※）があるかの確認が困難

【改正内容】陳列禁止に加えて、広告（インターネット等での掲載等）も規制対象に。
■販売又は頒布の目的の広告
→原則として禁止（文字のみも含む）
■登録を受けた個体等の場合
→登録記号番号等の明記を義務付け

※登録票の交付を受けた国際希少野生動植物種は取引が可能
● 登録要件：「本邦内において繁殖」、「ワシントン条約の規制適用以前に取得又は輸入」 等
● 陳列や譲渡し等は、登録票とともにしなければならない

■登録関係事務手続の改善

●登録票の交付を受けた国際希少野生動植物種の個体等は譲渡し等が可能
・個体等の性状に変更が生じる場合がある（生体をはく製にした等）
・個体等と登録票との対応関係が不明確になるおそれ
→登録票の記載事項の変更を求める手続が未規定

（例）生きている個体【登録票】区分:個体 → 区分の変更 → 死亡後はく製にした場合 → 変更手続が必要 【登録票】区分:個体の加工品

登録票は個体等に備え付けて管理
（例）オオバタン
【登録票】種名、登録記号番号などを記載

【改正内容】手続を新設
■登録票の記載事項の変更手続
・区分（個体、器官等）の変更 →変更登録
・主な特徴（大きさ等）の変更 →書換交付
■占有者の住所変更等も届出を義務付け

■認定保護増殖事業の特例を追加

●保護増殖事業計画について環境大臣の認定を受けた民間の取組が増加
（動物園等での飼育下繁殖等）
→認定者であっても個体等の譲渡し等について環境大臣の許可手続きを要し、円滑な事業実施に支障

（事業の対象種：計49種）
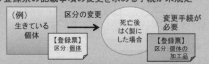
トキ　　ツシマヤマネコ

【改正内容】許可手続の緩和
■国内希少動植物種の保護増殖事業の認定を受けた者
→これまでの捕獲等に加えて、譲渡し等も手続き不要に

■目的規定に「生物の多様性の確保」の追加等

●生物多様性基本法の制定（平成20年）等、生物多様性の保全に対する国民的要請が拡大

【改正内容】・目的規定に「生物の多様性の確保」を明記。
・国の責務規定に「科学的知見の充実」の追加
・「教育活動等により国民の理解を深めること」の規定
・施行後3年を経過した場合の法の見直し規定

⇩

野生生物の保護と管理の一層の推進

種の保存法※が改正されました

※絶滅のおそれのある野生動植物の種の保存に関する法律

■平成25年7月2日から
希少野生動植物種の違法取引に関する
罰則が強化されます ↑

○ 種の保存法の規制対象種は、その希少性から高額で取引される場合があり、違法な捕獲や譲渡し等が後を絶ちません。
○ 抑止力を高めるために、罰則の上限が大幅に引き上げられました。

国際希少野生動植物種
指定種類数：689種（H25.6現在）

スローロリス
イニホーラリクガメ（通称ヘサキリクガメ）

国内希少野生動植物種
指定種数：89種（H25.6現在）

ミヤコタナゴ
ヤンバルテナガコガネ

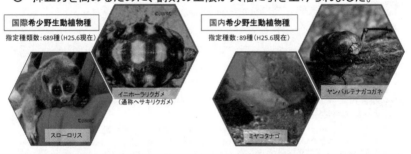

■**違法な捕獲等、譲渡し等、輸出入**
✕ （個人）**5年**以下の懲役若しくは**500万円**以下の罰金
（法人）**1億円**以下の罰金

■**販売又は頒布目的での「陳列」又は「広告（※）」**
✕ （個人）**1年**以下の懲役若しくは**100万円**以下の罰金
（法人）**2,000万円**以下の罰金

※インターネット等での広告も新たに規制されます。
（改正法の公布日（平成25年6月12日）から1年以内の政令で定める日から施行）

○販売又は頒布の目的でインターネットや紙媒体等で広告することも、従来の陳列と同様に規制対象となります。
○登録票のある国際希少野生動植物種の個体等を広告する場合には、登録を受けていることなどを明示しなければならなくなります。

インターネットでの掲載　　紙での掲載

【お問い合わせ先】： 環境省　自然環境局　野生生物課

○絶滅のおそれのある野生動植物の種の保存に関する法律の一部を改正する法律等の施行等について

> 平成30年5月28日　環自野発第1805283号
> 各地方環境事務所長・各自然環境事務所長・四国事務所長・生物多様性センター長宛　環境省自然環境局長

　絶滅のおそれのある野生動植物の種の保存に関する法律の一部を改正する法律（平成29年法律第51号。以下「改正法」という。）が平成29年6月2日に、絶滅のおそれのある野生動植物の種の保存に関する法律の一部を改正する法律の施行期日を定める政令（平成30年政令第18号）及び絶滅のおそれのある野生動植物の種の保存に関する法律の一部を改正する法律の施行に伴う関係政令の整備に関する政令（平成30年政令第19号。以下「整備政令」という。）が平成30年1月31日に、特定国内種事業に係る届出等に関する省令の一部を改正する省令（平成30年農林水産省・環境省令第1号）及び特定国際種事業に係る届出等に関する省令の一部を改正する省令（平成30年経済産業省・環境省令第1号）が平成30年2月19日に、絶滅のおそれのある野生動植物の種の保存に関する法律の一部を改正する法律の施行に伴う関係省令の整備に関する省令（平成30年環境省令第8号。以下「整備省令」という。）、絶滅のおそれのある野生動植物の種の保存に関する法律第52条の規定による負担金の徴収方法等に関する省令の一部を改正する省令（平成30年経済産業省・環境省令第3号）、絶滅のおそれのある野生動植物の種の保存に関する法律第33条の8第1項に規定する認定機関に係る民間事業者等が行う書面の保存等における情報通信の技術の利用に関する省令の一部を改正する省令（平成30年経済産業省・環境省令第4号）、国際希少野生動植物種の個体等の登録に係る個体識別措置の細目を定める件（平成30年環境省告示第35号。以下「個体識別措置細目」という。）、電磁的方法による保存等をする場合に確保するよう努めなければならない基準の一部を改正する件（平成30年経済産業省・環境省告示第2号）及び電磁的方法による保存をする場合に確保するよう努めなければならない基準の一部を改正する件（平成30年農林水産省・環境省告示第2号）が平成30年4月3日に公布され、本年6月1日に施行（希少野生動植物種保存基本方針の変更に係る準備行為等については改正法の公布の日から施行）されるところである。

　また、「希少野生動植物種保存基本方針」（以下「基本方針」という。）の変更について平成30年4月13日に閣議決定され、同月17日に、環境省告示第38号により公表されたところである。

　本改正法は、絶滅のおそれのある野生動植物の種の適切な保存を図るため、国内希少野生動植物種に関する新たな類型の創設、希少野生動植物種の保全に取り組む動植物園等の認定制度の創設並びに国際希少野生動植物種に係る登録制度の強化及び特別国際種事業者の登録制度の創設等の措置を講ずるものである。ついては、下記事項に留意の上、改正法の施行に適正を期するようにされたい。なお、本件については、別添写しのとおり、関係省庁、都道

Ⅲ 資料編　3 通知その他　＜総論＞

府県、政令指定都市等及び関係団体にも通知しているので申し添える。
　なお、以下、「法」とあるのは改正後の「絶滅のおそれのある野生動植物の種の保存に関する法律（平成4年法律第75号）」を、「旧法」とあるのは改正法による改正前の絶滅のおそれのある野生動植物の種の保存に関する法律を、「令」とあるのは改正後の「絶滅のおそれのある野生動植物の種の保存に関する法律施行令（平成5年政令第17号）」を、「旧令」とあるのは整備政令による改正前の絶滅のおそれのある野生動植物の種の保存に関する法律施行令を、「規則」とあるのは改正後の「絶滅のおそれのある野生動植物の種の保存に関する法律施行規則（平成5年総理府令第9号）」を、「旧規則」とあるのは整備省令による改正前の絶滅のおそれのある野生動植物の種の保存に関する法律施行規則を、「国内種省令」とあるのは改正後の「特定国内種事業の届出等に関する省令（平成5年総理府・農林水産省令第1号）」を、「国際種省令」とあるのは改正後の「特定国際種事業の届出及び特別国際種事業に係る登録等に関する省令（平成7年総理府・経済産業省令第2号）」を、「基本方針」とあるのは改正後の「希少野生動植物種保存基本方針」を指すほか、使用する用語は法において使用する用語の例による。

記

第一　総則に関する改正
　1　責務の追加（法第2条第3項及び規則第1条の3）
　　　動植物園等が、希少野生動植物種の生息域外保全や環境教育・普及啓発の実践等、生物多様性の保全上重要な役割を有していることを踏まえ、その役割を法に明確に位置づけることにより、動植物園等による当該取組を一層促進する必要がある。このため、動植物園等を設置し、又は管理する者は、国又は地方公共団体が行う施策に協力する等絶滅のおそれのある野生動植物の種の保存に寄与するよう努めなければならないとする旨の責務規定が新たに追加された。
　　　なお、「動植物園等」とは、「動物園、植物園、水族館」のほか、野生動植物の飼養等及び展示を主たる目的とする施設として、「昆虫館又は動物園、植物園、水族館若しくは昆虫館に類する施設（野生動植物の生きている個体の販売若しくは貸出し又は飲食物の提供を主たる目的とするものを除く。）」をいうものとした。このため、社会通念上、動物園、植物園、水族館又は昆虫館とその事業や施設の態様等が共通すると考えられる施設は動植物園等に含まれるものの、一般公衆向けの展示を行わない大学等の研究機関の施設、動植物の生体の販売を行うペットショップやその貸出しをする会社の飼育施設のほか、いわゆる動物カフェ等の施設は動植物園等には含まれない。また、野生動植物の飼養等及び展示とともに生体の販売・貸出し又は飲食の提供を行っている施設については、その事業や施設の態様等を総合的に勘案し、飼養等及び展示よりも、販売・貸出し又は飲食の提供を主たる目的とした施設であると判断される場合は、動植物園等には含まれない。
　2　定義等の追加等

(1) 特定第二種国内希少野生動植物種制度の創設
　ア　趣旨
　　我が国においては、多くの絶滅危惧種が里地里山等の二次的自然に依存している。そうした二次的自然に分布する昆虫類や淡水魚類等の種については、自然界においては個体数が減少し、絶滅のおそれがあるものの、多産であり、生息・生育地の環境改善がなされれば速やかに個体数の回復が見込めるものが多い。このような種の保全のためには、生息・生育地の減少又は劣化への対策が有効であり、個体数が著しく少なくなければ、個体の捕獲等及び譲渡し等を規制することは必ずしも優先度は高くない。一方で、販売業者等の大量捕獲等がなされた場合には種の存続に支障を来たすおそれがある。このため、これらの種については、学術研究や繁殖、環境教育、保全活動等の商業目的以外の目的での個体の捕獲等、譲渡し等及び陳列・広告については規制せず、商業目的での捕獲等、譲渡し等及び陳列・広告に限って規制することが適切である。
　　こうした趣旨から、販売又は頒布等の目的での捕獲等、譲渡し等及び陳列・広告のみを規制する「特定第二種国内希少野生動植物種」制度が創設された。
　イ　定義（法第４条第６項各号、基本方針第二の４）
　　国内希少野生動植物種のうち、以下のいずれをも満たす種について、特定第二種国内希少野生動植物種の選定対象とされた。
　　①　全国の分布域の相当部分で生息地等が消滅しつつあることにより、その存続に支障を来す事情がある種又は分布域が限定されており、かつ、生息地等の生息・生育環境の悪化により、その存続に支障を来す事情がある種
　　②　その存続に支障を来す程度に個体数が著しく少ないものでない種
　　③　生息・生育の環境が良好に維持されていれば、繁殖による速やかな個体数の増加が見込まれる種
　　④　ワシントン条約附属書Ⅰに掲載された種（我が国が留保している種を除く。）及び渡り鳥等保護条約に基づき、相手国から絶滅のおそれのある鳥類として通報のあった種以外の種
　　また、特定第二種国内希少野生動植物種制度の創設に伴い、旧法における「特定国内希少野生動植物種」の名称が、「特定第一種国内希少野生動植物種」と変更された。
　　なお、ある種が特定第一種国内希少野生動植物種と特定第二種国内希少野生動植物種の指定要件の双方に該当する場合は、商業的な流通が容認可能であり、かつ、捕獲等についても厳格に規制する必要性が低い種であることから、種の保存の観点から規制すべき行為がごく限られているため、原則として国内希少野生動植物種の指定の対象としない。なお、特定第二種国内希少野生動植物種のうち、生息・生育地の減少又は劣化への対策が有効な種については、必要に応じて生息地等保護区や

保護増殖事業を始めとする関連制度・事業の活用を積極的に検討する。
　ウ　規制内容（法第9条第2号、法第12条第1項第3号及び法第17条）
　　　特定第二種国内希少野生動植物種については、販売又は頒布等をする目的以外で行うその生きている個体の捕獲等又はその個体等の譲渡し等については、規制が適用されない。また、希少野生動植物種の個体等の陳列・広告については、従前から原則として販売又は頒布を目的としたものに限り禁止されているため、特定第二種国内希少野生動植物種についても、販売又は頒布を目的としない陳列・広告については規制されない。販売又は頒布等をする目的か否かは、捕獲等を実施した者の行う事業や職業、捕獲数や捕獲方法、捕獲の回数等の捕獲態様等から総合的に判断する必要がある。なお、捕獲等された個体が実際に販売又は頒布された場合には、その個体の捕獲等についても販売又は頒布を目的として行われたものとして、捕獲等の禁止違反となる。
(2) 希少野生動植物種の指定等に関し専門の学識経験を有する者からの意見聴取（法第4条第7項及び基本方針第二の6）
　　法制定当時は、希少野生動植物種の指定に伴う行為規制及び当該規制の解除により、社会にどのような影響が生じるかが不透明であったことから、緊急指定種を除き、幅広い観点から議論がなされる中央環境審議会の意見を聴いた上で種の指定又は指定の解除を進めていくことが適切であると考えられていた。一方で、国内希少野生動植物種の新規指定の加速化とそれに伴う多様な分類群の指定が行われてきていることを踏まえ、より多様な分類群に関する科学的知見を有する者による常設の科学委員会において種指定等の検討を行う必要性が高まっていた。これを踏まえ、国内希少野生動植物種、国際希少野生動植物種、特定第一種国内希少野生動植物種及び特定第二種国内希少野生動植物種の指定又はその指定の解除をする際には、中央環境審議会ではなく、野生動植物の種に関し専門の学識経験を有する者の意見を聴くこととされた。
　　なお、これら学識経験者から希少野生動植物種の個体数回復の目標や必要な保存施策等についての意見があった場合にはその対応について検討するとともに、検討経緯等について、対象種の存続に支障を来す場合等を除き可能な範囲で公開することとする。
3　希少野生動植物種保存基本方針に係る変更等
(1) 基本方針において定める事項の追加（法第6条第2項第3号及び第7号）
　　改正法により新たに創設した制度に関する基本的な考え方を記載するため、基本方針において定める事項として、「国内希少野生動植物種に係る提案の募集に関する基本的な事項」及び「認定希少種保全動植物園等に関する基本的な事項」が追加された。
(2) 基本方針の変更

基本方針については、改正法の内容を反映させる必要があったことに加え、中央環境審議会の答申（平成29年１月）及び改正法案への附帯決議（衆議院・参議院）において「絶滅のおそれのある野生生物種の保全戦略（平成26年４月、環境省）」（以下「保全戦略」という。）の内容を反映させた上で閣議決定することが求められていた。

これらを踏まえ、平成30年４月13日に、改正法及び保全戦略の内容の反映を旨とした基本方針の変更について閣議決定された。なお、基本方針の性格上、保全戦略の内容のうち個別の取組事例等については反映されていない。

変更の主な内容は次に掲げる事項等の追加であるので、各事項の詳細は基本方針を参照されたい。

ア　改正法関係
①　特定第二種国内希少野生動植物種の選定の考え方（基本方針第二の４）
②　希少野生動植物種の選定に係る学識経験者の知見の活用に関する考え方（基本方針第二の６）
③　国内希少野生動植物種に係る提案募集の内容や受け付けた提案の取扱い（基本方針第三）
④　国際希少野生動植物種の個体の登録の更新又は個体識別措置に係る対象個体の考え方（基本方針第四の２(1)）
⑤　特別国際種事業者の登録制度やその義務内容等（基本方針第四の２(2)）
⑥　希少種保全動植物園等の認定の審査及び認定後の取扱いに関する考え方（基本方針第七）

イ　保全戦略関係
①　絶滅危惧種の保全施策の基本的進め方
・保存施策に取り組む種の優先度の評価方法（種の存続の困難さ及び施策効果による視点等。基本方針第一の３(1)）
・対象種の保存の目標の明確化と施策の選択・組合せの重要性（基本方針第一の３(2)）
・生息地等の外における保存施策（生息域外保全）の考え方（基本方針第一の３(3)）
②　国内希少野生動植物種の指定の解除に関する考え方（基本方針第二の１(3)）
③　保護増殖事業の効果的な実施（保護増殖事業の対象の優先度、保護増殖事業の目標等の考え方。基本方針第六の１及び２）
④　調査研究の推進、各種制度の効果的な活用、多様な主体の参画と連携の重要性及び国民の理解の促進と意識の高揚のための取組に関する考え方（基本方針第八の１から４まで）

ウ　その他
生息地等保護区の指定の促進等に向けた考え方（複数種を対象とした生息地等保

護区の指定、管理地区の指定を伴わない生息地等保護区の指定、生息地等保護区の選定方針及び生息地等保護区の区域の範囲に関する考え方。基本方針第五の1）
(3) 国内希少野生動植物種に係る提案の募集制度（法第6条第2項第3号及び同条第5項並びに基本方針第三）
改正法により、国内希少野生動植物種として指定又は解除すべき対象等について広く国民から提案を受け付ける制度が法定化された。基本方針においては、当該提案に記載すべき内容が明示されるとともに、受け付けた提案は学識経験者の意見を聴いて検討すること及びその検討経緯等を可能な範囲で公表すること等が示された。

第三　個体等の取扱いに関する規制に関する改正
1　違法な捕獲等又は譲渡し等をした者への措置命令及び代執行（法第11条第1項及び第2項並びに法第14条第1項及び第2項）
旧法においては、許可を受けずに捕獲等又は譲渡し等を行った者に関しては、罰則規定のみが設けられていたものの、措置命令規定がなかったため、違法な捕獲等又は譲渡し等が行われた場合に当該違反者がその個体等を引き続き所持することが可能であった。希少野生動植物種は、その個体自体の希少性が高く、必要に応じて環境大臣等に譲り渡す、又は解放する必要性があることから、希少野生動植物種の保護を図るため、違法な捕獲等又は譲渡し等をした者に対する環境大臣又はその指定する者への個体等の譲渡し等の措置命令及び当該命令に従わない場合の環境大臣による代執行等に関する規定が追加された。

2　個体等の登録に関する制度改正
国際希少野生動植物種の個体等に係る登録票のうち、特に生きている個体の登録票について、その個体の死亡等に伴う返納数が少ないという事態が生じていた。また、未返納の登録票を違法に入手した別の個体の登録票として不正に利用した事件も発生していた。
この状況に対応するため、一定の個体等について、その登録に有効期間を設け更新制とし、一定の期間ごとに登録個体等の状態等を確認するとともに、その登録に当たって個体識別措置を義務付けることにより個体等と登録票との対応関係の管理を強化する等の制度改正が行われた。
(1) 個体識別措置（法第20条第2項第4号）
ア　対象個体等及び個体識別措置の内容（規則第11条第3項、個体識別措置細目第2条各号及び基本方針第四の2(1)）
登録に当たって個体識別措置が義務付けられる個体等として、実務上の必要性及び規制の実効性を考慮し、次のいずれかに該当する種を除いた種の生きている個体とした（具体的な種名は、規則第11条第3項各号に列記）。なお、②については、技術的に個体識別が可能である種又は必ずしも困難とは言えない種であっても、個体識別の実効性の確保が困難と考えられる種（植物等）や、寿命が短いと考えられ

る種等（昆虫類等）が含まれる。
① 原産国で密猟、密輸等によりその生息・生育に大きな問題が生じているとの情報がない種であって、合法的に非常に多くの個体が輸入されており、かつ、国内で違法取引が多数報告されていないもの
② 技術的に個体識別が困難な種等

個体識別措置の内容は、哺乳類、爬虫類及び両生類についてはマイクロチップの埋込みと、鳥類についてはマイクロチップの埋込み又は脚環の装着とした。

イ　個体等の占有者の義務等
① 変更登録及び識別に関する義務（法第20条第7項及び法第21条第6項並びに規則第12条の2）

個体の登録後に個体識別措置に変更が生じた場合（疾患の治療等のために脚環を外し別のものを装着する場合等）は、適法な出自の個体であることに変わりはないものの、登録票に記載されている個体識別番号と、個体に実際に埋込み又は装着されている個体識別措置の個体識別番号が異なることとなり、個体と登録票との対応関係の管理が困難となる。このため、個体の正当な権原に基づく占有者は、当該個体に係る個体識別措置を変更した場合には、環境大臣（個体等登録機関がある場合には個体等登録機関）による変更登録を受けなければならないこととされた。

また、個体の登録後に、故意又は過失により、個体識別措置が外れる等でその識別ができない場合にも、個体等と登録票の対応関係の管理が困難となる。このため、個体が疾患にかかっている場合や個体識別措置の装着部位に外傷がある場合などやむを得ない場合を除き、個体識別措置を取り外してはならないこととされた。なお、やむを得ず個体識別措置を取り外した場合又は個体識別措置の破損・脱落があった場合及びこれらの後に個体識別措置を講じた場合には、変更登録を受けた場合を除き、その旨等を環境大臣（個体等登録機関がある場合には個体等登録機関）に届け出なければならない。

② 個体識別措置の取扱義務違反者に対する動物の愛護及び管理に関する法律（昭和48年法律第105号。以下「動愛法」という。）に基づく第一種動物取扱業の登録拒否（動愛法第12条第1項第6号）

上記①後段の個体識別措置の取扱義務の違反行為は個体等の不正な譲渡し等を惹起するものであるとともに、当該違反行為によって実際に罰則を科された者については、悪質性が高く、動愛法違反である不適正な動物の取扱いを行う蓋然性が高いと考えられる。このため、当該義務違反行為が、動愛法第12条第1項の規定に基づく第一種動物取扱業の登録の拒否に係る行為として追加された。

(2) 登録の更新（法第20条の2）
ア　有効期間・対象個体（規則第11条の3及び規則第11条の4）

国際希少野生動植物種の生きている登録個体については、その個体が死亡した場合などに登録票の付け替えによる違法流通が生じる可能性が高いことから、定期的にその個体の状態を確認する必要がある。そのため、生きている個体については、登録の更新を受けなければ、5年の有効期間の経過によってその登録の効力を失うこととされた。なお、登録の対象となる個体等のうち、生きている個体以外（死亡した個体、個体の器官、個体・個体の器官による加工品）については、引き続き登録の有効期間は設けられない。

イ　有効期間経過後の取扱い（法第22条第1項第4号及び規則第11条第1項第5号）
　　　登録の有効期間が満了した場合には、当該登録の効果は失効することとなるから、登録票を返納しなければならないこととされた。
　　　また、有効期間を経過した後に再び登録を受ける場合には、当初登録をした時の占有者と、再び登録の申請をする時の占有者が異なっている可能性があるため、登録要件に合致することを証明する取得経緯等に関する書類を改めて用意して申請することが困難な場合がある。一方で、当該個体が登録を受けた時からその有効期間が満了するときまでの間にされた当該個体に係る全ての譲受け又は引取りに係る法第21条第5項の規定による届出がされている場合については、その譲渡し等に関する経緯が明確であることから、当初登録を受けた個体と再び登録の申請がされた個体とが同一である蓋然性が高く、また、個体の出自に疑義が生じた場合には必要に応じて関係者を遡って追跡することが可能である。これらを踏まえ、譲受け又は引取りに係る届出が全て適法に行われている個体について有効期間後に再び登録の申請をする場合の申請書添付書類としては、そのうちの登録要件に合致することを証明する書類に代え、当該登録個体に係る登録票の写しの提出を以て足りることとした。

(3)　その他の改正事項
　　　登録票の記載事項や、個体等の販売・頒布目的での広告時の表示事項として登録の有効期間の満了日等が追加されたほか、個体等の登録の申請が虚偽であった場合等についての登録の拒否及び取消しに関する規定や、返納すべき登録票の占有者が希望する場合における当該登録票の還付に関する規定が設けられた（法第20条第4項及び第5項、法第22条第3項並びに法第22条の2）。
　　　また、後述する事業登録機関（法第33条の15第1項）を新設したことに伴い、名称の重複を避けるため、法第23条第1項に規定する「登録機関」について「個体等登録機関」へと名称を変更するとともに、個体等登録機関がその住所等の軽微な事項を変更した場合については、事前の届出ではなく事後の届出で良いこととされた（法第24条第3項及び第4項並びに規則第14条第2項）。なお、事業登録機関又は認定機関による軽微な事項の変更についても、同様に事後の届出で良いこととされた（法第33条の16第3項ただし書及び第4項、法第33条の27第3項ただし書及び第4項並びに国際

種省令第24条第 2 項及び第40条第 2 項)。

　　個体等の登録に関する手数料については、個体識別措置等を義務付けたこと等により審査事務が増加することから実費を勘案しその金額を従来の3200円から5000円に改定するとともに、その更新の手数料(4600円)に係る規定が新設された(法第29条第 1 項第 4 号並びに令第 9 条第 1 号及び第 5 号)。

4　特定国内種事業及び特定国際種事業に関する制度改正

(1)　特定国内種事業及び特定国際種事業に係る届出情報の国による公表及び事業者による表示(法第30条第 3 項、法第31条第 3 項及び法第33条の 5 並びに国際種省令第 8 条及び国内種省令第 8 条)

　　近年、広く行われているインターネット取引等における陳列又は広告では、当該取引等に係る特定国内種事業者又は特定国際種事業者が適正に手続を行っている事業者か否かを消費者やインターネット管理会社等が容易に確認することができないため、無届の事業者による違法な譲渡し又は引渡しが行われるおそれがあった。このため、適正に手続を実施している事業者を一般国民が誤解なく識別できるようにするため、環境大臣及び農林水産大臣又は経済産業大臣が届出事業者へ届出番号を付与し届出事業者情報を公表することに加えて、届出事業者による陳列又は広告時の届出番号等の表示が義務化された。なお、事業者による届出番号等の表示は公衆の見やすいように行う必要があり、具体的には、一般の消費者が確認できる場所・位置に、確認できる大きさ・状態で全表示事項を表示しなければならない。したがって、店舗内のバックヤード(倉庫)や、販売場所から離れた場所において表示することや、文字が潰れて読み取れない状態で表示することのみでは、表示義務違反に当たる可能性がある。また、インターネット等において表示を行う場合には、商品の販売ページ、トップページ及び会社概要等の確認しやすいページにおいて一般の消費者が分かる位置に表示を行う必要がある。

(2)　特別国際種事業者の登録制度の創設

　　ア　趣旨

　　　　旧法においては、象牙製品等を取り扱おうとする事業者には特定国際種事業の届出をさせることとしていたが、特定国際種事業者が全形象牙を違法に譲渡し等をした事例のほか、象牙製品等の販売実績の虚偽記載や記載漏れ等の事業者の義務に違反する事例が立入検査の実施により確認されていた。さらに、届出をせずに象牙製品等を譲渡し又は引渡ししている事業者も複数存在すると推定されていた。

　　　　また、届出を行った特定国際種事業者が仮に過去に悪質な法違反行為等を行ったことが明らかな場合であっても特定国際種事業の届出を拒否することはできず、事業を継続することが可能であるとともに、義務違反等に係る罰則も譲渡し等の禁止違反に関するものと比較して軽微であったことから、違反行為の抑制効果も小さく、一層の事業者管理制度の強化が必要であった。

加えて、平成28年10月に開催されたワシントン条約第17回締約国会議において、象牙の密猟又は違法取引に寄与する国内市場の閉鎖を求める決議が採択された。我が国の象牙市場は、旧法による規制に加え、ワシントン条約ゾウ取引情報システムの報告（平成28年）でも、日本の市場は密猟や違法取引に関与していないと評価されていることから、当該決議の閉鎖対象には当たらないと考えられたが、他方、国内での違反事例の状況や国際的な要請を踏まえると、国内の象牙取引に対して、さらに厳格な管理を行うべきであると考えられた。
　これらを踏まえ、象牙製品等の取扱事業者については、従来の届出制を改め、新たに「特別国際種事業者」の登録制度を設けることにより、管理強化が図られた。
イ　規制内容
① 　特別特定器官等の定義（法第12条第1項第4号及び第7号、法第17条第2号並びに法第33条の6並びに令第13条及び令第14条）
　　特定器官等のうち、譲渡し等の管理が特に必要なものであって形態等に関して一定の要件を満たすものを「特別特定器官等」とした上で、象牙製品等が特別特定器官等として規定された。また、特別特定器官等の譲渡し又は引渡しの業務を伴う事業（特別国際種事業）を行おうとする場合については、特別国際種事業者の登録を受けなければならないこととされた。なお、当該登録を受けた者は、特別国際種事業として、特別特定器官等の譲渡し若しくは引渡し又は販売若しくは頒布目的での陳列若しくは広告をすることが可能である。また、うみがめ科の甲については、特別特定器官等には含まれず、引き続き、特定国際種事業（届出制）の対象となる特定器官等のままである。
② 　事業者登録の申請等（法第33条の6、法第33条の8及法第33条の10並びに国際種省令第12条）
　　特別国際種事業者の登録にあたっては、申請に基づき環境大臣及び特別国際種関係大臣である経済産業大臣が審査を行うこととされた。象牙製品等取扱事業者が無登録の全形象牙の違法な譲渡し等を行っていた事例があったことを踏まえ、申請に当たっては、当該申請者が占有している全形象牙の全てが個体等の登録を受けたものであることを証する写真及び登録票等の書類を申請書に添付させるとともに、法の違反者等に関する欠格事由が規定された。環境大臣及び経済産業大臣は、特別国際種事業者の登録をした場合には登録番号等の事業者への通知及び特別国際種事業者登録簿の記載事項の公表をする。
　　また、特別国際種事業者の適格性を定期的に確認するため、5年ごとに更新を受けなければその効力を失効することとされた。
③ 　特別国際種事業者の義務等（法第33条の7、法第33条の9及び法第33条の11から法第33条の14まで並びに国際種省令第18条及び国際種省令第20条）
　　特別国際種事業者の事業者情報や取引情報等の管理を適切に行うことができる

ようにするため、その事業に係る変更又は廃止をした際の届出や、特別特定器官等の譲受け又は引取りに関しての台帳作成及び保存等が義務付けられた。また、特定国内種事業者及び特定国際種事業者の届出番号等の表示義務と同様に、事業者が特別特定器官等の陳列又は広告をする際の登録番号等の表示が義務化されたほか、特別国際種事業者の監督を適切に行うため、特別国際種事業者が当該義務等に違反した場合等の措置命令（法第33条の4に規定する特定国際種事業者に対する「指示」よりもその対象範囲を拡大）や登録の取消し等に関する規定並びに報告徴収及び立入検査の規定が設けられた。

また、旧法では、特定国際種事業者への立入検査等の執行においては、当該事業所における調査だけでは取引経緯等を示す記録が十分に把握できず、事実確認が困難な事例が散見されていた。このため、特別国際種事業者と取引する者（当該特別国際種事業者が象牙製品等を仕入れている事業者や、インターネットオークションを実施しているインターネット管理会社等）に対してその取引に係る書類その他の物件の提出命令が規定された。

④　事業登録機関（法第33条の15から第33条の20まで）

特別国際種事業者の登録又は更新に関する審査、事業者への通知、変更又は廃止の届出の受理及び公表等の事務（事業登録関係事務）については、環境大臣及び経済産業大臣が行うこととされているが、環境大臣及び経済産業大臣が機関登録をした者（事業登録機関）がいる場合には、当該者に当該事務を行わせることとされた。なお、違法取引を防止するためには、多数の特別国際種事業者の情報を一元的に正確に管理する必要があるが、二以上の者が機関登録を受けると実務上混乱が生ずることから、一の者のみが機関登録を受けることができることとされた。また、事業登録機関に事業登録関係事務を適切に行わせるため、事業登録機関の審査及び遵守事項並びに事業登録機関に対する適合命令及び審査請求並びに公示等に関する規定が設けられた。

⑤　管理票の作成義務等（法第33条の23第1項、第2項及び第5項並びに施行令第17条並びに国際種省令第33条）

旧法では、特定国際種事業者は、特定器官等の入手の経路等に関し必要な事項を記載した管理票を任意で作成することができるとされていた。一方で、特に象牙製品等の製造事業者にとっては、一定規模以上の大きさの象牙については、全形を保持していなくても、その商業的価値は十分にあるため、個体等の登録を受けずに違法に譲り受けた全形象牙を敢えて分割又は加工することで、法の規制から逃れることも考えられる。加えて、改正法により、特別国際種事業者の登録に当たって占有する全形象牙の個体等の登録が義務となることから、全形象牙の登録手続を避けるために、当該全形象牙を分割又は加工の上、他の事業者への譲渡し等を行う蓋然性が旧法時よりも高まることも考えられる。

これらを踏まえ、こうした規制逃れを防ぎ、違法取引を防止することを目的として、重量が１キログラム以上であり、かつ最大寸法が20センチメートル以上の特別特定器官等を特別国際種事業者が得た場合には管理票の作成が義務化されるとともに、取引台帳と照らし合わせて確認することができるように、特定国際種事業者又は特別国際種事業者が、管理票が作成された特定器官等の譲渡し又は引渡しをした場合には当該管理票の写しを５年間保存することとされた。なお、管理票については、法に規定する場合以外の作成が禁止されていることを明確化する規定が新たに設けられた。

⑥ その他の改正事項

特別国際種事業者の登録及びその更新に関する手数料（登録は３万3500円、登録の更新は３万2500円）の規定をその実費を勘案して創設するとともに、登録免許税法において、特別国際種事業者の登録及び事業登録機関の登録に関する登録免許税（いずれも９万円）に係る規定が新設された（法第33条の21及び令第16条並びに登録免許税法別表第１）。

第四　生息地等の保護に関する規制に関する制度改正

生息地等保護区の指定手続について、以下の通り変更された。

1　指定の変更（法第36条第２項から第９項まで、法第37条第３項及び法第38条第５項）

生息地等保護区の指定後の調査において、保護区周辺区域に指定に係る種の生息等が継続して確認される場合等には、当該種を適切に保護していくため、当該周辺区域についても生息地等保護区に指定し、既存保護区と一体的に保護することが重要である。しかしながら、旧法においては保護区の区域等、指定した内容に係る変更の規定がなく、指定の解除と新たな指定という二重の手続が必要とされ、煩雑であった。このため、生息地等保護区の指定の変更規定が新たに設けられた。生息地等保護区の指定の変更は、その区域、名称、変更に係る国内希少野生動植物種及びその区域の保護に関する指針を定めて行うこととされている。

指定の変更時においても、関係行政機関の長への協議等、指定案の縦覧、区域の住民及び利害関係人による意見書提出並びに公聴会の開催に係る主要な手続は、保護区の拡張等により権利制限を受けることとなる利害関係者への配慮等のため、指定時と同様に行うこととされた。一方で、指定の変更に伴い生息地等保護区の区域を縮小し、又は期間を短縮する場合には、開発行為等が規制される範囲・期間が縮小・短縮することとなるため、これらの手続を要しないこととされた。

なお、生息地等保護区の指定の変更規定の準用により、管理地区及び立入制限地区についても指定の変更制度が導入されている。

2　指定の期間の設定（法第36条第３項）

国内希少野生動植物種には、哺乳類、鳥類、爬虫類、両生類、汽水淡水魚類、昆虫類、陸産貝類、植物等、多様な分類群を指定しており、特に爬虫類、両生類、汽水淡水

魚類、昆虫類、植物等の一部の種については、生息・生育地における環境条件の変化等に伴い生息・生育状況が大きく変化することも予想され、恒久的な生息地等保護区とすることの実益が乏しい種も想定され得る。そのため、野生動植物の種の特性や生息・生育状況を勘案し、必要に応じて生息地等保護区の期間を設定することができることとされた。なお、指定期間が明確でないことが、当該区域の住民及び利害関係人の理解を得るうえでの支障の一つとなっている可能性があったことも踏まえ、当該規定の活用による指定の促進が期待されている。

　指定の期間としては、概ね10年から20年程度が想定されるが、生息地等保護区の指定に係る国内希少野生動植物種の生態（寿命、成熟年齢、増殖率等）や環境の変化等を踏まえ、個別に検討する必要がある。また、必要に応じて、指定の変更に伴う指定の期間の延長も可能である。

3　種名を公表しない指定（法第36条第8項）

　従来、生息地等保護区の指定に当たっては、指定に係る国内希少野生動植物種を定め、官報で公示することとされていたが、一部の種については、当該生息地等保護区の区域内に生息又は生育していることが明らかとなることにより、違法な捕獲や採取等を助長するおそれがあり、これが生息地等保護区の指定が進展しない一因となっていた。そのため、生息地等保護区の指定案等の縦覧及び指定時の官報公示等は、指定に係る国内希少野生動植物種の名称ではなくその区域の名称により行うこととされた。生息地等保護区の規制は、主に当該区域内の開発行為等そのものに対する規制であり、種名に依存するものではない。さらに、規制の趣旨や許可の判断基準等については、指定の区域に関する保護の指針で明らかにするため、種名が公表されていなくとも支障はない。

　ただし、実際の指定に当たっては、公示による支障が特にない場合には、従前通り、区域の名称又は保護に関する指針に種名を含めることとする。一方で、違法な捕獲や採取等を助長するおそれがあることにより区域の名称中に当該種名を含めない場合には、土地の所有者・占有者、周辺住民及び農林水産漁業を営む者等の利害関係者に対しては、指定に係る公聴会において指定に係る国内希少野生動植物種を明らかにする等により当該種を適切に周知することとする。

4　公告の方法の変更（規則第20条）

　法第36条第5項の規定による指定案等の縦覧に係る公告については、従来、規則において官報に公示して行うこととされていたが、公告手続の簡便化の観点から、これをインターネットの利用その他適切な方法により行うこととした。

　なお、生息地等保護区の指定又は変更をするときの公示は、引き続き官報によることとされている。

第五　保護増殖事業に関する制度改正

1　認定時の公示方法の変更（規則第34条）

　認定保護増殖事業に係る公示については、従来、官報に公示して行うこととされてい

たが、生息地等保護区の指定案の縦覧に係る公告と同様に、公示手続の簡便化の観点から、これをインターネットの利用その他適切な方法により行うこととした。

2　土地への立入り等（法第48条の2及び法第48条の4）

　国内希少野生動植物種の個体は様々な土地に生息又は生育していることから、環境大臣及び保護増殖事業を行おうとする国の行政機関の長が保護増殖事業を実施するに当たっては、多くの場合、他人所有の土地への立ち入り、立木竹の伐採又は土地（水底を含む。）の形質の軽微な変更を行う必要がある。また、国内希少野生動植物種は、その性質上、生息・生育地が極めて限定されていることが多いが、保護増殖事業の実施に当たって、土地所有者の所在が把握できない場合等は必要な立入り等ができず、保護増殖事業の実施に支障が生じるケースが確認されていた。保護増殖事業の実施に支障が生じる場合、当該国内希少野生動植物種の生息・生育状況が悪化し、絶滅の要因となることも想定され得る。これらを踏まえ、損失が生じた際には補償を行うことを前提とした上で、環境大臣等は、その職員に、必要最小限の範囲で、土地への立入り等をさせることができることとされた。

(1)　土地への立入り等の内容及び規模等（法第48条の2第1項）

　土地への立入り等は、土地の所有者若しくは占有者又は立木竹の所有者の権利を制約するものであり、基本的には土地所有者等の同意を得て行うことが前提である。土地所有者等の同意なく当該規定に基づいて土地への立入り等を行う場合は例外的な場合に限られ、また、その行為の内容や規模等については、国内希少野生動植物種の保存のための必要性を十分考慮した上で、必要最小限とすべきものである。

　そのため、対象となる行為は、「保護増殖事業の実施に係る野生動植物の種の個体の捕獲等に必要な限度」内における、「土地への立ち入り、立木竹の伐採又は土地（水底を含む。）の形質の軽微な変更」とされた。

　ア　「野生動植物の種の個体の捕獲等」とは、国内希少野生動植物種の生息域外保全を実施するための捕獲等及び国内希少野生動植物種に悪影響を及ぼす外来生物の捕獲等が想定される。

　イ　「土地への立入り」とは、例えば、保護増殖事業の対象になっているほ乳類の個体を捕獲するため、その個体が逃げ込んだ土地に立ち入る場合等が想定される。また、ウ又はエに示す行為を行うための事前の現地確認等のために立ち入る場合も「土地への立入り」に含まれる。

　ウ　「立木竹の伐採」とは、例えば、保護増殖事業の対象になっている鳥類の巣から卵や雛を回収するために周辺の立木を伐採する場合等が想定される。なお、雑草等を足で踏みつける等の行為は「立入り」という行為に伴い当然予定されることであるため、草に関する規定は設けられていない。

　エ　「土地（水底を含む。）の形質の軽微な変更」とは、例えば、外来のハチ類を駆除するための土中の巣の除去や淡水魚類の産卵母貝を採取するための水底の簡易かつ

軽微な掘削等が想定され、重機を用いた掘削等は基本的に想定されない。
(2) 土地所有者又は占有者への対応等（法第48条の２第２項から第５項まで及び法第48条の３）

　土地への立入り等は、当該土地の所有者若しくは占有者又は立木竹の所有者（以下、「土地の所有者等」という。）の権利を制約するものであることから、あらかじめ、その土地の所有者等にその旨を通知し、意見を述べる機会を与えることとされた。なお、土地の所有者等が複数存在する場合には、それらの者全てに通知をする必要がある。ただし、本規定は、その趣旨から、当該土地の所有者等からの同意が得られていない場合等に適用されるものであり、全ての土地の所有者等の了解を得て行う立入り等については、本規定に基づく対応を要しない。

　本規定に基づく通知の相手方が知れないとき又はその所在が不分明なときは、関係市町村の掲示場における通知内容の掲示及び通知要旨等の官報への掲載を一定期間行うことで、相手方に通知をしたものとみなすことができることとされた。

　また、土地への立入り等を実施する職員については、権限を明らかにする必要があるため、身分を示す証明書の携帯及び提示が義務付けられた。生息地等保護区等の指定のための実地調査と同様に、土地の所有者又は占有者は、正当な理由がない限り、法第48条の２第１項の規定による立入りを拒み、又は妨げてはならないこととされた。

　他人所有の土地への立入り等は、土地所有者等の財産権を侵害する行為である。このため、憲法第29条により保障された財産権の保護の観点から、生じた損失に関しこれを適切に補償する必要があるため、損失を受けた者に対しての国による損失補償の規定が設けられた。

　なお、これらの土地の立入り等を実施する際には、必要に応じて、河川法及び文化財保護法等の関係法令に基づく手続を遺漏なく行うよう留意する。

第六　認定希少種保全動植物園等制度の創設
1　趣旨

　近年、我が国における野生動植物の生息・生育状況の悪化に伴い、生息域外での積極的な保護増殖が必要な種の数は増大の一途をたどっている。一方で、生息域外保全を政府の力だけで実施していくことには限界があることから、既に希少野生動植物種の生息域外保全に成功している動植物園等と協力し、また、動植物園等による生息域外保全を後押ししていくことが必要である。

　このため、希少野生動植物種の保全に取り組む適切な能力及び施設等を有する動植物園等を環境大臣があらかじめ認定し、認定に係る希少野生動植物種の個体の譲渡し等は規制の適用除外としつつ、譲渡し等の結果を定期的に環境大臣へ報告させることで、動植物園等における手続の緩和を図り、希少野生動植物種の保存を推進する認定希少種保全動植物園等制度が創設された。多くの来園者を迎える動植物園等がこの認定制度を活

用して種の保存に取り組むことで、国と動植物園等との積極的な連携、動植物園等の公的機能の明確化による社会的認知度の向上及び希少野生動植物種に関する環境教育・普及啓発が進むことも期待される。
2 希少種保全動植物園等の認定の基準
 (1) 飼養等及び譲渡し等の目的（法第48条の4第1項第1号）
　　認定希少種保全動植物園等における希少野生動植物種の飼養等及び譲渡し等については、希少野生動植物種の個体等の譲渡し等を原則として禁止している法の趣旨を踏まえ、適切に実施される必要がある。このため、飼養等及び譲渡し等の目的が、学術研究や繁殖等、法第13条第1項に規定する譲渡し等の許可目的に適合することが、認定の要件とされた。
 (2) 飼養等及び譲渡し等の実施体制及び飼養栽培施設（法第48条の4第1項第2号及び規則第36条）
　　認定希少種保全動植物園等においては、希少野生動植物種の適切な飼養等及び譲渡し等が求められる。このため、飼養等及び譲渡し等の実施体制及び飼養栽培施設が、認定の申請に係る動植物園等において取り扱われる希少野生動植物種の個体を飼養等及び譲渡し等の目的に応じて種の保存のため適切に取り扱うことができると認められるものであることが、認定の要件とされた。
 (3) 飼養等及び譲渡し等に関する計画（法第48条の4第1項第3号及び第4号並びに規則第37条）
　　認定希少種保全動植物園等における希少野生動植物種の飼養等及び譲渡し等については、希少野生動植物種の保存に資するものであることが必要である。このため、希少野生動植物種ごとの飼養等及び譲渡し等の計画（以下単に「計画」という。）が、認定の申請に係る動植物園等において取り扱われる希少野生動植物種の個体について、飼養等及び譲渡し等の目的に応じて種の保存のため適切に取り扱うことができると認められるものであることが、認定の要件とされた。また、計画の実効性を担保する観点から、計画が確実に実施されると見込まれることも認定の要件とされた。
　　希少野生動植物種に指定されている種は、哺乳類から植物まで様々であり、それぞれの種ごとに飼養等及び譲渡し等に必要な知見、能力、施設、手法等が異なることから、飼養等及び譲渡し等をする希少野生動植物種ごとに計画を提出しなければならない。なお、計画を遵守していないことが確認された場合には、認定基準に適合しなくなったものとして、環境大臣による適合命令及び認定の取消しの対象となりうる。
 (4) 展示の方針その他に関する事項（法第48条の4第1項第5号）
　　認定希少種保全動植物園等には、希少野生動植物種の生息・生育状況や減少要因、保全対策等を適切に周知すること等、種の保存に資する取組が求められる。このため、希少野生動植物種の普及啓発に係る展示の方針等について、以下の基準に適合することが認定の要件とされた。

ア 展示の方針（規則第38条第1号）
　認定の申請に係る動植物園等において取り扱われる希少野生動植物種の展示の方針が、当該種が置かれている状況、その保存の重要性並びにその保存のための施策及び事業についての適切な啓発に資すると認められるものであること。
イ 繁殖の取組（規則第38条第2号）
　認定の申請に係る動植物園等が、その取り扱う希少野生動植物種（令別表第3に掲げる種及び第5条第2項第7号から第9号までに掲げる種を除く。）のうち1種以上の個体について繁殖させ、又は繁殖させることに寄与すると認められるものであること。
ウ 生息域内保全に係る事業への寄与（規則第38条第3号）
　認定の申請に係る動植物園等が、その取り扱う国内希少野生動植物種のうち1種以上の個体について、その生息地又は生育地における、当該種の個体の繁殖の促進、当該生息地又は生育地の整備その他の当該種の保存を図るための事業に寄与すると認められるものであること。
エ 個体の適法な取得（規則第38条第4号）
　認定の申請に係る動植物園等において取り扱われる希少野生動植物種の個体が、適法に取得されたと認められるものであること。
オ その他適切な取扱い（規則第38条第5号）
　その他認定の申請に係る動植物園等が、その取り扱う希少野生動植物種の個体を種の保存のため適切に取り扱うことができないと認められるものでないこと。

3 認定等に係る公示（法第48条の4第5項及び規則第40条）
　認定に係る希少野生動植物種の個体の譲渡し等については規制の適用が除外されるため、環境大臣が認定をした際には、認定希少種保全動植物園等設置者等以外の者にもその旨を知らしめる必要がある。
　このため、環境大臣は、希少種保全動植物園等の認定、変更の認定、変更の届出、廃止の届出、更新の認定及び認定の取消しの際には、インターネットの利用その他の適切な方法により、認定を受けた者と認定に係る動植物園等の名称・住所、取り扱われる希少野生動植物種の種名、認定を受けた年月日・認定の有効期間満了日、変更の認定・届出の内容等を公示することとされた。

4 変更の認定及び届出（法第48条の4及び法第48条の5並びに規則第41条及び規則第42条）
　認定希少種保全動植物園等には個体の譲渡し等の禁止の特例が適用されるため、認定に係る情報を環境大臣が適切に把握するとともに、認定の有効期間中は認定希少種保全動植物園等としての適格性を担保し続ける必要がある。このため、認定後に当該認定の申請に係る事項に変更が生じた場合等は、環境大臣は速やかにその情報を把握し、変更のあった事項に応じてその基準適合性等を確認する必要がある。

これらのことから、申請に係る希少野生動植物種の種名、当該種ごとの飼養等及び譲渡し等の目的、実施体制、飼養栽培施設又は計画について変更が生じる場合は、環境大臣による変更の認定を受けることとされた。ただし、種名又は目的については、新たに追加される場合のみ変更の認定の対象となり、種名又は目的の削除は軽微な変更として変更の認定や届出を要しない。同じく、実施体制、飼養栽培施設又は計画についても、変更後においても認定基準に適合することが明らかであると認められる場合には、変更の認定や届出は不要である。一方で、これら軽微な変更の内容等については、毎年度、希少野生動植物種の飼養等及び譲渡し等の内容とともに環境大臣に報告することとされた。

5 認定の更新・有効期間（法第48条の6）

いったん希少種保全動植物園等の認定を受けた後も、環境大臣は、当該動植物園等の状況について定期的に確認し、適切なものであるかどうかを判断する必要がある。このため、認定は、5年ごとにその更新を受けなければその期間の経過によって効力を失うこととされた。

6 国による監督（法第48条の7、法第48条の8、法第48条の9及び法第48条の11並びに規則第46条）

認定に係る希少野生動植物種の個体の譲渡し等については規制の適用が除外されるため、環境大臣は、当該譲渡し等が計画に基づいて適切に実施されていること等を確認する必要がある。

このため、認定希少種保全動植物園等設置者等は、計画に従って行われる希少野生動植物種の飼養等及び譲渡し等に関し、種ごとに実施された飼養等及び譲渡し等の内容、変更の認定や届出を要しない軽微な変更の内容等について記録し、これを保存するとともに、少なくとも毎年度1回環境大臣に報告しなければならないこととされた。さらに、当該認定希少種保全動植物園等に関する情報を的確に把握するため、必要に応じて報告徴収及び立入検査ができることとされた。

認定希少種保全動植物園等設置者等が認定基準に適合しなくなった場合には、環境大臣は、必要な措置を命ずること及び認定を取り消すことができることとされた。

7 譲渡し等の禁止等の適用除外（法第48条の10）

動植物園等の間では希少野生動植物種の繁殖、飼養、栽培等のための個体の移動が頻繁に行われているが、その際においても、毎回譲渡し等の許可又は協議の手続が求められていた。このため、動植物園等は、緊急を要する譲渡し等が必要な場合に円滑な譲渡し等ができず、当該種の保存に支障を及ぼすおそれも生じていた。

一方で、動植物園等は種の保存や動植物に係る教育及び啓発等に重要な役割を有しており、その趣旨を踏まえた人員体制や施設等が整備されている。譲渡し等の禁止の趣旨が、違法な捕獲等や輸入・流通の抑制であることを考慮すると、適切な人員体制や施設等を有する動植物園等については、個別の許可又は協議手続ではなく、事前に目的等を

確認するとともに定期的な個体の移動状況の報告を求めることで足りると考えられる。
　これらのことから、認定希少種保全動植物園等による希少野生動植物種の計画に基づく譲渡し等について、規制の適用除外とされた。なお、希少種保全動植物園等の認定に伴う譲渡し等の禁止の特例の対象は、その必要性及び相当性に鑑み、動植物園等における希少野生動植物種の「飼養等」に係るものに限定されている。よって、認定希少種保全動植物園等による譲渡し等であっても、飼養等が伴わない器官や加工品の譲渡し等は適用除外の対象にならない。また、当該特例は、認定に係る希少野生動植物種ごとの計画に従って行う譲渡し等について適用されるため、当該計画に従って行われるものではない譲渡し等は引き続き規制されることに留意が必要である。

第七　その他
　1　罰則の改正
　　(1)　罰則の引き上げ等（法第57条の2第2号）
　　　　希少野生動植物種は、その希少性から高額で取引される性質があり、違法な捕獲等又は譲渡し等がしばしば発生している。偽りその他不正の手段による登録等に対する罰則は、譲渡し等の違反に対する罰則と比較すると低い状況にあったが、登録等を受ければ譲渡し等が合法的に可能となることを考慮すると、譲渡し等の違反と不正の手段による登録等に対しては、同程度の罰則とすることが適当であった。また、不正の手段により許可を受けた者に対しては、事後的な許可取消しのみによっては、不正の手段により許可を得て捕獲等又は譲渡し等を行うことに対して十分な抑止力があるとはいえないこと等から、罰則による抑止力を一層高める必要があった。
　　　　これらを踏まえ、不正の手段により登録等を行った者に対する罰則が強化されるとともに、不正の手段により捕獲等又は譲渡し等の許可を受けた者に対する罰則が新設され、5年以下の懲役若しくは500万円以下の罰金又はこれの併科（法人重科として1億円以下の罰金（法第65条第1項第1号））とされたものである。
　　(2)　規定の新設に伴う罰則の新設
　　　　改正法において新たに創設した規定の違反等に係る罰則として、以下に掲げるものが新設された。
　　　ア　5年以下の懲役若しくは500万円以下の罰金又はこれの併科（法人重科として1億円以下の罰金（法第65条第1項第1号））が科されるもの
　　　　①　不正の手段による個体等の登録の更新に係る罰則（法第57条の2第2号）
　　　　②　不正の手段による特別国際種事業の登録又は特別国際種事業の登録の更新に係る罰則（法第57条の2第2号）
　　　イ　1年以下の懲役又は100万円以下の罰金が科されるもの
　　　　①　違法な捕獲等若しくは譲渡し等をした者又は特別国際種事業者に対する措置命令違反に係る罰則（法第58条第1号。法人重科として100万円以下の罰金（法第65条第1項第3号））

② 個体識別措置等に係る変更登録義務違反又は不正の手段による変更登録に係る罰則（法第58条第2号及び第3号。法人重科として2000万円以下の罰金（法第65条第1項第2号））
　　ウ 6月以下の懲役又は50万円以下の罰金（①及び②に係るものは、法人重科として50万円以下の罰金（法第65条第1項第3号））が科されるもの
　　　① 特別国際種事業者に対する業務停止命令違反に係る罰則（法第59条第3号）
　　　② 管理票の作成義務違反、虚偽事項の記載又は作成制限違反に係る罰則（法第59条第4号、第5号及び第6号）
　　　③ 事業登録機関の職員による秘密保持義務違反又は当該機関による事業停止命令違反に係る罰則（法第60条及び第61条）
　　エ 30万円以下の罰金（①から⑤までに係るものは、法人重科として30万円以下の罰金（法第65条第1項第3号））が科されるもの
　　　① 個体識別措置を講じた個体等の取扱義務違反に係る罰則（法第63条第6号）
　　　② 特別国際種事業者の変更若しくは廃止の届出義務違反又は管理票に係る譲渡し等義務違反若しくは管理票の保存義務違反に係る罰則（法第63条第6号）
　　　③ 特別国際種事業者又は特別国際種事業者と取引する者による報告徴収又は立入検査の拒否等に対する罰則（法第63条第7号）
　　　④ 保護増殖事業の実施に係る土地への立入り等の拒否等禁止違反に係る罰則（法第63条第11号）
　　　⑤ 認定希少種保全動植物園等設置者等による報告徴収又は立入検査の拒否等に係る罰則（法第63条第12号）
　　　⑥ 事業登録機関の職員による台帳記載義務等違反、事業登録関係事務の未許可による全部廃止又は報告徴収若しくは立入検査の拒否等に係る罰則（法第64条）
　　オ 20万円以下の過料が処されるもの
　　　事業登録機関の職員による財務諸表等の作成義務等違反又は正当な理由なき請求拒否に係る罰則（法第66条）
2 所掌の追加等
(1) 地方環境事務所長への権限の委任（規則第56条）
　　改正法等において新たに創設する環境大臣の権限のうち、以下については、地方環境事務所長へ委任等をしている。
　　ア 地方環境事務所長に加えて、環境大臣による執行が可能な権限
　　　① 違法捕獲等をした者に対する措置命令及び代執行（法第11条第1項及び第2項）
　　　② 特別国際種事業者に対する改善措置命令（法第33条の12）
　　　③ 特別国際種事業者に対する報告徴収及び立入検査（法第33条の14第1項及び第2項）

④ 土地への立入り等及び所有者等への通知等（法第48条の2第1項及び第2項）
⑤ 認定希少種保全動植物園等設置者等に対する報告徴収及び立入検査（法第48条の12第1項）
イ　地方環境事務所長のみ執行が可能な権限
　　国等に関する協議の適用除外行為に係る届出の受理のうち、傷病救護個体の殺処分に係るもの（規則第50条第1項第1号ニ）
(2) 希少種保全推進室の所掌の追加（環境省組織規則（平成13年環境省令第1号）第21条）
　　環境省自然環境局野生生物課希少種保全推進室がつかさどる事務に、新たに創設した特定第二種国内希少野生動植物種の指定及び認定希少種保全動植物園等に関する事務を追加した。
(3) 地方環境事務所野生生物課の所掌の追加（地方環境事務所組織規則（平成17年環境省令第19号）第13条第1項第6号及び第10号）
　　地方環境事務所野生生物課がつかさどる事務に、新たに創設した特別国際種事業（事業者への措置命令及び報告徴収・立入検査の実施等）及び認定希少種保全動植物園等（認定を受けた動植物園等への報告徴収・立入検査の実施等）に関する事務を追加した。

3　規則等の改正等（改正法に係るもの以外）
(1) 登録博物館又は博物館相当施設が行う譲渡し等に係る適用除外（法第12条第1項第9号及び規則第5条第2項第4号）
　　旧規則においては、登録博物館又は文部科学大臣が指定した博物館相当施設が繁殖又は展示のために譲渡し等をする場合には事後届出のみで良いこととされていた。一方で、同様の譲渡し等であっても、都道府県教育委員会が指定した博物館相当施設が行うものには許可を要し、当該施設における環境教育のための剥製や標本の展示を円滑に行うことができないなどの指摘があった。このため、都道府県教育委員会が指定した博物館相当施設についても事後届出によりこれらの譲渡し等を可能とする必要があった。
　　これらを踏まえ、また、とりわけ生体についてはその譲渡し等につき慎重に行う必要があることから、登録博物館及び文部科学大臣又は都道府県教育委員会が指定した博物館相当施設が行う譲渡し等のうち、生体に係るものを除いて、事後届出による譲渡し等を可能とすることとした。生体については、新設した認定希少種保全動植物園等制度を活用することにより、円滑な譲渡し等を行うことができる。
(2) 許可個体から繁殖した個体に係る登録要件の変更（規則第11条第1号）
　　譲渡し等については、その目的等が法の規定に適合する場合に許可しており、仮に違法に輸入された個体であったとしても、その個体の保護のために拾得個体を引き受ける場合などに係る譲渡し等の許可は否定されない。また、このような譲渡し等の許

可を受けた個体から繁殖させた個体については、当該親個体の譲渡し等に係る許可証の提出によって合法的に登録が可能であった。このため、このような仕組みが、違法入手個体を我が国において合法的に流通させる手段として悪用されるおそれがあることが指摘されていた。

このため、旧規則第11条第1号イを削除し、譲渡し等の許可個体から繁殖した個体等についての登録については、規則第11条第1号ハに基づき親個体が輸入証明書等により適法に取得されたことが確認できない限り認めないこととした。

(3) 国等に関する協議の適用除外行為の追加（規則第50条第1項第1号ニ）
　ア　趣旨
　　　法においては、国内希少野生動植物種の個体については、許可を得、若しくは協議を行い、又は規制の適用除外とされている行為等に該当しなければ、その殺傷又は損傷を行うことができない。このため、傷病個体救護のために保護をしたもののリハビリや放野が困難な種（とりわけ鳥類）の個体を殺傷することができず、したがって、これらの個体については終生飼育が必要であった。一方で、それらは寿命が数十年あるものも多く、また近年その数が増加してきていることから、飼育のための費用負担等が増大するとともに、保護施設における新たな個体の受入れの困難化により種の保存の推進に支障が生ずるほか、個体自身の福祉の低下を招くという指摘が有識者からなされていた。

　　　これを踏まえ、以下の要件を全て満たす国内希少野生動植物種の個体（動物に限る。）について、環境大臣への通知を行った上で、国等が殺傷を行うことができることとした。なお、他の適用除外行為の事前通知の取扱いと同様に、本件通知の受理に係る権限は、地方環境事務所長に委任している。
　イ　要件
　　① 行為主体
　　　　個体の殺傷を行う主体としては、その適切性・公益性を担保する観点から、国の機関又は地方公共団体（国等）である場合に限るとともに、殺傷を行うに当たってはあらかじめ環境大臣にその旨の通知を行うものとした。
　　② 対象個体の由来及び分類群
　　　　殺傷の対象となる国内希少野生動植物種の個体（以下「対象個体」という。）の範囲については、その安易な殺傷を防ぐため、可能な限り限定する必要がある。このため、対象個体の由来は、野生から傷病個体救護の目的で捕獲されたものであることとした。なお、植物については、必要性が低いと考えられるため、本条の対象ではない。また、人の管理下にある繁殖させた個体の捕獲等については、「絶滅のおそれのある野生動植物の種の保存に関する法律の施行について（施行通知）」（平成5年4月1日付け環自野発第123号環境庁自然保護局長通知）のとおり、引き続き規制対象ではないことから、本条の対象ではない。

③ 放野の困難性

個体を野生に放った場合に、傷病、衰弱等により当該個体が死亡することが明らかであると考えられるときには、当該個体を野生に放つことは適切ではなく、したがって終生飼育が必要となる。このため、対象個体は、傷病その他の理由によりその生息地に適切に放つことができない個体とした。

なお、当該個体を適切に放つことができるか否かは、個体の身体的・行動的な状態（運動能力、視覚・聴覚・嗅覚、採餌能力、被毛・羽毛の状態、警戒心、他個体に対する認識能が十分か否か等）や科学的・社会的な状況（適切な生息環境・季節か否か、生態系や遺伝的な攪乱又は感染症リスクがないか否か等）に基づき、獣医師等の専門家の知見を踏まえて判断されるべきである。

④ 繁殖、学術研究等の目的での飼育の困難性

放野が困難と判断された個体であっても、種の保存に資する目的での繁殖・学術研究・普及啓発等が可能である個体については、殺傷の対象とすることは適切ではないため、対象個体は、これらの法第10条第1項の捕獲等の許可の目的での飼育ができないと認められるものとした。なお、費用的・技術的な観点等から有効活用が非常に困難である場合や、当該個体を活用する必要性が低い場合（他に同様の個体が多数存在する場合等）、有効活用が可能な受け入れ機関がない場合も、法第10条第1項の目的での飼育ができないと認められる場合に含まれる。

⑤ その他

上記の要件に加えて、その個体に重度の障害があることなどにより終生飼養することが適切ではないと認められることが必要である。

殺処分に当たっては、できる限り対象個体に苦痛を与えない方法による必要がある。また、対象個体及び殺処分方法の決定に当たっては、当該種の保護増殖に関わる獣医師その他の専門家の意見を聴取するよう努めるものとする。

(4) 国内由来の外来種と判断される国内希少野生動植物種の捕獲等の許可

国内希少野生動植物種であるものの、国内由来の外来種と判断される等により、他の国内希少野生動植物種を捕食し、又は当該種と交雑・競合等するおそれのある種については、捕獲等の許可の対象となる。具体的には、以下のいずれの要件をも満たす場合であれば、規則第2条に規定する「その他国内希少野生動植物種等の保存に資すると認められる目的」であるとして、捕獲等の許可をすることは差し支えない。ただし、法の趣旨に鑑み、その捕獲等は必要最小限の範囲とすべきものであり、かつ、捕獲等した個体は可能な限り当該種の保存に資する学術研究等に活用するよう努めるべきであることについて留意されたい。

ア 捕獲等の対象となる種（以下「対象種」という。）が、次に掲げる事項のいずれかに該当することにより、国内由来の外来種と判断されること

① 「我が国の生態系等に被害を及ぼすおそれのある外来種リスト（生態系被害防

止外来種リスト)」(平成27年3月)において「国内由来の外来種」として掲載されていること
  ② 査読付きの専門誌に論文が掲載される等、当該種が国内由来の外来種であるとの知見が十分に揃っていると認められること
  ③ 上記①②以外の場合であって、国内由来の外来種と判断される合理的な理由があると認められること
イ 対象種が、その本来の生息地又は生育地ではない場所において、その場所に本来の生息地又は生育地を有する国内希少野生動植物種とその性質が異なることにより当該種の存続に支障を来すおそれがあると考えられること
ウ イで存続に支障を来すおそれがあると考えられる種の保存のために、対象種の個体を捕獲等することが不可欠であると認められるものであること

絶滅のおそれのある野生動植物の種の保存に関する法律（種の保存法）の一部を改正する法律の概要

現行法の概要

○絶滅のおそれのある野生動植物の種の保存を図るため、希少野生動植物種の捕獲等及び譲渡し等の禁止、生息地等の保護、保護増殖事業の実施等の措置を講ずるもの。

背景

○我が国では3,731種が絶滅危惧種となっており、種の保存法の新規指定を推進することが必要。一方で、特に二次的自然に分布する種は、調査研究や環境教育等に伴う捕獲等（第9条）及び譲渡し等（第12条）を規制対象から除外する種指定の在り方が求められている。

←水田水路に生息する淡水魚

草原に生息する昆虫類→

←水田に生息する両生類
※写真提供：自然環境研究センター

○希少野生動植物種の生息・生育状況等の悪化に伴い、生息域外保全の重要性が増大。政府の力だけで実施していくことは限界があることから、動植物園等と協力し、また、動植物園等の活動を後押ししていくことが必要不可欠。

○国際希少野生動植物種は登録した上で登録票とあわせて譲渡し等を行うことができる（第20条等）が、登録票の返納数が少なく、未返納の登録票を違法に入手した別の個体の登録票として、不正に利用した事件も発生。また、象牙等を扱う特定国際種事業者が、登録票なしで象牙を購入した事例等も確認。

高価で取引され、違法な流通の報告があるスローロリス
※写真提供：自然環境研究センター

改正内容

(1) **販売・頒布等の目的での捕獲等及び譲渡し等のみを規制する**「特定第二種国内希少野生動植物種」制度を創設（第4条第6項等）する

二次的自然に分布する昆虫類、魚類、両生類等を想定 → ✓業者の捕獲等の抑制による保全 ✓保護増殖事業や生息地等保護区による保全

(2) 希少種の保護増殖という点で、一定の基準を満たす動植物園等を認定する制度を創設（第48条の4等）し、認定された動植物園等が行う希少野生動植物種の譲渡し等については、規制を適用しない（第48条の10）こととする。

(3) 国際希少野生動植物種の個体の登録について、更新等の手続を創設（第20条の2）するとともに、実務上可能かつ必要な種について、個体識別措置を義務付ける（第20条第2項第4号等）。更に、象牙事業については届出制を登録制とする（第33条の6等）。

(4) その他、生息地等保護区の指定を促進するための制度改変（第36条等）、土地所有者の所在の把握が難しい土地への立入り等の規定の新設（第48条の2等）、国内希少野生動植物種の提案募集制度の創設（第6条）、科学委員会の法定化（第4条第7項）等の改正を行う。

生物多様性の保全の一層の促進

（1）二次的自然等に分布する絶滅危惧種保全の推進
～「特定第二種国内希少野生動植物種」制度の創設～

現状と課題

○レッドリストでは、3,731種の絶滅危惧種が選定されているが、種の保存法の国内希少野生動植物種は259種※に留まっている。

※平成25年改正時の附帯決議において、2020年までに300種の新規指定を目指すこととされている（現在、171種を追加指定済み）。

○多くの絶滅危惧種が二次的自然（里地里山等）に依存※しているが、人口減少等に伴い、自然に対する働きかけが縮小。そのため、積極的に保全対象とし、人の働きかけを維持するための支援等が必要。

※昆虫類、淡水魚類、両生類の約7割が二次的自然に生息と推定。

○また、二次的自然に分布する一部の種については、高額取引等を背景として業者等による大量捕獲の危機にさらされている。

○しかし、指定に伴う規制が調査研究や環境教育等に支障を及ぼすため、現行の規制対象種とすることには問題がある場合もある。

○産卵数が多いなど増殖率が高く、環境が改善すれば速やかな回復が見込まれる種※については、捕獲等（第9条）及び譲渡し等（第12条）の規制が重要ではない場合がある。　※昆虫類、淡水魚類、両生類等を想定。

ため池

昆虫類

改正内容

＜現行の国内希少野生動植物種＞

○学術研究、繁殖、教育等の目的で許可を受けた場合を除き、捕獲等及び譲渡し等は原則として禁止（第9条）。

捕獲・採取・損傷
販売・交換

＜特定第二種国内希少野生動植物種＞
（新設・第4条第6項）

○販売・頒布の目的での捕獲等のみを禁止（第9条第2号）。

販売・頒布　　調査研究・環境教育等
業者の捕獲等　　捕獲や交換

二次的自然に分布する種も積極的に保全

- ✓ 業者の捕獲等の抑制による保全
- ✓ 保護増殖事業の実施（第45条等）や生息地等保護区の指定（第36条等）による保全

（2）動植物園等と連携した生息域外保全等の推進
～「認定希少種保全動植物園等」制度の創設～

現状と課題

○ツシマヤマネコ、トキ、ムニンノボタン等の一部の種は、動植物園等の協力を得て生息域外保全や野生復帰の取組を実施。

○動植物園等の種の保存等に対する役割を認める制度は存在せず、生息域外保全等の取組は、各動植物園等の自主的な協力に頼っている。動植物園等の間で、繁殖等のために個体を移動する際には、譲渡し等の許可手続き（第13条）が必要であり、手続きの緩和が必要。

○野生動植物種の生息状況等の悪化に伴い、生息域外保全が必要な種の数は増大の一途。生息域外保全を政府の力だけで実施することは限界があることから、今後、関連団体等と密接に連携し、取組を促進していくことが不可欠。

ツシマヤマネコ

ムニンノボタン

改正内容

○希少種の保護増殖という点で、適切な施設及び能力を有する動植物園等を認定する制度を創設（第48条の4等）。計画の策定を通じて、積極的な連携を図るとともに、譲渡し等の規制緩和（第48条の10）等を通じて、生息域外保全を更に推進。

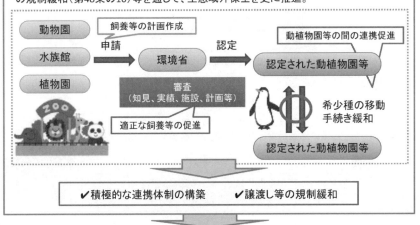

✔積極的な連携体制の構築　　✔譲渡し等の規制緩和

生息域外保全や普及啓発等のより一層の促進

III 資料編　3 通知その他　＜総論＞

（3）①希少野生動植物種の流通管理強化
～国際希少野生動植物種の登録手続の改善～

現状と課題

- 国際希少野生動植物種は、その<u>希少性から高額で取引されて</u>いるものが多い。
- 適法に輸入された個体等については、<u>登録した上で、登録票とあわせて譲渡し等を行うことができる</u>（第20条等）。
- 登録されている個体等を占有しなくなった場合等は、<u>登録票の返納が義務づけられている</u>（第22条）が、個体が死亡しても<u>返納しない場合が少なくない</u>と推察。
- 未返納の登録票を、違法に入手した別の個体の登録票として<u>不正に利用した事件も発生</u>。

スローロリス
写真提供：自然環境研究センター

オオバタン
写真提供：自然環境研究センター

改正内容

現行の登録制度

登録の要件（第20条）
- ●適法に輸入された個体
- ●日本国内で繁殖した個体　など

申請 → 登録機関

マダガスカルホシガメ
写真提供：自然環境研究センター

以後、登録票とともに移動
個体と登録票は1対1対応

登録票

- ○新たに登録の有効期限を設定（第20条の2）
- ○個体識別措置を導入（可能かつ必要な種）（第20条第2項第4号等）

マイクロチップ

一定期間で失効

- ✓ 一定の期間で失効させ、不正な流用を防止
- ✓ 登録票と登録個体の対応関係を強化

国際希少野生動植物種の流通管理の強化

(3)②象牙等の事業者の管理強化
～象牙に係る「特別国際種事業者」の登録制度の創設～

現状と課題

○現在、象牙のカットピースや製品については、個々の譲渡し等を規制する代わりに、象牙の譲渡し等の業務を伴う事業を行おうとする者による、届出が義務付けられている(第33条の2)。

○未届の事業者や届出事業者による違反事例等が確認されているが、現在の制度では、事業者が法令に違反する行為を行った場合でも、罰則に従って罰金(50万円)を支払う等すれば事業を継続することができる。

○また、昨年9月～10月に開催された第17回ワシントン条約締約国会議では、アフリカゾウ密猟を抑制するため、「密猟や違法取引に貢献する市場の閉鎖」を勧告する決議が採択。国内市場の適正管理を継続するためにも、より厳正な対応が必要。

象牙の全形牙

象牙の印章

改正内容

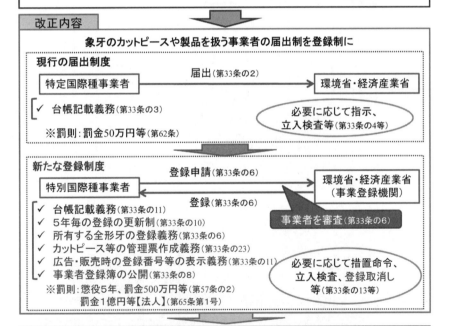

象牙の国内市場の適正な管理の推進

絶滅のおそれのある野生動植物の種の保存に関する法律の概要
（平成4年6月制定・平成5年4月施行）

※H29改正で新設した事項は**太字**

（我が国に生息する希少種の保護）
- ◎レッドリストの作成
- ◎レッドデータブックの作成

（外国産の希少種の保護）
- ワシントン条約附属書Ⅰ掲載種
- 二国間渡り鳥等保護条約（協定）通報種

国内希少野生動植物種（第4条第3項）

個体等の取扱規制

- 捕獲等の禁止（第9条）※2
- 譲渡し等の禁止（第12条第1項）※1、2、3
- 販売目的の陳列・広告の禁止※（第17条）
- 輸出入の禁止（第15条第1項）※1

※1 特定第一種国内種は適用除外（第12条第1項第2号等）。特定国内種事業として行う場合には届出が必要（第30条）
※2 特定第二種国内種は販売・頒布等の目的での捕獲等・譲渡し等のみ規制（第9条第2号等）
※3 認定希少種保全動植物園等が計画に従って行う譲渡し等は適用除外（第48条の10等）

生息地保護

生息地等保護区の指定（第36条第1項）
9地区指定（885ha）
- ○環境大臣指定
- ○環境省（地方環境事務所）が保護管理

保護増殖

保護増殖事業計画（第45条第1項）
63種（亜種を含む。）に関する計画策定
- ○環境省（+各省）が策定（告示）
- ○環境省の保護増殖事業

国際希少野生動植物種（第4条第4項）

- 譲渡し等の禁止（第12条第1項）
- 販売目的の陳列・広告の禁止（第17条）
- 輸出入時の承認の義務付け（第15条第2項）

下記の場合例外的に譲渡し等が可能

- 法第20条に基づく、環境大臣（又は登録機関）の「登録」を受けた場合（第12条第1項第5号）
- 象牙等で全形を保持しないものを譲渡しする場合（第12条第1項第3号等）
  ※特定国際種事業（べっ甲）として行う場合には届出が必要（第33条の2）
  ※**特別国際種事業（象牙）として行う場合には登録が必要（第33条の6）**
- **認定希少種保全動植物園等が計画に従って譲渡し等を行う場合（第48条の10等）**

○絶滅のおそれのある野生動植物の種の保存に関する法律の事務に係る様式について

```
平成30年6月1日　環自野発第1806011号
各地方環境事務所所長・各自然環境事務所長・四国事務所長・生物多様性センター長宛　自然環境局野生生物課長通知
```

　今般、絶滅のおそれのある野生動植物の種の保存に関する法律（平成4年法律第75号）の事務に係る下記の様式について、別紙様式の通り定めたので通知する。
　なお、これに伴い、「地方環境事務所発足に伴う「絶滅のおそれのある野生動植物の種の保存に関する法律の施行に係る国立公園・野生生物事務所の業務について」等の改正について」（平成17年10月1日付け環自野発第051001002号自然環境局長通知）において定めた様式については廃止することとする。

記

第一　国内希少野生動植物種の生きている個体の捕獲等の許可関係
　1　国内希少野生動植物種（緊急指定種）捕獲等許可申請書（別紙様式第1）
　2　特定第一種国内希少野生動植物種捕獲等許可申請書（別紙様式第2）
　3　国内希少野生動植物種（緊急指定種）捕獲等従事者証交付申請書（別紙様式第3）
　4　国内希少野生動植物種（緊急指定種）捕獲等許可証（従事者証）再交付申請書（別紙様式第4）
　5　大学における教育又は学術研究のための国内希少野生動植物種（緊急指定種）捕獲等届出（通知）書（別紙様式第5）
　6　個体の保護のための移動又は移植を目的とする行為に伴う国内希少野生動植物種（緊急指定種）捕獲等届出書（別紙様式第6）
　7　希少野生動植物種保存推進員による調査に係る希少野生動植物種捕獲等届出書（別紙様式第7）
　8　国内希少野生動植物種（緊急指定種）捕獲等協議書（別紙様式第8）
　9　国又は地方公共団体による国内希少野生動植物種（緊急指定種）捕獲等通知書（別紙様式第9）
　10　緊急に保護を要する国内希少野生動植物種（緊急指定種）捕獲等通知書（別紙様式第10）

第二　希少野生動植物種の個体等の譲渡し等の許可関係
　1　希少野生動植物種譲渡し等許可申請書（別紙様式第11）
　2　希少野生動植物種譲受け等許可申請書（別紙様式第12）
　3　緊急に保護を要するために捕獲等された生きている個体の譲受け等届出（通知）書（別紙様式第13）
　4　大学における教育又は学術研究のための希少野生動植物種譲受け等届出（通知）書

（別紙様式第14―1及び第14―2）
　　5　重要文化財等の保存のための行為に伴う譲受け等届出書（別紙様式第15）
　　6　登録博物館又は博物館相当施設における展示のための希少野生動植物種譲受け等届出（通知）書（別紙様式第16―1及び第16―2）
　　7　非常災害のため必要な応急措置のための個体等の譲受け等届出（通知）書（別紙様式第17）
　　8　希少野生動植物種譲渡し等協議書（別紙様式第18）
　　9　希少野生動植物種譲受け等協議書（別紙様式第19）
　第三　希少野生動植物種の個体等の輸出入関係
　　国内希少野生動植物種輸出認定書の交付申請書（別紙様式第20）
　第四　国際希少野生動植物種の個体等の登録関係
　　1　国際希少野生動植物種（個体及び個体の加工品）登録申請書（別紙様式第21）
　　2　国際希少野生動植物種（個体の器官及び個体の器官の加工品）登録申請書（別紙様式第22）
　　3　マイクロチップ識別番号証明書（別紙様式第23及び別紙）
　　4　脚環識別番号証明書（別紙様式第24及び別紙）
　　5　国際希少野生動植物種変更登録申請書（区分変更）（別紙様式第25）
　　6　国際希少野生動植物種変更登録申請書（個体識別措置変更）（別紙様式第26）
　　7　国際希少野生動植物種登録票書換交付申請書（別紙様式第27）
　　8　国際希少野生動植物種（個体及び個体の加工品）登録票再交付申請書（別紙様式第28）
　　9　国際希少野生動植物種（個体の器官及び個体の器官の加工品）登録票再交付申請書（別紙様式第29）
　　10　国際希少野生動植物種の個体の登録の更新申請書（別紙様式第30）
　　11　国際希少野生動植物種に関する届出書（氏名又は住所変更）（別紙様式第31）
　　12　国際希少野生動植物種に関する届出書（譲受け等）（別紙様式第32）
　　13　国際希少野生動植物種に関する届出書（個体識別措置）（別紙様式第33）
　第五　事業の届出等関係
　　1　特定国内種事業関係
　　　①　特定第一種国内希少野生動植物種に関する特定国内種事業届出書（別紙様式第34）
　　　②　特定第一種国内希少野生動植物種の個体等の譲受け又は引取りに関する確認・聴取事項等記載台帳（別紙様式第35）
　　　③　特定第一種国内希少野生動植物種に関する特定国内種事業届出事項変更届出書（別紙様式第36）
　　　④　特定第一種国内希少野生動植物種に関する特定国内種事業廃止届（別紙様式第37）
　　2　特定国際種事業関係

① 特定国際種事業届出書（別紙様式第38及び別紙）
　　② 特定国際種事業届出事項変更届出書（別紙様式第39）
　　③ 特定国際種事業廃止届（別紙様式第40）
　　④ 記載台帳（別紙様式第41及び別紙）
　3　特別国際種事業関係
　　① 特別国際種事業登録（更新）申請書（別紙様式第42並びに別紙１及び別紙２）
　　② 特別国際種事業登録（更新）誓約書（別紙様式第43及び別紙）
　　③ 特別国際種事業登録事項変更届出書（別紙様式第44）
　　④ 特別国際種事業廃止届（別紙様式第45）
　　⑤ 記載台帳（別紙様式第46並びに別紙１及び別紙２）
　4　特定器官等に係る管理票及び製品の認定関係
　　① 管理票（別紙様式第47）
　　② 認定申請書（別紙様式第48）
第六　生息地等保護区内における行為許可等関係
　1　管理地区関係
　　① 生息地等保護区管理地区内における行為許可申請書（別紙様式第49―１から第49―14まで）
　　② 生息地等保護区管理地区内既着手行為届出書（別紙様式第50）
　　③ 生息地等保護区管理地区内非常災害応急措置届出書（別紙様式第51）
　　④ 生息地等保護区管理地区内行為協議書（別紙様式第52）
　　⑤ 生息地等保護区管理地区内既着手行為通知書（別紙様式第53）
　　⑥ 生息地等保護区管理地区内非常災害応急措置通知書（別紙様式第54）
　　⑦ 生息地等保護区管理地区内行為通知書（別紙様式第55―１及び第55―２）
　2　立入制限地区関係
　　① 生息地等保護区管理地区立入制限地区内立入許可申請書（別紙様式第56）
　　② 生息地等保護区管理地区立入制限地区内立入協議書（別紙様式第57）
　　③ 生息地等保護区管理地区立入制限地区内立入通知書（別紙様式第58）
　3　監視地区関係
　　① 生息地等保護区監視地区内における行為届出書（別紙様式第59―１から第59―５まで）
　　② 生息地等保護区監視地区内行為通知書（別紙様式第60）
第七　保護増殖事業の確認等関係
　1　保護増殖事業確認申請書（別紙様式第61）
　2　保護増殖事業認定申請書（別紙様式第62）
　3　保護増殖事業計画書（別紙様式第63）
　4　保護増殖事業確認・認定内容変更申請書（別紙様式第64）

第八　希少種保全動植物園等の認定関係
　1　希少種保全動植物園等認定（変更の認定／認定の更新）申請書（別紙様式第65並びに別紙1及び別紙2）
　2　希少種保全動植物園等の認定（更新）を受けようとする法人に係る誓約書（別紙様式第66）
　3　希少種保全動植物園等の認定事項に係る変更届出書（別紙様式第67）
　4　認定希少種保全動植物園等の廃止届出書（別紙様式第68）
　5　希少野生動植物種の飼養等及び譲渡し等に関する事項（報告）（別紙様式第69及び別紙）

絶滅のおそれのある野生動植物の種の保存に関する法律の事務に係る様式について

様式第1

国内希少野生動植物種捕獲等許可申請書
（緊急指定種）

年　月　日

地方環境事務所長　殿

申請者
住所
電話
氏名　（記名押印又は署名）
職業

絶滅のおそれのある野生動植物の種の保存に関する法律第10条第2項の規定に基づき、国内希少野生動植物種（緊急指定種）の個体の捕獲等について、次のとおり申請します。

捕獲等をしようとする個体	種名（学名又は種子にあっては、その旨及び種名）	
	数量	
捕獲等をする目的	学術研究・繁殖・教育・その他（　　　）	
捕獲等をする区域及び当該区域の状況		
捕獲等の方法		
捕獲等をした個体の輸送方法（生きている個体の場合に限る）		
捕獲等をしようとする期間	年　月　日から　年　月　日までの間	
捕獲等をした個体の場合を例	所在地	
	飼養栽培施設の規模・構造	
譲渡等をしようとする場合	住所	
	氏名	
	職業	
	飼養栽培に関する経歴	

注1　申請者が法人である場合には、その住所、氏名及び職業の欄には、主たる事務所の所在地、名称、請求される者の氏名（ただし申請に係る捕獲等の権限が付与されている者に委譲されている場合は、当該委譲されている者の氏名）及び主たる事業を記載すること。
2　捕獲等をする目的の欄は、該当する目的を○で囲み、詳細を別紙に記載すること。
3　捕獲等をする区域及び当該区域の状況の欄には、あらかじめ区域を地図等で明らかにすること。
4　捕獲等をした個体を飼養栽培する施設がある場合にあっては、飼養栽培施設の現場及び構造を明らかにした図面及び写真を添付すること。
5　捕獲等をしようとする個体が動植物である場合には、捕獲等の方法を明らかにした図面を添付すること。
6　特定国内希少野生動植物種の個体の譲渡等については様式第2により申請すること。

様式第2

特定第一種国内希少野生動植物種捕獲等許可申請書

年　月　日

地方環境事務所長　殿

申請者の住所（電話番号）及び氏名
〔法人にあっては主たる事務所の
所在地、名称及び代表者の氏名〕

絶滅のおそれのある野生動植物の種の保存に関する法律第10条第2項の規定に基づき、特定第一種国内希少野生動植物種の捕獲等又は譲渡等又は引渡しのために行う事業の目的で行う特定第一種国内希少野生動植物種の個体の捕獲等について、次のとおり申請します。

捕獲等をしようとする個体	種名（学名又は種子にあっては、その旨及び種名）	
	数量	
捕獲等をする区域及び当該区域の状況		
捕獲等の方法		
捕獲等をした個体の輸送方法		
捕獲等をしようとする場所の所在地		
繁殖させる場合の施設の概要	氏名	
	方法	
	繁殖に関する経歴	
繁殖に従事する者		
繁殖事業のために野生個体の捕獲等を行わなければならない理由を含む		
事業計画		
備考		

特定国内種事業の届出	届出年月日	年　月　日
	届出先	

535

III 資料編 3 通知その他 ＜総論＞

様式第3

国内希少野生動植物種（緊急指定種）捕獲等従事者証交付申請書

年　月　日

地方環境事務所長　殿

申請者
主たる事務所の所在地〒
電話
名称
代表者の氏名（記名押印又は署名）
主たる事業

絶滅のおそれのある国内希少野生動植物種（緊急指定種）捕獲等従事者証の交付について、次のとおり申請します。

捕獲等に係る許可証	番号		
	交付年月日		

	捕獲等に従事する者の住所、氏名及び職業		
1	住所		
	氏名		
	職業		
2	住所		
	氏名		
	職業		
3	住所		
	氏名		
	職業		
4	住所		
	氏名		
	職業		
5	住所		
	氏名		
	職業		

様式第4

国内希少野生動植物種（緊急指定種）捕獲等許可証（従事者証）再交付申請書

年　月　日

地方環境事務所長　殿

申請者
住所〒
電話
氏名（記名押印又は署名）
職業

絶滅のおそれのある国内希少野生動植物種の種の保存に関する法律第10条第7項の規定に基づき、国内希少野生動植物種（緊急指定種）捕獲等許可証（従事者証）の再交付について、次のとおり申請します。

番号		第　　　号
交付年月日		年　月　日

交付を受けた国内希少野生動植物種（緊急指定種）捕獲等許可証（従事者証）	
許可証若しくは従事者証を亡失し、又は許可証若しくは従事者証が滅失した事情	

注　申請者が法人である場合には、その住所、氏名及び職業については、主たる事務所の所在地、名称、代表者の氏名（記名押印又は署名）及び主たる事業を記載すること。

536

様式第５

大学における教育又は学術研究のための国内希少野生動植物種捕獲等届出（通知）書
（緊急指定種）

年　月　日

地方環境事務所長　殿

届出（通知）者

住　所〒

電　話

大学名

代表者名（記名押印又は署名）

教育又は学術研究を行う者（記名押印又は署名）

大学における教育又は学術研究のために国内希少野生動植物種（緊急指定種）の個体の捕獲等を次のとおり行う必要があるので、絶滅のおそれのある野生動植物の種の保存に関する法律施行規則第１条の５第２号の規定に基づき、届出（通知）します。

捕獲等をしようとする個体	種名（卵又は種子にあっては、その旨及び種名）		
	数量		
捕獲等をする目的			学術研究・教育
捕獲等をする区域及び当該区域の状況			
捕獲等の方法			
捕獲等をした個体の輸送方法（生きている個体の場合に限る。）			
捕獲等をしようとする期間			年　月　日から　年　月　日までの間
捕獲等をした個体を飼養栽培しようとする場合	所在地		
	飼養栽培施設の規模・構造		
	取扱者	住所	
		氏名	
		職業	
		飼養栽培に関する経歴	

注１　捕獲等をする目的の欄は、該当する文字を丸で囲み、詳細を別紙に記載すること。
２　届出（通知）書には、捕獲等をする区域の状況を明らかにした図面を添付すること。
３　捕獲等をした個体を飼養栽培しようとする場合にあっては、飼養栽培施設の規模及び構造を明らかにした図面及び写真を添付すること。
４　捕獲等をしようとする個体が動物である場合にあっては、捕獲等の方法を明らかにした図面を添付すること。

様式第６

個体の保護のための移動又は移植を目的とする行為に伴う国内希少野生動植物種捕獲等届出書
（緊急指定種）

年　月　日

地方環境事務所長　殿

届出者

住　所〒

電　話

氏　名（記名押印又は署名）

職　業

個体の保護のための移動又は移植を目的とする国内希少野生動植物種（緊急指定種）の個体の捕獲等を次のとおり行う必要があるので、絶滅のおそれのある野生動植物の種の保存に関する法律施行規則第１条の５第４号の規定に基づき、届け出ます。

捕獲等をしようとする個体	種名（卵又は種子にあっては、その旨及び種名）		
	数量		
捕獲等をする目的			個体の保護のための移動又は移植 （絶滅のおそれのある野生動植物の種の保存に関する法律施行規則第１条の５第４号（　　）に規定する行為に伴うもの）
捕獲等をする区域（移動又は移植をする区域を含む。）及び当該区域の状況			
捕獲等の方法			
捕獲等をした個体の輸送方法（生きている個体の場合に限る。）			
捕獲等をしようとする期間			年　月　日から　年　月　日までの間
捕獲等をした個体を飼養栽培しようとする場合	所在地		
	飼養栽培施設の規模・構造		
	取扱者	住所	
		氏名	
		職業	
		飼養栽培に関する経歴	

注１　捕獲等をする目的の欄は、該当する絶滅のおそれのある野生動植物の種の保存に関する法律施行規則第１条の５第４号のイからオまでのいずれかの条項名を括弧内に記載し、詳細を別紙に記載すること。
２　届出書には、捕獲等をする区域及び移動又は移植をする区域の状況を明らかにした図面を添付すること。

Ⅲ 資料編　3 通知その他　＜総論＞

様式第7

希少野生動植物種保存推進員による調査に係る希少野生動植物種捕獲等届出書

年　月　日

地方環境事務所長　殿

申請者
　住　所　〒
　電　話
　氏　名（記名押印又は署名）
　職　業

絶滅のおそれのある野生動植物の種の保存に関する法律施行規則第49条の規定に基づき、国内希少野生動植物種の個体の捕獲等について、次のとおり届け出ます。

捕獲等をしようとする個体	種名（畔又は種子にあっては、その旨及び種名）	
	数量	
捕獲等をする目的	学術研究・事業・教育・その他（　　）	
捕獲等をする区域及び当該区域の状況		
捕獲等の方法		
捕獲等をした個体の輸送方法（生きている個体の場合に限る。）		
捕獲等をしようとする期間	年　月　日から　年　月　日までの間	
捕獲等をした個体を飼養栽培しようとする場合	飼養栽培施設の所在地	
	飼養栽培施設の規模・構造	
	譲渡者	住所
		氏名
		職業
合	飼養栽培に関する経歴	

注1　届出書には、捕獲等をする区域の状況を明らかにした図面を添付すること。
2　捕獲等をした個体を飼養栽培しようとする場合にあっては、飼養栽培施設の規模及び構造を明らかにした図面及び写真を添付すること。
3　捕獲等をしようとする個体が動物である場合にあっては、捕獲等の方法を明らかにした図面を添付すること。

絶滅のおそれのある野生動植物の種の保存に関する法律の事務に係る様式について

様式第8

国内希少野生動植物種捕獲等協議書
(緊急指定種)

年　月　日

地方環境事務所長　殿

大臣
(都道府県知事)
(市町村長)

絶滅のおそれのある野生動植物の種の保存に関する法律第54条第2項の規定に基づき、国内希少野生動植物種(緊急指定種)の個体の捕獲等について、次のとおり協議します。

種 (卵又は種子にあっては、その旨及び種名)	名	
個体	数　量	
捕獲等をしようとする目的		学術研究・繁殖・教育・その他（　　）
捕獲等をする区域及び当該区域の状況		(詳細地図は別紙)
捕獲等の方法		
捕獲等をした個体の輸送方法 (生きている個体の場合に限る。)		
捕獲等をしようとする期間		平成　年　月　日　～平成　年　月　日
捕獲等に従事する者		

[担当]
電話
FAX
E-mail

注：通知に係る捕獲等の権限が委譲されている場合は、当該委譲されている者の名義により通知するとと。

捕獲等に従事する者の住所、氏名及び職業			
1	住所		
	氏名		
	職業		
2	住所		
	氏名		
	職業		
3	住所		
	氏名		
	職業		
4	住所		
	氏名		
	職業		
5	住所		
	氏名		
	職業		

III 資料編 3 通知その他 ＜総論＞

様式第9

国又は地方公共団体による国内希少野生動植物種捕獲等届出書
（緊急指定種）

　　　　　　　　　　　　　　　　　　　　　　　年　月　日

大臣
（都道府県知事）　殿
（市町村長）

地方環境事務所長　殿

国内希少野生動植物種（緊急指定種）の個体の捕獲等を次のとおり行う必要があるので、絶滅のおそれのある野生動植物種の保存に関する法律施行規則第50条第1項第1号（　　　）に規定する目的のため、絶滅のおそれのある野生動植物種の保存に関する法律第50条第1項第1号（　　　）の規定に基づき、通知します。

種又は亜種子にあっては、その名及び亜種子名)		
個体数		
捕獲等をする目的		絶滅のおそれのある野生動植物種の保存に関する法律施行規則第50条第1項第1号（　　　）に規定する目的
捕獲等をする区域及び当該区域の状況		
捕獲等の方法		
捕獲等した個体の輸送方法		
捕獲等をしようとする期間		年　月　日から　年　月　日までの間
捕獲等をしようとする場所	所在地	
飼養栽培施設の規模・構造		
捕獲等しようとする者	住所	
	氏名	
	職業	
合議する研究に関する事項		

［担当］
電話
ＦＡＸ
E-mail

注1 捕獲等をする目的の欄は、該当するおそれのある野生動植物種の保存に関する法律施行規則第50条第1項第1号の（1）から（　）のいずれかの条項を各号列記の順に記載すること。詳細を記載すること。
2 捕獲等をする区域及び当該区域の状況の欄は、該当する区域を明らかにした図面を添付すること。
3 捕獲等の方法の欄は、個体を捕獲しようとする場合にあっては、飼養施設の規模及び構造を明らかにした図面及び写真を添付すること。
4 捕獲等をしようとする者が法人であるときは、捕獲等をする個体ごとに、捕獲等に従事する者の氏名を明らかにする書面を添付すること。
5 通知に係る捕獲等の権限が委譲されている場合は、当該委譲を明らかにする者の名義による通知下すること。

様式第10

緊急に保護を要する国内希少野生動植物種捕獲等通知書
（緊急指定種）

　　　　　　　　　　　　　　　　　　　平成　年　月　日

大臣
（都道府県知事）　殿
（市町村長）

地方環境事務所長　殿

緊急に保護を要する国内希少野生動植物種（緊急指定種）の生きている個体の捕獲等を次のとおり行ったので、絶滅のおそれのある野生動植物種の保存に関する法律施行規則第50条第3項の規定に基づき通知します。

種又は亜種子にあっては、その旨及び亜種子名)		
性別	雄・雌・不明	
年齢	成体・亜成体・幼体・不明	
捕獲等をした理由	傷病・その他（　　）	
捕獲等した個体の状況		
捕獲等をした年月日	平成　年　月　日	
捕獲等をした場所		
捕獲等した個体に対する処置の状況及び今後の予定		
捕獲等した個体を飼養しようとする場合	所在地	
	住所	
	氏名	
	職業	
その他参考事項		

［担当］
電話
ＦＡＸ
E-mail

注1 年齢、性別及び捕獲等をした理由の欄は、該当する文字を丸で囲んで選ぶこと。その他に該当する場合は、余白に具体的内容を記載すること。
2 通知は、当該捕獲等を行った後30日以内に行うこと。
3 通知書は、1個体につき1通とすること。

絶滅のおそれのある野生動植物の種の保存に関する法律の事務に係る様式について

様式第11

希少野生動植物種譲渡し等許可申請書

　　　　　　　　　　　　　　　　　　　　年　月　日

環境大臣　殿

申請者　住所〒
　　　　電話
　　　　氏名　(記名押印又は署名)
　　　　職業

絶滅のおそれのある野生動植物種の保存に関する法律第13条第2項の規定に基づき、希少野生動植物種の個体等の譲渡し等について、次のとおり申請します。

種名		
譲渡し又は引渡しをしようとする個体等	区分	該当する文字を丸で囲むこと。器官及び加工品、その他の個体等に該当する場合は、余白に具体的内容を記入すること。 生きている個体・卵・はく製・標本 器官及び加工品 ( ) その他の個体等 ( )
個体等	数量	
	所在地	
譲渡し又は引渡しをする目的		該当する文字を丸で囲むこと。その他に該当する場合は、余白に具体的内容を記入すること。 学術研究・繁殖・教育 その他 ( )
譲渡し又は引渡しをする相手方	住所	電話
	氏名	
	職業	
譲渡し又は引渡しをする際の輸送方法(生きている個体の場合に限る。)		
譲渡し又は引渡しをする予定時期		許可日より1ヶ月以内
譲渡し又は引渡しをしようとする経緯		

注1　申請者及び譲渡し又は引渡しをする相手方が法人である場合には、その住所、氏名及び職業については、主たる事務所の所在地、名称、代表者の氏名(記名押印又は署名)及び法人の主たる事業を記載すること。
2　器官及び加工品については、絶滅のおそれのある野生動植物種の保存に関する法律施行令別表第4に掲げられた区分について記入すること。
3　譲渡又は引渡しをしようとする個体には、譲渡又は引渡しを行う個体等の写真を添付すること。

様式第12

希少野生動植物種譲受け等許可申請書

　　　　　　　　　　　　　　　　　　　　年　月　日

環境大臣　殿

申請者　住所〒
　　　　電話
　　　　氏名　(記名押印又は署名)
　　　　職業

絶滅のおそれのある野生動植物種の保存に関する法律第13条第2項の規定に基づき、希少野生動植物種の個体等の譲受け等について、次のとおり申請します。

種名		
譲受け又は引取りをしようとする個体等	区分	該当する文字を丸で囲むこと。器官及び加工品、その他の個体等に該当する場合は、余白に具体的内容を記入すること。 生きている個体・卵・はく製・標本 器官及び加工品 ( ) その他の個体等 ( )
個体等	数量	
	所在地	
譲受け又は引取りをする目的		該当する文字を丸で囲むこと。その他に該当する場合は、余白に具体的内容を記入すること。 学術研究・繁殖・教育 その他 ( )
譲受け又は引取りをする相手方	住所	電話
	氏名	
	職業	
譲受け又は引取りをする際の輸送方法(生きている個体の場合に限る。)		
譲受け又は引取りをする予定時期		許可日より1ヶ月以内
譲受けた個体を飼養栽培しようとする場合	飼養栽培施設の規模・構造	
	所在地	
	取扱者	住所
		氏名
		職業
	飼養栽培に関する経歴	

注1　申請者及び譲渡し又は引渡しをする相手方が法人である場合には、その住所、氏名及び職業については、主たる事務所の所在地、名称、代表者の氏名(記名押印又は署名)及び法人の主たる事業を記載すること。
2　器官及び加工品については、絶滅のおそれのある野生動植物種の保存に関する法律施行令別表第4に掲げられた区分について記入すること。
3　譲受けは引取りをしようとする個体には、飼養栽培施設の現況及び構造を明らかにした図面又は写真を添付すること。

III 資料編 3 通知その他 ＜総論＞

様式第13

緊急に保護を要するために捕獲等された生きている国内希少野生動植物種（緊急指定種）の個体の譲受け等届出（通知）書

　　　　　　　　　　　　　　　　　　　　　　　年　月　日

環 境 大 臣 殿

　　　　　　　　　届出（通知）者　住　所　〒
　　　　　　　　　　　　　　　　　電　話
　　　　　　　　　　　　　　　　　氏　名　　　　　　　印
　　　　　　　　　　　　　　　　　職　業

緊急に保護を要するために捕獲等された生きている国内希少野生動植物種（緊急指定種）の個体の譲受け又は引取りをしたので、絶滅のおそれのある野生動植物の種の保存に関する法律施行規則第5条第1項第4号及び第3項の規定に基づき、届出（通知）します。

譲受け又は引取りをした個体	種名	
	区分（該当する文字を丸で囲むこと）	生きている個体・卵・種子
	数量	匹
	現在の個体等の所在地	
譲受け又は引取りをする目的		
譲受け又は引取りをした年月日		年　月　日
届出者に譲渡し又は引き渡した者	住所	電話
	氏名	
譲受け又は引取りをした個体を飼養栽培しようとする場合	飼養栽培施設の所在地	
	飼養栽培施設の規模・構造	
	取扱者	住所
		氏名
		職業
	飼養栽培に関する経歴	

注1　届出（通知）は、当該譲受又は引取りをした後30日以内に行うこと。
2　届出者（届出者に譲渡し又は引き渡しをした者）が法人である場合には、その住所、氏名及び職業（住所及び氏名）については、主たる事務所の所在地、名称、代表者の氏名及び主たる事業（主たる事務所の所在地、名称及び代表者の氏名）を記載すること。
3　譲受け又は引取りをした個体を飼養栽培しようとする場合にあっては、飼養栽培施設の規模及び構造を明らかにした図面及び写真を添付すること。

様式第１４－１　（大学←他機関）

大学における教育又は学術研究のための希少野生動植物種譲受け等届出（通知）書

年　月　日

環境大臣　殿

届出（通知）者

住　所〒

電　話

大学名

代表者名（記名押印又は署名）

教育又は学術研究を行う者（記名押印又は署名）

大学における教育又は学術研究のために希少野生動植物種の個体等の譲受け又は引取りをしたので、絶滅のおそれのある野生動植物の種の保存に関する法律施行規則第５条第２項第１号及び第３項の規定に基づき、次のとおり届出（通知）します。

譲受け又は引取りをした個体等	種名		
	区分（該当する文字を丸で囲むこと。その他、器官及び加工品に該当する場合は、余白に具体的内容を記入すること。）		生きている個体・卵・その他（　） はく製・その他（　） 器官及び加工品（　）
	数量		
	所在地		電話
譲受け又は引取りをする目的（該当する文字を丸で囲むこと。）			教育・学術研究
譲受け又は引取りをした年月日			年　月　日
届出者に譲渡し又は引渡しをした者	住所		電話
	氏名		
譲受け又は引取りをした個体を飼養栽培する場合	所在地		
	飼養栽培施設の規模・構造		
	取扱者	住所	
		氏名	
		職業	
		飼養栽培に関する経歴	

注　1　届出（通知）は、当該譲受け又は引取りをした後３０日以内に行うこと。
2　届出者に譲渡し又は引渡しをした者が法人である場合には、その住所及び氏名については、主たる事務所の所在地、名称及び代表者の氏名を記載すること。
3　器官及び加工品については、絶滅のおそれのある野生動植物の種の保存に関する法律施行令別表第４に掲げられた区分に応じて記入すること。
4　譲受け又は引取りをした個体を飼養栽培しようとする場合にあっては、飼養栽培施設の規模及び構造を明らかにした図面及び写真を添付すること。

様式第１４－２（他機関←大学）

大学における教育又は学術研究のための希少野生動植物種譲受け等届出（通知）書

年　月　日

環境大臣　殿

届出（通知）者

住　所〒

電　話

氏　名　（記名押印又は署名）

大学における教育又は学術研究のために希少野生動植物種の個体等の譲受け又は引取りをしたので、絶滅のおそれのある野生動植物の種の保存に関する法律施行規則第５条第２項第１号及び第３項の規定に基づき、次のとおり届出（通知）します。

譲受け又は引取りをした個体等	種名		
	区分（該当する文字を丸で囲むこと。その他、器官及び加工品に該当する場合は、余白に具体的内容を記入すること。）		生きている個体・卵・その他（　） はく製・その他（　） 器官及び加工品（　）
	数量		
	所在地		電話
当該個体等を大学へ譲渡し又は引渡しをした目的（該当する文字を丸で囲むこと。）			教育・学術研究
大学へ譲渡し又は引渡しをした年月日			年　月　日
大学から譲受け又は引取りをした年月日			年　月　日
届出者に譲渡し又は引渡しをした者	大学名		
	住所		電話
	氏名		
譲受け又は引取りをした個体を飼養栽培する場合	所在地		
	飼養栽培施設の規模・構造		
	取扱者	住所	
		氏名	
		職業	
		飼養栽培に関する経歴	

注1　届出（通知）は、当該譲受け又は引取りをした後３０日以内に行うこと。
2　届出者に譲渡し又は引渡しをした者が法人である場合には、その住所及び氏名については、主たる事務所の所在地、名称及び代表者の氏名を記載すること。
3　器官及び加工品については、絶滅のおそれのある野生動植物の種の保存に関する法律施行令別表第４に掲げられた区分に応じて記入すること。
4　譲受け又は引取りをした個体を飼養栽培しようとする場合にあっては、飼養栽培施設の規模及び構造を明らかにした図面及び写真を添付すること。

Ⅲ 資料編　3 通知その他　＜総論＞

様式第15

重要文化財等の保存のための行為に伴う譲受け等届出書

　　　年　月　日

環境大臣　殿

　　　　　　　　届出者　住　所
　　　　　　　　　　　　電　話
　　　　　　　　　　　　氏　名（記名押印又は署名）
　　　　　　　　　　　　職　業

　重要文化財等の保存のための行為に伴い希少野生動植物種の個体等の譲受け又は引取りをしたので、絶滅のおそれのある野生動植物の種の保存に関する法律施行規則第5条第2項及び第3号及び第3項の規定に基づき、届出します。

譲受け又は引取りをした個体等	種　名　　　　　　　区　分	生きている個体・卵・その他（　　） はく製・その他（　　） 器官及び加工品（　　）
	数　量	
	所　在　地	
譲受け又は引取りをする目的		
譲受け又は引取りをした年月日		年　月　日
届出者に譲渡しし又は引渡しをした者	住　所	
	氏　名	電話
	職　業	
譲受け又は引取りをした個体を飼養栽培しようとする場合	飼養栽培施設の規模・構造	
	取扱者	住　所
		氏　名
		職　業
	飼養栽培に関する経歴	

注1　届出は、当該譲受け又は引取りをした後30日以内に行うこと。
　2　届出者（届出者に譲渡し又は引渡しをした者）が法人である場合には、その住所、氏名及び職業（住所代表者の氏名）については、主たる事務所の所在地、名称、代表者の氏名及び主たる事業（主たる事務所の在地、名称及び代表者の氏名）を記載すること。
　3　前掲する個体等の区分に応じて記入すること。絶滅のおそれのある野生動植物の種の保存に関する法律施行令別表第4に掲げる加工品については、飼養栽培施設を飼養栽培しようとする場合にあっては、飼養栽培施設の規模及び構造を明らかにした図面及び写真を添付すること。
　4　譲受け又は引取りをした個体を飼養栽培しようとする場合にあっては、飼養栽培施設の規模及び構造を明らかにした図面及び写真を添付すること。

絶滅のおそれのある野生動植物の種の保存に関する法律の事務に係る様式について

様式第16-1（登録博物館等一他施設）

環境大臣　殿

届出（通知）者
住所〒
電話
氏名　（記名押印又は署名）

年　月　日

登録博物館又は博物館相当施設における展示のための希少野生動植物種譲受け等届出（通知）書

登録博物館又は博物館相当施設における展示のために希少野生動植物種の個体等（生きている個体を除く。）の譲受け又は引取りをしたので、絶滅のおそれのある野生動植物の種の保存に関する法律施行規則第5条第2項第4号及び法律施行規則第5条第3項の規定に基づき、次のとおり届出（通知）します。

[登録博物館・博物館相当施設]
（該当する文字を丸で囲むこと）
博物館名（記名押印又は署名）

譲受け又は引取りをした個体等	種	
	区分	卵・その他（　　　）
（該当する文字を丸で囲むこと）
その他・器官及び加工品に該当する場合は、余白に具体的内容を記入すること。	は く 製・その他（　　　）
器官及び加工品（　　　）
	数量	
譲受け又は引渡しをした者	住所	電話
	氏名	
譲受け又は引取りをした年月日		年　月　日

注1　届出（通知）は、当該譲受け又は引取りをした後30日以内に行うこと。
2　届出（通知）者に譲渡し又は引渡しをした者が法人である場合には、その住所及び氏名については、主たる事務所の所在地、名称及び代表者の氏名を記載すること。
3　器官及び加工品については、絶滅のおそれのある野生動植物の種の保存に関する法律施行令別表第4に掲げられた区分に応じて記入すること。

様式第16-2（他施設→登録博物館等）

環境大臣　殿

届出（通知）者
住所〒
電話
氏名　（記名押印又は署名）

年　月　日

登録博物館又は博物館相当施設における展示のための希少野生動植物種譲渡し等届出（通知）書

登録博物館又は博物館相当施設（以下「博物館等」という。）における展示のために希少野生動植物種の個体等（生きている個体を除く。）の譲渡し又は引渡しに該当する場合は、絶滅のおそれのある野生動植物の種の保存に関する法律施行規則第5条第2項第4号及び法律施行規則第5条第3項の規定に基づき、次のとおり届出（通知）します。

譲受け又は引取りをした個体等	種	
	区分	卵・その他（　　　）
（該当する文字を丸で囲むこと）
その他・器官及び加工品に該当する場合は、余白に具体的内容を記入すること。	は く 製・その他（　　　）
器官及び加工品（　　　）
	数量	
博物館等へ譲渡し又は引渡しをした年月日		年　月　日
博物館等	博物館区分	［登録博物館・博物館相当施設］
（該当する文字を丸で囲むこと）
	博物館名	
届出（通知）者に譲渡し又は引渡しをした者	住所	電話
	氏名	

注1　届出（通知）は、当該譲渡し又は引渡しをした後30日以内に行うこと。
2　届出（通知）者に譲渡し又は引渡しをした者が法人である場合には、その住所及び氏名については、主たる事務所の所在地、名称及び代表者の氏名を記載すること。
3　器官及び加工品については、絶滅のおそれのある野生動植物の種の保存に関する法律施行令別表第4に掲げられた区分に応じて記入すること。

III 資料編 3 通知その他 ＜総論＞

絶滅のおそれのある野生動植物の種の保存に関する法律の事務に係る様式について

様式第19

希少野生動植物種譲受け等協議書

環境大臣 殿

年　月　日

都道府県知事
（市町村長）

絶滅のおそれのある野生動植物の種の保存に関する法律第54条の第2項の規定に基づき、希少野生動植物種の個体等の譲受け等について、次のとおり協議します。

種名		
譲受け又は引取りをしようとする個体等	区分	生きている個体・卵・はく製・標本　器官及び加工品（　　）その他の個体等（　　）
	該当する文字を丸で囲むこと。器官及び加工品、その他の個体等に該当する場合は、余白に具体的内容を記入すること。	
	数量	
	所在地	
譲受け又は引取りをする目的		学術研究・繁殖・教育　その他（　　　）
	該当する文字を丸で囲むこと。その他に該当する場合は、余白に具体的内容を記入すること。	
譲受け又は引取りをする者	住所	
	氏名	電話
	職業	
譲受け又は引取りをする予定時期		回答後3か月以内
譲受けをし、又は引取ろうとする場合	飼養栽培施設を有しないで引取ろうとする場合	所在地
		住所
		氏名
		職業
		飼養栽培施設の規模及び構造
		飼養栽培に関する経歴

[担当]
電話
FAX
E-mail

注1　譲受け又は引取りをする者が法人である場合には、その住所、氏名及び職業については、主たる事務所の所在地、名称、代表者の氏名、（記名押印又は代表者の署名）及び法人の主たる事業を記載すること。
2　器官及び加工品については、絶滅のおそれのある野生動植物の種の保存に関する法律施行令別表第4に掲げる区分に応じて記入すること。
3　譲受け又は引取りをしようとする個体等が絶滅のおそれのある野生動植物の種の保存に関する法律第54条第1項の許可を受けた個体等であるときは、その住所、氏名及び職業を記入すること。
4　譲受けをしようとする個体等について飼養栽培をしようとする場合にあっては、飼養栽培施設の規模及び構造を明らかにした図面及び写真を添付すること。

様式第20

国内希少野生動植物種輸出認定書の交付申請書

環境大臣 殿

年　月　日

申請者
住所
電話
氏名　（記名押印又は署名）
職業

絶滅のおそれのある野生動植物の種の保存に関する法律施行規則第8条第1項の規定に基づき、国内希少野生動植物種の輸出認定書の交付について、次のとおり申請します。

種名		
輸出しようとする個体等	区分	生きている個体・卵・はく製・標本　器官及び加工品（　　）その他の個体等（　　）
	該当する文字を丸で囲むこと。器官及び加工品、その他の個体等に該当する場合は、余白に具体的内容を記入すること。	
	数量	
	所在地	
輸出の目的		学術研究・繁殖・教育　その他（　　　）
	該当する文字を丸で囲むこと。その他に該当する場合は、余白に具体的内容を記入すること。	
輸出の相手方	住所	
	氏名	電話
	職業	
輸送の仕方		
輸出の予定時期		年　月　日から　年　月　日までの間
輸出しようとする個体等を取得した種苗		
輸出しようとする個体等を飼養栽培している場合	所在地	
	飼養栽培施設の規模・構造	

注1　申請者の氏名及び職業が法人である場合には、その住所、氏名及び職業については、主たる事務所の所在地、名称、代表者の氏名、（記名押印又は代表者の署名）及び法人の主たる事業を記載すること。
2　器官及び加工品については、絶滅のおそれのある野生動植物の種の保存に関する法律施行令別表第4に掲げる区分に応じて記入すること。
3　申請書には、絶滅のおそれのある野生動植物の種の保存に関する法律第10条第6項若しくは第13条第1項の許可を受けたこと又は第8条第4項の規定による交付を受けた許可証若しくはこれらの事実を証する書類を添付すること。ただし、絶滅のおそれのある野生動植物の種の保存に関する法律第8条第8項の規定に基づく交付の申請にあっては、当該個体等を適法に取得したことを証する書類を添付すること。

III 資料編 3 通知その他 ＜総論＞

様式第21 個体

国際希少野生動植物種理事長 殿

申請者(※1)
氏　名 (記入押印又は署名)
住　所
電話番号

年　月　日

絶滅のおそれのある野生動植物種の保存に関する法律第20条第2項の規定に基づき、国際希少野生動植物種の個体及び個体の加工品の登録について、次のとおり申請します。

登録を受け る国際希少 野生動植物 種の個体及 び個体の加 工品	種　名	区　分	(該当する文字を◯で囲むこと。 その他に該当する場合は、該当日に 具体的内容を記入すること。)	生体・卵・その他 (　　　) はく製・その他 (　　　)
	主な特徴 (複数の個体の場合は別紙に記入)	体長(※2) 全長(※2) 性別 その他の特徴(※3)		
	所　在　地			
	個体に施した個体識別措置 及び個体識別番号(※4)			

登録の対象となる要件
(該当する要件の番号を◯で囲むこと。)

1. 本邦内において繁殖させた個体からに生じた個体又は個体の加工品であること。(後条(※3)第8条第1号関係)
2. 絶滅のおそれのある種の国際取引に関する条約(以下「ワシントン条約」という。)が採択された日(昭和48年3月3日)前に取得され、又は本邦内に輸入された個体又は個体の加工品であること。(後条第8条第2号関係)
3. 関係法(規約等第6項に基づく第6条又は第7条の届け出を受けたものであって、次の(1)から(3)までのいずれかに該当するものであること。(後条第8条第3号関係)
   (1) 商業的目的で繁殖された個体であり、輸出国において登録され、個体の器官の加工品であること。(後条第8条第3号イ関係)
   (2) ワシントン条約前に取得され、又は輸入された個体の器官又は個体の加工品であること。(後条第8条第3号ロ関係)
   (3) ワシントン条約前に取得されて附属書Ⅰに掲げられた種以外の種に属し、特定の地域個体群として附属書Ⅰに掲げられている個体であること。(後条第8条第3号ハ関係)
4. 1～3までに掲げるもののほか、既に登録を受けたものであって、当該登録の有効期間が満了したもの

動植物の管 理者(所有 者と異なる 場合)	氏　名		
	住　所		電話

※1 申請者が法人である場合には、その名称、代表者の氏名(記名押印又は代表者の署名)及び主たる事務所の所在地を記載すること。
※2 「体長」とは動物の体長をいい、「全長」とは、とぐろを巻く性のある動物については伸ばした状態での全長をいうこと。「体長」、「全長」、「性別」については、動物の種類等に応じて該当する欄のみ記載すれば足りること。
※3 絶滅のおそれのある野生動植物種の識別に容易する特徴を記載すること。
※4 絶滅のおそれのある野生動植物種の保存に関する法律施行規則第11条第3項各号に掲げる措置を行っている個体の登録
※5 個体又は個体の加工品に関する法律施行令

様式第22 器官

国際希少野生動植物種理事長 殿

申請者(※1)
氏　名 (記入押印又は署名)
住　所
電話番号

年　月　日

絶滅のおそれのある野生動植物種の保存に関する法律第20条第2項の規定に基づき、国際希少野生動植物種の個体の器官及び個体の器官の加工品(器官等)の登録について、次のとおり申請します。

登録を受け る国際希少 野生動植物 種の個体の 器官及び個 体の器官の 加工品等	種　名		
	器官等の名称		
	主な特徴 (複数申請の場合は別紙に記入)	全長 重量 その他の特徴(※2)	
	所　在　地		

登録の対象となる要件
(該当する要件の番号を◯で囲むこと。)

1. 本邦内において繁殖させた個体から生じた個体の器官又は個体の器官の加工品であること。(後条(※3)第8条第1号関係)
2. 絶滅のおそれのある種の国際取引に関する条約(以下「ワシントン条約」という。)が採択された日(昭和48年3月3日)前に取得され、又は本邦内に輸入された個体の器官又は個体の器官の加工品であること。(後条第8条第2号関係)
3. 関係法(規約等第6項に基づく第6条又は第7条の届け出を受けたものであって、次の(1)から(3)までのいずれかに該当するものであること。(後条第8条第3号関係)
   (1) 商業的目的で繁殖された個体から生じたものであって、輸出国の器官又は個体の器官の加工品であること。(後条第8条第3号イ関係)
   (2) ワシントン条約前に輸入された個体の器官又は個体の器官の加工品であること。(後条第8条第3号ロ関係)
   (3) ワシントン条約前附属書Ⅰに掲げられた種以外の種に属し、特定の地域個体群として附属書Ⅰに掲げられている個体の器官又は個体の器官の加工品であること。(後条第8条第3号ハ関係)

動植物の管 理者(所有 者と異なる 場合)	氏　名		
	住　所		電話

※1 申請者が法人である場合には、その名称、代表者の氏名を記載すること。
※2 器官等の識別に容易する特徴を記載すること。
※3 絶滅のおそれのある野生動植物種の保存に関する法律施行令

絶滅のおそれのある野生動植物の種の保存に関する法律の事務に係る様式について

様式第23

マイクロチップ識別番号証明書

年　月　日

下記の国際希少野生動植物種の個体について、埋め込まれているマイクロチップの個体識別番号を証明します。

獣医師　氏　名　　　　　　　　　印
　　　　住　所
　　　　電話番号

確　認　年　月　日
個体識別番号

記

1　登録申請者
　(1) 氏　名
　　（法人にあっては、名称及び代表者の氏名）
　(2) 住　所

2　国際希少野生動植物種の個体の情報
　(1) 種　　名
　(2) 性　　別

3　識別措置の実施部位　国際希少野生動植物種の種ごとに環境大臣が定める部位
　（　　　　　　　　　　　　）

4　備　　　考

備　考
1　本書類は、個体に埋め込まれているマイクロチップの個体識別番号を証明する獣医師が全て作製すること。
2　この証明書の用紙の大きさは、日本工業規格Ａ４とすること。
3　複数の動物を証明する場合は、別紙に必要事項を記載して添付すること。

様式第23別紙

マイクロチップ識別番号証明書（別紙）

ご記入日：　　　年　月　日

個体の登録申請者氏名：

No.	種　名	性　別	識別措置の実施部位	個体識別番号（マイクロチップ番号）
		オス・メス・不明		
		オス・メス・不明		
		オス・メス・不明		
		オス・メス・不明		
		オス・メス・不明		
		オス・メス・不明		
		オス・メス・不明		
		オス・メス・不明		

※性別については該当するものを○で囲むこと

Ⅲ 資料編　3 通知その他　＜総論＞

様式第24

脚環識別番号証明書

下記の国際希少野生動植物種の個体について、装着している脚環の個体識別番号を証明します。

　　　　　　　　　氏　名　　　　　　　　　　　印
　　　　　（法人にあっては、名称及び代表者の氏名）
　　　　　　　　　住　所
　　　　　　　　　電話番号

証 明 年 月 日　　　　年　　月　　日

個 体 識 別 番 号

脚環の素材は金属製でクローズドタイプのものですか？‥‥‥(はい□・いいえ□)
該当する回答の□にチェック

上記の回答は事実と相違ないことを宣誓いたします。

記

1　国際希少野生動植物種の個体の情報
　（鳥綱に属する種に限る。）
　(1)　種　名：
　(2)　性　別（該当するものを用いる）：オス・メス・不明

2　個体識別措置の実施部位（脚環のある部位：該当部位を○で囲むこと）
　　　　右脚　　　　　左脚

3　備　考

備　考
1　この証明書の用紙の大きさは、日本工業規格A4とすること。
2　複数の動物を証明する場合は、別紙に必要事項を記載して添付すること。

様式第24別紙

脚環識別番号証明書（別紙）

ご記入日：　　　　年　　月　　日

個体の登録申請者氏名：

No.	種　名	性別	個体識別措置の実施部位（脚環のある部位）	個体識別番号（脚環番号）
		オス・メス・不明	右脚・左脚	
		オス・メス・不明	右脚・左脚	
		オス・メス・不明	右脚・左脚	
		オス・メス・不明	右脚・左脚	
		オス・メス・不明	右脚・左脚	
		オス・メス・不明	右脚・左脚	
		オス・メス・不明	右脚・左脚	
		オス・メス・不明	右脚・左脚	
		オス・メス・不明	右脚・左脚	

※性別・個体識別措置については該当するものを○で囲むこと

様式第２５

国際希少野生動植物種変更登録申請書（**区分変更**）

年　月　日

自然環境研究センター理事長　殿

申請者（※１）

氏　　名（記名押印又は署名）

〒

住　　所

電話番号

絶滅のおそれのある野生動植物の種の保存に関する法律第２０条第６項の規定に基づき、国際希少野生動植物種の個体等の変更登録について、次のとおり申請します。

登録を受けた国際希少野生動植物種の個体等	登録記号番号	第　　－　　号
	変更後の区分 （該当する文字を丸で囲むこと。）	個体の器官・個体の加工品・個体の器官の加工品
	変更後の詳細な区分又は名称 （該当する文字を丸で囲むこと。又は余白に具体的内容を記入すること。）	個体の加工品：はく製・その他（　　　） 個体の器官又は 個体の器官の加工品：
	主な特徴	
	個体に講じた個体識別措置及び個体識別番号（※２）	個体識別措置：
		個体識別番号：

※１　申請者が法人である場合には、その名称、代表者の氏名（記名押印又は代表者の署名）及び主たる事務所の所在地を記載すること。
※２　区分の変更を生じる前の個体が絶滅のおそれのある野生動植物の種の保存に関する法律施行規則第１１条第３項各号に掲げる種の生きている個体であった場合にのみ記載すること。

様式第２６

国際希少野生動植物種変更登録申請書（**個体識別措置変更**）

年　月　日

自然環境研究センター理事長　殿

申請者（※）

氏　　名（記名押印又は署名）

〒

住　　所

電話番号

絶滅のおそれのある野生動植物の種の保存に関する法律第２０条第７項の規定に基づき、国際希少野生動植物種の個体等の変更登録について、次のとおり申請します。

登録を受けた国際希少野生動植物種の個体等	登録記号番号	第　　－　　号
	変更後の個体識別措置及び個体識別番号	個体識別措置：
		個体識別番号：
	変更の理由	
	備考	

※　申請者が法人である場合には、その名称、代表者の氏名（記名押印又は代表者の署名）及び主たる事務所の所在地を記載すること。

III 資料編　3 通知その他　<総論>

様式27

国際希少野生動植物種登録票書換交付申請書

年　月　日

自然環境研究センター理事長　殿

申請者（※1）
氏　名（記名押印又は署名）
住　所　〒
生年月日
電話番号

絶滅のおそれのある野生動植物の種の保存に関する法律第20条第9項の規定に基づき、国際希少野生動植物種の登録票の書換交付について、次のとおり申請します。

登録票を受けた国際希少野生動植物の種の個体等	登録記号番号	第　　　　－　　　　号
	登録票の書換を必要とする理由	
個体に係る個体識別措置及び個体識別番号（※2）		

※1　申請者が法人である場合には、その名称、代表者の氏名（記名押印又は代表者の署名）及びまたる事務所の所在地を記載すること。
※2　絶滅のおそれのある野生動植物の種の保存に関する法律施行規則第11条第3項各号に掲げる種の生きている個体以外についての書換交付の申請をする場合にのみ記載すること。

様式28

国際希少野生動植物種（個体及び個体の加工品）登録票再交付申請書

年　月　日

自然環境研究センター理事長　殿

申請者（※1）
氏　名（記名押印又は署名）
住　所　〒
氏　名（記名押印又は署名）
電話番号

絶滅のおそれのある野生動植物の種の保存に関する法律第20条第10項（第22条第2項において準用する場合を含む。）の規定に基づき、国際希少野生動植物種の個体及び個体の加工品の登録票の再交付について、次のとおり申請します。

登録票を受けた国際希少野生動植物種の個体及び個体の加工品	登録記号番号	第　　　　－　　　　号
	種　名	
	区　分	生体・卵・その他（　　　） はく製・その他（　　　）
	（該当する文字を丸で囲むこと。その他に該当する場合は、余白に具体的内容を記入すること。）	
亡失し、又は滅失した登録票の交付年月日		年　月　日
登録票を亡失し、又は登録票が滅失した事情		
個体に係る個体識別措置及び個体識別番号（※2）		

※1　申請者が法人である場合には、その名称、代表者の氏名（記名押印又は代表者の署名）及びまたる事務所の所在地を記載すること。
※2　絶滅のおそれのある野生動植物の種の保存に関する法律施行規則第11条第3項各号に掲げる種の生きている個体に係る登録票の再交付の申請をする場合にのみ記載すること。

絶滅のおそれのある野生動植物の種の保存に関する法律の事務に係る様式について

様式第29 器 官

国際希少野生動植物種（個体の器官及び個体の器官の加工品）登録票再交付申請書

年　月　日

自然環境研究センター理事長　殿

申請者（注1）
　　　　　　　　氏　　名（記名押印又は
　　　　　　　　　　　　　署名）
　　　　　　　　住　　所　〒
　　　　　　　　電話番号

絶滅のおそれのある野生動植物の種の保存に関する法律第20条第10項（第22条第2項において準用する場合を含む。）の規定に基づき、国際希少野生動植物種の個体の器官及び個体の器官の加工品（器官等）の登録票の再交付について、次のとおり申請します。

登録記号番号	第　　　　　　　号
種　　　名	
登録を受けた国際希少野生動植物種の器官等	器官等の名称（注2）
亡失し、又は滅失した登録票の交付年月日	年　月　日
登録票を亡失し、又は登録票が滅失した事情	

※1　申請者が法人である場合には、その名称、代表者の氏名（記名押印又は代表者の署名）及び主たる事務所の所在地を記載している「名称」を記載すること。
※2　器官等の名称については、登録票の備考の下に記載してある「名称」を記入すること。

様式第30 更 新

国際希少野生動植物種の個体の登録の更新申請書

年　月　日

自然環境研究センター理事長　殿

申請者（注1）
　　　　　　　　氏　　名（記名押印又は署名）
　　　　　　　　住　　所　〒
　　　　　　　　電話番号

絶滅のおそれのある野生動植物の種の保存に関する法律第20条第2項において準用する同法第20条第2項の規定に基づき、国際希少野生動植物種の個体の登録の更新について、次のとおり申請します。

登録の更新を受ける国際希少野生動植物種	種　　名（該当する文字を○で囲むこと）	区　　分（該当する場合は別紙に記入）
		主たる特徴
		生体
		体長（注2） 全長（注2） 体重 性別 その他の特徴（注3）
個体	登録記号番号	
	所　在　地	
	個体識別に講じた個体識別措置及び個体識別番号（注4）	個体識別措置： 個体識別番号：
登録の更新時の対象要件	登録時の個体と同一のものであること	
登録票の管理者（所有者）が異なる場合）	氏　名	
	住　所	電話
登　録　の　有　効　期　間　の　満　了　日	

※1　申請者が法人である場合には、その名称、代表者の氏名（記名押印又は代表者の署名）及び主たる事務所の所在地を記載すること。
※2　「体長」とは、動物のからだの長さを、「全長」とは、動物の全身の長さを含めた全体の長さをいう。したがって、動物の尾、鳥の尾及び翼等はこれらには含まれない。なお、体重は記載の必要もないものとし、全長のみを記入すればよい。
※3　羽色、鱗の形及び数並びに色彩、模様、同種の他の個体及びその加工品の個体等を容易に識別できる特徴を記載すること。
※4　絶滅のおそれのある野生動植物の種の保存に関する法律施行規則第11条第3項各号に掲げる個体等の生きている個体の登録の申請をする場合にのみ記載すること。
※5　絶滅のおそれのある野生動植物の種の保存に関する法律施行令

III 資料編　3 通知その他　＜総論＞

様式第31

国際希少野生動植物種に関する届出書（氏名又は住所変更）

　　　　　　　　　　　　　　　　　　　　　　　　　　　　年　　月　　日

自然環境研究センター理事長　殿

　絶滅のおそれのある野生動植物の種の保存に関する法律第20条第11項の規定に基づき、氏名又は住所に変更が生じたことについて、次のとおり届け出ます。

　　　　　　　　　　　　　　届　出　者（※1）
　　　　　　　　　　　　　　　氏　名（記名押印又は署名）
　　　　　　　　　　　　　　　住　所　〒
　　　　　　　　　　　　　　　電話番号

氏名又は住所の変更日	年　　月　　日
登録記号番号（※2）	第　　－　　号
登録済みの個体等に係る動植物の種名（※2）	
登録済みの個体等の詳細な区分（※3）	
個体に講じた個体識別措置及び個体識別番号（※4）	個体識別措置： 個体識別番号：

※1　変更後の氏名又は住所を記入すること。届出者が法人である場合には、その名称、代表者の氏名（記名押印又は代表者の署名）又は主たる事務所の所在地を記載すること。
※2　登録票に記載してある事項を記入すること。
※3　登録票の種名の下に記載してある「区分」又は「名称」を記入すること。
※4　絶滅のおそれのある野生動植物の種の保存に関する法律施行規則第11条第3項各号に掲げる種の生きている個体の登録に係る氏名等の変更をする場合にのみ記載すること。

様式第32

国際希少野生動植物種に関する届出書（譲受け等）

　　　　　　　　　　　　　　　　　　　　　　　　　　　　年　　月　　日

自然環境研究センター理事長　殿

　　　　　　　　　　　　　届　出　者（※1）
　　　　　　　　　　　　　　住　所　〒
　　　　　　　　　　　　　　氏　名（記名押印又は署名）
　　　　　　　　　　　　　　電話番号

　絶滅のおそれのある野生動植物の種の保存に関する法律第21条第5項の規定に基づき、登録を受けた国際希少野生動植物種の個体等の譲受け又は引取りをしたことについて、次のとおり届け出ます。

登録記号番号（※2）	第　　－　　号
登録済みの個体等に係る動植物の種名（※2）	
登録済みの個体等の詳細な区分（※3）	
個体に講じた個体識別措置及び個体識別番号（※4）	個体識別措置： 個体識別番号：
譲受け又は引取りをした年月日	年　　月　　日
譲渡し者又は引渡し者の氏名	

※1　届出者が法人である場合には、その住所及び氏名については、主たる事務所の所在地、名称及び代表者の氏名（記名押印又は代表者の署名）を記載すること。
※2　登録票に記載してある事項を記入すること。
※3　登録票の種名の下に記載してある「区分」又は「名称」を記入すること。
※4　絶滅のおそれのある野生動植物の種の保存に関する法律施行規則第11条第3項各号に掲げる種の生きている登録個体の譲受け又は引取りをした場合にのみ記載すること。

絶滅のおそれのある野生動植物の種の保存に関する法律の事務に係る様式について

様式第33

国際希少野生動植物種に関する届出書(個体識別措置)

年　月　日

自然環境研究センター理事長　殿

届　出　者(※1)
住　所　〒
氏　名(記名押印又は署名)
電話番号

絶滅のおそれのある野生動植物の種の保存に関する法律第21条第6項及び絶滅のおそれのある野生動植物の種の保存に関する法律施行規則第12条の2第2項の規定に基づき、登録を受けた国際希少野生動植物種の個体に講じた個体識別措置について破損若しくは脱落し、若しくは取り外し、又は再度講じたことについて、次のとおり届け出ます。

登録記号番号(※2)	第　　　－　　　号
登録済みの個体の種名(※2)	
登録済みの個体の詳細な区分(※3)	
個体に講じた個体識別措置及び個体識別番号	個体識別措置：
	個体識別番号：
個体識別措置に関し生じた事由	事由の内容（該当する文字を丸で囲むこと）	破損・脱落、取り外し、再度講じた
	年　　月　　日	年　　月　　日
	理　　　由	

※1　届出者が法人である場合には、その住所及び氏名については、主たる事務所の所在地、名称及び代表者の氏名(記名押印又は代表者の署名)を記載すること。
※2　登録票に記載してある事項を記入すること。
※3　登録票の種名の下に記載してある「区分」又は「名称」を記入すること。

III 資料編 3 通知その他 ＜総論＞

様式第3 4

特定第一種国内希少野生動植物種に関する特定国内種事業届出書

年　月　日

地方厚生事務所長　殿
農　林　水　産　大　臣　殿

届出者
住所
電話
氏名又は名称　(legal印省略)
代表者の氏名 (法人に限る。)

絶滅のおそれのある野生動植物の種の保存に関する法律第30条第1項の規定に基づき、特定第一種国内希少野生動植物種に関する特定国内種事業について、次のとおり届け出ます。

特定第一種国内希少野生動植物種の個体等の名称	名　称	
譲渡し又は引渡しの業務を行うための施設	所在地	
	名　称	
	所在地	
	規模及び構造	
特定国内種事業の対象とする特定第一種国内希少野生動植物種の名称		
譲渡し又は引渡しの業務を開始しようとする日	年　月　日	
特定第一種国内希少野生動植物種の繁殖に従事する者	氏　名	
	繁殖に関する経歴	
	繁殖施設	所在地	
		規模及び構造	
	繁殖方法	
	繁殖計画	
個体等の保有等の場所等を繁殖させる場合		
特定第一種国内希少野生動植物種の個体等の保有数量		

注1　届出は、事業を開始しようとする日より前に行うこと。
2　「特定第一種国内希少野生動植物種の個体等の譲渡し又は引渡しの業務を行うための施設」の欄には、販売、保管、繁殖等の施設が別々の場合には、それぞれの所在地を記載すること。
　　なお、販売事業を行う施設が複数ある場合には、1施設毎に別葉の届出書を使用すること。
3　「特定国内種事業の対象とする特定第一種国内希少野生動植物種の名称」の欄には、絶滅のおそれのある野生動植物の種の保存に関する法律施行令別表第3に掲げる名称を用い、個体及び器官の別(器官にあっては、その名称)を明らかにして記載すること。個体及び器官を繁殖履歴を記載すること1種の届出書で
　　また、複数の種を同時に特定国内種事業の対象とする場合には、1種毎に別葉の届出書を使用すること。
4　特定第一種国内希少野生動植物種の繁殖等を繁殖させる場合には、
(1)　「繁殖施設」の「所在地」の欄には、個体等の繁殖を行う地、温室等の所在地を記載すること。
(2)　「繁殖施設」の「規模及び構造」の欄には、繁殖施設の面積等の規模、温室等の構造、繁殖及び管理に使用する機械設備、繁殖施設等の保存管理施設等を記載するとともに、これらを明らかにした図面及び写真を添付すること。
(3)　「繁殖に従事する者」の欄には、繁殖に従事する者の氏名を記載するとともに、繁殖に携わった経験年数、これまで取り扱った種名及び繁殖方法等の繁殖履歴を記載すること。
(4)　「繁殖方法」の欄には、組織培養、栄養繁殖、株分け等の手段の別及びその具体的な方法について記載すること。
(5)　「繁殖計画」の欄には、月間又は年間の繁殖生産計画(数量的な計画)を記載すること。
5　「個数」の欄には、届出の日現在、販売、保管、繁殖等の目的で保有している個体と繁殖個体、個体数と器官を区別してその数量を記載し、器官にあっては、その名称を記載すること。
6　用紙の大きさは、日本工業規格A4とすること。

絶滅のおそれのある野生動植物の種の保存に関する法律の事務に係る様式について

様式第35

特定第一種国内希少野生動植物種の個体等の譲受け又は
引取りに関する確認・譲渡事項等記載台帳

(届出番号：　　　　　　　　)

特定国内種事業者の住所、氏名又は名称、電話番号、及び届出番号		
特定国内種事業者届出	届出年月日	届出先
	年　月　日	

個体等の譲受け又は引取りを行う特定第一種国内希少野生動植物種の名称	
個体の譲受け又は引取りの日	年　月　日
個体等の譲受け人又は引取人	氏名又は名称、住所、電話番号及び代表者の氏名（法人に限る。）

	繁殖させられたものであるか又は捕獲され、若しくは採取されたものの別	1 繁殖させられたもの 2 捕獲され、若しくは採取されたもの
繁殖させられたもの	繁殖させたものの氏名又は名称、住所、電話番号及び代表者の氏名（法人に限る。）	
	繁殖させた個体等の部位名及び数量	
	個体の原産地	
	譲受け又は引取りの数量	
2 捕獲し、又は採取された者	氏名又は名称、住所、電話番号及び代表者の氏名（法人に限る。）	
	捕獲等に係る許可年月日及び許可番号	
	捕獲され、又は採取された場所	

特定第一種国内希少野生動植物種の個体等の保有数量	譲受け等の前	
	譲受け等の後	

前回の譲受け等の後の保有数量と今回の譲受け等の前の保有数量に増減がある場合にはその理由	

年　月　日記載

（記載要領）
1. この台帳は、特定国内種事業者を行う者が、その特定国内種事業に関し特定第一種国内希少野生動植物種の個体等の譲受け又は引取り（仕入れ）をするごとに、絶滅のおそれのある野生動植物の種の保存に関する法律第31条に基づき、確認又は譲渡等を記載するための他特定第一種国内希少野生動植物の個体等の譲渡し等に関する事項等を記載するためのものであり、譲受け等した日から5年間保存しなければならないこととされていること。
2. 「特定国内希少野生動植物種」欄には、必要な事項を記載すること。
3. 上段の「特定国内種事業者届出」欄には、氏名又は名称、代表者の氏名（法人に限る。）及び届出番号」、「特定国内種事業者届出」、「特定国内種事業者の住所」欄に、自らの住所、氏名を記載するとともに、特定国内種事業者のその他特定第一種国内希少野生動植物種を譲受け又は譲り受けた日付及び届出先を記載すること。
4. 中段の「特定第一種国内希少野生動植物種の個体の譲受け又は引取りの日」欄には、特定第一種国内希少野生動植物種について記載すること。
    (1)「個体等の譲受け又は引取りを行う特定第一種国内希少野生動植物種の名称」（仕入れ）の欄には、絶滅のおそれのある野生動植物の種の保存に関する法律施行令の別表第3に掲げる名を用い、個体及び器官の別（器官にあっては、その名称）を明らかにして譲受の特定第一種国内希少野生動植物種の台帳に別葉に記載するかどうかの別を、譲受の特定を個別にしない場合には、1種類ごとに別葉に記載すること。
    (2)「繁殖させられたものであるか又は捕獲され、若しくは採取されたものであるかの別」欄は、譲受け又は引取り（仕入れ）を行う個体等について当該号する番号に○印を付すること。
    (3)「繁殖させられたもの」（仕入れ）欄に、繁殖させられたもの（仕入れ）であるかが、また、「捕獲され、若しくは採取されたもの」欄に、それぞれ必要な事項を記載すること。
    (4)「譲受け又は引取り」を行う個体等の部位名及び数量」欄には、譲受け又は引取り（仕入れ）を行う個体等が個体全体であるか又は器官であるかを区別し、その部位名及び数量を記載すること。
    (5)「繁殖個体の原産地」欄には、繁殖させた個体等の原産地を記載すること。
    (6)「捕獲され、又は採取された場所」欄には、捕獲され、又は採取された場所の地名を記載すること。
    (7)「上記の記載事項の確認方法やり取りと確認」欄には、譲渡人から直接聞き取り、電話その他の文書により確認等、譲受又は譲渡の方法を具体的に記載すること。明書その他書類等により、確認又は譲渡等の実態により確認の方法を記載すること。
5. 下段の「特定第一種国内希少野生動植物種の個体等の保有数量」について、今回の譲受け等における保有数量を繁殖別数量に区別して記載し、前回の譲受け等の前の保有数量と繁殖数量、譲渡人の発行する場合には、その名称を記載することと、今回の譲受け後の保有数量と今回譲受け等の前の保有数量に増減がある場合について、この台帳の記載年月日を記入すること。
    また、保有数量には、飼育、温室、倉庫、販売又は対象とする特定第一種国内希少野生動植物種の個体等の増減の理由を記載すること。
6. 用紙の大きさは、日本工業規格A4とすること。

III 資料編　3 通知その他　<総論>

様式第38

特定国際種事業届出書

年　月　日

環境大臣　殿
経済産業大臣　殿

届出者　住所　〒
氏名又は名称（記名押印又は署名）
代表者の氏名（法人の場合のみ）
（記名押印又は署名）

特定国際種事業を行いたいので、絶滅のおそれのある野生動植物の種の保存に関する法律第33条の2の規定に基づき、次のとおり届け出ます。

氏名又は名称	（法人番号： ）
代表者の氏名（法人の場合のみ）	
住所	〒
連絡先	名称 電話番号： Eメール：
特定器官等の譲渡し又は引渡しの業務を行うための施設	名称 所在地 〒 連絡先 電話番号： Eメール：
特定国際種事業の対象とする特定器官等の種類	みがある科の申 年 月 日 甲（ｇ） 肚（ｇ） 鱗甲（ツメ）（ｇ） 半加工品（ｇ） 合計（ｇ）
譲渡し又は引渡しの業務を開始しようとする日	

注1　届出に、事業を開始しようとする日より前にあらかじめ行うこと。
2　用紙の大きさは日本工業規格A4とすること。
3　「氏名又は名称」欄は、法人にあっては法人の正式名称を、個人にあっては個人の正式名称を記載すること。下段に法人番号を記載すること。個人事業主にあっては上段に個人の氏名のみ（屋号は認められない）を記載し、下段の法人番号記載は不要。
4　「住所」欄は、法人にあっては主たる事務所の所在地を記載すること。個人事業主にあっては個人の住所を記載すること。
5　「特定器官等の譲渡し又は引渡しの業務を行うための施設」欄は、業務を行う施設（買取りや製造のみを行う施設も含む）が複数ある場合は、様式第38別紙を用いて提出すること。その場合、本欄「名称」欄に「様式第38別紙　参照」と記載すること。
6　「特定国際種事業の対象とする特定器官等の種類」欄は、うみがめ科の甲羅、肚、鱗甲（ツメ）及び半加工品の合計在庫量を記載すること。なお、特定器官等の特徴がわからない場合は、合計欄のみの記載で構わない。

様式第38別紙

特定国際種事業届出書　特定器官等の譲渡し又は引渡しの業務を行うための施設

年　月　日

No	施設の名称	所在地	連絡先
1		〒	電話番号（　　　） Eメール（　　　）
2		〒	電話番号（　　　） Eメール（　　　）
3		〒	電話番号（　　　） Eメール（　　　）
4		〒	電話番号（　　　） Eメール（　　　）
5		〒	電話番号（　　　） Eメール（　　　）
6		〒	電話番号（　　　） Eメール（　　　）
7		〒	電話番号（　　　） Eメール（　　　）
8		〒	電話番号（　　　） Eメール（　　　）
9		〒	電話番号（　　　） Eメール（　　　）
10		〒	電話番号（　　　） Eメール（　　　）
11		〒	電話番号（　　　） Eメール（　　　）
12		〒	電話番号（　　　） Eメール（　　　）
13		〒	電話番号（　　　） Eメール（　　　）

注1　用紙の大きさは日本工業規格A4とすること。
2　上記で書ききれない場合は、適宜欄を追加し記載すること。
3　「連絡先のEメール」欄は、Eメールを持たない場合は「なし」と記載すること。

絶滅のおそれのある野生動植物の種の保存に関する法律の事務に係る様式について

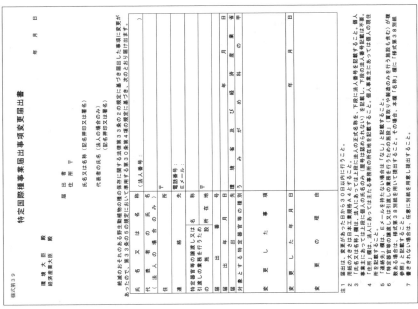

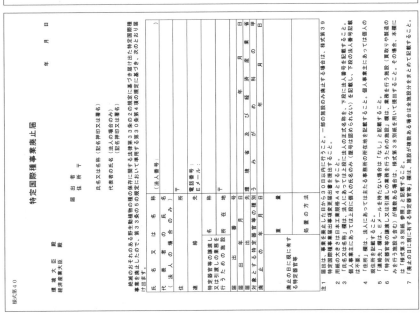

III 資料編　3 通知その他　＜総論＞

様式第41
記載台帳　うみがめ科（タイマイ等）の甲

届出番号 ＿＿＿＿　氏名又は名称 ＿＿＿＿

特定器官等の譲渡し又は引渡しの業務を行うための施設の名称 ＿＿＿＿

年月日	取引先（仕入れ先又は販売先）			取引量				在庫量	その他
	住所・電話番号	氏名又は名称及び法人にあっては代表者の氏名		譲受け・引取り（仕入等）（在庫量増加分）		譲渡し・引渡し（販売等）（在庫量減少分）		特定器官等（重量）	
				特定器官等（数量）	（主な特徴）	特定器官等（数量）	（主な特徴）		

注1　用紙の大きさは日本工業規格A4とすること。
2　業務を行う施設等が複数ある場合で、施設ごとに在庫を管理している場合は施設ごとに本紙を作成し、「特定器官等の譲渡し又は引渡しの業務を行うための施設の名称」欄に当該施設の名称を記載すること。なお、複数の施設の在庫を一緒に管理している場合は当該施設の名称を全て記載すること。
3　「取引先」欄は、「様式第41別紙　取引先一覧」を作成している場合はその番号を記載し、製品を製造した場合にはその原材料に登録票が付されている場合はその番号を記載すること。

様式第41別紙
特定国際種事業者　取引先一覧表

氏名又は名称：＿＿＿＿
届出番号：＿＿＿＿
特定器官等の譲渡し又は引渡しの業務を行うための施設の名称：＿＿＿＿

年　月　日作成

No	取引先の氏名又は名称及び法人にあっては代表者の氏名	取引先の住所	取引先の電話番号	取引先の事業者番号

注1　用紙の大きさは、日本工業規格A4とすること。
2　業務を行う施設等が複数ある場合で、施設ごとに在庫を管理している場合は施設ごとに本紙を作成し、「特定器官等の譲渡し又は引渡しの業務を行うための施設の名称」欄に当該施設の名称を記載すること。
3　施設の名称を記載すること。
4　複数の施設の在庫を一緒に管理している場合は当該施設の名称を全て記載すること。

絶滅のおそれのある野生動植物の種の保存に関する法律の事務に係る様式について

—表面—

様式第42

特別国際種事業登録（更新）申請書

　　　　　　　　　　　　　　　　　　　　　　　　　年　月　日

環境大臣　殿
経済産業大臣　殿

　　　　　　　　　住　所 〒
　　　　　　　　　氏名又は名称（記名押印又は署名）
　　　　　　　　　　　　　　　（法人の場合のみ）
　　　　　　　　　代表者の氏名（記名押印又は署名）

特別国際種事業の登録（更新）を受けたいので、絶滅のおそれのある野生動植物の種の保存に関する法律第33条の6第1項の規定に基づき、同条第2項及び3項に規定する書類を添えて申請します。

氏名又は名称（法人の場合のみ）	
代表者の氏名（法人の場合のみ）	
住所	〒
連絡先	電話番号： Eメール：
特別特定器官等の譲渡し又は引渡しの業務を行うための施設	名称 所在地 連絡先　電話番号： 　　　　Eメール：
特別国際種事業の対象とする特別特定器官等の種類	主な特徴 重量又は数量
新規登録又は更新の別（いずれかに○）	新規登録 登録更新（※更新の場合は特別国際種事業登録番号を以下に記入してください。） 登録番号

注1　登録申請と事業を開始しようとする日より早めに行うこと。
2　申請書に記載の内容は、申請書記載の時点で最新の情報であること。
3　用紙の大きさは日本工業規格A4とすること。また両面印刷で差し支えない。
4　「氏名又は名称」欄は、法人にあっては法人の正式名称を記載し、下段に法人番号を記載のこと。個人事業主にあっては、法人番号は認められない（登録番号記載は不要）、個人事業主にあっては個人番号は記載せず、個人名を記載すること。
5　「住所」欄は、法人にあっては法人の所在地のみを記載すること。個人事業主にあっては事務所の所在地又は住所を記載すること。
6　「連絡先のEメール」欄は、Eメールアドレスを持たない場合は「なし」と記載すること。
7　特別特定器官等の譲渡し又は引渡しの業務を行うための施設」欄は、業務を行う施設（買取りや製造の施設を含む）を記載すること。施設が複数ある場合は様式第42別紙1を用いて記載すること。本様式には「様式第42別紙1参照」と記載すること。
8　「その他特徴及び、カットビースク、塊状等」欄等については半製品は数量を記載すること。対象とする特別特定器官等を既に所有している場合は、申請時現在、その特徴及び数量を記載すること。その他については様式第42別紙2を参考にすること。
9　その他については、様式第42別紙2を参照のこと。本様式には「様式第42別紙2参照」と記載すること。また、新規登録の場合は登録免許税納付書及び収入印紙を、更新の場合は収入印紙を本様式に添付すること。

—裏面—

登録免許税領収証書・収入印紙

III 資料編　3 通知その他　＜総論＞

様式第42別紙1

特別国際種事業登録（更新）申請書　特別特定器官等の譲渡し又は引渡しの業務を行うための施設

年　月　日

No	施設の名称	過去の登録（届出）実績	所在地	連絡先
1		特定国際種事業届出番号（　　　　） 施設の設置日（　年　月　日） 施設の廃止日（　年　月　日）	〒	電話番号（　　） Eメール（　　）
2		特定国際種事業届出番号（　　　　） 施設の設置日（　年　月　日） 施設の廃止日（　年　月　日）	〒	電話番号（　　） Eメール（　　）
3		特定国際種事業届出番号（　　　　） 施設の設置日（　年　月　日） 施設の廃止日（　年　月　日）	〒	電話番号（　　） Eメール（　　）
4		特定国際種事業届出番号（　　　　） 施設の設置日（　年　月　日） 施設の廃止日（　年　月　日）	〒	電話番号（　　） Eメール（　　）
5		特定国際種事業届出番号（　　　　） 施設の設置日（　年　月　日） 施設の廃止日（　年　月　日）	〒	電話番号（　　） Eメール（　　）
6		特定国際種事業届出番号（　　　　） 施設の設置日（　年　月　日） 施設の廃止日（　年　月　日）	〒	電話番号（　　） Eメール（　　）
7		特定国際種事業届出番号（　　　　） 施設の設置日（　年　月　日） 施設の廃止日（　年　月　日）	〒	電話番号（　　） Eメール（　　）
8		特定国際種事業届出番号（　　　　） 施設の設置日（　年　月　日） 施設の廃止日（　年　月　日）	〒	電話番号（　　） Eメール（　　）
9		特定国際種事業届出番号（　　　　） 施設の設置日（　年　月　日） 施設の廃止日（　年　月　日）	〒	電話番号（　　） Eメール（　　）
10		特定国際種事業届出番号（　　　　） 施設の設置日（　年　月　日） 施設の廃止日（　年　月　日）	〒	電話番号（　　） Eメール（　　）
11		特定国際種事業届出番号（　　　　） 施設の設置日（　年　月　日） 施設の廃止日（　年　月　日）	〒	電話番号（　　） Eメール（　　）
12		特定国際種事業届出番号（　　　　） 施設の設置日（　年　月　日） 施設の廃止日（　年　月　日）	〒	電話番号（　　） Eメール（　　）
13		特定国際種事業届出番号（　　　　） 施設の設置日（　年　月　日） 施設の廃止日（　年　月　日）	〒	電話番号（　　） Eメール（　　）

注1　用紙の大きさは日本工業規格A4とすること。
　2　上記で書ききれない場合は、適宜欄を追加し記載すること。
　3　「特定国際種事業届出番号」は、2018年5月31日までにぞう科の牙及びその加工品で特定国際種事業の届出をしていた場合のみ、記載すること。届出がない場合は記載不要。
　4　「連絡先のEメール」欄は、Eメールを持たない場合は「なし」と記載のこと。

様式第42別紙2

特別国際種事業登録（更新）申請書　在庫量

特別指定器官等の譲渡し又は引渡しの業務を行うための施設の名称

年　月　日現在

（象牙カットピース・端材等）

印章	印材等
製品名	寸法	数量	製品名	寸法	数量

kg

（象牙製品のうち印章以外）

調度品	文房具	食事用具	日用雑貨
製品名	数量	製品名	数量	製品名	数量	製品名	数量
置物	個	ペーパーナイフ	本	箸	膳	靴べら	本
根付	個	算盤	個	楊枝	本	印鑑ケース	個
印鑑	個	万年筆	本	楊置き	個	耳かき	本
楽爪	個	ナイフ	本	ナイフ	本		
髪飾	個	フォーク	本	フォーク	本		
掛け軸（軸先）	本						

（象牙製品のうち印章以外）

装身具	喫煙具	娯楽用具	室内娯楽用具
製品名	数量	製品名	数量	製品名（念珠）	数量	製品名	数量
ネックレス	本	パイプ	個	数珠玉	連	麻雀パイ	個
イアリング	個	ライター	個	誦経玉	個	ビリヤード玉	個
ブローチ	個	煙草入れ	個	念珠玉	個		
玉	個						
ルーブティ	個						
ペンダント	個						

その他
製品名	数量

※1　施設が複数ある場合は、施設毎に書類を用意し、記載してください。
※2　製品の一部に象牙を使用している場合はその旨製品名の欄に記載してください。

絶滅のおそれのある野生動植物の種の保存に関する法律の事務に係る様式について

様式第43

特別国際種事業登録（更新）誓約書

年　月　日

環境大臣　殿
経済産業大臣　殿

住　所　〒

氏名又は名称（記名押印又は署名）

代表者の氏名（記名押印又は署名）

（法人の場合）
当法人、当法人の特別国際種事業の業務を行う役員及び私の法定代理人（私が未成年被後見人若しくは被保佐人である場合に限る。）は、絶滅のおそれのある野生動植物の種の保存に関する法律第33条の6第9項各号のいずれにも該当しないことを誓約します。
なお、当法人の特別国際種事業の業務を行う役員は様式第43別紙のとおりです。

（個人の場合）
私及び私の法定代理人（私が未成年被後見人若しくは被保佐人である場合に限る。）は、絶滅のおそれのある野生動植物の種の保存に関する法律第33条の6第9項各号のいずれにも該当しないことを誓約します。

様式第43別紙

特別国際種事業登録（更新）誓約書に係る役員

当法人の特別国際種事業の業務を行う役員は全部で　　名であって、以下のとおりです。

年　月　日

No	役員の氏名	役員の職	当該役員の押印又は署名
1			
2			
3			
4			
5			
6			
7			
8			
9			
10			

注1　用紙の大きさは日本工業規格Ａ４とすること。
2　書ききれない場合は、別紙の書類に、上記と同じ事項を記載の上、提出すること。
3　誓約は、法人の代表者及び特別国際種事業の業務を行う役員のみで構わない。

様式第４４

特別国際種事業登録事項変更届出書

年　月　日

環境大臣　殿
経済産業大臣　殿

住　所　〒

氏名又は名称（記名押印又は署名）
（登録番号　　　　）
代表者の氏名

絶滅のおそれのある野生動植物の種の保存に関する法律第３３条の６第１項の規定に基づき登録した事項に変更があったので、第３３条の７の規定に基づき、次のとおり届け出ます。

氏名又は名称		（法人番号：　　　　）
代表者の氏名（法人の場合のみ）		
住所		〒
連絡先		電話番号： Ｅメール：
登録年月日		年　月　日
登録番号		
特別特定器官等の譲渡し又は引渡しの業務を行うための施設	名称	
	所在地	〒
特別国際種事業の対象とする特別特定器官等の種別		ぞう科の牙及びその加工品
変更した事項		
変更の年月日		年　月　日
変更の理由		

注１　届出は、変更があった日から３０日以内に行うこと。
２　用紙の大きさは日本工業規格Ａ４とすること。
３　「特別特定器官等の譲渡し又は引渡しの業務を行うための施設」には買取りや製造のみを行う施設も含む。
４　変更した事項が複数あり、かつ上欄に書ききれない場合は、別紙に変更した事項、変更の年月日、変更の理由をそれぞれ記載の上、提出すること。その際の様式は問わない。

様式第４５

特別国際種事業廃止届

年　月　日

環境大臣　殿
経済産業大臣　殿

住　所　〒

氏名又は名称（記名押印又は署名）
（登録番号　　　　）
代表者の氏名

絶滅のおそれのある野生動植物の種の保存に関する法律第３３条の６の規定に基づき登録を受けた特別国際種事業を廃止したので、第３３条の９の規定に基づき、次のとおり届け出ます。

氏名又は名称		（法人番号：　　　　）
代表者の氏名（法人の場合のみ）		
住所		〒
連絡先		電話番号： Ｅメール：
登録年月日		年　月　日
登録番号		
特別特定器官等の譲渡し又は引渡しの業務を行うための施設	名称	
	所在地	〒
特別国際種事業の対象とする特別特定器官等の種別		ぞう科の牙及びその加工品
廃止した年月日		年　月　日
廃止の日に現に有する特別特定器官等	重量	
	処置の方法	

注１　届出は、事業を廃止した日から３０日以内に行うこと。
２　用紙の大きさは日本工業規格Ａ４とすること。
３　複数の施設で業務を行っており、一部施設のみを廃止する場合は、特別国際種事業登録事項変更届出書にてその旨届け出ること。
４　「特別特定器官等の譲渡し又は引渡しの業務を行うための施設」（買取りや製造のみを行う施設も含む）が複数ある場合には全て記載すること。なお、書ききれない場合は、別紙に、施設の名称、所在地、施設毎に廃止の日に現に有する特別特定器官等の重量及び処置の方法を記載の上、提出すること。その際の様式は問わない。

絶滅のおそれのある野生動植物の種の保存に関する法律の事務に係る様式について

様式第46

記載台帳（　　　　）

特別特定器官等の譲渡し又は引渡しの業務を行うための施設の名称

登録番号　　　　　　　　　氏名又は名称

年月日	登録票の番号	管理票の番号	取引先(仕入れ先又は売上げ先)	標章の有無	取引量		特別特定器官等の在庫量（象牙製品等の主な特徴欄に記載）	その他
					譲受け・引取り(仕入)(在庫量増加分)	譲渡し・引渡し(売上)(在庫量減少分)		
					特別特定器官等(数量) (主な特徴)	特別特定器官等(数量) (主な特徴)		

注1　用紙の大きさは、日本工業規格A4とすること。
2　管理票が付されている場合は、管理票の番号欄にその番号を記載すること。
3　業務を行う施設を複数有する場合は、施設毎に本紙を作成し、「特別特定器官等の譲渡し又は引渡しの業務を行うための施設の名称」欄に当該施設の名称を記載すること。
4　取引先欄は、「様式第46別紙1 取引先一覧表」の番号を記載したうえで、材料から製品を製造した場合（自己消費）は「9999」と、売上げ先（譲渡し・引渡し先）が個人（一般消費者）の場合は「9000」と記載すること。
取引先が自社内の当の特別特定器官等の譲渡し、又は引渡しの業務を行うための施設である場合も記載すること。
5　取引量の主な特徴欄及び特別特定器官等の在庫量には「様式第46別紙2 特別特定器官等番号」の番号を記載し、その数量及び在庫量は「別紙第46別紙2 特別特定器官等番号」の単位で記載すること。なお、「kg」の単位の場合は小数点第2位まで記載すること。

様式第46別紙1

特別国際種事業者 取引先一覧表

年　月　日作成

氏名又は名称：
登録番号：
特別特定器官等の譲渡し又は引渡しの業務を行うための施設の名称：

No	取引先の氏名又は名称及び法人にあっては代表者の氏名	取引先の住所	取引先の電話番号	取引先の事業者番号

注1　用紙の大きさは、日本工業規格A4とすること。
2　業務を行う施設を複数有する場合は、施設毎に本紙を作成し、「特別特定器官等の譲渡し又は引渡しの業務を行うための施設の名称」欄に当該施設の名称を記載すること。
3　No6番以降は別途で記載すること。

様式46別紙2　特別国際種事業者　特別特定器官等番号表

商品番号	商品区分	商品名	単位	商品番号	商品区分	商品名	単位
01001	印章	印章	本	09001	茶道具	なつめ	個
02001	装身具	ネックレス	本	09002	茶道具	茶杓	本
02002	装身具	イアリング	個	09003	茶道具	茶筒	個
02003	装身具	ペンダント	個	09004	茶道具	茶入れ	個
02004	装身具	ブローチ	個	09005	茶道具	茶蓋	個
02005	装身具	ブレスレット	個	09099	茶道具	その他	個
02006	装身具	帯留	個	10001	室内娯楽用具	麻雀パイ	個
02007	装身具	ループタイ	個	10099	室内娯楽用具	その他	個
02008	装身具	玉	個	11001	日用雑貨	靴べら	個
02099	装身具	その他	個	11002	日用雑貨	印鑑ケース	個
03001	調度品	置物	点	11003	日用雑貨	耳かき	本
03002	調度品	根付	点	11004	日用雑貨	紐根付	個
03003	調度品	印籠	点	11099	日用雑貨	その他	個
03004	調度品	香炉	点	12001	その他	軸先	個
03099	調度品	その他	点	12099	その他製品	その他製品	個
04099	文房具	文房具	個	13001	原材料	（象）牙先	kg
05099	喫煙具	喫煙具	本	13002	原材料	（象）中切り	kg
06001	仏具	数珠（念珠）	連	13003	原材料	（象）柄又は株	kg
06002	仏具	架裟玉	個	13004	原材料	（象）甲良・甲良三角	kg
06003	仏具	念珠玉	個	13005	原材料	（象）背板	kg
06099	仏具	その他	個	13006	原材料	（象）端材（印）	kg
07001	楽器	撥	丁	13007	原材料	（象）端材（楽）	kg
07002	楽器	糸巻	組	13008	原材料	（象）端材（その他）	kg
07003	楽器	琴柱	面	13009	原材料	（象）半製品	kg
07004	楽器	琴爪	組				
07005	楽器	鍵盤	個				
07006	楽器	駒	枚				
07099	楽器	その他	個				
08001	食卓用具	箸	膳				
08099	食卓用具	その他	個				

絶滅のおそれのある野生動植物の種の保存に関する法律の事務に係る様式について

様式第47

管理票（NO.　-　-　）　　　作成日　　　年　月　日

作成者の情報

氏　名　又　は　名　称	
代表者の氏名（※法人の場合のみ）	
住　　　所	〒
電　話　番　号	
特別特定器官等の譲渡し又は引渡しの業務を行うための施設の名称	
特別特定器官等の譲渡し又は引渡しの業務を行うための施設の所在地	〒
特定国際種事業の届出又は特別国際種事業の登録を行った年月日	

原材料器官又は特別特定器官等の情報

種　　　　別	
重量及び主な特徴	
譲受け等の相手方（作成者に譲渡し又は引渡しをした者）	氏名又は名称（※法人の場合のみ）
	住　　　所　〒
原材料器官又は特別特定器官等の譲受け又は引取りをした年月日（作成者が直接輸入した場合にあっては、その年月日）	

登録票・管理票

譲受けし若しくは引取りをした原材料器官等若しくは登録原材料器官等の番号、又は譲受け若しくは引取りをした特別特定器官等に係る管理票の番号及び当該特別特定器官等に係る管理票の番号（作成者が直接輸入した場合にあっては、輸入貿易管理令に基づく輸入承認番号等）	原材料器官等に係る登録記号番号（　　　）
	特別特定器官等に係る管理票の番号（　　　）
	輸入貿易管理令に基づく輸入承認番号等（　　　）

様式第48

自然環境研究センター理事長　殿

認　定　申　請　書

年　月　日

申請者　住　所　〒
　　　　電　話
　　　　氏　名　　　　　　　　　　印

絶滅のおそれのある野生動植物の種の保存に関する法律第33条の25第1項の規定に基づき、申請者が製造した製品の認定について、次のとおり申請します。

製　品	種　別	
	重　量	（うち象牙の重量）

製品の原材料である原材料器官等	登録記号番号・管理票番号（輸入の場合には、輸入承認番号）（複数になる場合は、別紙に記入）	
	譲受け等の年月日（複数になる場合は、別紙に記入）	

申請者に製品の原材料である原材料器官等又は特別特定器官等を譲渡し又は引渡しをした者	住所	
	氏名	

注1　申請者及び申請者に製品の原材料である原材料器官等又は特別特定器官等を譲渡し又は引渡しをした者が法人である場合には、その氏名名称には、法人の名称及び代表者の氏名を記載すること。
2　製品の原材料である原材料器官等又は特別特定器官等を使用した場合には、その種類にも記載すること。複数の種類のものを使用した場合には、その種類にも記載すること。
3　管理票番号を記載する場合には、原材料器官等に係る登録記号番号又は在庫の特別特定器官等の管理番号等に係る管理票の番号（作成者が直接輸入した場合には、輸入貿易管理令に基づく輸入承認番号等）を併せて記載すること。

III 資料編　3 通知その他　＜総論＞

様式第49－1　　（37条4項1号）

生息地等保護区管理地区内工作物の新（改、増）築許可申請書

　　　　　　　　　　　　　　　　　　　　　　　　　　　　　　　　　　年　月　日

地方環境事務所長　殿

申　請　者
　　　　　　　　　　住　所〒
　　　　　　　　　　電　話
　　　　　　　　　　氏　名　（記名押印又は署名）

　絶滅のおそれのある野生動植物の種の保存に関する法律第37条第5項の規定に基づき、（　）管理地区内における行為の許可について、次のとおり申請します。
生息地・生育地保護区（　　　　　　　　　　　　　　　　　　　　　　　　　　　　　　　　　　　）

目　　　的	
場　　　所	都道府県、市郡、町村、大字、地番（地先）
行為地及びその付近の状況	
施行方法	工作物の種類
	敷地面積
	規　　模
	構　　造
	主要材料
	関連行為の概要
	影響軽減の方法
予　定　日	着　　手
	完　　了
備　　　考	

【添付図面】
1. 縮尺1:50,000以上の地形図
2. 縮尺1:5,000以上の概況図及び天然色写真
3. 行為の施行方法を明らかにした縮尺1:1,000以上の平面図、立面図、断面図、構造図

【注】
1. 申請者が法人であるときは、その名称、主たる事務所の所在地、代表者氏名（記名押印又は代表者の署名）を記入すること。
2. 「目的」欄には、当該工作物を設ける目的及びその必要性を具体的に記入すること。
3. 「行為地及びその付近の状況」欄には、地形、植生等の状況を記入すること。なお、詳細については、添付図面に表示すること。
4. 「関連行為の概要」欄には、支障木の伐採、残土処理、工事用道路工事用工作物当該行為に伴う行為の種類及びその施行方法を記入すること。なお、詳細については、添付図面に表示すること。
5. 「影響軽減の方法」欄には、指定区域内の希少野生動植物の生息・生育への影響を軽減するための方法を記入すること。なお、詳細については、添付図面に表示すること。
6. 「備考」欄には、他の法令の規定により、当該行為が許可、認可等の処分又は届出を必要とするものであるときは、その手続の進捗状況を記入すること。
7. 用紙の大きさは、日本工業規格A4とすること。

様式第49－2　　　（37条4項2号）

生息地等保護区管理地区内宅地造成・土地の開墾・その他土地の形質の変更許可申請書

　　　　　　　　　　　　　　　　　　　　　　　　　　　　　　　　　年　月　日

地方環境事務所長　殿

申　請　者
　　　　　　　　　　住　所〒
　　　　　　　　　　電　話
　　　　　　　　　　氏　名　（記名押印又は署名）

　絶滅のおそれのある野生動植物の種の保存に関する法律第37条第5項の規定に基づき、（　）管理地区内における行為の許可について、次のとおり申請します。
生息地・生育地保護区（　　　　　　　　　　　　　　　　　　　　　　　　　　　　　　　　　　　）

目　　　的	
場　　　所	都道府県、市郡、町村、大字、地番（地先）
行為地及びその付近の状況	
施行方法	変更する面積
	工事の方法
	関連行為の概要
	影響軽減の方法
予　定　日	着　　手
	完　　了
備　　　考	

【添付図面】
1. 縮尺1:50,000以上の地形図
2. 縮尺1:5,000以上の概況図及び天然色写真
3. 行為の施行方法を明らかにした縮尺1:1,000以上の平面図、断面図

【注】
1. 申請者が法人であるときは、その名称、主たる事務所の所在地、代表者氏名（記名押印又は代表者の署名）を記入すること。
2. 「目的」欄には、当該行為の目的及びその必要性を具体的に記入すること。
3. 「行為地及びその付近の状況」欄には、地形、植生等の状況を記入すること。なお、詳細については、添付図面に表示すること。
4. 「関連行為の概要」欄には、支障木の伐採、残土処理等当該行為に伴う行為の種類及びその施行方法を記入すること。なお、詳細については、添付図面に表示すること。
5. 「影響軽減の方法」欄には、指定区域内の希少野生動植物の生息・生育への影響を軽減するための方法を記入すること。なお、詳細については、添付図面に表示すること。
6. 「備考」欄には、他の法令の規定により、当該行為が許可、認可等の処分又は届出を必要とするものであるときは、その手続の進捗状況を記入すること。
7. 用紙の大きさは、日本工業規格A4とすること。

絶滅のおそれのある野生動植物の種の保存に関する法律の事務に係る様式について

III 資料編　3 通知その他　<総論>

絶滅のおそれのある野生動植物の種の保存に関する法律の事務に係る様式について

III 資料編　3 通知その他　<総論>

様式第49-9　　　　　　　　　　　　　　　　　　　　　　　　　　　　　　　（37条4項9号）

生息地等保護区管理地区内車馬（動力船・航空機）の使用（着陸）許可申請書

年　月　日

地方環境事務所長　殿

申請者
住所〒
電話
氏　名　（記名押印又は署名）

絶滅のおそれのある野生動植物の種の保存に関する法律第37条第5項の規定に基づき、（　　　　　）生息地・生育地保護区（　　　　）管理地区内における行為の許可について、次のとおり申請します。

目　的	
場　所	都道府県、市郡、町村、大字、地番（地先）
行為地及びその付近の状況	
車馬（動力船・航空機）の種類及び数	
使用（着陸）の範囲及び面積	
使用（着陸）方法	
予定期日	着手 完了
備考	

添付図面
1. 縮尺1:50,000以上の地形図
2. 縮尺1:5,000以上の概況図及び天然色写真
3. 行為の施行方法を明らかにした縮尺1:1,000以上の平面図

注意
1. 申請者が法人である場合には、その住所、氏名には、主たる事務所の所在地、名称、代表者氏名（記名押印又は代表者の署名）を記載すること。
2. 「目的」欄には、当該行為を行う目的及びその必要性を具体的に記入すること。
3. 「行為地及びその付近の状況」欄には、地形、植生等の状況を記入すること。なお、詳細については、添付図面に表示すること。
4. 「関連行為の概要」欄には、当該行為に伴う行為の概要を時速50kmで1日2回1週当たり、という行為時間内での活動状況、頻度等を記入すること。
5. 「影響軽減の方法」欄には、指定に係る国内希少野生動植物の保全のための配慮事項について、添付図面に表示すること。
6. 「備考」欄には、他の法令の規定により、当該行為が行政庁の許可、認可その他の処分又は届出を必要とするものであるときは、その手続きの進捗状況を記入すること。
7. 用紙の大きさは、日本工業規格A4とすること。

様式第49-10　　　　　　　　　　　　　　　　　　　　　　　　　　　　　　（37条4項10号）

生息地等保護区管理地区内野生動植物種等（指定野生動植物の種類等を除く）の捕獲等許可申請書

年　月　日

地方環境事務所長　殿

申請者
住所〒
電話
氏　名　（記名押印又は署名）

絶滅のおそれのある野生動植物の種の保存に関する法律第37条第5項の規定に基づき、（　　　　　）生息地・生育地保護区（　　　　）管理地区内における行為の許可について、次のとおり申請します。

目　的	
場　所	都道府県、市郡、町村、大字、地番（地先）
行為地及びその付近の状況	
施行方法	捕獲等をする物の種類
	捕獲等の方法
	数量
	関連行為の概要
	影響軽減の方法
予定期日	着手 完了
備考	

添付図面
1. 縮尺1:50,000以上の地形図
2. 縮尺1:5,000以上の概況図及び天然色写真
3. 行為の施行方法を明らかにした縮尺1:1,000以上の平面図

注意
1. 申請者が法人である場合には、その住所、氏名には、主たる事務所の所在地、名称、代表者氏名（記名押印又は代表者の署名）を記載すること。
2. 「目的」欄には、当該行為を行う目的及びその必要性を具体的に記入すること。
3. 「行為地及びその付近の状況」欄には、地形、植生等の状況を記入すること。なお、詳細については、添付図面に表示すること。
4. 「関連行為の概要」欄には、捕獲等に伴う行為の概要を記入すること。なお、詳細については、添付図面に表示すること。
5. 「影響軽減の方法」欄には、指定に係る国内希少野生動植物の保全のための配慮事項について、添付図面に表示すること。
6. 「備考」欄には、他の法令の規定により、当該行為が行政庁の許可、認可その他の処分又は届出を必要とするものであるときは、その手続きの進捗状況を記入すること。
7. 用紙の大きさは、日本工業規格A4とすること。

絶滅のおそれのある野生動植物の種の保存に関する法律の事務に係る様式について

様式第49－11 （37条4項11号）

生息地等保護区管理地区内指定動植物の捕込み等に係る許可申請書

地方環境事務所長　殿

申請者
住所〒
電話
氏名（記名押印又は署名）

年　月　日

絶滅のおそれのある野生動植物の種の保存に関する法律第37条第5項の規定に基づき、（　　　）管理地区内における行為の許可について、次のとおり申請します。（生息地・生育保護区（　　　））

目　的	
場　所	都道府県、市郡、町村、大字、地番（地先）
行為地及びその付近の状況	
施行方法	捕込み等を行う物の種類
	数量
	捕込み等の方法
	関連行為の概要
	影響軽減の方法
予定月日	着手　　　了
備考	

【添付図面】
1．縮尺1：50,000以上の地形図
2．縮尺1：5,000以上の概況図及び天然色写真
3．行為の施行方法を明らかにした縮尺1：1,000以上の平面図

【注】
1．申請者が法人である場合には、その住所、氏名については、主たる事務所の所在地、名称、代表者氏名（記名押印又は署名の者）を記載すること。
2．「目的」欄には、当該行為を行う目的及びその必要性を具体的に記入すること。
3．行為地及びその付近の状況」欄には、地形、植生、構造物の状況等を記入すること。なお、詳細については、添付図面に表示すること。
4．「捕込み等の方法」欄には、期間、頻度、捕獲の別を記載すること。
5．「関連行為の概要」欄には、捕込み等行為の経緯を記入すること。
6．「影響軽減の方法」欄には、その方法を記入すること。なお、添付図面に表示すること。
7．「備考」欄には、他の法令の規定による、当該行為が行政庁の許可、認可その他の処分又は届出を必要とするものであるときは、その手続きの進捗状況を記入すること。
8．用紙の大きさは、日本工業規格A4とすること。

様式第49－12 （37条4項12号）

生息地等保護区管理地区内指定動植物の散布許可申請書

地方環境事務所長　殿

申請者
住所〒
電話
氏名（記名押印又は署名）

年　月　日

絶滅のおそれのある野生動植物の種の保存に関する法律第37条第5項の規定に基づき、（　　　）管理地区内における行為の許可について、次のとおり申請します。（生息地・生育保護区（　　　））

目　的	
場　所	都道府県、市郡、町村、大字、地番（地先）
行為地及びその付近の状況	
施行方法	散布をする物の種類
	数量
	散布の方法
	関連行為の概要
	影響軽減の方法
予定月日	着手　　　了
備考	

【添付図面】
1．縮尺1：50,000以上の地形図
2．縮尺1：5,000以上の概況図及び天然色写真
3．行為の施行方法を明らかにした縮尺1：1,000以上の平面図

【注】
1．申請者が法人である場合には、その住所、氏名については、主たる事務所の所在地、名称、代表者氏名（記名押印又は署名の者）を記載すること。
2．「目的」欄には、当該行為を行う目的及びその必要性を具体的に記入すること。
3．「行為地及びその付近の状況」欄には、地形、植生、構造物の状況等を記入すること。なお、詳細については、添付図面に表示すること。
4．「散布の方法」欄には、散布行為の概要を記載すること。
5．「関連行為の概要」欄には、散布行為の経緯を記入すること。
6．「影響軽減の方法」欄には、その方法を記入すること。なお、添付図面に表示すること。
7．「備考」欄には、他の法令の規定による、当該行為が行政庁の許可、認可その他の処分又は届出を必要とするものであるときは、その手続きの進捗状況を記入すること。
8．用紙の大きさは、日本工業規格A4とすること。

III 資料編 3 通知その他 ＜総論＞

様式第49-13 （37条4項13号）

生息地等保護区管理地区内捕獲・たまふ又は採取の許可申請書

　　　　　　　　　　　　　　　　　　　　　　　　　　　年　月　日

地方環境事務所長　殿

申　請　者
住　　所
電　　話
氏　　名　（記名押印又は署名）

絶滅のおそれのある野生動植物の種の保存に関する法律第37条第5項の規定に基づき、（　　）管理地区内における行為の許可について、次のとおり申請します。
生息・生育地保護区（　　）

目　　　的	
場　　　所	都道府県、市郡、町村、大字、地番（地先）
行為地及びその付近の状況	
施行方法	火入れ（たき火）の及ぶ面積
	関連行為の概要
	影響軽減の方法
予　定　日　時	
備　　　考	

【添付図面】
1. 縮尺1:50,000以上の地形図
2. 縮尺1:5,000以上の概況図及び天然色写真
3. 行為の施行方法を明らかにした縮尺1:1,000以上の平面図

【注　意】
1. 申請者が法人である場合には、その住所、氏名については、主たる事務所の所在地、名称、代表者氏名（記名押印又は代表者の署名）を記載すること。
2. 「目的」欄には、当該行為を行う目的及びその必要性を具体的に記入すること。
3. 「行為地及びその付近の状況」欄には、地形、植生等の状況を記入すること。なお、詳細については、添付図面に表示すること。
4. 「関連行為の概要」欄には、複数の行為の概要を記入すること。なお、詳細については、添付図面に表示すること。
5. 「影響軽減の方法」欄には、指定に係る野生動植物の個体の生息・生育に係る該行為の影響を軽減するための方法を記載すること。なお、詳細については、添付図面に表示すること。
6. 「備考」欄には、他の法令の規定により、当該行為が行政庁の許可、認可その他の処分又は届出を必要とするものであるときは、その手続きの連絡状況を記入すること。
7. 用紙の大きさは、日本工業規格A4とすること。

様式第49-14 （37条4項14号）

生息地等保護区管理地区内指定方法による捕獲等許可申請書

　　　　　　　　　　　　　　　　　　　　　　　　　　　年　月　日

地方環境事務所長　殿

申　請　者
住　　所
電　　話
氏　　名　（記名押印又は署名）

絶滅のおそれのある野生動植物の種の保存に関する法律第37条第5項の規定に基づき、（　　）管理地区内における行為の許可について、次のとおり申請します。
生息・生育地保護区（　　）

目　　　的	
場　　　所	都道府県、市郡、町村、大字、地番（地先）
行為地及びその付近の状況	
施行方法	概要の方法
	関連行為の概要
	影響軽減の方法
予　定　日　時	
備　　　考	

【添付図面】
1. 縮尺1:50,000以上の地形図
2. 縮尺1:5,000以上の概況図及び天然色写真
3. 行為の施行方法を明らかにした縮尺1:1,000以上の平面図

【注　意】
1. 申請者が法人である場合には、その住所、氏名については、主たる事務所の所在地、名称、代表者氏名（記名押印又は代表者の署名）を記載すること。
2. 「目的」欄には、当該行為を行う目的及びその必要性を具体的に記入すること。
3. 「行為地及びその付近の状況」欄には、地形、植生等の状況を記入すること。なお、詳細については、添付図面に表示すること。
4. 「関連行為の概要」欄には、複数の行為の概要を記入すること。なお、詳細については、添付図面に表示すること。
5. 「影響軽減の方法」欄には、指定に係る国内希少野生動植物の個体の生息・生育に係る該行為の影響を軽減するための方法を記載すること。なお、詳細については、添付図面に表示すること。
6. 「備考」欄には、他の法令の規定により、当該行為が行政庁の許可、認可その他の処分又は届出を必要とするものであるときは、その手続きの連絡状況を記入すること。
7. 用紙の大きさは、日本工業規格A4とすること。

絶滅のおそれのある野生動植物の種の保存に関する法律の事務に係る様式について

様式第50

生息地等保護区管理地区内既着手行為届出書

年　月　日

地方環境事務所長　　殿

届　出　者

住　所〒

電　話

氏　名（記名押印又は署名）

　絶滅のおそれのある野生動植物の種の保存に関する法律第37条第8項の規定に基づき、（　　　　）生息地・生育地保護区（　　　　）管理地区が指定された際、行為に着手していたので、次のとおり届けます。

【注　　意】
届出事項及び添付図面については、それぞれの行為につき、様式第49－1から第49－14までに準ずること。
ただし、「予定日」のうち「着手」欄については、実際に着手した日を記入すること。

様式第51

生息地等保護区管理地区内非常災害応急措置届出書

年　月　日

地方環境事務所長　　殿

届　出　者

住　所〒

電　話

氏　名（記名押印又は署名）

　絶滅のおそれのある野生動植物の種の保存に関する法律第37条第10項の規定に基づき、（　　　　）生息地・生育地保護区（　　　　）管理地区内において非常災害のために必要な応急措置をしたので、次のとおり届けます。

【備　　考】
届出事項及び添付図面については、それぞれの行為につき、様式第49－1から第49－14までに準ずること。
ただし、「予定日」のうち「着手」欄については、実際に着手した日を記入すること。

様式第52

生息地等保護区管理地区内行為協議書

　　　　　　　　　　　　　　　　　　　　　　　　　　　年　月　日

　地方環境事務所長　　殿

　　　　　　　　　　　　　　　　　　　大　　臣
　　　　　　　　　　　　　　　　　　（都道府県知事）
　　　　　　　　　　　　　　　　　　（市町村長）

　絶滅のおそれのある野生動植物の種の保存に関する法律第54条第2項の規定に基づき、（　　　　）生息地・生育地保護区（　　　　）管理地区内における行為について、次のとおり協議します。

［担当］

　　電話
　　FAX
　　E-mail

【注　意】
　協議事項及び添付図面については、それぞれの行為につき、様式第49-1から第49-14までに準ずること。

様式第53

生息地等保護区管理地区内既着手行為通知書

　　　　　　　　　　　　　　　　　　　　　　　　　　　年　月　日

　地方環境事務所長　　殿

　　　　　　　　　　　　　　　　　　　大　　臣
　　　　　　　　　　　　　　　　　　（都道府県知事）
　　　　　　　　　　　　　　　　　　（市町村長）

　絶滅のおそれのある野生動植物の種の保存に関する法律第54条第3項の規定に基づき、（　　　　）生息地・生育地保護区（　　　　）管理地区が指定された際、行為に着手していたので、次のとおり通知します。

［担当］

　　電話
　　FAX
　　E-mail

【注　意】
　通知事項及び添付図面については、それぞれの行為につき、様式第49-1から第49-14までに準ずること。
　ただし、「予定日」のうち「着手」欄については、実際に着手した日を記入すること。

様式第54

生息地等保護区管理地区内非常災害応急措置通知書

年　月　日

地方環境事務所長　殿

大　　臣
（都道府県知事）
（市町村長）

絶滅のおそれのある野生動植物の種の保存に関する法律第54条第3項の規定に基づき、（　　　）生息地・生育地保護区（　　　）管理地区内において非常災害のために必要な応急措置をしたので、次のとおり通知します。

［担当］
電話
ＦＡＸ
E-mail

【備　考】
通知事項及び添付図面については、それぞれの行為につき、様式第49－1から第49－14までに準ずること。
ただし、「予定日」のうち「着手」欄については、実際に着手した日を記入すること。

III 資料編　3 通知その他　＜総論＞

様式第55－1

生息地等保護区管理地区内動植物の捕獲・土石の採取等通知書

　　　　　　　　　　　　　　　　　　　　　　　　　　　　年　　月　　日

地方環境事務所長　殿
　　　　　　　　　　　　　　　　　　　　　　大
　　　　　　　　　　　　　　　　　　　　　　（都道府県知事）
　　　　　　　　　　　　　　　　　　　　　　（市町村長）　　印

　絶滅のおそれのある野生動植物の種の保存に関する法律第50条第1項第2号の規定に基づき、（　　　　）生息地・生育地保護区（　　　　　　　）管理地区内における行為について、次のとおり通知します。

目　的	
場　所	都道府県、市郡、町村、大字、地番（地先）
行為地及びその付近の状況	
施行方法	鉱物（土石）種類
	採掘（採取）量
	採掘（採取）設備
	土地形状の変更面積
	関連行為の概要
	影響軽減の方法
予定日　時	着手　　　　　　　　　　完了
備　考	

［担当］
　　電話
　　ＦＡＸ
　　E-mail

【添付図面】
1．縮尺1：5,000以上の地形図
2．縮尺1：5,000以上の概況図及び天然色写真
3．行為の施行方法を明らかにした縮尺1：1,000以上の平面図、断面図

【注　意】
1．「目的」欄には、当該行為を行う目的及びそのに必要性を具体的に記入すること。
2．「行為地及びその付近の状況」欄には、地形、植生等の状況を記入すること。なお、詳細については、添付図面に表示すること。
3．「施行方法」欄は、工事施工作業等当該行為に伴う植物の伐採、生育への影響の有無を記入すること。なお、詳細については、添付図面に表示すること。
4．「関連行為の概要」欄は、指定区域内の希少野生動植物の生息、生育への当該行為の影響を軽減するための方法を記入すること。なお、詳細については、当該図面に表示すること。
5．「備考」欄には、他の法令の規定により、当該行為が行政庁の許可、認可等の処分又は届出を必要とするものであるときは、その手続状況を記入すること。
6．用紙の大きさは、日本工業規格A4とすること。

様式第55－2

生息地等保護区管理地区内車馬（動力船・航空機）の使用（営繕）通知書

　　　　　　　　　　　　　　　　　　　　　　　　　　　　年　　月　　日

地方環境事務所長　殿
　　　　　　　　　　　　　　　　　　　　　　大
　　　　　　　　　　　　　　　　　　　　　　（都道府県知事）
　　　　　　　　　　　　　　　　　　　　　　（市町村長）　　印

　絶滅のおそれのある野生動植物の種の保存に関する法律第50条第1項第2号ハ（4）の規定に基づき、（　　　　）生息地・生育地保護区（　　　　　　　）管理地区内における行為について、次のとおり通知します。

目　的	
場　所	都道府県、市郡、町村、大字、地番（地先）
行為地及びその付近の状況	
車馬（動力船・航空機）の種類及び手数	
使用（営繕）の範囲及び面積	
使用（営繕）方法	
予定日　時	着手　　　　　　　　　　完了
備　考	

［担当］
　　電話
　　ＦＡＸ
　　E-mail

【添付図面】
1．縮尺1：50,000以上の地形図
2．縮尺1：5,000以上の概況図及び天然色写真
3．行為の施行方法を明らかにした縮尺1：1,000以上の平面図

【注　意】
1．「目的」欄には、当該行為を行う目的及びそのに必要性を具体的に記入すること。
2．「行為地及びその付近の状況」欄には、例えば、自動車を時速50kmで1日2回通るとき、といった行為地内の状況を記入すること。なお、詳細については、添付図面に表示すること。
3．「使用（営繕）の方法」欄には、指定区域内の希少野生動植物の生息、生育への当該行為の影響を軽減するための方法を記入すること。なお、詳細については、添付図面に表示すること。
4．「備考」欄には、他の法令の規定により、当該行為が行政庁の許可、認可等の処分又は届出を必要とするものであるときは、その手続状況を連絡状況を記入すること。
5．用紙の大きさは、日本工業規格A4とすること。

絶滅のおそれのある野生動植物の種の保存に関する法律の事務に係る様式について

様式第56

生息地等保護区管理地区内立入制限地区内立入許可申請書

年　月　日

地方環境事務所長　殿

申　請　者
　　　　　　　住　所　〒
　　　　　　　電　話
　　　　　　　氏　名　(記名押印又は署名)

絶滅のおそれのある野生動植物の種の保存に関する法律第38条第3号の規定に基づき、（　　　）生息地・生息地保護区（　　　）管理地区立入制限地区内における立入りの許可について、次のとおり申請します。

目　　　的	
立入制限地区の 位置及び名称	都道府県、市郡、町村、大字、地番（地先）
立　入　者　の　数	
立　入　り　の　方　法	
立入り開始予定日	
立　入　予　定　期　間	年　月　日から　年　月　日までの間

【添付図面】
1. 位置図
2. 立入る道路、範囲その他の立入りの方法を明らかにした図面

【注　意】
1. 申請者が法人である場合には、その住所、氏名については、主たる事務所の所在地、名称、代表者氏名（記名押印又は代表者の署名）を記載すること
2. 「目的」欄には、当該立入りの目的となる行為を記入すること
3. 用紙の大きさは、日本工業規格A4とすること。

様式第57

生息地等保護区管理地区内立入制限地区内立入協議書

年　月　日

地方環境事務所長　殿

大　　　　　　臣
（都道府県知事）
（市町村長）

絶滅のおそれのある野生動植物の種の保存に関する法律第54条第2項の規定に基づき、（　　　）生息地・生息地保護区（　　　）管理地区立入制限地区内における立入りについて、次のとおり協議します。

目　　　的	
立入制限地区の 位置及び名称	都道府県、市郡、町村、大字、地番（地先）
立　入　者　の　数	
立　入　り　の　方　法	
立入り開始予定日	
立　入　予　定　期　間	年　月　日から　年　月　日までの間

（担当）
電話
FAX
E-mail

【添付図面】
1. 位置図
2. 立入る道路、範囲その他の立入りの方法を明らかにした図面

【注　意】
1. 「目的」欄には、当該立入りの目的となる行為を記入すること
2. 用紙の大きさは、日本工業規格A4とすること。

様式５８

生息地等保護区管理地区内立入制限地区内立入通知書

年　月　日

地方環境事務所長　殿

大
（都道府県知事）
（市町村長）　印

絶滅のおそれのある野生動植物の種の保存に関する法律施行規則第５０条第１項第３号への規定に基づき、生息地・生育地保護区（　　　）管理地区立入制限地区内における立入りについて、次のとおり通知します。

目　　　的	
立入制限地区の位置及び名称	都道府県、市郡、町村、大字、地番（地先）
立入者の数	
立入りの方法	
立入開始予定日	
立入り予定期間	年　月　日から　年　月　日までの間

[担当]
電話
ＦＡＸ
Ｅ-mail

【添付図面】
1. 立入る位置図
2. 立入る道路、範囲その他の立入りの方法を明らかにした図面

【注意】
用紙の大きさは、日本工業規格Ａ４とすること。

様式５９－１

生息地等保護区監視地区内工作物の新（改、増）築届出書

年　月　日

地方環境事務所長　殿

届出者
住　所〒
電　話
氏　名（記名押印又は署名）　　　　　　　　）

絶滅のおそれのある野生動植物の種の保存に関する法律第３９条第１項の規定に基づき、生息地・生育地保護区（　　　）監視地区内における行為について、次のとおり届けます。

目　　　的	
場　　　所	都道府県、市郡、町村、大字、地番（地先）
行為地及びその付近の状況	
工作物の種類	
敷地面積	
規模	
構造	
主要材料	
関連行為の概要	
影響軽減の方法	
完了予定日	
備　　　考	

【添付図面】
1. 縮尺１:50,000以上の地形図
2. 縮尺１:5,000以上の概況図及び天然色写真
3. 行為の施行方法を明らかにした縮尺１:1,000以上の平面図、立面図、断面図、構造図

【注】
1. 届出者が法人である場合には、その住所、氏名については、主たる事務所の所在地、名称、代表者氏名（記名押印又は代表者の署名）を記載すること。
2. 「目的」欄には、当該工作物を設ける目的及びその必要性を具体的に記入すること。
3. 「工作物の種類」欄には、建築物、鉄塔等の別を記入すること。なお、種類等の状況を記入すること。詳細については、添
　付図面に表示すること。
4. 「関連行為の概要」欄には、支障となる土地の形状の変更、鉱業権、工事用又は工作物等維持行為に伴う行為の種類及び
　期間等を記入すること。なお、詳細については、添付図面に表示すること。
5. 「影響軽減の方法」欄には、指定に係る国内希少野生動植物種の個体の生息・生育への当該行為の影響及び
　軽減するための方法を記載すること。また、詳細については添付図面に表示すること。
6. 「備考」欄には、他の法令の規定により、当該行為が行政庁の許可、認可等の処分又は届出を必要と
　するものであるときは、その手続きの進捗状況を記入すること。

絶滅のおそれのある野生動植物の種の保存に関する法律の事務に係る様式について

様式第59-2 生息地等保護区監視地区内宅地造成・土地の開墾・その他土地形質の変更届出書

地方環境事務所長　殿

　　　　　　　　　　　　　　　　　　　　　年　月　日

　　　　　　　　　届出者
　　　　　　　　　住　所　〒
　　　　　　　　　電　話
　　　　　　　　　氏　名　　　　　　　　　（記名押印又は署名）

絶滅のおそれのある野生動植物の種の保存に関する法律第39条第1項の規定に基づき、（　　　）監視地区内における行為について、次のとおり届け出ます。
生息・生育地保護区（　　　　　　　　　　　）

目　　的	
場　　所	都道府県、市郡、町村、大字、地番（地先）
行為地及びその付近の状況	
施行方法	変更する面積
	工事の方法
	関連行為の概要
	影響軽減の方法
完了予定日	
備　　考	

【添付図面】
1．縮尺1：50,000以上の地形図
2．縮尺1：5,000以上の概況図及び天然色写真
3．行為の施行方法を明らかにした縮尺1：1,000以上の平面図、断面図

【注意】
1．届出者が法人である場合には、その住所、氏名については、主たる事務所の所在地、名称、代表者氏名（記名押印又は代表者の署名）を記載すること。
2．「目的」欄には、当該行為を行う目的及びその必要性を具体的に記入すること。
3．「行為地及びその付近の状況」欄には、地形、植生等の状況を記入すること。なお、詳細については、添付図面に表示すること。
4．「関連行為の概要」欄には、支障木の伐採、工事用仮設工作物等当該行為に伴う行為の種類及びその施行方法を記入すること。なお、詳細については、添付図面に表示すること。
5．「影響軽減の方法」欄には、指定国内希少野生動植物の個体の生息、生育への影響を軽減するために、指定に係る行為の方法及び措置について、添付図面に表示すること。
6．「備考」欄には、他の法令の規定により、当該行為が行政庁の許可、認可その他の処分又は届出を必要とするものであるときは、その手続の連絡状況を記入すること。

様式第59-3 生息地等保護区監視地区内鉱物の採掘・土石の採取届出書

地方環境事務所長　殿

　　　　　　　　　　　　　　　　　　　　　年　月　日

　　　　　　　　　届出者
　　　　　　　　　住　所　〒
　　　　　　　　　電　話
　　　　　　　　　氏　名　　　　　　　　　（記名押印又は署名）

絶滅のおそれのある野生動植物の種の保存に関する法律第39条第1項の規定に基づき、（　　　）監視地区内における行為について、次のとおり届け出ます。
生息・生育地保護区（　　　　　　　　　　　）

目　　的	
場　　所	都道府県、市郡、町村、大字、地番（地先）
行為地及びその付近の状況	
施行方法	鉱物（土石）種類
	採掘（採取）量
	採掘（採取）設備
	土地形状の変更面積
	関連行為の概要
	影響軽減の方法
完了予定日	
備　　考	

【添付図面】
1．縮尺1：50,000以上の地形図
2．縮尺1：5,000以上の概況図及び天然色写真
3．行為の施行方法を明らかにした縮尺1：1,000以上の平面図、断面図

【注意】
1．届出者が法人である場合には、その住所、氏名については、主たる事務所の所在地、名称、代表者氏名（記名押印又は代表者の署名）を記載すること。
2．「目的」欄には、当該行為を行う目的及びその必要性を具体的に記入すること。
3．「行為地及びその付近の状況」欄には、地形、植生等の状況を記入すること。なお、詳細については、添付図面に表示すること。
4．「関連行為の概要」欄には、支障木の伐採、工事用仮設工作物等当該行為に伴う行為の種類及びその施行方法を記入すること。なお、詳細については、添付図面に表示すること。
5．「影響軽減の方法」欄には、指定国内希少野生動植物の個体の生息、生育への影響を軽減するために、指定に係る行為の方法及び措置について、添付図面に表示すること。
6．「備考」欄には、他の法令の規定により、当該行為が行政庁の許可、認可その他の処分又は届出を必要とするものであるときは、その手続の連絡状況を記入すること。

III 資料編　3 通知その他　＜総論＞

様式第59－4

生息地等保護区監視地区内木面立（干拓）届出書

　　　　　　　　　　　　　　　　　　　　　　年　月　日

地方環境事務所長　殿

　　　　　　　届 出 者
　　　　　　　　　住　所〒
　　　　　　　　　電　話
　　　　　　　　　氏　名　　　　　　（記名押印又は署名）

絶滅のおそれのある野生動植物の種の保存に関する法律第39条第1項の規定に基づき、（　　）監視地区内における行為について、次のとおり届け出ます。
息・生育地保護区（　　　　）生

目　　的	
場　　所	都道府県、市郡、町村、大字、地番（地先）
行為地及びその付近の状況	
実施方法	埋立（干拓）面積
	工事の方法
	関連行為の概要
	影響軽減の方法
完 了 予 定 日	
備　　考	

【添付図面】
1．縮尺1:50,000以上の地形図
2．縮尺1:5,000以上の概況図及び天然色写真
3．行為の施行方法を明らかにした縮尺1:1,000以上の平面図、断面図

【注】
1．届出者が法人である場合には、その住所、氏名の欄には、主たる事務所の所在地、名称、代表者氏名（記名押印又は代表者の署名）を記載すること。
2．「目的」欄には、当該行為を行う目的及びその必要性を具体的に記入すること。
3．「行為地及びその付近の状況」欄には、地形、植生等の状況を記入すること。なお、詳細については、添付図面に表示すること。
4．「関連行為の概要」欄には、工事用仮工作物等当該行為に伴う付帯行為の種類及び施行方法を記入すること。なお、詳細については、添付図面に表示すること。
5．「影響軽減の方法」欄には、指定に係る国内希少野生動植物種の個体の生息・生育への影響を軽減するための方法を記載すること。なお、詳細については、添付図面に表示すること。
6．「備考」欄には、他の法令の規定により、当該行為が行政庁の許可、認可その他の処分又は届出を必要とするものであるときは、その手続の進捗状況を記入すること。

様式第59－5

生息地等保護区監視地区内木位（水量）に増減を及ぼさせる行為届出書

　　　　　　　　　　　　　　　　　　　　　　年　月　日

地方環境事務所長　殿

　　　　　　　届 出 者
　　　　　　　　　住　所〒
　　　　　　　　　電　話
　　　　　　　　　氏　名　　　　　　（記名押印又は署名）

絶滅のおそれのある野生動植物の種の保存に関する法律第39条第1項の規定に基づき、（　　）監視地区内における行為について、次のとおり届け出ます。
息・生育地保護区（　　　　）生

目　　的	
場　　所	都道府県、市郡、町村、大字、地番（地先）
行為地及びその付近の状況	現在の水位（水量）
	水位（水量）の増減の及ぶ範囲
	水位（水量）の増減の及ぶ期間
実施方法	水位（水量）増減の原因となる行為
	影響軽減の方法
完 了 予 定 日	
備　　考	

【添付図面】
1．縮尺1:50,000以上の地形図
2．縮尺1:5,000以上の概況図及び天然色写真
3．行為の施行方法を明らかにした縮尺1:1,000以上の平面図、断面図

【注】
1．届出者が法人である場合には、その住所、氏名の欄には、主たる事務所の所在地、名称、代表者氏名（記名押印又は代表者の署名）を記載すること。
2．「目的」欄には、当該行為を行う目的及びその必要性を具体的に記入すること。
3．「行為地及びその付近の状況」欄には、地形、植生等の状況を記入すること。なお、詳細については、添付図面に表示すること。
4．「影響軽減の方法」欄には、指定に係る国内希少野生動植物種の個体の生息・生育への影響を軽減するための方法を記載すること。なお、詳細については、添付図面に表示すること。
5．「備考」欄には、他の法令の規定により、当該行為が行政庁の許可、認可その他の処分又は届出を必要とするものであるときは、その手続の進捗状況を記入すること。

絶滅のおそれのある野生動植物の種の保存に関する法律の事務に係る様式について

様式第60　　　　　　　生息地等保護区監視地区内行為通知書

　　　　　　　　　　　　　　　　　　　　　　　年　月　日

地方環境事務所長　殿

　　　　　　　　　　　　　　大臣
　　　　　　　　　　　　（都道府県知事）
　　　　　　　　　　　　（市町村長）
　　　　　　　　　　　住所
　　　　　　　　　　　電話

絶滅のおそれのある野生動植物の種の保存に関する法律第54条第3項の規定に基づき、生息地等保護区（　　　　　　）監視地区内における行為について、次のとおり通知します。
生息地・生育地保護区（　　　　　　）

［担当］
　電話
　FAX
　E-mail

【注意】
通知事項及び添付図面については、それぞれの行為ごとに、様式59－1から第59－5までに準ずること。

様式第61

保護増殖事業確認申請書

　　　　　　　　　　　　　　　平成　　年　　月　　日

環境大臣　殿

　　　　　　　　申請者
　　　　　　　　住所
　　　　　　　　電話
　　　　　　　　氏名　　　　　　　印

絶滅のおそれのある野生動植物の種の保存に関する法律第46条第2項の規定に基づく保護増殖事業の確認について、次のとおり申請します。

保護増殖事業計画の名称及び告示年月日	
保護増殖事業計画	目標
	区域
	内容
	との整合性
	期間
保護増殖事業を開始しようとする年月日	

注1　申請に当たっては、保護増殖事業の事業計画書（様式第63）を添付すること。
　2　「保護増殖事業計画との整合性」の各欄には、保護増殖事業計画と該当部分との関係を記入すること。

様式第62

保護増殖事業認定申請書

平成　年　月　日

環境大臣　殿

申請者
住所
電話
氏名　　　　　印
職業

絶滅のおそれのある野生動植物の種の保存に関する法律第46条第3項の規定に基づき、保護増殖事業の認定について、次のとおり申請します。

保護増殖事業計画との整合性	保護増殖事業計画の名称及び告示年月日	
	目標	
	区域	
	内容	
	期間	
保護増殖事業を開始しようとする年月日	平成　年　月　日	

注1　申請者が法人である場合には、その住所、氏名及び職業については、主たる事務所の所在地、名称、代表者の氏名及び法人の主たる事業を記載すること。
　2　「保護増殖事業計画」の各欄には、保護増殖事業計画（様式第63）及び以下に掲げる書類との整合性を記入すること。
　3　申請に当たっては、保護増殖事業の事業計画書（様式第63）及び以下に掲げる書類を添付すること。
　・申請者の略歴を記載した書類（法人にあっては、現に行っている業務の概要を記載した書類）
　・法人にあっては、定款又は寄付行為、登記事項証明書並びにその役員の氏名及び略歴を記載した書類

様式第63

保護増殖事業計画書

事業の名称	
事業の目標	
事業の内容	
過去3年間の事業実績	
事業に関する費用の総額と主な内訳及び調達方法	
事業の実施期間及び工程	

業を実施する場合にはその旨等	生息地域の状況（当該区域の図面を添付する）事業実施区域及び当該区域の状況を明らかにした図面を添付する		
	事業実施区域の土地所有の関係（自己の土地でない場合には地権者の同意書を添付する）		
	飼育（栽培）繁殖施設の規模・構造	所在地	
		取扱者	住所
			氏名
			職業
		飼育（栽培）繁殖に関する経歴	
	上位計画の有無（存在する場合にはその名称及び概要）	有　無	
	関連する法令の有無（存在する場合にはその名称）	有　無	文化財保護法 鳥獣の保護及び管理並びに狩猟の適正化に関する法律 自然公園法 その他（　　　　）

注1　保護増殖事業計画書には、過去3年間の収支決算書、事業報告書を添付すること。
　2　飼育（栽培）繁殖をしようとする場合にあっては、飼育（栽培）繁殖施設の規模及び構造を明らかにした図面及び写真を貼付すること。

様式第64

保護増殖事業確認・認定内容変更申請書

平成　年　月　日

環境省自然環境局野生生物課
希少種保全推進室長　殿

申請者　住所
　　　　電話
　　　　氏名　　　　　印

絶滅のおそれのある野生動植物の種の保存に関する法律第46条第2項の規定に基づく保護増殖事業の確認又は認定を受けた〇〇保護増殖事業（平成〇年〇月〇日付け保自野発第〇〇号）について、下記のとおり事業内容を変更したいので申請します。

記

変更の目的	
変更する保護増殖事業計画との整合性等	目標
	区域
	内容
	期間
変更後の保護増殖事業を開始しようとする年月日	

変更後の内容により保護増殖事業を開始しようとする年月日

注　申請に当たっては、変更内容を反映した保護増殖事業変更計画書を添付すること。

保護増殖事業計画書

事業の名称			
事業の目標			
事業の内容			
過去3年間の事業実績			
事業に関する費用の総額と主な内訳及び調達方法			
事業の実施期間及び工程			
事業を実施する場所等（事業実施区域及び当該区域の状況（当該区域の状況を明らかにした図面を添付する）			
事業実施区域の土地所有の関係（自己の土地でない場合には土地補者の同意書を添付する）			
飼育（栽培）繁殖をしようとする者	所在地		
	取扱者	住所	
		氏名	
		職業	
	飼育（栽培）繁殖に関する経歴		
飼育（栽培）場合の規模			
繁殖栽培場合の規模・構造			
上位計画の有無（存在する場合にはその名称及び概要）	有　無		
関連する法令の有無（存在する場合にはその名称）	有　無　文化財保護法　鳥獣の保護及び管理並びに狩猟の適正化に関する法律　自然公園法　その他（　　　）		

注1　保護増殖事業計画書には、過去3年間の収支決算書、事業報告書、飼育（栽培）繁殖をしようとする場合には、飼育（栽培）繁殖施設の規模及び構造を明らかにした図面及び写真を貼付すること。
2　関連する法令を明らかにした図面及び写真を貼付すること。

絶滅のおそれのある野生動植物の種の保存に関する法律の事務に係る様式について

様式第65

希少種保全動植物園等認定（変更の認定／認定の更新）申請書

年　月　日

環境大臣　殿

（申請者）
名称
住所　〒
電話
代表者の氏名
（記名押印又は署名）

絶滅のおそれのある野生動植物の種の保存に関する法律第48条の4第2項（第48条の5第2項／第48条の6第2項により準用する第48条の4第2項）の規定に基づき、下記の動植物園等に係る希少種全動植物園等の認定（変更の認定／認定の更新）について、別紙のとおり申請します。

認定（変更の認定／認定の更新）を受けようとする動植物園 　名称：
等の名称及び所在地　　　　　　　　所在地：

（注）認定、変更の認定、認定の更新のいずれかの表示のみを残し、不要な文字は抹消すること

様式第65別紙1

取り扱う希少野生動植物の種名（学名）	取り扱う希少野生動植物の飼養栽培及び譲渡し等の目的	取り扱う希少野生動植物ごとの飼養等及び譲渡し等の実施体制・飼養栽培施設					飼養等及び譲渡し等に関する計画	生息域内保全の事業に資する種	取り扱う希少野生動植物の個体を取得した経緯（外国産をどのような経緯で取得したか）
		担当者の氏名、役職	担当者の経歴	飼養等又は譲渡し等の場所（生息域外を目的とする場合のみ）	計画管理者の氏名、役職	飼養栽培施設の規模・構造	疾病・疾病個体の取扱体制		
国内種								別紙	
以下、適宜行を追加									
国際種								別紙	
以下、適宜行を追加									
取り扱う希少野生動植物の展示の方針									

（備考）
・認定、変更の認定、認定の更新のいずれかの表示のみを残し、不要な文字は抹消すること。
・飼養栽培施設の規模及び構造を明らかにした図面及び写真を添付すること。
・国及び地方公共団体以外の申請者は、定款又は寄附行為、登記事項証明書及び役員名簿を添付すること。

・変更の認定の申請の場合は、欄には、変更しようとする内容のみを記載すること。
・「担当者の経歴」欄には、担当者による動植物の飼養等の実務経験、動植物の飼養栽培に係る学歴（大学又は高等）、取り扱う種による譲渡等の飼養栽培経験を記入すること。
・「計画管理者の氏名、役職」欄には、飼養等及び譲渡し等の計画を確実に実行するため、飼育担当者の指揮監督を行うことができるものの氏名と役職を記入すること。
・「飼養等及び譲渡し等に関する計画」欄には、飼養等及び譲渡し等に係る全体方針、目標、飼養等の方針、他施設との連携・協力体制、譲渡し等の方針、その他必要な事項を記入すること。所定の欄に記載できないときは別紙2に記載すること。
・「飼養栽培施設の規模・構造」欄には、飼養等及び譲渡し等の目的に応じて必要な飼養栽培施設及び疾病・疾病個体に適切に対処するための施設について記入すること。
・「生息域内保全の事業に資する種」欄には、該当する場合に○を記載すること。

様式第65別添2

飼養等及び譲渡し等に関する計画

種名（学名）
飼養等及び譲渡しの目的
計画管理者（役職）

1. 全体方針

2. 今後5年間の目標

3. 飼養又は栽培の方針
   - 現状の飼養栽培数・雌雄
   - 傷病予防等の対応
   - 目的に応じた取扱い
     （繁殖）
     （学術研究）
     （教育）

4. 他施設との連携・協力体制
   - 体制の概要と全体の管理者
   - 連携園館

5. 譲渡しもしくは引渡し若しくは引取りの方針

6. その他必要な事項（域内保全事業に寄与している種については、その内容）

様式第66

（第48条の4第4項）

希少種保全動物園等の認定（更新の認定）を受けようとする法人に係る誓約書

年　月　日

環境大臣　殿

住所　〒

申請者の名称
（記名押印又は署名）
認定時の文書番号
電話番号

代表者の氏名
（記名押印又は署名）

当法人が、下記のいずれにも該当しない者であることを誓約します。

記

1. 絶滅のおそれのある野生動植物の種の保存に関する法律若しくは同法に基づく命令の規定又は同法に基づく処分に違反して、罰金以上の刑に処せられ、その執行を終わり、又はその執行を受けることがなくなった日から起算して5年を経過しない者

2. 希少種保全動物園等の認定を取り消され、その取消しの日から起算して5年を経過しない者

3. その役員のうちに、1に該当する者がある者

以上

絶滅のおそれのある野生動植物の種の保存に関する法律の事務に係る様式について

様式第67　　　　　　　　　　　　　　　　　　　　　　　　　　（第48条の5第3項）

希少種保全動植物園等の認定事項に係る変更届出書

年　月　日

環境大臣　殿

住所　〒

申請者の名称（記名押印又は署名）
（認定時の文書番号）
（電話番号）
代表者の氏名

絶滅のおそれのある野生動植物の種の保存に関する法律第48条の4第1項の規定に基づく認定に係る事項を変更したので、第48条の5第3項の規定に基づき、次のとおり届け出ます。

認定を受けた動植物園等	名　　称	
	所　在　地	〒
認定を受けた年月日		年　月　日
変更した事項及びその内容		
変更の年月日		年　月　日
変更の理由		

注1　届出は、変更があった日から遅滞なく行うこと。
2　用紙の大きさは日本工業規格A4とすること。
3　変更した事項が複数あり、かつ本様式に書ききれない場合は、別紙の書類に、変更した事項、変更の年月日、変更の理由をそれぞれ記載の上、提出すること。その際の様式は問わない。

様式第68　　　　　　　　　　　　　　　　　　　　　　　　　　（第48条の5第4項）

認定希少種保全動植物園等の廃止届出書

年　月　日

環境大臣　殿

住所　〒

申請者の名称（記名押印又は署名）
（認定時の文書番号）
（電話番号）
代表者の氏名

絶滅のおそれのある野生動植物の種の保存に関する法律第48条の4第1項の規定に基づき認定された希少種保全動植物園等を廃止したので、第48条の5第4項の規定に基づき、次のとおり届け出ます。

認定を受けた動植物園等	名　　称	
	所　在　地	〒
認定を受けた年月日		年　月　日
廃止の年月日		年　月　日
廃止したときに現に当該認定希少種保全動植物園等に取り扱う希少野生動植物種及び当該種ごとの個体数並びにその処置の方法		
廃止した理由		

注1　届出は廃止をした日から遅滞なく行うこと。
2　用紙の大きさは日本工業規格A4とすること。
3　廃止されない場合は、別紙の書類に、廃止したときに現に当該認定希少種保全動植物園等において取り扱う希少野生動植物種及び当該種ごとの個体数並びにその処置の方法を記載の上、提出すること。その際の様式は問わない。

様式第69

希少野生動植物種の飼養等及び譲渡し等に関する事項（報告）

年　月　日

環境大臣　殿

認定希少種保全動植物園等設置者等の名称
住所　〒
電話
代表者の氏名
（記名押印又は署名）

絶滅のおそれのある野生動植物の種の保存に関する法律第48条の7の規定に基づき、下記の認定希少種保全動植物園等における希少野生動植物種の飼養等及び譲渡し等に関する事項を別紙のとおり報告します。

記

認定希少種保全動植物園等の名称

様式第69別紙

報告の対象期間　年月日～年月日

取り扱う希少野生動植物種		飼養等の内容		譲渡し等の内容（※1）									生息域内保全事業に寄与する種である場合にはその取組状況	変更の認定・届出を要しない軽微な変更のあった年月日及びその内容（※4）
種名	取得時の個体数と経緯の別	報告対象期間における個体数増減（導入、繁殖、死亡）の状況	飼養等の状況概要（新たに個体を導入した場合には、その取得経緯等）	譲渡し・引渡し・譲受けの別（※2）	目的（※3）	個体数	譲渡方法	年月日	譲渡し等の相手方の氏名・法人名・代表者氏名	譲渡し等の相手方の飼養施設場所	譲渡し等の相手方の届出又は認定の有無			

国内種

※以下、適宜行を追加

国際種

※以下、適宜行を追加

展示の実施状況（※5）

役員の変更状況（※6）

※1　譲渡し等が複数あった場合には、譲渡し等ごとに枠を別にして記入すること
　　特定第一種国内希少野生動植物種、特定第二種国内希少野生動植物種又は規則第5条第2項第7号から第9号に掲げる種については、報告対象期間に実施した譲渡し等の概要のみの記入とすることができる。
※2　所有権の移転を伴うものは「譲渡し」、伴わないもの（古有権のみが移転するもの）は「引渡し」「引受け」として、いずれかを記載すること。
※3　認定の申請書に記載した「譲渡し等の目的」（学術研究、繁殖、教育など）のうちから、該当するものを記載すること。
※4　報告の対象期間において、次のように変更をした場合についてのみ記載すること。
　　①認定を受けた動植物園等において取り扱われる希少野生動植物種の種名又は当該希少野生動植物種ごとの飼養等及び譲渡し等の目的を、削除した場合
　　②認定を受けた動植物園等において取り扱われる希少野生動植物種ごとの飼養等及び譲渡し等の実施体制・飼養栽培施設・計画に関する軽微な変更（法第48条の5第1項に規定する変更の認定及び同条第3項に規定する届出を要しないもの）
　　（当該認定の担当者を変更した場合には変更後の担当者の経歴等を、計画管理者を変更した場合には変更後の計画管理者の役職を明記すること。
　　変更後の個々の飼養栽培施設等の面積が30%以上増減した場合には変更後の施設の規模・構造が分かる図面及び写真を添付すること。）
※5　認定を受けた動植物園等において取り扱われる希少種保全動植物種が置かれている状況、保存の重要性、保存のための施策・事業等に関する普及啓発として実施した内容を記載すること。
※6　認定を受けた者の役員の変更があった場合にその概要を記載するとともに、新たな役員及び当該役員が法第48条の4第4号各号に該当しないことを証明する書面を添付すること。

＜捕獲等・譲渡し等・登録関係の通知等＞
○「全形を保持している象牙」及びその加工品の解釈について（通知）

```
平成28年11月29日　環自野第1611299号
各地方環境事務所長・釧路、長野及び那覇自然環境事務所長・高松事務所長宛　自然環境局野生生物課長
通知
```

絶滅のおそれのある野生動植物の種の保存に関する法律（平成４年法律第75号。）では、規制の対象となる希少野生動植物種の個体等（個体もしくはその器官又はこれらの加工品）の、譲渡し等（譲渡し、譲受け、引渡し及び引取り）が原則として禁止されているが、国際希少野生動植物種（国際種）の個体等のうち、

・学術研究等の目的により個々の譲渡し等の申請をして環境大臣の許可を受けたもの
・ワシントン条約の適用日以前に日本に輸入もしくは国内で取得される等の要件を満たし、登録を受けたもの（ただし、譲渡し等は登録票とともに行わなければならない）

については、例外として譲渡し等を認めている。

アジアゾウやアフリカゾウの象牙については、「全形が保持されていない」ものは特定器官等（原材料器官等であって政令で定める要件に該当するもの）に該当し、それ以外の「全形を保持している」ものは、許可又は登録の対象となる。これまで「全形を保持している象牙」及びその加工品（生牙、磨牙、彫牙）については、譲渡し等を行う場合には、環境大臣の許可又は登録を受ける必要があるとして周知し、「全形を保持している象牙」の解釈としては、「ゆるやかに弧を描き、根元から先端にかけて先細るといった一般的に象牙の形と認識できるものを、全形を保持している象牙として扱う。」としてきたところであるが、今般、「全形を保持している象牙」及びその加工品について、その考え方をより明確にするため、下記のとおり、解釈を具体化し、通知するので、今後はこれに基づき適切に対応願いたい。なお、今回の解釈を用いても、疑義の残る場合は、適宜、当職に照会されたい。

また、全形を保持している象牙については、販売又は頒布を目的にした陳列又は広告の際には、登録票の備付け等が必要となることも了知願いたい。

記

1　ゆるやかに弧を描き、根元から先端にかけて先細るといった一般的に象牙の形と認識できるものを、全形が保持されている象牙として扱う。具体的には以下のとおり。
　(1)　管理票の記載その他の情報により、分割されたこと（形状を整えるための軽微なものは除く。以下同じ。）が確認できないものは、以下のとおり扱う。
　　①　先端部を含み、歯髄腔が確認できる象牙は、全て全形を保持している象牙として扱う。
　　②　先端部を含み、歯髄腔は確認できないものの、長さが20cm以上の象牙は、全形を

保持している象牙として扱う。
　③　先端部を含むものの、歯髄腔が確認できず、長さが20cm未満の象牙は、全形を保持している象牙ではないものとして扱う。
(2)　管理票の記載その他の情報により、分割されたことが確認できるものは、全形を保持している象牙ではないものとして扱う。
(3)　象牙の一部が欠けている場合であっても、一般的な象牙の形を認識することができる程度であれば、全形を保持しているものとして扱う。
2　全形を保持している象牙に加工を施したもの（例：磨牙、彫牙）は、その彫りの程度や、追加の部品の有無等の加工の程度にかかわらず、一般的な象牙の形又は象牙の形を含むと認識することができる場合は、全形を保持している象牙の加工品として扱う。

○「全形を保持している象牙」及びその加工品の解釈について（通知）

　　　　　　　　　　［平成28年11月29日　環自野第16112910号
　　　　　　　　　　　一般財団法人自然環境研究センター理事長宛　自然環境局野生生物課長通知］

　絶滅のおそれのある野生動植物の種の保存に関する法律（平成４年法律第75号。）の国際希少野生動植物種であるアジアゾウ及びアフリカゾウの象牙については、「全形が保持されていない」ものは特定器官等に該当し、それ以外の「全形を保持している」象牙は、許可又は登録の対象とされてきたところ。
　これまで全形を保持している象牙及びその加工品（生牙、磨牙、彫牙）については、譲渡し等を行う場合には、環境大臣の登録を受ける必要があるとして周知し、「全形を保持している象牙」の解釈としては、「ゆるやかに弧を描き、根元から先端にかけて先細るといった一般的に象牙の形と認識できるものを、全形を保持している象牙として扱う。」としてきたが、今般、「全形を保持している象牙」及びその加工品について、その考え方をより明確にするため、下記のとおり解釈を具体化し、通知するので、今後はこれに基づき適切に対応されたい。
　なお、今回の解釈を用いても、なお疑義の残る象牙がある場合は、適宜、当職に照会されたい。
　記　略

○「全形を保持している象牙」及びその加工品の解釈について

　　　　　　　　　　［平成28年11月29日　環自野第16112911号
　　　　　　　　　　　警察庁生活安全局生活経済対策管理官宛　環境省自然環境局野生生物課長通知］

　絶滅のおそれのある野生動植物の種の保存に関する法律（平成４年法律第75号）の国際希少野生動植物種である、アジアゾウ及びアフリカゾウの象牙については、「全形を保持して

いる象牙」及びその加工品についてのみ、譲渡し等時の許可又は登録の対象とするとともに、登録票の備え付け等のない、販売又は頒布を目的にした陳列又は広告を禁止してきたところですが、今般、その対象の考え方をより明確にするため、別添の通り解釈を具体化し、地方環境事務所長等あてに通知したところです。

　このことについて、各都道府県警察等、関係機関に周知していただくとともに、種の保存法の規制に違反して、「全形を保持している象牙」及びその加工品が取り扱われている事例が発見された場合には、各都道府県警察等と地方環境事務所との連携について、特段のご配慮をお願いします。

別添　略

○希少野生動植物種の個体等の広告について（通知）

> 平成27年10月26日　環自野第1510261号
> 各地方環境事務所長・釧路、長野及び那覇自然環境事務所長・高松事務所長宛　自然環境局野生生物課長通知

　希少野生動植物種の個体等の広告については、平成15年1月31日付け環自野第40―2号当職通知により、希少野生動植物種の個体等に係る情報をインターネット上に掲載する行為のうち、特定の個体等の画像を、当該個体等の価格等、販売又は頒布（以下「販売等」という。）の意図を示す情報とともに掲載するものについては、販売等をする目的での陳列に該当するとしてきたが、その後、平成25年6月に、絶滅のおそれのある野生動植物の種の保存に関する法律（平成4年法律第75号。以下「法」という。）が改正され、法第17条において希少野生動植物種の個体等の広告が新たに規制されたことから、インターネットのみならず、紙媒体等に掲載されるものや文字情報のみのものも含め、広く希少野生動植物種の個体等の広告が規制の対象とされた。

　今般、法第17条の広告の規制に関し、規制の対象者の範囲、広告された個体等の実物の存在の要否及び個人宛の告知の扱いについて、疑義が生じたことから、これらについて下記及び別紙のとおり整理したところ、通知するので、今後は、これに基づき適切に対応願いたい。

記

1　広告の規制の対象者の範囲について

　広告は陳列と異なり個体等を現に所有又は占有していない者もできる行為であるため、規制対象は、個体等の所有又は占有に関わらず、販売又は頒布の目的を持って広告を行っている者である。なお、法に触れる広告であることの情を知らずに広告の行為のみを請け負う者（広告代理店等）は、規制対象ではない。

2　広告された個体等の実物の存在の要否について

　上記1のとおり、法第17条の広告の規制は「個体等の所有又は占有に関わらず、販売又は頒布の目的を持って広告を行っている者」を対象としており、広告を行っている者が現に個体等を所有又は占有しているか否かを問わない。そのため、ある広告が法第17条の「広告」に該当するか否かの判断に当たっては、当該広告が、①希少野生動植物種の個体等について、②販売又は頒布の目的で行われているものであること、が認められるのであれば、広告された個体等の実物の存在を確認することは必ずしも要しない。また、将来、広告に係る希少野生動植物種の個体等を所有又は占有することを前提に、その個体等の広告を、販売又は頒布の目的を持ってすることも、規制の対象である。

3　個人宛ての告知の扱いについて

　個人宛ての告知であっても、不特定多数に同一内容で発信されるいわゆるダイレクトメール（メールマガジンを含む。）は、広告として取り扱って差し支えない。

(別紙)

広告の具体例

広告の例	法第17条との関係
「スローロリスを10万円で売ります。」	違反
「スローロリスを10万円で売ります。登録番号は○○です。」	可
「スローロリスの赤ちゃんが生まれました。10万円で予約受付中。」	違反
「当店繁殖予定のハヤブサの予約受付中。価格20万円。」	違反
「来月、アジアアロワナを輸入します。先行予約受付中。登録後にお渡しします。」	違反
（ダイレクトメール（メールマガジンを含む）において） 「○○様　アジアアロワナを5万円で販売中です。」	違反

注：上記、広告例にある「登録」とは、法第20条に基づく登録を表す。

○希少野生動植物種の個体等の広告について

平成27年10月26日　環自野第1510262号
警察庁生活安全局生活経済対策管理官宛　環境省自然環境局野生生物課長通知

　今般、絶滅のおそれのある野生動植物の種の保存に関する法律（平成4年法律第75号）第17条に規定する、希少野生動植物種の個体等の広告の規制に関し、規制対象者の範囲、広告された個体等の実物の存在の要否及び個人宛の告知の扱いについて、別添の通り、地方環境事務所長等あてに通知したところです。
　このことについて、各都道府県警察等、関係機関に周知していただくとともに、希少野生動植物種の個体等の広告が発見された場合には、各都道府県警察等と地方環境事務所との連携について、特段のご配慮をお願いします。

別添　略

○希少野生動植物種の個体等の譲渡し等許可申請・協議の手引き

〔平成19年3月27日〕
一部改訂　平成19年10月1日
一部改訂　平成27年12月1日

1　意義　―なぜ手続きが必要なのか―

　野生生物は、われわれにとってかけがえのないものであるにもかかわらず、現在様々な脅威にさらされており、絶滅の危機に瀕しているものも少なくありません。こうした絶滅の危機にある野生動植物を過度に国際取引に利用されることのないようこれらの種を保護するために国際協力が重要であることを認識し、適当な措置を緊急にとるためワシントン条約（正式名称：絶滅のおそれのある野生動植物の種の国際取引に関する条約）が制定されています。

　日本は1980年にワシントン条約に加入しています。そして絶滅のおそれのある野生動植物の種の保存に関する法律（以下、「種の保存法」という。）により、同条約等に基づく水際規制の確実な実施を担保するため、そして日本における絶滅のおそれのある野生動植物の保存のため、国内での希少な野生動植物種の流通管理を行っています。このため、皆様に行っていただく希少野生動植物種の個体等の譲渡し等の許可申請または協議（以下、「申請等」という。）の手続きは、野生生物の過度の取引による絶滅を防止するために、非常に重要なものとなっております。

　また、種の保存法では、「希少野生動植物種を保存することの重要性を自覚し、その個体等を適切に取扱うように努めなければならない。」と、希少野生動植物種の個体等の所有者等に対し義務を課しておりますので、十分ご理解の上、譲受け等されるようお願いします。

2　申請等が必要な種など

　譲渡し等が原則禁止されており、申請等が必要となる**個体**（2－1参照）は、種の保存法施行令の別表第1（国内希少野生動植物種）、別表第2（国際希少野生動植物種）に掲載されています。また、別表第1、同第2により規制されている個体のうち、許可申請又は協議が必要となるその**器官**並びに**加工品**については別表第4に掲載されています。

2－1　個体とは

・個体とは、全形を保持していることが基本であり、生死は問いません。

【参考】　ワシントン条約全文　　：http://www.biodic.go.jp/biolaw/was/index.html
　　　　　種の保存法　　　　　　：http://www.env.go.jp/nature/kisho/hozen/hozonho.html
　　　　　国内希少野生動植物種　：http://www.env.go.jp/nature/kisho/domestic/list.html
　　　　　国際希少野生動植物種　：http://www.env.go.jp/nature/kisho/global/list.html

・卵及び種子（政令で定めるものに限る。）も個体に含まれ、国内及び国際希少野生動植物種の鳥綱の卵、国内希少野生動植物種の爬虫綱、両生綱及び昆虫綱（一部除く）の卵、コヘラナレン、ムニンツツジ、シマカコソウ、ムニンノボタン、タイヨウフウトウカズラ、コバトベラ、ウチダシクロキ及びウラジロコムラサキの種子が対象となります。

2－2　器官とは
・個体の器官とは、種の保存のための措置を講じる必要があり、かつ種を容易に識別できるもので、別表第1、別表第2で指定されている個体のうち別表第4の中段に掲載されているものをいいます。
　→例）毛、皮、つめ、羽毛など（動物種の科の区分に応じて定められる。）

2－3　加工品とは
・加工品とは、上記の個体の加工品と器官の加工品をいい、製造する過程のものを含みます。
　→例）個体の加工品…個体の剥製、標本、卵殻標本
　→例）器官の加工品…毛皮製品、皮革製品、羽毛製品など

3　譲渡し等の考え方（所有権と占有権）

種の保存法第12条で規制をしている**譲渡し等**というのは、「**譲渡し**」「**譲受け**」「**引渡し**」「**引取り**」の4つを意味します。移動の対象が、所有権か占有権かによって、以下のように整理されます。

・譲渡し及び譲受け……所有権（所有者としての権利）の移動
・引渡し及び引取り……占有権（管理者としての権利）の移動
　■注意事項
　・譲渡し等について、有償・無償は問われません。「あげる・売る・貸す／もらう・買う・借りる」のすべてが規制対象となり、手続きが必要です。
　・所有者、占有者が変わらず、飼養場所を移すだけの場合
　　⇒種の保存法上の手続きは必要ありません。
　・所有権と占有権を両方移す場合（多くの場合これに該当）
　　⇒「譲渡し及び引渡し」並びに「譲受け及び引取り」を行うことになります。
　・ブリーディングローン契約で貸与等をする場合
　　⇒「引渡し」及び「引取り」を行うことになります。

4　申請等の流れ

譲渡し側と譲受け側の双方からの申請書等が環境省野生生物課に到着後、審査の上、協議回答書又は許可書を郵送で送付します。処理期間は1か月を標準としていますが、実際には申請書の内容修正や資料の追加等により1か月以上の時間がかかるケースが多く見られますので、当該手引きを通読いただいた上で、ご不明な点がある場合はあらかじめご相

談ください。その上で十分な時間的余裕を持ち、申請書または協議書をご提出いただくようお願いします。

個体等の状態、気候条件、輸送方法の手配、収容施設の状況、その他の事情により、譲渡し等の時期に特別の配慮が必要な場合は、事前にご相談ください。

尚、協議回答日又は許可日から1か月間が、譲渡し等が可能となる期間となります。

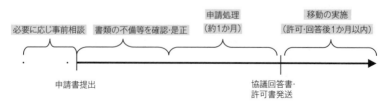

5 申請に必要な書類

申請書類は、申請を行う各施設の運営形態によって**「協議書」**と**「許可申請書」**の2種類があり、以下の通り、根拠となる法律の条文が異なります。

① 国及び地方自治体（公立の動物園・水族館等）、その他公立施設
　→ 協　議 （法第54条第2項）
　＊「協議書」の様式については環境省野生生物課までお問い合わせ下さい。

② 民間（私立の動物園・水族館等）、私企業、法人、個人
　→ 許可申請 （法第13条第2項）
　＊「許可申請書」の様式については、電子政府の総合窓口（e-Gov）行政手続案内よりご確認下さい。
　＊「記入例」（P.602）を付けていますので、参照の上、記載して下さい。

申請の際には以下の書類が必要となります。（P.603以降の「7　別添資料の書き方と注意点」に詳細を記載しています。）

譲渡し等の申請の必要書類一覧

	譲渡し又は引渡し側		譲受け又は引取り側	
	①協議	②許可申請	①協議	②許可申請
申請書類	規定の書式（表紙及び別紙）	規定の書式（1枚）	規定の書式（表紙及び別紙）	規定の書式（1枚）
添付書類	① 移動個体の写真（※カラー。個体の特徴がわかるもの。） ② 移動個体の取得の経緯を明らかにする書類 ・繁殖証明書		① 移動個体を飼養栽培する施設の図面及び写真（※生きている個体の場合のみ） ② 移動目的を明らかにする書類 ・繁殖計画書、種別調整者の確認書等	

| ・過去の譲受け等許可書
・輸入時の通関証明　等 | ・学術研究目的等の場合はその詳細を記した書類　等 |

6　申請書の書き方
　申請書の不備により、許可・回答までに大幅に時間がかかることもありますので、よく注意点をご確認の上、ご記入ください。

6－1　申請者（代表者）名
　申請者名は、基本的に自治体又は法人の代表者（知事、市長、代表取締役、理事長等）としますが、個体移動に関する権限が委譲されている場合は、動物園又は水族館等の施設の園館長名でも結構です。この場合、それぞれの自治体又は法人ごとに権限委譲についての規定等がなされていると考えられますので、御確認の上、申請者名を決定し押印してください。こちらから規定等を確認させていただくこともあります。

■注意事項
　公共団体（都道府県等）による設立であるが、**財団法人**等（○○公園管理財団等）が運営を行っている施設等による申請の場合：
　⇒法人の代表者名で**許可申請**を行ってください。
　　例）　財団法人　○○協会　理事長　○○　○○

6－2　種名
　種の保存法で指定している名称（※）に基づき、種・亜種名の**和名及び学名**を記入して下さい。
※種の保存法における和名及び学名は、施行令の別表第1～第6に記載されています。

■注意事項
　＊申請対象の種又は亜種が、種の保存法上のどの種等に該当するのかを明らかにする必要がありますので、以下の点にご注意下さい。
　① 和名について：
　　・施行令の記載とは異なる和名がある種等においても、申請書の記載上は、必ず施行令上の名称を記入して下さい。
　　　【例】（正）マダガスカルホシガメ（*Astrochelys radiata*）
　　　　　　（誤）ホウシャガメ　　　　（*Astrochelys radiata*）
　② 学名について：
　　・種の保存法の施行令（平成27年12月1日施行）に基づくラテン語（アルファベット表記）での記載をお願いします。
　　　【例】（正）イヌワシ（*Aquila chrysaetos japonica*）
　　　　　　（誤）イヌワシ（アクイラ・クリュサエトス・ヤポニカ）
　　・亜種で指定されているものについては、亜種まで正確に記入して下さい。
　　　【例】（正）イヌワシ（*Aquila chrysaetos japonica*）
　　　　　　（誤）イヌワシ（*Aquila chrysaetos*）

＊きつねざる科、オオサンショウウオ属（Andrias属）のように、科や属で指定されているものの種名については、一般的な和名及び学名を記入して下さい。その際、属による指定の場合は、その属名を含む学名を記載して下さい。
【例】科による指定：
　　　　（正）ワオキツネザル（*Lemur catta*）（きつねざる科の一種）
　　属による指定：
　　　　（正）オオサンショウウオ（*Andrias japonicus*）
　　　　（誤）オオサンショウウオ

6－3　性別

繁殖目的である場合、有性繁殖を行う種については移動個体の性別を明らかにする必要があるので、「**数量欄**」に性別もあわせて記入して下さい。
例）　4頭（雄2頭、雌2頭）、雌1頭
性別不明の場合は、性別判定が出来ない科学的根拠についてA4×1枚程度の別添書類にてご説明ください。

6－4　所在地

これから譲渡し等をさせようとする個体が、現在存在する場所を記入してください。（通常は引渡しを行う側の施設等の住所となります。）

6－5　譲渡し等の目的

希少野生動植物種の譲渡し等については、<u>学術研究又は繁殖の目的</u>、教育の目的、希少野生動植物種の個体の生息状況又は生育状況の調査の目的<u>その他希少野生動植物種の保存に資すると認められる目的</u>の場合に許可されることとなっています。なお、教育の目的についても、希少野生動植物種の保存に直接的に資するものである必要があります。

特に、社団法人日本動物園水族館協会において特に種の保存に取り組んでいる種別調整対象種の生きた個体の譲渡し等については、同協会の繁殖計画に沿った「繁殖」等とし、種の保存に資するようお願いします。

また、テレビ、ショー等への出演、イベント等への貸出しを目的とした申請は認められません。例えば、大型類人猿の幼少個体について、種本来の社会性を学ぶ機会を与えないことは個体の健全な成長・繁殖に影響を及ぼすと考えられます。テレビ、ショー等へ出演を行っている個体に、このような問題が見受けられたのでご注意下さい。

■注意事項
　＊移動の結果として繁殖した個体についても、譲渡し等を行うにあたっては「種の保存法」に基づく申請等が必要です。
　＊移動個体について、生息若しくは生育に適した条件が維持されていない場合、措置命令の対象となり得ます。
　＊社団法人日本動物園水族館協会の種保存委員会が作成した繁殖計画の対象範囲内に

あって、繁殖を進めるペアに対し余剰となる個体の移動を実施することで、当該種全体としての繁殖計画が進展する場合、基本的に繁殖目的の取組として捉えることができます。
　（※このような場合の譲渡し等については、詳細について確認し、申請に必要な書類等について調整させていただく必要がありますので、時間的余裕をもって、あらかじめ環境省野生生物課条約法令係までお問い合わせください。）

6－6　相手方
　相手方の申請者と同じ者を記入します（双方の記載が合っているか、あらかじめ申請者同士で事前の確認をお願いします）。
　■注意事項
　　＊自治体の場合は、主たる事務所として県庁・市役所等の所在地、氏名は知事・市長等の氏名、職業は代表者の役職名（○○知事、○○市長等）をご記入ください。
　　＊法人の場合は、主たる事務所の所在地と名称、代表者の氏名、職業は法人の主たる事業をご記入ください。園館長がその法人の代表者でない場合（園館が会社の中の部・課・係である場合）は本社所在地と名称、会社代表者氏名、会社の主たる事業をご記入ください。

6－7　輸送方法（生きている個体の場合のみ）
　複数の輸送手段を使う場合は、どこからどこまでが空輸（海送）なのか、どこからどこまでが陸送なのかがわかるように記載してください。
　【例】専用の輸送箱にて陸送及び空輸。（空輸の区間：羽田空港から福岡空港）

6－8　譲渡し等の予定時期
　許可日又は協議回答後1か月以内、となります。

6－9　飼養に当たる者（生きている個体を譲受ける場合のみ）
　申請者（代表者名）ではなく、**実際に移動個体の飼養を担当する方**について、いままでにどのような動植物を扱ってきたか、特に当該種及び近縁種の取扱い経験等を中心に簡潔にご記入下さい。
　また、取扱者欄の住所については、取扱者の**勤務先住所**をご記入ください。

Ⅲ 資料編　3 通知その他　＜捕獲等・譲渡し等・登録関係の通知等＞

【申請書記入例】

希少野生動植物種譲受け等許可申請書

　　　　　　　　　　　　　　　　　　　　　年　　月　　日

環　境　大　臣　殿

申　請　者　住　所　〒東京都千代田区△△－□
　　　　　　　　　　電　話　03－5678－1234
　　　　　　　　　　氏　名　自然　花子　　　㊞
　　　　　　　　　　職　業　財団法人〇〇協会　理事長

絶滅のおそれのある野生動植物の種の保存に関する法律第13条第2項の規定に基づき、希少野生動植物種の譲受け等の譲渡し等について、次のとおり申請します。

譲受け又は引き取りをしようとする個体等	種名	タンチョウ（*Grus japonensis*）
	区分	生きている個体・卵・剥製・標本 器官及び加工品、その他の個体等 その他の個体等 該当する文字を丸で囲むこと。器官及び加工品、その他の個体等に該当する場合は、余白に具体的内容を記入すこと。
	数量	過1羽
	所在地	現在、飼養等を飼養・保管している住所 （譲受方の住所）
譲受け又は引き取りをしようとする相手方	住所	〇〇県△△市－×
	氏名	環境　太郎
	職業	△△市長
譲受け又は引き取りをする際の輸送方法及び経路（生きている個体の場合に限る。）		専用の輸送箱に入れ、空路（〇〇空港－〇〇空港間）及び陸送
譲受け又は引き取りをする予定時期		許可日から1ヶ月以内
これから個体等を飼養・保管しようとする住所		〇〇県△△市－×
飼養栽培施設の規模・構造		別紙の図面参照
取扱者	担当者の勤務先住所	〇〇県〇〇市
	氏名	野生　太郎
	職業	〇〇課担当専門官
飼養栽培に関する経歴		タンチョウの飼養歴7年、ツル類の飼養歴15年

注1　申請者及び譲受け又は引き取りをする相手方が法人である場合には、その住所、氏名及び職業については、主たる事務所の所在地、代表者の氏名及び法人がその主たる事業を記載すること。
　2　器官及び加工品については、絶滅のおそれのある野生動植物の種の保存に関する法律施行令別表第4に掲げられた区分に応じ記入すこと。
　3　譲受け又は引取りをしようとした個体を飼養栽培しようとする場合にあっては、飼養栽培施設の規模及び構造を明らかにした図面及び写真を添付すること。

【申請書記入例】

希少野生動植物種譲渡し等許可申請書

　　　　　　　　　　　　　　　　　　　　　年　　月　　日

環　境　大　臣　殿

申　請　者　住　所　〒東京都千代田区〇〇－×
　　　　　　　　　　電　話　03－1234－5678
　　　　　　　　　　氏　名　環境　太郎　　　㊞
　　　　　　　　　　職　業　株式会社〇〇〇〇　代表取締役

絶滅のおそれのある野生動植物の種の保存に関する法律第13条第2項の規定に基づき、希少野生動植物種の個体等の譲渡し等について、次のとおり申請します。

譲渡し又は引渡しをしようとする個体等	種名	レッサーパンダ（*Ailurus fulgens*）
	区分	生きている個体・卵・剥製・標本 器官及び加工品、その他の個体等 その他の個体等 該当する文字を丸で囲むこと。器官及び加工品、その他の個体等に該当する場合は、余白に具体的内容を記入すこと。
	数量	2頭（雄1頭、雌1頭）
	所在地	現在、個体等を飼養している住所
譲渡し又は引渡しをする相手方	住所	〇〇県△△－×
	氏名	自然　花子
	職業	〇〇県知事
譲渡し又は引渡しをする際の輸送方法及び経路（生きている個体の場合に限る。）		専用の輸送箱に入れ、空路（〇〇空港－〇〇空港間）及び陸送
譲渡し又は引渡しをする予定時期		許可日から1ヶ月以内
譲渡し又は引渡しをする個体等を取得した経緯		〇〇年〇〇月〇〇日に、当園で繁殖した個体 （別添、繁殖証明のとおり）

注1　申請者及び譲渡し又は引渡しをする相手方が法人である場合には、その住所、氏名及び職業については、主たる事務所の所在地、代表者の氏名及び法人がその主たる事業を記載すること。
　2　器官及び加工品については、絶滅のおそれのある野生動植物の種の保存に関する法律施行令別表第4に掲げられた区分に応じ記入すこと。
　3　申請者には、譲渡し又は引渡しをしようとする個体等の写真を添付すること。

7 別添資料の書き方と注意点

別添資料の不備も申請書の不備と同じく、許可又は回答までに大幅に時間がかかる原因となりますので、以下についてよくご確認の上、必要書類をそろえてください。

7-1 譲渡し・引渡しをするとき

① 個体等の写真：

カラー。正面、側面及び個体識別に有効な部分等を撮影したもの。
移動個体がどれにあたるかわかるように、基本的には個別に撮影して下さい。
群れ飼い等で個別の写真撮影が難しい場合は、説明等を書き添えて下さい。

＊写真については、Ａ４の用紙に貼付又はデジタルデータをＡ４用紙に印刷したものを添付して下さい。小さすぎるもの、ピントが合っていないもの等、個体等の特徴がわかりにくいものについては、再度、提出等をお願いすることがあります。

② 当該個体等の取得の経緯を明らかにする書類

・譲渡しを行う園館で繁殖した個体の場合
　→園館長名による繁殖証明書（繁殖年月日、血統登録番号等の情報を記載。移動個体の両親についても同様に記載して下さい。）
・他の園館等から譲受け等した個体の場合
　→前回移動時の譲渡し等の許可書の写し（ワシントン条約（CITES）の付属書Ⅰに掲載されてから入手した場合）
　→譲渡証明書の写し（CITESの付属書Ⅰに掲載される前に入手した個体の場合）
・輸入した個体の場合
　→輸入の経緯を示した書類（CITESの輸出証明書、輸入割当承認書等）

7-2 譲受け・引取りをするとき

① 飼養施設（展示場・運動場及び寝室）の写真及び図面

○写真：

カラー。施設の正面及び側面の写真及び施設の内外の設備が分かるよう撮影した写真。

＊写真については、Ａ４の用紙に貼付又はデジタルデータをＡ４用紙に印刷したものを添付して下さい。小さすぎるもの、ピントが合っていないもの等、個体等の特徴がわかりにくいものについては、再度、提出等をお願いすることがあります。

○図面（平面図、立面図等）：蛍光ペン等で該当箇所（移動する個体を入れる部屋等）を明示。

＊スケール（面積、高さ）がわかるようにして下さい。
＊写真で提出した施設内の設備について、設置してある場所を記入して下さい。

② 譲受け等の目的が適当であることを明らかにする書類

ア）繁殖目的の場合

○繁殖計画書：
　　繁殖の目的、繁殖の相手に関する情報（年齢、繁殖成功経験、取得の経緯）、繁殖方法、繁殖した後の個体（当該個体及び子孫）の取扱い方針等について記載（P.605の記入例参照）。
○**種別調整者による確認書：**
　　当該種について社団法人日本動物園水族館協会種保存委員会の繁殖計画がある場合（日本産希少淡水魚を除く）、譲渡し等が繁殖計画に沿ったものである旨を当該種の種別調整者に確認いただいた書類を添付して下さい。
イ）学術研究目的等の場合
　　学術研究目的等の場合は、その**詳細を記した書類又は資料等**を添付して下さい。

7－3　その他

- 繁殖目的の譲渡し等以外で繁殖計画書が添付されない場合：
  ⇒**書面にて**占有権のみの移動なのか、所有権の移動も伴うものなのかを明らかにしてください。
- 繁殖計画書が添付される場合：
  ⇒その中で所有権等の取扱についても記述してください。
- ブリーディングローンをしている個体の又貸しをして、所有権を有する園館からいくつもの園館を経て移動する等の場合：
  ⇒所有権がどの園館にあるのかを明らかにしてください。
- 死亡個体の扱い（貸し出していた個体が死亡した場合に、相手に処理を任せる場合など）や、繁殖に成功した個体の所有権をどちらが持つかなどについては、当事者間の契約内容を確認させていただくことがあります。

> 繁殖計画書記載例

平成　年　月　日
（園館名及び作成者氏名）

繁殖計画書

1．繁殖目的
　　社団法人日本動物園水族館協会種保存委員会の繁殖計画（ない場合はこの限りでない）と当該譲受け等に係る園館間の当該種の繁殖計画をもとに記述する。<u>種保存委員会の繁殖計画の有無を明記し、ある場合は種別調整者からの確認書類を添付する。</u>
　　例・繁殖ペア若しくは群れ形成
　　　　・血統管理、遺伝的多様性確保、人工繁殖技術確立等

2．譲受け等した個体の繁殖相手に関する情報
　　・個体（性別、年齢、登録番号等）、繁殖成功経験
　　・取得の経緯

3．繁殖方法
　　・ペアリング、群れへの順化方法など、繁殖に向けた取組みを具体的に記述
　　・発情、生殖行動等の確認方法

4．繁殖した後の個体（当該個体及び子孫）の取扱い方針等
　　・繁殖した個体の帰属について

5．飼育管理体制
　　・飼育担当者、健康管理体制等
　　・血縁個体との繁殖抑制を行うのであれば、その方法を具体的に記述

6．繁殖の評価及び報告
　　『譲受け若しくは引取り後、※〇年を経過した時点で、繁殖状況及びその評価<u>（繁殖に成功していない場合等、必要に応じ繁殖計画の再検討を含む。）</u>について、環境省自然環境局長に報告する。』
　　（※個体の齢や繁殖周期に応じて最長5年以内に設定し、上記文中に記入。下線部を省略しないよう注意。）

7．その他
・今回の許可申請等が所有権の移動を伴う譲受けであるか、所有権の移動を伴わない占有権のみの移動の引取り（ブリーディングローンの場合）であるかの区別等

8 その他

・譲受け側が次の者の場合は、許可申請・協議ではなく届出の手続きとなります。
　　大学又は博物館、文部科学大臣指定の博物館相当施設の場合
　　また傷病個体として緊急捕獲等された、生きている個体等の場合
・希少野生動植物の種類によっては、種の保存法以外の法令に基づく手続きも必要な場合がありますので、各手続きの所管官庁にお問い合わせ下さい。
　→例）　天然記念物の場合の文化財保護法に基づく現状変更手続きなど

9 お問い合わせ・書類等送付先

お問い合わせ、書類送付とも、下記までお願いいたします。
　環境省自然環境局野生生物課　条約法令係
　〒100-8975　東京都千代田区霞が関1-2-2
　TEL：03-3581-3351（内線6463）／FAX：03-3581-7090
　注）申請書等の送付の際は、必ず担当者氏名と連絡先を封筒や送付状に記載願います。

○特定国際種事業の手引き

[2018年6月
環境省・経済産業省]

1．事業の概要

　絶滅のおそれのある野生動植物の種の保存に関する法律（以下、「種の保存法」という。）に基づき、特定国際種事業を行おうとする方は、あらかじめ環境大臣及び経済産業大臣に届出を行うことが必要です。

　特定国際種事業を行う者（以下、「特定国際種事業者」という。）とは、うみがめ科（タイマイ等）の背甲等（背甲、肚甲、縁甲（ツメ）、端材、半加工品を示す。完成品は含まない。以下、同じ。）の取引（有償、無償を問わない。以下、同じ。）を業として行う者（個人事業主又は法人）を言います。

　届出後、特定国際種事業者は、種の保存法に基づく義務等を守らなければなりません。具体的には、取引記録の記載と保存、届出事項に変更があった場合又は廃止した場合の届出、陳列・広告時の届出番号等の表示、環境大臣及び経済産業大臣の求めに応じた取引記録の提出や立入検査の受入の義務等が課せられます。これらの義務に加え、環境省及び経済産業省では、特定国際種事業者の届出番号、氏名又は名称等の情報を公表します。

　なお、特定国際種事業の届出をせずにうみがめ科（タイマイ等）の背甲等の取引を業として行った場合は50万円以下の罰金に、報告徴収に対する未報告、虚偽の報告、立入検査の拒否等があった場合は30万円以下の罰金に、それぞれ処せられることがあります。

　法令を遵守し、適正な取引を行っていただきますようお願いします。

　※種の保存法の改正により、2018年6月1日から法令事項が追加されました（上記下線部分）。

2．事業の届出（種の保存法第33条の2）

　特定国際種事業を行おうとする者は、あらかじめ環境大臣及び経済産業大臣に届け出なければなりません。特定国際種事業を行おうとする者は、特定国際種事業届出書（様式第1）に必要事項を記入し、1通を手続き窓口（610ページを参照のこと）に郵送してください。

2．1．留意事項

- 特定国際種事業の届出は、個人事業主又は法人が提出するものです。
- 特定国際種事業届出書（様式第1）は記載例を参考にして作成してください。特定国際種事業届出書（様式第1）及び記載例は、環境省及び経済産業省のウェブページからダウンロードしてください。

3．取引記録の記載と保存（種の保存法第33条の3）

　特定国際種事業者は、うみがめ科（タイマイ等）の背甲等の取引を行う都度、記載台帳（様式第4）に取引内容を記録し、これを5年間保存しなければなりません。また、取引

記録は環境大臣及び経済産業大臣の求めに応じて提出する必要があります。
３．１．留意事項
- 記載台帳（様式第４）は、取引のたびに記載しなければなりません。
- 記載台帳（様式第４）は、記載例を参考にして作成してください。記載台帳（様式第４）及び記載例は、環境省及び経済産業省のウェブページからダウンロードしてください。なお、法定の記載事項を満たしていれば、記載台帳（様式第４）の代わりに特定国際種事業者が独自の扱いやすい様式で取引記録を作成いただいても構いません。

４．届出事項の変更又は廃止の届出（種の保存法第33条の５において準用する第30条の４）

特定国際種事業者は、届出の内容に変更があった場合又は事業を廃止した場合は、その日から起算して30日以内に環境大臣及び経済産業大臣に届け出なければなりません。特定国際種事業者は、届出の内容に変更があった場合は特定国際種事業届出事項変更届出書（様式第２）に、事業を廃止した場合は特定国際種事業廃止届（様式第３）に必要事項を記入し、１通を手続き窓口（610ページを参照のこと）に郵送してください。

４．１．留意事項
- 特定器官等の譲渡し又は引渡しの業務を行うための施設（買取りや製造のみを行う施設を含む。）を複数所有しており、その内の一部のみ廃止した場合は、特定国際種事業届出事項変更届出書（様式第２）を提出してください。
- 特定国際種事業届出事項変更届出書（様式第２）及び特定国際種事業廃止届（様式第３）は、記載例を参考にして作成してください。特定国際種事業届出事項変更届出書（様式第２）、特定国際種事業廃止届（様式第３）及びそれぞれ記載例は、環境省及び経済産業省のウェブページからダウンロードしてください。

５．陳列・広告時の届出番号等の表示（種の保存法第33条の５において準用する第31条第３項）

特定国際種事業者は、その特定国際種事業に関して特定器官等の陳列又は広告をするときは、その目的、場所、形態は問わず、以下の事項を公衆の見やすいように表示しなければなりません。

（表示事項）
- 環境大臣及び経済産業大臣から通知された届出に係る番号（以下、「届出番号」という。）
- 特定国際種事業者の氏名又は名称
- 特定国際種事業者の住所
- 法人にあっては、代表者の氏名
- 譲渡し又は引渡しの業務の対象とする特定器官等の種別

５．１．留意事項
- 譲渡し又は引渡しの業務の対象とする特定器官等の種別は、「うみがめ科の甲」としてください。
- 陳列又は広告時の目的が、有償か無償（例えば非売品展示等）かは問いません。ま

た、店舗・露店・インターネット等の場所、表示の様式・大きさ・媒体等の形態も問いません。

　なお、これらの事項の表示に関して特段の様式は定めていません。必要事項を記載の上、事業者各自で、陳列又は広告の様態に合わせて、公衆の見やすいように表示してください。

・表示の参考として、標準的な様式を環境省及び経済産業省のウェブページで公表しています。環境省及び経済産業省のウェブページからダウンロードして、適宜ご活用ください。

6．特定国際種事業者の届出番号、氏名又は名称等の情報の公表（種の保存法第33条の5において準用する第30条の3）

　環境省及び経済産業省は、種の保存法第33条の5において準用する第30条の3に基づき、特定国際種事業者に関する以下の情報（以下、「特定国際種事業者届出簿」という。）を、2018年6月1日から環境省及び経済産業省のウェブページで公表します。

（公表事項）
・特定国際種事業者の氏名又は名称
・特定国際種事業者の住所
・届出番号
・法人にあっては、代表者の氏名
・特定器官等の譲渡し又は引渡しの業務を行うための施設の名称
・特定器官等の譲渡し又は引渡しの業務を行うための施設の所在地
・譲渡し又は引渡しの業務の対象とする特定器官等の種別（うみがめ科の甲）
・届出年月日

6．1．留意事項
・特定国際種事業者届出簿には、2018年5月31日以前に届出を行った事業者も含め、公表時点での特定国際種事業者の届出事項が掲載されます。

7．環境省及び経済産業省による報告徴収、立入検査（種の保存法第33条の5において準用する第33条第1項）

　環境省及び経済産業省は、特定国際種事業者に対して定期的に取引記録（記載台帳（様式第4））の提出を求めます（以下、「報告徴収」という。）。特定国際種事業者は報告徴収に応じて取引記録を提出しなければなりません。また、報告徴収は、定期的なものの他、必要に応じて行う可能性があります。

　また、環境省及び経済産業省は、特定国際種事業者に対して施設への立ち入りや書類等の検査（以下、「立入検査」という。）を行う場合があります。その場合は、本立入検査を受認していただくとともに、質問等に適切にお答えいただくことが必要です。

8．環境省及び経済産業省による指示、業務停止命令（種の保存法第33条の4）

　環境省及び経済産業省は、特定国際種事業者が法令に違反した場合は、当該特定国際種

Ⅲ 資料編　3 通知その他　＜捕獲等・譲渡し等・登録関係の通知等＞

事業者に対して、これらの規定が遵守されることを確保するため必要な事項について指示を行うことがあります。また、当該特定国際種事業者が当該指示に違反した場合は、3月を超えない範囲内で期間を定めて、特定国際種事業の全部又は一部の停止を命ずることがあります。なお、実施に当たっては、違反内容や偽った事項等を総合的に考慮し判断します。

9．罰則

特定国際種事業者が、法令に違反した場合はその違反内容によって、罰金等の刑に処せられる場合があります。具体的には以下のとおりです。

違反の内容	罰則対象行為の条項	罰則
特定国際種事業の届出義務違反又は虚偽の届出	種の保存法第33条の2	50万円以下の罰金（種の保存法第62条第1号）
特定国際種事業の変更又は廃止の届出義務違反	種の保存法第33条の5において準用する第30条第4項	30万円以下の罰金（種の保存法第63条第6号）
特定国際種事業者に対する指示違反に係る業務停止命令違反	種の保存法第33条の4第2項	6月以下の懲役又は50万円以下の罰金（種の保存法第59条第3号）
特定国際種事業者に係る報告徴収及び立入検査の拒否等	種の保存法第33条の5において準用する第33条第1項	30万円以下の罰金（種の保存法第63条第7号）

10．よくある質問

問1　うみがめ科の製品（べっ甲製品等）を販売する際に必要な手続きは何でしょうか。

答1　うみがめ科の製品（べっ甲製品等）は規制の対象外であるため、うみがめ科の製品（べっ甲製品等）のみを販売する（譲渡しする）方の届出は不要です。

問2　全形を保持したうみがめ科の甲や全身のはく製等を販売する際に必要な手続は何でしょうか。

答2　法定の除外事由なく、全形を保持したうみがめ科の甲や全身のはく製等の販売を行う場合は、事業者か個人かを問わず、個体等登録機関（一般財団法人自然環境研究センター）で登録され、登録票の交付を受けたものでなければ、譲渡し等をすることはできません。登録に関する手続き詳細は以下までお問い合わせください。

【お問合せ先】一般財団法人自然環境研究センター　国際希少種事業管理部
　　　　　　　電話：03-6659-6018

11．手続き窓口

届出書類等は、以下の手続き窓口まで郵送してください。

```
経済産業省　製造産業局　生活製品課
〒100-8901　東京都千代田区霞が関1-3-1
電話：03-3501-1089　FAX：03-3501-6793
```

12．関連ウェブページ

各種様式及び記載例、関連資料、最新情報等は、環境省及び経済産業省のウェブページにて逐次提供しておりますので、ご参照ください。

◆環境省

http://www.env.go.jp/nature/kisho/kisei/yuzuri/index.html

◆経済産業省

http://www.meti.go.jp/policy/mono_info_service/mono/seikatsuseihin/zougebekkou/index.html

※ウェブページのアドレスは変更になる場合があります。

13．問い合わせ先

13．1．本省

局課名	住所（電話）
環境省 自然環境局　野生生物課	〒100-8975　東京都千代田区霞が関1-2-2　中央合同庁舎5号館 電話：03-5521-8283　FAX：03-3581-7090
経済産業省 製造産業局　生活製品課	〒100-8901　東京都千代田区霞が関1-3-1 電話：03-3501-1089　FAX：03-3501-6793

13．2．地方

◆環境省

局課名	住所（電話）	所管都道府県
北海道地方環境事務所	〒060-0808 札幌市北区北8条西2丁目 札幌第1合同庁舎3階 （電話：011-299-1950）	北海道
釧路自然環境事務所	〒085-8639 釧路市幸町10-3 釧路地方合同庁舎4階 （電話：0154-32-7500）	北海道のうち釧路市、北見市、網走市、紋別市、根室市、網走郡、斜里郡、常呂郡、紋別郡、釧路郡、厚岸郡、川上郡、阿寒郡、白糠郡、標津郡、野付郡、目梨郡
東北地方環境事務所	〒980-0014 仙台市青葉区本町3-2-23 仙台第二合同庁舎6F （電話：022-722-2870）	青森県、岩手県、宮城県、秋田県、山形県、福島県

Ⅲ 資料編　3 通知その他　＜捕獲等・譲渡し等・登録関係の通知等＞

関東地方環境事務所	〒330-6018 さいたま市中央区新都心11-2 明治安田生命さいたま新都心ビル18F （電話：048-600-0516）	茨城県、栃木県、群馬県、埼玉県、千葉県、東京都、神奈川県、新潟県、山梨県、静岡県
中部地方環境事務所	〒460-0001 名古屋市中区三の丸2-5-2 （電話：052-955-2139）	石川県、福井県、岐阜県、愛知県、三重県
信越自然環境事務所	〒380-0846 長野市旭町1108 長野第一合同庁舎 （電話：026-231-6570）	富山県、長野県
近畿地方環境事務所	〒540-6591 大阪市中央区大手前1-7-31 大阪マーチャンダイズマート（OMM）ビル8F （電話：06-4792-0700）	滋賀県、京都府、大阪府、兵庫県、奈良県、和歌山県
中国四国地方環境事務所	〒700-0907 岡山市北区下石井1-4-1 岡山第2合同庁舎11F （電話：086-223-1577）	鳥取県、島根県、岡山県、広島県、山口県、徳島県、香川県、愛媛県、高知県
九州地方環境事務所	〒860-0047 熊本市西区春日2-10-1 熊本地方合同庁舎B棟4階 （電話：096-322-2400）	福岡県、佐賀県、長崎県、熊本県、大分県、宮崎県、鹿児島県
那覇自然環境事務所	〒900-0022 那覇市樋川1-15-15 那覇第一地方合同庁舎1階 （電話：098-836-6500）	鹿児島県のうち奄美市、大島郡、沖縄県

◆経済産業省

局課名	住所（電話）	所管都道府県
北海道経済産業局 地域経済部 製造産業課	〒060-0808 札幌市北区北8条西2-1-1 （電話：011-709-1784）	北海道
東北経済産業局 地域経済部	〒980-8403 仙台市青葉区本町3-3-1	青森県、岩手県、宮城県、秋田県、山形県、福島県

製造産業課	（電話：022-221-4903）	
関東経済産業局 産業部 製造産業課	〒330-9715 さいたま市中央区新都心1-1 （電話：048-600-0311）	茨城県、栃木県、群馬県、埼玉県、千葉県、東京都、神奈川県、新潟県、山梨県、長野県、静岡県
中部経済産業局 産業部 製造産業課	〒460-8510 名古屋市中区三の丸2-5-2 （電話：052-951-2724）	富山県、石川県、岐阜県、愛知県、三重県
近畿経済産業局 産業部 製造産業課	〒540-8535 大阪市中央区大手前1-5-44 （電話：06-6966-6022）	福井県、滋賀県、京都府、大阪府、兵庫県、奈良県、和歌山県
中国経済産業局 地域経済部 地域経済課	〒730-8531 広島市中区上八丁堀6-30 （電話：082-224-5684）	鳥取県、島根県、岡山県、広島県、山口県
四国経済産業局 地域経済部 製造産業課	〒760-8512 高松市サンポート3-33 （電話：087-811-8520）	徳島県、香川県、愛媛県、高知県
九州経済産業局 地域経済部 製造産業課	〒812-8546 福岡市博多区博多駅東2-11-1 （電話：092-482-5445）	福岡県、佐賀県、長崎県、熊本県、大分県、宮崎県、鹿児島県
内閣府沖縄総合事務局 経済産業部 地域経済課	〒900-0006 那覇市おもろまち2-1-1 （電話：098-866-1730）	沖縄県

○希少種保全動植物園等の認定事務取扱要領

平成30年6月1日
環境省自然環境局野生生物課希少種保全推進室

第1章 総則

1 通則

絶滅のおそれのある野生動植物の種の保存に関する法律（以下「法」という。）第5章に規定する希少種保全動植物園等の認定、変更の認定、認定の更新、認定内容に係る変更の届出、認定希少種保全動植物園等の廃止の届出（以下「認定等」という。）の事務については、法、絶滅のおそれのある野生動植物の種の保存に関する法律施行令（以下「施行令」という。）及び絶滅のおそれのある野生動植物の種の保存に関する法律施行規則（以下「規則」という。）の規定によるもの及び希少種保全動植物種基本方針（以下「基本方針」という。）第7の定めるによるもののほか、この要領の定めるところによる。

2 認定申請書等の様式

認定等に係る申請書又は届出書等の様式は、「絶滅のおそれのある野生動植物の種の保存に関する法律の事務に係る様式について」（平成30年6月1日環自野発第1806011号自然環境局野生生物課長通知。以下「事務様式通知」という。）によるものとする。

3 認定申請内容等の事前指導

認定等に関し相談を受けたときは、対象となる行為の内容及び申請書又は届出書の内容が法、施行令、規則、基本方針及び本要領に照らし適切なものとなるよう指導に努めるものとする。なお、指導に際しては行政手続法第32条から第36条の2までの規定に留意するものとする。

4 認定申請書の処理等

認定等に係る申請書及び届出書の受領並びに申請の処分に係る事務は、いずれも自然環境局野生生物課希少種保全推進室が行う。

認定等に係る申請書又は届出書が提出されたときは、当該申請書又は届出書について不備又は不足がないことを確認し、不備又は不足がある場合には相当の期間を定め、申請者又は届出者に補正させる。認定等に係る申請については、不備又は不足がない申請書が提出された日から遅滞なく必要な事項について審査し、処理するものとする。認定等の申請に係る処理案については、原則として、当該申請に係る動植物園等の所在地を管轄する地方環境事務所等に意見照会を行うこととする。また、意見照会に当たっては、地方環境事務所等に申請の要点を示すこととする。

認定等に係る届出については、不備又は不足がない届出書を受領するものとする。

認定等に係る申請の処分については、環境省行政文書管理要領に定めるとおり、いずれも自然環境局長の専決事項とされている。申請に対する処分結果については、当該申請に係る動植物園等の所在地を管轄する地方環境事務所等に通知することとする。

第2章　認定の審査
5　認定基準等の細部解釈と審査に係る留意事項
(1) 「動物園、植物園、水族館」（法第3条第3項）、「昆虫館」（規則第1条の3）

　これらの施設を個別具体的に示す定義はないため、法第2条第3項に規定する「動植物園等」への該当有無は、その施設の名称によってではなく、その事業・施設の態様等を踏まえ、あくまで法及び規則に規定する主たる目的を有しているかどうかによって判断する。

(2) 「野生動植物の生きている個体の販売若しくは貸出し又は飲食物の提供を主たる目的とするもの」（規則第1条の3）

　いわゆるペットショップ、ペットレンタル事業、動物カフェ等の施設が該当する。飼養等及び展示も同時に行っている施設においては、いずれの目的が最も優先されるか（いずれの目的が当該施設の経営基盤とされているか等）を勘案し、飼養等及び展示よりも生体販売・貸出し又は飲食物の提供が主目的であると判断される施設は、「動植物園等」には該当しない。例えば、生体販売・貸出しによる事業収入が飼養等及び展示に係るものよりも明らかに大きい施設や、施設内の動植物鑑賞のために入場者に必ず飲食物の購入を求めている施設などは「動植物園等」には該当しない。なお、「動植物園等」に該当しない施設は、希少種保全動植物園等の認定の対象にならない。

(3) 「動植物園等を設置し、管理する者（法人に限る。）」（法第48条の4）

　認定申請の主体は、動植物園等の設置者又は管理者のいずれも可能であり、双方の間の調整・合意により決定されるものである。管理者が申請主体となる場合は、設置者からの管理委託関係を明確にする必要がある。

　なお、管理者が申請主体となり認定を受け、認定の有効期間の満了前に当該管理者の変更があった場合は、当該管理者が認定に係る動植物園等を管理しないこととなるため、法第48条の5第4項に基づく廃止届を提出させることとする。また、認定を受けた者が管理する動植物園等がなくなることから、当該認定は当然失効する。このため、引き続き当該動植物園等の認定を受けようとする場合は、新たな管理者又は設置者が新規の認定申請を行う必要がある。

(4) 「当該動植物園等において取り扱われる希少野生動植物種」（法第48条の4第1項第1号ほか）

　「希少野生動植物種」とは、法に基づく国内希少野生動植物種（特定第1種国内希少野生動植物種及び特定第2種国内希少野生動植物種を含む。）、国際希少野生動植物種及び緊急指定種が該当するため、これら申請すべき種に漏れがないよう留意する。環境省等のレッドリスト掲載種であっても、法に基づくこれらの種に指定されていないものは該当しない。

　「取り扱われる」とは、申請時に当該動植物園等において現に飼養栽培されている全ての希少野生動植物種のほか、現に飼養栽培されていないものの今後その予定がある種

を含む。ただし、このような種についても飼養等及び譲渡し等の実施体制・飼養栽培施設・計画に係る事項を申請させる必要があることから、これらの事項が明確ではない種を申請に含めることはできない。また、死亡した個体又は個体の器官・加工品のみを取り扱っている種については含まない。

(5) 「飼養等及び譲渡し等の目的が、第13条第1項に規定する目的に適合すること」(法第48条の4第1項第1号)

　　目的に応じた計画に基づく譲渡し等が規制の適用除外とされるため、該当すると考えられる目的すべてを種ごとに申請させる。ただし、法第13条第1項に規定する譲渡し等の許可の目的は、公益的なものに限られていることに留意する必要がある。例えば、商業的な繁殖又は種の保存に資さない研究のための飼養等及び譲渡し等については、本条に規定する繁殖又は学術研究の目的とは認められない。

(6) 「飼養等及び譲渡し等の実施体制及び飼養栽培施設」「飼養等及び譲渡し等の目的に応じて種の保存のため適切に取り扱うことができると認められるもの」(規則第36条)

　① 実施体制

　　取り扱われる希少野生動植物種ごとに、以下の要件を全て満たす又はこれと同等の能力を有すると認められる飼養栽培担当者及び計画管理者の配置が必要である（いずれも同一の者が複数種を担当することを妨げない。また、「計画管理者」とは、対象種の飼養等及び譲渡し等の計画を確実に実施できるよう管理を行う者を言い、認定を受ける対象となる動植物園等の管理者のことではない。）。加えて、動植物園等の施設全体として、傷病・疾病への適切な対処ができる体制も求められる。

（担当者の要件）

・動植物園等における動植物種の飼養栽培の実務経験を通算5年以上有すること又は通算3年以上かつ適当な学歴を有する（学校教育法に基づく大学若しくは高等専門学校において農学その他動植物の飼養栽培に関して必要な課程を修めて卒業した者又はこれと同等以上の学力を有する）こと

・担当する希少野生動植物種又はその類似種・近縁種の繁殖期と非繁殖期における飼養栽培の実務経験を有すること（類似種・近縁種が入手困難等、やむを得ない事由により実務経験を積めない場合には、対象種の繁殖期及び非繁殖期の飼養栽培に係る知見を有する動植物園等において研修等により当該知見を習得したと認められること）

　　類似種・近縁種の範囲については、対象種の生態及び飼養栽培方法の観点で判断すれば良く、必ずしも分類上の考え方に基づく必要はない。

・繁殖を目的とする種の担当者については、当該種又はその類似種・近縁種の繁殖を目的とした飼養栽培に取り組んだ経験を有すること又は当該動植物園等において過去に繁殖に取り組んだ実績を有し、その知見を担当者が活用できる体制であること

（計画管理者の要件）

・対象種の飼養等及び譲渡し等の計画を確実に実行するよう、担当者による飼養等の方針及び対象種の個体の譲渡し等の方針を決定するとともに、担当者の指導監督等を行うことができる役職に就いていること

（傷病・疾病・病虫害への対処体制の要件）

・鳥インフルエンザや口蹄疫といった感染症の予防及び傷病・疾病個体が生じた場合の適切な対処のための体制として、獣医師の配置や連携の体制、対応マニュアル等が整備されていること（植物園においては、植物園として長年にわたって絶滅危惧種の栽培を安定して継続している実績があること又は樹木医等の植物の病虫害に関する十分な知見を有する者が配置されていること等、病虫害に適切に対処できる体制を有すると認められること）

② 飼養栽培施設

動植物園等の施設全体として、鳥インフルエンザや口蹄疫といった感染症の感染個体など、傷病疾病個体について適切に対処できる救護又は隔離等のための施設・スペースの配置が原則として必要である。ただし、取り扱われる希少野生動植物種が植物のみである植物園についてはこの限りではない。

また、繁殖を目的とする種については、当該種のペアリング、孵化、育雛、哺育、培養のために必要な施設・スペースの配置が必要である。教育を目的とする種については、一般公衆向けに個体を展示するための施設・スペースなどの配置が必要である。同様に、学術研究その他を目的とする種については、それぞれ目的の内容に応じて、必要と考えられる施設・スペースの配置が必要である。

なお、飼養栽培施設の審査は、希少野生動植物種の安定的な飼養栽培を確保することができるかといった種の保存の観点から行うものであり、いわゆるアニマルフェルフェアの観点から行うものではない。種の保存の観点から審査を行うという点は、実施体制の審査においても同じである。

(7) 「飼養栽培施設の規模及び構造を明らかにした図面及び写真（規則第39条第1項第2号）

申請書添付図面として、動植物園等における上記の飼養栽培施設の配置が示された配置図及び各施設の規模（面積及び高さ）と構造が示された平面図・立面図等を求めるものである。また、各施設における外観及び関連設備等の写真の添付を求めるものである。

(8) 「飼養等及び譲渡し等に関する計画」「飼養等及び譲渡し等の目的に応じて種の保存のため適切に取り扱うことができると認められるもの」（法第48条の4第1項第3号）（規則第37条）

計画の記載事項は、事務様式通知に示す様式第65号別紙2のとおり、対象種の飼養等及び譲渡し等に関する全体方針、目標、飼養等の方針、他園館との連携・協力体制、譲渡し等の方針及びその他必要な事項（生息域内保全に係る事業に寄与する種についてはそ

の内容等）とする。希少野生動植物種ごとに作成することとされているが、計画内容が大きく異ならない種については、1つの計画で複数種を対象とすることも差し支えない。

　計画の内容には、個体の傷病・疾病に対する適切な対処について示されるとともに、対象種の飼養等及び譲渡し等の目的に沿った内容が求められる。例えば繁殖を目的とする場合には、遺伝的多様性の保持に可能な限り配慮されており必要かつ可能な場合には他園館との適切な連携体制を有していること等が明確に示されている必要がある。なお、希少野生動植物種の生きた個体をマスメディアに過度に出演させる又は人との過度な接触をさせる等の繁殖に支障を及ぼすような生体の取扱いをしている場合は、繁殖を目的とした計画の基準には適合しない。教育を目的とする場合には、その個体展示等の内容が個体の安定した飼養等に支障を及ぼすものではなく希少野生動植物種の生息・生育状況や保全施策について適切に普及啓発されるものであること、学術研究目的の場合には、研究目的や内容が繁殖技術確立等の種の保存に資するものであって成果が広く関係者に活用されるものであること等について、計画に示されている必要がある。

　このほか、計画の内容は、対象種の特性に応じた取扱いについても考慮されるべきであり、例えば、必要に応じて、繁殖を目的とした哺乳類や鳥類の種は繁殖期の一般展示を控える、多産な昆虫類等は繁殖制限を検討する、淡水魚類は地域ごとの系統を重視して飼養管理する、維管束植物については種の状況に応じた最適な繁殖形態（有性生殖、無性生殖、自家受粉等）を検討する等の配慮が示されるべきである。一方で、希少野生動植物種は大型哺乳類から昆虫や植物まで幅広い分類群で指定されているため、種によって求められる計画の内容は大きく異なり得ることに留意が必要である。

　なお、譲渡し等の規制の適用除外とするためには、この計画において、想定される譲渡し等の考え方を示す必要がある。

(9)　「前号の計画が確実に実施されると見込まれること」（法第48条の4第1項第4号）

　　上記(6)の実施体制として示した計画管理者が配置されていること、必要に応じて複数の園館との連携体制が確保されていること等によって担保されるものである。このため、計画の確実な実施という観点からも、計画管理者の配置及び連携体制の確保について確認する。

(10)　「展示の方針その他の事項が、希少野生動植物種の保存に資するものとして環境省令で定める基準に適合すること」（法第48条の4第5号）

　　規則第38条各号に規定する基準のすべてに適合する必要があり、同各号のいずれかの基準のみに適合している場合は認定できない。

(11)　「展示の方針が、当該種が置かれている状況、その保存の重要性並びにその保存のための施策及び事業についての適切な啓発に資すると認められるもの」（規則第38条第1号）

　　「展示」とは、申請に係る動植物園等が、取り扱う希少野生動植物種に関して行う環境教育・普及啓発を指し、生体の展示だけでなくパネルによる解説展示なども含まれ

る。本規定は、申請時に現に実施している展示の内容ではなく、認定希少種保全動植物園等として展開していく環境教育・普及啓発の方針を求める趣旨である。また、種ごとではなく、動植物園等の施設全体としての希少野生動植物種の展示の方針を求めるものである。

環境教育・普及啓発は、基本方針第八の4の趣旨を参考とし、最新の科学的知見を踏まえつつ実施することが重要である。また、環境教育・普及啓発の内容が、その種の生態等を誤って伝えてしまうもの、個体の安定した飼養等に支障を及ぼすもの又は人と過度な接触を伴うものなどは、広報効果はあったとしても、本規定の「適切な啓発に資する」とは言えない。

⑿　「一種以上の個体について繁殖させ、又は繁殖させることに寄与すると認められるもの」（規則第38条第2号）

「個体」には、法の定義に基づき政令で指定された卵及び種子も含まれる。また、認定の有効期間において実際に繁殖に取り組むことを求めた規定であるため、その結果として繁殖に成功しなくても本規定に抵触するものではない。繁殖を飼養等及び譲渡し等の目的として申請された種については当然本規定に該当することとなるため、当該種の繁殖に係る担当者の経歴や動植物園等の実績、個体の飼養栽培状況や繁殖に必要な施設の有無などとの整合に留意する。

「繁殖させることに寄与する」については、自らの施設で実際の繁殖を行う予定はないものの、当該種の繁殖について連携している施設からの余剰個体を受け入れる場合などが該当する。単発的・偶発的に不特定の施設から余剰個体を受け入れるような場合は該当せず、あくまで複数の動植物園等と当該種の繁殖の取組について連携している場合であって、その連携施設全体による繁殖の計画において、各施設の飼養栽培スペースの制約に伴い発生する余剰個体を受け入れる施設として自らの動植物園等が位置づけられている場合に限られる。

なお、そもそも譲渡し等の規制がかからない特定第一種国内希少野生動植物種や商業的な繁殖が可能である等として譲渡し等の規制の適用を除外されている種については、繁殖の取組を求める意義が認められないため、本規定の対象にはならないこととされている。

⒀　「その取り扱う国内希少野生動植物種のうち一種以上の個体」（規則第38条第3号）

生息域内保全への寄与を求める観点から、国内希少野生動植物種に限定した規定であり、国際希少野生動植物種は本規定の対象にはならない。

⒁　「その生息地又は生育地における、当該種の個体の繁殖の促進、当該生息地又は生育地の整備その他の当該種の保存を図るための事業」（規則第38条第3号）

法に基づく保護増殖事業計画や、類似の条例に基づく保護増殖の計画に基づく事業又はこれらの計画内容と整合した事業であって、生息域内保全に係るものが想定される。具体的には、生息域内における生息状況等の調査又は生息環境の整備等に係る事業のほ

か、野外調査では把握困難な繁殖特性等の知見集積や野生復帰させうる資質を保つ飼養栽培又はそのための技術開発など、野生復帰に資する飼養栽培に係る事業（既にこのような知見集積や技術確立済みの種に係るものを除く。）や、傷病個体の救護・リハビリ及び放野又は放野不可能な個体の飼育下繁殖等への活用に係る事業などが該当しうる。

また、種の保存に資する適切な事業として認められることが必要であるため、原則として、事業主体として行政機関が参画していることや認定の有効期間中の事業継続が見込まれることが求められる。行政機関が全く参画していない事業又は保護増殖の計画が策定されていない種に係る事業については、当該事業の内容又は計画策定等への適切な指導助言を行うことのできる有識者の関与を確認するなど、個別にその事業の適切性及び継続性について判断する。

⑮ 「寄与すると認められるもの」（規則第38条第3号）

上記事業に主体的・継続的に参画すること（事業主体の一員となること）を求めるもの。動植物園等として参画することが必要であり、職員の私的な参画では認められない。また、事業主体の一員としての参画が求められるものであり、原則として単年のみや1回のみなどの限定的な参画では認められない。例えば、生息状況調査や生息環境整備等への参画にあたっては、動植物園等の業務の一環として例年職員を派遣することなどが求められる。傷病個体救護等への参画に当たっては、対象種の傷病救護個体を受け入れている動植物園等であっても、受入れ後の取扱いが事業内容に合致していない又は他の事業主体との連携がない等、事業主体の一員として実施していると見なせない場合には認められない。

なお、「寄与すると認められる」か否かは、当該事業の計画内容との整合性によって判断する。事業計画が未策定である場合は、上記のとおり当該事業の適切性を確認するとともに、当該事業に関わる有識者及び当該事業区域を管轄する地方環境事務所その他の関係行政機関に助言を求める等して判断する。

⑯ 「適法に取得されたと認められるもの」（規則第38条第4号）

ここで言う適法とは、種の保存法のみならず、例えば外為法や関税法、文化財保護法といった希少野生動植物種の保護や流通管理の観点からその個体の取得又は移動について制限をかけている各種法令を遵守することも含まれる。取得の経緯については、原産地からの捕獲等・輸入、繁殖、寄贈など多様な形態があり得るが、その取得経緯が適法なものである必要がある。ただし、犯罪捜査に係る押収品の保護として個体を取得した場合など、過去に違法な取得経緯を有するものの種の保存の観点から適切な取得と認められるものについてはこの限りではない。

審査にあたっては、多様な流通経緯における幅広い関係法令の遵守状況を個体ごとに証明させることは困難な場合も想定される。このため、申請者が覚知できる範囲の各個体の取得経緯について、個体取得記録などを添付させて申請させ、取得経緯の適法性が明確ではない個体（例えば申請者が業者から合法的に購入した個体であるものの原産地

からの取得の適法性が疑わしい場合）については、必要に応じてその個体の適法な取得を証する書面を添付させる。

なお、認定後における個体の取得についても当然適法な取得が必要であり、新たな個体の取得についてはその経緯とともに規則第46条に規定する記録・報告事項として定期的な報告を求めることとする。

(17) 申請者の欠格事項（法第48条の4第4項各号）

いずれの欠格事項にも該当しないことを制約する書面（事務様式通知に示す様式第66号による。）を申請書に添付させることとしているが、必要に応じて地方検察庁その他の関係行政機関への犯歴照会等により確認する。

第3章　認定後の取扱い

6　認定希少種保全動植物園等の公示の方法（規則第40条）

以下の事項について、環境省ウェブサイトに公示する。

- 認定等（認定、変更の認定、変更・廃止の届出、認定の更新又は認定の取消し）に係る者の名称・住所・代表者の氏名
- 認定等を受けた動植物園等の名称・所在地
- 認定等を受けた年月日
- 認定の有効期間の満了日
- 当該園館で取り扱われる希少野生動植物種の種名
- 変更の認定を受けた場合は変更に係る事項に係る種名
- 変更の届出をした場合は変更の内容

7　変更の認定（法第48条の5第1項、規則第42条）

認定希少種保全動植物園等において取り扱われる希少野生動植物種又はその飼養等及び譲渡し等の目的が認定後に新たに追加される場合や、飼養等及び譲渡し等の実施体制、飼養栽培施設又は計画が変更後も基準に適合することが明らかであると認められない場合は、法第48条の5第1項に基づく変更の認定を要する。一方、取り扱われる希少野生動植物種又はその飼養等及び譲渡し等の目的が認定後に削減される場合や、飼養等及び譲渡し等の実施体制、飼養栽培施設又は計画が変更後も基準に適合することが明らかであると認められる場合には、新たに認定の審査を行う必要がないため、規則第42条に基づき、変更の認定を要しない軽微変更として把握される。例えば、認定希少種保全動植物園等における人事異動等による希少野生動植物種の担当者又は計画管理者の変更、飼養栽培施設の改修等に伴う施設の配置又は個体の飼育スペースの変更などについては、これらの実施体制又は飼養栽培施設の規模が大幅に縮減されるような場合を除き、基本的には変更後も認定基準に適合することが明確であるものとして、変更の認定を要しない。

認定希少種保全動植物園等において飼養栽培している種が、新たに希少野生動植物種に指定された場合には、認定希少種保全動植物園等であっても当該種の譲渡し等に原則として法第13条第1項の許可を要することについて、認定を受けた者に適切に周知する。

変更の認定に係る申請事項及び添付書類は、規則第41条第1項及び第2項に基づき、変更の内容に係るもののみで足りる。また、変更の認定があった場合も、当該認定希少種保全動植物園等の認定に係る有効期間に変更は生じない。

8 **変更の届出（法第48条の5第3項）**

認定を受けた者の名称・住所、その代表者の氏名又は認定を受けた動植物園等の名称・所在地を変更した場合は、変更後、遅滞なく、その旨の届出を行うことを要する。ここで言う名称の変更とは、認定を受けた者（設置者又は管理者）そのものを変更することに伴うものではなく、認定を受けた者の代表者の交代や法人名の変更を指す。

また、法第48条の5第3項においては、前述のような「変更の認定を要しない軽微な変更」であって、環境省令で定めるものに限り、変更の届出を要することとされている。しかしながら、当該環境省令は定められていないため、「変更の認定を要しない軽微な変更」については、変更の届出も不要となっている。ただし、これらの軽微な変更についても定期的に把握することが望ましいため、規則第46条に規定する記録及び報告事項として取り扱う。

9 **廃止の届出（法第48条の5第4項）**

認定を受けた動植物園等の閉鎖等により当該動植物園等の運営が将来にわたって不可能となった場合には、当該認定希少種保全動植物園等設置者等に廃止の届出を行わせる。また、動植物園等の閉鎖等を伴わない場合であっても、当該認定希少種保全動植物園等設置者等が、認定を受けた者から別の者に変更する場合等には、廃止の届出を行わせる。

休園等により希少野生動植物種の飼養等及び展示が一時的に行われなくなった場合には、運営再開の見込み等について当該認定希少種保全動植物園等設置者等に定期的な報告を行わせるなど適切に指導することとし、必要に応じて法第48条の11第1項に基づく報告徴収及び立入検査を検討する。なお、運営再開の見込みが不明確であり休園等が長期間にわたるような場合であれば、廃止の届出がなされるべきであり、法第48条の8に基づく適合命令の対象となり得る。

10 **記録及び報告（法第48条の7）**

計画に基づく飼養等及び譲渡し等の実施状況及び各種認定基準に係るものとして、以下の事項の記録及び報告を求める。ただし、そもそも譲渡し等が規制されていない特定第一種国内希少野生動植物種及び規則第5条第2項第7号から第9号に掲げる種並びに販売又は頒布等の目的以外の譲渡し等が規制されていない特定第二種国内希少野生動植物種については、その譲渡し等その他の状況に係る記録及び報告は簡易なものであっても差し支えない。

・取り扱われる希少野生動植物種の飼養等の状況（個体の新たな導入、繁殖、死亡等）
・取り扱われる希少野生動植物種の譲渡し等の状況（譲渡し等の日時・相手・輸送方法等）
・変更の認定又は届出を要しない実施体制、飼養栽培施設及び計画に係る軽微変更の内

容
- 規則第38条各号の事項に係る状況（展示、繁殖、生息域内保全に係る事業への寄与、新たな取得個体の取得経緯など）
- 役員の変更があった場合には、変更後の役員一覧の添付及び新たな役員が法第48条の4第4項第3号に該当しない旨

　報告対象とする期間は、原則として前年4月1日からその年の3月31日までの1年間（認定後初めての報告にあっては認定の日から次の3月31日まで）とし、毎年3月31日時点の状況について、事務様式通知に示す様式第69号及び同様式別紙によりその年の4月末日までに提出させるよう適切に指導することとする。

（例）平成30年6月30日付けで認定を受けた場合
- 報告対象とする期間：平成30年6月30日～平成31年3月31日
- 報告の時点：平成31年3月31日
- 報告の提出期限：平成31年4月末日まで

※翌年は、平成31年4月1日～平成32年3月31日の状況について、平成32年4月末日までに報告することとなる。

11　適合命令（法第48条の8）

　認定希少種保全動植物園等が認定基準に適合しなくなったと認められるときは、認定希少種保全動植物園等設置者等に対する適合命令を検討する。なお、「適合しなくなった」とは、あくまで認定後に基準に適合しなくなった場合を指すため、認定の際に既に基準に適合をしていなかったにも関わらず虚偽の申請により認定を受けた者についてはこれに該当せず、認定の取消しについて検討をすることとなる。

12　認定の取消し（法第48条の9）

　認定希少種保全動植物園等が、法若しくは法に基づく命令又は法に基づく処分に違反したとき、不正の手段により認定、変更の認定若しくは認定の更新を受けたとき又は認定基準のいずれかに適合しなくなったときには、認定を取り消すことができる。取消しの検討にあたっては、当該取消しに係る事実の悪質性と認定を受けた者の帰責性等を踏まえ、取消しの要否及びその範囲（取消しを行う場合、認定時に遡って行うかどうか）を個別に検討する。

Ⅲ 資料編　3 通知その他　＜捕獲等・譲渡し等・登録関係の通知等＞

○特定国内種事業における「販売事業を行う施設」の解釈について

〔平成21年8月5日　環自野発第090805001号
各地方環境事務所長及び釧路・長野・那覇自然環境事務所長宛　野生生物課長通知〕

　絶滅のおそれのある野生動植物の種の保存に関する法律（平成4年法律第75号、以下「法」という。）第30条第1項において、特定国内希少野生動植物種の個体等の譲渡し又は引渡しの業務を伴う事業（以下、「特定国内種事業」という。）を行おうとする者は、あらかじめ、環境大臣及び農林水産大臣に届け出なければならないとされている。平成20年1月23日付け環自野発第080123001号で変更を通知した届出様式第11(1)の注3において、「「特定国内希少野生動植物種の個体等の譲渡し又は引渡しの業務を行うための施設」欄には、販売、保管、繁殖等の施設が別である場合には、これらの施設名を列挙し、それぞれの所在地を記載すること。なお、販売事業を行う施設が複数ある場合には、1施設毎に別葉の届出書を使用すること。」と定めたところである。
　今般、簡易な出張販売についても、特定国内種事業の「販売事業を行う施設」として届出を行う必要があるかとの解釈上の疑義が生じ、これを整理したことから、今後下記の整理及び別添に従い運用されたい。

記

　様式第11(1)の注3における、「販売事業を行う施設」とは、主たる営業所である本店及び主たる営業所である本店に従属してその指揮命令を受ける従たる営業所であって、本店に従属しつつもある程度の営業活動上の独立性をもつ支店のことをいう。なお、既届出事業者の指揮命令のもとに行われる出張販売であって法第31条に基づく遵守事項の実施上支障がないものについては、届出不要である。

（別　添）

（届出の取扱い例）
　○販売施設、出張販売が複数ある場合。
　　・本店、支店　　　　　……本店、支店とも別葉で届出。
　　・本店、出張販売　　　……本店のみ届出。
　　・本店、支店、出張販売……本店、支店のみ別葉で届出。
　　・同じような販売施設（本店、支店の区別がつかない。それぞれ営業活動上の独立性はもたない。）　　……聞き取りにより主要な販売施設を届出。なお、複数の販売施設を別葉で届出しても差し支えない。
　○既届出事業者でないものから、出張販売のみの届出があった場合。
　　・申請者の主たる所在地等を販売施設として届出。
　○既届出事業者であるものが支店を加える場合。

・別葉で支店を届出。
○既届出事業者であるものが出張販売を加える場合
　・届出、変更届は不要。
※なお、出張販売の場合は、ステッカーのコピーなどを店頭に掲示することが望ましい。

＜標準処理期間・事務所の事務関係等＞
○野生生物課の処分に係る絶滅のおそれのある野生動植物の種の保存に関する法律に基づく許可等の標準処理期間の策定について

　　　　　　平成6年9月30日　環自野第316―1号
　　　　　　各国立公園・野生生物事務所長宛　環境庁自然保護局長通知

　本年10月1日より行政手続法が施行されるに伴い、別添のとおり「野生生物課の処分に係る絶滅のおそれのある野生動植物の種の保存に関する法律に基づく許可等の標準処理期間」を定めたので、通知する。なお、国立公園・野生生物事務所における当該業務の標準処理期間については「絶滅のおそれのある野生動植物の種の保存に関する法律の施行に係る国立公園・野生生物事務所の業務について」（平成6年6月30日付け環自野第207号当職通知。平成6年9月30日改正）において定めているので、これを参照ありたい。

〔別　添〕
　　　野生生物課の処分に係る絶滅のおそれのある野生動植物の種の保存に関する法
　　　律に基づく許可等の標準処理期間
1　国内希少野生動植物種の個体の捕獲等の許可等について
　　1か月間
2　特定事業に係る繁殖目的でする特定国内希少野生動植物種の個体の捕獲等の許可等について
　　1か月間
3　希少野生動植物種の個体の譲渡し等の許可等について
　　1か月間
4　2都道府県以上にまたがる管理地区内における行為の許可等について
　　1か月間
5　2都道府県以上にまたがる立入制限地区内への立入りの許可等について
　　1か月間
6　保護増殖事業の認定等について
　　3か月間
7　国内希少野生動植物種の個体の輸出に係る認定書の交付について
　　1か月間

（参考）
　　　絶滅のおそれのある野生動植物の種の保存に関する法律に係る許可等の処分に
　　　係る標準処理期間
1　国内希少野生動植物種の個体の捕獲等の許可等について（国立公園・野生生物事務所経由事務）

野生生物課の処分に係る絶滅のおそれのある野生動植物の種の保存に関する法律に基づく許可等の標準処理期間の策定について

  2か月間
  ・国立公園・野生生物事務所での処理期間：1か月間
  ・本庁での処理期間：1か月間
2 特定事業に係る繁殖目的でする特定国内希少野生動植物種の個体の捕獲等の許可等について（国立公園・野生生物事務所経由事務）
  2か月間
  ・国立公園・野生生物事務所での処理期間：1か月間
  ・本庁での処理期間：1か月間
3 希少野生動植物種の個体の譲渡し等について
  1か月間
4 管理地区内における行為の許可等について
  1 都道府県に係るもの（知事委任事務）：3か月間（平成5年4月1日付け施行通知）
  2 都道府県以上にまたがるもの：3か月間
  ・国立公園・野生生物事務所での処理期間：2か月間
  ・本庁での処理期間：1か月間
5 立入制限地区内への立入りの許可等について
  1 都道府県に係るもの（知事委任事務）：3か月間（平成5年4月1日付け施行通知）
  2 都道府県以上にまたがるもの：3か月間
  ・国立公園・野生生物事務所での処理期間：2か月間
  ・本庁での処理期間：1か月間
6 保護増殖事業の認定等について
  3か月間
7 国内希少野生動植物種の個体の輸出に係る認定書の交付について
  1か月間

○絶滅のおそれのある野生動植物の種の保存に関する法律の施行に係る地方環境事務所の業務について

平成6年6月30日　環自野第207号
各国立公園管理事務所長宛　環境庁自然保護局長通知
改正　平成6年9月30日環自野　第316-2号
　　　同　17年10月1日環自野発第051001002号

　絶滅のおそれのある野生動植物の種の保存に関する法律（平成4年法律第75号。以下「法」という。）の施行については、「絶滅のおそれのある野生動植物の種の保存に関する法律の施行について」（平成5年4月1日環境庁自然保護局長通知。以下「法施行通知」という。）及び「絶滅のおそれのある野生動植物の種の保存に関する法律に規定する特定事業に係る事務について」（平成6年1月28日環境庁自然保護局長通知。以下「特定事業施行通知」という。）により、その適正な運用を図ってきたところであるが、今般、法の施行に係る現地業務体制の整備を図るため、平成6年7月1日付けで国立公園管理事務所を廃止し、国立公園・野生生物事務所[1]（以下「事務所」という。）を設置することとされたところである。ついては、下記の法の施行に係る事務所の業務の運用、留意事項等に基づき、業務の適正な実施を図られたい。

記

第一　関係機関等との連絡調整について
　法の施行に関する業務の実施に当たっては、関係行政機関等との連絡調整を十分図られたい。特に、事務所と関係都道府県の連絡体制の整備を図る等事務所と都道府県の密接な協力関係を確保されたい。

第二　国内希少野生動植物種の指定について
　国内希少野生動植物種については、絶滅のおそれが高く、保護の必要性の高い種から、今後順次追加指定することとしているが、指定に当たっては、生息地等の状況の十分な把握が必要であることから、事務所において、調査の実施、指導等を行うこととしており、この場合、野生生物課と十分連絡を図りつつ、これを行われたい。
　また、指定に先立ち、あらかじめ関係地方公共団体の理解を得るよう努められたい。

第三　希少野生動植物種の個体の取扱いに関する規制について
　1　捕獲等に係る事務について
　　法施行通知第三の2において、法第9条の捕獲等に係る許可等（捕獲等に係る法第54条第2項の協議を含む。以下同じ。）に関する事務は環境省が直接行うこととされているが、今般の組織改正に伴い、捕獲等に係る許可申請書及び協議書（以下「許可申請書等」という。）並びに届出及び通知（以下「届出等」という。）の受理は事務所において

1　「国立公園・野生生物事務所」は平成17年10月1日付け環自野発第051001002号をもって「地方環境事務所」を指す。

行うこととする。事務所においては、捕獲等に係る事前指導を行うとともに、許可申請書等及び届出等が提出されたときは、不備又は不足するものがないことを確認し、不備又は不足するものがある場合は申請者若しくは協議者（以下「申請者等」という。）又は届出者若しくは通知者（以下「届出者等」という。）に補正させた上で、その内容を審査するものとする。許可申請書等については提出された日から起算して、原則として１か月以内に、届出等については提出後速やかに、処理するものとする。捕獲等に係る許可等の事前指導に当たっては、行政手続法第32条から第36条までの規定に留意されたい。

また、許可等に係る指令書の交付を行うものとする。

なお、天然記念物及び条例に基づく規制対象生物に係る捕獲等については、それぞれ都道府県担当部局と必要に応じ連絡調整を図られたい。

2　譲渡し等、輸出入、陳列、個体の登録に係る事務について

これらの事務については、事務所は、許可等に係る書類の受理等の事務は行わないが、申請者の相談に応じ、適切な指導を行われたい。

なお、事務所が全国に配置されていることにかんがみ、法第19条に基づく業務のうち、個体の陳列に係る施設への立入りに係る事務については、事務所においても実施することとしており、その場合、あらかじめ自然環境局野生生物課（以下「野生生物課」という。）と十分連絡を図られたい。

3　特定事業に係る事務について

法第30条第１項に基づく特定事業に係る届出の受理その他の権限に属する事務は、二以上の都道府県の区域にまたがる事業に係るものについては、環境省と農林水産省が、その他のものについては、都道府県と農林水産省がそれぞれ行うこととされている。環境省が行う事務のうち、届出の受理については引き続き野生生物課で行うこととするが、特定国内希少野生動植物種の個体の捕獲等の許可申請については、第三の１と同様、事務所において、その受理等の事務を行われたい。

なお、事務所が全国に配置されていることにかんがみ、二以上の都道府県の区域にまたがる特定事業に係る施設への法第33条第１項に基づく立入りに係る事務については、事務所においても実施することとしており、その場合、あらかじめ野生生物課、農林水産大臣官房総務課環境対策室及び関係都道府県と十分連絡を図られたい。

第四　生息地等の保護に関する規制等について

1　生息地等保護区について

生息地等保護区については、国内希少野生動植物種の保存のため、その個体の生息・生育環境の保全を図る必要があると認めるときに指定することとしているが、指定に当たっては、生息地等の状況の十分な把握が必要であることから、事務所において、調査の実施、指導等を行うこととしており、この場合、野生生物課と十分連絡を図りつつ、これを行われたい。

また、指定に先立ち、あらかじめ関係地方公共団体等関係者の理解を得るよう努めら

れたい。
2　管理地区内における行為の取扱いについて
　　管理地区内における法第37条第4項、第8項及び第10項に基づく行為の許可等（行為に係る法第54条第2項の協議及び第3項の通知を含む。以下同じ。）については、事務所において処分する。
3　立入制限地区への立入りの取扱いについて
　　管理地区内における大臣権限に係る行為に伴う法第38条第4項第3号に基づく立入制限地区への立入りの許可等（立入りに係る法第54条第2項の協議を含む。以下同じ。）については、事務所において処分する。
4　監視地区内における行為の取扱いについて
　　法第39条第1項に基づく監視地区内における行為の届出等（監視地区内の行為に係る法第54条第3項の通知を含む。以下同じ。）の受理については、事務所において処分する。
5　生息地等保護区の管理について
　　生息地等保護区内において、国内希少野生動植物種の個体群の安定した存続が確保されるよう、地域の理解と協力を得ながら、制札等必要な施設の整備、巡視、生息・生育状況の把握等を行い、適切な管理が行われるよう努められたい。
6　生息地等の状況の把握について
　　生息地等保護区以外の国内希少野生動植物種の生息地等について、関係地方公共団体、希少野生動植物種保存推進員と連絡を密にする等により、状況把握に努めるとともに、必要に応じ、事情を聴取し、助言をする等、その適切な保全に努められたい。
第五　保護増殖事業について
　　国内希少野生動植物種に指定された種のうち、個体の繁殖の促進や生息・生育環境の改善等の事業を行う必要があるものについては、環境省及び事業を行おうとする関係行政機関が保護増殖事業計画を策定することとなっているが、事務所においても野生生物課と連絡を図りつつ、適切な計画策定のための調査・検討を行われたい。
　　また、保護増殖事業計画に沿って自ら事業を実施し、あるいは事業受託者を指導するとともに、複数の事業者が存在する場合にはその相互の連携が図られるよう努められたい。
第六　自然保護官の関与について
　　事務所長が必要かつ適当と判断した場合には、事務所長の命により法の施行に係る業務の一部を自然保護官に行わせることができる。
　　なお、その場合、あらかじめ野生生物課と十分連絡を図られたい。
第七　様式について
1　捕獲等に係る申請書等の様式は、別記様式1(1)～2(5)によるものとする。
2　個体の譲渡し等、輸出及び登録に係る申請書等の様式は、別記様式3(1)～6(3)によるものとする。
3　特定事業に係る申請書等の様式は、特定事業施行通知で定めたものによるものとす

る。
4　生息地等保護区における行為許可等に係る申請書等の様式は、別途定めおく。
別記様式　略

＜その他＞
○絶滅のおそれのある野生動植物種の生息域外保全に関する基本方針

〔平成21年1月
　環境省〕

（絶滅のおそれのある野生生物の現状）
　我が国に生息・生育する野生生物は、既知のものだけでも9万種以上といわれる。これらは我が国の生物多様性を構成する重要な要素であり、これらの種の絶滅を回避することは我が国の責務である。
　環境省では昭和61年以降、我が国に生息・生育する野生生物の種の現状を的確に把握するため、レッドリスト（絶滅のおそれのある野生生物の種のリスト）を作成して一般に公表し、野生生物の種を取巻く現状について、国民の理解を深めてきた。
　平成18年と平成19年に改訂、公表した最新のレッドリストでは、我が国に生息・生育する3,155種の野生生物が、絶滅のおそれのある種（絶滅危惧Ⅱ類（VU）以上）に掲載されている。

（種の保存法に基づく取組）
　絶滅のおそれのある野生動植物種を保存する法制度としては、「絶滅のおそれのある野生動植物の種の保存に関する法律」（平成4年法律第75号。以下「種の保存法」という。）があり、同法に基づく「希少野生動植物種保存基本方針」（平成4年総理府告示第24号。）に沿って、我が国における生息・生育状況が、人為の影響により存続に支障を来す事情が生じていると判断される種、81種が国内希少野生動植物種に指定され、捕獲・採取や譲渡し等の規制や生息地の保護等を受けている。
　また、これらの種のうち、特に個体の繁殖の促進や生息地の整備等の事業を推進する必要があると認められる種、38種（動物26種、植物12種）については、環境省と関係省庁が共同で、または環境省単独で、「保護増殖事業計画」を策定し、それぞれの種の絶滅を回避するために、保護増殖事業を実施している。
　さらに、絶滅のおそれのある野生動植物種の保存には国際協力が不可欠であることから、国際条約等に基づき、我が国がその保存に責務を有する677種類（科、属、種、亜種及び変種）が、種の保存法に基づく国際希少野生動植物種に指定されている（平成20年12月現在）。

（生息域外保全の取組の現状）
　野生動植物種の絶滅を回避するためには、その種の自然の生息域内において保存されることが原則である。しかしながら、種によっては危機的な状況にあるため、生息域内保全の補完としての生息域外保全は、生息・生育状況の悪化した種を増殖して生息域内の個体群を増強すること、生息域内での存続が困難な状況に追い込まれた種を一時的に保存することなど

に、有効な手段と考えられる。
　我が国においては、環境省が、保護増殖事業計画に基づいて、トキやツシマヤマネコなど16種について生息域外保全を実施しているほか、(社)日本植物園協会加盟の植物園は、レッドリスト掲載種の約50％に当たる847種（平成20年2月現在）を保有するとともに、「植物多様性保全拠点園ネットワーク」を構築して、絶滅のおそれのある種の保護増殖に努めている。また、(社)日本動物園水族館協会では、種の保存委員会を組織し、繁殖計画に基づいて、各園館の協力により、血統登録や飼育動物の移動・管理などを行って、飼育下での繁殖に成果を挙げている。
　他にも、コウノトリ（兵庫県）やシナイモツゴ（NPO法人シナイモツゴ郷の会）、ガシャモク（NPO法人手賀沼にマシジミとガシャモクを復活させる会）など、地方自治体やNPO法人、民間企業、教育機関などが主体となった取組も各地で行われている。
(生息域外保全における課題)
　このように、我が国において、既に、生息域外保全の取組が進められているものの、これまで、生息域外保全に関する統一的な考え方は示されていなかった。そのため、それぞれの取組は、独自の生息域外保全に対する考えに従って進められており、適切とはいえない人工繁殖や放逐・植え戻しによる近交弱勢、遺伝的多様性の攪乱など、これらの取組が、種の存続に対して、必ずしも良い方向ではない結果を招く可能性も指摘されている。また現状で、実施主体間の認識や情報の共有、連携協力が十分に図られているとは言い難い状況にある。
(本基本方針の性格)
　本基本方針は、このような現状を踏まえ、我が国における絶滅のおそれのある野生動植物種の生息域外保全が、どのような考え方に沿って、どのような注意の下に進められるべきかということを提示するものである。
　これを基に、各実施主体がよりよい生息域外保全のあり方を見据え、相互に連携・協力して、計画的かつ効率的に生息域外保全を実施していくことを作成の目的としている。
　環境省は、本基本方針に沿って、生息域外保全を実施する。
　また、生息域外保全に関して重要な役割を担う(社)日本動物園水族館協会及び(社)日本植物園協会も、生息域外保全を実施するにあたり、本基本方針に沿って取り組むこととする。
　その他の主体が行う生息域外保全については、それぞれが本基本方針の趣旨を理解し、この方針に従って、より適切な取組が進められることを期待する。
　本基本方針が対象とする生息域外保全の範囲は、国内に生息・生育する種のうち、絶滅のおそれのある種（レッドリスト絶滅危惧Ⅱ類（VU）以上）を取り扱う場合とするが、これ以外の種を対象とする場合にも、必要な側面において本基本方針の活用を期待する。
　また、国外に生息・生育する種については、国際協力の観点から取組可能な種に対する取扱について言及する。

1　生息域外保全の目標及び目的
　生息域外保全は、種の絶滅を回避し、種内の遺伝的多様性を維持することを最終的な目

標として取り組むこととし、以下の３点を実施の目的とする。
① 緊急避難
生息域内での存続が困難な種を生息域外で保存し、あるいは個体数を増加させ、種の絶滅を回避すること。
② 保険としての種の保存
生息域内において、種の存続が近い将来困難となる危険性のある種を生息域外で保存し、遺伝的多様性の維持を図ること。
③ 科学的知見の集積
生息域内において、種の存続が困難となる危険性のある種（上記②に該当する種を除く。）について、飼育・栽培・増殖等の技術や遺伝的多様性の現状等に係る科学的知見を、生息域外に置いた個体群からあらかじめ集積しておくこと。なお、上記①②を実施する場合には、併せて科学的知見の集積も行う。

2　生息域外保全の実施に係る基本的な事項
生息域外保全は、以下の点を基本として実施する。
(1) 生息域内保全との連携
生息域外保全は、生息域内保全の補完として実施するものであるため、生息域内における状況を把握するよう努め、常に生息域内保全との連携を図ることが肝要である。ファウンダーの確保に際しては、生息域内の同種個体群や生態系に及ぼすと考えられる悪影響（個体数の減少、遺伝的多様性の撹乱等）を最小限に留めるよう配慮する必要がある。
また、生息域外において保存される個体は、可能な限り野生復帰させることが期待されるため、野生復帰させ得る資質を保つことが原則となる。しかし、野生復帰は、生息域内の同種個体群や生態系に及ぼすと考えられる悪影響（遺伝的多様性の撹乱、個体群的特性の撹乱、飼育・栽培下で感染した病原体及び寄生生物の伝播、外来生物の非意図的導入等）が、可能な限り排除された条件下で慎重に行われる必要がある。野生復帰は、国際自然保護連合（IUCN）作成の「再導入ガイドライン」に準拠して実施することが適切である。
(2) 実施計画の作成
生息域外保全の実施主体は、その実施に先立ち、本基本方針に沿ってその実施行程全体をあらかじめ検討し、生息域外保全の実施計画を作成する。
この計画は次の項目を含めて作成する。
事業の対象種／実施主体／目的／実施場所と施設の名称・位置／ファウンダーの確保に係る方法／増殖の目標とする個体数／余剰個体の取扱／野生復帰に係る見込み／野生復帰による影響評価／実施行程
(3) 飼育・栽培の体制と施設
生息域外保全は、十分に能力（収容力、技術力、資金力）のある実施主体及び施設に

おいて、長期的な視点で、専門技術者の管理下で実施する。特に動物の飼育において
は、「展示動物の飼養及び保管に関する基準」（環境省）及び「動物展示施設における人
と動物の共通感染症対策ガイドライン」（厚生労働省）を遵守し、動物福祉に配慮でき
る施設において実施する。
　　また、飼育・栽培施設において、飼育・栽培個体の非意図的な脱出・分散、飼育・栽
培個体間の交雑や病原体の感染等が発生しないような予防措置を講じる等、適正な取扱
に留意する。
(4) 実施主体間の連携
　　環境省、(社)日本動物園水族館協会（加盟する動物園、水族館等を含む。）及び(社)
日本植物園協会（加盟する植物園を含む。）は、相互に連携協力を図り、生息域外保全
を推進する。
　　また、各試験研究機関、教育機関、研究者、一般市民を含めた全ての生息域外保全の
実施主体は、研究・開発や人工繁殖個体の分散、普及啓発などに関して、それぞれ連携
を図り、生息域外保全の成果は、相互に活用されることが望まれる。
(5) その他
　ア　技術的手法に関するガイドラインの活用
　　　生息域外保全に係る技術的手法については、IUCN作成の「野生生物保全のための
生息域外個体群管理におけるテクニカル・ガイドライン」、アメリカ合衆国内務省魚
類野生生物局・商務省海洋漁業局作成の「絶滅のおそれのある種に関する法律により
掲載された種の管理下繁殖に関するポリシー」等、既存のガイドラインを参考とす
る。
　イ　近縁種の活用
　　　生息域外保全に係る技術的手法については、生息域外保全の対象とする種の近縁種
の飼育・栽培・増殖等から知見を得て、参考とする。
　ウ　国際的枠組への対応
　　　植物園自然保護国際機構（BGCI）作成の「植物園の保全活動に関する国際アジェ
ンダ」(2002)、生物多様性条約事務局（SCBD）・植物園自然保護国際機構作成の「植
物保全世界戦略（GSPC）」(2002)、世界動物園水族館協会（WAZA）作成の「世界
動物園水族館保全戦略（WAZCS）」(2005)等、国際的な枠組に配慮する。
　エ　種子保存等の手法の活用
　　　生息域外保全の手法として、種子保存や精子等の凍結保存も活用する。
3　生息域外保全対象種の基本的考え方
(1) 国内に生息・生育する種について
　　生息域外保全の対象とする種は、それぞれの分類群の特性を考慮し、生息域外保全の
実施の目的に応じて選定する。
　　この場合、以下のア及びイの程度を基に妥当性を判断し、ウの観点に配慮して、対象

種を選定する。
 ア 生息域内での種の存続の困難さ
  ・環境省レッドリストのカテゴリー
  ・生息・生育環境の著しい悪化等の緊急性
 イ 生息域外での増殖等の実現可能性
  ・当該種あるいは近縁種における飼育、栽培、増殖及び種子保存の実績または実現可能性
 ウ 配慮事項
  ・野生復帰の可能性
  ・生物学的重要性（生態学的重要性、分類学的・系統学的重要性及び固有性）
  ・社会的重要性と環境学習への活用による効果
(2) 国外に生息・生育する種について
  国際協力の観点から取組が望まれる種について生息域外保全を実施する場合には、以下の事項に留意すること。
 ・「絶滅のおそれのある野生動植物の種の国際取引に関する条約」（ワシントン条約）に関する国内的、国際的義務を遵守する。
 ・原産国の保全の取組若しくは国際的取組等があるものは、その計画と連携して実施する。

4 語句の定義
 基本方針における語句は、以下の定義による。
 生息地 生物の個体又は個体群が住んでいる場所。
 生息域 全ての生息地を含む一定の広がりをもった範囲。
 生息域内保全 生態系及び自然の生息地を保全し、存続可能な種の個体群を自然の生息環境において維持し、回復すること。
 生息域外保全 生物や遺伝資源を自然の生息地の外において保全すること。本基本方針では、我が国の絶滅のおそれのある野生動植物種を、その自然の生息地外において、人間の管理下で保存することをいう。
 人工繁殖 野生生物を人間の管理する飼育・栽培下において繁殖させること。狭義には、人工授精や体外受精などにより、生物を人工的に繁殖させる方法を指すこともある。
 血統登録 個体の血縁関係を記録し、目的に合わせて計画的に個体を選んで繁殖させること。生息域外保全においては、近交弱勢（近親交配による遺伝的劣化）を防ぐ目的で行う。
 余剰個体 人間の管理下の個体群において、予測以上の数の個体が得られた結果、個体群維持に必要な数を超えた余剰な個体。
 野生復帰 生息域外におかれた個体を自然の生息地（過去の生息地を含む。）に戻

	し、定着させること。植物では植え戻しという。
種子保存	種子を長期間にわたり生命力を保持できる条件の下で保存すること。生きているかどうかを適宜チェックする必要がある。
種の保存	生物の分類単位である種を絶滅しないように維持すること。
遺伝的多様性	同じ種でも個体によって持っている遺伝子が様々に異なること。
原産国	ある種の生息地を有する国。

付属「用語集」 略

○絶滅のおそれのある野生動植物種の野生復帰に関する基本的な考え方

〔環境省〕

（背景）
　種の絶滅を回避するためには、その種の自然の生息域内において保存されること（生息域内保全）が原則である。しかしながら、生息域内保全の補完としての生息域外保全は、生息・生育状況の悪化した種を増殖して生息域内の個体群を増強すること、生息域内での存続が困難な状況に追い込まれた種を一時的に保存することなどに、有効な手段と考えられる。
　環境省は、種の保存における生息域外保全の取組を推進するため、「絶滅のおそれのある野生動植物の生息域外保全に関する基本方針（以下、基本方針とする）」を策定し、これを公表した（平成21年1月）。基本方針では、「生息域外におかれた個体を自然の生息地（過去の生息地を含む。）に戻し、定着させること」を野生復帰と定義し、これを国際自然保護連合（以下、IUCNとする）作成の「再導入ガイドライン」に準拠して実施することが適切であるとした。また、野生復帰の実施による生息域内の同種個体群や生態系に及ぼすと考えられる悪影響の可能性を指摘しており、生息域外保全の実施主体として基本方針に明記されている、環境省、（社）日本動物園水族館協会、（社）日本植物園協会のみならず、地方公共団体や民間団体等の実施主体についても、これらの悪影響が可能な限り排除された条件下で慎重に野生復帰を実施する必要がある。
　その背景には、一部で、野生復帰個体の遺伝的地域特性への配慮の欠如や、自然の生息地以外への個体導入事例があり、これらの不適切な取組により同種個体群や対象地域の生態系等へ与える悪影響が懸念されていることや、野生復帰を実施する際に必要とされる検討事項や実施条件については、いまだ具体的に示されておらず、これらの共通認識の欠如が実施上の障害の一つとなっていることが考えられる。

（本文書の目的）
　野生復帰は生息域内個体群の回復を図るため、科学的及び現実的に有効とされた場合にのみ実施するものであり、各種生息域内保全手法との綿密な連携の下で取り組むことが重要である。
　本文書では、野生復帰の位置づけ及び実施する際に必要とされる検討事項とその進め方について、全分類群に共通する横断的な考え方を示すことにより、各実施主体の野生復帰に対する共通認識を高め、現在行われているあるいは今後行う予定の野生復帰の必要性や各種影響、実施条件等について確認を促すことを通じて、適切な野生復帰の推進を目的とする。

■野生復帰の位置づけ
　本文書で扱う「野生復帰（※1）」とは、以下のように基本方針で定義された語句で、種の絶滅回避のために実施される保全の取組の一手法として位置づけられる。

絶滅のおそれのある野生動植物種の野生復帰に関する基本的な考え方

図1　生息域内保全と生息域外保全の関係図

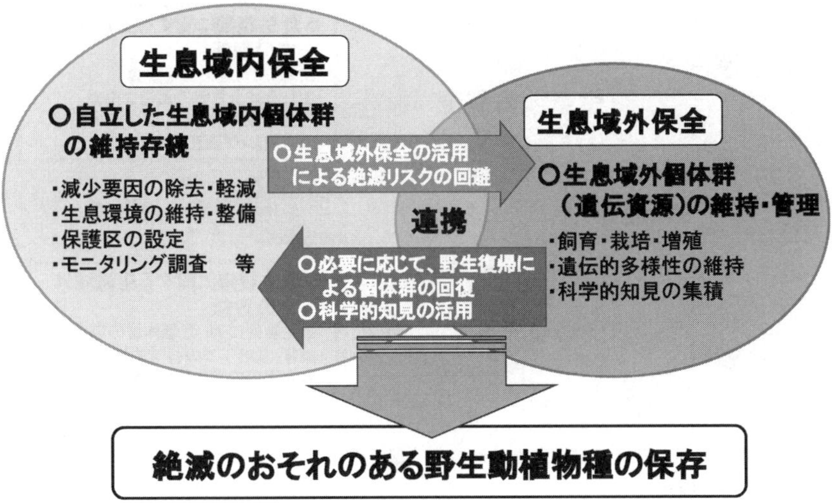

```
┌─────────────────────────┐        ┌──────────────────┐
│    生息域内保全          │        │   生息域外保全    │
│ ○自立した生息域内個体群  │        │ ○生息域外個体群   │
│   の維持存続            │        │  （遺伝資源）の   │
│                        │        │   維持・管理      │
│ ・減少要因の除去・軽減   │        │ ・飼育・栽培・増殖 │
│ ・生息環境の維持・整備   │        │ ・遺伝的多様性の維持│
│ ・保護区の設定          │        │ ・科学的知見の集積 │
│ ・モニタリング調査　等   │        │                 │
└─────────────────────────┘        └──────────────────┘

      ○生息域外保全の活用による絶滅リスクの回避
                  連携
      ○必要に応じて、野生復帰による個体群の回復
      ○科学的知見の活用

              ↓
    絶滅のおそれのある野生動植物種の保存
```

＜野生復帰の定義（基本方針「語句の定義」より抜粋）＞
生息域外におかれた個体を自然の生息地（過去の生息地を含む）に戻し、定着させること。

※1　哺乳類や鳥類では、傷病個体を治療目的で収容し、その後回復した個体のリリースを野生復帰と呼ぶこともあるが、このようなケースは本文書でいう野生復帰には含めないこととする。

　ここでは、野生復帰について理解を深めるため、生息域内保全と生息域外保全の関係性、その接点となる生息域内と生息域外の個体の移動について記述する。基本方針では、生息域内保全及び生息域外保全について、以下のように定義している。

＜生息域外保全及び生息域内保全の定義（基本方針「語句の定義」より抜粋）＞
○**生息域内保全**　生態系及び自然の生息地を保全し、存続可能な種の個体群を自然の生息環境において維持し、回復すること。
○**生息域外保全**　生物や遺伝資源を自然の生息地の外において保全すること。本基本方針では、我が国の絶滅のおそれのある野生動植物種を、その自然の生息地外において、人間の管理下で保存することをいう。

　生息域外保全は、生息域内保全の補完として実施するものであり、生息域内での存続が困難な状況に追い込まれた種を一時的に保存することや、生息域内における調査では得難い科学的知見が生息域外で得られる等、種によっては有効な手段である。また、種の絶滅の回避及び種内の遺伝的多様性の維持を最終的な目標として取組み、生息域内における同

図2　生息域内と生息域外の接点

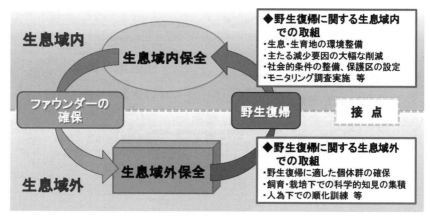

種個体群の絶滅の危険性に応じた目的設定（緊急避難、保険としての種の保存、科学的知見の集積）が求められる。

生息域内と生息域外の接点は、ファウンダー（※2）の確保時及び野生復帰における生息地への個体導入時となる。野生復帰は、生息地に戻す個体を人為下で増殖する生息域外保全と、個体の受け入れ側である生息地の整備等を行う生息域内保全との連携により成り立つといえる。

※2　生息域内から飼育・栽培下繁殖用に持ち込まれる野生個体（個体群）のこと。「飼育下繁殖の原資」または「繁殖個体をつくる母集団」などと表現されることもある。

■野生復帰の範囲

基本方針において、野生復帰はIUCN作成の「再導入ガイドライン」に準拠して実施するのが適切であるとしている。ここでは、ガイドラインで定義されている再導入、移殖／移植（以下、移殖とする）、補強／補充（以下、補強とする）、保全的導入と、基本方針で定義された野生復帰を比較し、本文書で扱う野生復帰の範囲について示す。

<IUCN作成「再導入ガイドライン」における用語の定義>

① **再導入**（Re-introduction）
絶滅（※3）または絶滅の危機に瀕している種（※4）を、過去に生息していた地域に再び定着させることを試みること（「再定着（Re-establishment）」は再導入と同義語ではあるが、その場合、再導入が成功していることが前提となる）。

② **移殖／移植**（Translocation）
野生個体または個体群を意図的かつ人為的に、他の生息地に移動させること。

③ **補強／補充**（Re-inforcement / Supplementation）
現存個体群に同種の個体を加えること。

図3 基本方針が対象とする野生復帰の適用範囲（IUCN再導入ガイドライン準拠）

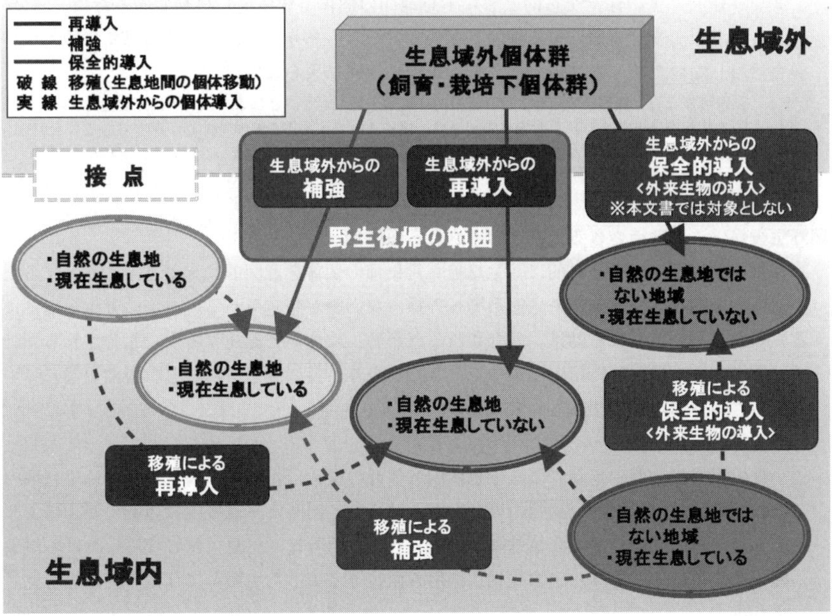

④ **保全的導入**（Conservation / Benign Introduction）
　種の保全を目的として、過去に記録された分布域以外での生息適地または生態地理学（※5）的に適切な地域に、その種を定着させることを試みること。ただしこの保全策は、その種が過去に生息していた地域の中に、すでに生息可能な地域が残されていない場合にのみ試みることのできる手法である。

※3　最後の個体が死亡したことに合理的な疑いがない場合、その分類群は絶滅したとする。
※4　この再導入ガイドラインでは一貫して、分類単位を種としているが、明確に定義され得る限り、亜種、品種を用いてもよい。
※5　生物の分布と環境要因の関係を研究する学問

　基本方針の定義（639ページ参照）により、本文書で扱う野生復帰は、IUCN作成の再導入ガイドラインで定義された各種の再導入手法のうち、生息域外個体群を活用した①「再導入」及び③「補強」によって、生息域内で存続可能な自立個体群を定着させることである（※6）。再導入と補強は野生復帰候補地で対象個体群が絶滅しているか否かで区別する。なお、過去に記録された分布域外で個体導入を行う④「保全的導入」は野生復帰の範囲に入らない。保全的導入される個体はその地域で外来生物（※7）となるため、基

本的には実施するものではない。
　②「移殖」は種の保全を目的とした生息地間の個体（個体群）移動であるため、「移殖による再導入」や「移殖による補強」というケースもあり得るが、これらは生息域外個体群を活用しないため、本文書で扱う野生復帰の範囲に入らない。

※6　存続可能な自立個体群の定着とは、継続的に繁殖を繰り返すことにより、個体群が安定的に維持されている状態を基本とする。なお定着の判断は、種によって生活史や繁殖特性等が様々であることから、それぞれの種について検討することとなる。
※7　ここでは人為的に自然分布域の外から持ち込まれた生物を指す。自然に分布するものと同種であっても他の地域個体群から持ち込まれた場合も含まれる。

■野生復帰による期待される効果と懸念される悪影響
　野生復帰は種の保全を目的に、生息地へ対象種の個体を意図的に定着させようとするため、生息域内の同種個体群や生態系等への様々な影響が想定される。以下に野生復帰による各種影響（期待される効果・懸念される悪影響）について記述するが、想定される影響は分類群や種の置かれた状況によって大きく異なり、特に懸念される悪影響の項目については全ての種に当てはまるものではない。

＜期待される効果＞
　野生復帰個体群の定着による生息域内個体群の復活（再導入の場合）または生息域内における個体数の増加（補強の場合）が上げられ、同時に生息域内個体数の減少により低下した遺伝的多様性の回復効果が見込まれる。同時に、生息・生育環境における対象種の個体数増加により、生物間相互作用の回復等といった生態系に与える効果等も見込まれる。
　また、例えばコウノトリやトキなどに見られるように地域文化の再生や地域社会の活性化といった社会的効果、環境学習や普及啓発への活用による教育効果も想定される。

＜懸念される悪影響＞
　○生態系・生息域内個体群の撹乱
　　野生復帰個体群の定着及び増加により、餌資源となる生物の減少や天敵となる生物の増加等による生物間相互作用の撹乱、餌資源や繁殖場所等の不足による対象種の生息域内個体群との競合（補強の場合）といった、野生復帰候補地における生態系に対する悪影響が想定される。ただし、野生復帰候補地に対象種が生息していなかった期間の長さやその期間の生態系の変化（他の生物の侵入、餌資源となる生物の増加等）の状況によって、その影響の大きさは異なる。
　○生息域内個体群の遺伝的多様性・個体群特性の撹乱
　　野生復帰個体群の集団内の遺伝的多様性が生息域内個体群に比べて低い場合、遺伝的多様度の低下等の遺伝的特性の撹乱や近交弱勢による絶滅リスクの増加が想定される。また、野生復帰予定地の個体群と、野生復帰個体群の遺伝的地域特性や個体群特性（齢構成や性比等）が異なる場合、それぞれの撹乱が想定される。
　○病原体及び寄生生物の伝播・外来生物の非意図的導入

図4 野生復帰実施に至る検討フロー

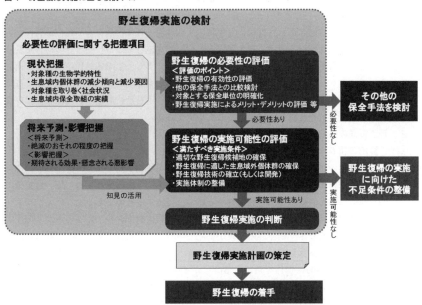

飼育・栽培下で病原体や寄生生物に感染した個体を導入させた場合、生息域内の同種個体群への伝播が想定される。また、同様に本来野生復帰地に生息しない随伴生物（例：植物の植え戻し時に随伴する土壌生物）を、外来生物として非意図的に持ち込むことも想定される。

○農林水産業被害等

種によっては、人の生命、若しくは身体、財産または農林水産業に関する被害等が想定される。

■野生復帰の検討の進め方

1 野生復帰実施の検討

野生復帰にあたっては、その必要性と実現可能性の両面から、各主体や関係者による十分な事前検討の実施が望ましい。以下にこれから野生復帰を実施する場合を想定して記述するが、既に野生復帰を実施している場合は、これらの考え方を基に実施内容を確認し、必要に応じて改善を図ることが望まれる。

(1) 検討手順

野生復帰実施の検討手順としては、「野生復帰の必要性の評価」、「野生復帰の実施可能性の評価」の2段階の検討を経て、実施するか否かを判断する。なお、野生復帰

の実施にあたっては、この検討結果を基に後述の野生復帰実施計画を作成する。
(2) 検討体制
野生復帰の検討にあたっては、対象種の生態特性や野生復帰による各種影響について必要な知見を持つ研究者、野生復帰を先行して実施している技術者等の助言を受けることで、科学的な客観性を保つことが望ましい。また、生息域外保全実施者、研究者、モニタリング実施者、行政、地権者をはじめとする地域の関係者等、実際に野生復帰を実施する際に連携・協力が必要となる者が参画した検討体制を確保し、早い段階から相互理解や合意形成に努めることが望まれる。

2 野生復帰の必要性の評価
(1) 評価の視点
野生復帰の必要性は科学的な視点に立って検討し評価する。なお、野生復帰は様々な保全手法の中の選択肢の一つであるため、他の保全手法と比較検討して、対象種の絶滅回避に最も有効な手法と判断される場合に実施するものである。

野生復帰のうち再導入は、生息域内で絶滅(地域絶滅を含む)しているが、個体導入により科学的にみて個体群の回復が可能と判断される場合に実施する。補強は、生息域内個体群の個体数が減少しており、放置すれば生息地で絶滅する確率が高く、生息域外から人為的に個体を追加することが不可欠と判断される場合に実施する。なお、補強については再導入とは異なり、実施地域あるいはその周辺に現存する同種個体群に対して、生息域内個体群の攪乱、遺伝的多様性の攪乱、病原体及び寄生生物の伝播等の悪影響を与える可能性が懸念されるため、より慎重な検討を要する。

また、種の置かれた状況及び種内の遺伝的地域特性や集団内の遺伝的多様性の現状を踏まえ、対象とする保全単位(種、亜種、変種、地域個体群等)を明確化して評価することが求められる。

(2) 評価の手順
対象種の野生復帰に関する必要性の評価は、下記のように対象種の①現状把握、②将来予測・影響把握、③必要性の評価、という手順に従って実施する。

① 現状把握
対象種の生物学的特性、生息域内個体群の減少傾向と減少要因、対象種を取り巻く社会状況、生息域内保全取組の実績といった、対象種の現状や保全に関する科学的知見や社会的要素などの基礎的な情報を、可能な限り収集・把握する。収集する情報の項目については、別添資料<対象種の現状把握項目とその例示>を参考とする。

② 将来予測・影響把握
現状把握で得られた科学的知見を基に、絶滅のおそれの程度(将来的な個体数の推移、絶滅確率)を的確に把握するために将来予測を実施する。将来予測は、分類群により解析手法は異なるが、定量的なシミュレーションモデル、または専門家の

定性的判断に基づいて行うことが望ましい。

また、同様に野生復帰の実施により想定される各種影響（期待される効果・懸念される悪影響（642ページ参照））についても可能な限り把握する。ただし、野生復帰によって生じる全ての影響を推測することは困難と考えられるため、評価を行う時点での最新の知見あるいは専門家の助言に基づいた判断をすることが望ましい。

なお、想定される野生復帰候補地が原生自然地域、島嶼地域、高山帯や、その他特異な生物相を持つ地域等である場合には、現地の生態系等の撹乱が生じないよう配慮することなど、より慎重に影響把握を行うことが求められる。

③ **必要性の評価**

上記の将来予測による絶滅のおそれの程度と野生復帰による各種影響の把握を基に、野生復帰を実施した場合のメリット・デメリットを十分に検討して、慎重に野生復帰の必要性について評価する。例えば、野生復帰予定地では野生復帰による個体数増加等のメリットが期待されても、その周辺地域に現存する同種個体群や生態系等へ及ぼす悪影響等のデメリットが大きいと推測される場合は、これを実施するものではない。

なお、必要性ありと評価される場合には、次の「野生復帰実施の可能性の評価」に進み、必要性なしと評価されるものについては、野生復帰以外の保全策について検討する。

3 野生復帰の実施可能性の評価

(1) **評価の視点**

野生復帰の実施可能性は、以下に示す条件を満たすかどうかを検討し評価する。基本的には、全ての条件を満たす場合（満たすことが見込まれる場合を含む）に実施に移すこととする。しかし、対象種の置かれた状況や科学的知見の集積状況は様々であるため、試験的な野生復帰など、種の置かれた状況や分類群によっては全ての条件を満たしていなくとも、実施することも想定される。また、条件整備にあたっては、類似した生態的特性を持つ種での野生復帰事例について情報収集し、これを参考に検討することが望ましい。

(2) **実施可能性の評価に係る条件**

① **適切な野生復帰候補地の確保**

野生復帰個体の受け入れ側となる候補地の環境が良好でない場合、野生復帰を実施しても順調な個体群の定着は望めない。このため野生復帰候補地の選定にあたっては、将来にわたり適正な生息環境を確保するため以下の項目について確認し、これらが満たされることが必要となる。この場合、生息地保全のための開発規制・捕獲採取禁止・保護区の設定等の制度的な対応も含まれる。

○**自然環境に係る条件**

適正な生息環境や十分な生息地面積等、自立的な個体群形成に必要な環境収容

力を有すること、また、それが長期的に維持され得ることが重要な条件となる。同時に、対象種の主たる減少要因が特定され、生息環境の改善等の取組により、その要因が削減されていることが必要となる。
　○**社会的な条件**
　　野生復帰候補地周辺における、地域住民や関係者との合意形成を図るための利害関係の調整や、社会的理解・支援体制の確保等の社会的条件が整備されていることが必要となる。
② **野生復帰に適した生息域外個体群の確保**
　　野生復帰はある程度時間をかけて継続的に取り組むことが重要であるが、そのためには、以下のような野生復帰に適した健全な生息域外個体群の確保が必要となる。
　○**適正な野生復帰個体数、ステージ等の確保**
　　生息地において自立的な個体群の確立に必要な野生復帰個体数、実施回数、実施期間等を想定のうえ、これに必要な個体数を確保する。同時に対象種の生物学的特性の知見により、野生復帰に最も適したステージ（成体、亜成体、幼体、蛹、卵、株、種子等）を推定し、選択する。なお、野生復帰候補地の環境収容力を超えた、過剰な野生復帰個体数を設定することのないよう留意する。
　○**健全な野生復帰個体の確保**
　　野生復帰個体は、野生下で生存・繁殖可能な個体であることが求められる。同時に、野生復帰の実施により懸念される悪影響（遺伝的多様性の攪乱、病原体及び寄生生物の伝播等）についても考慮し、それにつながる要素が野生復帰個体から十分に排除されていることが重要となる。
③ **野生復帰技術の集積（もしくは開発）**
　　野生復帰に関する各種の技術は、野生復帰の実施前に相応に集積されていることが望ましい。この技術は分類群や種の置かれた状況により大きく異なるが、生息域外個体群の順化訓練、同種個体群や生態系等に悪影響を及ぼす病原体や寄生生物に関する検疫・防除、リリース手法（放獣・放鳥・放流・植え戻し・播種等の実施手法、適切な導入個体数・季節・時間帯・天候等）、個体群定着までのフォローアップ（給餌・水やり・施肥・傷病個体の治療等、並びにこれらを行うことの可否判断）、モニタリング調査等、野生復帰に関する一連の技術を含むものである。なお、これまでに野生復帰が実施された野生動植物種は限られるため、近縁種あるいは国外での実施事例から得られた技術の活用や、試験的な野生復帰を進めながら技術開発を行う場合もある。
　　なお、野生復帰実施の際には、各段階（準備段階からフォローアップまで）における詳細な記録を残し、野生復帰技術に関する科学的知見の集積を図る。
④ **実施体制の整備**

野生復帰の実施には各種分野の専門家や人員、多様な主体の参画と連携、飼育・栽培・増殖（必要に応じて順化や検疫）等の設備・施設・土地、予算や資金といった実施体制の整備が必要となる。なお、多くの野生復帰の取組はある程度長期間に及ぶことが想定されることから、実施前に長期的な視点に立って必要な実施体制やその規模について検討することが重要である。

また、野生復帰後の個体群のモニタリング調査や定着に必要なフォローアップ等を含め、野生復帰の実施と同時にその技術や対象種に関する科学的知見の集積を行う体制を整えておく事も重要である。

■野生復帰実施計画の作成

野生復帰を実施する際には実施前に、「2　野生復帰の必要性の評価」及び「3　野生復帰の実施可能性の評価」における検討結果を基に、下記の項目を基本とする「野生復帰実施計画」を作成する。なお、野生復帰実施計画は、基本方針に沿って作成される「生息域外保全実施計画」中の野生復帰に関する事項を補う具体的な計画として位置づけられる。

また計画には、対象種の特性に合わせて達成すべき目標を設定し、野生復帰実施後に定期的に達成状況を評価すること、野生復帰実施中に不測の事態が生じた場合や計画の実行が困難になった場合等に柔軟に計画を見直すこと等についても記述しておくことが望ましい。

対象種／目標／実施期間／実施体制／野生復帰候補地／野生復帰手法（野生復帰個体数、ステージ、実施回数等）／野生復帰により懸念される悪影響の推測とその排除手法／定着までに必要なフォローアップ／野生復帰個体のモニタリング／実施行程

■野生復帰実施における配慮事項

野生復帰の開始から個体群の自立的な定着まで、生息域内保全の取組と綿密な連携の上で、以下の点に配慮しながら実施する。

・野生復帰の対象種は、地域で営まれてきた産業等と密接に結びついていることが多い（トキと農業など）。そのため野生復帰の取組は、農林水産業や観光業等を通じての社会経済の活性化、地域の個性や誇りの確立等につながるよう実施することが望ましい。

・乱獲・盗掘が懸念される種、不用意な写真撮影や観察によって悪影響が懸念される種（生息地も含む）については、野生復帰の詳細や野生復帰地の位置等、情報公開の範囲や進め方について配慮が必要となる。

・野生復帰の取組は、長期に及ぶことが想定されることから、個体のリリース後の状況の変化について評価し、それに応じて順応的に対応することが望ましい。

・野生復帰個体群の定着が確認された場合は、生息域外においては野生復帰のための増殖の必要性が減少するため、過度な増殖により余剰個体が生じないよう適正な生息域外個体群の個体数管理を実施するとともに、生息域内においては給餌・水やり・施肥等のフォローアップについて再検討を行うことが望ましい。

Ⅲ 資料編　3 通知その他　＜その他＞

|別添資料|
＜対象種の現状把握項目とその例示＞
　①対象種の生物学的特性、②生息域内個体群の減少傾向と減少要因、③対象種を取り巻く社会状況、④生息域内保全の取組の実績に係る知見等を収集・整備する。項目の主な内容については以下のものが考えられ、既存文献、専門家へのヒアリング、調査研究等により、可能な限り知見を収集することが望まれる。

① 対象種の生物学的特性
　対象種の生物学的特性は、その種の野生復帰を図る上で基礎的な情報であり、例として下記の情報が挙げられる。
○分布と生息状況
　過去から現在に至る個体数や分布状況、分布面積に関する知見（日本固有種でない場合は国外での個体数や分布状況、本来の分布範囲外で外来生物として生息・生育している状況）を収集する。
○生息・生育環境
　気候、地形・地質、土壌、水質、植生等の対象種の生息・生育に適正な環境を把握する。
○生態学・生理学的特性
　生活史、繁殖特性（産仔産卵数・種子数や営巣場所等）、行動・社会様式等。対象種を取り巻く生物群集や生物間相互作用に係る知見（食性、天敵等。可能であれば、競合しうる種、花粉媒介等の共生関係、寄生生物、感染症等）についても把握する。
○地域特性（地域ごとの個体群特性・遺伝的多様性）
　形態や生態の地域差に係る知見を把握する。既存研究があれば、DNA解析等による集団内の遺伝的多様性の程度、遺伝的地域特性に関する知見（交雑個体群の有無や遺伝子汚染の状況も含む）を個体群ごとに把握する。

② 生息域内個体群の減少傾向と減少要因
　減少傾向の把握は保全の必要性を判断するための基本的な事項となる。また、減少要因の特定に際して、生息地の分断・縮小、過剰捕獲・採取、各種汚染、外来生物による影響、近交弱勢、感染症、植生遷移の進行、気候変動等、幅広く検討する。これらの知見は、環境省レッドデータブックなどを参考に広く収集する。なお、対象となる個体群ごとに減少傾向の把握と要因の特定を行うことが望ましい。

③ 対象種を取り巻く社会状況
　人間活動との関わりのある対象種については、その現状について把握する。これには農林水産業被害等の他、生息地が人の生活圏に隣接している場合や、里地里山のように人間活動により生息地の維持がなされている状況等を含む。また、地域の伝統的慣習など文化的な要素にも留意する。

④ 生息域内保全の取組の実績
　生息域内における現在までの保全の取組の内容や、その効果（個体数の増加、分布域の拡大等）、生息域内保全における法的規制の有無（捕獲・採取の規制、取引の規制、保護区の設定状況等）について把握する。

○絶滅のおそれのある野生動植物種の生息域外保全実施計画作成マニュアル

[平成25年1月
環境省自然環境局野生生物課]

はじめに

　平成21年1月に環境省は我が国における絶滅のおそれのある野生動植物種（環境省レッドリストにおける絶滅危惧Ⅱ類（VU）以上。以下、絶滅危惧種とする。）の生息域外保全の実施方針について「絶滅のおそれのある野生動植物種の生息域外保全に関する基本方針（以下、基本方針）」として取りまとめた。この基本方針では、生息域外保全がどのような考え方に沿って、どのような注意の下に進められるべきかということを提示しており、同方針内で生息域外保全事業の実施前には「生息域外保全実施計画（以下、実施計画とする。）」を作成することが位置づけられている。

　また、平成20年度より24年度にかけて基本方針に則った全15事業の「環境省生息域外保全モデル事業（以下、モデル事業とする。）」（平成20～21年度：9事業、平成22～24年度：6事業）が実施され、全てのモデル事業で実施計画が作成されている。

　「生息域外保全実施計画作成マニュアル（以下、本マニュアル）」は、生息域外保全の実施計画の作成手法を示すものである。生息域外保全を実施する主体（行政、動物園・水族館、植物園、博物館施設、NPO等の保全団体等）を想定し、実施計画の作成時に必要な科学的な知見の収集、検討項目や検討体制、計画目的の設定、分類群や計画目的の違いによる項目の差異、生息域内保全を含む他の保全施策との連携等、実施計画作成時の手順及び留意点について提示する。

　なお、本マニュアルの作成には、基本方針の検討やモデル事業の実施計画作成で得られた知見や成果を踏まえ、巻末の参考・引用文献や有識者及び生息域外保全実施者のヒアリング等を参考にした。

目次　　　　　　　　　　　　　　　　　　　　　　　　　　　　　　　　　　頁
はじめに
1　絶滅危惧種の生息域外保全実施の検討……………………………………………651
　(1)　検討体制の構築………………………………………………………………651
　(2)　対象種に関する既存情報の把握……………………………………………651
　(3)　生息域外保全実施の判断と目的の設定……………………………………654
2　生息域外保全実施計画の作成………………………………………………………657
　(1)　目的の設定……………………………………………………………………658
　(2)　計画の各項目についての留意点……………………………………………659
3　生息域外保全取組の実施……………………………………………………………663
4　配慮事項………………………………………………………………………………663

(1) 分類群別事項...663
(2) 野生復帰...666
(3) 遺伝的多様性と保全単位...666

1　絶滅危惧種の生息域外保全実施の検討

　絶滅危惧種（環境省レッドリスト絶滅危惧Ⅱ類（VU）以上）の生息域外保全は、生息域内保全の補完として位置づけられ、保全手法の選択肢の一つである。また、適切な飼育・栽培・増殖の実施にあたっては、十分に能力（収容力、技術力、資金力）のある実施主体及び施設において、長期的な視点で、専門技術者の管理下で実施する必要がある。

　このため、生息域外保全の実施にあたっては、生息域内での種の存続の困難さ及び生息域外での増殖等の実現可能性を加味した上で、十分な検討体制のもとで検討及び判断をする必要がある（図1参照）。

　なお、生息域外保全の実施の検討及び判断にあたっては、以下のポイントに留意して実施の判断をする必要がある。

> ★考慮ポイント1　生息域外保全は様々な保全手法との比較検討から選択する
> 　生息域外保全の取組は、これから対象種を保全する上で、その有効性についてを考慮しつつ他の保全手法（保護区等の指定、種指定による捕獲・採集の規制、自然再生事業、里地里山環境の整備等）と十分に比較検討した上で、その実施の判断をするものである。

> ★考慮ポイント2　生息域外保全は対象種の保全を前提に実施する
> 　生息域外保全は、種によっては個体展示による一般市民や各種メディアへの訴求力が強く、保全取組の紹介を通じた効果的な普及効果を見込める取組といえ、この側面を効果的に活用することは保全上も有効である。しかしながら、本来的な絶滅危惧種の保全を逸脱する取組はするべきではなく、あくまでも対象種の保全を前提に実施するものである。

(1) 検討体制の構築

　生息域外保全の検討にあたっては、対象種の生態特性や野生復帰による各種影響について必要な知見を持つ研究者、生息域外保全を先行して実施している技術者等の助言を受けることで、取組実施の必要性について、科学的な客観性を保つことが望ましい。

　また、実施にあたっては、生息域外保全実施者、研究者、モニタリング実施者、行政、地権者をはじめとする地域の関係者等、実際に生息域外保全を実施する際に連携・協力が必要となる者が参画した検討体制を確保し、早い段階から相互理解や合意形成に努めることが望まれる。

(2) 対象種に関する既存情報の把握

　対象種の生息域内及び生息域外に関する情報を事前に収集する必要がある。これには

図1　生息域外保全取組の実施検討及び計画作成フロー

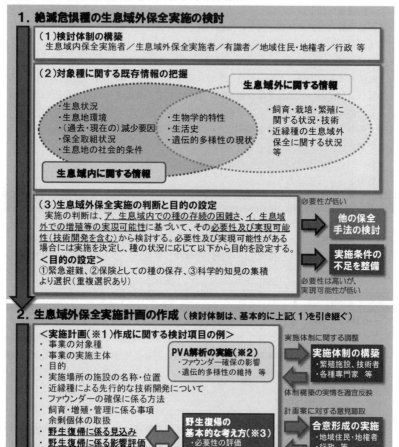

※1　生息域内の状況に応じて、順応的に実施計画を見直すこととする。
※2　PVA解析は個体数推移や生息環境要件等のデータの揃う範囲で、可能な限り実施する（主に哺乳類、鳥類で実施）。種によっては有識者による定性的な判断もあり得る。
※3　野生復帰取組の検討に際しては「絶滅のおそれのある野生動植物種の野生復帰に関する基本的な考え方」を活用する。

対象種の絶滅のおそれに関する科学的な知見や生息域外保全の実現可能性に関する幅広い情報収集を含む。項目の主な内容については以下のものが考えられ、既存文献、専門家へのヒアリング、調査研究等により、可能な限り知見を収集することが望まれる。なお、参考となる近似種での保全事例（海外事例を含む）等を併せて収集することが望ましい。

① **対象種の生物学的特性**

対象種の生物学的特性は、その種の生息域外保全を図る上で基礎的な情報であり、例として下記の情報が挙げられる。

○**分布と生息状況**

過去から現在に至る個体数や分布状況、分布面積に関する知見（日本固有種でない場合は国外での個体数や分布状況、本来の分布範囲外で外来生物として生息・生育している状況）を収集する。

○**生息・生育環境**

気候、地形・地質、土壌、水質、植生等の対象種の生息・生育に適正な環境を把握する。

○**生態学・生理学的特性**

生活史、繁殖特性（産仔産卵数・種子数や営巣場所等）、行動・社会様式等。対象種を取り巻く生物群集や生物間相互作用に係る知見（食性、天敵等。可能であれば、競合しうる種、花粉媒介等の共生関係、寄生生物、感染症等）についても把握する。

○**地域特性（地域ごとの個体群特性・遺伝的多様性）**

形態や生態の地域差に係る知見を把握する。既存研究があれば、DNA解析等による集団内の遺伝的多様性の程度、遺伝的地域特性に関する知見（交雑個体群の有無や遺伝子汚染の状況も含む）を個体群ごとに把握する。

② **生息域内個体群の減少傾向と減少要因**

減少傾向の把握は保全の必要性を判断するための基本的な事項となる。また、減少要因の特定に際して、生息地の分断・縮小、過剰捕獲・採取、各種汚染、外来生物による影響、近交弱勢、感染症、植生遷移の進行、気候変動等、幅広く検討する。これらの知見は、環境省レッドデータブックなどを参考に広く収集する。なお、対象となる個体群ごとに減少傾向の把握と要因の特定を行うことが望ましい。

③ **対象種を取り巻く社会状況**

人間活動との関わりのある対象種については、その現状について把握する。これには農林水産業被害等の他、生息地が人の生活圏に隣接している場合や、里地里山のように人間活動により生息地の維持がなされている状況等を含む。また、地域の伝統的慣習など文化的な要素にも留意する。

④ **生息域内保全の取組の実績**

生息域内における現在までの保全の取組の内容や、その効果（個体数の増加、分布域の拡大等）、生息域内保全における法的規制の有無（捕獲・採取の規制、取引の規制、保護区の設定状況等）について把握する。

⑤ **生息域外保全の取組の実績**

過去における対象種の生息域外保全の実績、生息域外保全に関する技術開発状況について把握する。また、参考となる、海外も含めた近似種における実施状況についても把握する。

(3) **生息域外保全実施の判断と目的の設定**

取組実施の判断は、ア　生息域内での種の存続の困難さ、イ　生息域外での増殖等の実現可能性に基づいて、その必要性及び実現可能性（技術開発を含む）から検討する。必要性及び実現可能性がある場合には実施を決定し、種の状況に応じて「緊急避難」「保険としての種の保存」「科学的知見の集積」より目的を選択する。なお、目的は重複選択されることもあり得る。（目的の詳細については２―(1)目的の設定を参照）

＜基本方針より抜粋＞
3　生息域外保全対象種の基本的考え方

　生息域外保全の対象とする種は、それぞれの分類群の特性を考慮し、生息域外保全の実施の目的に応じて選定する。
　この場合、以下のア及びイの程度を基に妥当性を判断し、ウの観点に配慮して、対象種を選定する。

ア　生息域内での種の存続の困難さ
・環境省レッドリストのカテゴリー
・生息・生育環境の著しい悪化等の緊急性

イ　生息域外での増殖等の実現可能性
・当該種あるいは近縁種における飼育、栽培、増殖及び種子保存の実績または実現可能性

⇒ 対象種の状況把握　＜判定Ⅰ＞

ウ　配慮事項
・野生復帰の可能性
・生物学的重要性（生態学的重要性、分類学的・系統学的重要性及び固有性）
・社会的重要性と環境学習への活用による効果

⇒ 配慮事項による判定　＜判定Ⅱ＞

---

① **対象種の状況把握　＜判定Ⅰ＞**

生息域外保全の実施にあたっては、以下の２項目について対象候補種の現状を把握するものとする。

ア　生息域内での種の存続の困難さ

環境省レッドリストのカテゴリー（絶滅危惧ⅠA類／CR、絶滅危惧ⅠB類／

EN、絶滅危惧Ⅱ類／VU）を基本とし、対象種の絶滅のおそれに関する現状について把握する。なお、急激な生息環境の悪化や減少要因の増大により、明らかな生息状況の悪化がみられた場合は、生息域内での種の存続の困難さについてレッドリストカテゴリーより絶滅のおそれが高いと判定する。

イ　生息域外での増殖等の実現可能性

　生息域外保全の実現可能性についての評価で、各種の技術確立だけではなく実施体制（施設、個体の収容力、専門技術者、資金力等）の有無についても、長期的な視点で現状を把握する。また、種の特性や置かれた状況により他の保全手法と比較して生息域外保全が効果的でないと判断されるものも存在するため、このような情報についても本項で把握する。なお、本項目では技術的に応用の効く近似種での事例も判定の対象とする。

　判定Ⅰでは、上記のア及びイの視点により、対象種の置かれた状況の把握を図る。以下に、マトリクス表を用いたイメージを図示した（図2）。基本的には、種の絶滅

図2　対象種の状況把握マトリクス表（イメージ）

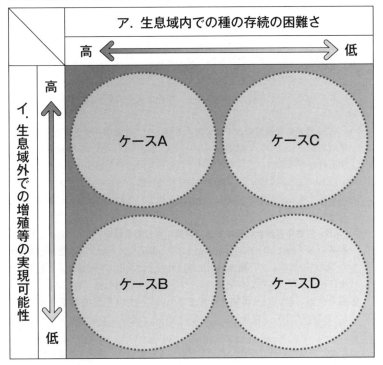

を回避するため「ア　生息域内での種の存続の困難さ」が高い種の取組が優先されるが、「イ　生息域外での増殖等の実現可能性」の判定により、取組目的が異なってくる。以下に、想定される代表的なケースA～Dを表内に例示し（図1）、その種の置かれた状況と想定される生息域外保全の目的（2―(1)目的の設定を参照）や取組内容について以下に記述する。

ケースA　生息域外保全実施の優先度が最も高い範囲

絶滅のおそれは極めて高く、技術的確立の程度や体制整備による生息域外保全の実現可能性が比較的高いことから、その取組を優先的に行う範囲。なお、技術がすでにある程度（一定程度）確立されていることから、国内外で既に取組のある種である事も想定され、規模拡大を図る追加的な実施も考えられる。主に「緊急避難」や「保険としての種の保存」が取組の目的として想定される。

ケースB　生息域外保全に関する技術開発の優先度が高い範囲

絶滅のおそれは極めて高いが、飼育・栽培・増殖等の生息域外保全技術が未確立のため、実施の判断が最も困難で、慎重な検討が必要となる範囲。同時に、技術開発の優先度が最も高い範囲でもある。なお、取組実施にあたっては、ファウンダーの確保等による種の絶滅リスクを十分に考慮する必要がある。このため、先行して絶滅のおそれのより低い近縁種（普通種やケースDの範囲）による生息域外保全の技術を確立することにより、当該種へ応用する取組も検討の対象となる。「緊急避難」と同時に「科学的知見の集積（技術開発）」が取組の目的として想定される。

なお、対象種の特性や置かれた状況により、他の保全手法と比較して生息域外保全が効果的でないと判断される場合は、他の保全手法を早急に検討すべき範囲である。

ケースC　将来的な絶滅のおそれの増大を想定して生息域外保全に取り組む範囲

絶滅のおそれについては上記のケースA、Bより低いが、今後絶滅のおそれが増大する可能性を考慮して、生息域外で保険として種を存続させることが望まれる範囲。なお、技術がすでにある程度（一定程度）確立されていることから、既に取組のある種である事も考えられる。主に「保険としての種の保存」が取組の目的として想定される。

ケースD　生息域外保全に関する技術開発に取り組む範囲

絶滅のおそれについては上記のケースA、Bより低いが、今後絶滅のおそれの増大の可能性を考慮して、積極的な生息域外保全の技術開発が望まれる範囲。なお、技術は確立されていないが絶滅のおそれの更に高い近似種（ケースBの範囲）への応用を念頭に置いた技術開発も想定される。主に「科学的知見の集積（技術開発）」を行いながら「保険としての種の保存」の達成が取組の目的として想定される。

なお、対象種の特性や置かれた状況により、他の保全手法と比較して生息域外保

全が効果的でないと判断される場合は、他の保全手法を検討すべき範囲でもある。

② 配慮事項による判定　＜判定Ⅱ＞

生息域外保全実施の判断は、上記の判定Ⅰを基本とするが、基本方針内の「3　生息域外保全対象種の基本的考え方」内の「ウ　配慮事項」に基づいた、以下の判定項目での評価を加味する。

特に、種の状況把握のマトリクス表（図2）において、同等のステータスに置かれた対象候補種が複数ある場合は、判定Ⅱに基づいて優先的に事業を実施すべき種を選定することもあり得る。

○**野生復帰の可能性**

生息域外保全の意義の一つに、野生復帰（再導入、補強）による生息域内個体群の復活または増加がある。対象種の保全において野生復帰が効果的と判断され、その実施の可能性が想定される場合には、生息域外保全の実施を優先的に考慮する。
（なお、野生復帰については4─(2)野生復帰を参照）

○**生物学的重要性（生態学的重要性、分類学的・系統学的重要性及び固有性）**

アンブレラ種やキーストーン種といった機能を持つ生態学的重要性の高い種については、その種の保全によって生息地における生態系全体の保全にも波及効果があると考えられる。一方で、このような機能を持つ種は、ファウンダーの確保による個体数減少等の影響や、野生復帰による同種個体群や生態系の撹乱等の影響も大きいと考えられることから、十分な検討を経た慎重な実施が必要である。

また、世界的にも分類学的に特異な種、当該地域の自然史を代表するような系統学的に重要と考えられる種、日本固有種や地域固有種等についても優先的に実施する。

○**社会的重要性と環境学習への活用による効果**

認知度または地域住民等の関心が高く地域の象徴となるフラッグシップ種や、多くの主体の保全への参画や協力を促進させる効果が期待される種については、当該地域における他の絶滅危惧種や生態系全体の保全に関する波及効果が高く、優先的に実施を考慮する。

また、地域住民や学校等の保全参加による取組が可能な種や、環境学習への活用による効果や個体展示による保全への普及効果が期待される種についても同様に優先的に実施を考慮する。

2　**生息域外保全実施計画の作成**

生息域外保全の実施を判断した後、取組実施前に実施計画を作成する。実施計画の作成は、生息域内保全実施者、生息域外保全実施者、有識者、関係行政機関等を交えた検討体制を構築し、生息域外保全実施計画を作成する（1(1)検討体制の構築を参照）。実施計画の作成時に必要な各種情報についても、検討体制の中で十分に情報共有して検討する。

計画の各項目は以下を基本とするが、必要に応じて項目を追加・削除することもあり得

る。なお、計画内容は対象種の置かれた現状や実施施設・人員・予算等により、大きく異なる。

　また、既に、生息域外保全取組が実施されている場合には、本マニュアルを参考に、現在の取組を再確認し、不足の検討部分があれば再検討するなど、より適切な生息域外保全の実施が望まれる。

> **＜生息域外保全実施計画の各項目（太字は基本方針より抜粋）＞**
> **事業の対象種／事業の実施主体／目的／実施場所の施設の名称・位置／ファウンダーの確保に係る方法／飼育・栽培・増殖に係る事項（増殖目標個体数等）／余剰個体の取扱／野生復帰に係る見込み／野生復帰に係る影響評価／その他（普及啓発、科学的知見の集積、計画の改定と見直し、各種許認可等の手続き　等）／近縁種による先行的な技術開発について（必要に応じて）／実施行程**

　なお、生息域外保全の実施計画の検討及び作成にあたっては、以下のポイントに留意して実施する。

> **★考慮ポイント3　生息域外個体群は野生復帰させ得る資質を保つように図る**
>
> 　生息域外において保存される個体（個体群）は、可能な限り野生復帰させることが期待されるため、遺伝的多様性や個体群特性の維持を念頭に置いて、生息域外に置かれた個体群のレベルで野生復帰させ得る資質を保つように図る（4―(3)―③適切な野生復帰を参照）。

> **★考慮ポイント4　実現可能性を十分に考慮した無理のない実施計画作成を図る**
>
> 　生息域外保全は、人員、施設、技術力、資金等の実現可能性を考慮して長期的な視点に立って実施する必要があるが、対象種の特性や緊急的な対応の必要性等により、実施施設の空き収容力の都合、人員配置や予算措置等、これらが十分に揃わない状況での試行的または部分的な取組着手も想定される。このような場合は、取組の実現性を考慮して中断することがないよう、現実的で無理のない計画作成を図ることもあり得る。
> 　しかしながら、長期的には野生復帰させ得る資質を持たせる生息域外個体群の維持を目指し、将来的な規模拡大を図る方向で実施計画を作成することが望ましい。

(1)　**目的の設定**

　1―(3)で示したように、生息域外保全の実施の判断時には、同時に目的を設定することになる。なお、目的は重複して選択することもあり得る。生息域外保全の実施計画は目的達成を目標に、十分な検討の上で作成する。以下に、目的別の留意点を記す。

　① **緊急避難**

　　絶滅のおそれが極めて高く、生息域内保全では種の存続が困難な場合に、緊急的に

生息域外への個体が避難及び保存、増殖を図り、種の絶滅を回避する目的で実施する。本目的に該当する種は、可及的速やかに計画を作成し、取組を実施することが求められる。

② **保険としての種の保存**

生息域内において、種の存続が近い将来困難となる危険性のある種を生息域外で保存し、遺伝的多様性の維持を図ることを目的として実施する。生息域外での個体（個体群）の保存にあたっては、遺伝的多様性の劣化に配慮して、十分な個体数の確保や分散飼育・栽培等によるリスク分散等を図ることで、長期的な存続性を担保することが求められる。

③ **科学的知見の集積**

生息域内において、種の存続が困難となる危険性のある種について、飼育・栽培・増殖等の技術や遺伝的多様性の現状等に関する科学的知見を、生息域外に置いた個体群からあらかじめ集積する目的で実施する。また、上記①②を実施する場合には、併せて科学的知見の集積を行うことが前提となる。なお、科学的知見の集積を目的にする場合は、生息域外保全における各種の技術開発（ファウンダーの確保手法、飼育・栽培・増殖手法、遺伝的多様性の維持手法、野生復帰の手法開発　等）が含まれる。

また、生息域外で効果的に集積可能な科学的知見（生態・生理、病原体、寄生生物等に関する知見等）もあることから、これらを広く生息域内保全にも活用することが見込まれる。

(2) **計画の各項目についての留意点**

計画の作成にあたっては、以下の「生息域外保全実施計画作成フレーム」に従って、各項目について留意点についても同時に検討する。なお、下記については基本的な項目立てとなり、対象種や計画の目的に応じて必要な項目を追加・削除することも想定される（追加項目例：近縁種による先行的な技術開発について）。

また哺乳類や鳥類においては、可能な限り、個体群存続可能性分析（PVA：Population Viability Analysis）ソフトウェア等を利用したシミュレーションにより生息域内及び生息域外の個体群将来予測を実施することが望ましい。

表　生息域外保全実施計画作成フレーム

実施計画項目	具体的な記述内容	留意点
1　事業の対象種		
	●標準和名 ●学名 ●分類（目、科、属） ●環境省RLランク	
2　実施主体		
	●事業実施主体名称	

3	目的		
		●緊急避難、保険としての種の保存、科学的知見の集積から目的を設定	・目的設定に際し、可能であれば個体群将来予測を実施（主に哺乳類・鳥類）。 ・目的の複数選択もあり得る。 ・生息域内保全との連携について明記。
		●対象個体群の設定	・取組の対象となる保全単位（保全ユニット）を設定（種、亜種、変種、地域個体群等）。
		●計画期間を設定	・種の特性や現状、実現可能性を考慮して設定。
4	実施場所の施設の名称・位置		
		●実施施設名称、住所 ●実施機関、施設の要件	・十分な技術力、資金力の確保がなされている施設。 ・対象種の飼育・栽培・繁殖に適した施設環境の確保。 ・目標個体数に見合った施設収容力の確保。
		●実施体制	・研究者、専門技術者等の各種専門家を適切に配置。 ・長期的な体制維持が可能か。 ・複数施設による、分散飼育・栽培体制の構築。
5	ファウンダーの確保に係る方法		
①	個体確保の対象地域	●確保する対象個体群（地域）の設定	・ファウンダーを確保する個体群は、目的で設定した保全単位を基準に選定する。 ・技術開発の場合は、より絶滅のおそれの低い個体群や近縁種での実施により実験的に実施することもあり得る（→＜追加項目例＞近縁種による先行的な技術開発を参照）。
②	ファウンダーのステージ及び確保数	●ファウンダー確保数 ●確保するステージ（成体、幼体、蛹、卵、株、種子等） ●確保する時期 ●ファウンダー確保による生息域内への影響評価結果（シミュレーション） ●救護個体（傷病鳥獣等）の利用	・ファウンダーの確保は、個体確保による生息域内個体群への影響と、目標増殖個体数に必要な個体数を考慮しつつ、確保数や適切なステージや時期を設定。 ・可能であれば個体群将来予測を実施（主に哺乳類・鳥類）。
③	ファウンダー捕獲・運搬に際する方法	●ファウンダーの捕獲方法 ●確保地でのモニタリング調査 ●遠隔地の場合や運搬を慎重に行う必要のある場合に記述	・確保する個体への負担軽減への配慮。 ・必要に応じて、ファウンダー確保による影響をモニタリング調査。
④	関係者との合意形成	●合意形成の必要な関係者名	・必要に応じて、関係者（地権者、地域住民、NPO・NGO、研究者、行政）との十分な合意形成を実施する。

6	飼育・栽培・増殖に係る事項		
①	飼育・栽培・増殖に係る方法	●具体的な飼育・栽培・増殖方法 ●個体の逸走・逸出の防止対策 ●感染症や寄生生物に対する対策 ●捕食者侵入・盗難の防止対策	
②	遺伝的多様性の維持に係る方法	●集団内の遺伝的多様性の維持や近交弱勢に関する対策 ●個体群ごとの遺伝的地域特性の維持に関して、遺伝的に異なる複数の個体群を扱う場合の配慮（分散飼育・栽培等）	・生息域外個体群の遺伝的多様性の維持を目指して、可能であれば個体群管理ソフトウェア等を利用した血統管理を実施（主に哺乳類・鳥類）。
③	生息域外個体群の活用区分	●取組状況により、繁殖個体群、非繁殖個体群（主に老齢個体、由来不明の個体等）、野生復帰候補個体群（順化訓練等）を区分して管理 ●活用区分による個体展示の位置づけ	・個体展示に関しては、次項の余剰個体の取扱と併せて考慮する。なお、絶滅危惧種の生息域外保全の場合は、その保全を第一目的とするが、種によっては影響のない範囲内で、展示しながら個体や個体群の維持を図ることも想定される（→10—①普及啓発を参照）。 ・技術開発段階での飼育・栽培展示は、影響のない範囲での実施を慎重に検討する。
④	増殖目標個体数	●目的に見合った増殖個体数の設定 ●遺伝的多様性の維持に関する将来予測	・生息域外個体群サイズについて、生息域外個体群の遺伝的多様性の維持を目指して、可能であれば個体群将来予測を実施（主に哺乳類・鳥類）。
7	余剰個体の取扱		
		●普及啓発用に展示個体としての位置づけ ●保全に関する研究目的利用　等	・可能な限り、余剰個体は生じさせない方が好ましい。 ・個体展示については、6—③生息域外個体群の活用区分、10—①普及啓発を参照。
8	野生復帰に係る見込み（※）		

※野生復帰取組の検討に際しては別途計画が必要。「絶滅のおそれのある野生動植物種の野生復帰に関する基本的な考え方」を活用する（4—(2)参照）。本項では概要のみ。

①	野生復帰候補地の評価	●候補地における環境収容力、生息環境の回復状況の評価 ●過去の減少要因（外来生物、病原体、寄生生物等）の除去の評価	・野生復帰後の個体群動態予測に際し、可能であれば個体群将来予測を実施（主に哺乳類・鳥類）。
②	野生復帰候補個体の資質	●遺伝的多様性の維持状況 ●有害な病原体及び寄生生物の除去（検査）方法 ●野生下での適応性（順化訓練）	
③	野生復帰に関する合意形成	●合意形成の必要な関係者名と手法	・関係者（地権者、地域住民、NPO・NGO、研究者、行政）との十分な合意形成を実施する。

9	野生復帰による影響評価（※）		
※野生復帰取組の検討に際しては別途計画が必要。「絶滅のおそれのある野生動植物種の野生復帰に関する基本的な考え方」を活用する（4─(2)参照）。本項では概要のみ。			
①	同種個体群の動向に係る将来予測	●野生復帰後の生息域内個体群の将来予測	・野生復帰後の個体群動態予測に際し、可能であれば個体群将来予測を実施（主に哺乳類・鳥類）。
②	野生復帰による生態系等に与える悪影響について予測	●同種個体群及び生態系への、病原体及び寄生生物の伝播予測 ●農林水産業等への影響予測	

10	その他		
①	普及啓発	●普及啓発 ●事業成果の公表	・種によっては悪影響のない範囲で、展示等、生息域外個体群を利用した効果的な普及啓発事業の実施。 ・事業成果の定期的な公表。
②	科学的知見の集積	●生息域外にて得られると期待される保全に関する各種知見 ●生息域外保全技術の集約（マニュアル化等） ●各種PVAシミュレーションに必要な情報収集	・生態・生理等の生息域外で効果的に得られる知見の収集と活用。 ・飼育・繁殖技術のマニュアルの作成等を図る。 ・PVAシミュレーションに必要となる種の生息状況や生態、飼育・栽培、増殖実績等の情報収集。
③	計画の改定と見直し	●状況に応じた計画の改定	・＜例示＞飼育・栽培下繁殖技術の確立時に計画の見直しを実施する。（科学的知見の集積（技術開発）→保険としての種の保存へ移行する際の改定）
④	各種許認可等の手続き	●法律、条例による保護規制に係る許認可申請の有無	・国内希少野生動植物種（環境省） ・希少鳥獣（環境省） ・天然記念物（文化庁） ・都道府県指定希少種（条例） ・各種保護区の現状変更及び立入許可等

＜追加項目例＞	近縁種による先行的な技術開発について		
		●参考とする近縁種の設定 ●近縁種の位置づけ設定 ●近縁種の試験的な飼育・栽培・繁殖等により得る、対象種の技術開発に必要な知見や項目の設定	＜実施に必要な技術開発（例示）＞ ・ファウンダー確保の方法及びその影響 ・ファウンダーの輸送方法の開発 ・飼育・栽培管理技術の開発 ・繁殖技術の開発

実施行程			
		●実施スケジュール	・無理のないスケジュールの設定 ・具体的な実施行程を記述 ・技術開発については、開発の目標時期を記述

3 生息域外保全取組の実施

　計画策定後に、実施スケジュールに沿って取組を実施する。なお、生息域外保全は生息域内保全の補完として実施するものであるため、生息域内の状況を常に把握するよう努め、相互の情報共有に努める。

　また、生息域外保全は長期的な取組となるため、飼育下繁殖や飼育技術開発の進捗等が計画策定当初の想定と異なった場合や、対象種における生息域内個体群の増減等の状況に応じて、順応的に計画を変更することが必要となる。計画変更に際しては、計画策定時と同様の検討会を招集し、多角的な面から変更方針を検討することが望ましい。

4 配慮事項

　生息域外保全計画作成にあたっては、種の特性や置かれた現状等に照らして、以下の事項について配慮して、検討することが求められる。

(1) 分類群別事項

　対象種の分類群により、生息域外保全実施の対応が異なる場合が多い。このため、各分類群における計画作成時の検討ポイントを以下に記した。

① 哺乳類、鳥類

■分類群の特徴

・中大型～小型の種を含み、個体の行動範囲が極めて広いものから比較的狭いものまであり、食物連鎖の中位～上位種まで多様である。また、陸域や陸水域、海域にも生息する。他の分類群に比べると大卵少産で一般に個体数が少なく、成熟期間が長くて増殖速度の低い種が多い。

・個体の移動能力の高い鳥類や中・大型哺乳類、コウモリ類は、集団間の遺伝的地域特性の差が少ないが、島嶼性の種や隔離分布する小型種については、集団ごとに遺伝的地域特性を持つものが多い。

・社会的によく認知されたフラッグシップ種になりうる知名度の高い種を多く含む。

■検討のポイント

・現在、飼育下繁殖が行われている国内種は少ない状況である。関連して、野生復帰の取組も限られているため、先行的な海外事例を参考にすることが求められる。

・ファウンダーの確保や野生復帰に際しては、生息域内個体群への影響をシミュレーションする個体群将来予測を行うことが望ましい。また、生態系及び農林水産業等への影響についても同様に大きい場合が多いため、十分な影響評価及び地域での合意形成が不可欠である。

・個体のサイズが大きく、繁殖率が低く個体寿命が長い種は、施設の収容力や資金、人員等の実施体制を、特に入念に準備する必要がある。また、飼育できる個体数がおのずと少なくなることから、個体群管理ソフトウェア等を利用して個体

群の血統管理を行うことが求められる。
- 増殖率が低く、また技術的にも困難な種が多いため、絶滅のおそれが高く緊急に対応が必要な状況ではない段階から対策を検討することが必要な場合がある。

② 爬虫類、両生類

■分類群の特徴
- 一部の大型種を除いて、基本的に中小型種で構成され、個体の移動能力が低いものが多い。陸域や陸水域とその周辺に多くの種が生息する。食物連鎖の中位に位置する種が多い。成熟期間は長いものから短いものまである。多産な種では、生息環境の変化に伴う個体数の増減が著しい。
- 農耕地や人家の周辺にも生息し、かつては身近な生きものであった。認知度の高い大型種や身近な種もある一方で、認知度が低い種も多い。隠遁的で、個体展示に向かない種もある。なお、個体展示されている国産種の多くは飼育下繁殖個体ではなく、野外採集個体がほとんどである。

■検討のポイント
- 絶滅のおそれのある種のうち、飼育下繁殖が行われているものはわずかであるが、一部の種は飼育技術が確立されており、ホルモン剤等を用いて産卵させ、増殖可能である種もある。しかしながら、飼育や繁殖には手間はかかるため、十分な施設の収容力や資金、人員等の実施体制を準備する必要がある。
- 野生復帰の取組がほとんどなく、全般的に野生復帰に関する技術開発が必要である。

③ 汽水・淡水魚類

■分類群の特徴
- 生息地は陸水域に限定される。また、小型のものから大型のものまでを含む。他の分類群と比べると小卵多産で個体数が多く、生息環境の条件が整えば速やかに増殖する種が多い。
- 水系や水域ごとに個体群の分布域が明瞭に区分され、集団間に遺伝的地域特性が認められることが多い一方で、大河川流域の小河川や止水域に生息する種の中には、一見、個体群がそれぞれ独立しているように見受けられるが、これらが遺伝的な交流によって緩やかに繋がるメタ個体群を形成しているものも多くある。

■検討のポイント
- 絶滅のおそれのある種の多くで安定した飼育下繁殖が行われており、概ね生息域外保全技術が確立されている場合が多い。
- ファウンダーの確保については、事前の遺伝解析により、個体確保による生息域内個体群への影響を抑えつつ、遺伝的多様性の維持を図ることも重要である。
- 飼育下での遺伝的近交劣化が顕著で、これを防止するためにより多くの個体数の維持や追加的なファウンダーの確保が必要な場合が想定される。

・生物多様性保全の観点から不適切な放流が各地で行われていることが指摘されており、また水系ごとの遺伝的特性の違いに配慮した保全単位の設定が不可欠であることから、個体群ごとに異なる施設で飼育する体制をとることが望ましい。

④ 昆虫類

■分類群の特徴
・生息地は陸域、陸水域の広い範囲に及ぶ。また、小型の種からなる。一般的に小卵多産で個体数が多く、生息環境の条件が整えば速やかに増殖する種が多い。
・一部のトンボ類やチョウ類等のように高い移動能力を有する飛翔性の種もいるが、多くは個体の移動能力は限定的で、基本的には生息地から大きく離れることは少ない。
・島嶼、高山、陸水域などの不連続な地域や環境に分布する種は、それぞれの集団ごとに遺伝的地域特性を持つ種が多い。
・地域ごとに遺伝的地域特性が異なることが多い一方で、一見、個体群がそれぞれ独立したように見受けられるが、これらが遺伝的な交流によって緩やかに繋がるメタ個体群を形成している種も多くある。

■検討のポイント
・絶滅のおそれのある種数は多いが、安定した飼育下繁殖が行われているものはわずかであり、適切な野生復帰の例もほとんどなく、全般的に生息域外保全に関する科学的知見の集積や技術開発が必要である。
・ファウンダーの確保については、メス個体を採集して多くの卵を採卵する等の手法により、生息域内個体群への影響を最小限に抑え、遺伝的多様性の維持を図ることも重要である。
・累代飼育だけでなく、蛹や幼虫期といった特定のステージ期のみを飼育下で維持管理して野生復帰させる手法も有効である。
・比較的狭い施設で飼育可能な種から、大規模施設が必要な種まで様々であるため、種によって適切な施設や設備の選択が必要である。
・飼育下での遺伝的近交劣化が顕著で、これを防止するためにより多くの個体数の維持や追加的なファウンダーの確保が必要な場合が想定される。
・個体群ごとの遺伝的多様性の違いに配慮した保全単位の設定が不可欠であり、個体群ごとに別々の施設で飼育する体制をとることが望ましい。

⑤ 維管束植物

■分類群の特徴
・数mm程度の小型の草本植物から、高さ数十mの木本植物まで、幅広い大きさの種類が含まれ、一年以内に生長して種子をつけて枯死する一年生草本から、百年以上生存する木本植物まで含む。また、陸域に生育する種類が多いが、水域に生育するものもあり、一部は海域に生育する。

- ほとんどの種が、土壌に根を張り移動しないが、種によっては風媒や虫媒により花粉が広範囲に移動する。また、一部の種類は、次世代である種子や胞子を風、水、動物などによって広範囲に散布する。
- 種によっては、種子や胞子を大量につけ、それらが土壌中で長期間生存する。
- 島嶼、高山、陸水域などの不連続な地域や環境に分布する種は、それぞれの分布域の個体群が遺伝的に分化している傾向にある。

■検討のポイント

- 絶滅のおそれのある種数が極めて多いが、安定した栽培状況に置かれている種も多いといえる。また、生息域外保全が未着手の種の中には、菌類との共生関係にあるラン科植物など、高度な技術開発が必要な種も多い。
- ファウンダーの確保については、種子の分散収集により生息域内個体群への影響を抑え、遺伝的多様性を維持する手法もある。
- 既に、生育域外保全が実施されているものの中でも、増殖した個体の野生復帰まで至る資質を持つ個体ばかりではないため、野生復帰を検討する際には、個体の由来（遺伝子解析等）や病原体の感染状況等について調べる必要がある。
- 組織培養や株分けによるクローン個体は遺伝的に全く同じ個体となるため、増殖手段としては避けるべきである。
- 適切な野生復帰の事例がほとんどないため、遺伝的多様性の維持技術、野生復帰する生育地における病害虫や自生地外の生物の伝播防止技術等の開発が必要な場合が多い。

(2) 野生復帰

　生息域外個体群の野生復帰は保全手法の中の選択肢の一つであるが、個体数や集団内の遺伝的多様性の増加等の期待される効果が見込まれる一方で、個体導入による同種個体群及び生態系の攪乱、病原体等の非意図的導入、農林水産業被害等の様々な悪影響が懸念される。また、野生復帰の取組は長期に及ぶことが想定され、野生復帰候補地周辺の地域住民等との合意形成も求められることから、実施にあたっては、必要性と実現可能性を評価し、慎重な判断が求められる。

　このため、適切な野生復帰手法については「絶滅のおそれのある野生動植物種の野生復帰に関する基本的な考え方」を参照するのが肝要である。

(3) 遺伝的多様性と保全単位

　集団間の遺伝的地域特性の異なる種や集団内の遺伝的多様性の維持等について、保全単位の設定やファウンダーの確保及び野生復帰に関する配慮事項や生息域外個体群の遺伝的多様性の維持等に関する配慮事項を以下に記す。

① 適切なファウンダーの確保

　ある特定の生息域外個体群のファウンダー個体は、同一の保全単位内の個体である必要がある。また、集団内の遺伝的多様性を大きく保つために、同一の保全単位の中

から血縁的に遠い個体をファウンダーとして確保することが望ましい。例えば、一つの個体群を対象とする場合は、同個体群内でも距離的に離れた地点で個体を確保したり、植物では異なる株から少しずつ種子を確保する等の手法が考えられる。また飼育・栽培下の繁殖において、遺伝的多様性を維持する目的で、追加的なファウンダーを確保し繁殖に参加させる等の手法も考えられる。

このため、ファウンダー確保前に遺伝解析による保全単位の設定と、集団内の遺伝的多様性の確認を実施することが望ましい。

② **生息域外個体群の維持管理**

飼育・栽培下で繁殖する場合は、繁殖に供される個体数が少ない場合が多いため、種によっては近親交配による近交弱勢が認められる。

このような近親交配を避けるために、現在飼育・栽培している個体の遺伝解析を実施し、その結果から生息域外個体群における集団内の遺伝的多様性を確認する手法もある。例えば、魚類の場合ではDNA解析により生息域外個体群と野外個体群との集団内の遺伝的多様性の比較が可能である。

また、主に哺乳類や鳥類等において、個体ごとに血統が分かっている飼育下個体群については、個体群管理ソフトウェア等を利用して血統管理を行う。

③ **適切な野生復帰**

生息域外からの個体（個体群）の野生復帰においては、IUCN再導入ガイドラインで定義された「再導入（Re-introduction）」と「補強（Re-inforcement）」の二手法がある。なお、再導入と補強は野生復帰候補地で対象個体群が絶滅しているか否かで区別する。再導入の場合は対象個体群が存在しておらず、野生復帰候補地に本来分布していた遺伝的地域特性や個体群特性を持つ個体群を野生復帰させる。

補強の場合は、野生復帰候補地に個体群が残存しているため、これら生息域内個体群の遺伝的多様性の攪乱を引き起こす可能性が危惧される。例えば、野生復帰予定地の個体群と、野生復帰個体群の遺伝的地域特性や個体群特性（齢構成や性比等）が異なる場合、それぞれの攪乱が想定されるため、野生復帰する個体（個体群）は、ファウンダーを確保した個体群、またはその生息地と同じ場所に戻すことを基本とし、原則として同じ保全単位と認められる範囲内で実施する必要がある。

また、野生復帰個体群の集団内の遺伝的多様性が生息域内個体群に比べて低い場合、集団内の遺伝的多様性の低下や近交弱勢による絶滅リスクの増加も懸念される。そのため生息域外保全においては遺伝的多様性を維持することが必要である。

<参考・引用文献>

IUCN/SSC Reintroduction Specialist Group (1998). IUCN Guidelines for Re-introductions. IUCN, Gland, Switzerland.（IUCN再導入ガイドライン）

IUCN (2002). IUCN Technical Guidelines on the Management of Ex Situ Populations for Conservation. IUCN, Gland, Switzerland.（IUCN野生生物保全のための生息域外個

体群管理における技術ガイドライン）

環境省自然環境局野生生物課（2011）「絶滅のおそれのある野生動植物種の野生復帰に関する基本的な考え方」環境省

（財）自然環境研究センター（2008）「第4章　生息域外保全モデル事業の選定」『平成19年度絶滅のおそれのある野生動植物種の生息域外保全方策検討業務報告書』環境省　pp.97-128

（財）自然環境研究センター（2009）「生息域外保全実施計画（哺乳類・鳥類）作成モデル事業」『平成20年度絶滅のおそれのある野生動植物種の生息域外保全方策検討業務報告書』環境省　pp.61-86

（財）自然環境研究センター（2011）「生息域外保全実施計画（哺乳類・鳥類）作成モデル事業」『平成22年度絶滅のおそれのある野生動植物種の生息域外保全方策検討業務報告書』環境省　pp.39-85

○絶滅のおそれのある野生生物種の保全戦略

[平成26年4月]
[環　境　省]

第1章　背景

（経緯）
　　平成20年 6 月 6 日　　生物多様性基本法　成立・施行
　　平成22年 3 月16日　　生物多様性国家戦略2010の決定
　　平成24年 3 月27日　　絶滅のおそれのある野生生物の保全に関する点検結果とりまとめ
　　平成24年 9 月28日　　生物多様性国家戦略2012-2020の決定
　　平成25年 3 月26日　　絶滅のおそれのある野生生物の保全につき今後講ずべき措置について（中央環境審議会答申）
　　平成25年 6 月12日　　絶滅のおそれのある野生動植物の種の保存に関する法律（種の保存法）改正法　公布

　我が国の絶滅のおそれのある野生生物に関しては、平成 3 年から環境省によるレッドリスト及びレッドデータブックが作成されており、平成 4 年に制定された「絶滅のおそれのある野生動植物の種の保存に関する法律（種の保存法）」や関連制度による様々な規制や保全の取組が行われてきた。平成20年に策定された生物多様性基本法では、「国は、野生生物の種の多様性の保全を図るため、野生生物の生息又は生育の状況を把握し、及び評価するとともに、絶滅のおそれがあることその他の野生生物の種が置かれている状況に応じて、生息環境又は生育環境の保全、捕獲等及び譲渡し等の規制、保護及び増殖のための事業その他の必要な措置を講ずるものとする（第15条第 1 項）」ことが明記された。また、同法の附則第 2 条では、「政府は、この法律の目的を達成するため、野生生物の種の保存、森林、里山、農地、湿原、干潟、河川、湖沼等の自然環境の保全及び再生その他の生物の多様性の保全にかかる法律の施行の状況について検討を加え、その結果に基づいて必要な措置を講ずるものとする」ことが規定されている。

　さらに、平成22年に生物多様性基本法に基づき閣議決定した「生物多様性国家戦略2010」において、我が国の絶滅のおそれのある野生生物の状況の把握と減少要因等を分析して効果的な対処方針を明らかにしていくこととした。このため環境省では、生物多様性基本法及び生物多様性国家戦略2010を踏まえ、平成23年度に、絶滅のおそれのある野生生物の保全について、これまでの我が国の政策の実施状況を点検した。点検は、①我が国の絶滅のおそれのある野生生物の保全に関する点検と、②希少野生生物の国内流通管理に関する点検の 2 つに分けて実施し、それぞれの有識者による点検会議において、今後取り組むべき課題等が提言された[1]。

平成22年10月に愛知県名古屋市で開催された生物多様性条約第10回締約国会議(COP10)では、生物多様性に関する世界的目標である「戦略計画2011-2020（愛知目標）」や、植物の保全に関して「改訂世界植物保全戦略2011-2020」が採択された。その後我が国では、平成24年9月には、戦略計画2011-2020（愛知目標）を踏まえた「生物多様性国家戦略2012-2020」を閣議決定した。

　生物多様性国家戦略2012-2020では、愛知目標の達成に向けたロードマップとして我が国の国別目標を示している。このうち、絶滅のおそれのある種（絶滅危惧種）に関係する愛知目標の個別目標12に対応した我が国の国別目標C-2は、以下のとおりである。

　「2012年版環境省レッドリストにおける既知の絶滅危惧種において、その減少を防止するとともに、新たな絶滅種（EX）となる種（長期に発見されていない種について50年以上の経過等により判定されるものを除く）が生じない状況が維持され、2020年までに、最も絶滅のおそれのある種である絶滅危惧ⅠA類（CR）又は絶滅危惧Ⅰ類（CR＋EN）については、積極的な種の保全や生物多様性の保全に配慮した持続可能な農林水産業の推進による生息・生育基盤の整備などの取組によりランクが下がる種が2012年版環境省レッドリストと比べ増加する。（以下略）」

　加えて同国家戦略では、この国別目標C-2の達成に資する具体的施策の一つとして、「平成23年度に実施した我が国の絶滅のおそれのある野生生物の保全に関する点検を受けて、今後の全国的な絶滅のおそれのある種の保全の進め方や保全すべき種の優先順位付け等を盛り込んだ戦略を作成する」こととしている。

　さらに、平成24年11月には中央環境審議会に「絶滅のおそれのある野生生物の保全につき今後講ずべき措置について」諮問し、平成23年度の点検の結果を基本とした検討の上、パブリックコメントを経て平成25年3月に答申を得た。

　答申では、種の保存法について登録票の管理方法等の改善や罰則の強化を早期に講じて、希少野生動植物種の国内流通を適切に規制し管理するとともに、我が国の絶滅危惧種の保全の取組を全国的かつ計画的に進めるため、絶滅のおそれのある野生生物種の保全戦略で、基本的な考え方や具体的な施策の展開方法についても示すものとされた。

　なお、罰則の強化を含む種の保存法改正法は平成25年6月に成立した。改正法案の国会審議の際には、絶滅危惧種の保全のための今後の検討課題について様々な議論がなされ、改正法の附則においては、改正法施行後3年を経過した場合において法の執行状況等を勘案して、法の規定に検討を加えることとされている。また、衆議院及び参議院の改正法案に対する附帯決議では、2020年までに300種を同法に基づく希少野生動植物種に新規指定することを含め、複数の措置を講ずることを求めている。

1　環境省「絶滅のおそれのある野生生物の保全に関する点検について」<http://www.env.go.jp/nature/yasei/tenken.html>，2012.3.27

第2章　目的

　野生生物は、人類の生存の基盤である生態系の基本的構成要素であり、日光、大気、水、土とあいまって、物質循環やエネルギーの流れを担うとともに、その多様性によって生態系のバランスを維持し、人類の存続の基盤となっている。また、野生生物は、資源や文化等の対象として、人類の豊かな生活に欠かすことのできない役割を果たしている。

　野生生物の世界は、生態系、生物群集、個体群、種等様々なレベルで成り立っており、それぞれのレベルでその多様性を保全する必要があるが、中でも種は、野生生物の世界における基本単位であり、生物多様性の確保の観点からも、種の存続を確保することは重要である。

　しかし、今日、様々な人間活動による圧迫に起因し、多くの種が絶滅し、また、絶滅のおそれのある種が数多く生じている。現在と将来の人類の豊かな生活を確保するために、絶滅危惧種の保全の一層の促進が必要である。

　なお、絶滅危惧種の保全の目標は、個体数の減少を防止し、又は回復を図ることにより、種の絶滅を回避することであり、最終的に本来の生息・生育地における当該種の安定的な存続を確保することである。

　本保全戦略は、生物多様性国家戦略2012-2020の国別目標C-2の達成に向けて、我が国に生息・生育する絶滅危惧種（環境省レッドリストの絶滅危惧Ⅰ類及びⅡ類。以下、本保全戦略において同様とする。）を対象に、その保全を全国的に推進することを目的とし、そのための基本的な考え方と早急に取り組むべき施策の展開を示すものである。

　本保全戦略は、生物多様性国家戦略2012-2020に基づき、環境省が自らの取組を中心に策定するものである。なお、地方公共団体等における絶滅危惧種の保全の取組にあたっても、本保全戦略が参考となることを期待するものである。

　本保全戦略の進捗状況については、生物多様性国家戦略の点検及び見直しにあわせて点検を行うこととし、次の生物多様性国家戦略見直しの際には、本保全戦略に示された施策等を、進捗状況も勘案しながら生物多様性国家戦略に適切に反映することとする。

第3章　我が国の絶滅危惧種の現状と課題

　第3章では、第1章の背景で述べた、平成24年度に公表した環境省第4次レッドリストの絶滅危惧種の選定状況、平成23年度の点検結果及びその後の種の保存法改正の経緯を踏まえ、我が国の絶滅危惧種の現状と課題の概況を整理する。

1　第4次レッドリストの評価結果

　環境省では、我が国に生息・生育する野生生物について、生物学的観点から個々の種の絶滅のおそれの度合いを評価し、絶滅のおそれのある種を選定し、「レッドリスト（日本の絶滅のおそれのある野生生物の種のリスト）」として公表している。また、「レッドデー

タブック」は、レッドリスト掲載種の生息状況等を取りまとめて編纂したものである。

　レッドリスト及びレッドデータブックは、絶滅危惧種の状況についての国民の理解を促し、保全の推進に広く活用されることを目的に作成された基礎的資料であり、環境省では、レッドリストを概ね5年、レッドデータブックを概ね10年を目途に見直しを行っている。

　平成24年度に公表した第4次レッドリストでは、絶滅危惧Ⅰ類及びⅡ類のカテゴリー（ランク）に該当する絶滅危惧種として、10分類群合計で3,597種が掲載され、第3次レッドリストより442種増加した。種数の増加の要因には貝類における評価対象の拡大といった事情があるものの、我が国の野生生物が置かれている状況は依然として厳しいことが明らかとなった。

　なお、既存の環境省レッドリストでは、純海産種は評価の対象から除外していたことから、平成24年度から海洋生物の絶滅のおそれの評価の検討に取り組んでいる。

2　我が国の絶滅危惧種の保全に関する現状と課題（平成23年度点検結果）

　平成23年度に実施した「我が国の絶滅のおそれのある野生生物の保全に関する点検」では、環境省第3次レッドリストの絶滅危惧種3,155種を対象として、レッドデータブックや付属説明資料の情報を基に、減少要因に関する全体的な傾向を見た。

　絶滅危惧種の減少要因は多岐にわたるが、代表的な減少要因として開発、捕獲・採取、遷移進行、過剰利用、水質汚濁、外来種の影響、農薬汚染、管理放棄等がみられた。ただし、これらの減少要因は、対象種が絶滅危惧種と評価されるに到った要因を示したものであり、現在において当該種の回復を阻害している要因では必ずしもないことには留意が必要である。近年は、ニホンジカ等の中大型哺乳類の個体数増加や分布拡大による植物への影響が指摘されており、維管束植物等の絶滅危惧種の減少要因としても懸念されている。

　あわせて同点検では、抽出された代表的な減少要因に対応する対策に関連した代表的な制度を整理し、それらの制度のうち一部について、絶滅危惧種又はその生息・生育地の保全等の各制度による対応状況を点検した（表1）。

　野生生物や自然環境の保全に関係する法律としては、絶滅のおそれのある野生動植物の種の保存に関する法律（種の保存法）の制定（平成4年）をはじめ、環境影響評価法（平成9年）、自然再生推進法（平成14年）、特定外来生物による生態系等に関する被害の防止に関する法律（外来生物法）（平成16年）、地域における多様な主体の連携による生物の多様性の保全のための活動の促進等に関する法律（生物多様性地域連携促進法）（平成22年）などが、この20年程度で制定されている。加えて、自然公園法（昭和32年）等の従来の自然環境に関連する法令においても、生物の多様性の確保に寄与するため、保全対策の強化が行われてきている。

　また、地方公共団体においても、条例等に基づいて絶滅危惧種を含む希少種の保全のための施策を講じており、平成23年度末時点では、31の都道府県が、希少な野生動植物の保

表1 代表的な減少要因に対して想定される対策と関連制度

減少要因		想定される主な対策	関連する代表的な既存制度の例	保全状況の例(注1,2)
(1) 生息・生育地の減少又は劣化		○既に失われた生息・生育地の再生等	・自然再生事業（自然再生推進法） ・生態系維持回復事業（自然公園法、自然環境保全法） ・その他各種法令に基づく生態系の維持・回復事業	
	開発	○一定の区域内の開発規制（保護地域）	・生息地等保護区（種の保存法） ・鳥獣保護区内の特別保護地区（鳥獣保護法） ・国立・国定公園（自然公園法） ・自然環境保全地域等（自然環境保全法）	保護地域カバー率（開発）：21%
			・保護林・緑の回廊（国有林野の管理経営に関する法律） ・特別緑地保全地区等（都市緑地法等） ・希少種保護条例に基づく保護地域内の開発規制 ・その他条例に基づく保護地域内の開発規制 ・その他（地域指定の天然記念物、保安林、保護水面等）	
		○事業時の環境配慮等	・環境影響評価（環境影響評価法） ・その他条例に基づく環境影響評価の制度	
	過剰利用等	○一定の区域内の立入・乗入等の利用制限（保護地域）	・生息地等保護区内の管理地区（種の保存法） ・鳥獣保護区内の特別保護指定区域（鳥獣保護法） ・国立・国定公園内の特別地域、海域公園地区等（自然公園法） ・原生自然環境保全地域、自然環境保全地域内の特別地区等（自然環境保全法）	保護地域カバー率（過剰利用等）：31%
			・保護林（国有林野の管理経営に関する法律） ・特定自然観光資源（エコツーリズム推進法） ・条例に基づく保護地域内の立入・乗入等規制	
		○利用時の環境配慮等	・エコツーリズム推進協議会等（エコツーリズム推進法）	
	管理放棄・遷移進行等	○生息・生育地の維持管理等	・地域連携保全活動（生物多様性地域連携促進法） ・風景地保護協定（自然公園法）	
(2) 種の捕獲・採集		○捕獲規制		種指定率：64%
		区域を定めず種等を指定した捕獲・採集の制限	・国内希少野生動植物種の捕獲規制（種の保存法） ・鳥獣の捕獲規制（鳥獣保護法）注3 ・地域を指定しない天然記念物（文化財保護法） ・希少種保護条例に基づく捕獲規制	種指定率（国）：7% 種指定率（県）：25%
			・その他（水産資源保護法の保護動物など）	
		一定の区域を定めた全種又は指定種の捕獲・採	・国立・国定公園内の特別地域、海域公園地区等（自然公園法） ・原生自然環境保全地域、自然環境保全地域内	保護地域カバー率（捕獲等）：6% 種指定率（保護地域

III 資料編　3 通知その他　＜その他＞

		集の制限	・の特別地区、海域特別地区等（自然環境保全法） ・鳥獣保護区（鳥獣保護法）注3	内）：50%
			・地域指定の天然記念物（文化財保護法） ・保護林（国有林野の管理経営に関する法律） ・条例に基づく保護地域内での捕獲規制	
(3) 生態系の撹乱				
	外来種等による捕食・競合等（ニホンジカ等の中大型哺乳類の個体数増加・分布拡大を含む）	○外来種等の放出等規制		
		区域を定めず種指定	・特定外来生物の放出規制（外来生物法） ・地方自治体の条例等による外来種の放出規制	
		一定の区域を定める（保護地域内）	・生息地等保護区内の管理地区（種の保存法） ・鳥獣保護区内の特別保護指定区域（鳥獣保護法） ・国立・国定公園内の特別地域（自然公園法） ・原生自然環境保全地域、自然環境保全地域内の特別地区（自然環境保全法） ・条例に基づく保護地域内の放出規制	
		○外来種等のモニタリング、防除等（ニホンジカ等の個体数調整を含む）	・特定外来生物の防除（外来生物法） ・生態系維持回復事業（自然公園法、自然環境保全法） ・鳥獣保護区における保全事業（鳥獣保護法） ・保護林・緑の回廊（国有林野の管理経営に関する法律） ・地域連携保全活動（生物多様性地域連携促進法）	
	水質汚濁・農薬汚染	○一定の区域内の排出規制（保護地域）	・生息地等保護区内の管理地区（種の保存法） ・国立・国定公園内の特別地域等（自然公園法） ・原生自然環境保全地域、自然環境保全地域内の特別地区（自然環境保全法） ・条例に基づく保護地域内の排出規制	
		○区域を定めない排出等の規制	・水質汚濁防止法による汚水等の排出規制、農薬取締法による農薬の使用規制等	
	○対象種の個体数の積極的な維持・回復（保護増殖）など		・保護増殖事業（種の保存法） ・希少種保護条例に基づく保護増殖の取組　　など	

注1：「保護地域カバー率」は、当該減少要因にかかる絶滅危惧種の分布域（分布データのある種に限る）を国立・国定公園、自然環境保全地域等、国指定鳥獣保護区、生息地等保護区がカバーしている割合を示す。
注2：「種指定率（国）」は、捕獲・採集を減少要因とする絶滅危惧種のうち国内希少野生動植物種、狩猟鳥獣以外の鳥獣、天然記念物として捕獲等が規制されている種数の割合を、「種指定率（県）」は同じく希少種保護条例によって指定され捕獲等が規制されている種数の割合を、「種指定率（保護地域内）」は同じく国立・国定公園の特別地域、同じく海域公園地区、自然環境保全地域の特別地区で指定され区域内の捕獲等が規制されている種数の割合を示す。「種指定率」はこれらの合計（重複は除く）。
注3：鳥獣保護法により鳥獣は、狩猟によるものを除き原則捕獲が禁止されているが、鳥獣保護区では狩猟を行うことができない。

護等を目的とした条例を制定している。さらに、点検では十分に取り上げられなかったものの、点検会議では、里地里山地域や都市近郊における環境に配慮した自然資源利用の支援等、法令以外の様々な制度による施策があることも指摘された。

このように、保全に関係する制度的な整備は進んできたといえるが、絶滅危惧種の保全にこれらの様々な既存の制度が十分に活用されてきたとはいえない。このため、対象種の特性や減少要因等の状況に応じて、関連する様々な制度を効果的に活用することが重要である。

可能な限り多くの絶滅危惧種の保全を実現するためには、制度そのもののあり方だけではなく、制度運用の強化が重要であり、そのためには、知見、技術、人員、資金等の確保に努めることも重要である。同時に、これらの様々な制約の中で種の絶滅回避のための取組を効果的に推進していくためには、保全に取り組む種の優先順位を明らかにしたうえで、具体的な施策を計画的に実施することが重要である。

さらに点検結果からは、具体的な施策を検討するために必要な絶滅危惧種に関する知見が不足していることも明らかとなり、必要な情報の収集・蓄積と関係者間の共有が求められている。

なお、平成25年6月の種の保存法の改正を踏まえ、環境省では絶滅危惧種の保全に係る平成26年度の予算の大幅増額と、職員の定員の増加を行った。

3 希少野生生物の国内流通管理に関する現状と課題

種の保存法では、我が国に生息・生育する「国内希少野生動植物種」のみならず、「絶滅のおそれのある野生動植物の種の国際取引に関する条約（ワシントン条約）」によって国際取引が規制されている種などの国際的な協力による保全が必要とされる絶滅危惧種についても「国際希少野生動植物種」として指定され、国内での流通を規制している。このため、平成23年度の点検では、種の保存法に基づき個体等の譲渡し等を規制している希少野生動植物種の国内流通管理の状況も点検した。

その結果、種の保存法に定める罰則等の制裁措置では違反を抑制するうえで十分とはいえないことや、譲渡し等を行える国際希少野生動植物種の個体等の登録制度が抱える課題等が明らかとなった。このため、種の保存法の規制の対象範囲等について今後も検討の余地があること、罰則の強化や登録制度の改善、法制度の周知が重要であることなどについて、点検会議の提言を得た。さらに、中央環境審議会の答申「絶滅のおそれのある野生生物の保全につき今後講ずべき措置について」において、違法な捕獲や譲渡し等に対する罰則の強化や、登録制度の手続改善等を行うべきことが指摘された。

これらを踏まえ、平成25年6月の種の保存法の改正では、違法な捕獲や取引に関係する罰則が強化されたほか、希少野生動植物種の広告の規制、登録関係事務手続の改善等がなされた。さらに今般の改正法では、施行後3年に登録制度も含めた法規定の検討を加えることとされており、今後、法規定の検討に必要な調査の実施や課題に対する対応策の検討を継続して行う予定である。

第4章　基本的考え方

　第4章では、我が国の絶滅のおそれのある野生生物の保全に関する点検会議の提言を基に、我が国に生息・生育する絶滅危惧種をどのように保全していくのか、基本的な考え方を記述する。なお、生息域外保全及び野生復帰の基本的な考え方については、「絶滅のおそれのある野生動植物種の生息域外保全に関する基本方針」（平成21年1月）[2] 及び「絶滅のおそれのある野生動植物種の野生復帰に関する基本的な考え方」（平成23年3月）[3] を基に整理を行う。

　本章は、環境省が絶滅危惧種の保全を推進するにあたっての基本的な考え方を示すものであるが、地方公共団体等における保全政策の立案・実施の際にも参考となる絶滅危惧種の保全に関する基本的考え方となるように努めた。

1　語句の定義

　本保全戦略における語句は、以下の定義による。

- 個体群：ある地域や空間内に生息・生育または維持している遺伝的な交流を持つ同種個体の集まりで、他の集団から一定程度隔離された、まとまりのある集団のこと。ここでは、任意に選んだ一部の個体から増殖した人為下の集団も含む。
- 生息域内保全：種に着目して生態系及び自然の生息・生育地を保全し、存続可能な種の個体群を自然の生息・生育環境において維持し、回復すること[4]。
- 生息域外保全：生物や遺伝資源を自然の生息・生育地の外において保全すること。本保全戦略では、我が国の絶滅のおそれのある野生動植物種を、その自然の生息・生育地外において、人間の管理下で保存することをいう。
- 保護増殖（種の維持・回復にかかる取組）：特定の種を対象とし、その個体数を積極的に維持・回復するために行われる幅広い取組。生息・生育地の整備、餌条件の改善などの生息域内保全に限らず、飼育・栽培等による繁殖の取組（生息域外保全）及び野生復帰の取組も含まれうる。種の保存法における保護増殖事業も、これに含まれる取組である。
- 野生復帰：生息域外におかれた個体を自然の生息・生育地（過去の生息・生育地を含む）に戻し、定着させること。なお、種の絶滅回避のために実施される取組の一手法として位置づけるものとし、回復した傷病個体のリリースは含めないこととする。

2　http://www.env.go.jp/press/file_view.php?serial=12843&hou_id=10655
3　http://www.env.go.jp/press/file_view.php?serial=17257&hou_id=13648
4　生物多様性条約の条文においては、In-situ Conservation（生息域内保全）には特定の種に着目しない生物多様性保全に係る取組が含まれるが、本保全戦略においては絶滅危惧種の保全にかかる取組に限定することとする。

2 絶滅危惧種保全の優先度の考え方

(1) 優先度の基本的な考え方

絶滅危惧種の保全のための対策を講ずるにあたっては、①種の存続の困難さと、②対策効果の大きさの二つの視点で評価し、取り組む種の優先度を決定する。

① 種の存続の困難さによる視点

環境省における保全対策の検討にあたって、種の存続の困難さは、環境省レッドリストのカテゴリー（ランク）を基本とする。具体的には、絶滅危惧ⅠA類（CR）又は絶滅危惧Ⅰ類（CR＋EN）の中で、生息状況の悪化が進行していること等により特に絶滅のおそれの高い種から、対策の検討を優先的に行う必要がある。

なお、種によっては増殖率や個体の移動範囲等の特性が大きく異なっていたり、減少要因や生息環境等の種が置かれている状況も様々であるため、レッドリストで同じカテゴリーとされたものでも優先度が異なる場合があることに留意する。

また、カテゴリーにかかわらず急激な状況の悪化によって緊急対策を要すると判断される種についても優先して保全に取り組む。

② 対策効果による視点

対策効果の視点からは、以下の項目に該当する種が優先して保全に取り組む種として想定される。

・生態学的に重要性が高く（例えばアンブレラ種やキーストーン種のような機能）、その保全によって分布域内の生態系全体の保全にも効果がある種
・認知度又は地域住民等の関心が高く国や地域の象徴となり（フラッグシップ種）、多くの主体の保全への参画又は協力を促進させる効果が期待される種
・絶滅危惧種が集中する地域に生息・生育し、その取組が他の絶滅危惧種の保全にも効果がある種

(2) 考慮すべき事項

環境省が主導して、全国レベルで保全に取り組むにあたっては、上記の優先度の視点に加え、以下のような特性を有する種についても考慮して保全に取り組む種の優先度を決定する。

・捕獲・採集圧が減少要因となっており、全国的に流通する可能性がある種
・固有種が多く生物多様性が豊かな島嶼等、我が国の中でも特に重要な生態系がみられる地域に分布する種
・分布範囲や個体の行動範囲が都道府県境をまたいで広域に及ぶ種
・国境を越えて移動する種や国際的に協力して保全に取り組む必要がある種
・有効かつ汎用性のある保全の手法や技術を確立するために先駆的に保全に取り組む意義がある種

なお、レッドリストのカテゴリーが絶滅危惧Ⅱ類（VU）であっても、以下のような状況にある種については、情報の整備と保全対策の手法検討により、方向性を示すこと

が重要である。
- かつては広域的に里地里山地域等でごく普通に見られていたにもかかわらず、近年、全国的に減少傾向にある種や、海浜、河口等に生息・生育し、その環境の消失や劣化に伴って全国的に減少傾向にある種
- 個体数は安定しているものの、人為的な要因により、その生息・生育地が１か所に集中しているなど、影響を受けやすく、脆弱性の高い状況にある種

3 種の状況を踏まえた効果的な保全対策の考え方

(1) 種の特性や減少要因等を踏まえた対策の選定

絶滅危惧種の保全対策には様々な取組があり、特定の種に着目した保全施策のみならず、生態系に着目した保護地域や自然再生などの保全施策も絶滅危惧種の保全に資する（図１）。対象とする種の保全を効果的に実施していくためには、それぞれの種の特性（分布様式や特定の環境への依存度合い、増殖率等）や減少要因を踏まえて、また、人の生活との関連性などの社会的側面も念頭においた上で、これらの様々な保全対策の中から有効な対策を適切に選定し、必要に応じて対策を組み合わせて実施することが重要である。

そのため、種の特性や減少要因、種を取り巻く社会的状況などの保全関連情報を蓄積したうえで、有効な保全手法や技術の確立を推進し、各種条件がある程度整ったものから、対策を推進していく必要がある。なお、これらの必要な保全関連情報のうち減少要

図１　絶滅危惧種の保全対策の相互関係

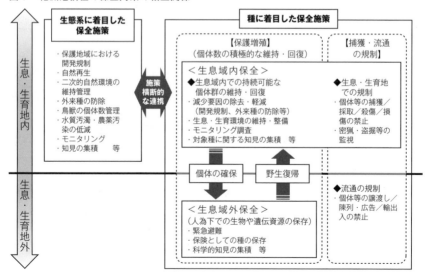

因については、平成23年度の点検においても明らかになったように、特に対象種の生息・生育に悪影響を与えている現在における要因が明らかではない場合が多いことから、当該種を取り巻く問題の適切な把握に努めることが重要である。

種の特性や減少要因を踏まえて保全対策を選択する具体的な例として、例えば、捕獲・採取圧が主な減少要因である種に関しては、捕獲及び流通の規制が有効であるとともに、生息・生育地の監視体制を取ることが重要である。

また、生息・生育地の減少又は劣化が著しい種については、生態系の維持・改善を図る施策（保護地域による開発規制や過剰利用の抑制、自然再生による環境改善等）が必要であり、特に、湧水性のハリヨ（CR）、森林性のキセルガイ類などのように個体の移動範囲が地域的に限られ特定の環境に依存している種や、ナゴヤダルマガエル（EN）をはじめとするカエル類や草原・湿原性のチョウ類などのように増殖率が高く環境の改善により速やかに回復が見込まれる特性を持つ種には、有効であることが多い。

近年、外来種等による生態系への影響も一層深刻化しており、絶滅危惧種の重要な生息・生育地において影響を及ぼす又は及ぼすおそれのある場合には、優先的に防除することが重要である。

一方、生息・生育地の保全だけでは種の存続が近い将来困難となる危険性のある種（ツシマヤマネコ（CR）など）や、緊急的な危機状況ではなくとも、野生下での増殖率が低いなどにより一旦個体数が減少に転じると回復が困難な傾向にある種（シマフクロウ（CR）など）、急激な生息・生育環境の悪化や減少要因の増大等により緊急の対策を要する種（ライチョウ（EN）など）については、対象種の個体数を積極的に維持・回復するため、生息域外保全及び野生復帰も含めて複数の施策を横断的に行う保護増殖の取組を検討する必要がある。

なお、ある特定の絶滅危惧種に着目して生息・生育地の保全に取り組む際には、同じ場所に生息・生育する他の絶滅危惧種の状況にも配慮することが重要である。また、里地里山等の二次的自然環境や河畔環境等のように変動・攪乱が大きい環境に生息・生育する攪乱依存種（アユモドキ（CR）、ヒョウモンモドキ（CR）など）では、長期的な視点に立った保全の実施が特に重要であることに留意する必要がある。

また、減少要因や種のおかれた状況によっては、同一の種であっても地域によって減少要因が異なることも多く、それぞれの地域によって異なる対策を講ずることも想定される。さらに、淡水魚類等のように水系毎の隔離的な分布状況で、遺伝的に異なる特性を持つ地域個体群毎の保全が必要なものがある一方で、渡り鳥等のように、広く繁殖地、中継地及び越冬地間での連携した保全が必要なものもある。このため、保全の実施にあたっては、種の分布や遺伝的多様性の状況にも配慮し、保全の対象とする適切な個体群の範囲（保全ユニット、又は保全単位）を明確化することが肝要であるとともに、それぞれの状況に合わせた生息・生育地の維持・改善等の対策が重要である。

点検において、これまでの絶滅危惧種の減少要因としては明示的に抽出されなかった

ものの、今後、野生生物種の多様性に強い影響が懸念される要素として、気候変動があげられる。気候変動に関する政府間パネル（IPCC）の第4次評価報告書（2007年）では、「世界平均気温の上昇が1.5～2.5℃を超えた場合、これまでに評価された植物及び動物種の約20～30％は、絶滅のリスクが増す可能性が高い。」とされており、また、第5次評価報告書（2014年）においても、「今世紀中において、中位から高位の気候予測に対応する気候変動の大きさや速度は、湿地も含めた陸域や淡水生態系の構成、構造、機能に、急激で取り戻すことのできない地域規模の変化が起こる高いリスクをもたらす（確信度は中程度）。」や「21世紀半ば以降に予測される気候変動によって、気候変動に敏感な地域では、地球規模の海洋生物の分布の変化や海洋生物多様性の劣化が起こり、漁業生産やその他の生態系サービスの継続を難しくするだろう（確信度が高い）。」などとされている。我が国においても、日本沿岸の熱帯・亜熱帯サンゴ礁の分布域の消失や動植物の分布適域の移動が予測されており、今後、様々な生物の生息・生育状況に変化が生じると考えられる。気候変動の影響への対応（適応）については、平成27年夏を目途に政府全体の適応計画を策定する予定であり、今後、その適応計画も踏まえ、気候変動による野生生物種への影響の把握に努めるとともに、その影響を踏まえた上での絶滅危惧種の保全のあり方を検討していく必要がある。

　野生生物種の本来の生息・生育地における安定的な存続を確保するためには、当該種と地域の人の生活との関連性などの社会的な側面も十分に考慮し、共存を図っていくことが重要である。このため、地域住民の絶滅危惧種の保全に対する理解と協力も必要であり、生息・生育地の保全や持続可能な利用に関する地域に根差した市民団体等の取組との連携を図ることが重要である。例えば、ある程度個体数が回復した種の保護管理や、自然災害等によって新たに形成された生息・生育地の扱いについては、地域の関係者における十分な合意形成が重要である。特に、絶滅危惧種であっても、その生息・生育地が一箇所に集中していたり、個体数が急激に回復するなどによって、農林水産業や生活などへの被害があるような場合には、追い払い等の被害防止の取組や、適切な場合には生息・生育地の分散等による被害の軽減などの管理により、地域社会と共生を図ることが、その種の保全の観点からも重要である。

(2) 生息域外保全と野生復帰の考え方

　絶滅危惧種の保全は、その種の生息・生育地内においての保存を図ることが基本であるため、生息域内保全（生息・生育地の維持・改善、脅威となっている外来種の駆除など）を基本とし、生息域外保全（緊急避難、飼育・栽培・増殖など）及び野生復帰は生息域内保全の補完として活用することが前提となる。

　生息域外保全は、生息域内における対象種の絶滅のおそれに応じた目的設定が必要である。実施の目的として具体的に以下の3つが挙げられる。

① 緊急避難：生息域内での存続が困難な種を生息域外で保存し、あるいは個体数を増加させ、種の絶滅を回避すること。

② 保険としての種の保存：生息域内において、種の存続が近い将来困難となる危険性のある種を生息域外で保存し、遺伝的多様性の維持を図ること。
③ 科学的知見の集積：生息域内において、種の存続が困難となる危険性のある種について、飼育・栽培・増殖等の技術や遺伝的多様性の現状等に係る科学的知見を、生息域外に置いた個体群からあらかじめ集積しておくこと。なお、上記①②を実施する場合には、併せて科学的知見の集積も行う。

　また、生息域外保全を実施する種の選定にあたっては、基本的には生息域内での種の存続の困難さの高い種が優先される。しかし、種の存続の困難さが比較的低い種であっても、将来的に絶滅の危険性が高まることが想定される場合は、早い段階から飼育・栽培・繁殖技術等に係る科学的知見の集積を行うとともに、得られた知見（生理・生態情報等）を生息域内での保全にフィードバックすることも必要である。

　なお、生息域内保全の補完としての生息域外保全は、個体を適切に野生復帰させることも想定して取組を実施することから、そのような個体の保存にあたっては、個体の飼育・栽培下環境への適応により野外環境への適応が困難になることや、限られた個体数での増殖による近交弱勢や遺伝的多様性の低下等の悪影響を、可能な限り排除することで、野生復帰させ得る資質を保つことが重要である。また、飼育・栽培下個体群をつくる野生個体由来の創始個体（ファウンダー）の確保に関しては、生息域外保全の実施自体が過度な捕獲・採取の要因とならないよう、生息・生育地での状況を考慮することも必要である。

　絶滅危惧種の生息域外保全及び野生復帰については、生息域内保全の補完として、生息域内の個体群の復活又は補強（個体数の増加）に有効な手段と考えられる。ただし、野生復帰については、自然の生息・生育地以外への導入や遺伝的地域特性への配慮の欠如によって、実施する場所の生態系やその場所の個体群に対して悪影響を与える危険性もある。したがって、実施した場合の効果と悪影響の可能性を十分に検討して必要性を評価するとともに、実現可能性を検討し、その目的や手法に応じて計画的に実施することが重要である。このため、個々の種について生息域外保全及び野生復帰を実施する前に、それぞれに実施計画を作成する必要がある。

　絶滅種（EX）については、国外に同種個体群が存在する場合、そこから個体を野生復帰（再導入）することで対象種を復活させる可能性も考えられる。しかし、現在の生態系や地域社会に様々な悪影響を及ぼす危険性もあり、実施の前に多面的かつ慎重な検討が必要である。例えば、国外に存在する個体群と絶滅した国内個体群との同一性、再導入する種の生態や再導入先の生態系に果たす役割及び影響、再導入する個体の確保のための具体的方策（個体の確保、繁殖技術、繁殖実施主体及び繁殖場所、再導入場所、費用やスケジュール等）、再導入先における定着可能な生息・生育地環境の条件、地域の理解や合意形成等の社会的条件、再導入する種の個体の扱いに関する原産国の同意や同種個体の確保による本来の生息・生育地への影響等を十分に検討する必要がある。

4 環境省における計画的な保全対策実施の考え方

(1) 知見及び技術の集積と共有

　保全の推進にあたって、絶滅危惧種の科学的知見（分布、個体数、繁殖等の生態、好適環境等）や現在の生息・生育の現状、保全状況等に関する情報、保全手法や保全技術等の蓄積と各関係主体間の共有が重要である。特に、各種の計画立案や事業との調整を早期段階に進め、保全を推進するためには、一定の情報管理を行いつつ、必要な者に必要な情報を提供することが重要である。

　また、我が国全体としての保全の進捗状況を評価するための仕組みの整備も重要であり、環境省が中心となって、保全の取組がどの程度進んでいるかを客観的に把握するための枠組やわかりやすい指標等を検討し、提供することが重要である。

(2) 各種制度の効果的な活用

　絶滅危惧種の特性や減少要因等の状況に応じた対策を適切に選択する。そのため、表１にも示したように関連する既存の様々な法令及び各種制度について、その目的や適用の考え方などそれぞれの特性や状況を把握したうえで、相互の組み合わせも含めた効果的な活用を目指す。

　種に着目した保全施策としては、第一に種の保存法に基づく規制等が考えられ、絶滅危惧種の保全を推進するにあたって、まずは、種の保存法に基づき、捕獲や流通等の規制が必要な種をはじめ、生息・生育地の保護や保護増殖事業等、同法による対策が効果的な種を特定した上で、国内希少野生動植物種の指定を一層推進する。

　種の保存法以外の保護地域制度に関しては、各制度の目的や規制内容等を踏まえつつ、絶滅危惧種の保全にあたってそれらの制度の活用を検討する。

　具体的には、鳥獣の保護とその生息環境の保全を図ることを目的に指定される鳥獣保護区を活用し、希少鳥獣の生息地等の保護を推進する。また、自然公園は、特定の種の保全を目的とするものではないが、区域面積が大きく、絶滅危惧種の生息・生育地及びそれを取り巻く生態系を広く保全する施策として有効であると考えられる。このため、区域指定や地種区分等の検討の際には、それらの地域の絶滅危惧種の生息・生育環境を保全するという視点に十分留意するとともに、規制をかける動物及び植物の指定を行うにあたっては、環境省が作成するレッドリストの絶滅危惧種を考慮する。

　絶滅危惧種の重要な生息・生育地において外来種やニホンジカ等の中大型哺乳類の影響がある場合には、優先的に防除等が実施されるべきである。これらの地域では、外来生物法に基づく特定外来生物等の効率的かつ効果的な防除等を生態系管理の一環として計画的に実施するなどの対策の推進を図る。また、国立・国定公園内では生態系維持回復事業の活用を図る。なお、ニホンジカ等の中大型哺乳類の対策については、鳥獣保護法に基づく特定鳥獣保護管理計画等による都道府県や市町村の捕獲等の取組との連携が重要である。

　対象種の特性や分布状況等によっては、個々の生息・生育環境の積極的な改善や、複

数の生息・生育地間のつながりの確保も検討する必要がある。保護区域内での改善の取組、自然再生推進法や生物多様性地域連携促進法に基づく取組の促進のほか、法令以外の様々な制度による施策も含め、多様な主体の連携による取組の推進を図る。また、他省庁の関連する取組との連携を通じ、政府全体としての対策の強化に努めるとともに、地方公共団体による関連条例や生物多様性地域戦略等に基づく施策との連携も図っていく。

中大型哺乳類、猛禽類など行動圏が広い種、また里地里山等の二次的自然環境に生息・生育する種については、保護地域による規制だけでは不十分な場合があることから、二次的自然環境の適切な保全や持続可能な農林水産業の推進、開発時の絶滅危惧種への配慮などが重要である。

(3) 保全の体制等のあり方

可能な限り多くの絶滅危惧種の保全を実現するためには、制度運用のための体制の強化が重要であることから、本省における体制の強化に加え、保全の取組の主体となる地方環境事務所の人材や予算等の確保に努める。

また、多様な主体の参画を進めるための効果的な連携体制の整備や国民の絶滅危惧種の保全に対する関心と理解を高めていくことも不可欠である。このため、具体的な保全の取組を実施するなかでも、取組の目的に影響を与えない範囲で対象種や取組自体を公開するなど、多様な主体の参画や理解の促進に繋がる方法が考慮されることも重要である。

第5章 施策の展開

第5章では、第4章で述べた基本的考え方に基づき、環境省として今後早急かつ重点的に取り組むべき絶滅危惧種保全のための施策について記述する。特に第4章4 環境省における計画的な保全対策実施の考え方を踏まえ、①情報及び知見の充実、②各種制度を活用した保全対策の推進、③多様な主体の連携と社会的な理解の促進による保全体制の整備の3つの項目について、施策を整理する。

1 絶滅危惧種に関する情報及び知見の充実

(1) 絶滅危惧種の生態及び生息・生育状況に関する情報の整備等

特に、絶滅危惧種の分布や生息状況、生態等の情報は、保全の取組にかかる優先度の決定や、具体的な保全施策の検討に極めて重要である。このため、モニタリングや情報蓄積のための体制を、既存の関連する様々な情報整備の枠組の活用も含めて検討し、有識者の協力を得ながら絶滅危惧種の分布等の基礎的情報の整備を進める。また、整備した情報は、適切な管理の上で関係主体との共有を図っていく。

(2) レッドリスト及びレッドデータブックの整備

レッドリスト及びレッドデータブックの整備及び定期的な見直しを、その効果的な実施を検討しつつ引き続き推進する。なお、現行の環境省レッドリストでは対象外となっ

ている海洋生物に関しては、平成24年度に検討した評価手法等に基づいて絶滅のおそれの度合いを評価し、平成28年度を目途にレッドリストの作成をめざす。将来的には、その成果を踏まえ、既存のレッドリストと海洋生物のレッドリストの統合や掲載種の移動など、相互の関係を整理していく。

(3) 絶滅危惧種保全重要地域の抽出

　　効果的な保全の推進のためには、個々の種の情報だけではなく、保全上重要な場所を把握する必要がある。そのため、種の保全の観点から必要な空間スケールを考慮しつつ、絶滅危惧種が集中する地域や、湧水や石炭岩地域等の特殊な環境に依存している種において、小面積であっても生存に不可欠な地域の抽出を行う。具体的な検討に際しては、生息・生育地の環境の維持・改善により効果的な回復が見込まれる特性を持つ種が対象に含まれるよう考慮する。ただし、当該情報は具体的な種の分布情報と関連するため、特に乱獲の対象となり得る種については、情報の取扱いには十分に配慮する。

(4) 絶滅危惧種の保全状況の分析

　　絶滅危惧種の効果的な保全対策を検討するにあたっては、個々の絶滅危惧種の、野生下での生息・生育状況や種の回復を阻害している現在における要因、多様な主体による保全実施状況等に関する情報を把握することが重要である。このため、これらの情報を種毎に収集・整理し、現在の保全の取組の進捗度合いや不足している対策等を把握するための「絶滅危惧種保全カルテ」を作成することにより、今後講ずべき効果的な対策を検討する。

　　絶滅危惧種保全カルテの作成にあたっては、収集すべき具体的な項目やその収集方法、種の特性も踏まえて保全状況を分析する際の考え方や方法、継続的な情報蓄積の手法等を検討するとともに、作成した絶滅危惧種保全カルテの関係者との共有のあり方や情報の取扱い方法を検討する。その上で、対策の優先度の考え方を踏まえ、絶滅危惧Ⅰ類（2011種）に該当する種から、その生態や現状等についてある程度の情報がある種を優先して絶滅危惧種保全カルテの作成を進める。なお、絶滅危惧Ⅱ類であっても、なんらかの要因で急激な減少が確認されるなど、早急な対策の検討が必要な種については、絶滅危惧種保全カルテを作成する。

　　また、平成23年度に実施した絶滅危惧種の保全に関する政策の全般的な点検は、今後10年程度を目途に定期的に実施する。なお、次の点検に関しては、愛知目標の達成状況の点検との関係で適切なタイミングで行う。

2　絶滅危惧種の保全対策の推進

(1) 種の保存法による絶滅危惧種の保全

【国内希少野生動植物種の指定の推進】

　　種の保存法に基づく国内希少野生動植物種については、当面2020年までに300種の追加指定を目指し、必要性を踏まえて適切なペースで指定の推進を図る。

　　その際、優先度の考え方（第4章2(1)）を踏まえ、絶滅危惧ⅠA類（CR）のう

ち、現在国又は地方公共団体により規制等の保全措置がなされていない、あるいは保全措置が不十分と判断され、指定の効果が見込まれる種から、種の保存法に基づく国内希少野生動植物種の指定の有効性を検討し、必要な指定を推進していく。

ただし、捕獲・採取圧がある種や個体数増加の困難な種などは、絶滅危惧ⅠB類（EN）やⅠ類（CR＋EN）を含めて、順次種の保存法の種指定の有効性を検討し、対策を推進する。

また、第4章2(2)の考慮すべき事項を踏まえ、我が国の中でも特に重要な生態系が見られ、固有種も多い小笠原諸島や奄美・琉球といった地域については、自然公園等による保護区域の取組や外来種対策等と連携し、効果的な保全方法を検討し、絶滅危惧ⅠA類（CR）に限らず、絶滅危惧種の保全上の必要に応じ国内希少野生動植物種を指定する。

このほか、レッドリストのカテゴリーにかかわらず、急激な生息・生育環境の悪化や減少要因の増大等により、緊急の対策を要すると判断される種についても、種指定等の検討を行う。

なお、国内希少野生動植物種の選定にあたっては、各分類群又は種の専門家の協力を得るとともに、国民による提案を、規制が必要な根拠とともに受け付ける体制を整備する。具体的には、環境省のホームページにおいて、提案にあたっての様式や提案の受付時期等の詳細を示すこととする。得られた提案は、適切な情報管理を行ったうえで、中央環境審議会自然環境部会野生生物小委員会に諮り、指定の候補種を検討することとする。

【国内希少野生動植物種の保存の取組】

国内希少野生動植物種に係る生息地等保護区の指定や保護増殖事業計画の策定等の執行状況について、定期的な点検・見直しを行う。そのうえで、必要な追加的措置や関係者との連携体制、他の法令に基づく保全の取組との連携も含めた効果的な保全手法について検討し、対応する。

生息地等保護区は、種の特性や置かれた状況から、その種の個体の生息・生育にとって重要な役割を果たしている区域をきめ細かに保護を図る制度である。現在、生息地等保護区は9か所に止まっているが、今後国内希少野生動植物種の指定の推進も踏まえ、小面積でも特に重要な区域を保護することが有効な種に対する当該制度の活用を検討していく。具体的には、「絶滅危惧種保全重要地域」や「絶滅危惧種保全カルテ」等により得られた情報に基づき、保護区指定による保護効果が高いと考えられる種及び生息・生育地で、その生息・生育地が良好に維持されている区域について、他の制度による保護施策とも連携しながら、指定の推進を行う。その際、里地里山等の二次的自然環境においては、当該環境が継続的な人間の働きかけを通じて形成されたものであることに留意しつつ、その維持管理の状況を踏まえ、必要な場合には生息地等保護区を活用することも検討していく。

また、指定した生息地等保護区の管理については、区域毎に定める保護の指針に従い、適切な管理や生息・生育環境の維持改善を行うとともに、対象種の生息・生育状況の把握に努める。その上で必要に応じ、既存の生息地等保護区の保護の指針や区域の見直しを検討する。

　生息・生育地の維持・再生を図るだけでは不十分であり、個体数の積極的な維持・回復が必要な種については、保全手法や保全技術、体制等がある程度整ったものから保護増殖に取り組む。具体的には、「絶滅危惧種保全カルテ」等により得られた情報に基づき、積極的な保護増殖事業の実施による保護効果が高いと考えられる種について、他の制度による保護施策とも連携しながら、保護増殖事業計画の策定を推進する。また、保護増殖事業の実施主体としては国だけでなく、地方公共団体や民間も重要であり、種の保存法における環境大臣の確認・認定制度の活用を促進し、適切かつ確実な実施がされる体制を整える。すでに保護増殖事業計画が策定されている種は、保護増殖検討会等における有識者の知見を活用しつつ着実な実施・保全を推進し、事業の実施状況について定期的な評価に努め、必要に応じて計画内容の見直しを検討する。

【国内希少野生動植物種の解除について】
　種の保存法に基づく「希少野生動植物種保存基本方針」の第二の1(1)に掲げる選定に関する基本的事項に該当しない国内希少野生動植物種については、その指定を解除する。

　具体的には、国内希少野生動植物種が、個体数の回復により環境省レッドリストカテゴリーから外れ、ランク外と選定された場合、指定を解除する。また、カテゴリーが準絶滅危惧（NT）へとダウンリストし、次のレッドリストの見直しにおいても絶滅危惧Ⅱ類（VU）以上に選定されない場合、「希少野生動植物種保存基本方針」の規定を踏まえ、解除による種への影響も含めた指定解除についての検討を開始する。その際、特に解除による個体数減少の可能性については、十分な検証に努める。

　なお、国内希少野生動植物種から解除した種については、レッドリストの見直し時のカテゴリーの変化を注視する。解除したことにより個体数が減少し、再び環境省レッドリストカテゴリーが上がり絶滅危惧種に選定される場合には、再度指定することを検討する。

(2) 他法令の保護地域制度等の活用
　絶滅危惧種保全重要地域の抽出や、「絶滅危惧種保全カルテ」による保全状況の評価結果を踏まえ、種の保存法以外の既存の保護地域制度や関連事業等の活用により、関係主体と連携しつつ、絶滅危惧種の保全を図る。

　具体的には、国指定鳥獣保護区に関しては、希少鳥獣の生息地の維持・管理を図るとともに、保護対象となる鳥獣の繁殖、採餌等に必要な区域を広範に指定するなど、絶滅危惧種の生息・生育環境の保全にも配慮しつつ、区域の指定・更新を行う。

国立公園内に生息・生育する絶滅危惧種については、その生息・生育状況の把握に努めるとともに、それに基づき、普通地域から特別地域、海域公園地区等への変更の検討や各国立公園の指定動植物（特別地域内や海域公園地区内で採取等が規制される動植物）の更新を順次実施する。また、国立公園に近接する区域に絶滅危惧種が生息・生育している場合には、国立公園の候補地選定要件を満たす範囲の中で、区域の拡張を検討する。さらに、国立公園内のニホンジカ対策をはじめとする生態系維持回復事業の実施や利用調整地区[5]の設定においては、当該区域内に生息・生育する絶滅危惧種の保全についても考慮しながら、事業を実施する。

　自然環境保全地域内に生息・生育する絶滅危惧種については、その生息・生育状況の変化等の把握に努め、必要に応じて拡張等の見直しを検討する。また、自然環境保全地域に近接する地域等、自然環境保全地域外に生息・生育する絶滅危惧種については、その生息・生育地を対象に、自然環境保全地域の指定要件に照らして必要な拡張や新規指定を検討する。

　特に、海洋生物については、現在進められている海洋生物のレッドリストの整備を踏まえた上で、必要な保全措置を検討し、汚染負荷の軽減等の海域を明確に特定しない施策と、海域を明確に特定する海洋保護区の設定とを、必要に応じて適切に組み合わせて保全を図ることが有効である。我が国において海洋保護区に該当する区域として、海洋生物多様性保全戦略（平成23年）や第8回総合海洋政策本部会合（平成23年）により、既存の自然環境保全法令等に基づく各種規制区域が整理されており、現在作業が進められている重要海域の抽出結果も踏まえたうえで、自然景観の保護、自然環境又は生物の生息・生育場の保護、水産生物の増殖等、異なる目的や規制内容を持つこれらの区域の効果的な設定により、開発規制や採捕規制を行い、海洋生物の保全を推進する。

(3) 保護地域以外での保全の取組

　法令に基づく保護地域のみでは、すべての絶滅危惧種を保全するために十分な生息・生育地を確保することは難しい。一方で、保護地域外でも土地利用や資源利用の仕方に配慮することで、絶滅危惧種の保全に貢献できることは多いと考えられる。とくに保護地域周辺では、緩衝地帯（バッファゾーン）や保護地域間のコリドーを設定・管理すること等により、保護地域の機能を高めることができる。

　そのため、保護地域以外における絶滅危惧種の保全を推進することを念頭に、広域分布種で全国的に減少傾向にある絶滅危惧Ⅱ類（VU）など、保全対策の方法について情報の共有が有効な種に関しては、各地で実施されている取組などの情報の収集・整備と効果的な保全対策のあり方の検討を行い、多様な主体による全国的な保全取組の推進を目指して、保全に関するガイドライン等の作成に取り組む。

5　利用調整地区制度：自然公園法第23条第1項に基づき、国立公園の風致又は景観の維持とその適正な利用のために、公園計画に基づいて特別地域又は海域公園地区内に指定し、利用人数の調整等を行うもの。

里地里山については、継続的な人間の働きかけを通じて形成された環境であることを踏まえつつ、絶滅危惧種の生息・生育地の観点も含めて、生物多様性保全上重要な地域を抽出し、抽出した地域の保全管理の促進を検討する。また、生物多様性保全上重要な海域の抽出結果も有効に活用するほか、陸水域や沿岸域における生物の生息・生育地として、規模の大きな湿地や希少種、絶滅危惧種などが生息・生育する湿地などを選定した「日本の重要湿地500」については、現状把握を行った上で新たに保全が必要な湿地の追加も含めて見直しを行い、重要湿地の流域全体や劣化した重要湿地についての保全・再生の促進を検討する。絶滅危惧種の生息・生育地としての観点は、里地里山、海域、湿地の重要性を評価する項目の一つであり、その生物多様性保全上重要な地域の抽出にあたっては、絶滅危惧種の保全に焦点を当てた絶滅危惧種保全重要地域の抽出の取組とも手法の検討段階から情報共有を行うなど、効果的な連携を図っていく。

これらの取組に当たり、所管する土地の環境を管理する立場から生物多様性保全に取り組む他省庁に対しては、関連施策の実施に有益な絶滅危惧種の保全に関する情報の共有を図るとともに、具体的な施策に関する情報交換や協議等を通じて可能な協力を行うことにより、政府全体としての対策の強化に努める。

また、渡り性の絶滅のおそれのある鳥類の保全については、二国間渡り鳥条約や東アジア・オーストラリア地域フライウェイ・パートナーシップ等の国際的な連携枠組において情報交換や具体的な保全の取組を推進する。

(4) 保全手法及び保全技術の開発と普及

種の存続の困難さは高いが有効な保全手法及び保全技術が未確立であるため具体的な施策の実施が困難な種については、これらの手法や技術の開発を推進する必要がある。そのため、具体的な事業の実施や既存の事業からの情報収集及び分析・評価等により、体制の構築や合意形成手法を含む保全手法と、生息・生育地の維持・改善技術や増殖技術等の科学的な保全技術について、必要な開発と普及を推進する。その際、各分類群内では共通する課題も多いため、分類群単位で特に保全手法や技術の整備が立ち後れているものを念頭に取組を行う。また、生息環境の視点から、分類群を横断して複数の種に保全手法・技術が共通するものについても取り組む。特に里地里山等の二次的自然環境を維持管理することによる該当種の保全の取組が必要な場合については、地域における取組の情報を収集し、課題と保全方法を検討する。

また、生息域外保全の関係では、（公社）日本動物園水族館協会、（公社）日本植物園協会、全国昆虫施設連絡協議会及び研究機関等とも連携し、飼育繁殖技術の開発が遅れている分類群を抽出し、その開発を行うなど、適切な手法及び技術を蓄積していく。特に生息域外保全の重要な役割を担う主体の一つである（公社）日本動物園水族館協会とは、生息域外保全の取組推進に関する内容を盛り込んだ生物多様性保全の推進に関する基本協定書を結び、ツシマヤマネコやライチョウ等の国内希少野生動植物種をはじめとする絶滅危惧種の生息域外保全の取組を推進するための協力体制をより一層強化してい

く。
　さらに、保護増殖事業の一環として野生復帰を検討する際には、個々の種毎に置かれた状況や野生復帰の必要性も異なることから、関係する様々な主体との十分な調整を行いながら、野生復帰実施の適否や実現可能性を含めた十分な事前検討を行う。また、実施にあたっては、野生復帰実施計画を作成し、モニタリングを行って適切な手法及び技術を蓄積し、順応的に取り組む。

3　多様な主体の連携及び社会的な理解の促進
(1) 多様な主体の連携
　絶滅危惧種に関する基盤となる各種知見の集積や具体的な保全の施策の実施において、関係省庁や地方公共団体との適切な役割分担や協力体制の形成のため、連携の強化を図るとともに、個々の保全の取組において、多様な主体との更なる連携を図っていく。

【関連行政機関等との情報の共有】
　特に都道府県の担当部局との連絡会を開催することなどにより、地方公共団体との情報共有の体制整備を推進する。具体的には、本保全戦略に示した基本的考え方をはじめ、施策の実施及び推進に有益な絶滅危惧種の保全の考え方、保護増殖事業等により得られた具体的な保全手法や技術等を積極的に地方公共団体と共有することで、地方公共団体の取組を支援する。また、本保全戦略に示した絶滅危惧種保全重要地域や絶滅危惧種保全カルテに関する情報についても、捕獲・採取を誘発する危険性がある絶滅危惧種の分布情報等が適切に管理されるよう、情報管理の体制を形成した上で、関連行政機関等との共有を図っていく。
　「絶滅のおそれのある野生動植物種の生息域外保全に関する基本方針」や「絶滅のおそれのある野生動植物種の野生復帰に関する基本的な考え方」等、絶滅危惧種の保全に際して重要な考え方については、地方公共団体に限らず絶滅危惧種の保全に取り組む主体と共有することが重要であり、(公社)日本動物園水族館協会等の関連機関とも連携して普及広報を図る。
　また、これらの情報のうち、社会的な理解の促進と絶滅危惧種の保全に有益と考えられる情報については、公開によって絶滅危惧種の保全上の悪影響を生じさせることの無いよう、適切な方法により公開する。さらに、市民参加型で生物多様性情報の集約を進める中でも絶滅危惧種情報の蓄積を図る。

【個々の保全の取組における連携】
　捕獲・採取圧のある絶滅危惧種についての監視活動や、保護増殖の取組等、個々の保全の取組において、関係省庁や地方公共団体、全国規模の専門団体のほか、博物館や地方公共団体の自然系調査研究機関、農林水産業の試験場、大学といった各地域の専門機関及び種の保存法に基づく希少野生動植物種保存推進員や市井の有識者等の絶滅危惧種の知見を有する者との連携を推進する。また、地域住民、専門家、市井の有

識者、NGO・NPO、農林水産業従事者、民間企業、各種基金等の多様な主体の参画（知見、技術、人員、土地、資金等の提供）を促進するために効果的な連携体制の検討を進める。その一環として、保護増殖事業等の取組について、企業をはじめとする多様な主体の参画や協力を促進させるマッチングの仕組みを検討する。また、地方公共団体による各主体の連携・協力を斡旋する拠点（地域連携保全活動支援センター）の設置を促進する。

　里地里山については、当該地域を生息・生育環境とする絶滅危惧種の保全の観点からも、自然的・社会的条件に応じて管理を積極的に推進する地域について総合的に判断しつつ、農林漁業者をはじめ、NGO・NPO等の民間団体などの地域ネットワーク及び都市と農山漁村との交流により、多様な主体が担い手となり意欲を持って持続的に利用する枠組みの構築により対応を進める。

(2) 社会的な理解の促進

　絶滅危惧種の保全について国民の幅広い賛同と理解も重要であり、平成25年の種の保存法の改正においても「国は、最新の科学的知見を踏まえつつ、教育活動、広報活動等を通じて、絶滅のおそれのある野生動植物の種の保存に関し、国民の理解を深めるよう努めなければならない。」とする条文が追加された。このため、保全活動にあたっての連携やガイドラインの作成を通じた人材育成を図るとともに、絶滅危惧種の危機の状況や保全の必要性、実際の保全の取組等について、教育の教材としても活用可能なパンフレットの作成、ホームページ上での掲載等を通じて、広く普及広報を行う。

　具体的な取組として、例えば、ノヤギ駆除の取組によって野生個体群が回復した小笠原諸島のウラジロコムラサキなど、保全のための努力がなされた結果、レッドリストの見直しの際に絶滅のおそれが低下した種もある。また、トキやコウノトリ、ツシマヤマネコをシンボルとしたブランド米の生産など、絶滅危惧種の保全を産業の活性化に繋げる取組は、地域の人々の絶滅危惧種の保全に対する関心を高めることにも資する。このような保全の取組によって個体群の回復が見られる具体的な成功事例や、地域全体として絶滅危惧種の保全とその活用を図る取組の事例等について収集し、紹介していく。

　なお、普及広報や教育のために保護増殖事業等の取組を公開する場合には、保護増殖の取組に与える影響と公開による効果を勘案し、地域住民をはじめ関係者との合意形成を図りながら公開の方法を検討していく。

　また、普及広報や教育活動においても、（公社）日本動物園水族館協会、（公社）日本植物園協会、全国昆虫施設連絡協議会の加盟園館や、NGO・NPO等との効果的な連携を図るものとする。特に（公社）日本動物園水族館協会とは、生物多様性保全の推進に関する基本協定書を結び、普及啓発における協力体制をより一層強化していく。

　草の根の取組について、環境省では、自然環境の保全に関し顕著な功績があった者又は団体を表彰する『「みどりの日」自然環境功労者環境大臣表彰』を毎年行っている。また、環境省では（公財）日本鳥類保護連盟とともに、全国の小学校・中学校・高等学

校・一般団体などが行っている野生生物保護活動などの内容を発表する場として「全国野生生物保護実績発表大会」を、野生生物保護に尽力した個人又は団体に対する表彰の場として「全国野鳥保護のつどい」を年1回開催している。自然環境や野生生物の保全について国民の認識を深めるため、引き続きこれらの大会や表彰を実施していく。

　また、自然環境の保全・再生や生物多様性の保全活動に対しては、「田園自然再生活動コンクール」（主催：（一社）地域環境資源センター）や「生物多様性日本アワード」（主催：（公財）イオン環境財団）、「全国学校・園庭ビオトープコンクール」（主催：（公財）日本生態系協会）など民間主導による表彰も行われている。こうした民間主導の表彰制度のうち、特に絶滅のおそれのある野生生物の保全活動の推進に効果が期待されるものについては環境省で後援・協力することにより主催団体との連携を図り、保全活動に対する国民の理解や関心を深めていく。

絶滅のおそれのある野生生物種の保全戦略の概要

第1章 背景
- 平成23年度に絶滅のおそれのある野生生物種（絶滅危惧種）の保全状況を点検
- 「生物多様性国家戦略2012-2020」に絶滅危惧種の保全に関する戦略を作成することを記述
- 中央環境審議会の答申、種の保存法改正法の国会審議

第2章 目的
本保全戦略は、生物多様性国家戦略の国別目標C-2（絶滅危惧種の個体数の減少防止等）の達成に向けて、環境省として、我が国に生息する絶滅危惧種の保全を全国的に推進することを目的として、基本的な考え方と早急に取り組むべき施策の展開について示す。

第3章 我が国の絶滅危惧種の現状と課題

環境省レッドリスト	我が国の絶滅危惧種の保全	希少野生生物の国内流通管理
● 第4次レッドリスト（平成24年度公表）では、10分類群合計で3,597種の絶滅危惧種が掲載され、依然として深刻な状況。	● 過去20年で、種の保存法をはじめ保全に関する法令等の制度の整備は進んできたが、制度の活用は不十分。 ● 科学的知見や制度運用の体制が不足。 ● 効果的な保全に向けて絶滅危惧種保全の優先順位が不明瞭。	● 種の保存法改正により違法捕獲や違法取引の罰則が強化。 ● 改正法施行後3年の法規定の検討に向けて、必要な調査や検討を継続して行う。

第4章 基本的考え方
- **保全の優先度の考え方**：種の存続の困難さと対策効果の視点で保全に取り組む種の優先度を決定。環境省が主導して取り組む場合には、全国レベルでの保全の必要性も考慮。
- **種の状況を踏まえた効果的な保全対策の考え方**：種の特性や減少要因を踏まえ対策を選定。生息・生育地での保全を基本とし、生息域外保全は補完として取り組む。
- **環境省における計画的な保全対策実施の考え方**：

【知見及び技術の集積と共有】	【各種制度の効果的な活用】	【保全の体制等のあり方】
・科学的知見や保全に関する情報等の蓄積と各関係主体間の共有 ・保全の進捗状況評価の仕組み整備	・種の保存法による種指定の促進 ・種の保存法以外の法令及び制度を効果的に活用	・人材や予算等の確保、関係主体の効果的な連携体制の整備 ・普及広報による社会の理解や関心の促進

第5章 施策の展開

1. 絶滅危惧種に関する情報及び知見の充実
① 絶滅危惧種の生態及び生息・生育状況に関する情報の整備等
② レッドリスト及びレッドデータブックの整備
③ 絶滅危惧種保全重要地域の抽出
④ 絶滅危惧種の保全状況の分析

2. 絶滅危惧種の保全対策の推進
① 種の保存法による絶滅危惧種の保全
　・2020年までに300種の新規指定を目指す
② 他法令の保護地域の制度等の活用
③ 保護地域以外での保全の取組
④ 保全手法及び保全技術の開発と普及

3. 多様な主体の連携及び社会的な理解の促進
① 多様な主体の連携
　・関係省庁や地方公共団体との適切な役割分担と協力体制の形成
　・保全の取組において、多様な主体との連携体制の検討
② 社会的な理解の促進
　・絶滅危惧種の保全に際して重要な考え方の普及
　・絶滅危惧種の危機の状況や保全の必要の幅広い広報

○生物多様性保全の推進に関する基本協定書（平成26年5月版）

　平成22（2010）年10月、愛知県名古屋市において開催された生物多様性条約第10回締約国会議（COP10）において、我が国が提案していた「国連生物多様性の10年」を国連総会で採択するよう勧告することが決定され、同年12月の第65回国連総会で平成23（2011）年から平成32（2020）年までの10年間を、愛知目標の達成に貢献するため、国際社会のあらゆるセクターが連携して生物多様性の問題に取り組む「国連生物多様性の10年」とする決議が採択された。環境省では、これを受けて平成23（2011）年9月に「国連生物多様性の10年日本委員会」を設立し、公益社団法人日本動物園水族館協会は、その構成団体として多様なセクターと連携しながら、我が国の生物多様性を保全し、その重要性を伝えていく取組を始めている。
　愛知目標は20の個別目標からなるが、目標12に絶滅危惧種の保全、目標9に侵略的外来種対策が掲げられている。絶滅危惧種の保全においては、生息域内保全だけでなく、生息域外保全の推進も重要である。我が国では、生息域外保全の多くの事例において、公益社団法人日本動物園水族館協会及び同協会正会員所属園館によって自主的に実施されてきた経緯がある。
　平成21（2009）年1月に環境省が策定した「絶滅のおそれのある野生動植物種の生息域外保全に関する基本方針（以下「生息域外保全基本方針」という。）」では、公益社団法人日本動物園水族館協会は、環境省とともに実施主体として位置付けられており、日本の野生動植物種の絶滅を回避するためには、両者がより一層連携して取り組む必要がある。
　外来種については、生物多様性国家戦略2012-2020においても我が国の生物多様性の危機の1つに挙げられており、環境省では、平成26年度に「外来種被害防止行動計画（仮称）（以下「行動計画」という。）」を策定し、及び「侵略的外来種リスト（仮称）」を作成する予定であり、我が国の外来種対策について、各主体の役割を含む具体的な行動の指針等を示すこととしている。公益社団法人日本動物園水族館協会には、外来種の適正飼養の推進、外来種に関する普及啓発や調査研究、防除手法に対する専門的助言、外来種の同定への協力等の役割が期待されている。
　加えて、公益社団法人日本動物園水族館協会では、平成24（2012）年度の組織改正により、新たに生物多様性委員会を設置し、平成25（2013）年度の通常総会においては「国内外の園館や関係省庁、関係機関、地域の人々との連携を強化し、生物多様性の保全に向けた活動をさらに推進していきます」と決議している。

　公益社団法人日本動物園水族館協会（以下「甲」という。）と環境省自然環境局（以下「乙」という。）は、これまでに実施してきた取組を踏まえ、まずは絶滅危惧種の生息域外保全及び外来種対策等に係る取組に関して一層の連携を図ることにより、我が国の生物多様性

Ⅲ 資料編　3 通知その他　＜その他＞

保全の一層の推進に資することを目的とし、次のとおり協定を締結する。

（連絡調整会議）
第1条　甲及び乙は、我が国の生物多様性保全の推進に係る連携を図るため、甲と乙の連絡調整会議（年に1回程度）を開催する。
2　甲及び乙は、連絡調整会議において本協定書に記載されている取組に関する実施状況報告を行うとともに、必要に応じて取組の円滑な推進を図るための所要の調整を行う。
3　甲及び乙は、本協定書に記載されている取組に関する具体的な調整を図るため、必要に応じて関係担当者による会議を開催する。

（定義）
第2条　本協定において、次の各号に掲げる用語の定義は、当該各号に定めるところによる。
　(1)　絶滅危惧種　最新の環境省レッドリストの掲載種のうち、絶滅危惧ⅠA類（CR）、絶滅危惧ⅠB類（EN）及び絶滅危惧Ⅱ類（VU）をいう（本協定において生息域外保全を検討しうる種として野生絶滅（EW）も含む。）。
　(2)　生息域外保全　我が国の絶滅のおそれのある野生動植物種を、その自然の生息地外において、人間の管理下で保存することをいう（生息域外保全基本方針における語句の定義参照）。
　(3)　外来種　導入（意図的・非意図的を問わず人為的に、過去又は現在の自然分布域外へ移動させることをいう。）によりその自然分布域（その生物が本来有する能力で移動できる範囲により定まる地域をいう。）の外に生育又は生息する生物種（分類学的に異なる集団とされる亜種若しくは変種又はその生物が交雑することにより生じた生物を含む。）。

（絶滅危惧種の生息域外保全における連携）
第3条　甲及び乙は、生息域外保全基本方針に沿って、絶滅危惧種の生息域外保全の取組を連携して実施する。
2　乙は、甲の協力の下、「絶滅のおそれのある野生動植物の種の保存に関する法律（以下「種の保存法」という。」の国内希少野生動植物種について、環境大臣等の定める保護増殖事業計画に基づく生息域外保全を実施しようとする場合には、甲の生物多様性委員会を窓口として調整を行い、必要に応じて、当該種の生息域外保全に関する協力依頼内容を明記した文書を自然環境局野生生物課希少種保全推進室長名で発出することにより甲に依頼する。当該文書は年度ごとに発出することとする。
3　甲は、前項の依頼があった場合には可能な範囲で協力し、甲及び甲の正会員所属園館が当該種の生息域外保全を実施する際には、その実施する内容について自らの保護増殖事業計画を作成し、種の保存法第46条に基づく環境大臣の確認又は認定を受けて実施するものとする。
4　第2項の場合において、乙は、環境大臣等の定める当該種の保護増殖事業計画に基づく

生息域外保全の取組に係る実務の調整を、当該種の保護増殖事業を所管する地方環境事務所又は自然環境事務所の野生生物課を窓口として行う。
5　第2項の場合において、甲は、環境大臣等の定める当該種の保護増殖事業計画に基づく生息域外保全の取組に関係する調査研究の実施等について、乙と協議の上、関係する大学及び研究者等との調整を行う。
6　甲は、絶滅危惧種について、甲の正会員所属園館における飼育実績等の生息域外保全実施状況に係る情報収集・整備を行い、乙に提供する。
7　甲及び乙は、前項の情報を基に飼育下繁殖技術等の科学的知見が不足している分類群又は種を抽出し、類似種への応用性が高いこと及び実現性等の効果について協力して検討を行った上で、必要に応じて相互にその技術確立に協力する。
8　甲又は乙は、生息域外保全基本方針に基づき、特定の絶滅危惧種（第2項の依頼があった種を除く。）の生息域外保全を実施する場合、必要に応じて可能な範囲で相互の取組に協力する。

（外来種対策における連携）
第4条　甲及び乙は、行動計画策定以降は、これを踏まえ、外来種対策を連携して実施する。
2　甲は、乙に対して、乙が取りまとめた侵略的外来種リスト（仮称）の掲載種（以下「侵略的外来種」という。）の防除手法に対する専門的助言、侵略的外来種に関する調査研究への協力及び侵略的外来種の同定への協力を必要に応じて行う。

（普及啓発及びその他の活動）
第5条　甲及び甲の正会員所属園館並びに乙は、絶滅危惧種の保全及び外来種に係る内容の生物多様性保全に資する普及啓発を実施する場合、必要に応じて相互の取組に協力する。
2　甲及び乙は、本協定に定めのある事項以外の生物多様性保全に資する活動を行おうとする場合であって、相互に有する専門的知見の活用が有用と認めるときは、可能な範囲で相互の取組に協力する。

（協定の変更）
第6条　本協定に定める事項について変更すべき事情が生じたときは、甲及び乙のいずれからも当該変更を申し出ることができる。この場合において、甲及び乙は、それぞれ誠意をもって協議に応ずるものとする。

（協定の有効期限等）
第7条　本協定は、その締結日から効力を有するものとし、甲又は乙が文書により本協定の終了を申し出ない限り継続するものとする。

（その他）
第8条　本協定の実施に関し必要な事項、本協定に定めのない事項及び本協定に関して疑義が生じた事項については、甲及び乙の協議の上、定めるものとする。

平成26年5月22日

○生物多様性保全の推進に関する基本協定書（平成27年6月版）

　平成22（2010）年10月、愛知県名古屋市において開催された生物多様性条約第10回締約国会議（COP10）において、我が国が提案していた「国連生物多様性の10年」を国連総会で採択するよう勧告することが決定され、同年12月の第65回国連総会で平成23（2011）年から平成32（2020）年までの10年間を、愛知目標の達成に貢献するため、国際社会のあらゆるセクターが連携して生物多様性の問題に取り組む「国連生物多様性の10年」とする決議が採択された。これを受けて平成23（2011）年9月に「国連生物多様性の10年日本委員会」（事務局：環境省）が設立され、公益社団法人日本植物園協会及び環境省は、その委員として多様なセクターと連携しながら、我が国の生物多様性を保全し、その重要性を伝えていく取組を進めている。
　愛知目標は20の個別目標から成り、目標12に絶滅危惧種の保全、目標9に侵略的外来種対策の推進が掲げられている。絶滅危惧種の保全においては、生息域内保全だけでなく、生息域外保全の推進も重要である。COP10において全面的に改訂された「世界植物保全戦略2010-2020」においては、目標8として、絶滅危惧植物の75％を生息域外で保全すると定められている。
　我が国における絶滅危惧植物の生息域外保全については、多くの事例において、公益社団法人日本植物園協会及び同協会正会員園によって自主的に実施されてきた。こうした取組を一層推進するため、公益社団法人日本植物園協会は植物多様性保全委員会を設置し、生息域外保全、種の特性を解明する研究及び生物多様性の理解に資する学習支援に重点を置いた取組を推進している。また、「世界植物保全戦略2010-2020」に即した「植物多様性保全2020年目標」を定め、目標8等の達成を目指した活動を行っている。さらに、「植物多様性保全拠点園ネットワーク」を発足させ、植物園間のみでなく様々な個人や団体と連携・協働する仕組みを構築し、地域の生物多様性の保全に大きく貢献している。ここでは国のみならず、地方自治体のレッドリスト掲載種の保全も推進している。
　平成21（2009）年1月に環境省が策定した「絶滅のおそれのある野生動植物種の生息域外保全に関する基本方針（以下「生息域外保全基本方針」という。）」においては、公益社団法人日本植物園協会は、環境省とともに実施主体として位置付けられており、日本の野生植物種の絶滅を回避するためには、両者がより一層連携して取り組む必要がある。
　外来種については、「生物多様性国家戦略2012-2020」においても我が国の生物多様性の危機の要因の1つに挙げられている。環境省では、平成27年3月に、我が国の外来種対策について、各主体の役割を含む具体的な行動の指針等を示した「外来種被害防止行動計画（以下「行動計画」という。）」を策定し、また、現時点で法規制のない種類も含めて特に侵略性が高い外来種について、「我が国の生態系等に被害を及ぼすおそれのある外来種リスト（以下「生態系被害防止外来種リスト」という。）」としてとりまとめた。公益社団法人日本植物園

協会には、外来種の適正管理の推進、外来種に関する普及啓発や調査研究、防除手法に対する専門的助言、外来種の同定への協力等の役割が期待されている。

公益社団法人日本植物園協会（以下「甲」という。）と環境省自然環境局（以下「乙」という。）は、これまでに実施してきた取組を踏まえ、まずは絶滅危惧種の生息域外保全及び外来種対策等に係る取組に関して一層の連携を図ることにより、我が国の生物多様性保全の一層の推進に資することを目的とし、次のとおり協定を締結する。

（定義）
第1条　本協定において、次の各号に掲げる用語の定義は、当該各号に定めるところによる。
(1)　絶滅危惧種　最新の環境省レッドリストの掲載種のうち、絶滅危惧ⅠA類（CR）、絶滅危惧ⅠB類（EN）及び絶滅危惧Ⅱ類（VU）をいう（本協定において生息域外保全を検討し得る種として野生絶滅（EW）も含む。）。
(2)　生息域外保全　我が国の絶滅のおそれのある野生植物種を、その自然の生育地外において、人間の管理下で保存することをいう（生息域外保全基本方針における語句の定義参照）。
(3)　外来種　導入（意図的・非意図的を問わず人為的に、過去又は現在の自然分布域外へ移動させることをいう。）によりその自然分布域（その生物が本来有する能力で移動できる範囲により定まる地域をいう。）の外に生育又は生息する生物種（分類学的に異なる集団とされる亜種若しくは変種又はその生物が交雑することにより生じた生物を含む。）。

（絶滅危惧種の生息域外保全等における連携）
第2条　甲及び乙は、生息域外保全基本方針に沿って、絶滅危惧種の生息域外保全の取組を連携して実施する。
2　甲は、「世界植物保全戦略2010-2020」等を踏まえ、絶滅危惧種の生息域外保全に積極的に取り組むとともに、甲の正会員園における絶滅危惧種の栽培実績等の生息域外保全実施状況に係る情報の収集・整備を行い、甲が自ら定める基準に基づいてこれを乙と共有し、活用を図る。
　　また、甲及び乙は、生息域外保全の一環として絶滅危惧種の種子保存に連携して取り組む。
3　甲及び乙は、前項の情報を基に栽培下での繁殖技術等の科学的知見が不足している分類群を抽出し、必要に応じて相互にその技術確立に協力する。
4　甲は、絶滅危惧種の生息域外保全を実施する際、長期的な展望に立って実施するとともに、将来的な野生復帰を見据え、自生地情報や遺伝情報の整備に努める。乙は、必要に応じて甲の取組に協力する。

5 甲及び乙は、平成23（2011）年3月に環境省が策定した「絶滅のおそれのある野生動植物種の野生復帰に関する基本的な考え方」に基づく絶滅危惧種の野生復帰、絶滅危惧種の保全に資する生物学的特性を解明する研究等を実施する場合、可能な範囲で相互の取組に協力する。
6 乙は、「絶滅のおそれのある野生動植物の種の保存に関する法律（以下「種の保存法」という。）」で定める国内希少野生動植物種について、甲の協力の下で生息域外保全を実施しようとする場合には、甲の植物多様性保全委員会を窓口として調整を行い、必要に応じて、当該種の生息域外保全に関する協力依頼内容を明記した文書を自然環境局野生生物課希少種保全推進室長名で発出することにより甲に依頼する。当該文書は年度ごとに発出することとする。
7 甲は、前項の依頼があった場合には可能な範囲で協力する。甲及び甲の正会員園が当該種の生息域外保全を実施する際に、当該種に係る種の保存法に基づく保護増殖事業計画が策定されている場合には、自らが実施する事業の内容について保護増殖事業計画を作成し、種の保存法第46条に基づく環境大臣の確認又は認定を受けて実施するものとする。
8 本条第6項の場合において、乙は、生息域外保全の取組に係る実務の調整を、当該種を所管する地方環境事務所又は自然環境事務所の野生生物課を窓口として行う。
9 本条第6項の場合において、甲及び乙は、相互に連携して、生息域外保全の取組に関係する調査研究の実施等について、関係する研究機関及び研究者等との調整を行う。

（外来種対策における連携）
第3条 甲及び乙は、行動計画を踏まえ、連携して外来種対策を推進する。
2 甲は、乙に対して、乙が取りまとめた生態系被害防止外来種リストの掲載種に関する防除手法に対する専門的助言、調査研究への協力及び同定への協力を可能な範囲で行う。

（連絡調整会議）
第4条 甲及び乙は、我が国の生物多様性保全の推進に係る連携を図るため、甲と乙の連絡調整会議（年に1回程度）を開催する。
2 甲及び乙は、連絡調整会議において、本協定書に記載されている取組に関する実施状況報告を行うとともに、必要に応じて取組の円滑な推進を図るための所要の調整を行う。
3 甲及び乙は、本協定書に記載されている取組に関する具体的な調整を図るため、必要に応じて関係担当者による会議を開催する。

（普及啓発及びその他の活動）
第5条 甲及び甲の正会員園並びに乙は、絶滅危惧種及び外来種に係る内容の普及啓発であって、生物多様性保全に資するものを実施する場合、必要に応じて相互の取組に協力する。
2 甲及び乙は、本協定に定めのある事項以外の生物多様性保全に資する活動を行おうとする場合においても、相互に有する専門的知見の活用が有用と認めるときは、可能な範囲で相互の取組に協力する。

(協定の変更)
第6条　本協定に定める事項について変更すべき事情が生じたときは、甲及び乙のいずれからも当該変更を申し出ることができる。この場合において、甲及び乙は、それぞれ誠意をもって協議に応ずるものとする。

(協定の有効期限等)
第7条　本協定は、その締結日から効力を有するものとし、甲又は乙が文書により本協定の終了を申し出ない限り継続するものとする。

(その他)
第8条　本協定の実施に関し必要な事項、本協定に定めのない事項及び本協定に関して疑義が生じた事項については、甲及び乙の協議の上、定めるものとする。

　平成27年6月25日

○絶滅のおそれのある野生動植物の種の保存につき講ずべき措置について（中央環境審議会答申）

〔平成29年1月30日〕

目次　　　　　　　　　　　　　　　　　　　　　　　　　　　　　　　　　　　頁
1　はじめに……………………………………………………………………………………700
2　絶滅のおそれのある野生動植物の種の保存をめぐる現状と課題
　(1)　絶滅のおそれのある野生動植物の生息・生育状況…………………………………702
　(2)　動植物園等における生息域外保全等の現状と課題…………………………………703
　(3)　絶滅のおそれのある野生動植物の国際取引の状況…………………………………703
3　絶滅のおそれのある野生動植物の種の保存につき今後講ずべき措置
　(1)　我が国に分布する絶滅危惧種保全の推進
　　①　二次的自然等に分布する絶滅危惧種保全の推進…………………………………704
　　②　保護増殖事業の推進…………………………………………………………………705
　　③　国民からの提案を踏まえた国内希少野生動植物種の指定………………………706
　　④　普及啓発の推進………………………………………………………………………707
　(2)　動植物園等と連携した生息域外保全等の推進………………………………………707
　(3)　希少野生動植物種の流通管理強化
　　①　登録の有効期限の設定………………………………………………………………708
　　②　個体識別措置（マイクロチップ等）の導入………………………………………709
　　③　適切な登録業務を更に推進するための措置………………………………………709
　　④　インターネット等の新たな流通形態への対応……………………………………709
　　⑤　象牙等の事業者の管理強化…………………………………………………………710
　(4)　戦略的な絶滅危惧種保全の推進………………………………………………………710
　(5)　科学的な絶滅危惧種保全の推進………………………………………………………711
　(6)　その他
　　①　違法な捕獲等及び譲渡し等に対する措置命令等…………………………………711
　　②　外来種として生態系等に被害を与える国際希少野生動植物種の取扱い………712
　　③　交雑個体等の取扱い…………………………………………………………………712

1　はじめに

　我が国は、南北約3,000kmにわたる国土、世界第6位の広さの排他的経済水域、変化に富んだ地形、四季に恵まれた気候などにより、豊かな生物多様性を有している。既知の生物種数は9万種以上、まだ知られていないものも含めると30万種を超えると推定されており、固有種の比率も高いことから、世界的にも生物多様性の保全上重要な地域（ホットスポット）として認識されている。野生生物は、人類の存続の基盤である生態系の基本的構成要素であ

り、また、資源や文化等の対象として、人類の豊かな生活に欠かすことのできない役割を果たしている。

　我が国の絶滅のおそれのある野生動植物に関しては、平成3年（1991年）から環境省によるレッドリスト及びレッドデータブックが作成されており、「絶滅のおそれのある野生動植物の種の保存に関する法律（平成4年法律第75号。以下「種の保存法」という。）」や「自然公園法」、「文化財保護法」等の関連制度及び都道府県の条例等によって様々な保全の取組が行われてきた。また、野生動植物の国際取引に関する国際的な枠組みとして、「絶滅のおそれのある野生動植物の種の国際取引に関する条約（以下「ワシントン条約」という。）」があり、我が国は昭和55年（1980年）に締結している。同条約に基づく我が国の輸出入規制は、「外国為替及び外国貿易法」及び「関税法」により行われているが、その補完として、種の保存法による国内取引の規制も行われている。

　絶滅危惧種の保全は、平成22年（2010年）に愛知県名古屋市で開催された生物多様性条約第10回締約国会議（COP10）において、2050年までの世界目標として合意された「自然と共生する世界」の実現に資する取組であるとともに、現在と将来の人類の豊かな生活を確保するための重要な取組であることから、広く国民の理解を得ながら着実に実行することが必要である。

　しかし、最新の環境省レッドリストでは、絶滅危惧種が3,596種選定されており、我が国の生物多様性の危機は依然として継続していることが明らかであるため、その対策が急務となっているが、種の保存法による国内希少野生動植物種の指定は208種にとどまっている。

　我が国においては、多くの絶滅危惧種が里地里山等の二次的自然[1]に依存しているが、人口減少、社会構造の変化等に伴い、自然に対する働きかけが縮小する中で、生息・生育状況が悪化した種が増えている。また、二次的自然を中心に分布する一部の種については、高額取引等を背景として販売業者等による大量捕獲等の危険にもさらされていることから、種の保存法の保全対象となる絶滅危惧種を増やし、各種の保全対策を更に進めること等が求められている。ただし、指定に伴う捕獲等（捕獲、採取、殺傷、損傷）や譲渡し等（譲渡し、譲受け、引渡し、引取り）に対する規制が調査研究や環境教育等の推進に支障を及ぼすとの指摘等もあることから、現行の規制対象種とすることには問題もあるところである。

　更に、野生動植物の生息・生育状況の悪化に伴い、生息域内保全[2]とあわせて対策の「両輪」として機能する生息域外における保護増殖についても、対象とすべき種の数は増大の一途をたどっている。そうした取組を国の行政だけで実施していくことは限界があることから、既にトキやツシマヤマネコ等の生息域外保全[3]に成功している動植物園等（動物園、水

1　人々が古くから持続的に利用や管理してきた農地や二次林等、人間活動の影響を受けて形成・維持されている自然のこと。農林水産業活動などにより適度に人の手が加わる中で特有の生物相が形成されてきた。
2　生態系及び自然の生息地を保全し、存続可能な種の個体群を自然の生息環境において維持し、回復すること。
3　生物や遺伝資源を自然の生息地の外において保全すること。

族館、植物園、昆虫館等）の多様な主体と緊密に連携していくことが種の保全のためには必要不可欠である。
　加えて、ワシントン条約に基づいて国際取引が規制されている希少な野生動植物についても、国内における違法流通等が報告されており、国際的に協力して種を保全していく観点から、違法行為を食い止めるための一刻も早い対策が急務となっている。

　今般、上記の状況と併せ、平成25年（2013年）6月に一部施行された絶滅のおそれのある野生動植物の種の保存に関する法律の一部を改正する法律（平成25年法律第37号）の附則第7条において、施行後3年を経過した場合において新法の規定について検討を加え、必要があると認めるときは、その結果に基づいて必要な措置を講ずるものとするとされていることを受け、環境大臣より中央環境審議会に絶滅のおそれのある野生動植物の種の保存につき講ずべき措置について諮問が行われた。中央環境審議会自然環境部会野生生物小委員会の一部の委員及び関係する分野の専門家により構成された「絶滅のおそれのある野生動植物の種の保存に関する法律あり方検討会」において詳細な検討を行うとともに、野生生物小委員会においても広範な検討を行い、本答申をとりまとめた。
　検討にあたっては、絶滅のおそれのある野生動植物の種の保存に係る法制度全体について議論を深めた。また、平成25年（2013年）の種の保存法改正時の衆議院、参議院の附帯決議において指摘された事項についても検討を実施した。

2　絶滅のおそれのある野生動植物の種の保存をめぐる現状と課題

(1)　絶滅のおそれのある野生動植物の生息・生育状況

　平成27年度（2015年度）に公表した環境省レッドリスト2015では、3,596種が絶滅危惧種として掲載されており、平成18年度（2006年度）から平成19年度（2007年度）に公表した第3次レッドリストよりも441種増加している。貝類における評価対象種の拡大といった事情があるものの、我が国の野生生物が置かれている状況は依然として厳しいことが明らかとなっている。なお、現時点では、海洋生物については絶滅危惧種の選定が十分に行われていない。
　動物の分類群ごとの絶滅危惧種の種数をみると、563種が選定されている貝類、358種が選定されている昆虫類、167種が選定されている汽水・淡水魚類が、絶滅危惧種が多い分類群となっている。また、評価対象種数に対する絶滅危惧種の割合でみると、42％の汽水・淡水魚類、37％の爬虫類、33％の両生類が絶滅危惧種の割合が高い分類群となっている。なお、維管束植物の絶滅危惧種数は1,779種であり、絶滅危惧種全体の約半数は維管束植物となっている。
　絶滅危惧種について、分布情報と植生自然度の重複状況を集約し、生息・生育地と植生自然度の関係の傾向の概略を見てみると、両生類、汽水・淡水魚類、昆虫類の約7割、貝類と維管束植物の約6割が二次的自然に分布している。

これらのことから、今後の絶滅危惧種の保全のための努力が特に求められる分類群としては、爬虫・両生類、汽水・淡水魚類、昆虫類、貝類、維管束植物が挙げられ、それらは二次的自然を中心に分布しているといえる。
　絶滅危惧種の個体数の減少要因は多岐にわたるが、代表的な減少要因として様々な開発や過剰な利用、里地里山等の管理放棄、外来種の侵入、水質汚濁等が挙げられる。また、近年は、ニホンジカの個体数増加や分布拡大とそれに伴う植生に対する採食圧の影響が指摘されており、維管束植物等の絶滅危惧種の個体数の減少要因として懸念されている。

(2) **動植物園等における生息域外保全等の現状と課題**

　（公社）日本動物園水族館協会の加盟園館では、我が国に生息している絶滅危惧種のうち、哺乳類、鳥類の20％以上、爬虫・両生類、汽水・淡水魚類の約50％を保有している。また、（公社）日本植物園協会の加盟園館では、絶滅危惧植物のうち、60％以上を保有している。更に、国内希少野生動植物種についても、ツシマヤマネコ、トキ、イタセンパラ、ムニンノボタン等を始めとした種について、動植物園等の協力を得て、生息域外保全や野生復帰[4]が取り組まれており、これらの取組は野生動植物の種の保存に大きく貢献している。また、動植物園等は、種の保存だけではなく、教育、調査・研究、レクリエーション等の公的な機能を有している。
　しかしながら、動植物園等を種の保存等の公的な機能を担う施設として位置付ける制度は存在せず、動植物園等が果たしている公的な機能の一つである種の保存という役割について、社会的な位置づけが明確になっていない。そのため、生息域外保全等の取組については、各動植物園等の自主努力に委ねられている部分が大きいが、地方公共団体、企業、大学など様々な機関が設置主体となっていることから、地域の希少な動植物の生息域外保全の取組を行おうとしても、各動植物園等における取組方針の変更や人材や予算の不足等の事情により、継続的に実施することが困難となる場合がある。

(3) **絶滅のおそれのある野生動植物の国際取引の状況**

　拡大する種の絶滅を食い止めることは国際的な課題となっているが、野生動植物が絶滅や減少の危機に瀕している原因としては、原産国における開発等による生息・生育地の減少や劣化、外来種等による影響のほかに、商業取引を目的とした過度な捕獲や採取もあげられている。そのため、商業取引に関連して絶滅のおそれが生じている種については、原産国において、捕獲や採取を規制する以外にも、国際的な流通に規制をかけて商業取引による悪影響を抑制する必要がある。
　種の保存法に基づく国際希少野生動植物種の国内流通の規制は、ワシントン条約の国際取引規制の効果的な実施を補完する役割を有している。ワシントン条約の目的は、野生動植物の特定の種が過度に国際取引されることのないよう規制することであるが、これを効果的に進めるためには、その種の原産国における適切な捕獲や採取の規制と輸出入国の連

4　生息域外におかれた個体を自然の生息地（過去の生息地を含む。）に戻し、定着させること。

携・協力による貿易管理の適切な実施が極めて重要である。したがって、外国を原産国とする絶滅のおそれのある野生動植物の国内流通管理に当たっては、国際的な枠組みや水際規制の実施体制等の状況にあわせて、原産国の生息・生育状況に対する流通の悪影響を最も効果的に抑制できる方策を実行していく必要がある。

3 絶滅のおそれのある野生動植物の種の保存につき今後講ずべき措置

(1) 我が国に分布する絶滅危惧種保全の推進
① 二次的自然等に分布する絶滅危惧種保全の推進

平成26年（2014年）4月に、我が国に生息・生育する絶滅危惧種を対象に、その保全を全国的に推進することを目的とし、そのための基本的な考え方と早急に取り組むべき施策の展開を示した「絶滅のおそれのある野生生物種の保全戦略」（以下「保全戦略」という。）が策定されており、保全戦略に基づき、平成32年（2020年）までに国内希少野生動植物種の300種の追加指定等の施策が推進されている。

これを受け、現在、208種が国内希少野生動植物種に指定されているが、絶滅危惧種の5％程度にとどまっており、残りの絶滅危惧種については、絶滅の危機に瀕しているにも関わらず法的な措置が執られていない。208種の内訳は、哺乳類9種、鳥類37種、爬虫類7種、両生類11種、汽水・淡水魚類4種、昆虫類41種、貝類17種、甲殻類4種、維管束植物78種となっており、絶滅危惧種の種数と比較すると、特に汽水・淡水魚類や昆虫類、陸産貝類、維管束植物等の指定が進展していない。なお、海洋生物については、分布や生態等に関する情報が不足しているため絶滅危惧種の選定が十分に行われておらず、国内希少野生動植物種の指定が進展していない。今後、海産種の絶滅危惧種の選定を進め、その結果を踏まえて、国内希少野生動植物種の指定を推進する必要がある。

二次的自然を中心に分布する両生類、汽水・淡水魚類、昆虫類、維管束植物等の絶滅危惧種を保全するためには、草原、水田、ため池、二次林等の生息・生育環境を適切に維持・管理することが重要である。二次的自然を中心に分布する種も積極的に保全対象とし、何らかの形で人の働きかけを維持するための支援等が必要であり、そのための一つの手段として、種の保存法に基づく生息地等保護区の指定及び保護増殖事業の実施が挙げられる。また、淡水魚類（タナゴ類）や昆虫類（ゲンゴロウ類）等については、高額取引等を背景として販売業者等による大量捕獲等の危険にさらされている。

一方で、両生類、汽水・淡水魚類、昆虫類、維管束植物等に関しては、愛好家や地元の関係団体等による調査、データ収集、保全活動が、種の分布や生息状況の把握及び保全に重要な役割を果たしている。又は、観察会等の場で実際に個体を捕獲等して説明することや愛好家等が捕獲等した個体を飼育・栽培する場合がある。そうした種では、捕獲等及び譲渡し等の規制が、調査・研究や環境教育、保全活動等の推進の支障となることを避ける必要がある。また、増殖率が高く環境の改善により速やかに回復が見込まれ

る特性を持つ種については、生息・生育地の減少又は劣化への対策が有効であり、捕獲等及び譲渡し等の規制が必ずしも重要でない場合がある。

　こうした状況を踏まえて、二次的自然を中心に生息・生育する種の保存を適切に進めるため、種の保存に対する影響が比較的小さい、調査・研究や環境教育等を目的とした、少数の捕獲又は一時的な捕獲等については、規制を適用せずに、商業目的での捕獲等のみを抑制することができる制度改正等を検討する必要がある。二次的自然を中心に分布する種については、新たな制度で指定することにより、保護増殖事業の実施や生息地等保護区の指定による生息・生育地の適切な維持・管理、多様な主体による調査・研究、環境教育等がより一層進展することが期待される。なお、種の特性や生息・生育状況等から、種の保存に対する影響が比較的小さい少数の捕獲等及び譲渡し等まで規制する必要性が高いと考えられる種については、現行の国内希少野生動植物種に指定する必要がある。

　生息地等保護区は、現在、全国でわずか9地区の指定にとどまっている。国立公園や鳥獣保護区特別保護地区、自然環境保全地域等の他法令の保護地域制度で生息・生育地が保護されている種も多いものの、国内希少野生動植物種の指定種数と比較すると生息地等保護区の指定数は大幅に少ない。特に、二次的自然については、厳格な行為規制よりも人の管理を継続することが重要である場合も多く、比較的規制が弱い監視地区の指定でも一定の効果がある。そのため、生息地等保護区の指定については、これまでの管理地区を中心とした指定とあわせて、監視地区のみの指定も積極的に推進し、それにより生息地等の維持・管理を促進することが求められる。なお、特に土地に固着する維管束植物や生息域が限定される水生昆虫、淡水魚類等については、生息地等保護区に指定することにより指定種の生息・生育地の詳細が公表されてしまうため、違法な捕獲や採取を助長するおそれがある。それが生息地等保護区の指定が進展しない一因となるため、種名を積極的には公表しない生息地等保護区の指定のあり方等についても検討する必要がある。

　一方、国立公園や鳥獣保護区特別保護地区、自然環境保全地域等の他法令の保護地域制度による担保状況を考慮しつつ、絶滅危惧種が集中する草原、ため池、湿地、干潟等を選定し、当該地域に分布する代表的な国内希少野生動植物種により生息地等保護区の指定を進めることも必要である。こうした生息地等保護区の保全管理に当たっては、当該国内希少野生動植物種のみに着目するのではなく、当該地域に分布する他の絶滅危惧種の保全にも十分に配慮することが求められる。自然生態系の現状や土地利用の来歴等を十分に把握した上で、様々な科学的知見及び地域や関係団体の意向を踏まえ、当該地域の自然環境の望ましい保全・管理の方策について、検討する必要がある。

② 保護増殖事業の推進

　国内希少野生動植物種208種のうち、63種については、生息状況調査、生息環境改善、生息域外保全、巡視・監視、普及啓発等の保護増殖事業が実施されている。多くの事業

は、環境省、文部科学省、農林水産省、国土交通省等の関係省庁が中心となって実施されているが、国以外の者が実施しようとする事業については、環境大臣の確認・認定を受けることができるため、一部の種については地方公共団体や関係団体等の協力も得つつ、事業が実施されている。

　保護増殖事業の実施主体としては、国だけでなく、地方公共団体や民間も重要である。従来の保護増殖事業に関しても、地元の関係団体や研究者等が自主的に果たしてきた役割は極めて大きく、地元の関係団体等の協力体制の構築の重要性については、改めて認識する必要がある。現在、種の保存法における環境大臣の確認・認定制度で確認・認定している保護増殖事業は、地方自治体（動物園等）が実施する生息域外保全が中心となっており、29の地方公共団体や法人等が、保護増殖事業の確認・認定を受けて事業を実施しているが、そのうち22の事業については、主な事業内容が生息域外保全となっている。保全取組のより一層の促進のため、生息域内保全も含めて、より多様な主体が、保護増殖事業の確認・認定に基づく事業を実施できるよう努める必要がある。そのために、関係団体等の保全取組を適切に把握するとともに積極的な制度の周知等を実施し、保護増殖事業計画の新規策定と事業の確認・認定を推進する等により関係団体等との連携を強化する必要がある。

　近年、土地の所有者の所在が把握できないため、保護増殖事業の実施に支障が生じているケースが確認されている。今後、所有者の所在の把握が難しい土地が更に増加する中で、そうした場所での保護増殖事業の進め方を検討する必要がある。

　なお、保護増殖事業の実施にあたっては、生息・生育環境の維持改善と個体数の回復による国内希少野生動植物種の指定解除等の事業の目標を明確にして取り組むことが重要である。また、近年、生息域外保全の重要性がより高まっているため、保護増殖事業計画の新規策定等にあたっては、種の状況に応じて生息域外保全を積極的に検討する必要がある。その際、生息域外保全は、生息域内保全との連携に十分に留意して進める必要がある。

③　国民からの提案を踏まえた国内希少野生動植物種の指定

　多様な主体と連携した保全をより一層推進するため、平成26年度（2014年度）より、国内希少野生動植物種の指定に関する国民からの提案を募集し、その結果も踏まえて新規指定種の検討が進められている。

　平成26年（2014年）には35種38件、平成27年（2015年）には12種14件の提案を受け付けており、このうち12種については、提案も踏まえて国内希少野生動植物種に指定されている。国民による提案の受付は、多様な主体と連携した国内希少野生動植物種の保全をより一層進めるために有効な手段の一つであると考えられるため、制度上位置付け、今後とも継続することを検討する必要がある。あわせて、提案を踏まえた検討経緯等について、絶滅危惧種の分布情報等の情報管理の観点から可能な範囲でより明確にすることも検討する必要がある。

④ 普及啓発の推進

　絶滅危惧種の保全を多様な主体の協力を得てより一層推進するためには、絶滅危惧種保全の意義について国民の理解を広げ、協力を求めていくとともに、保全活動を担うことができる主体を育成する必要がある。具体的な取組としては、保全活動にあたっての連携やガイドラインの作成等を通じた人材育成を図るとともに、絶滅危惧種の危機の状況や保全の必要性、関連する法制度や実際の保全の取組等について、教育の教材としても活用可能なパンフレットの作成、ホームページ上での掲載等を通じて、広く普及広報を行うことが想定される。更に、近年、意図的・非意図的な動植物の逸出による遺伝的かく乱[5]や国内外来種[6]としての定着が問題となっているが、それに加えて、絶滅危惧種については、保全を意図してはいても、安易な人工繁殖個体の野外への放逐や植え戻しが遺伝的かく乱や病原体等の非意図的導入等の大きな影響を及ぼす可能性があるということも、広く普及広報を行うことが求められる。

　なお、多様な主体による効果的な保全対策を実施するため、多様な主体が担う種の保存に関する公的な機能や期待される役割等を明確にする必要性についても検討する必要がある。

(2) 動植物園等と連携した生息域外保全等の推進

　動植物園等は、生息域外保全等の核となる施設として重要な役割を果たしており、環境省と（公社）日本動物園水族館協会は平成26年（2014年）5月に、環境省と（公社）日本植物園協会は平成27年（2015年）6月に、絶滅危惧種の生息域外保全等に係る取組に関して一層連携を図ることにより、我が国の生物多様性保全の推進に資することを目的として、「生物多様性保全の推進に関する基本協定書」を締結している。

　近年、野生動植物の生息・生育状況の悪化に伴い、国際的にも、生息域外保全の重要性がより高まるとともに、生息域外保全の担い手としての動植物園等の役割がより一層重視されている。我が国においても、種の絶滅回避と生息・生育状況の維持改善に動植物園等は大きな役割を果たしてきている。

　野生動植物の生息状況の悪化に伴い、生息域外における積極的な保護増殖が必要な種の数は増大の一途をたどっているため、生息域外保全を国の行政だけで実施していくことは限界がある。

　このため、生息域外保全等の取組を各動植物園等の自主努力に委ねるのではなく、動植物園等とより密接に連携し、取組を促進していくことが不可欠であり、適切な能力及び施設を有する動植物園等を認定する制度を創設し、積極的な連携を図るとともに、生息域外

5　長い歴史の中で形成されたある種の遺伝構造や遺伝的多様性が、人為的に持ち込まれた個体との交雑によって乱されること。［広葉樹の種苗の移動に関する遺伝的ガイドライン（森林総合研究所）］
6　我が国に自然分布域を有している（在来種）が、その自然分布域を超えて国内の他地域に導入された生物種。

保全等に関する動植物園等の公的な機能の明確化と社会的な認知度の向上等を図ることが生息域外保全等の取組の推進に効果的である。希少野生動植物の飼養栽培に関する知見、飼養栽培の実績、飼養栽培に用いる施設、希少野生動植物種の種毎の飼養栽培に関する計画等を審査して動植物園等を認定することにより、希少野生動植物種の保全に取り組む動植物園等を種の保存法に位置付けることを検討すべきである。なお、生息域外保全等の取組の推進にあたっては、繁殖に取り組むことと生息域内保全も含んだ計画に参画する等により生息域内保全に貢献することが重要であるため、飼養栽培に関する計画等の審査に際しては、留意する必要がある。

認定された動植物園等については、国内希少野生動植物種の生息域外保全や野生復帰、国際希少野生動植物種の繁殖と普及啓発等を行うことが想定される。動植物園等を認定する制度の創設にあたっては、これまで、個別に手続が必要であった動植物園等での繁殖等を目的とした希少野生動植物の譲渡し等の手続について、飼養栽培の計画が提出されたものについては緩和するとともに、不適切な行為に対する動植物園等への措置等についても検討すること等により、円滑に生息域外保全や繁殖に取り組むことができるようにすることが必要である。

なお、認定された動植物園等が実施する国内希少野生動植物種の生息域外保全等に対しては、財政的な支援等の実施や積極的な表彰を検討するとともに、（公社）日本動物園水族館協会及び（公社）日本植物園協会等とも連携し、イベント等による普及啓発を推進する必要がある。

(3) 希少野生動植物種の流通管理強化

① 登録の有効期限の設定

国際希少野生動植物種の国内流通については、種の保存法に基づき、個体（死んでいるものも含む）もしくは器官（毛、皮、角等）又はこれらの加工品（製品等）の譲渡し等を規制しており、ワシントン条約の規制適用前に取得したり、商業目的で繁殖させた個体等については、個体等を環境大臣に登録し、登録票の交付を受けた上で、その登録票とともに譲渡し等をするのであれば、登録個体等の譲渡し等ができることとなっている。

登録されている個体等を占有しなくなった場合や、生きている個体をはく製にした場合等の個体等の区分に変更を生じた場合については、登録票の返納等が義務づけられている。特に、生きている個体が死亡し、その個体を占有しなくなった際には、登録票を返納等する必要があるが、生きている個体の登録数が26万件以上（そのうち、25万件以上はアジアアロワナ）あるにも関わらず、返納数は7,600件程度にとどまっており、個体が死亡しても返納しない場合が少なくないと考えられる。

登録票の返納義務違反の罰則は30万円以下の罰金と低いが、国際希少野生動植物種はその希少性から高額で取引されているものが多いため、未返納の登録票を違法に入手した別の個体の登録票として、不正に利用した事件も発生している。このため、生きてい

る個体に関する登録に有効期限を導入して未返納の登録票が無効となるよう措置し、流通管理をより強化することを検討する必要がある。

　一方で、器官及び加工品の登録票は、象牙等、一部を除いて返納数が比較的少ないが、器官及び加工品は状態が変わることが少ないことから、登録に有効期限を導入する必要性は高くないと考えられる。

② 個体識別措置（マイクロチップ等）の導入

　国際希少野生動植物種の生きている個体に登録の有効期限を導入する際、登録票と登録個体の対応関係の管理が不十分であると、返納されていない登録票を違法に入手した別の個体に添付し、虚偽の申請による更新が行われる可能性がある。そのため、有効期限の導入にあわせて、登録票と登録個体の対応関係の管理を強化する必要がある。個体識別措置の手法については、マイクロチップや足環の取付け等が想定されるが、対象とされる種の特性等に応じて、適切な手法を検討する必要がある。

　なお、個体識別措置の導入にあたっては、得られる効果と追加的に発生するコスト等を考慮し、種毎に、導入の必要性を検討する必要がある。例えば、原産国で密猟、密輸等の問題が生じているとの情報がなく、かつ、合法的に非常に多くの個体が輸入されている種については、国内で違法取引が多数報告されている場合を除き個体識別措置の導入の必要性は低いと考えられる。個体識別の必要性が高く、技術的に対応可能な種を中心に、個体識別措置の導入を検討することが適当である。

③ 適切な登録業務を更に推進するための措置

　登録機関による登録関係事務は、申請者からの申請内容に基づき、登録要件に該当していること等の確認により行っている。環境大臣及び登録機関は、虚偽申請であることが発覚した場合等には、登録を拒否する権限及び登録を抹消する権限を有していることはこれまでの判例からも自明であるが、これらの権限を法的に明確にすることについても検討する必要がある。また、不正の手段による登録票の交付等については、譲渡し等の違反と実質的に同等であることから、罰則の強化を検討する必要がある。

　なお、登録票の返納が少ない理由の一つとして、登録票には、所有していた個体の写真等が添付されているため、返納すべき登録票の所持者が記念として登録票を所持し続けていることも想定される。そのため、希望する場合には、失効手続後に登録票を所持者に返還することが可能となるよう検討する必要がある。

④ インターネット等の新たな流通形態への対応

　近年、販売等を目的としてインターネット等で広告することが広く一般的に行われているため、平成25年（2013年）の種の保存法改正時に、インターネットも含め、希少野生動植物種の個体等を販売又は頒布をする目的で広告することを原則として禁止している。しかし、規制後もインターネット等で希少野生動植物種が販売されている事例が確認されていることから、制度の周知徹底や取締りの強化に努める必要がある。

　登録等を受けた個体等は広告及び陳列の規制の適用も除外されているが、広告をする

Ⅲ 資料編　3 通知その他　＜その他＞

ときには、登録等を受けていることのほか、登録記号番号の表示が義務付けられている。更に、登録記号番号とあわせて、登録年月日等の表示を義務付けることにより、特に生きている個体について登録内容を偽った違法な個体の流通を防ぐ効果が期待できる。

⑤　象牙等の事業者の管理強化

　　特定国内希少野生動植物種及び象牙のカットピース等の特定器官等については、譲渡し等の規制の適用は除外されるが、それぞれ特定国内種事業及び特定国際種事業として、譲渡し等の業務を伴う事業を行おうとする者は、あらかじめ、環境大臣等への届出が義務付けられている。しかし、主にインターネット等での広告・販売では、適正に手続を行っている事業者かどうかを購入者が容易に確認できないため、環境大臣等が事業者から届出を受理した際に届出番号を付与するとともに届出事業者一覧を公表し、事業者に対してはインターネット等での広告・販売の際に、届出番号等の表示を義務付けることも検討する必要がある。

　　象牙等を扱う特定国際種事業については、未届の事業者や届出事業者による違反事例等が確認されているが、現在の制度では、事業者が法令に違反する行為を行った場合でも、罰則に従って罰金を支払う等すれば事業を継続することができる。また、近年、象牙取引に対する関心も高まっており、このような状況を踏まえ、象牙の国内取引のより適正な管理に向け、事業者管理制度等の強化を検討する必要がある。具体的には、象牙を対象とした特定国際種事業については、届出制を登録制とし、事業登録時の審査、事業登録の更新制及び事業登録の取消し手続の導入、罰則の強化、カットピース等の管理強化等を実施すること等が想定される。加えて、事業者が所有する全形を保持した象牙の状況把握に努めるとともに、全形を保持した象牙の登録審査のあり方についても検討する必要がある。

(4)　戦略的な絶滅危惧種保全の推進

　　種の保存法に基づき「希少野生動植物種保存基本方針」が閣議決定されており、絶滅のおそれのある野生動植物の種の保存に関する基本構想、希少野生動植物種の選定に関する基本的な事項、希少野生動植物種の個体等の取扱いに関する事項、国内希少野生動植物種の個体の生息地又は生育地の保護に関する基本的な事項、保護増殖事業に関する基本的な事項等が定められている。

　　また、生物多様性基本法に基づき閣議決定されている「生物多様性国家戦略2012-2020」においては、愛知目標を達成するための国別目標や行動計画等が定められている。

　　更に、保全戦略においては、基本的な考え方として、絶滅危惧種保全の優先度の考え方、種の状況を踏まえた効果的な保全対策の考え方、環境省における計画的な保全対策実施の考え方が示されているとともに、施策の展開として、絶滅危惧種に関する情報及び知見の充実、絶滅危惧種の保全対策の推進、多様な主体の連携及び社会的な理解の促進について記載されている。

3596種が絶滅危惧種として選定されているため、対策の優先度の検討や効果的・計画的な保全の推進等が重要であり、保全戦略において、これらの考え方が整理されているところである。この保全戦略の記述を踏まえ、希少野生動植物種保存基本方針や生物多様性国家戦略2012-2020の行動計画等の見直しを実施していく必要がある。特に、希少野生動植物種保存基本方針については、平成12年（2000年）以降、改正されていないため、保全戦略の内容を反映した基本方針に改訂し、閣議決定することを検討する必要がある。

(5) 科学的な絶滅危惧種保全の推進

絶滅危惧種の保全対策を実施する上では、対象種に関する様々な科学的知見はもちろんのこと、その生息・生育環境に関する知見や地域の人の生活との関連性などの社会的な側面に関する知見等も重要であり、施策の推進にあたっては、専門家が有する知見及び科学的なデータを最大限尊重することが求められる。

そのため、種の保存法では、国内希少野生動植物種の指定及び保護増殖事業計画の策定等にあたって、中央環境審議会の意見を聴くこととされている。また、国内希少野生動植物種の指定に関しては、中央環境審議会に先立って専門家等による検討会を開催し、より一層科学的知見に基づいた検討が進められているほか、各種の保護増殖事業の実施にあたっても、63種のうち57種については、専門家等による検討会の設置等が行われており、科学的知見に基づき事業が推進されている。

国内希少野生動植物種の指定については、検討の位置付けの明確化と継続性の担保等のため、現在設置している指定に関する検討会について、常設の科学委員会として制度上位置付けることも検討する必要がある。また、この科学委員会において、種指定の優先度のほか、個体数回復の目標や必要な保護管理計画等について勧告できるようにするとともに、絶滅危惧種の分布情報等の情報管理の観点から可能な範囲で、検討経緯等についてより明確にすることも検討する必要がある。さらに、引き続き、文献や既存調査結果等による情報収集に加え、国内希少野生動植物種の指定や保護増殖事業計画の策定等に限らず、必要に応じて専門家等による検討会を開催する等により科学的知見の充実に努めるべきである。

(6) その他

① 違法な捕獲等及び譲渡し等に対する措置命令等

種の保存法では、捕獲等許可者及び譲渡し等許可者に対する措置命令が規定されており、必要に応じて、飼養栽培施設の改善等の必要な措置を執るべきことを命ずることができる。しかしながら、違法な捕獲等及び譲渡し等については、罰則が設けられているものの、措置命令は規定されていない。希少野生動植物種の個体は、それ自体が希少なものであるため、違法な捕獲等及び譲渡し等がされた個体についても、当該個体を野生に復帰させる又は生息域外保全に活用することが想定される。そのため、違法な捕獲等及び譲渡し等に対する措置命令を設けることも検討する必要がある。また、特に国際希少野生動植物種はその希少性から高額で取引されるものが多いことを踏まえ、犯罪収益

を没収することも検討する必要がある。
② 外来種として生態系等に被害を与える国際希少野生動植物種の取扱い
　一部の国際希少野生動植物種は、外来種として定着し、生態系等に被害を与えていることが確認されている。これらの国際希少野生動植物種の譲渡し等を規制することは、外来種対策の推進に支障を及ぼす。そのため、原産地における当該希少種の生息等に与える影響に留意しつつ、これらの国際希少野生動植物種の譲渡し等の規制を緩和することも検討する必要がある。
③ 交雑個体等の取扱い
　ワシントン条約では、種の単位を超えた交雑個体等も規制対象に含まれているが、種の保存法では規制対象としていない。交雑個体であれば譲渡し等が可能であるため、違法に輸入した個体等を意図的に交雑させて流通させる等の原産地における希少種の生息等に大きな影響を与える事例が確認された場合には、交雑個体の規制の必要性について改めて議論を行うべきである。

絶滅のおそれのある野生動植物の種の保存に関する法律の一部を改正する法律案に対する附帯決議　抄

（衆議院・参議院共に同内容）

　政府は、本法の施行に当たり、次の事項について適切な措置を講ずべきである。
四　改正法施行後三年の見直しに向けて、以下の取組を行うこと。
　1　「保全戦略」を法定計画とし、閣議決定することを検討すること。
　2　種指定の優先度と個体数回復などの目標、必要な保護管理計画などを勧告する、専門家による常設の科学委員会の法定を検討すること。
　3　希少野生動植物種等の指定に関して、国民による指定提案制度の法定を検討すること。
　4　国際希少野生動植物種の個体等の登録制度において、個体等識別情報をマイクロチップ、脚環、ICタグ等によって全ての個体等上へ表示するとともに、登録票上へもICタグ等により表示することによって、登録票の付け替え、流用を防止する措置、並びに登録拒否、登録の有効期間の設定及び登録抹消手続の法定を検討すること。

中央環境審議会　自然環境部会　野生生物小委員会　名簿

平成29年1月現在
○印は委員長

【委員】
○石井　実　　　公立大学法人大阪府立大学理事・副学長
　新美　育文　　明治大学法学部専任教授
　山極　壽一　　国立大学法人京都大学総長

絶滅のおそれのある野生動植物の種の保存につき講ずべき措置について（中央環境審議会答申）

【臨時委員】

尾崎　清明	公益財団法人山階鳥類研究所副所長
小泉　透	国立研究開発法人森林総合研究所研究コーディネータ
小菅　正夫	国立大学法人北海道大学客員教授
佐々木　洋平	一般社団法人大日本猟友会会長
白山　義久	国立研究開発法人海洋研究開発機構理事
宮本　旬子	国立大学法人鹿児島大学大学院理工学研究科准教授

【専門委員】

石井　信夫	東京女子大学現代教養学部教授
磯崎　博司	上智大学客員教授、国立大学法人岩手大学名誉教授
神部　としえ	シンガーソングライター、国際自然保護連合親善大使
桜井　泰憲	一般財団法人函館国際水産・海洋都市推進機構
	函館頭足類科学研究所・所長（国立大学法人北海道大学名誉教授）
汐見　明男	全国町村会監事（京都府井手町長）
高橋　佳孝	国立研究開発法人農業・食品産業技術総合研究機構
	近畿中国四国農業研究センター畜産草地・鳥獣害研究領域上席研究員
広田　純一	国立大学法人岩手大学農学部教授
福田　珠子	全国林業研究グループ連絡協議会副会長
マリ クリスティーヌ	異文化コミュニケーター

（五十音順、敬称略）

絶滅のおそれのある野生動植物の種の保存に関する法律あり方検討会　名簿

〇印は座長

【委員】

石井　信夫	東京女子大学現代教養学部教授
〇石井　実	公立大学法人大阪府立大学理事・副学長
磯崎　博司	上智大学客員教授、岩手大学名誉教授
金子　与止男	公立大学法人岩手県立大学総合政策学部教授
小菅　正夫	国立大学法人北海道大学客員教授
松井　正文	国立大学法人京都大学名誉教授
宮本　旬子	国立大学法人鹿児島大学大学院理工学研究科准教授
森　誠一	岐阜経済大学経済学部教授

（五十音順、敬称略）

審議経過

平成28年2月10日　中央環境審議会自然環境部会野生生物小委員会
　　　　　　　　　（絶滅のおそれのある野生動植物の種の保存に関する法律あり方検討会の設置）
　　　　6月6日　第1回あり方検討会
　　　　　　　　　（国内希少種の現状と課題、関係団体ヒアリング等）
　　　　6月28日　第2回あり方検討会
　　　　　　　　　（国際希少種の現状と課題、関係団体ヒアリング等）
　　　　8月3日　第3回あり方検討会
　　　　　　　　　（動植物園等の公的機能の推進、講ずべき措置）
　　　　8月16日　中央環境審議会自然環境部会野生生物小委員会（諮問）
　　　　　　　　　中央環境審議会長への諮問
　　　　　　　　　中央環境審議会長から自然環境部会長への付議
　　　　9月15日　第4回あり方検討会
　　　　　　　　　（講ずべき措置）
　　　　10月13日　第5回あり方検討会
　　　　　　　　　（講ずべき措置）
　　　　11月17日　中央環境審議会自然環境部会野生生物小委員会（答申案）
　　　（12月13日〜1月11日　パブリックコメント）
平成29年1月30日　中央環境審議会長からの答申

○絶滅のおそれのある野生動植物の種の保存に関する法律の一部を改正する法律案に対する附帯決議（平成15年法改正時）

【衆議院】

政府は、平成5年の本法の施行時以降、野生動植物の生息地の破壊や改変によって、絶滅のおそれのある野生動植物の種がさらに増加している現状にかんがみ、生物多様性の確保の観点から、本法の問題点を整理するとともに、次の事項について適切な措置を講ずべきである。

一 平成14年3月29日に閣議決定された公益法人に対する行政の関与の在り方の改革実施計画の趣旨を踏まえ、国際希少野生動植物種の登録及び認定関係事務を行うため機関登録申請をした法人等については、その業務運営の透明化及び効率化を図ること。

二 中央環境審議会野生生物部会において、科学的な観点から国内希少野生動植物種の指定について一層の検討を行うこと。

三 国内希少野生動植物種については、失われつつある生息地及び生育環境の悪化を考慮して、さらに指定を進めていくこと。

四 国内希少野生動植物種の生息地等保護区については、関係省庁及び関係地方公共団体等と協力し、さらに生息地等保護区の指定を進めていくこと。

五 過去の附帯決議（昭和62年及び平成4年）を踏まえ、ワシントン条約の効果的な実施に資するため、条約附属書に掲載されている種については、科学的根拠と資源状態に照らして国際希少野生動植物種に指定することを検討すること。

六 国庫に帰属した、生きた個体については、原産国への返還を含め、必要な措置を検討すること。

七 移入種が、我が国固有の在来種を捕食することや農作物等に被害を与えることなど様々な問題を引き起こしている現状にかんがみ、早急に法整備を含めた移入種対策に関する施策を講じること。

【参議院】

現行法が施行されてから10年が経過したが、野生動植物の生息地の消失や生息環境の悪化等によって、絶滅のおそれのある野生動植物の種は更に増加している。政府は、かかる現状を厳しく認識し、本法の施行に当たり、生物多様性の確保の観点から、現行法の問題点を整理するとともに、特に次の事項について適切な措置を講ずべきである。

一 国際希少野生動植物種に係る登録・認定関係事務を行う機関を指定制から登録制に改めるに当たっては、政府責任の維持を明確にすべく、平成14年3月に閣議決定された「公益法人に対する行政の関与の在り方の改革実施計画」の趣旨を踏まえ、機関登録申請をした法人等に対し、その業務運営の透明化及び効率化が図られるよう厳正な指導監督を行うこと。

二　中央環境審議会野生生物部会において、科学的な観点から国内希少野生動植物種の指定について一層の検討を行うこと。
　　また、国内希少野生動植物種の指定に加え、絶滅のおそれのある地域個体群を保護する方策について検討を行うこと。
三　国内希少野生動植物種については、失われつつある生息地や生息環境の悪化等を考慮して、更にその指定を進めていくこと。
四　国内希少野生動植物種の生息地等保護区については、関係府省及び関係地方公共団体等が相協力して、更にその指定を進めていくこと。また、そのためにも、失われた生息地の回復に向けた自然再生の取組の充実強化に図ること。
五　過去の附帯決議を踏まえ、ワシントン条約の効果的な実施に資するため、条約附属書に掲載されている種については、科学的根拠と資源状態に照らして国際希少野生動植物種に指定することを検討すること。
六　国際希少野生動植物種の密輸防止に向けて、関係省庁が連携して水際取締りの強化を図ること。また、不正輸入により、国庫に帰属した生きた個体については、原産国への返還を含め、必要な措置をとること。
七　生物多様性の確保に向けて、喫緊の課題となっている移入種対策の法制度化を急ぐとともに、本法を含め野生生物保護の法体系の見直しについて検討を行うこと。
　　右決議する。

○絶滅のおそれのある野生動植物の種の保存に関する法律の一部を改正する法律案に対する附帯決議（平成25年法改正時）

【衆議院・参議院共に同内容】

政府は、本法の施行に当たり、次の事項について適切な措置を講ずべきである。

一　常設の「野生生物の種に関し専門の学識経験を有する者」からなる科学委員会の委員については、野生動植物種の保全に関し専門の学識経験を有する科学者等国民の理解を得られる幅広い人選を行い、自由闊達な議論を保証するとともに、明確な理由の存在しない限り、国民に対する情報の公開をすること。また、科学委員会は、環境大臣の諮問を待たず、種の保存に関連して、種の保存法の見直しやその関係他法令の見直しを含め、積極的に意見具申を行なうこと。

二　「保全戦略」は海洋生物を含めて策定すること。また、「保全戦略」は、種の指定の考え方や進め方を示す、大胆かつ機動性の高いものとすること。

三　「保全戦略」に希少野生動植物種の指定に関する国民による提案の方法及び政府による回答の方法等を明記すること。

四　改正法施行後3年の見直しに向けて、以下の取組を行うこと。
　1　「保全戦略」を法定計画とし、閣議決定することを検討すること。
　2　種指定の優先度と個体数回復などの目標、必要な保護管理計画などを勧告する、専門家による常設の科学委員会の法定を検討すること。
　3　希少野生動植物種等の指定に関して、国民による指定提案制度の法定を検討すること。
　4　国際希少野生動植物種の個体等の登録制度において、個体等識別情報をマイクロチップ、脚環、ICタグ等によって全ての個体等上へ表示するとともに、登録票上へもICタグ等により表示することによって、登録票の付け替え、流用を防止する措置、並びに登録拒否、登録の有効期間の設定及び登録抹消手続の法定を検討すること。

五　希少野生動植物種等の指定は、科学的知見を最大に尊重して実施することとし、当面、2020年までに300種を新規指定することを目指し、候補種の選定について検討を行うこと。そのため、中央環境審議会自然環境部会の野生生物小委員会において、種の指定の考え方や候補種の選定等について議論を行い、その結果を尊重すること。また、同小委員会の委員については、国民の理解を得られる人選を行い、自由闊達な議論を保障するとともに、明確な理由の存在しない限り、国民に対する情報の公開を徹底すること。

六　生物多様性基本法第8条「政府は、生物の多様性の保全及び持続可能な利用に関する施策を実施するため必要な法制上、財政上又は税制上の措置その他の措置を講じなければならない」を踏まえ、希少野生動植物種の保存のため、地方自治体への支援を含め、財政上、税制上その他の措置を講ずること。

七　生物多様性基本法第24条、改正法第53条第2項に則り、種の保存に関し、最新の科学的知見を踏まえた学校教育・社会教育・広報活動、専門的な知識・経験を有する人材の育成、種の保存に関して理解を深める場及び機会の提供等により、種の保存に関する国民の理解を深めること。

八　改正法附則第7条に基づき、改正法施行後、速やかに、今回の改正内容のみならず、種の保存法全体について見直しを開始し、改正法施行3年後に速やかに必要な措置を講ずること。

九　中央環境審議会は、環境大臣の諮問を待たず、種の保存に関連して、前項の種の保存法の見直しやその他関係法令の見直しを含め、積極的に意見具申を行うこと。

十　海洋生態系の要となる海棲哺乳類を含めた海洋生物については、科学的見地に立ってその希少性評価を適切に行うこと。また、候補種選定の際、現在は種指定の実績がない海洋生物についても、積極的に選定の対象とすること。

十一　近年、地球温暖化に伴う急激な気候の変化によって、ホッキョクグマ、サンゴなどの種や生態系への影響が世界的に顕著になり始めていることに鑑み、我が国政府は、カンクン合意を踏まえつつ、低炭素社会に向けての新たな世界的な枠組みの構築のため、2020年からの実施を目指し法的文書の合意を2015年までに得ることについて、リーダーシップを発揮すること。

○絶滅のおそれのある野生動植物の種の保存に関する法律の一部を改正する法律案に対する附帯決議（平成29年法改正時）

＜衆議院・参議院　同内容のみ抜粋＞

※　種の保存に関する科学的知見の充実を図り、それに基づいて、「絶滅のおそれのある野生生物種の保全戦略」（以下「保全戦略」という。）を始め、総合的な施策を策定・実施すること。
※　国内希少野生動植物種の指定は、科学的知見を最大限に尊重して実施することとし、当面、2030年度までに700種を指定することを目指し、候補種の選定について検討すること。

【衆議院】
政府は、本法の施行に当たり、次の事項について適切な措置を講ずべきである。
一　常設の「野生動植物の種に関し専門の学識経験を有する者」からなる科学委員会の委員については、野生動植物種の保全に関し専門の学識経験を有する科学者等国民の理解を得られる人選を行い、自由闊達な議論を保障するとともに、明確な理由の存在しない限り、国民に対する情報の公開を徹底すること。また、科学委員会は、環境大臣の諮問を待たず、種の保存に関連して、種の保存法の見直しやその他関係法令の見直しを含め、積極的に意見具申を行うこと。
二　生息地等保護区の指定や保護増殖事業計画の策定についても、現場で実際に保全に取り組む団体等からの提案を受け入れる制度の法定化を検討するとともに、これら国民からの提案を踏まえ、科学委員会は、種指定の優先度と個体数回復などの目標、必要な保護増殖事業計画、生息地等保護区などを適切に具申すること。
三　二次的自然に分布する絶滅危惧種については、自然への働きかけの縮小による生息・生育状況の悪化が主な減少要因とされていることから、特定第二種国内希少野生動植物種の指定と同時に、生息環境の改善に取り組むこと。また、二次的自然については、厳格な行為規制よりも人の管理を継続することが重要となることから、農林水産業や市民活動を奨励するような生息地等保護区の指定の在り方について検討すること。
四　国内希少野生動植物種の指定は、科学的知見を最大限に尊重して実施することとし、当面、2030年度までに700種を指定することを目指し、候補種の選定について検討すること。
五　「絶滅のおそれのある野生生物種の保全戦略」を法定の「基本方針」に確実に反映させ、閣議決定すること。
六　海洋生態系の要となる海棲哺乳類を含めた海洋生物については、科学的知見に立ってその希少性評価の透明性を高め、その評価を環境省と水産庁で連携して同法の趣旨に沿って適切に行うこと。また、国内希少野生動植物種の指定に当たっては、現在は種指定の実績がない海洋生物についても、積極的に対象とすること。

七　生物多様性基本法第24条、種の保存法第53条第2項に則り、種の保存に関し、最新の科学的知見を踏まえた学校教育・社会教育・広報活動、専門的な知識・経験を有する人材の育成、種の保存に関して理解を深める場及び機会の提供等により、種の保存に関する国民の理解を深めること。

八　生物多様性基本法第8条を踏まえ、希少野生動植物種の保存のため、地方自治体への支援を含め、財政上、税制上その他の措置を講ずること。

九　改正法附則第10条に基づき、改正法施行5年後に本改正内容の評価を行うとともに、以下の措置を講ずること。
　1　ワシントン条約附属書に掲載されている種は、保全に国際的協力が不可欠であり、地球の自然体系のかけがえのない一部であるという観点から、国際情勢を踏まえて、抜本的な見直しを検討すること。
　2　違法取引が原産国での過度な捕獲や採取を助長するとの認識に立ち、国内取引の規制強化や交雑個体の取扱について検討すること。

十　今回創設される特定第二種国内希少野生動植物種については、販売・頒布目的以外の捕獲等及び譲渡し等が認められることから、種の分布や生息状況を定期的に把握すること。

十一　アフリカゾウの密猟を防ぐため、象牙の国内市場の閉鎖が世界的な潮流となる中、国内市場を存続させている我が国においては、違法取引が疑われることのないよう、象牙の管理の更なる強化に積極的に取り組むこと。

十二　輸入が差し止められた希少な野生動植物については、本来の生息地での保全が最も望ましいことから、原産国等へ返すための方策について検討すること。

【参議院】
　政府は、本法の施行に当たり、次の事項について適切な措置を講ずべきである。

一　常設の「野生動植物の種に関し専門の学識経験を有する者」からなる科学委員会の委員については、野生動植物種の保全に関し専門の学識経験を有する科学者等国民の理解を得られる幅広い人選を行い、自由闊達な議論を保障するとともに、明確な理由の存在しない限り、国民に対する情報の公開を徹底すること。また、科学委員会は、環境大臣の諮問を待たず、種の保存に関連して、種の保存法の見直しやその他関係法令の見直しを含め、積極的に意見具申を行うこと。

二　生息地等保護区の指定や保護増殖事業計画の策定についても、現場で実際に保全に取り組む団体等からの提案を受け入れる制度の法定化を検討するとともに、これら国民からの提案を踏まえ、科学委員会は、種指定の優先度と個体数回復などの目標、必要な保護増殖事業計画、生息地等保護区などを適切に具申すること。

三　二次的自然に分布する絶滅危惧種については、自然への働きかけの縮小による生息・生育状況の悪化が主な減少要因とされていることから、特定第二種国内希少野生動植物種の指定と同時に、保護増殖事業や生息地等保護区の指定を推進し、生息環境の改善に取り組むこと。また、二次的自然については、厳格な行為規制よりも人の管理を継続することが

> 絶滅のおそれのある野生動植物の種の保存に関する法律の一部を改正する法律案に対する附帯決議（平成29年法改正時）

　重要となることから、農林水産業や市民活動を奨励するような生息地等保護区の指定の在り方について検討すること。
四　特定第二種国内希少野生動植物種については、販売・頒布目的以外の捕獲等及び譲渡し等が認められることから、種の分布や生息状況を定期的に把握すること。
五　国内希少野生動植物種の指定は、科学的知見を最大限に尊重して実施することとし、当面、2030年度までに700種を指定することを目指し、候補種の選定について検討すること。
六　「絶滅のおそれのある野生生物種の保全戦略」を種の保存法第6条の「希少野生動植物種保存基本方針」や生物多様性基本法第11条の「生物多様性国家戦略」に確実に反映させ、閣議決定すること。
七　海洋生態系の要となる海棲哺乳類を含めた海洋生物については、科学的知見に立ってその希少性評価の透明性を高め、その評価を環境省と水産庁で連携して種の保存法の趣旨に沿って適切に行うこと。また、国内希少野生動植物種の指定に当たっては、現在は種指定の実績がない海洋生物についても、積極的に対象とすること。
八　生物多様性基本法第24条、種の保存法第53条第2項に則り、種の保存に関し、最新の科学的知見を踏まえた学校教育・社会教育・広報活動、専門的な知識・経験を有する人材の育成、種の保存に関して理解を深める場及び機会の提供等により、種の保存に関する国民の理解を深めること。
九　生物多様性基本法第8条を踏まえ、希少野生動植物種の保存のため、地方自治体への支援を含め、財政上、税制上その他の措置を講ずること。
十　ワシントン条約附属書に掲載されている種については、その保全に国際的協力が不可欠であることを踏まえて、見直しを検討すること。また、違法取引が原産国での過度な捕獲や採取を助長するとの認識に立ち、国際希少野生動植物種の国内取引の規制強化や交雑種の取扱いについて検討すること。
十一　アフリカゾウの密猟を防ぐため、象牙の国内市場の閉鎖が世界的な潮流となる中、国内市場を存続させている我が国においては、違法取引が疑われることのないよう、全形牙の登録の在り方の検討を含め、象牙の管理の更なる強化に積極的に取り組むこと。
十二　輸入が差し止められた希少な野生動植物については、本来の生息地での保全が最も望ましいことから、原産国等へ返すための方策について検討すること。
十三　本法の実効性を確保するため、地方環境事務所等の現場における必要な人員を十分に確保し、予算の拡充を図るとともに、地方自治体を始めとする多様な主体との更なる連携の強化を図ること。
十四　動植物園等が行う希少野生動植物種の生息域外保全等に係る取組については、その役割の重要性に鑑み、財政措置を含む効果的な支援策を検討すること。

●絶滅のおそれのある野生動植物の種の国際取引に関する条約

[昭和55年8月23日 条約第25号]
平成28年12月27日外務省告示第492号　**改正現在**

締約国は、
　美しくかつ多様な形体を有する野生動植物が現在及び将来の世代のために保護されなければならない地球の自然の系のかけがえのない一部をなすものであることを認識し、
　野生動植物についてはその価値が芸術上、科学上、文化上、レクリエーション上及び経済上の見地から絶えず増大するものであることを意識し、
　国民及び国家がそれぞれの国における野生動植物の最良の保護者であり、また、最良の保護者でなければならないことを認識し、
　更に、野生動植物の一定の種が過度に国際取引に利用されることのないようこれらの種を保護するために国際協力が重要であることを認識し、
　このため、適当な措置を緊急にとる必要があることを確信して、
　次のとおり協定した。

第1条　定義

この条約の適用上、文脈によつて別に解釈される場合を除くほか、
(a) 「種」とは、種若しくは亜種又は種若しくは亜種に係る地理的に隔離された個体群をいう。
(b) 「標本」とは、次のものをいう。
　(i) 生死の別を問わず動物又は植物の個体
　(ii) 動物にあつては、附属書Ⅰ若しくは附属書Ⅱに掲げる種の個体の部分若しくは派生物であつて容易に識別することができるもの、又は附属書Ⅲに掲げる種の個体の部分若しくは派生物であつて容易に識別することができるもののうちそれぞれの種について附属書Ⅲにより特定されるもの
　(iii) 植物にあつては、附属書Ⅰに掲げる種の個体の部分若しくは派生物であつて容易に識別することができるもの、又は附属書Ⅱ若しくは附属書Ⅲに掲げる種の個体の部分若しくは派生物であつて容易に識別することができるもののうちそれぞれの種について附属書Ⅱ若しくは附属書Ⅲにより特定されるもの
(c) 「取引」とは、輸出、再輸出、輸入又は海からの持込みをいう。
(d) 「再輸出」とは、既に輸入されている標本を輸出することをいう。
(e) 「海からの持込み」とは、いずれの国の管轄の下にもない海洋環境において捕獲され又は採取された種の標本をいずれかの国へ輸送することをいう。

(f) 「科学当局」とは、第9条の規定により指定される国の科学機関をいう。
(g) 「管理当局」とは、第9条の規定により指定される国の管理機関をいう。
(h) 「締約国」とは、その国についてこの条約が効力を生じている国をいう。

第2条　基本原則

1　附属書Ⅰには、絶滅のおそれのある種であつて取引による影響を受けており又は受けることのあるものを掲げる。これらの種の標本の取引は、これらの種の存続を更に脅かすことのないよう特に厳重に規制するものとし、取引が認められるのは、例外的な場合に限る。

2　附属書Ⅱには、次のものを掲げる。
(a) 現在必ずしも絶滅のおそれのある種ではないが、その存続を脅かすこととなる利用がされないようにするためにその標本の取引を厳重に規制しなければ絶滅のおそれのある種となるおそれのある種
(b) (a)の種以外の種であつて、(a)の種の標本の取引を効果的に取り締まるために規制しなければならない種

3　附属書Ⅲには、いずれかの締約国が、捕獲又は採取を防止し又は制限するための規制を自国の管轄内において行う必要があると認め、かつ、取引の取締りのために他の締約国の協力が必要であると認める種を掲げる。

4　締約国は、この条約に定めるところによる場合を除くほか、附属書Ⅰ、附属書Ⅱ及び附属書Ⅲに掲げる種の標本の取引を認めない。

第3条　附属書Ⅰに掲げる種の標本の取引に対する規制

1　附属書Ⅰに掲げる種の標本の取引は、この条に定めるところにより行う。

2　附属書Ⅰに掲げる種の標本の輸出については、事前に発給を受けた輸出許可書を事前に提出することを必要とする。輸出許可書は、次の条件が満たされた場合にのみ発給される。
(a) 輸出国の科学当局が、標本の輸出が当該標本に係る種の存続を脅かすこととならないと助言したこと。
(b) 輸出国の管理当局が、標本が動植物の保護に関する自国の法令に違反して入手されたものでないと認めること。
(c) 生きている標本の場合には、輸出国の管理当局が、傷を受け、健康を損ね若しくは生育を害し又は虐待される危険性をできる限り小さくするように準備され、かつ、輸送されると認めること。
(d) 輸出国の管理当局が、標本につき輸入許可書の発給を受けていると認めること。

3　附属書Ⅰに掲げる種の標本の輸入については、事前に発給を受けた輸入許可書及び輸出許可書又は輸入許可書及び再輸出証明書を事前に提出することを必要とする。輸入許可書は、次の条件が満たされた場合にのみ発給される。

(a) 輸入国の科学当局が、標本の輸入が当該標本に係る種の存続を脅かす目的のために行われるものでないと助言したこと。
(b) 生きている標本の場合には、輸入国の科学当局が、受領しようとする者がこれを収容し及びその世話をするための適当な設備を有していると認めること。
(c) 輸入国の管理当局が、標本が主として商業的目的のために使用されるものでないと認めること。
4 附属書Ⅰに掲げる種の標本の再輸出については、事前に発給を受けた再輸出証明書を事前に提出することを必要とする。再輸出証明書は、次の条件が満たされた場合にのみ発給される。
(a) 再輸出国の管理当局が、標本がこの条約に定めるところにより自国に輸入されたと認めること。
(b) 生きている標本の場合には、再輸出国の管理当局が、傷を受け、健康を損ね若しくは生育を害し又は虐待される危険性をできる限り小さくするように準備され、かつ、輸送されると認めること。
(c) 生きている標本の場合には、再輸出国の管理当局が、輸入許可書の発給を受けていると認めること。
5 附属書Ⅰに掲げる種の標本の海からの持込みについては、当該持込みがされる国の管理当局から事前に証明書の発給を受けていることを必要とする。証明書は、次の条件が満たされた場合にのみ発給される。
(a) 当該持込みがされる国の科学当局が、標本の持込みが当該標本に係る種の存続を脅かすこととならないと助言していること。
(b) 生きている標本の場合には、当該持込みがされる国の管理当局が、受領しようとする者がこれを収容し及びその世話をするための適当な設備を有していると認めること。
(c) 当該持込みがされる国の管理当局が、標本が主として商業的目的のために使用されるものでないと認めること。

第4条 附属書Ⅱに掲げる種の標本の取引に対する規制

1 附属書Ⅱに掲げる種の標本の取引は、この条に定めるところにより行う。
2 附属書Ⅱに掲げる種の標本の輸出については、事前に発給を受けた輸出許可書を事前に提出することを必要とする。輸出許可書は、次の条件が満たされた場合にのみ発給される。
(a) 輸出国の科学当局が、標本の輸出が当該標本に係る種の存続を脅かすこととならないと助言したこと。
(b) 輸出国の管理当局が、標本が動植物の保護に関する自国の法令に違反して入手されたものでないと認めること。
(c) 生きている標本の場合には、輸出国の管理当局が、傷を受け、健康を損ね若しくは生

育を害し又は虐待される危険性をできる限り小さくするように準備され、かつ、輸送されると認めること。
3　締約国の科学当局は、附属書Ⅱに掲げる種の標本に係る輸出許可書の自国による発給及びこれらの標本の実際の輸出について監視する。科学当局は、附属書Ⅱに掲げるいずれかの種につき、その属する生態系における役割を果たすことのできる個体数の水準を及び附属書Ⅰに掲げることとなるような当該いずれかの種の個体数の水準よりも十分に高い個体数の水準を当該いずれかの種の分布地域全体にわたつて維持するためにその標本の輸出を制限する必要があると決定する場合には、適当な管理当局に対し、その標本に係る輸出許可書の発給を制限するためにとるべき適当な措置を助言する。
4　附属書Ⅱに掲げる種の標本の輸入については、輸出許可書又は再輸出証明書を事前に提出することを必要とする。
5　附属書Ⅱに掲げる種の標本の再輸出については、事前に発給を受けた再輸出証明書を事前に提出することを必要とする。再輸出証明書は、次の条件が満たされた場合にのみ発給される。
　(a)　再輸出国の管理当局が、標本がこの条約に定めるところにより自国に輸入されたと認めること。
　(b)　生きている標本の場合には、再輸出国の管理当局が、傷を受け、健康を損ね若しくは生育を害し又は虐待される危険性をできる限り小さくするように準備され、かつ、輸送されると認めること。
6　附属書Ⅱに掲げる種の標本の海からの持込みについては、当該持込みがされる国の管理当局から事前に証明書の発給を受けていることを必要とする。証明書は、次の条件が満たされた場合にのみ発給される。
　(a)　当該持込みがされる国の科学当局が、標本の持込みが当該標本に係る種の存続を脅かすこととならないと助言していること。
　(b)　生きている標本の場合には、当該持込みがされる国の管理当局が、傷を受け、健康を損ね若しくは生育を害し又は虐待される危険性をできる限り小さくするように取り扱われると認めること。
7　6の証明書は、科学当局が自国の他の科学機関及び適当な場合には国際科学機関と協議の上行う助言に基づき、1年を超えない期間につきその期間内に持込みが認められる標本の総数に限り発給することができる。

第5条　附属書Ⅲに掲げる種の標本の取引に対する規制
1　附属書Ⅲに掲げる種の標本の取引は、この条に定めるところにより行う。
2　附属書Ⅲに掲げる種の標本の輸出で附属書Ⅲに当該種を掲げた国から行われるものについては、事前に発給を受けた輸出許可書を事前に提出することを必要とする。輸出許可書は、次の条件が満たされた場合にのみ発給される。

(a) 輸出国の管理当局が、標本が動植物の保護に関する自国の法令に違反して入手されたものでないと認めること。
(b) 生きている標本の場合には、輸出国の管理当局が、傷を受け、健康を損ね若しくは生育を害し又は虐待される危険性をできる限り小さくするように準備され、かつ、輸送されると認めること。
3 附属書Ⅲに掲げる種の標本の輸入については、4の規定が適用される場合を除くほか、原産地証明書及びその輸入が附属書Ⅲに当該種を掲げた国から行われるものである場合には輸出許可書を事前に提出することを必要とする。
4 輸入国は、再輸出に係る標本につき、再輸出国内で加工された標本であること又は再輸出される標本であることを証する再輸出国の管理当局が発給した証明書をこの条約が遵守されている証拠として認容する。

第6条 許可書及び証明書
1 前3条の許可書及び証明書の発給及び取扱いは、この条に定めるところにより行う。
2 輸出許可書には、附属書Ⅳのひな形に明示する事項を記載するものとし、輸出許可書は、その発給の日から6箇月の期間内に行われる輸出についてのみ使用することができる。
3 許可書及び証明書には、この条約の表題、許可書及び証明書を発給する管理当局の名称及び印章並びに管理当局の付する管理番号を表示する。
4 管理当局が発給する許可書及び証明書の写しには、写しであることを明示するものとし、写しが原本の代わりに使用されるのは、写しに特記されている場合に限る。
5 許可書又は証明書は、標本の各送り荷について必要とする。
6 輸入国の管理当局は、標本の輸入について提出された輸出許可書又は再輸出証明書及びこれらに対応する輸入許可書を失効させた上保管する。
7 管理当局は、適当かつ可能な場合には、標本の識別に資するため標本にマークを付することができる。この7の規定の適用上、「マーク」とは、権限のない者による模倣ができないようにするように工夫された標本の識別のための消すことのできない印章、封鉛その他の適当な方法をいう。

第7条 取引に係る免除等に関する特別規定
1 第3条から第5条までの規定は、標本が締約国の領域を通過し又は締約国の領域において積み替えられる場合には、適用しない。ただし、これらの標本が税関の管理の下にあることを条件とする。
2 第3条から第5条までの規定は、標本につき、この条約が当該標本に適用される前に取得されたものであると輸出国又は再輸出国の管理当局が認める場合において、当該管理当局がその旨の証明書を発給するときは、適用しない。
3 第3条から第5条までの規定は、手回品又は家財である標本については、適用しない。

ただし、次の標本(標本の取得がこの条約の当該標本についての適用前になされたと管理当局が認める標本を除く。)については、適用する。
  (a) 附属書Ⅰに掲げる種の標本にあつては、その所有者が通常居住する国の外において取得して当該通常居住する国へ輸入するもの
  (b) 附属書Ⅱに掲げる種の標本にあつては、(i)その所有者が通常居住する国以外の国(その標本が野生の状態で捕獲され又は採取された国に限る。)において取得し、(ii)当該所有者が通常居住する国へ輸入し、かつ、(iii)その標本が野生の状態で捕獲され又は採取された国においてその輸出につき輸出許可書の事前の発給が必要とされているもの
4 附属書Ⅰに掲げる動物の種の標本であつて商業的目的のため飼育により繁殖させたもの又は附属書Ⅰに掲げる植物の種の標本であつて商業的目的のため人工的に繁殖させたものは、附属書Ⅱに掲げる種の標本とみなす。
5 動物の種の標本が飼育により繁殖させたものであり若しくは植物の種の標本が人工的に繁殖させたものであり又は動物若しくは植物の種の標本がこれらの繁殖させた標本の部分若しくは派生物であると輸出国の管理当局が認める場合には、当該管理当局によるその旨の証明書は、第3条から第5条までの規定により必要とされる許可書又は証明書に代わるものとして認容される。
6 第3条から第5条までの規定は、管理当局が発給し又は承認したラベルの付された腊葉(さく)標本その他の保存され、乾燥され又は包埋された博物館用の標本及び当該ラベルの付された生きている植物が、管理当局に登録されている科学者又は科学施設の間で商業的目的以外の目的の下に貸与され、贈与され又は交換される場合には、適用しない。
7 管理当局は、移動動物園、サーカス、動物展、植物展その他の移動する展示会を構成する標本の移動について第3条から第5条までの要件を免除し、許可書又は証明書なしにこれらの標本の移動を認めることができる。ただし、次のことを条件とする。
  (a) 輸出者又は輸入者が、標本の詳細について管理当局に登録すること。
  (b) 標本が2又は5のいずれかに規定する標本に該当するものであること。
  (c) 生きている標本の場合には、管理当局が、傷を受け、健康を損ね若しくは生育を害し又は虐待される危険性をできる限り小さくするように輸送され及び世話をされると認めること。

第8条 締約国のとる措置
1 締約国は、この条約を実施するため及びこの条約に違反して行われる標本の取引を防止するため、適当な措置をとる。この措置には、次のことを含む。
  (a) 違反に係る標本の取引若しくは所持又はこれらの双方について処罰すること。
  (b) 違反に係る標本の没収又はその輸出国への返送に関する規定を設けること。
2 締約国は、1の措置に加え、必要と認めるときは、この条約を適用するためにとられた措置に違反して行われた取引に係る標本の没収の結果負うこととなつた費用の国内におけ

る求償方法について定めることができる。
3 締約国は、標本の取引上必要な手続が速やかに完了することをできる限り確保する。締約国は、その手続の完了を容易にするため、通関のために標本が提示される輸出港及び輸入港を指定することができる。締約国は、また、生きている標本につき、通過、保管又は輸送の間に傷を受け、健康を損ね若しくは生育を害し又は虐待される危険性をできる限り小さくするように適切に世話をすることを確保する。
4 1の措置がとられることにより生きている標本が没収される場合には、
 (a) 当該標本は、没収した国の管理当局に引き渡される。
 (b) (a)の管理当局は、当該標本の輸出国との協議の後、当該標本を、当該輸出国の負担する費用で当該輸出国に返送し又は保護センター若しくは管理当局の適当かつこの条約の目的に沿うと認める他の場所に送る。
 (c) (a)の管理当局は、(b)の規定に基づく決定(保護センター又は他の場所の選定に係る決定を含む。)を容易にするため、科学当局の助言を求めることができるものとし、望ましいと認める場合には、事務局と協議することができる。
5 4にいう保護センターとは、生きている標本、特に、没収された生きている標本の健康を維持し又は生育を助けるために管理当局の指定する施設をいう。
6 締約国は、附属書Ⅰ、附属書Ⅱ及び附属書Ⅲに掲げる種の標本の取引について次の事項に関する記録を保持する。
 (a) 輸出者及び輸入者の氏名又は名称及び住所
 (b) 発給された許可書及び証明書の数及び種類、取引の相手国、標本の数又は量及び標本の種類、附属書Ⅰ、附属書Ⅱ及び附属書Ⅲに掲げる種の名称並びに可能な場合には標本の大きさ及び性別
7 締約国は、この条約の実施に関する次の定期的な報告書を作成し、事務局に送付する。
 (a) 6(b)に掲げる事項に関する情報の概要を含む年次報告書
 (b) この条約を実施するためにとられた立法措置、規制措置及び行政措置に関する2年ごとの報告書
8 7の報告書に係る情報は、関係締約国の法令に反しない限り公開される。

第9条 管理当局及び科学当局
1 この条約の適用上、各締約国は、次の当局を指定する。
 (a) 自国のために許可書又は証明書を発給する権限を有する一又は二以上の管理当局
 (b) 一又は二以上の科学当局
2 批准書、受諾書、承認書又は加入書を寄託する国は、これらの寄託の際に、他の締約国及び事務局と連絡する権限を有する一の管理当局の名称及び住所を寄託政府に通報する。
3 締約国は、1の規定による指定及び2の規定による通報に係る変更が他のすべての締約国に伝達されるようにこれらの変更を事務局に通報する。

4　2の管理当局は、事務局又は他の締約国の管理当局から要請があつたときは、許可書又は証明書を認証するために使用する印章その他のものの図案を通報する。

第10条　この条約の締約国でない国との取引

締約国は、この条約の締約国でない国との間で輸出、輸入又は再輸出を行う場合においては、当該この条約の締約国でない国の権限のある当局が発給する文書であつて、その発給の要件がこの条約の許可書又は証明書の発給の要件と実質的に一致しているものを、この条約にいう許可書又は証明書に代わるものとして認容することができる。

第11条　締約国会議

1　事務局は、この条約の効力発生の後2年以内に、締約国会議を招集する。
2　その後、事務局は、締約国会議が別段の決定を行わない限り少なくとも2年に1回通常会合を招集するものとし、締約国の少なくとも3分の1が書面により要請する場合にはいつでも特別会合を招集する。
3　締約国は、通常会合又は特別会合のいずれにおいてであるかを問わず、この条約の実施状況を検討するものとし、次のことを行うことができる。
　(a)　事務局の任務の遂行を可能にするために必要な規則を作成すること及び財政規則を採択すること。
　(b)　第15条の規定に従つて附属書Ⅰ及び附属書Ⅱの改正を検討し及び採択すること。
　(c)　附属書Ⅰ、附属書Ⅱ及び附属書Ⅲに掲げる種の回復及び保存に係る進展について検討すること。
　(d)　事務局又は締約国の提出する報告書を受領し及び検討すること。
　(e)　適当な場合には、この条約の実効性を改善するための勧告を行うこと。
4　締約国は、通常会合において、2の規定により開催される次回の通常会合の時期及び場所を決定することができる。
5　締約国は、いずれの会合においても、当該会合のための手続規則を制定することができる。
6　国際連合、その専門機関及び国際原子力機関並びにこの条約の締約国でない国は、締約国会議の会合にオブザーバーを出席させることができる。オブザーバーは、出席する権利を有するが、投票する権利は有しない。
7　野生動植物の保護、保存又は管理について専門的な能力を有する次の機関又は団体であつて、締約国会議の会合にオブザーバーを出席させることを希望する旨事務局に通報したものは、当該会合に出席する締約国の少なくとも3分の1が反対しない限り、オブザーバーを出席させることを認められる。
　(a)　政府間又は非政府のもののいずれであるかを問わず国際機関又は国際団体及び国内の政府機関又は政府団体
　(b)　国内の非政府機関又は非政府団体であつて、その所在する国によりこの条約の目的に

沿うものであると認められたもの

これらのオブザーバーは、出席することを認められた場合には、出席する権利を有するが、投票する権利は有しない。

第12条 事務局

1 事務局の役務は、この条約の効力発生に伴い、国際連合環境計画事務局長が提供する。同事務局長は、適当と認める程度及び方法で、野生動植物の保護、保存及び管理について専門的な能力を有する政府間の若しくは非政府の適当な国際機関若しくは国際団体又は政府の若しくは非政府の適当な国内の機関若しくは団体の援助を受けることができる。

2 事務局は、次の任務を遂行する。

 (a) 締約国の会合を準備し及びその会合のための役務を提供すること。

 (b) 第15条及び第16条の規定により与えられる任務を遂行すること。

 (c) 締約国会議の承認する計画に従い、この条約の実施に寄与する科学的及び技術的研究（生きている標本につき適切に準備し、輸送するための基準に関する研究及び標本の識別方法に関する研究を含む。）を行うこと。

 (d) 締約国の報告書を研究すること及び締約国の報告書に関する追加の情報であつてこの条約の実施を確保するために必要と認めるものを当該締約国に要請すること。

 (e) この条約の目的に関連する事項について締約国の注意を喚起すること。

 (f) 最新の内容の附属書Ⅰ、附属書Ⅱ及び附属書Ⅲをこれらの附属書に掲げる種の標本の識別を容易にする情報とともに定期的に刊行し、締約国に配布すること。

 (g) 締約国の利用に供するため事務局の業務及びこの条約の実施に関する年次報告書を作成し並びに締約国がその会合において要請する他の報告書を作成すること。

 (h) この条約の目的を達成し及びこの条約を実施するための勧告を行うこと（科学的及び技術的性格の情報を交換するよう勧告を行うことを含む。）。

 (i) 締約国の与える他の任務を遂行すること。

第13条 国際的な措置

1 事務局は、受領した情報を参考にして、附属書Ⅰ又は附属書Ⅱに掲げる種がその標本の取引によつて望ましくない影響を受けていると認める場合又はこの条約が効果的に実施されていないと認める場合には、当該情報を関係締約国の権限のある管理当局に通告する。

2 締約国は、1の通告を受けたときは、関連する事実を自国の法令の認める限度においてできる限り速やかに事務局に通報するものとし、適当な場合には、是正措置を提案する。当該締約国が調査を行うことが望ましいと認めるときは、当該締約国によつて明示的に権限を与えられた者は、調査を行うことができる。

3 締約国会議は、締約国の提供した情報又は2の調査の結果得られた情報につき、次回の会合において検討するものとし、適当と認める勧告を行うことができる。

第14条 国内法令及び国際条約に対する影響

1 この条約は、締約国が次の国内措置をとる権利にいかなる影響も及ぼすものではない。
  (a) 附属書Ⅰ、附属書Ⅱ及び附属書Ⅲに掲げる種の標本の取引、捕獲若しくは採取、所持若しくは輸送の条件に関する一層厳重な国内措置又はこれらの取引、捕獲若しくは採取、所持若しくは輸送を完全に禁止する国内措置
  (b) 附属書Ⅰ、附属書Ⅱ及び附属書Ⅲに掲げる種以外の種の標本の取引、捕獲若しくは採取、所持若しくは輸送を制限し又は禁止する国内措置
2 この条約は、標本の取引、捕獲若しくは採取、所持又は輸送についてこの条約に定めているもの以外のものを定めている条約又は国際協定であつて締約国について現在効力を生じており又は将来効力を生ずることのあるものに基づく国内措置又は締約国の義務にいかなる影響も及ぼすものではない。これらの国内措置又は義務には、関税、公衆衛生、動植物の検疫の分野に関するものを含む。
3 この条約は、共通の対外関税規制を設定し若しくは維持し、かつ、その構成国間の関税規制を撤廃する同盟若しくは地域的な貿易機構を創設する条約若しくは国際協定であつて現在締結されており若しくは将来締結されることのある条約若しくは国際協定の規定のうち又はこれらの条約若しくは国際協定に基づく義務のうち、これらの同盟又は地域的な貿易機構の構成国間の貿易に関するものにいかなる影響も及ぼすものではない。
4 この条約の締約国は、自国がその締約国である他の条約又は国際協定がこの条約の効力発生の時に有効であり、かつ、当該他の条約又は国際協定に基づき附属書Ⅱに掲げる海産の種に対し保護を与えている場合には、自国において登録された船舶が当該他の条約又は国際協定に基づいて捕獲し又は採取した附属書Ⅱに掲げる種の標本の取引についてこの条約に基づく義務を免除される。
5 4の規定により捕獲され又は採取された標本の輸出については、第3条から第5条までの規定にかかわらず、当該標本が4に規定する他の条約又は国際協定に基づいて捕獲され又は採取された旨の持込みがされた国の管理当局の発給する証明書のみを必要とする。
6 この条約のいかなる規定も、国際連合総会決議第2750号C(第25回会期)に基づいて招集される国際連合海洋法会議による海洋法の法典化及び発展を妨げるものではなく、また、海洋法に関し並びに沿岸国及び旗国の管轄権の性質及び範囲に関する現在又は将来におけるいずれの国の主張及び法的見解も害するものではない。

第15条　附属書Ⅰ及び附属書Ⅱの改正

1 締約国会議の会合において附属書Ⅰ及び附属書Ⅱの改正をする場合には、次の規定を適用する。
  (a) 締約国は、会合における検討のため、附属書Ⅰ又は附属書Ⅱの改正を提案することができる。改正案は、会合の少なくとも150日前に事務局に通告する。事務局は、改正案の他の締約国への通告及び改正案についての関係団体との協議については、2(b)又は2(c)の規定を準用するものとし、会合の遅くとも30日前に改正案に係る回答をすべての締

約国に通告する。
- (b) 改正は、出席しかつ投票する締約国の３分の２以上の多数による議決で採択する。この１(b)の規定の適用上、「出席しかつ投票する締約国」とは、出席しかつ賛成票又は反対票を投ずる締約国をいう。投票を棄権する締約国は、改正の採択に必要な３分の２に算入しない。
- (c) 会合において採択された改正は、会合の後90日ですべての締約国について効力を生ずる。ただし、３の規定に基づいて留保を付した締約国については、この限りでない。
2 締約国会議の会合と会合との間において附属書Ⅰ及び附属書Ⅱの改正をする場合には、次の規定を適用する。
- (a) 締約国は、会合と会合との間における検討のため、この２に定めるところにより、郵便手続による附属書Ⅰ又は附属書Ⅱの改正を提案することができる。
- (b) 事務局は、海産の種に関する改正案を受領した場合には、直ちに改正案を締約国に通告する。事務局は、また、当該海産の種に関連を有する活動を行つている政府間団体の提供することができる科学的な資料の入手及び当該政府間団体の実施している保存措置との調整の確保を特に目的として、当該政府間団体と協議する。事務局は、当該政府間団体の表明した見解及び提供した資料を事務局の認定及び勧告とともにできる限り速やかに締約国に通告する。
- (c) 事務局は、海産の種以外の種に関する改正案を受領した場合には、直ちに改正案を締約国に通告するものとし、その後できる限り速やかに自己の勧告を締約国に通告する。
- (d) 締約国は、事務局が(b)又は(c)の規定に従つてその勧告を締約国に通告した日から60日以内に、関連する科学的な資料及び情報とともに改正案についての意見を事務局に送付することができる。
- (e) 事務局は、(d)の規定に基づいて受領した回答を自己の勧告とともにできる限り速やかに締約国に通告する。
- (f) 事務局が(e)の規定により回答及び勧告を通告した日から30日以内に改正案に対する異議の通告を受領しない場合には、改正は、その後90日ですべての締約国について効力を生ずる。ただし、３の規定に基づいて留保を付した締約国については、この限りでない。
- (g) 事務局がいずれかの締約国による異議の通告を受領した場合には、改正案は、(h)から(j)までの規定により郵便投票に付される。
- (h) 事務局は、異議の通告を受領したことを締約国に通報する。
- (i) 事務局が(h)の通報の日から60日以内に受領した賛成票、反対票及び棄権票の合計が締約国の総数の２分の１に満たない場合には、改正案は、更に検討の対象とするため締約国会議の次回の会合に付託する。
- (j) 受領した票の合計が締約国の総数の２分の１に達した場合には、改正案は、賛成票及び反対票を投じた締約国の３分の２以上の多数による議決で採択される。

(k)　事務局は、投票の結果を締約国に通報する。
　(l)　改正案が採択された場合には、改正は、事務局によるその旨の通報の日の後90日ですべての締約国について効力を生ずる。ただし、3の規定に基づいて留保を付した締約国については、この限りでない。
3　いずれの締約国も、1(c)又は2(l)に規定する90日の期間内に寄託政府に対し書面による通告を行うことにより、改正について留保を付することができる。締約国は、留保を撤回するまでの間、留保に明示した種に係る取引につきこの条約の締約国でない国として取り扱われる。

第16条　附属書Ⅲ及びその改正
1　締約国は、いつでも、その種について第2条3にいう規制を自国の管轄内において行う必要があると認める種を記載した表を事務局に提出することができる。附属書Ⅲには、附属書Ⅲに掲げるべき種を記載した表を提出した締約国の国名、これらの種の学名及び第1条(b)の規定の適用上これらの種の個体の部分又は派生物であつてそれぞれの種について特定されたものを掲げる。
2　事務局は、1の規定により提出された表を受領した後できる限り速やかに当該表を締約国に送付する。当該表は、その送付の日の後90日で附属書Ⅲの一部として効力を生ずる。締約国は、当該表の受領の後いつでも、寄託政府に対して書面による通告を行うことにより、いずれの種又はいずれの種の個体の部分若しくは派生物についても留保を付することができる。締約国は、留保を撤回するまでの間、留保に明示した種又は種の個体の部分若しくは派生物に係る取引につきこの条約の締約国でない国として取り扱われる。
3　附属書Ⅲに掲げるべき種を記載した表を提出した締約国は、事務局に対して通報を行うことによりいつでも特定の種の記載を取り消すことができるものとし、事務局は、その取消しをすべての締約国に通告する。取消しは、通告の日の後30日で効力を生ずる。
4　1の規定により表を提出する締約国は、当該表に記載された種の保護について適用されるすべての国内法令の写しを、自国がその提出を適当と認める解釈又は事務局がその提出を要請する解釈とともに事務局に提出する。締約国は、自国の表に記載された種が附属書Ⅲに掲げられている間、当該記載された種に係る国内法令の改正が採択され又は当該国内法令の新しい解釈が採用されるごとにこれらの改正又は解釈を提出する。

第17条　この条約の改正
1　事務局は、締約国の少なくとも3分の1からの書面による要請があるときは、この条約の改正を検討し及び採択するため、締約国会議の特別会合を招集する。改正は、出席しかつ投票する締約国の3分の2以上の多数による議決で採択する。この1の規定の適用上、「出席しかつ投票する締約国」とは、出席しかつ賛成票又は反対票を投ずる締約国をいう。投票を棄権する締約国は、改正の採択に必要な3分の2に算入しない。
2　事務局は、1の特別会合の少なくとも90日前に改正案を締約国に通告する。

3 改正は、締約国の3分の2が改正の受諾書を寄託政府に寄託した後60日で、改正を受諾した締約国について効力を生ずる。その後、改正は、他の締約国についても、当該他の締約国が改正の受諾書を寄託した後60日で、効力を生ずる。

第18条 紛争の解決
1 締約国は、この条約の解釈又は適用について他の締約国との間に紛争が生じた場合には、当該紛争について当該他の締約国と交渉する。
2 締約国は、1の規定によつても紛争を解決することができなかつた場合には、合意により当該紛争を仲裁、特に、ハーグ常設仲裁裁判所の仲裁に付することができる。紛争を仲裁に付した締約国は、仲裁裁定に従うものとする。

第19条 署名
この条約は、1973年4月30日までワシントンにおいて、その後は、1974年12月31日までベルンにおいて、署名のために開放しておく。

第20条 批准、受諾及び承認
この条約は、批准され、受諾され又は承認されなければならない。批准書、受諾書又は承認書は、寄託政府であるスイス連邦政府に寄託する。

第21条 加入
この条約は、加入のため無期限に開放しておく。加入書は、寄託政府に寄託する。

第22条 効力発生
1 この条約は、10番目の批准書、受諾書、承認書又は加入書が寄託政府に寄託された日の後90日で効力を生ずる。
2 この条約は、10番目の批准書、受諾書、承認書又は加入書が寄託された後に批准し、受諾し、承認し又は加入する各国については、その批准書、受諾書、承認書又は加入書が寄託された日の後90日で効力を生ずる。

第23条 留保
1 この条約については、一般的な留保は、付することができない。特定の留保は、この条、第15条及び第16条の規定に基づいて付することができる。
2 いずれの国も、批准書、受諾書、承認書又は加入書を寄託する際に、次のものについて特定の留保を付することができる。
　(a) 附属書Ⅰ、附属書Ⅱ又は附属書Ⅲに掲げる種
　(b) 附属書Ⅲに掲げる種の個体の部分又は派生物であつて附属書Ⅲにより特定されるもの
3 締約国は、この条の規定に基づいて付した留保を撤回するまでの間、留保に明示した特定の種又は特定の種の個体の部分若しくは派生物に係る取引につきこの条約の締約国でない国として取り扱われる。

第24条 廃棄
いずれの締約国も、寄託政府に対して書面による通告を行うことにより、この条約をいつ

でも廃棄することができる。廃棄は、寄託政府が通告を受領した後12箇月で効力を生ずる。

第25条　寄託政府

1　中国語、英語、フランス語、ロシア語及びスペイン語をひとしく正文とするこの条約の原本は、寄託政府に寄託するものとし、寄託政府は、その認証謄本をこの条約に署名し又はこの条約の加入書を寄託したすべての国に送付する。

2　寄託政府は、すべての署名国及び加入国並びに事務局に対し、署名、批准書、受諾書、承認書又は加入書の寄託、この条約の効力発生、この条約の改正、留保及びその撤回並びに廃棄通告を通報する。

3　この条約が効力を生じたときは、寄託政府は、国際連合憲章第102条の規定による登録及び公表のためできる限り速やかにその認証謄本を国際連合事務局に送付する。

以上の証拠として、下名の全権委員は、正当に委任を受けてこの条約に署名した。

1973年3月3日にワシントンで作成した。

附属書Ⅰ～Ⅳ　略

● 渡り鳥及び絶滅のおそれのある鳥類並びにその環境の保護に関する日本国政府とアメリカ合衆国政府との間の条約

〔昭和49年9月19日〕
〔条 約 第 8 号〕
昭和49年10月11日外務省告示第186号　**改正現在**

日本国政府及びアメリカ合衆国政府は、
　鳥類がレクリエーション上、芸術上、科学上及び経済上大きな価値を有する天然資源であること、並びに適切な管理によつてこの価値を増大することができることを考慮し、
　鳥類の多くの種が日本国及びアメリカ合衆国の地域の間を渡り、これらの地域に一時的に生息していることを考慮し、
　島の環境が特に乱されやすいこと、太平洋の諸島の鳥類の多くの種が絶滅したこと、及び鳥類の他の種のうちにも絶滅するおそれのあるものがあることを考慮し、また、
　一定の鳥類の管理、保護及び絶滅の防止のために措置をとることについて協力することを希望し、
　よつて、次のとおり協定した。

第1条
この条約の適用地域は、次のとおりとする。
　(a)　アメリカ合衆国については、アメリカ合衆国のすべての地域及び属地（太平洋諸島信託統治地域を含む。）
　(b)　日本国については、日本国の施政の下にあるすべての地域

第2条
1　この条約において、「渡り鳥」とは、次のものをいう。
　(a)　足輪その他の標識の回収により両国間における渡りについて確証のある鳥類の種
　(b)　その亜種が両国にともに生息する鳥類の種、及び亜種が存在しない種については両国にともに生息する鳥類の種。これらの種及び亜種の確認は、標本、写真又はその他の信頼しうる証拠に基づいて行なう。
2(a)　1の規定に従つて渡り鳥とされた種は、この条約の附表に掲げるとおりとする。
　(b)　両締約国の権限のある当局は、随時附表を検討し、必要があるときは、附表を改正するよう勧告する。
　(c)　附表は、両政府が当該勧告のそれぞれの受諾を外交上の公文の交換によつて確認した日の後3箇月で、改正されたものとみなされる。

第3条
1　渡り鳥の捕獲及びその卵の採取は、禁止されるものとする。生死の別を問わず、不法に捕獲され若しくは採取された渡り鳥若しくは渡り鳥の卵又はそれらの加工品若しくは一部分の販売、購入及び交換も、また、禁止されるものとする。次の場合における捕獲及び採

取については、各締約国の法令により、捕獲及び採取の禁止に対する例外を認めることができる。
(a) 科学、教育若しくは繁殖のため又はこの条約の目的に反しないその他の特定の目的のため
(b) 人命及び財産を保護するため
(c) 2の規定に従つて設定される狩猟期間中
(d) 私設の狩猟場に関して
(e) エスキモー、インディアン及び太平洋諸島信託統治地域の原住民がその食糧及び衣料用として捕獲し又は採取する場合

2 渡り鳥の狩猟期間は、各締約国がそれぞれ決定することができる。当該狩猟期間は、主な営巣期間を避け、かつ、生息数を最適の数に維持するように設定する。

3 各締約国は、渡り鳥の保護及び管理のために保護区その他の施設を設けるように努める。

第4条

1 両締約国は、絶滅のおそれのある鳥類の種又は亜種を保存するために特別の保護が望ましいことに同意する。

2 いずれか一方の締約国が絶滅のおそれのある鳥類の種又は亜種を決定し、その捕獲を禁止した場合には、当該一方の締約国は、他方の締約国に対してその決定(その後におけるその決定の取消しを含む。)を通報する。

3 各締約国は、2の規定によつて決定された鳥類の種若しくは亜種又はそれらの加工品の輸出又は輸入を規制する。

第5条

1 両締約国は、渡り鳥及び絶滅のおそれのある鳥類の研究に関する資料及び刊行物を交換する。

2 両締約国は、渡り鳥及び絶滅のおそれのある鳥類の共同研究計画の設定並びにこれらの鳥類の保存を奨励する。

第6条

各締約国は、第3条及び第4条の規定に基づいて保護される鳥類の環境を保全しかつ改善するため、適当な措置をとるように努める。各締約国は、特に、
(a) これらの鳥類及びその環境に係る被害(特に海洋の汚染から生ずる被害を含む。)を防止するための方法を探求し、
(b) これらの鳥類の保存にとつて有害であると認める生きている動植物の輸入を規制するために必要な措置をとるように努め、及び、
(c) 特異な環境を有する島の生態学的均衡を乱すおそれのある生きている動植物のその島への持込みを規制するために必要な措置をとるように努める。

第7条

各締約国は、この条約の目的を達成するために必要な措置をとることに同意する。
第8条
両政府は、いずれか一方の政府の要請があつたときは、この条約の実施について協議する。
第9条
1　この条約は、批准されなければならない。批准書は、できる限りすみやかにワシントンで交換されるものとする。
2　この条約は、批准書の交換の日〔昭和49年9月19日〕に効力を生ずる。この条約は、15年間効力を有するものとし、その後は、この条に定めるところによつて終了する時まで効力を存続する。
3　いずれの一方の締約国も、1年前に書面による予告を与えることにより、最初の15年の期間の終りに又はその後いつでもこの条約を終了させることができる。
以上の証拠として、両政府の代表は、この条約に署名した。
1972年3月4日に東京で、ひとしく正文である日本語及び英語により本書2通を作成した。
　　日本国政府のために
　　アメリカ合衆国政府のために
附表　略

●渡り鳥及び絶滅のおそれのある鳥類並びにその環境の保護に関する日本国政府とオーストラリア政府との間の協定

[昭和56年4月30日]
[条約第3号]

平成28年4月5日外務省告示第103号　**改正現在**

　日本国政府及びオーストラリア政府は、
　鳥類が自然環境の重要な要素の一つであり、自然環境を豊かにする上で欠くことのできない役割を果たしていること及び適切な管理によつてこの役割を増大することができることを考慮し、
　渡り鳥及び絶滅のおそれのある鳥類の保護に関して特別の国際的関心が国際連合人間環境会議等において表明されていることを認識し、
　渡り鳥及び絶滅のおそれのある鳥類の保護に関する二国間及び多数国間協定の存在に留意し、
　鳥類の多くの種が日本国とオーストラリアとの間を渡り、それぞれの国に季節的に生息していること、鳥類のうちには絶滅のおそれのある種があること、及びこれらの鳥類の保全のためには両政府間の協力が欠くことのできないものであることを考慮し、また、
　渡り鳥及び絶滅のおそれのある鳥類の管理及び保護並びにその環境の管理及び保護のために措置をとることについて協力することを希望して、
　次のとおり協定した。

第1条
1　この協定において、「渡り鳥」とは、次のものをいう。
　(a) 足輪その他の標識の回収により両国間における渡りについて信頼し得る証拠のある鳥類の種
　(b) その亜種が両国にともに生息する鳥類の種及び亜種が存在しない種については両国にともに生息する鳥類の種（渡りをしないことが生物学的に明らかなものを除く。）。これらの種及び亜種の確認は、標本、写真又はその他の信頼し得る証拠に基づいて行う。
2(a) 1の規定に従つて渡り鳥とされた種は、この協定の付表に掲げるとおりとする。
　(b) 両政府の権限のある当局は、随時付表を検討し、必要があるときは、それぞれの政府に対し、付表を改正するよう勧告する。
　(c) 付表は、両政府が当該勧告のそれぞれの受諾を外交上の公文の交換によつて確認した日の後3箇月で、改正されたものとみなされる。

第2条
1　各政府は、渡り鳥の捕獲及びその卵の採取を禁止するものとする。ただし、次の場合における捕獲及び採取については、それぞれの国の法令により、捕獲及び採取の禁止に対する例外を認めることができる。

(a) 科学、教育若しくは繁殖のため又はこの協定の目的に反しないその他の特定の目的のため
(b) 人命及び財産を保護するため
(c) 3の規定に従つて設定される狩猟期間中
(d) 自己の食糧若しくは衣料用として又は文化的目的のため特定の鳥類の狩猟又はその卵の採取を伝統的に行つている特定の地域の住民がそのような狩猟又は採取を行うことを許すため。ただし、それぞれの種の生息数が最適の数に維持され、かつ、それらの種の適切な保存が妨げられないことを条件とする。
2 各政府は、渡り鳥若しくはその卵（生死の別を問わないものとし、1の第二文の規定に従つて捕獲され又は採取されたものを除く。）又はそれらの加工品若しくは一部分の販売、購入及び交換を禁止するものとする。
3 各政府は、渡り鳥の毎年の正常な再生産の維持を考慮に入れて、渡り鳥の狩猟期間を設定することができる。

第3条
1 各政府は、絶滅のおそれのある鳥類の種又は亜種の保存のため、適当な場合には、特別の保護措置をとる。
2 いずれか一方の政府が絶滅のおそれのある鳥類の種又は亜種を決定し、その特別の保護措置をとつた場合には、当該一方の政府は、他方の政府に対してその決定（その後におけるその決定の取消しを含む。）を通報する。
3 各政府は、2の規定によつて決定された鳥類の種若しくは亜種又はそれらの加工品の輸出又は輸入を規制する。

第4条
1 両政府は、渡り鳥及び絶滅のおそれのある鳥類の研究に関する資料及び刊行物を交換する。
2 両政府は、渡り鳥及び絶滅のおそれのある鳥類の共同研究計画の作成を奨励する。
3 両政府は、渡り鳥及び絶滅のおそれのある鳥類の保存を奨励する。

第5条
各政府は、渡り鳥及び絶滅のおそれのある鳥類並びにその環境の管理及び保護のために保護区その他の施設を設けるように努める。

第6条
各政府は、この協定に基づいて保護される鳥類の環境を保全しかつ改善するため、適当な措置をとるように努める。各政府は、特に、
(a) これらの鳥類及びその環境に係る被害を防止するための方法を探求し、
(b) これらの鳥類の保存にとつて有害であると認める動植物の輸入を規制するために必要な措置をとるように努め、及び、
(c) 特異な環境を有する島の生態系を乱すおそれのある動植物のその島への持込みを規制

渡り鳥及び絶滅のおそれのある鳥類並びにその環境の保護に関する日本国政府とオーストラリア政府との間の協定

するために必要な措置をとるように努める。

第7条

各政府は、この協定の目的を達成するために必要な措置をとることに同意する。

第8条

両政府は、いずれか一方の政府の要請があつたときは、この協定の実施について協議する。

第9条

1　この協定は、批准されなければならない。批准書は、できる限り速やかにキャンベラで交換されるものとする。

2　この協定は、批准書の交換の日に効力を生ずる。この協定は、15年間効力を有するものとし、その後は、この条に定めるところによつて終了する時まで効力を存続する。

3　いずれの一方の政府も、1年前に書面による予告を与えることにより、最初の15年の期間の終わりに又はその後いつでもこの協定を終了させることができる。

以上の証拠として、下名は、それぞれの政府から正当に委任を受けて、この協定に署名した。

1974年2月6日に東京で、ひとしく正文である日本語及び英語により本書2通を作成した。

　日本国政府のために

　オーストラリア政府のために

付表　略

●渡り鳥及びその生息環境の保護に関する日本国政府と中華人民共和国政府との間の協定

〔昭和56年6月8日
　条約第6号〕

日本国政府及び中華人民共和国政府は、

　鳥類が、自然の生態系の重要な要素の一つであり、また、芸術、科学、文化、レクリエーション、経済その他の分野において重要な価値を有する天然資源であることを考慮し、

　多くの鳥類が両国の間を渡り季節的に両国に生息している渡り鳥であることにかんがみ、

　渡り鳥及びその生息環境の保護及び管理の分野において協力することを希望して、

　次のとおり協定した。

第1条

1　この協定において、「渡り鳥」とは、次のものをいう。
　(1)　足輪その他の標識の回収により、両国間において渡りをすることが明らかである鳥類
　(2)　渡りをする鳥類のうち、標本、写真若しくは科学的資料又はその他の信頼することのできる証拠により、両国に生息することが明らかであるもの

2(1)　1にいう渡り鳥の種の名称は、この協定の付表に掲げるとおりとする。
　(2)　この協定の付表は、両政府の合意により、この協定の本文を改正することなく修正することができるものとし、修正は、両政府間の外交上の公文の交換によつて確認された日から90日目の日に効力を生ずる。

第2条

1　渡り鳥の捕獲及びその卵の採取は、禁止する。ただし、次の場合における捕獲及び採取については、それぞれの国の法令により、その例外とすることができる。
　(1)　科学及び教育のため、繁殖させることを目的とする飼養のため並びにこの協定の目的に反しないその他の特定の目的のため
　(2)　人命及び財産を保護するため
　(3)　3に規定する狩猟期間中

2　1の規定に反して捕獲された渡り鳥及び1の規定に反して採取された渡り鳥の卵並びにこれらの加工品又は一部分については、その販売、購入及び交換を禁止する。

3　両政府は、渡り鳥の生息状況に照らして、それぞれの国の法令により、渡り鳥の狩猟期間を設定することができる。

第3条

1　両政府は、渡り鳥の研究に関する資料及び刊行物の交換を奨励する。
2　両政府は、渡り鳥の共同研究計画の作成を奨励する。
3　両政府は、渡り鳥の保護、特に、絶滅のおそれのある渡り鳥の保護を奨励する。

第4条

渡り鳥及びその生息環境の保護に関する日本国政府と中華人民共和国政府との間の協定

　両政府は、渡り鳥及びその生息環境の保護及び管理のため、それぞれの国の法令により、保護区の設定その他の適当な措置をとる。両政府は、特に、
　(1)　渡り鳥及びその生息環境に係る被害を防止するための方法を探究し、及び、
　(2)　渡り鳥の保護にとつて有害である動植物の輸入及び持込みを規制するように努める。

第5条

　両政府は、いずれか一方の政府の要請があつたときは、この協定の実施について協議する。

第6条

1　この協定は、その効力発生のために国内法上必要とされる手続がそれぞれの国において完了したことを確認する旨の通告が交換された日に効力を生ずる。この協定は、15年間効力を有するものとし、その後は、2の規定に定めるところによつて終了するまで効力を存続する。
2　いずれの一方の政府も、1年前に他方の政府に対して文書による予告を与えることにより、最初の15年の期間の満了の際又はその後いつでもこの協定を終了させることができる。

　以上の証拠として、下名は、各自の政府から正当に委任を受けてこの協定に署名した。
　1981年3月3日に北京で、ひとしく正文である日本語及び中国語により本書2通を作成した。

　日本国政府のために
　中華人民共和国政府のために

付表　略

●渡り鳥及び絶滅のおそれのある鳥類並びにその生息環境の保護に関する日本国政府とソヴィエト社会主義共和国連邦政府との間の条約

〔昭和63年12月20日
条 約 第 7 号〕

　日本国政府及びソヴィエト社会主義共和国連邦政府は、
　鳥類が自然環境の重要な要素の一つであり、自然環境を豊かにするうえで欠くことのできない役割を果たしていること及び適切な管理によつてこの役割を増大することができることを考慮し、
　鳥類の多くの種が両国間を渡り、それぞれの国に季節的に生息していること及び鳥類のうちには絶滅するおそれのある種があることを考慮し、また、
　一定の鳥類の種の管理、保護及び絶滅の防止並びにその環境の管理及び保護のために措置をとることについて協力することを希望して、
　次のとおり協定した。

第1条
1　この条約において、「渡り鳥」とは、次のものをいう。
　(a)　足輪その他の標識の使用により両国間における渡りについて確証のある鳥類の種
　(b)　その亜種が両国にともに生息する鳥類の種及び亜種が存在しない種については両国にともに生息する鳥類の種（渡りをしないことが生物学的に明らかなものを除く。）。これらの種及び亜種の確認は、標本、写真又はその他の信頼しうる証拠に基づいて行う。
2(a)　1の規定に従つて渡り鳥とされた種は、この条約の附表に掲げるとおりとする。
　(b)　両締約国の権限のある当局は、随時附表を検討し、必要があるときは、附表を改正するよう勧告する。
　(c)　附表は、当該勧告の受諾が外交上の公文の交換によつて確認された後3箇月で、改正されたものとみなされる。

第2条
1　渡り鳥の捕獲及びその卵の採取は、禁止されるものとする。生死の別を問わず、不法に捕獲され若しくは採取された渡り鳥若しくは渡り鳥の卵又はそれらの加工品若しくは一部分の販売、購入及び交換も、また、禁止されるものとする。次の場合における捕獲及び採取については、各締約国の法令により、捕獲及び採取の禁止に対する例外を認めることができる。
　(a)　科学、教育若しくは繁殖のため又はこの条約の目的に反しないその他の特定の目的のため
　(b)　人命及び財産を保護するため
　(c)　2の規定に従つて設定される狩猟期間中

(d) 養殖された鳥類の狩猟が行われる狩猟場に関して
2 各締約国は、それぞれ、渡り鳥の毎年の正常な再生産の維持を考慮に入れて、自国における渡り鳥の狩猟期間を決定することができる。

第3条
1 両締約国は、絶滅のおそれのある鳥類の種又は亜種を保存するために特別の保護措置が望ましいことに同意する。
2 いずれか一方の締約国が絶滅のおそれのある鳥類の種又は亜種を決定し、その特別の保護措置をとつた場合には、当該一方の締約国は、他方の締約国に対してその決定（その後におけるその決定の取消しを含む。）を通報する。
3 各締約国は、2の規定によつて決定された鳥類の種若しくは亜種又はそれらの加工品の輸出又は輸入を規制する。

第4条
1 両締約国は、渡り鳥及び絶滅のおそれのある鳥類の研究に関する資料及び刊行物を交換する。
2 両締約国は、渡り鳥及び絶滅のおそれのある鳥類の共同研究計画の作成並びにこれらの鳥類の保存を奨励する。

第5条
各締約国は、渡り鳥及び絶滅のおそれのある鳥類並びにその生息環境の管理及び保護のために保護区その他の施設を設けるように努める。

第6条
各締約国は、第2条及び第3条の規定に基づいて保護される鳥類の生息環境を保全しかつ改善するため、適当な措置をとるように努める。各締約国は、特に、
  (a) これらの鳥類及びその環境に係る被害を防止するための方法を探求し、
  (b) これらの鳥類の保存にとつて有害であると認める動植物の輸入を規制するために必要な措置をとるように努め、及び、
  (c) 特異な自然環境を有する地域（島を含む。）の生態学的均衡を乱すおそれのある動植物のその地域への持込みを規制するために必要な措置をとるように努める。

第7条
各締約国は、この条約の目的を達成するために必要な措置をとることに同意する。

第8条
両政府は、いずれか一方の政府の要請があつたときは、この条約の実施について協議する。

第9条
1 この条約は、批准されなければならない。批准書は、できる限りすみやかに東京で交換されるものとする。
  この条約は、批准書の交換の日に効力を生じ、15年間効力を存続する。

2　この条約は、前記の15年の期間の満了の1年前までに、一方の締約国が他方の締約国に対し、この条約を終了させる意思を通告しない限り、前記の期間が満了した後も、一方の締約国が他方の締約国に対して終了の意思を通告した日から1年を経過するまで、効力を存続する。

以上の証拠として、両政府の代表は、この条約に署名した。

1973年10月10日にモスクワで、ひとしく正文である日本語及びロシア語により本書2通を作成した。

　日本国政府のために
　ソヴィエト社会主義共和国連邦政府のために

付表　略

絶滅のおそれのある
野生動植物の種の保存に
関する法律の解説
―逐条解説・三段対照表―

2019年2月5日　発　行

監修	環境省自然環境局野生生物課
発行者	荘村明彦
発行所	中央法規出版株式会社

〒110-0016　東京都台東区台東3-29-1　中央法規ビル
営業　　　TEL 03-3834-5817　FAX 03-3837-8037
書店窓口　TEL 03-3834-5815　FAX 03-3837-8035
編集　　　TEL 03-3834-5812　FAX 03-3837-8032
https://www.chuohoki.co.jp/

印刷・製本	株式会社アルキャスト
デザイン・装丁	ケイ・アイ・エス有限会社

ISBN 978-4-8058-5839-4
定価はカバーに表示してあります。

本書のコピー、スキャン、デジタル化等の無断複製は、著作権法上での例外を除き禁じられています。また、本書を代行業者等の第三者に依頼してコピー、スキャン、デジタル化することは、たとえ個人や家庭内での利用であっても著作権法違反です。

乱丁本・落丁本はお取り替えいたします。